"十二五"普通高等教育本科国家级规划教材

粮油储藏学

（第二版）

主编　王若兰

中国轻工业出版社

图书在版编目（CIP）数据

粮油储藏学/王若兰主编. —2 版. —北京：中国轻工业出版社，2024.1

"十二五"普通高等教育本科国家级规划教材

ISBN 978 - 7 - 5184 - 0713 - 2

Ⅰ.①粮… Ⅱ.①王… Ⅲ.①粮油贮藏—高等学校—教材 Ⅳ.①TS205.9

中国版本图书馆 CIP 数据核字（2015）第 271774 号

责任编辑：马　妍　　责任终审：张乃东　　封面设计：锋尚设计
版式设计：锋尚设计　　责任校对：吴大鹏　　责任监印：张　可

出版发行：中国轻工业出版社（北京鲁谷东街 5 号，邮编：100040）
印　　刷：三河市万龙印装有限公司
经　　销：各地新华书店
版　　次：2024 年 1 月第 2 版第 7 次印刷
开　　本：787×1092　1/16　印张：26
字　　数：590 千字
书　　号：ISBN 978 - 7 - 5184 - 0713 - 2　　定价：52.00 元
邮购电话：010 - 85119873
发行电话：010 - 85119832　010 - 85119912
网　　址：http://www.chlip.com.cn
Email：club@chlip.com.cn
如发现图书残缺请与我社邮购联系调换
232247J1C207ZBW

前　言

本教材为"十二五"普通高等教育本科国家级规划教材，是在普通高等教育"十一五"国家级规划教材《粮油储藏学》（王若兰主编，中国轻工业出版社，2009年）的基础上修订而成的。修订指导思想系根据学科的完整性和科技发展，并密切结合粮食储藏技术实际，以及高等院校《粮油储藏学教学大纲》的要求确定，总共75学时（含20学时实验），适合作为高等院校相关专业本科教材，也可作为粮油、食品、农业、轻工等有关专业的研究生以及相关领域科研人员的参考书。

粮食产后体系的科学问题具有显著的多学科交叉特征，粮食储藏是一门集理论、应用和实践为一体的学科，随着科技的发展和进步，这一学科的相关知识也在不断更新和完善。本教材在作者多年教学、科研工作的基础上，针对我国在该领域的现状与发展，吸纳国外先进技术，按照科学性、先进性和实用性的原则，内容既包含了粮油储藏技术领域的基本理论和现代粮食储藏主要技术，也涵盖了近年来该学科和领域的相关研究新进展，同时还汇集了作者多年来承担的"九五""十五""十一五"国家科技支撑计划项目和国家高技术研究发展计划（863计划）项目的重大科研成果。教材编写力求言简意赅、立论严谨、实用性强，以满足学生的需求，丰富粮油储藏理论，推动行业的技术进步，适应学科、技术和社会的发展。

本教材由王若兰主编，编者及分工如下：赵妍编写第1章、第7章，宋永令编写第2章，渠琛玲编写第3章，王若兰编写第4章、第6章，黄亚伟编写第5章、第8章，舒在习编写第9章、第10章、第11章和第12章。

在本教材编写过程中，河南工业大学的有关部门给予了大力的支持与帮助，在此对所有关心支持本教材编写工作的同仁表示衷心的感谢。

由于编者水平有限，书中难免有不妥和疏漏之处，恳请读者指正，以便本教材日臻完善。

编者

2016年1月

前　言

目　录

第一篇　粮油储藏基础理论

第二篇　粮油储藏通用技术

第三篇　粮油储藏专项技术

第一篇　粮油储藏基础理论

第一章　粮食的物理性质

【学习指导】

了解粮粒及粮堆的构成；掌握常见的粮食物理参数；熟悉和掌握粮食的流散特性，重点包括散落性、自动分级、预防措施、孔隙度，以及上述问题与储粮稳定性的关系；熟悉和掌握粮食的热特性，重点包括导热性、导温性，以及上述问题与储粮稳定性的关系；熟悉和掌握粮食的吸附特性，重点包括吸附类型、影响吸附的因素、吸湿特性；了解粮堆中的微气流，掌握微气流与储粮稳定性的关系。

第一节　粮粒及粮堆的构成

粮食的物理性质是指粮食在储存运输过程中反映出的多种物理属性，如粮食的流散特性——散落性、自动分级；粮食的热特性——导热性和导温性；粮食的吸附特性——气体吸附特性和吸湿特性、吸附滞后现象等。这些物理特性相互依赖，又相互制约，不仅影响其他物理性质，同时也被其他物理的、生化的、生物的性质所影响，并对粮食的生命活动、虫霉危害、储藏稳定性等产生有利的或不利的影响，并与粮食清理、干燥、通风、控温、气调等作业及粮仓设计都有密切关系。因此，要搞好粮食储藏工作，就必须深入了解粮食的物理性质。

一、粮粒的构成

粮食是小麦、稻谷、玉米、谷子、大麦等禾谷类籽粒及薯芋类、豆类和油料的总称。由于受到遗传特性、地理环境和栽培条件等因素的影响，每种粮食的形态特征各不一样，具有独特的形态结构、物理性质和化学性质，既有共性，又有个性，这些都对粮油储藏产生有利的或不利的影响。粮粒的构成如图1-1所示。

粮食 { 禾谷类 { 果皮和种皮 / 胚乳（糊粉层、淀粉质胚乳） / 胚（胚根、胚轴、胚芽、子叶） } 豆类 { 种皮（种脐、种孔） / 胚（胚根、胚轴、胚芽、子叶） } }

图1-1　粮粒的构成

从粮油储藏的角度出发，粮食中包围在胚和胚乳外部的种皮，形成了抵御不良储藏环境的保护组织，对粮食储藏是有利的；而粮粒的胚部则含有较多的营养成分和水分，生命活动旺盛，最容易受到虫霉感染。一般来说，胚越大，储藏稳定性越差，这是对于储藏不利的一面。因此，各种粮食构成方面的差异，是导致粮食储藏稳定性差异的原因之一。

二、粮堆的构成

粮食储藏研究的对象是粮食的群体，而不是单一的粮食籽粒。据测定，500g 稻谷约20000 粒、小麦 15000 粒、玉米 1500～2000 粒、蚕豆 400～2600 粒、油菜籽 170000～240000 粒。通常一个粮仓装粮 100 万～1000 万 kg。在这个群体中包括生物成分和非生物成分，储藏期间生物成分和非生物成分相互影响、相互制约，对储藏稳定性起着决定性作用。因此，了解粮堆的构成对储粮稳定性的影响，可以有效防止储藏期间不利因素的形成和发展。

（一）粮粒

粮堆是由无数粮食颗粒堆聚而成的群体，在这个群体中，粮粒彼此之间在体积、形状、饱满程度、成熟度、有机成分含量、体积质量、水分含量、破损情况等诸多方面存在一定的差异。导致这些差异的主要原因是：

（1）同一种粮食，但品种不一样；

（2）同一个品种，但种植和生长条件不一样；

（3）同一个品种，种植和生长条件也一样，但在植株上生长的部位不同；

（4）收获时间的差异；

（5）收获方式及脱粒方式的差异；

（6）收获后晾晒与否，导致入仓粮食的水分差异。

（二）杂质

粮堆内除了粮食颗粒之外，还有在收获、脱粒、晾晒、运输等诸多环节中混入粮堆内的杂质。粮堆内的杂质分为有机杂质和无机杂质两种。

有机杂质包括：植物的秆、根、茎、叶、壳和外来植物种子或杂草种子。

无机杂质包括：石子、沙子、炉渣、泥块和一些金属物等。

杂质对储粮稳定性的影响主要包括：

（1）有机杂质具有较强的呼吸能力，使储粮稳定性下降；

（2）有机杂质是虫霉的滋生场所，给以后储粮发热霉变提供了条件；

（3）杂质聚集的地方，改变了粮堆内部原有的孔隙度，给以后储粮发热霉变创造了条件；

（4）杂质含量高可以改变粮食原来的散落性；

（5）杂质含量超标不仅产生上述诸多影响，同时还会降低粮食等级。这对企业或是生产者都是不利的。

综上所述，杂质含量高低不仅影响储粮的稳定性，还会降低粮食等级。因此，粮食入仓之前要进行充分清理，使杂质含量尽量维持在国家要求范围（≤1%）之内，这对于仓储企业是非常重要的。

（三）储粮害虫

储粮害虫给储粮带来的危害是多方面的。首先，由于害虫的危害，造成了粮食重量的损失。据有关部门调查，我国储藏中的粮食损失，国家粮库为 0.2%；农户的储粮损失为 6%~9%，其中引起损失的主要因素是储粮害虫的危害。目前，我国粮食的年产量已超过 5 亿吨，而农户储粮占 1/2 以上，因此储粮因虫害而引起的损失是非常大的。有些害虫喜食粮食籽粒的胚芽，使种子粮的发芽率降低甚至完全丧失，影响农业生产。有些害虫蛀蚀粮食的胚乳，使粮食的营养价值降低。有些害虫还能危害仓、厂建筑与包装器材。虱状恙螨可引起人皮肤患谷痒症和皮炎。害虫在取食、呼吸、排泄和变态等生命活动中散发的热量，能促使粮食发热；害虫的分泌物、粪便、尸体、蜕、丝茧等会污染粮食，直接影响人体健康和畜禽的生长发育。由此可知，储粮害虫不仅会造成肉眼可见的直接损失，还会造成间接损失和由于商品生虫而引起的商品信誉损失，以及造成对人们心理的不良影响等。

在粮食储藏的全过程中，虫害问题自始至终都应加以注意。应根据情况，"以防为主，综合防治"，尽早采取措施，彻底除治害虫，使它不会大量繁殖为害。

（四）微生物

微生物是形体微小、结构简单、分解能力特别强的所有低等生物的总称。微生物与人类的生产和生活有着非常密切的关系，人类可利用微生物生产出各种预想的食品和抗生素，但微生物也可使人类致病。微生物与其他生物相比，其基本特点是体形极其微小，一般仅为几微米至几十微米，肉眼看不见，需借助显微镜才能观察到。从基本特点可知微生物的五大共性：体积小、面积大；吸收多、转化快；生长旺、繁殖快；适应强、易变异；分布广、种类多。由于微生物的这些特点，在自然条件下，无论是田间生长或收获之后的粮食及其加工产品上，均带有大量的微生物，也就是说不带微生物的粮食是不存在的。粮食微生物就是寄附在粮食子粒及其加工产品和副产品上的微生物，主要包括霉菌、酵母菌、细菌和放线菌，其中对储粮危害最大的是霉菌，粮食微生物不仅寄附于粮食及其制品的外部，也寄生在粮粒的内部。

根据粮食作物在田间生长期和粮食收获进仓储藏期，两种不同生态环境中微生物的来源，可相应地将微生物划分为两个生态群：田间微生物区系和储藏微生物区系。田间微生物区系主要指粮食收获前在田间所感染和寄附的微生物类群，主要包括附生、寄生、半寄生和部分腐生菌类，交链孢霉是田间真菌的典型代表。储藏微生物区系主要指粮食收获后，在进入储藏及加工期和各流通过程中，传播到粮食上来的一些腐生微生物，其中以霉腐菌为主，许多曲霉和青霉是最重要的储藏真菌，它们能够导致粮食发热霉变。

微生物含有多种酶类，它们可以通过呼吸作用，分解不同的有机物质，为其生长、繁殖、代谢所利用，粮食含有丰富的糖类、蛋白质、脂肪及无机盐等营养物质，也是微生物良好的天然培养基，所以储粮是微生物良好的呼吸基质。储粮微生物将粮食中的糖类、蛋白质、脂肪等主要营养物质分解为葡萄糖、氨基酸、脂肪酸等小分子物质，然后在体内合成为自身的组成成分和储藏物质，并储存能量；同时又分解自身的储藏物质，释放出二氧化碳、水和热量，这个过程称为微生物的呼吸作用。微生物就是通过这种方式进行新陈代谢，来维持自身的生命活动并危害粮食，在粮堆内积聚热量促使储粮发热霉变。

微生物在适宜的环境条件下，会大量生长繁殖，使粮食发生一系列的生物化学变化，是造成粮食品质劣变的一个重要原因。粮食微生物对储粮的危害，不仅使粮食的营养物质分解，造成质量损失，营养降低，同时还能引起粮食的发热霉变，使储粮变色变味，造成食用品质、饲用品质、工艺品质降低，甚至能产生毒素，使粮食带毒，影响人畜安全。

（五）粮堆内气体成分

粮堆中粮粒与粮粒之间的空间被各种气体所填充，这是粮食在储藏中维持正常呼吸，进行水分、热能交换的基础。粮堆中的气体成分和大气的成分有所差异，正常情况下，粮堆中的氧气含量要稍低于大气中氧气含量，二氧化碳的含量要高于大气中二氧化碳的含量，氮气和其他惰性气体成分含量基本相同，导致这些差异的主要原因，就是在粮堆内进行着粮食的生理代谢——呼吸。

组成粮堆的基本粮粒、有机杂质、昆虫和所携带的微生物均具有生命活动能力，所以称之为粮堆内"生物成分"。粮堆内的无机杂质及气体，不具备生命活力，因此称为粮堆内"非生物成分"。储藏期间生物成分的活动及代谢，会影响到粮堆内温度、湿度、气体成分。同时，粮堆内温度、湿度、气体成分的变化反过来也会影响到生物成分的代谢。生物成分和非生物成分之间相互影响，相互制约，组成了粮堆生态系统的有机统一，为粮食能否安全储藏提供了理论基础。

第二节 粮食的物理参数

当前，我国政府和社会各界都高度关注粮食工作，特别是粮食质量和粮食卫生安全，而粮食的物理参数是评价粮食质量的重要参考指标。在储粮生态系统中，这些主要的物理参数一方面可以直接反映储粮品质；另一方面也可与其他物理的、生化的、生物的因素相互作用，影响粮食的储藏稳定性。

一、容重

容重是指粮食籽粒在单位容积内的质量，又称体积质量，以 g/L 表示。在很多国家，容重是评价粮食质量的一个重要参数。一般而言，同一品种的粮食，其容重与粮食籽粒的成熟度、饱满度、组织结构、表面光洁度等有关。籽粒成熟度高、饱满、结构紧密、表面光洁的，容重较高；反之，容重较低。

在我国，多种粮食，如小麦、玉米等都以容重作为定等基础指标。目前的研究表明，对同一小麦品种，容重与其总淀粉含量、蛋白质含量、沉降值和硬度均呈显著正相关；此外，容重与小麦的加工出粉率正相关。

GB 1351—2008《小麦》规定容重为小麦质量定等指标（3 等为中等），具体数值如下：1 等≥790g/L；2 等≥770g/L；3 等≥750g/L；4 等≥730g/L；5 等≥710g/L；等外 < 710g/L。GB 1353—2009《玉米》规定容重为玉米质量定等指标（3 等为中等），具体数值如下：1 等≥720g/L；2 等≥685g/L；3 等≥650g/L；4 等≥620g/L；5 等≥590g/L；等外 <590g/L。

二、相对密度

在规定温度和操作条件下，粮食净体积的质量与同体积水的质量之比称为粮食的相对密度。一般而言，相对密度表示的是粮食籽粒内含物的充实程度，籽粒成熟度越高、越饱满，则其内部积累的营养成分越多，相对密度越大。GB/T 5518—2008《粮油检验　粮食、油料相对密度的测定》中规定，粮食相对密度测定的原理为：一定质量的粮食试样加入到一定体积的规定液体中，导致液体体积增加，增加的体积即为试样净体积，计算试样与同体积纯水的质量之比。此外，粮食的相对密度与其容重呈正相关，当其他条件相同时，相对密度大的粮食其容重也大。在单位容积内，粮食相对密度与其容重的换算关系为：容重 = 相对密度 × 净体积。

三、千粒重

千粒重是指 1000 粒粮食籽粒的重量，其单位为 g。对于粮食种子而言，千粒重是体现种子大小与饱满程度的一项指标，可用于检验种子质量，也可用于田间预测产量。GB/T 5519—2008《谷物与豆类　千粒重的测定》中规定，粮食的千粒重分为自然水分千粒重和干基千粒重，其测定原理均为：对试样中完整籽粒计数并称重，用籽粒重量除以试样粒数，再以相应于 1000 粒的重量表示结果。对于玉米、大豆、花生仁等大粒种子也可采用百粒重来表示。

四、水分含量与水活度

粮食的水分含量是指粮食试样中水分的质量占试样质量的百分比。研究发现，粮食籽粒中的一部分水分以毛细作用的形式，保持在粮粒内部的颗粒间隙中，这些水具有自然界中水的普遍性质，可称为"自由水"；另一部分水分则以分子间力保持在粮粒中，吸附在粮粒的有效表面，称为"吸附水"；还有一部分水分以化学形式与粮食中的某一成分相结合，构成了粮粒物质整体的一部分，被称为"结合水"，而所测定的粮食水分含量，就是上述三种水分的总和。水分含量是粮情检测的基本项目，其与储粮稳定性密切相关。正常储藏的粮食均含有一定量的水分，这是粮食籽粒维持生命和正常生理代谢所必需的。此外，储藏于不同生态环境中的粮食籽粒，为了保证其储粮稳定性所要求的粮食水分含量是不同的。对于粮食籽粒而言，其水分含量的测定，依据 GB 5497—1985《粮食、油料检验　水分测定法》的规定，可分为 105℃恒重法、定温定时烘干法、隧道式烘箱法和两次烘干法四种。

水分活度是指物质中所含水分的活性部分。对于粮食籽粒而言，其储藏稳定性与其所含水分的活性密切相关，因此单纯的水分含量对粮食储藏缺乏科学的指导作用。为了描述粮食籽粒中所含的水分作为生物化学反应和微生物生长的可用价值，引入了水分活度的概念，粮食及其制品的生化变化和品质劣变，都与水分活度有关。因此，水分活度与水分含量相比，是更有用的参数。水分活度相同的粮食，其含水量可以不同。这样，评价水分对粮食储藏稳定性的影响就有了统一的标准。

五、热容量与比热容

粮食在传递热量的同时，本身也会吸收部分热量而升温。一定质量的粮食温度升高 1度（1K 或 1℃）时所吸收的热量称为粮食的热容量。依据公式 $Q = cm\Delta t$（式中 Q 为一定质量的粮食吸收或放出的热量；c 为粮食的比热容；m 为粮食的质量；Δt 为粮食升高或降低的温度）可知，cm 即为粮食的热容量，其国际单位制中的单位为焦耳/开尔文或焦耳/摄氏度（J/K 或 J/℃，K 与℃在表示温差的量值意义上等价）。

比热容是热力学中常用的一个物理量。对于粮食而言，比热容为 1kg 粮食升高 1 度（1K 或 1℃）时所需的热量，其国际单位制中的单位是 J／（kg·K）或 J／（kg·℃）。对于同等质量的不同粮食而言，比热容越大的粮食在温度变化相同的情况下，吸收或放出的热量越多。

六、粮食的裂纹率

粮食籽粒在干燥过程中会出现裂纹的现象，影响粮食的加工品质，而出现裂纹的粮粒数占全部试样粮粒数的百分率即为粮食的裂纹率。

带有裂纹的粮食籽粒其可承受的机械强度下降，在后续加工过程中裂纹极易扩展，进而导致粮粒破碎，减少加工出品率或降低加工产品的等级。若裂纹扩展到了种皮，则相对柔软且淀粉含量高的胚乳部分有可能暴露出来，这会大大增加虫霉侵染粮粒的可能性，降低粮食的储藏稳定性。此外，若种用粮的粮粒出现裂纹，会损伤种子的结构，降低种子的发芽率和生活力。

对于粮食籽粒而言，其干燥时的初始和结束时的水分含量、干燥所用热风的温湿度、干燥后的冷却速度、干燥机型等均会影响粮食的裂纹率。

七、色泽

色泽是指粮食籽粒的颜色和光泽。粮食在储藏过程中，若由于环境条件不适宜而导致生虫、发热、霉变等，其固有的颜色和光泽会发生变化。粮食色泽的鉴定可参照 GB/T 5492—2008《粮油检验　粮食、油料的色泽、气味、口味鉴定》执行，鉴定结果以"正常"或"基本正常"表示。依据现行的国家标准，白小麦要求种皮为白色或黄白色的麦粒不低于 90%，红小麦要求种皮为深红色或红褐色的麦粒不低于 90%；黄玉米要求种皮为黄色或略带红色的籽粒不低于 95%，白玉米要求种皮为白色或略带淡黄色或略带粉红色的籽粒不低于 95%。

八、气味

新鲜的粮食根据种类的不同会带有不同的固有气味，这些粮食的不同气味随着储藏时间的延长而发生变化。粮食在储藏期间容易产生陈仓气味，其主要成分是乙醛、丙醛、戊醛、己醛、丙酮及丁醛等，其中戊醛和己醛易使大米带有陈米气味，并影响米饭的风味。另外，大米在储藏过程中挥发性硫化物的含量逐渐减少，使米饭失去应有的米香气味。如果粮食在储藏期间出现发热和明显的品质变化，可能出现甜味、酒味、酸味和霉味等。因此，粮食的气味可以反映其品质和新鲜程度，而成为小麦、稻谷、玉米、大豆等主要储备粮种的储存品质控制指标。粮食气味的鉴定可参照 GB/T 5492—2008 执行，鉴定结果以"正常""基本正常"表示。

第三节　粮食的流散特性

粮食的流散特性主要包括散落性、自动分级、孔隙度等。这是颗粒状粮食所固有的物理性质。粮食具有流散特性的根本原因是粮粒之间的相互作用力——内聚力小，不足以在重力的作用下使粮粒保持垂直稳定，致使粮食在堆装、运输、干燥、加工等过程中表现出流散特性。

一、散落性

（一）粮食散落性定义

粮食从高处自然下落形成粮堆时，因颗粒小，内聚力小，向四面流动成为一个圆锥体的性质称为粮食的散落性。粮食散落性的好坏通常用静止角或自流角来表示。

（二）粮食散落性标志

1. 粮食的静止角

静止角是指粮食由高点自然下落到平面，形成圆锥体，此圆锥体的斜面与底面水平线之间的夹角（也称自然休止角）。静止角大小与粮食散落性成反比，即粮食散落性好，静止角小，粮食散落性差，静止角大。

粮粒在粮堆斜面上静止或运动，受到粮粒在斜面上受力的制约。图 1－2 所示为粮粒在斜面上的受力分析图：重力 G 可分解为垂直压力 N 和倾斜分力 P，如忽略粮粒间高低不平的相互作用力，粮粒在斜面上还受到摩擦力 F，粮粒与粮堆的斜面摩擦因数为 f，则摩擦力 F 为 $N×f$。图中倾斜分力 P 是使粮粒下落的力，F 是阻碍粮粒下滑的力，当 $P>F$ 时，粮粒就下滑，当 $P≤F$ 时，粮粒停留在斜面上。

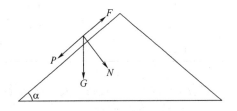

图 1－2 粮粒受力分析图

2. 粮食的自流角

粮食散落性的另一量度是自流角。自流角是粮粒在不同材料斜面上，开始向下滑动的角度，即粮粒下滑的极限角度。自流角是一个相对值，它既与粮粒的物理特性有关，又与测试时用的材料有关。同种粮食在不同的材料上测定的自流角不同，不同种粮食在相同的材料上测定的自流角也不同。自流角表示的是某种粮食在某种材料上的滑动性能。自流角越大，滑动性能越差；自流角越小，滑动性能越好。表 1－1 所示为三种麦类在不同材料上的自流角。

表 1－1	三种麦类在不同材料上的自流角		单位：（°）
粮食种类	刨光木板	铁板	水泥或砖
小麦	24～27	24～28	21～23
大麦	26～27	25～30	25～28
燕麦	26～28	21～25	24～27

（三）影响粮食散落性的因素

影响粮食散落性的因素很多，主要包括粮粒的大小、形状、表面光滑程度、籽粒饱满度、杂质含量、水分含量等。粒大、圆形粒状、表面光滑、饱满、杂质少、水分低的粮食散落性好，反之则散落性差。不同粮食之间，上述外观特征明显不同，因此，具有不同的散落特性。表 1 - 2 所示为主要粮食静止角的大小。

表1-2	主要粮食的静止角		单位：（°）
粮食种类	静止角		变动范围
	最小值	最大值	
小麦	23	38	15
大麦	28	45	17
玉米	30	40	10
稻谷	37	45	8
大米	23	33	10
糙米	27	28	1
大豆	24	32	8
黍	20	25	5
芝麻	24	30	6
油菜籽	20	27	7

如表 1 - 2 所示，大豆粒大、呈圆形、表面光滑，其散落性比粒形较小、细长或椭圆形、表面粗糙的稻谷好得多。

此外，粮食中水分含量增加，其散落性会降低；杂质含量增加，其散落性也会降低。这主要是由于水分含量的增加会使粮粒表面涩滞、粮粒间的摩擦力增大；而杂质含量的增加会堵塞粮粒间的孔隙，阻碍流散。当粮食发热霉变后，其散落性会大大降低甚至完全丧失，造成粮堆的结块、结顶等现象。表 1 - 3 给出了同一种大豆水分含量、杂质含量与静止角的关系。

表1-3		大豆水分与杂质含量对静止角的影响		
粮食种类	水分含量/%	静止角/（°）	杂质含量/%	静止角/（°）
大豆	11.2	23.3	1.0	23.8
大豆	17.7	25.4	3.0	25.0

（四）散落性与储粮的关系

粮食的散落性在粮食储藏、装卸输送机械及储藏设施的设计中都是一个重要因素。在实际工作中，合理地运用粮食的散落性既可检测粮情，又可保证仓墙的安全，还可以节省劳力提高工效。

（1）储藏期间散落性的变化，可在一定程度上反映粮食的储藏稳定性。安全储藏的粮食总是具有良好的散落性。如果粮食出汗、返潮，水分含量增大，霉菌滋生，就会使散落性降低；严重的发热结块会形成 90°角的直壁状，完全丧失了散落性。

（2）由于散落性较大的粮食对装粮容器的侧压力也大，因此装粮时对散落性大的粮食就要降低堆装高度，对于散落性较小的粮食则可酌情增加高度。粮堆对仓壁的侧压力可按下式简化计算：

$$P = \frac{1}{2}rh^2\mathrm{tg}^2\left(45° - \frac{\alpha}{2}\right) \tag{1-1}$$

式中　P——每米宽度仓壁上受的侧压力，kg/m；

　　　r——粮食的容重，kg/m³；

　　　h——粮食的堆高，m；

　　　α——粮食的静止角，(°)。

生产中计算侧压力，用于确定不同粮食的堆粮线和堆垛形式，对仓墙强度不够的仓房，常采取围包散装的形式存放粮食。

（3）散落性好的粮食，在运输过程中容易流散，对于装车、装船、入仓出库操作都较方便，可节省劳力与时间。

（4）散落性是确定粮食输送及自流设备技术参数的依据。当使用输送机输送粮食时，输送机皮带和地平面的夹角应小于自流角和静止角。当安装淌筛和自流管时，淌筛面、自流管底面和水平面的夹角应大于自流角和静止角，这样才能保证设备的正常运转。

二、自动分级

任何一批粮食，都是非均质的聚集体。粮粒有饱满、瘪瘦、完整、破碎之分，形态多种多样。同时杂质也轻重不同，大小不一。在散落时彼此受到的摩擦力和重力不同，运动状态也不同。因此粮食在振动、移动时，同类型、同质量的粮粒和杂质就集中在粮堆的某一部位，引起粮堆组成成分的重新分布，这种现象称为自动分级。

例如，小麦在形成粮堆时的自动分级现象，从顶部到底部各个部位的品质呈现出有规律的分布：破碎粒、轻浮夹杂物、杂草种子在底部比顶部多（表1-4）。

表1-4　　　　　　　　　　**小麦自然形成粮堆时的分级情况**

品质指标	圆锥体顶部	圆锥体底部
容重/（g/L）	70.7	66.7
破碎粒/%	1.84	2.20
较轻杂质/%	0.51	2.14
杂草种子/%	0.32	1.01
沙石杂质/%	0.13	0.49
瘪粒/%	0.09	0.47

（一）自动分级的类型

按照自动分级形成的原因，自动分级可归纳为重力分级、浮力分级和气流分级。

1. 重力分级

重力分级的情况明显地发生在有震动运输的过程中。如散装原粮长途运输后，大而轻的物料就会浮到最上面，细而重的物料就会沉到底部，而较细、较轻和较大、较重的物料分布于两者之间，从而形成了分层的现象。

2. 浮力分级

浮力分级是粮粒下落过程中受力不同而造成自动分级的。粮粒由高点下落，会受到空气的阻碍作用，空气对粮粒产生浮力 P（图1-3）。当 $P > F$ 时，粮粒飘浮走；$P < F$ 时，粮粒下落；$P = F$ 时，粮粒飘浮不定而悬浮。显然，当气流的浮力一定时，重的粮粒下落速度较快，轻的粮粒下落较慢。而轻的杂质在缓慢的下落过程中，由于物体重力、受力方向的改变也随时变化，使得较轻的杂质飘移落点，从而形成分级现象。

3. 气流分级

气流分级通常发生在露天堆粮的过程中（图1-4）。当输送机在刮风天卸粮时，在下风处就会聚积较多的轻杂质，从而形成自动分级现象。这种情况在皮带输送机、扬场机的作业中都会发生。

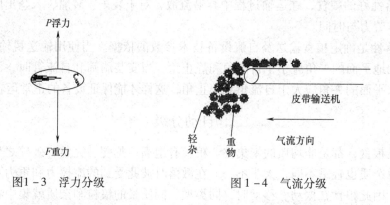

图1-3　浮力分级　　　　　　　图1-4　气流分级

（二）不同仓房、不同装粮条件下的自动分级

自动分级现象的发生与粮食输送移动时的作业方式、仓库类型密切相关。作业方式不同，自动分级状况不同；仓库不同，自动分级现象也不相同。按作业方式、仓库类型和粮堆形成的条件可大体分为以下几种情况。

1. 自然流散成粮堆

粮食自高点下落自然流散成粮堆时，粮粒与粮粒之间、粮粒与杂质之间以及杂质与杂质之间受到的重力、摩擦力不同，同时落下时受到的气流浮力也不相同。这些差异综合影响，使较重的杂质落在圆锥体的中心部位，而较轻的破碎的粮粒及杂草种子就沿着斜面下滑至圆锥体的底部。因此，随着圆锥体的不断扩大，杂质就在圆锥粮堆的底部不断积累，最终形成基底杂质区（图1-5）。

2. 房式仓入库

房式仓入库一般有输送机进粮和人工入仓两种。输送机进粮又分移动式和固定式。如果是移动式入库，一般是输送机头先从仓一端开始，随入库逐步由内向外退移。因此，饱满的粮粒和沉重的杂质多汇集于机头落下的粮堆中央部位；沿输送机两侧的粮食，含有较多的瘪粒和较轻的杂质，形成带状杂质区；在皮带输送机下形成糠壳杂质区。如固定式入库，粮食入库时就有多个卸粮点，那么与自然流散形成粮堆一样，在一个仓房内部形成多个圆窝状杂质区，即每个卸粮点有一个基底状杂质区。

房式仓人工入粮时，因为粮食落点低，倒粮点分散，所以自动分级就不明显，质量组合比较均匀。

3. 立筒仓

立筒仓因筒身较高，粮粒从高处落下，下落的粮食流动会带动空气运动，在仓内形成一个涡旋气流（图1-6），涡旋气流的运动，使粮面上细小的较轻的杂质飘向筒壁。随着粮面在筒仓内逐步升高，靠近墙壁就形成环状轻型杂质区，而沉重的杂质多集中于落点处。出仓时，正好相反，比较饱满和相对密度大的粮粒首先流出仓，靠近仓壁的瘦小子粒和较轻杂质最后出仓。所以粮食品质也因出仓的先后不同而有差异（表1-5）。

图1-5　粮堆的杂质区

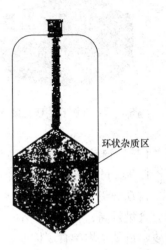

图1-6　立筒仓自动分级情况

表1-5 　　　　　　　　　　　**筒仓粮食进、出仓自动分级现象**

作业	部位	容重/（g/L）	碎粒/%	不饱满粒/%	杂质/%
进仓	中心	704.1	1.84	0.09	0.60
	仓壁	667.5	2.20	0.47	3.80
出仓	出粮0.5h	666	1.80	1.54	2.50
	出粮3.5h	660	3.50	5.0	2.98
	出粮4.5h	496	1.70	9.0	19.90

4. 浅圆仓

浅圆仓的高度一般比立筒仓低（个别浅圆仓除外），浅圆仓装粮方式类似于立筒仓，一般情况下都是通过仓顶输送设备将粮食卸载后，通过溜管和闸阀门将粮食直接引入仓内入粮口。然后粮食通过两种方式装入仓内。一是直接自由下落，在仓内形成一个大的圆锥体粮堆。粮粒与粮粒之间、粮粒与杂质之间以及杂质与杂质之间受到的重力、摩擦力不同，同时落下时受到的气流浮力也不相同，在仓内形成与立筒仓类似的圆环状杂质区，因浅圆仓的直径比筒仓大，所形成的圆环状杂质区比立筒仓更为明显。二是装有抛粮器的装仓方式，因为抛粮器抛撒直径有限，所以这类装粮方式不仅会出现圆环状杂质区，同时还会增加一个中心部位圆柱状杂质区。两种自动分级所形成的杂质区如图1-7、图1-8所示。

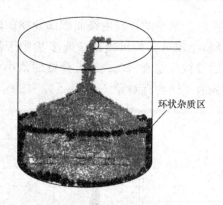

图1-7　浅圆仓装粮直接下落自动分级

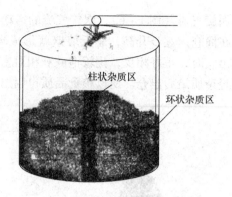

图1-8　浅圆仓装粮加抛粮器自动分级

（三）自动分级与储粮稳定性的关系

1. 自动分级给发热霉变创造了条件

自动分级现象使粮堆组成重新分配，这对安全储粮十分不利。杂质较多的部位，往往水分含量较高，孔隙度较小，虫霉容易滋生，是极易发热霉变的部位，如不能及时发现还会蔓延危及整堆粮食。因此，对自动分级严重的地方，要多设检查层点，密切注意粮情变化。

2. 自动分级增加了日常管理的难度

通常储藏期间粮情的日常管理，都是通过检测粮堆的温度变化来予以判断的。只要粮堆温度没有异常变化，一般情况下粮食储藏稳定性基本处于正常状态。但是，在装仓过程中由于粮堆内出现自动分级，从而使原来基本处于均质的粮堆，产生新的分布。有些部位粮食饱满，孔隙度相对也比较大。而有些部位粮食质量相对较次、杂质也比较多、孔隙度也比较小。而那些粮食质量相对较次、杂质较多、孔隙度较小的部位，由于粮食自身的生理代谢及其他生物成分代谢与活动产生的水分及热量很难与外界平衡，从而是最容易出现问题的部位。而常规粮温检测都是通过粮堆内均匀布点来检测，均匀布点又是按区域划分，具有一定的规律，而这种规律布点不一定刚好分布在容易出问题的部位，因此，常规的粮温检查很有可能掩盖了部分隐患，要想真正反映粮堆真实状态，就必须增加一些辅助检测点来弥补常规检查所产生的不足。正是此原因导致自动分级增加了日常管理的难度。

3. 降低通风及环流熏蒸效果

自动分级中灰尘、杂质集中的部位，孔隙度小，是储藏过程中最容易出问题的部位。往往需要通过通风方式进行处理和解决，但是，在通风时由于这些部位孔隙度小，空气阻力加大，造成气流通过困难，使得通风降温、降水效果降低。环流熏蒸杀虫时也会出现类似的情况，造成药剂渗透困难，影响杀虫效果。

在粮食储藏中也可利用自动分级有利的一方面，如利用气流分级清理粮食，使用筛子振动去掉重杂质等。

（四）防止自动分级的途径与方法

防止自动分级最积极的办法是预先清理粮食，降低粮食中的杂质含量。此外，在入粮口或机械设备的卸粮端安装一些机械装置，使粮食均匀地向四周散落，减轻自动分级现象。目前常见的有以下三种。

（1）皮带输送机头部的散粮器（图1-9）和浅圆仓入粮口的散粮器（图1-10）。皮带输送机头部的散粮器在卸粮时可借助粮流的惯性冲击力，使散粮器旋转，将粮食均匀抛出；浅圆仓入粮口的散粮器可在电机的带动下旋转，在入粮时将粮食均匀散开，粮食的抛散半径可通过调整转速来解决，转速高时，抛散直径较大，反之，抛散直径就小。

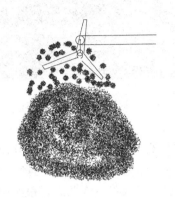

图1-9 皮带输送机头部的散粮器

图1-10 浅圆仓入粮口的散粮器

（2）针对浅圆仓入粮过程中自动分级现象严重的问题而研发的浅圆仓多点均匀落料布料器。依据浅圆仓入粮后自动分级情况，分析自动分级形成的重要原因为仅一处落料，为达到合理增加落点的目的，将直径为30m，底面积为706.5m²的浅圆仓按图1-11所示分为25个落点，每个落点入粮面积为28.26m²。其中，S1区域为1个圆形落点，半径3m，面积为28.26m²；S2区域为环形，外径为9m，内径为3 m，设8个落点，面积为226.08m²；S3区域为环形，外径为15m，内径为9m，设16个落点，面积为452.16m²。该多点均匀落料布料器是将单点来料进行25点均匀分料，因此设计了25条溜槽（图1-12），粮食入仓后粮堆落料基本均匀（图1-13），有效缓解了粮堆杂质聚集现象。

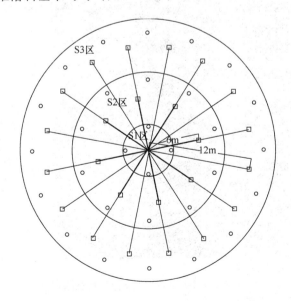

图1-11 落点分布图

图 1 - 12　安装完成后溜槽全景图　　　　图 1 - 13　粮食入仓后粮堆落料图

（3）立筒仓、浅圆仓采取的中心管进粮方式，如中储粮日照粮油储备库浅圆仓设计的气浮式减分级、降破碎多功能中心系统（图 1 - 14）。其具体流程为（以大豆为例）：大豆经皮带机输送到入仓溜管→收料管→伞状布料器→风机粉尘扩散器→吹散入仓粮流中大部分粉尘及轻杂→双漏斗溢流导流器、气浮式缓冲器→减缓粮粒下降速度、降低粮食破碎率→中心管侧壁出料口卸粮→减小粮食入仓落差，减轻自动分级、减小粮食破碎率。对比实验表明，该浅圆仓中心直径 6m 的范围内杂质平均含量，实验仓比对照仓低 11.1 个百分点。此外，该中心系统的主要功能除了减轻粮食自动分级，还包括减少破碎和中心径向通风。

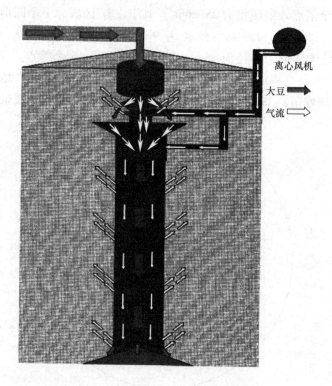

图 1 - 14　中心管入仓流程示意图

三、孔隙度

1. 孔隙度的概念

在一个粮堆中，因粮粒与粮粒之间存在一定的空隙，所以粮堆的体积实际上由两部分组成，一部分为粮食籽粒的体积，另一部分为粮粒之间空隙的体积。一般粮堆的体积是指粮粒的净体积与粮粒间所有空隙体积的总和。粮堆的孔隙度就是粮堆内空隙体积占粮堆总体积的百分率。

从宏观上讲，粮堆中的孔隙是粮粒与粮粒之间的空间，这是粮食在储藏中维持正常有氧呼吸，进行水分、热能交换的基础。从微观上讲，构成孔隙的一个容易被忽视的因素是粮粒内部存在的微孔，它虽然在整个孔隙度中占有较少的比例，但它的作用远比宏观的孔隙复杂。这些微孔是粮食呼吸代谢、吸湿、解吸、吸着、吸收的基础，也和粮食干燥密切相关。利用水银孔隙测定计可测得单位粮食微孔的总体积。

粮食的容重是和孔隙度密切相关的物理量。一般而言，孔隙度越大，容重越小。几种粮食的相对密度、容重、孔隙度如表 1-6 所示。

表 1-6　　　　　　　　　几种粮食的相对密度、容重、孔隙度

粮食种类	相对密度	容重/（kg/m³）	孔隙度/%
小麦	1.22~1.35	687~781	35~45
大米	1.33~1.36	800~821	43
玉米	1.11~1.25	675~807	35~55
大豆	1.14~1.23	658~762	38~43
油菜籽	1.11~1.38	607~835	38~40
面粉	1.30	594~605	40~60
花生仁	1.01	600~651	40~48

粮食的绝对体积和孔隙度都用百分率来表示，可根据粮食的容重和相对密度来推算：

$$绝对体积 = （容重/相对密度）×100\%$$
$$孔隙度 = （1-容重/相对密度）×100\%$$

2. 影响孔隙度的因素

粮堆的孔隙度大小受到许多因素的影响，粮粒形态、大小、表面状态、水分含量、杂质的特征与数量、堆高、储藏条件等都能影响粮堆的孔隙度。粮粒大、完整、表面粗糙的，孔隙度就大；粒小、破碎粒多、表面光滑的，孔隙度就小。含细小杂质多的粮食，可降低粮堆的孔隙度。对于一个粮堆，各部位的孔隙度是不一样的，特别是自动分级明显的部位更为突出。粮堆底层所受压力大，孔隙度较小。此外，粮堆吸湿膨胀后，也会造成孔隙度降低。

3. 孔隙度与储粮稳定性的关系

粮堆的孔隙度在粮食储藏上具有重要的意义。孔隙度的存在，决定了粮堆气体交换的可能性，提供了粮粒正常生命活动的环境。孔隙中空气的流通，使得粮堆内湿热易于散发与周围平衡，粮食就耐储藏；如果孔隙度小，气体交换不足，当某些部位湿热程度高时，

粮堆内湿热就会郁积不散，易引起发热、霉变。所以粮堆中有一定的孔隙度，对保证粮食的安全储藏是必要的。

根据粮堆内部气体的可交换性，可以人为地利用惰性气体改变粮堆内的气体成分，改变粮堆内粮粒与害虫、霉菌的生活环境，以抑制粮食呼吸及虫、霉的活动。气调储藏就是在此基础上发展起来的储粮技术之一。自然通风和机械通风也能促进粮堆内气体的对流，散发粮堆内湿热空气，换入干冷空气，以达降温、降水的目的。进行药剂熏蒸和化学保管时，孔隙度大，药剂就易于渗透，杀虫抑菌的效果就好；孔隙度小，药剂气体渗透困难，会影响熏蒸效果。

第四节　粮食的热特性

粮食总是具有一定的温度，即处于一定的热状态中，并随时与外界进行着热交换。因此，粮食的热特性也是粮堆物理性质之一，它包括粮食的导热性与导温性。

一、导热性与粮堆传热

（一）导热性

在组成粮堆的主要成分中，粮粒对热的传导速度较慢，是热的不良导体。虽然粮堆中空气的流动有助于热传导，但粮堆内气流运动缓慢。因此，整个粮堆导热性是很差的。如正常粮堆温度变化总是落后于外温变化，深层粮温变化总是落后于表层粮温变化，就是粮堆导热性不良的具体表现。

（二）粮堆传热

粮堆中进行的热传导是一个相当复杂的物理过程，既有传导传热，又有对流传热和辐射传热。虽然三种传热方式总是相互伴随而存在，但粮堆中热量传递以传导传热和对流传热为主。

粮堆的导热性就是粮堆传递热量的能力，通常以粮堆导热系数的大小来衡量。粮堆的导热系数是指在稳定传热条件下，1m 厚的粮层在上层和底层的温度相差 1 度（1K 或 1°C）时，在 1s 内通过 $1m^2$ 的粮堆表面面积的热量，用符号 λ 表示，其单位是 W/（m·K）或 W/（m·°C）。具有一定的导热性是粮堆进行通风降温、干燥去水的条件之一。

导热系数一般由实验测出。粮堆 λ 值很小，多在 0.08 ~ 0.234W/（m·K）之间。研究表明，在室温条件下，当小麦水分含量在 8% ~ 20% 的状态下，其导热系数的变化范围为 0.1420 ~ 0.1627W/（m·K）；籼稻中优 218 水分在 6.6% ~ 20% 时，其导热系数的变化范围为 0.0998 ~ 0.1223W/（m·K），这表明粮堆的导热系数与粮食的水分含量呈正相关关系，粮食的水分含量越高，粮堆的导热能力越大。此外，当小麦温度在 6 ~ 33℃ 的范围内，其导热系数变化范围是 0.1336 ~ 0.1605W/（m·K）；广东早籼在 6.5 ~ 35℃ 时，导热系数的变化范围为 0.0826 ~ 0.1166W/（m·K），这表明粮温与粮堆的导热系数呈较好的线性正相关。不同品种粮食的导热系数不同，研究表明籼稻的导热系数大于粳稻的导热系数，但不同品种小麦的导热系数值变化范围不大。

单粒粮食的导热系数比粮堆的导热系数高 4 ~ 5 倍，这是粮堆中有空气存在的结果，空气的导热系数 λ 为 0.0234W/（m·K）。显然，较低的导热系数决定了粮堆是热的不良导体。粮堆对热的传入、传出都很缓慢。

二、导温性

物体在传递热量的同时，本身也会吸收部分热量而被加热。粮食也不例外，它不仅传热，而且也吸热升温。粮食的导温性是指粮堆在传递热量的同时，自身吸收部分热量而导致温度升高的性能。研究指出，同样质量的物体吸收同样的热量，其升温的幅度不同。为了准确地表示物体这种性质，人们定义了热容量和导温系数的概念（热容量定义详见本章第二节），热导率（也称热扩散率）定义为：物体被加热或冷却时，其内部温度趋于一致的能力。导温系数越大，表明物体内部的温度分布趋于均匀越快。导温系数可用式（1 - 2）表示：

$$\alpha = \frac{\lambda}{c \cdot \gamma} \tag{1 - 2}$$

式中　α——导温系数，m^2/h；

λ——热导率，$W/(m \cdot K)$。

c——粮食的比热容，$kJ/(kg \cdot K)$；

γ——粮食的容重，kg/m^3。

粮食的导温系数表示粮食的热惯性，即吸收同样的热量，粮食温度升高的快慢程度。α 大表明粮食易被冷却和干燥，α 小表明粮食不易冷却和干燥。通常粮堆的 α 值为 $6.15 \times 10^{-4} \sim 68.5 \times 10^{-4} m^2/h$。数值较小，说明粮食不易升温或冷却。

当给定粮堆后，λ 与 γ 就随之确定。因此，粮食的导温系数就取决于粮食的比热容（比热容的概念见本章第二节）。比热容大，α 值就减小；比热容小，α 值就增大。粮食比热容的大小，取决于粮食的化学成分或各种成分的比例。如干淀粉的比热容为 $1.55kJ/(kg \cdot K)$，纤维的比热容为 $1.34kJ/(kg \cdot K)$，脂肪的比热容为 $2.05kJ/(kg \cdot K)$，谷类粮食干物质的比热容为 $1.55kJ/(kg \cdot K)$。粮食的比热容是干物质与水分比热容之和，而同种粮食的比热容因水分含量不同而有差别。一般而言，粮食的比热容通常用式（1 - 3）计算：

$$c = c_g + \frac{c_s - c_g}{100}w \tag{1 - 3}$$

式中　c——粮食比热容，$kJ/(kg \cdot K)$；

c_g——粮食干物质比热容，$kJ/(kg \cdot K)$；

c_s——水的比热容，$kJ/(kg \cdot K)$；

w——粮食样品水分含量。

由式（1 - 3）可知，粮食比热容与其水分含量密切相关，水分含量越高则比热容越大。此外，粮食温度在 0℃ 以下时，它的比热容与温度相关性不大；粮食温度在 0℃ 以上时，其比热容随着温度升高而增大。

三、热特性与储粮稳定性的关系

粮堆的导热系数 λ 值很小，说明粮堆是热的不良导体，这一性质，对粮食的储藏既有有利的一面，也有不利的一面。粮堆不良导热性的不利作用是当粮堆局部发热时，由于粮堆难以导热，接近发热层处的粮食温升比发热层中心慢得多。据测定：当玉米、稻谷粮堆内部发热点温度高于正常粮温 25℃时，4.5d 内只有 60cm 范围内粮温受影响较大；当小麦粮堆内部发热点温度高于正常粮温 25℃时，由于小麦的导热性比玉米和稻谷差，热量传递 6d 之后，同样只有 60cm 范围内粮温受影响较大。因此粮情检测的测温点要合理布局，并设若干机动点，以尽早发现局部发热。

粮堆不良导热性的有利作用是在合理的保管技术下，低温进仓的粮食甚至在炎热的季节里，也能保持较低的粮温，从而抑制和延缓虫霉的危害，保持储粮品质。或者高温季节入仓的粮食，在冬季利用通风系统进行通风降温，气温回升前进行适当的隔热保冷，从而有效地控制粮食的储藏温度，为粮食的安全储藏奠定基础。

粮堆的导温系数 α 值也较小，说明粮食不易升温或冷却，这对粮食储藏而言是不利的。由于储粮温度的变化在正常情况下总是滞后于外界环境温度的变化，并且很容易在粮堆内形成温度梯度，这极易导致粮堆出现湿热扩散的现象，使粮堆内部水分发生转移，若处理不及时很容易导致储粮结露、发热和霉变。

第五节　粮食的吸附特性

气体与固体接触时，气体分子浓集和滞留在固体表面的特性，称为吸附性。在粮食储藏中遇到的吸附现象主要是粮食对其他气体的吸附，对熏蒸气体及一些污染物的吸附，如水蒸气、二氧化碳气体、香料、煤油、汽油、桐油、咸鱼、樟脑等。粮食吸附性能在储藏中表现得最明显的是对水气的吸附。粮食对水气的吸附与储藏品质的变化有着密切的关系，是粮食结露、湿热扩散的重要原因。因此，了解粮食的吸附特性对粮食的安全储藏十分重要。

一、吸附

（一）吸附内因

物质在相界面上，气体分子自动发生浓集的现象，称为吸附。吸附作用可以发生在各种不同相的界面上，如气—固、液—固、气—液、液—液等界面上。粮食中发生的吸附主要是气—固表面上的吸附作用，其次还有不应有的固—液吸附作用。

粮食能够吸附气体分子，主要是粮粒的表面和内部的微观界面上的各种分子与内部分子的拉力、合力不等于零，处于力场不平衡的状态。该不平衡力场往往因吸附某些物质而得到补偿，所以粮食的表面可以自动地吸附某些物质。在吸附过程中，气体的吸附可看作是液化过程，故吸附过程是放热的。相反，解吸过程是吸热的。

$$吸附剂 + 吸附物 \underset{解吸}{\overset{吸附}{\rightleftharpoons}} 吸附体 + 吸附热$$

在吸附过程中，人们关心的是在一定条件下，粮食对某种气体吸附量的大小。吸附量常用单位质量的固体所吸附的气体物质的量或体积来表示。如 m kg 的粮食，吸附 x 体积的气体，则吸附量为 x/m，对于一定量的固体吸附剂，吸附平衡时，吸附量 x/m 是气体压力和温度的函数。即：

$$\frac{x}{m} = f(P,T) \tag{1-4}$$

实验中，为了方便，常常固定一个变数，求出其他两个量之间的关系。在恒温下，测定不同压力下的吸附量，所得曲线称为吸附等温线。即：

$$T = 常数 \qquad \frac{x}{m} = f(P) \tag{1-5}$$

　　自然界中测定大量物系的吸附等温线，大致有五种类型，典型的有两种，如图 1-15 所示。研究表明，粮食对二氧化碳等气体在低压阶段的吸附等温线为 I 型，符合 Langmuir 方程 [图 1-15 (1)]。粮食对水气的吸附等温线为 II 型，符合 BET 方程 [图 1-15 (2)]。二者的差异主要是单分子层吸附与多分子层吸附的差别。

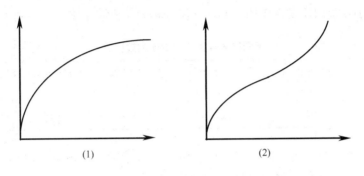

(1)　　　　　　　　　　(2)

图 1-15　固体吸附气体的两种等温线

　　通常吸附剂的吸附性能与吸附剂的比表面积和表面活性成正比。粮食是多孔性的胶体，据测定，在粮粒细胞中存在着很多大小不同的毛细管，大的直径为 $10^{-4} \sim 10^{-3}$ cm，而小的直径约为 10^{-7} cm，毛细管的壁面由于含有氨基酸、淀粉、脂肪等基团，具有良好的表面活性，是吸附的有效表面。此外，当考虑粮粒的多孔结构时，粮食的比表面积就高达 $48 \sim 200 \mathrm{m^2/kg}$。所以，粮食具有吸附气体和蒸气的能力。

（二）吸附类型

1. 物理吸附

粮食对气体的吸附主要是物理吸附，这类吸附的特点是：

（1）吸附物体与被吸附物体之间没有形成化学键，即没有电子转移，吸附表面的分子和吸附气体分子之间的作用力是分子间引力（即范德华力）。

（2）越易液化的气体，越易被吸附。

（3）吸附速度和解吸速度都较快。

（4）吸附量和吸附速度随着温度的升高而下降。

（5）可以形成多分子吸附层。

　　按照吸附剂吸附的位置，物理吸附又可分为：吸着、吸收、毛细管凝结。外界气体或蒸气分子凝集在粮粒表面的现象，称为吸着。气体或蒸气分子扩散到粮粒内的毛细管中而被吸着，称为吸收。被吸入的气体或蒸气分子在粮粒内的毛细管中达到饱和状态而凝结，称为毛细管凝结。这几种吸附在粮堆中同时存在。

2. 化学吸附

　　粮堆中发生的吸附除了物理吸附之外，还有部分是化学吸附，如熏蒸药剂的残留，一些液体污染物的吸附等。粮粒发生化学吸附的原因，是粮粒中的某些部位分子上原子的化合价未完全被相邻原子所饱和，还有剩余的成键能力。因此被吸附物与粮粒之间发生电子转移，生成化学键。化学吸附具有以下特点：

（1）由于形成化学键，只能单分子层吸附。

（2）随温度的升高吸附量和吸附速度增加。吸附温度越高，吸附速率越快。

（3）一般条件下，不易吸附和解吸。

在特殊条件下，被吸附物与粮食某些部位的分子形成稳定的化合物，就不可能解吸了。这就是一些化学药剂熏蒸后存在残毒的根本原因。如溴甲烷熏蒸后的残留：剂量32mg/L 在 15.5℃条件下密闭 24h，处理一次的大麦，溴甲烷的残留量为 35mg/kg（表 1-7）。溴甲烷与小麦蛋白质发生作用，并进一步分解为无机溴化物及一系列甲基衍生物。

表 1-7 不同熏蒸条件下溴甲烷的残留量

药剂	粮食种类	熏蒸温度/℃	密闭时间/h	投药剂量/（mg/L）	残留量/（mg/kg）
溴甲烷	大麦	15.5	24	32	35
	小麦	24	24	32	42

应该看到，在粮堆中发生的吸附作用不是物理吸附和化学吸附彼此相对孤立存在的，根据被吸附物的不同往往物理吸附和化学吸附并存。

（三）影响粮食吸附的因素

粮食吸附能力和速度的大小，通常以单位时间内吸附气体的数量——吸附速度和粮食在一定条件下吸附蒸汽或气体的总量——吸附量来表示。粮食对气体和蒸汽的吸收能力和速度差别，取决于气体性质、温度、吸附气体压力、粮粒的组织结构、化学成分等。

在气体浓度不变的情况下，温度下降，物理吸附过程加强，吸附量增加。化学吸附随着温度的下降吸附量减少。反之，温度升高，物理吸附过程减弱，吸附量减少，而化学吸附的速度增加，吸附量增加。如籼米在 25℃ 和 35℃ 对二氧化碳的吸附量有明显的差别（图 1-16），在 25℃ 时，二氧化碳的吸附量远远大于 35℃ 时的吸附量。这是典型的物理吸附过程。表 1-7 所示为不同熏蒸条件下溴甲烷的残留量，残留量随着温度的升高而增加，说明粮食对溴甲烷的吸附是一个化学吸附过程。

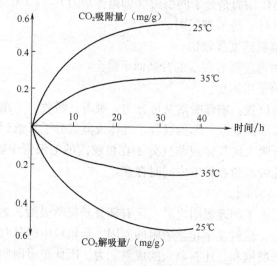

图 1-16 籼米对二氧化碳的吸附和解吸曲线

　　在温度不变的情况下，气体浓度增加，超过粮粒内部的压力，吸附量增加；相反吸附气体浓度降低，吸附动态平衡向解吸方向移动，吸附量减少。如图 1 − 17 所示，随着二氧化碳的浓度增加，花生对其的吸附量也逐渐增大。可见该物理吸附过程随着二氧化碳浓度的增加而加强。

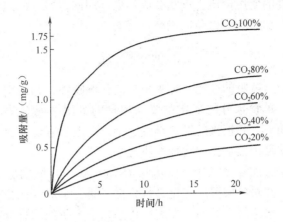

图 1 − 17　不同浓度的二氧化碳对花生吸附量的影响

　　粮食种类的不同，也是导致吸附量不同的主要因素之一。在同一条件下，各种粮食对二氧化碳的吸附能力依次是：

花生 > 大豆 > 芝麻 > 玉米 > 稻谷 > 小麦、大米 > 面粉

　　其具体数值如表 1 − 8 所示。

表 1 − 8　　　　　　　　几种主要粮食对二氧化碳的吸附量（温度 20℃，时间 3h）

种类	花生	大豆	芝麻	玉米	稻谷	小麦、大米	面粉
吸附量/（mL/kg）	560	400	230	170	85	75	60

　　吸附能力有差异的原因，主要是粮种之间毛细管孔径存在着差别，吸附活性表面大小不同，以及组织结构的差异。这些因素的综合结果，导致不同粮种吸附量之间的差异。

　　粮食的化学成分不同，也是影响气体吸附的主要原因之一。通常，当被吸附物的化学性质与吸附剂的化学性质相近时，则吸附量就随着某一化学成分含量的增加而增加。如在相同条件下，含油量高的粮食比含油量低的粮食吸收的水分较少，这是油和水不相溶引起的。又如谷物对二氧化碳的吸附，吸收的一部分二氧化碳与粮食蛋白质肽链上的 ε − 氨基酸、δ − 氨基酸相结合形成不稳定的化合物或进行离子反应。即：

$$R-NH_3 + CO_2 \rightleftharpoons R-NH_2COOH$$

$$H_2O + CO_2 \rightleftharpoons H_2CO_3 \rightleftharpoons HCO_3^- + H^+ \qquad 平衡系数\ pK < 7.0$$

$$OH^- + CO_2 \rightleftharpoons HCO_3^- \qquad 平衡系数\ pK > 7.0$$

$$R-NH_3^+ + HCO_3^- \rightleftharpoons (R-NH_2)^+ + HCO_3^-$$

　　因此，二氧化碳的吸附量往往与某种蛋白质的含量呈现正相关。

　　总之，粮食对气体的吸附过程是一个非常复杂的物理过程。影响吸附的主要因素也不是一成不变的，而是随着条件的改变而改变。

（四）气体吸附与粮食储藏的关系

粮食储藏技术中的二氧化碳置换方法（CEM）就是利用谷物对二氧化碳的吸附特性，使粮食在包装袋内呈现胶着状态（袋内负压2000Pa以上），可以很好地保持粮食品质。

粮食有吸附特性，很易吸附不良气体和液体，产生异味，如汽油、煤油、药物等气味性物质。轻则影响粮食的使用价值，重则造成污染。因此，粮食的运输车、盛装粮食的仓具及使用的工具都要严加检查，以免造成粮食污染。

二、吸湿特性

粮粒对水气的吸附与解吸的性能，称为粮食的吸湿特性，它是粮食吸附特性的一个具体表现。在储藏期间，粮食水分的变化主要与粮食的吸湿性能有关，与粮食的储藏稳定性、储藏品质都密切相关，和粮食的发热霉变、结露、返潮等现象也有直接关系。所以粮食的吸湿特性是粮食储藏中最重要的物理性质之一。

以小麦为样品，通过加湿器（水蒸气流量为250 mL/h）向实验仓内持续加湿，模拟仓房内局部高湿现象，并对各层湿度变化进行分析，研究水蒸气在粮仓内的传递规律。结果表明：垂直方向上，水蒸气主要向上方进行传递，下方受到的影响可以忽略；水平方向上，水蒸气传递速度与距离成反比，即距离进气口越近，湿度上升越快。另外，水蒸气垂直向上传递与横向传递相比较，横向传递速度明显快于垂直向上传递。因此，由于方位与距离的关系，在湿源位置固定的时候，与其距离最近的上层粮食会首先吸附大量的水蒸气，造成粮粒水分含量上升。

粮食之所以吸附水蒸气，其原因为：

（1）粮粒是多孔毛细管胶体物质，能够使水蒸气通过扩散进入其内部并凝聚。

（2）粮粒具有很大的吸附表面，使水蒸气分子能在表面发生单分子层或多分子层的吸附。

（3）粮粒中存在很多亲水性基团，这些基团对水蒸气分子具有较强的吸附能力，如小麦的淀粉含量约占子粒质量的63%，蛋白质约占16%，纤维素约占3%，这些物质都具有数个亲水基团，构成了粮粒吸湿的活性部位。

（一）粮粒吸附水蒸气的各种力

研究粮粒中水分存在的方式发现，粮粒中的水分以"自由水""吸附水""结合水"（化合水）三种方式存在。在通常情况下，粮食中的"化合水"受环境影响的可能性不大。随着环境条件发生变化的主要是"自由水"和"吸附水"。"自由水"又是"吸附水"在一定条件下凝聚的结果，因此对于"吸附水"的研究就显得十分重要。

水蒸气能被粮粒表面吸附，主要是由分子间作用力——范德华力作用的结果。范德华力包括：极性分子相互靠近时，由永久偶极作用产生的偶极力；极性分子和非极性分子相互靠近时产生的诱导力；非极性分子相互靠近时，由瞬时偶极产生的色散力。这三种力都具有吸引作用。水分子是极性分子，因此，粮粒上所发生的作用力主要是：水分子与粮粒极性部位分子之间发生的偶极力；水分子与粮粒非极性分子或部位之间发生的诱导力。其中，水分子在偶极力作用下，强烈地吸附在极性物质表面上。

（二）粮食的化学结构与吸附

粮粒含有大量的淀粉和蛋白质，都属于亲水物质，它们含有很多能与水作用的极性基团。淀粉链不论直链或支链，都具有羟基、环氧或氧桥。其中氧原子的孤立电子对未被饱和，因此，水分子就通过氢键的作用而和氧原子结合被吸附下来。蛋白质也是如此，除肽链以外，还有许多氨基酸侧链。它们都带有各种不同的极性基团与离子基团，水分子很易与之发生反应。如—OH 在丝氨酸、苏氨酸和酪氨酸上；—NH— 在色氨酸、组氨酸和脯氨酸上；—NH₂ 在赖氨酸及多肽链上的末端氨基酸上；—COOH 在天冬氨酸、谷氨酸和多肽链的末端氨基酸上；—CONH₂ 在谷氨酸上。

这些基团都会和水分子发生作用：

$$
\begin{array}{l}
\quad\quad \overset{\displaystyle O}{\underset{\displaystyle N-H}{\underset{\|}{-C-N-H\cdots O-H}}} \quad\quad \text{发生在残基上的反应}\\
-C=O\cdots H-OH \quad\quad \text{发生在肽链上的反应}
\end{array}
$$

同样，淀粉多糖类的极性分子也可和水分子发生作用，而使水分子被吸附。

如水与淀粉中羟基的反应：

$$-\overset{\displaystyle H}{\underset{}{C}}-OH\cdots O\overset{\displaystyle H}{\underset{\displaystyle H}{}}$$

或

$$-C-O\overset{\displaystyle H}{\underset{\displaystyle H-OH}{}}$$

水与氧桥的作用：

$$\begin{array}{c}-C-\\ O\cdots H-OH\\ -C-\end{array}$$

或

$$\begin{array}{c}H\\ H-C-H\\ O\cdots\quad H\\ R-C-H\cdots O-H\\ R\end{array}$$

（三）粮食水分的吸附和解吸过程

粮粒吸附水分，首先是水分在粮粒表面形成蒸汽吸附层，通过毛细管扩散到内部，吸附在有效表面上，其中有少部分与固体表面不饱和电子对发生作用，成为"结合水"。在吸湿过程中，存在着一个扩散吸附的物理过程，即水分子先扩散到粮粒表面和内部，然后再在活性表面吸附。因此，某种粮食吸附水蒸气的速度快慢，取决于水蒸气分子向粮粒内部扩散的扩散系数 D 和水蒸气与活性表面吸附作用常数 K。由于粮食的种皮含有蜡层和角质层，对水分子的扩散起着阻碍作用，因此，吸附水分子的快慢主要受到扩散系数 D 的制约。显然，当水气分压在粮粒周围逐渐加大时，扩散系数 D 增加，从而吸附速度加大。

当水气吸入后，如果水气分压仍大于粮粒内的水气分压，水气就会不断地进入粮粒内，开始吸附在毛细管壁，形成单分子层，继续吸附而变成多分子层，当毛细管壁上的水气吸附层逐渐加厚至中央汇合时，水分就在毛细管中形成一个弯月面。根据开尔文公式：

$$\ln \frac{p_r}{p_0} = \frac{2\delta M}{\rho R T r} \tag{1-6}$$

式中　p_r——弯月面上的水气分压，Pa；

p_0——毛细管壁上水气吸附面的水气分压，Pa；

δ——水分子的气液表面张力，N/m；

M——水的摩尔质量，kg/mol；

ρ——水的密度，kg/m^3；

R——气体状态常数；

T——吸附时的温度，K；

r——液滴的半径，当液滴面为凸形时为正，凹形时为负，m。

显然，形成弯月面时，$r < 0$，$\ln \frac{p_r}{p_0} < 0$，$p_r / p_0 < 1$，则 $p_r < p_0$。这说明弯月面上的水气分压低于毛细管壁上的水气分压，即存在着一个压力差。因此，管壁上的水气分子就向弯月面上运动，从而使弯月面上的水气过饱和而发生凝结，这种现象就称为毛细管凝结。这个动态过程的不断进行就使粮食水分含量不断增加，直至完成吸湿过程。

当外界环境中的水气分压低于粮粒内部的水气分压时，粮粒中的水气分子就向粮粒外扩散，即粮食中的水分发生解吸作用。解吸时首先是粮食毛细管中的凝结水扩散到空气中，其次是多分子层的吸附水，最后是单分子层的吸附水，直到粮食中的水气分压与环境中的水气分压平衡为止。

（四）粮食吸湿与水分活度

水分活度（A_W）是根据拉乌尔定律推导出来的。设 P 和 P_0 分别代表溶液和溶剂的蒸气压，n_1 和 n_2 分别代表溶质和溶剂的物质的量，则可用下式表示：

$$\frac{P_0 - P}{P_0} = \frac{n_1}{n_1 + n_2} \tag{1-7}$$

为简便起见，上式又表示为：

$$\frac{P}{P_0} = \frac{n_2}{n_1 + n_2} \tag{1-8}$$

即溶液和溶剂蒸气压的比值等于溶剂物质的量与总物质的量的比值，通常把这个比值称为水分活度。

水分活度在粮食及其产品的储藏加工方面具有重要的意义。粮食及其制品的生化变化和品质劣变，都与水分活度有关。利用水分活度来评定粮食储藏的稳定性，比"安全水分"更能反映粮食安全储藏的真实情况。在粮食水分含量相同的情况下，由于粮食内部水的存在状态不同，就像溶剂中所溶的溶质不同。因此，粮食水分所产生的蒸汽分压不同，从而使微生物利用的水分和生化反应所需的水分不同，粮食的稳定性就不同。对于各种粮食，水分活度在某一范围内其储藏稳定性则是安全的。一般 $A_W = 0.65 \sim 0.70$ 的情况下，粮食的变质非常缓慢。

水分活度与水分含量相比是更有用的参数，它反映了粮食呼吸代谢过程中可利用水分的程度。水分活度相同的粮食，其水分含量可以不同。因此，这就使评价水分对粮食储藏稳定性的影响有了统一的标准。

粮食微生物的发展，主要取决于粮食的水分活度和温度。即使在适宜的温度条件下，只要控制水分活度到达一定范围，微生物也不会生长为害。因此，为了粮食储藏的安全，就要控制粮食的水分活度在 0.65 左右。

（五）粮食的吸湿等温线

通常采用吸湿等温线来研究粮食吸湿特性，它表示了当温度恒定时在一定湿度下粮食吸收水分的量。它是平衡水气分压、水分活度或相对湿度的函数。通常粮食样品在同一相对湿度下，其水分含量有两个数值，一是当粮食吸湿时，一是当粮食解吸水分或干燥时。解吸时的水分含量高于吸湿时的水分含量。因而等温线又分为吸湿等温线与解吸等温线。

粮食吸湿等温线呈"反写 S"形。许多学者对此进行了研究，最成功的是 Brunauer、Emmett 和 Teller 三人提出的多分子层吸附理论。他们认为：粮食对水分的吸附和解吸处于动态平衡中；范德华力在吸附中起主要作用；粮食吸附表面对水分子的吸附能力相等，并能形成多分子层吸附。据此假设推导出了 BET 方程。即：

$$V = \frac{CV_{m}p}{(p_0 - p)\left[1 + (C-1)\dfrac{p}{p_0}\right]} \tag{1-9}$$

式中　V——温度恒定时，水蒸气分压为 p 时粮食吸收水气的体积；

　　　V_{m}——单分子层全部覆盖粮食吸附表面时能吸收水气的体积；

　　　p——水蒸气分压；

　　　p_0——水的饱和蒸气压；

　　　C——吸附常数。

在式（1-9）中，若 $p \leqslant p_0$，相对湿度很低时，BET 方程为：

$$V = V_{m}\frac{C\dfrac{p}{p_0}}{1 + C\dfrac{p}{p_0}} \tag{1-10}$$

这时吸湿等温线弯向相对湿度轴。

当 $p \to p_0$ 时，即在高湿度条件下上式为：

$$V = \frac{CV_{m}p}{(p_0 - p)\left[1 + (C-1)\dfrac{p}{p_0}\right]} \to \infty \text{ 无穷大} \tag{1-11}$$

这时，水分含量趋于无限增加，等温线又弯向水分含量轴，因此，吸湿等温线呈现"反写 S"形。这种类型是农产品（包括粮食在内）所特有的。

粮食的吸湿等温线可分为三个线段，每段所涉及的水气分压和水分含量的关系不同，见图 1-18。在等温线开始的 O-A 段，水气分压与水分含量间的关系主要受水分子和吸附表面的结合能所制约。

等温线的 A-B 段，近似于一条直线，这时水分吸附在第一层水分子之上，形成多分子层吸附，其中一小部分是在非极性部位。在这一过程中主要的作用力是水分的凝集力。在这一段，水的吸附量主要取决于水气分压的大小。

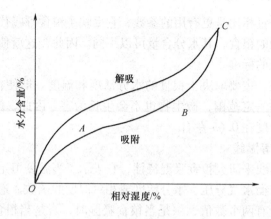

图 1 – 18　粮食的吸湿等温线

在等温线的 B – C 段，即高湿区，主要发生的是毛细管水分的凝结作用，曲线偏向水分含量轴；说明由于毛细管凝结作用，粮食水分增加得更加激烈。

多种粮食的吸湿等温线都呈现"反写 S"形曲线。如图 1 – 18 所示，在小麦和面粉吸湿等温线的 O – A 段，相当于小麦和面粉的水分含量为 5% ~6% 。等温线的直线部分，相当于小麦和面粉的水分含量为 8% ~12% 。等温线的最后弯曲段由相对湿度 75% 开始，粮食水分含量急剧增高至 16% 以上甚至高达 32% ~36% ，这完全符合上面所分析的毛细管水分凝结的结果。

一些研究表明：粮食水分含量在 15% ~16% 时，内部毛细管具有明显的毛细管凝结水。毛细管凝结水易在粮粒内部移动，并促进细胞中的物质代谢。因此，在出现毛细管凝结水以前，粮食含有的部分水分只是维持正常生命的需要；而毛细管凝结水出现后，粮食正常生命活动——休眠将被打破，这时，粮食的储藏稳定性变差，很容易发生问题。

"反写 S"形曲线的三段，其水分的状态是由化合水到自由水，区别比较明显，但在中段也有它们的过渡点。化合水的定量关系有待进一步研究。

（六）吸附滞后现象

一种粮食吸附水气时的吸附等温线与解吸等温线不一定相同，即在某种特定的相对湿度和温度条件下，吸附平衡水分值与解吸平衡水分值存在着差异，也可以说解吸时的含水量高于吸附时的含水量，解吸等温线滞后于吸附等温线，这种现象称为吸附滞后现象，如图 1 – 18 所示的小麦、面粉解吸等温线明显地由吸附等温线向左移动。表 1 – 9 所示为玉米在 22.2℃时等温条件下，其吸附与解吸平衡水分间的差异。

表 1 – 9　　　　　　　　　　　　　玉米在吸附与解吸时的水分差异

相对湿度/%	水分含量（湿基）/%	
	解吸平衡	吸附平衡
88.5	24.2	23.4
67.6	16.5	15.2
46.5	12.9	11.5
25.8	9.8	8.0
9.4	7.0	5.6

　　了解粮食的吸附滞后现象，有助于从理论上搞清不同水分含量的粮食在一起存放很难达到水分平衡，以及存粮时要干湿粮分开的问题。也可进一步了解通过取样测定水分含量来判断整仓粮食的储藏稳定性是不完全可靠的，它不能反映某些局部的问题。

　　吸附滞后现象的形成主要有以下几个原因：

　　（1）在吸附时水分子直接从空气中被吸引到胶粒表面（或吸附层表面），没有其他干扰因素；而在解吸时，水分子不仅要脱出胶粒表面，还要脱离周围吸附分子的吸引，由于解吸热与吸附热不相等，从而形成了滞后曲线。

　　（2）粮粒毛细管中的空气妨碍吸湿的进行。

　　（3）在吸着过程中，水分子最初是以单分子层被束缚于粮粒细胞的表面，等到更多的水分进入粮粒内，水分子凝结在第一层上而成为多分子层，当横贯于细胞壁的水分含量梯度增到扩散力大于表面上水分子的束缚力时，水分子就进入细胞内；当解吸时，细胞内水分子维持不动，直到相反的水分含量梯度形成，细胞内的水分才开始渗出，所以解吸比吸附具有较高的平衡水分含量。

　　（4）水分含量低时，粮粒中的极性基团彼此吸引、排列紧密，在它们之间不留有水分子存在的间隙。吸附水分后，极性基团分离，而解吸时，极性基团强烈地吸引着水分子。当吸附水分时，粮粒变形、膨胀，内部出现破缝、龟裂，这就增加了散湿时的解吸水分的表面面积，所以平衡水分含量较高。

（七）主要粮食的平衡水分含量

　　不同种类的粮食在同一状况下所达到的平衡水分含量是不同的，如谷类所含亲水物质较多，油料类所含疏水物质较多，则油料类平衡水分含量就明显小于谷类。表1-10是几种主要粮食在不同温湿度下的平衡水分。

表1-10　　　　　　　　　　不同温湿度下的粮食平衡水分　　　　　　　　单位:%（湿基）

粮种	温度/℃	相对湿度/%							
		20	30	40	50	60	70	80	90
稻谷	30	7.13	8.51	10.0	10.88	11.93	13.12	13.12	17.13
	25	7.4	8.8	10.2	11.15	12.2	13.4	13.4	17.3
	20	7.54	9.1	10.35	11.35	12.5	13.7	13.7	17.83
	15	7.8	9.3	10.5	11.55	12.65	13.85	13.85	18.0
	10	7.9	9.5	10.7	11.8	12.85	14.1	14.1	18.4
	5	8.0	9.65	10.9	12.05	13.1	14.3	16.3	18.8
	0	8.2	9.87	11.09	12.29	13.26	14.5	16.59	19.22
大米	30	7.59	9.21	10.58	11.61	12.51	13.9	15.35	17.72
	25	7.7	9.4	10.7	11.85	12.8	14.2	15.65	18.2
	20	7.98	9.59	10.9	12.02	13.01	14.57	16.02	18.7
	15	8.1	9.8	11.0	12.15	13.15	14.65	16.4	19.0
	10	8.3	10.0	11.2	12.25	13.3	14.85	16.7	19.4
	5	8.5	10.2	11.35	12.4	13.5	15.0	17.1	19.7
	0	8.68	10.33	11.5	12.55	13.50	15.19	17.4	20.0

续表

粮种	温度/℃	相对湿度/%							
		20	30	40	50	60	70	80	90
小麦	30	7.41	8.88	10.23	11.4	12.54	14.1	15.72	19.34
	25	7.55	9.0	10.3	11.65	12.8	14.2	15.85	19.7
	20	7.8	9.24	10.68	11.84	13.1	14.3	16.02	19.95
	15	8.1	9.4	10.7	11.9	13.1	14.5	16.2	20.3
	10	8.3	9.65	10.85	12.0	13.2	14.6	16.4	20.5
	5	8.7	10.86	11.0	12.1	13.2	14.8	16.55	20.8
	0	8.9	10.32	11.3	12.5	13.9	15.3	17.8	21.3
玉米	30	7.85	9.0	11.13	11.24	12.39	13.9	15.85	18.3
	25	8.0	9.2	10.35	11.5	12.7	14.25	16.25	18.6
	20	8.23	9.4	10.7	11.9	13.19	14.9	16.92	19.2
	15	8.5	9.7	10.9	12.1	13.3	15.1	17.0	19.4
	10	8.8	10.0	11.1	12.25	13.5	14.5	17.2	19.6
	5	9.5	10.3	11.4	12.1	13.6	15.6	17.4	19.85
	0	9.43	10.54	11.58	12.7	13.83	15.85	17.6	20.1
大豆	30	5.0	5.72	6.4	7.17	8.86	10.63	14.51	20.15
	25	6.35	8.0	9.0	10.45	11.8	14.0	16.55	19.4
	20	5.4	6.45	7.1	8.0	9.5	11.5	15.29	20.28
	15	7.0	8.45	9.7	11.1	11.2	14.7	17.2	20.0
	10	7.2	8.7	9.9	11.3	11.4	14.8	17.3	20.2
	5	7.5	8.85	10.2	11.6	11.7	15.0	17.7	20.15
	0	5.8	6.95	7.71	8.68	9.63	11.95	16.18	21.54

同一粮粒，胚的平衡水分含量就比胚乳大，因此胚的水分含量一般大于粮粒的总水分含量（表1-11）。

表1-11 　　　　　　　　小麦胚与胚乳的平衡水分 　　　　　　　　单位:%（湿基）

分析日期	相对湿度85%		
	完整籽粒	胚乳	胚
8月15日	19.07	18.92	20.38
8月25日	18.97	18.49	20.04

在同一相对湿度下，粮食的平衡水分含量与粮温并不呈现正相关，而表现为粮温越低，平衡水分含量越大，温度越高，平衡水分含量越小。由于温度上升时，解吸过程加强，平衡向解吸作用增强方向移动，加热会引起粮粒吸附物上的水分子部分脱离，因而水分吸附量随之减少，平衡水分含量就相应减小。温度下降时，平衡则向吸湿作用增强方面移动，水气吸附量反趋增长，平衡水分含量就相应增大。当温度由30℃下降到0℃时，各种粮食的平衡水分含量几乎相似地增加1.3%～1.4%。

吸湿性的研究为粮食储藏工作提供了理论依据。粮粒的吸湿性质和平衡水分的概念，指出了空气相对湿度对粮食水分含量的影响，当水分含量高的粮食存放于低相对湿度条件下，粮食水分则会散发；反之，如把干燥的粮食存放在空气潮湿的环境中，粮食则增加水分而吸湿。因此，在粮食储藏期间，利用通风等措施控制和调节水分时，必须运用粮食的吸湿性与平衡水分的概念和规律。

由于吸附滞后作用，高水分粮和低水分粮混储后，会引起粮堆水分的不均匀，而难以保管。

此外，近期有学者对不同气流速度下稻谷和小麦的平衡水分含量变化进行了研究。目前不同粮食平衡水分含量与环境湿度的关系图、表和数学模型是在基于静态气流环境下得到的，这种理想状态和粮仓中粮食所处的实际状况相差较大，难以指导生产实践。粮食在不同的环境、不同的过程中所达到的平衡水分含量，必须考虑气流速度的影响，才能获取准确的水分含量结果，以满足实际需求，正确指导实践。

为此，研究者通过自制的实验室模拟粮仓，试验、研究、分析了在同一相对湿度（90%）时，气流温度稳定在22℃左右，不同气流速度的实验条件下，稻谷和小麦平衡水分含量的数值规律。结果表明，气流相对静止的条件下，稻谷和小麦所达到的平衡水分含量要高于一定气流速度下的平衡水分含量，且在一定气流速度下达到吸湿平衡的时间比静态气流下明显延长；通过稻谷和小麦的空气流速越大，水分增加幅度越大，平衡水分含量值越高，达到平衡的时间越短。

第六节　粮堆中的微气流

散装粮堆中，由于孔隙度的存在，粮堆内的气体在某种作用力的推动下，按照一定的方向进行运动，就会在粮堆内部形成一股微气流（流速一般为 $0.1\sim1mm/s$）。这种微气流的存在和运动形式，不但影响着粮食籽粒、储粮昆虫、微生物的生命活动，而且是粮堆内部湿热扩散、水分转移、熏蒸毒气扩散的重要原因。

一、粮堆微气流的类型及产生的原因

粮堆内微气流按照形成原因和作用机制可分为：动力气流（外循环）和温差气流（内循环）两种。动力气流是粮食仓库或密闭粮堆气密性差、漏气造成的，当仓外风力强，气压变化大，仓房气密性差，漏气较严重时动力气流起主导作用。温差气流主要是由于粮堆各个部位温度差异而产生的，与入仓季节关系密切。

高温季节入仓的粮食，粮温较高，秋冬气温下降时，微气流在温差的作用下，从降温速度较慢、粮温较高的粮堆内部向降温速度较快、粮温较低的粮堆上层运动。在此过程中，水分随之转移并遇冷凝结，在粮面之下 $20\sim30cm$ 易出现结露，严重者产生"结顶"现象［图 1-19（1）］。低温季节入仓的粮食，粮温较低，春夏气温回升时，微气流从升温速度较快、粮温较高的粮堆上层向升温速度较慢、粮温较低的中下层运动，同样地，在此过程中，水分随之转移并遇冷凝结，易在粮堆底层结露，造成"烂底"现象［图 1-19（2）］。对于气密性较好、现代化程度较高的新型仓房，温差气流占主导地位。

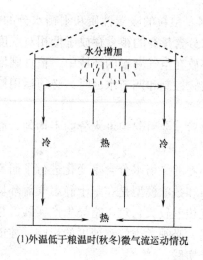 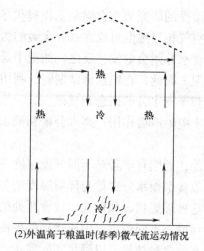

(1)外温低于粮温时(秋冬)微气流运动情况　　(2)外温高于粮温时(春季)微气流运动情况

图 1－19　温差气流

二、粮堆微气流与储粮稳定性的关系

1. 粮堆微气流的作用

当前最常用的储粮熏蒸杀虫药剂为磷化氢。早在 20 世纪 30 年代前后，国际上就开始寻求解决大型粮堆 PH_3 扩散和穿透的办法，20 世纪 90 年代前后国内开始尝试和使用 PH_3 进行环流熏蒸，并广为采用。但环流熏蒸易破坏原有粮堆的冷环境，使下层粮食出现一定的升温，易造成粮堆的内结露，而且对于仓房的气密性要求较高，部分老旧仓房没有配套磷化氢环流熏蒸设施。因此环流熏蒸的应用存在一定的局限性。在实际工作中，从"安全、经济、有效"的角度考虑，应依据粮堆微气流特征合理施药，利用微气流的传输作用有效地促进毒气的渗透与扩散，使毒气分布均匀，因地制宜地对熏蒸方法进行改进。

在储粮实践中，主要应正确选择投药的方向与投药点。一般而言，仓房内的施药部位应考虑粮堆微气流走向，当平均粮温高于仓温3℃以上时，应在粮面四周和下层中心部位施药［图1－20（1）］；当平均粮温低于仓温3℃以上时，应在粮面中心和下层四周部位施药［图1－20（2）］；新入仓粮食各部位粮温接近，宜均匀埋藏施药。

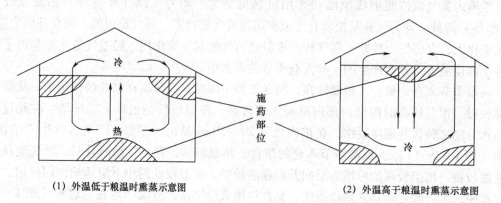

(1) 外温低于粮温时熏蒸示意图　　　　　　　　(2) 外温高于粮温时熏蒸示意图

施药部位

图 1－20　利用微气流选择投药方向和地点

2. 粮堆微气流的不利影响

在粮堆中，常常出现水分沿着温度梯度运动的过程，这种现象称为"湿热扩散"。如高温季节入仓的粮食，自身粮温较高，秋冬季节气温下降时，粮堆易产生温差，即中下层粮温高于上层，由于温差存在引起粮堆的微气流运动，并带动水分由高温部位移向低温部位。若此种水分转移长期进行，就会使得粮堆上层水分含量明显升高，严重者会出现"结顶"，该过程如图 1-19（1）所示。处于后熟期的新粮若管理不善，易出现上述情况，甚至造成粮食的发热、霉变。

若是低温季节入仓的粮食，自身粮温较低，当春夏气温回升时，粮堆上部会首先升温，而中下层粮温较低，由于温差存在，则会出现从粮堆上层向中下层运动的微气流，并带动水分由高温走向低温，使得粮堆底部水分升高，该过程如图 1-19（2）所示。在实际工作中，这也就是非仓房地面反潮情况下，仓底出现粮食结块、霉变的原因。

如上所述，在储粮实践中，应依据季节的变化密切注意粮仓中的相应部位，发现问题及时处理，确保储粮安全。

思考题

1. 什么是粮食的散落性，如何定量表示？
2. 影响粮食散落性的因素有哪些？
3. 粮食散落性与储粮关系如何？
4. 自动分级是如何产生的？
5. 分析不同仓型的自动分级现象。
6. 自动分级与储粮关系如何？
7. 如何减缓自动分级现象？
8. 什么是粮堆的孔隙度，如何计算？
9. 粮堆的孔隙度与储粮有何关系？
10. 什么是粮堆的导热性？
11. 粮堆是热的不良导体吗，为什么？
12. 导热性与储粮有何关系？
13. 什么是粮食的吸附性和吸湿性？
14. 粮食的吸附性与储粮有何关系？
15. 水分在粮食中的存在形式有几种，与粮食的安全储藏有何不同影响？
16. 什么是粮食的平衡水分含量？
17. 粮堆微气流的类型有哪些？

参考文献

1. 王若兰主编. 粮油储藏学. 北京:中国轻工业出版社,2009.
2. 张敏,周凤英主编. 粮食储藏学. 北京:科学出版社,2010.
3. 马涛主编. 粮油食品检验. 北京:化学工业出版社,2009.

4. 万忠民,吴凡,李红等.不同条件下粮食油料散落性的探讨.粮食储藏,2012,5:10-15.

5. 张来林,李岩峰,毛广卿等.用热线法测定粮食的导热系数.粮食与饲料工业,2010,7:12-15.

6. 曹志帅.粮食储藏微环境主要参数分布及传递规律研究.河南工业大学,2014.

7. 汤明远.稻谷储藏微环境主要参数分布及传递规律研究.河南工业大学,2014.

8. 罗先安,周新龙.浅谈散装粮堆通风死角的成因与处理.粮油仓储科技通讯,2006,3:53-56.

9. 朱遄.论粮堆微气流的形成与功能.仓储管理与技术,1998,5:26-27.

10. 赵红.浅谈粮堆气流特性在粮油储藏中的应用.粮油仓储科技通讯,2002,2:32-33.

11. 张来林,赵英杰,刘文超等.高大平房仓低温粮堆表面生虫的治理方法探讨.中国粮油学报,2006,21(3):384-387.

12. 闫春杰.粮仓微气流熏蒸试验简介.黑龙江粮油科技,2000,3:53-54.

第二章　粮食的收获后生理

【学习指导】

　　熟悉和掌握粮食收获后生命及生理活动特征，重点包括呼吸作用的定义和影响呼吸强度的因素；粮食后熟和陈化的概念、影响因素以及粮食在后熟和陈化期间的主要变化；粮食休眠的原因、种类及休眠机制；种子活力、种子生活力和种子发芽力的概念以及它们之间的关系，种子萌发的过程、影响萌发的因素。根据这些粮食生命及生理活动与储粮的关系，知道如何采取合适措施来控制其生理活动及代谢速度，达到粮食安全储藏的目的。

　　粮食是具有生命的活体，它们虽然脱离了母株和栽培的环境条件，在储藏期间仍不断地进行合成、分解代谢，以维持其生理活动，主要表现为呼吸、后熟等生理现象。粮食生理活动的结果往往使其在储藏期间发生温湿度、水分、化学成分等一系列的变化，总的来说，是以分解代谢为主，逐步走向陈化和衰老，直接影响粮油的储藏稳定性。因此，储粮工作的目的，就是采用一切措施来控制储粮的代谢过程，使之处于最低限度，借以推迟其陈化、延长其寿命，并在储藏期内保持其食用品质、种用品质和工艺品质。在储藏过程中，粮油籽粒的生理活动包括呼吸、后熟、萌发、陈化等。

第一节　粮食的呼吸作用

一、籽粒呼吸

（一）呼吸作用的概念

　　呼吸作用是动物吸进氧气和呼出二氧化碳的一种生理表现。它是一切生物维持生命活动的基础。动物停止呼吸就表示生命的结束。植物虽然没有专职的呼吸系统，但也表现耗氧与放出二氧化碳，并且沿袭呼吸作用这一特定用词。粮油的呼吸作用是指粮油中的有机物质在多酶系统的催化作用下，逐步氧化分解为二氧化碳和水，并释放能量的生物氧化过程。被呼吸作用分解的有机物质，称为呼吸基质。粮油的呼吸作用是以有机物质的分解、消耗为基础的，呼吸放出的热量是造成粮堆发热的原因。粮油呼吸作用越强，其干物质的消耗就越多。因此，为了减少干物质的消耗，应把粮油储存在一定条件下，使之处于休眠状态，减少其呼吸，这样粮油的营养物质损失就会减少，不会引起品质劣变。

（二）呼吸部位

　　人们日常生活中需要的粮食都取材于作物的种子，其实，原粮也是各类作物种子的总称。有萌发力的种子，呼吸作用是在其胚部和糊粉层细胞进行，种胚虽只占整粒粮食种子的3%～13%，但它是生命活动最活跃的部分，所以呼吸作用是以胚为主，其次是糊粉层。果种皮和胚乳经干燥后，细胞死亡，不存在呼吸作用，但果种皮和通气性有关，也会影响呼吸的性质和强度。经加工后的成品粮，如面粉与大米在密封条件中也表现耗氧与放出二氧化碳。这主要与感染了微生物和害虫有关。这些生物也进行呼吸，且强度比种子本身大。

二、呼吸类型及特点

粮油籽粒，由于自身的原因和环境的影响，常常具有两种不同的呼吸类型，即有氧呼吸与无氧呼吸。

（一）有氧呼吸

在通常情况下，有充足的 O_2 参与呼吸，粮油籽粒从空气中吸收分子态氧，在一系列酶的催化作用，将有机物经过复杂的生物氧化过程，最后分解为 CO_2 和 H_2O，并释放能量。有氧呼吸的复杂过程简要表示如下：

$$C_6H_{12}O_6 + 6O_2 \rightarrow 6CO_2 + 6H_2O + 2821kJ \qquad (2-1)$$

有氧呼吸是粮食呼吸作用的主要形式，它将呼吸底物彻底氧化分解，释放出大量的能量，这些能量大约有 45% 储藏在 ATP 中，维持粮油籽粒各种生理活动所需，其余的能量则以热能散发出来。这就是为什么呼吸作用是粮食发热的原因之一。因此在储藏期间要采取各种措施，将有氧呼吸控制到最低水平。

当粮堆通风良好、水分超过临界水分、氧气供应充足，粮食处于正常生理条件下，主要以有氧呼吸为主。

（二）无氧呼吸

无氧呼吸也称缺氧呼吸。在缺氧或其他情况下（如表皮透气不良，组织内氧化酶缺乏活性，利用氧的能力差或环境中 O_2 缺乏），便会发生无氧呼吸或称分子内呼吸。在这个过程中，粮油籽粒生命活动所需能量不是来自于空气中的氧直接氧化营养物质，而是靠内部的氧化与还原作用来取得的。无氧呼吸基质的氧化不完全，产生乙醇，因此，与发酵作用相同。无氧呼吸可用下式表示：

$$C_6H_{12}O_6 \rightarrow 2C_2H_5OH + 2CO_2 + 117kJ \qquad (2-2)$$

与有氧呼吸相比，无氧呼吸产生的能量很少，只为有氧呼吸的 1/32，为了获得同等数量的能量，要消耗远比有氧呼吸更多的呼吸底物，而且无氧呼吸的最终产物乙醛和乙醇对粮油籽粒组织不利，如积累过多往往引起细胞毒害，导致生理病害，最终会影响粮油籽粒的品质。从这方面讲无氧呼吸是不利的或是有害的。因此，在储藏过程中，应控制无氧呼吸的速度。

粮食和油料在储藏过程中，既存在有氧呼吸，也存在无氧呼吸。处于通气情况下的粮堆，以有氧呼吸为主，但粮堆深处可能以无氧呼吸为主，尤其是较大的粮堆更为明显；干燥的粮食，水解作用微弱，以无氧呼吸为主，在这种情况下进行的无氧呼吸，不但不影响粮食品质，而且对粮食安全储藏有利。这是干燥粮食能够长期密闭保管的理论基础。而高水分粮，水解作用强烈，以有氧呼吸为主，对安全储粮不利。在储粮储藏实践中，粮食水分含量越高，呼吸耗氧量越多。自然密闭缺氧储粮就是利用粮食的呼吸耗氧达到缺氧目的，但高水分粮不能长期密闭保管，否则会造成缺氧发酵，产生乙醇，从而影响粮油的品质，造成的损失增大。

（三）有氧呼吸和无氧呼吸的关系

有氧呼吸和无氧呼吸之间既有区别又有密切的联系。

1. 区别

比较两类呼吸间的呼吸历程和呼吸效应，有明显的差别。

（1）氧气的来源不同。有氧呼吸的氧来自于空气中的分子氧；而无氧呼吸的氧来自于分子内的氧。

（2）释放的能量不同。有氧呼吸中有机物质氧化比较彻底，释放的能量较多，呼吸产生的能量45%储存在ATP中，55%的能量以热的形式散失；无氧呼吸过程中，有机物氧化不彻底，释放的能量小。

（3）产物不同。有氧呼吸生成的产物为CO_2和O_2；而无氧呼吸除了产生CO_2和H_2O外，还产生乙醛和乙醇，这些物质的积累会引起组织毒害，除厌氧生物外，无氧呼吸只能维持一段有限时期的生存。

（4）呼吸部位不同。有氧呼吸在细胞基质中的线粒体中进行，线粒体因此被称为细胞的能量站；无氧呼吸的部位是细胞基质中的嵴，且多酶体系不完整。

2. 联系

（1）从物质和能量的变化看，两者都是分解有机物释放能量。

（2）从反应过程来看，有氧呼吸可以看作是无氧呼吸过程的继续，按照考斯德契夫的共同途径学说，呼吸基质分子的无氧分解是有氧呼吸和无氧呼吸的共同途径。下图可表示这种关系：

$$葡萄糖 \longrightarrow 丙酮酸 \begin{cases} 无氧 & C_2H_5OH + CO_2 + 1.005 \times 10^6 J \\ 有氧 & CO_2 + H_2O + 2.822 \times 10^6 J \end{cases} \qquad (2-3)$$

葡萄糖经糖酵解，形成中间产物丙酮酸。丙酮酸在有O_2情况下，经三羧酸循环，把丙酮酸氧化为CO_2和O_2；丙酮酸在无O_2情况下，脱羧为乙醛和CO_2，乙醛再被还原为乙醇。

三、呼吸作用的指标

呼吸强度和呼吸商是广泛应用于衡量呼吸作用的两项指标。测定这两项指标能反映粮油在储藏期间的生理状况；呼吸强度反映呼吸作用的强弱，呼吸商则反映呼吸性质。

（一）呼吸强度

粮油的呼吸强度是指单位时间内单位重量的粮食在呼吸作用过程中所释放出的CO_2量（以Q_{CO_2}表示）或吸收的O_2的量（以Q_{O_2}表示）。单位为Q_{CO_2}mg（或mL）／（h·kg干重）或Q_{O_2}mg（或mL）／（h·kg干重）。

呼吸强度是表示粮油呼吸代谢强弱的生理指标，它受许多因素的影响。正常储藏的干燥粮食，呼吸作用极微弱，呼吸强度很低。以玉米为例，籽粒成熟时，其呼吸强度为$1.67 \sim 2.08$mg／（h·kg干重），干燥后呼吸强度仅为$0.034 \sim 0.062$mg／（h·kg干重）；含水量较高的粮食，在储藏期间若通风不良，呼吸作用产生的水汽被粮粒吸收，热量则积聚在粮堆内不宜散出，从而加剧粮食的代谢作用，因此对水分含量较高的粮食，入仓前应充分通风换气和晒干，然后密闭储藏。

呼吸强度是衡量呼吸强弱的标准。呼吸强度越大，营养物质消耗越快，粮食的劣变速度越快，粮食的储藏寿命就会缩短。所以，在储藏过程中，呼吸强度可以作为粮食陈化与劣变速度的标准。在粮食储藏过程中，应保持较低的呼吸强度。

（二）呼吸商

呼吸商也称呼吸系数，是指粮食在单位时间内放出的 CO_2 体积与同时吸入的 O_2 体积两者之间的比值，用 RQ 表示：

$$RQ = V_{CO_2}/V_{O_2}$$

(2-4)

呼吸商是表示呼吸底物的性质的一种指标。不同的呼吸底物具有不同 RQ 值。比如以糖为底物时，完全氧化时其呼吸商为 1.0；以脂类为呼吸底物，呼吸商小于 1，为 0.7 ~ 0.8（如油料籽粒），视分子种类而定；植物蛋白为呼吸底物，完全氧化时，其呼吸商接近 1。但在细胞中更普遍的是不完全氧化，氧被保留在酰胺中，这样则其呼吸商为 0.75 ~ 0.8（大豆）。有机酸由于相对含氧量多，所以其呼吸商大于 1。

呼吸商是了解呼吸性质的一个指标，但粮油呼吸不是单纯靠某一物质作为基质，而且还受粮堆透气状况的影响，因此反映呼吸商的因素比较复杂，不易确定。呼吸商的变化，只能对粮油呼吸的内在情况作概括了解。一般地说，当 RQ = 1 时，表示储粮进行正常的有氧呼吸；当助 RQ < 1 时，表示储粮进行强烈的有氧呼吸；当 RQ > 1 时，表示储粮进行微弱的缺氧呼吸；当 RQ→∞ 时，表示储粮进行完全无氧呼吸。

四、影响呼吸作用的因素

粮油呼吸强度的大小，因作物种类、品种、收获期、成熟度、种子大小、完整度和生理状态等不同而不同，同时还受环境条件的影响，其中水分、温度和通气状况的影响最大。

（一）水分

粮油含水量的大小，是决定呼吸强弱的重要因素。这是因为水分是粮油呼吸过程中一切生化反应的介质。干燥粮油，因其组织内水与亲水基团牢固结合，水解酶类及呼吸酶类处于吸附状态，极不活化，所以呼吸作用非常微弱，用一般方法不易测定。而随着粮油含水量的增高，粮油中的呼吸酶的活性逐渐增强，呼吸强度会缓慢上升，从而促使物质分解。不同水分含量的小麦的呼吸强度如表 2-1 所示。

表 2-1	不同温度条件下不同含水量玉米的呼吸速率		单位：mL／（g·d）
不同温度/℃	不同含水量/%	呼吸速率变化范围	呼吸速率平均值
15	11.8	0.047 ~ 0.431	0.124
	13.3	0.059 ~ 0.574	0.148
	16.3	0.071 ~ 0.7071	0.196
20	11.8	0.143 ~ 0.520	0.296
	13.3	0.183 ~ 0.734	0.336
	16.3	0.173 ~ 0.707	0.363
25	11.8	0.199 ~ 0.910	0.462
	13.3	0.192 ~ 1.170	0.521
	16.3	0.241 ~ 1.197	0.613
30	11.8	0.194 ~ 1.360	0.556
	13.3	0.103 ~ 1.541	0.562
	16.3	0.256 ~ 1.964	0.847

一般情况下，随着水分含量的增加，粮油的呼吸强度升高，当含水量增高到一定数值时，粮食中的水解酶和呼吸酶的活动便旺盛起来，呼吸强度就急剧加强（图 2-1），形成一个明显的转折点，这个转折点表明粮油中开始出现大量游离水，此时粮油含水量称为临界水分。

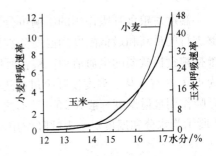

图 2-1 小麦和玉米的呼吸速率

粮油临界水分一般是指与接近 75% 的相对湿度相平衡时的粮油含水量。在常温下，不同粮食的临界水分大小不同。一般禾谷类粮食的临界水分为 14% 左右，油料的临界水分较低，为 8%～10%，但大豆的临界水分在 14% 左右。表 2-2 为与 75% 相对湿度相对应的粮食的含水量。

表 2-2　　　　　　　　　　75% 相对湿度各种粮食的含水量

粮种	水分/%	温度/℃	粮种	水分/%	温度/℃
稻谷	14.4	25～28	大麦	14.4	25～28
稻谷	14.0	25	花生果	10.5	25
糙米	15.6	25～28	亚麻籽	10.3	25
小麦	14.7	27	棉籽	11.4	25
小麦	14.7	21	大豆	14.4	25
玉米	14.3	25			

储粮储藏实践中，在常温下短期储藏的最高安全水分相当于 75% 相对湿度下的粮食水分；长期储藏或高温过夏的粮食最高含水量则应相当于更低的相对湿度，长期储藏（1～3年）的粮食，其最大安全水分应降低到对应于 65% 的相对湿度。为了保证粮、油储藏过程中的品质及延长储藏时间，必须控制粮食的含水量，使其不超过安全储藏所要求的数值，更不能超过"临界水分"。

（二）温度

温度是影响粮食呼吸强度的另一个重要因素。温度对呼吸作用的影响主要是控制酶的活性。呼吸作用是由酶催化的一系列生化过程，整个反应需要几十种酶的催化，因此呼吸作用对温度变化很敏感。

在一定的温度范围内，温度对粮食呼吸作用的关系基本符合一般化学反应的温度系数，即 $Q_{10} = 2～2.5$ 的规律。它指温度升高 10℃ 时，呼吸强度增加的倍数。一旦温度过高，呼吸强度反而会下降，这是过高温度使粮食组织内的原生质和酶遭到破坏的结果。小麦在 15～45℃ 时的 Q_{10} 如表 2-3 所示。

表 2-3　　　　　　　　　　小麦在 0～55℃ 的 Q_{10}

温度间隔	15～25℃	20～30℃	25～35℃	30～40℃	35～45℃
Q_{10}	1.8	1.7	1.6	1.7	—
Q_{10}	1.9	1.6	1.2	1.1	0.9
Q_{10}	1.9	1.8	1.3	1.1	1.0

温度对粮食呼吸作用的影响可分为三基点，即最低点、最适点和最高点。一个过程能够进行的最高和最低限度的温度分别称为最高点和最低点。呼吸作用最低点的温度，只能维持粮食极微弱的生命活动。粮食呼吸作用的最高点，禾谷类粮食一般为45~55℃，大豆为40℃左右。某一温度使呼吸过程进行最快，而且是持续的，该温度称为最适温度。粮食呼吸作用最适温度一般在25~35℃之间。温度与呼吸作用关系图为"钟"行曲线。图2-2所示为水分和温度对小麦呼吸作用的影响。

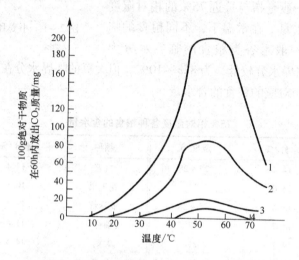

图2-2 水分和温度对小麦呼吸作用的影响

1—含水量为22%   2—含水量为18%   3—含水量为16%   4—含水量为14%

水分与温度是影响粮食和油料呼吸作用的主要因素，但二者并不是孤立的，而是相互制约的。在0~10℃时，水分对呼吸作用影响较小，当温度超过13~18℃时，这种影响即明显地表现出来。因此在低温时含水量较高的粮食也能安全储藏，如我国东北及华北地区，冬季气温很低，高含水量玉米（一般含水量为25%）也可以作短期安全储藏，夏季气温回升时，必须降水（干燥、烘干）才能安全储藏。在北京，大米度夏的安全水分含水量为13.5%，而气温较高的上海就必须控制在12.0%才能过夏，而现在低温或准低温储藏大米，含水量可高达15%。

同样，含水量较低时，温度对呼吸的影响不明显，当含水量升高时，温度所引起的呼吸强度变化非常激烈。根据实验，含水量为18%~23%的粮食在50~55℃温度下，呼吸急剧上升后骤然减弱。但含水量为14%~16%的粮食在同样的温度下经过几昼夜，呼吸作用几乎没什么变化。

利用温度、水分对粮食和油料呼吸的综合作用，实践中可通过严格控制粮食的含水量，使粮食安全度夏，或在低水分条件下进行热入仓高温杀虫（小麦），保持粮食品质；同样利用冬季气温低的有利条件，降低粮温，使高水分粮安全储藏。

人们从实践中总结出来的粮食安全水分值称作粮食储藏安全水分。一般禾谷类粮食的安全水分是以温度为0℃时，水分安全值18%为基点，温度每升高5℃，安全水分降低1%。在储粮生产实际中，也常常根据粮食的不同含水量，而采用不同的低温，达到安全储藏的目的（表2-4）。

表2-4　　　　　　　　　粮食不同含水量与储藏温度的关系

粮食含水量	储藏温度/℃
16%~17%	12~165
20%~21%	5~85
29%	-65

（三）气体成分

气体成分是影响呼吸作用的另一个重要因素。粮堆中的气体成分对粮油呼吸有影响的主要是氧气和二氧化碳。

氧气是影响呼吸的主要因素。在氧含量较低时，呼吸随氧含量的增加而加强。但氧含量增至一定程度时，呼吸不再增强，这时的氧含量称为氧饱和点（图2-3）。在常温下，储粮的氧饱和点约为20%。在氧饱和点以下，通常储粮随着氧含量的降低，有氧呼吸减弱，无氧呼吸加强。不同粮食和油料进行正常呼吸时，需要的最低氧含量也不同，因此储藏中氧含量的降低也有一定的限度，应该以能够维持粮食和油料的最低生理活动为标准，不至于形成粮堆缺氧呼吸。缺氧呼吸将会造成不利的影响，主要有两个方面：有机物质消耗极大，粮粒在缺氧呼吸状态下，为了获得足够的能量来满足生理活动的需要，必然消耗大量的有机物质，造成核酸和ATP的合成受阻，引起代谢紊乱；积累有毒物质，缺氧呼吸过程中，产生大量有毒的中间代谢产物，如乙醇、乙醛等。这些物质对粮食和油料籽粒的生命部位——胚造成危害，引起生活力下降，甚至完全丧失。但在实践中，我们可以缺氧储藏保管粮食，因为缺氧储藏对呼吸有抑制作用，对保持粮食食用与种用品质是有益的，但是这种储藏只能是短暂的，除要求粮食干燥外，还需要储藏环境的低温。

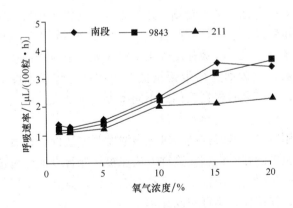

图2-3　氧的浓度与呼吸作用的关系

二氧化碳对呼吸也有明显影响。在高浓度的二氧化碳条件下，活细胞处于麻痹状态，酶的活性受到抑制，从而抑制粮油的呼吸作用。当粮堆中二氧化碳浓度增至14%~22.8%时，能明显抑制粮食呼吸。人为地调节粮食籽粒储藏环境中的气体成分，增加二氧化碳浓度，可以抑制粮食的呼吸作用，达到保鲜储藏的目的。每1万千克大米充入10kg CO_2，用塑料薄膜密封储藏，发现可明显抑制虫、霉、发热、脱糠，保证大米能够度夏。

氧气和二氧化碳对呼吸的影响是相互联系的，其作用不可分割。二氧化碳对呼吸的抑制作用，可因氧气浓度的增加而减轻，但仍有明显的抑制作用。在高二氧化碳浓度和低氧气浓度条件下，对粮油呼吸的抑制作用最大。

氧气和二氧化碳对呼吸作用的影响与粮油含水量有关。干燥的粮油，在低氧和高二氧化碳条件下，虽以无氧呼吸占优势，但呼吸强度低，产生的乙醇等有害物质的量甚微，对种子生活力影响不显著。但在高含水量情况下，密闭粮堆供氧不足和高浓度二氧化碳的影响，无氧呼吸加强，产生大量的有毒中间代谢产物，如乙醇、乳酸等，使种子胚部受毒害而死亡。含水量越高，死亡越快。表2-5所示为不同含水量的小麦储藏8~9个月后的发芽率。

表2-5 小麦含水量和密闭储藏对发芽率的影响

指标	储藏条件				
	非密闭储藏		在密闭容器中储藏		
含水量/%	11.29	11.29	13.82	16.41	19
发芽率/%	83	71	70	1	0

氧气和二氧化碳对呼吸强度的影响还与温度有关，在二氧化碳浓度增加和氧气供给不足的情况下，若温度升高，会引起大量氧化不完全产物的积累，从而阻碍细胞的正常生命活动，逐渐降低呼吸强度，甚至死亡。因此，密闭储粮应保持低温。

根据储粮条件和粮油特点，合理地控制储藏环境中的气体成分，是使粮食和油料储藏后仍然保持新鲜品质的重要技术措施，是气调储藏的基础。

（四）籽粒状态

粮油籽粒本身状况对储藏过程中呼吸作用有十分显著的影响。凡受潮、发热、生过芽或冻伤过的粮粒，因酶已活化，虽重新晒干，其呼吸强度仍比正常粮油籽粒大得多；未熟粒、胚大的粮粒含水量较高，可溶性物质含量多，呼吸强度较大；破碎粒、虫蚀粒，均易吸湿返潮和遭受有害生物侵袭，呼吸强度较正常粮粒大。粮粒表面粗糙，内部组织外露并且带菌量高的粮油籽粒，比表面光滑带菌量低的粮油籽粒呼吸强度大。所以，粮油入仓前，应进行清理分级，在储藏时根据它们的不同特点分别处理。

（五）化学物质

有些粮食部门采用脱氧充氮或提高二氧化碳浓度等方法保管粮食，既可杀虫灭菌，又在一定程度上抑制了粮食的呼吸作用。这种方法在粮食保管方面已有成效，但在保存农业种子方面，还有待进一步研究。据报道，磺胺类杀菌剂、氮气和氨气等对籽粒呼吸作用也有影响，浓度加大时，往往会影响籽粒发芽率。

（六）害虫和微生物

粮油籽粒在收获时就带有微生物和虫害。入仓后，经一段时间的储藏，微生物区系逐渐由储藏微生物代替了田间微生物，同时还会出现储粮害虫的繁殖。特别是在粮油籽粒含水量较高、湿度适宜的情况下，微生物与害虫的繁殖更加迅速。试验证明，粮堆中的微生物和害虫的呼吸远比粮油籽粒强得多。如新加工的大米与生霉的陈大米比较，陈大米的呼吸强度比新加工的大米高53倍（表2-6）。测试装过大米的麻袋，会发现有消耗相当量的氧和释放出二氧化碳的现象，这充分证明是微生物呼吸所致。另外，籽粒、仓房害虫、微生物的呼吸构成粮堆的总呼吸，会消耗大量氧气，放出大量二氧化碳，也间接影响粮油籽粒的呼吸方式。

表 2 - 6　　　　　　　　　　　　　　**新、陈大米的呼吸强度**

米质（新、陈）	霉变程度	含水量/%	温度/℃	呼吸强度/[mgCO₂/（kg 粮食·24h）]
新米	无	15. 2	26～29	1. 73
新米	无	14. 4	33～37	1. 96
陈米	市售米	1. 54	33～37	9. 10
陈米	轻	16. 4	26～29	52. 30
陈米	较重	16. 3	33～37	91. 20

五、呼吸作用对储粮的影响

呼吸作用是粮食和油料在储藏过程中一种正常的生理现象，是维持其生理活动的基础，同时也是使粮食和油料保鲜的前提。呼吸微弱时对储粮影响不大，但是强烈的呼吸作用，不论是有氧呼吸还是无氧呼吸都会引起严重的后果。因此，呼吸作用对储粮的影响既有利又有害。

（一）有利的影响

1. 促进新粮后熟，改善品质

呼吸作用可以促进粮油内部有机物质的合成，从而促进粮油后熟，改善其加工和工艺品质，同时提高粮油储藏的稳定性；利用粮食和油料自身的呼吸作用进行自然缺氧储藏（气调储藏），是保持粮食和油料品质的重要技术措施之一。

2. 保持生活力

呼吸作用的进行是粮食和油料保鲜必不可少的生理活动，可使粮食和油料提高抗病、虫、霉能力，减少劣变的发生，从而保持粮油的新鲜度。

（二）有害的影响

1. 消耗营养物质

呼吸作用消耗了粮食和油料籽粒内部的营养物质，如淀粉（糖）、脂肪等物质作为呼吸基质被消耗掉，因此使粮食和油料在储藏过程中干物质减少。不论是有氧呼吸，还是无氧呼吸，都是呼吸越强，时间越长，干物质的消耗越大。

2. 增加粮堆水分

呼吸作用产生的水分，增加了粮食和油料的含水量，造成粮食和油料的储藏稳定性下降。如粮堆通风不良，呼吸产生的水散发不出去，会造成粮油水分增加或粮堆湿度增大，旺盛的呼吸会导致粮堆返潮和"出汗"，甚至"结顶"。

3. 增加粮堆温度，导致储粮发热及霉变

粮油在呼吸时所放出的能量，只有极少部分用来维持本身的生理活动，绝大部分能量以热量的形式散发出来。强烈的呼吸会使大量热量积聚于粮堆中，若不能及时散发，将使粮温升高，导致储粮发热，甚至霉变。

4. 改变粮堆气体成分

粮油籽粒呼吸时要消耗氧气，增加二氧化碳气体，因此，粮堆中氧气浓度不断下降；二氧化碳浓度不断升高。特别是呼吸强度大的高水分粮，在不通风的条件下，仓库内氧气的消耗和二氧化碳的积累更为严重。在这种情况下，粮油将转向缺氧呼吸，逐渐积累乙醇，毒害活细胞，使籽粒生活力丧失。因此，对高水分储粮应注意通风。

第二节　粮食的后熟与陈化

一、后熟作用

（一）后熟的概念

粮油籽粒的成熟包括籽粒的形态上成熟和生理上成熟两个方面。粮油在田间达到形态成熟后即收获入仓，但籽粒在生理上并未达到成熟，表现为种子发芽率较低，加工成品率（如出粉率、出米率、出油率）低、食用品质较差、呼吸作用强、耐储性差。储藏一定时期后，粮油籽粒继续完成内部的生理变化，逐步达到生理上的完全成熟，使得上述现象得以改善。粮食从收获到生理成熟的变化过程，称为"后熟作用"。完成后熟作用所经历的时间，称为"后熟期"。通常以粮油种子的发芽率达到80%以上作为完成后熟作用的标志。

粮油后熟期的长短，随粮种、品种以及储藏条件的不同而有很大的差异。有的后熟期较长，可达两三个月，如大麦、小麦，花生；有的后熟期较短，只有 10 ~ 20d，如玉米；有的则基本无后熟期，如籼稻。谷物中的小麦不仅有明显的后熟期，而且有生理后熟和工艺后熟之分。一般情况下，新收获的小麦品质较差，但经过一定时间的储藏，烘焙品质及其他品质都逐步提高，而且食用品质也得以改善。通常把小麦在储藏过程中加工工艺品质逐步提高的过程称为"工艺后熟"。收获后小麦品质逐步改善的原因，大量研究认为是由于组成面筋的麦谷蛋白和醇溶蛋白结构和功能发生变化所造成的。

（二）后熟期间粮粒的变化

后熟期间粮粒的变化主要包括物理的和生理生化方面的变化。

1. 物理变化

随着后熟的完成，粮粒内的高分子物质已充分合成，干物质含量到达最高水平。其物理性质也发生变化，主要表现为体积缩小，硬度增大，重量增加，散落性变大，种皮由紧密变为疏松，呈多孔状况，透气性得到改善，储粮稳定性也随之增强。

2. 化学变化

粮油籽粒与母株脱离后，其内部的生物化学变化仍然继续进行，合成作用与分解作用相并进行。但是以合成作用为主，分解作用为次。粮油后熟期间，籽粒内部的低分子和可同化的物质相对含量下降，而高分子的储藏物质含量达到最大值，如单糖脱水缩合成为复杂的糖类，可溶性含氮物质结合为蛋白质。水分含量下降，自由水大大减少。由于脂肪酸及氨基酸等有机酸转化为高分子的中性物质，细胞内部的总酸度降低。随着后熟作用的进行，催化呼吸作用的酶类（过氧化氢酶、脱氢酶）的活性逐渐减弱。而水解酶类由游离状态转化为吸附状态，活性逐渐增加，所以粮食储藏稳定性增强。

3. 生理变化

粮油在后熟过程中，种胚逐渐成熟，种子发芽率逐渐增加。后熟的种子，完成胚发育，细胞内高分子化合物充分合成，一些种子萌发抑制物逐渐转化、消失，种子得到适宜的条件即可苗发。后熟期间，各项生理活动虽比不上在植株上生长时旺盛，但仍然很激烈。粮油刚发收获时，强大的呼吸作用会消耗大量的 O_2，随着后熟的进行，呼吸作用逐渐降低，耗氧量也下降。在储粮实践中，常常利用后熟的呼吸作用对粮油进行自然缺氧储藏。例如，对新收获入库小麦实施自然缺氧储藏时，粮堆中的 O_2 浓度开始时急剧下降，到一定时间（约 1 个月）降至最低水平。

（三）影响后熟作用的因素

1. 温度

不同粮油籽粒完成后熟作用所需的温度并不一致。一般禾谷类粮食以 25～30℃ 的范围最有利于后熟的完成。在完成后熟必需的温度基础上，如果给予适当高温（不超过 45℃），则能促进后熟作用的完成。如将新收获的小麦储藏在室温条件下，经过三周，发芽率由原来的 1.3% 增加到 13%；而在 44℃ 条件下，一周增加到 58.8%，三周则达 98.5%。相反，低温可延缓后熟，如高粱在 0℃ 左右的条件下，3 年尚未完成后熟；而在 20～30℃ 条件下，只需 20～30d 就可完成后熟，发芽率可达 90%。这主要是因为，适当的高温有利于种皮透性的改善，使空气容易进入，加速合成代谢，同时有利于细胞呼吸产生的 CO_2 和发芽抑制物质的排除。但温度太高（超过 45℃），胚部酶的活性受到影响，从而对后熟不利。在储藏实践中，常常采用日光曝晒、热风干燥、趁热入仓等方法，来促进粮食后熟作用的完成。

2. 湿度

湿度高，粮食水分向外扩散缓慢，不利于后熟作用的完成；湿度低，有利于粮食中水分向外扩散，促进后熟。

3. 气体成分

粮堆中气体成分对后熟作用具有一定的影响。较高浓度 O_2 能促进后熟，而高浓度的 CO_2 及缺氧条件，都能延缓后熟过程。特别是高浓度的 CO_2，对后熟作用的阻碍最大。例如含水量为 15% 的小麦籽粒在 20℃ 条件下分别在空气、氧气、氮气及二氧化碳中储藏，二氧化碳中储藏的籽粒最迟完成后熟。大多数粮食种子在 CO_2 浓度为 24% 时，就能抑制发芽。所以储藏期间，加强通风对促进后熟作用有利，密闭则能延缓后熟。

4. 籽粒的成熟度

收获后粮食的成熟度与后熟期的长短有关。成熟度越高，后熟期越短，后熟作用可以在收获前的田间已经开始。据测定，水稻种子的成熟度与后熟期长短之间存在着显著的负相关（$r = -0.672$）。

（四）后熟作用与粮食储藏的关系

具有后熟作用的粮油籽粒，收获后在储藏过程中要进行后熟作用，由于后熟期间生理生化的变化，使得储藏稳定性较差，即使粮食水分不高，也会出现粮食表面潮湿"出汗"及"乱温"现象。

1. "出汗"

由于粮食籽粒在后熟作用中酶的活性很强，在物质合成和旺盛的呼吸作用中，能释放出较多的水分，同时，后熟过程中，籽粒内部由溶胶变成凝胶的胶体变化也能释放水分，这些水分如不能及时散发出粮堆，就有可能在粮堆局部积聚，造成局部"出汗"。

2．"乱温"

旺盛的呼吸作用除产生水分外，还释放大量热量，使微生物得以滋长，从而使粮堆温度升高或出现粮堆各部分温度不均匀，这就是后熟期的"乱温"现象。

"出汗"及"乱温"现象造成了粮食储藏稳定性较差，所以对处于后熟期的储藏粮堆，要勤检查，严管理，注意散温散湿，防虫、防霉，发现问题要及时处理。

二、粮食陈化

（一）粮食陈化的概念

粮食在储藏期间，随着时间延长，虽未发热霉变，但酶活性减弱，呼吸强度降低，生活力减弱，物理化学性状改变，种用品质和食用品质劣变，粮油种子这种由新到陈，由旺盛到衰老的现象，称为粮食陈化。粮食的陈化过程是一个逐步发生的过程，是粮食到了生理成熟期后，生存能力降低的不可逆变化。

经历后熟的新粮，有很高的发芽率，随着储藏时间的延长，发芽能力逐渐丧失，最后失去了种用价值。从品质上看，新鲜粮食外表光亮，陈化后的粮食外表变得灰暗。从口味上看，新鲜粮食有其特有的香味，粮油陈化后，香味丧失，甚至有一种令人不快的"陈味"，口味变差，严重时甚至不宜食用，不单原粮会陈化，加工后的米面更易陈化。大米陈化后黏性、油性都变差，并有一种"陈米味"；面粉陈化后发酵能力变差，发紧，发黏。

粮油的陈化，不论有胚与无胚的粮油均会发生。含胚粮油的陈化，不但表现出品质降低，而且表现为生活力的下降。不含胚的粮油无生活力可言，其表现集中在品质的下降。如大米陈化是无胚粮油陈化的典型。粮油种类不同，陈化的出现时间也有差异。总体来说，除小麦外，大多数粮油储藏一年，即有不同程度的陈化表现。成品粮比原粮更容易陈化。米的陈化速度，以糯米最快，粳米次之，籼米较慢。小麦储藏一年，不但种用品质稳定，而且工艺与食用品质还逐渐改善。在长期储藏中，小麦陈化也比较缓慢，河南地下粮仓储藏 5~7 年的小麦，过氧化氢酶的活性尚未下降；生活力、面筋延伸度的变化也极微。

（二）粮油陈化的表现

陈化主要表现在粮油籽粒在储藏期间的生理变化、化学变化和物理变化三个方面。

1．生理变化

粮油陈化的生理变化无论是含胚还是不含胚的粮食主要表现都为酶的活性和代谢水平的变化。粮油在储藏中，生理变化多是在各种酶的作用下进行的。若粮油中酶的活性减弱或丧失，其生理作用也随之减弱或停止。酶活性在一定程度上能反映储粮的安全性，它与种子的生活力密切相关，可以作为粮食品质劣变的灵敏指标。

过氧化氢酶（CAT）是一种生物体抗衰老的保护酶，能维护细胞膜的稳定性和完整性，是生物演化过程中建立起来的生物防御体系的关键酶之一，普遍存在于植物组织与细胞中，是最早发现的与种子活力有关的氧化酶之一。它具有提高植物光合作用、抗逆水平、增强防御能力、延缓衰老等作用。过氧化氢酶活动度能够间接反应种子活力大小，因此过氧化氢酶活动度是评判小麦籽粒新鲜程度的一个重要指标。过氧化氢酶的活性随着小麦储藏期的增加而降低，如新收获小麦的过氧化氢酶的活动度普遍较高，与储藏期为 1 年的小麦过氧化氢酶的活动度相差较大，是易受环境影响的一个品质指标。小麦后熟期较长，通常达 90 d 以上，随着储藏时间的延长，粮食中的过氧化氢酶的活动度逐渐减小（图 2 - 4）。稻谷储藏初期含有活性较高的过氧化氢酶，随着储藏时间的延长，这些酶的活性就大大减弱，生活力也下降。根据测定，稻谷储藏三年后过氧化氢酶活性降低 5 倍，淀粉酶活力等于 0，大米在储藏中过氧化氢酶活力丧失，呼吸也趋于停止。现在人们测定粮食代谢水平，通常采用过氧化氢酶的活性作为指标之一。

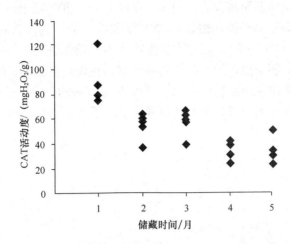

图 2 - 4　小麦储藏过程中 CAT 活动度变化趋势

淀粉酶分为三种，即异淀粉酶、α - 淀粉酶和 β - 淀粉酶。α - 淀粉酶又称糊精化酶，只能水解淀粉中的 $\alpha - 1$，4 糖苷键，它对谷物食用品质影响较大。小麦含有几种 α - 淀粉酶的同工酶，小麦在发芽后 α - 淀粉酶活力显著增加。降落数值（FN）是反映 α - 淀粉酶活性的重要指标，FN 与 α - 淀粉酶活性成反比，新收获的小麦降落值较小，α - 淀粉酶活性高，随着储藏时间的延长，酶活力逐渐趋于正常。孙辉等研究了不同类型的小麦粉样品在 38℃ 和 70% 相对湿度的密闭条件下储藏过程中品质的变化规律，结果表明：储藏 2 周之后，样品的淀粉酶活力急剧下降。对于稻谷来说，在室温条件下储藏，α - 淀粉酶活力均呈下降趋势，在 4 ~ 10 月间下降幅度最大，10 月后 α - 淀粉酶和 β - 淀粉酶活力趋于稳定并维持最低水平（表 2 - 7）。

表 2 - 7　　　　　不同储藏期内稻谷和糙米中 α - 淀粉酶活力的变化

品种	储存温度	取样时间（年、月、日）								
		2006. 12. 20	2007. 3. 20		2007. 6. 20		2007. 9. 20		2007. 12. 20	
		酶活力	酶活力	下降百分率	酶活力	下降百分率	酶活力	下降百分率	酶活力	下降百分率
垦鉴稻 10	室温	81. 25	71. 79	11. 64	50. 97	37. 27	25. 26	68. 91	20. 94	74. 23
（稻谷）	4℃	81. 25	79. 19	2. 54	55. 31	31. 93	40. 82	49. 76	31. 89	60. 75
垦鉴稻 10	室温	81. 25	69. 83	14. 06	40. 13	50. 61	19. 83	75. 59	14. 61	82. 02
（稻谷）	4℃	81. 25	75. 52	7. 05	54. 03	33. 50	38. 78	52. 27	29. 46	63. 74
空育 131	室温	73. 53	65. 18	13. 70	34. 95	53. 73	20. 72	72. 57	13. 36	82. 31
（稻谷）	4℃	73. 53	66. 76	11. 61	48. 77	35. 43	33. 81	55. 24	29. 84	60. 49
空育 131	室温	73. 53	59. 84	20. 77	26. 75	64. 58	13. 09	82. 67	11. 11	85. 29
（稻谷）	4℃	73. 53	63. 23	16. 28	45. 17	40. 20	33. 28	55. 94	27. 76	63. 25

脱酰水解酶又称脂肪酶或成酯酶，其作用底物为脂肪。粮食在储藏期间，高含水量粮，由于脂肪酶作用，脂肪水解产生脂肪酸、甘油等，对粮食储藏稳定性影响很大，而干燥后的粮食脂肪酶活性则明显降低。Huang（1984）认为脂肪酶对脂肪的转化速率起着调控的作用，是稻谷储藏过程中脂肪酸败变质的主要原因之一。研究显示稻谷在储藏温度为8~15℃条件下，脂肪酶活力随着储藏时间的延长，无明显变化，抽提出的脂肪酶的活性较强，与对照接近，说明脂肪酶没有被破坏。温度上升至30℃以上时，随着储藏时间的延长，脂肪酶活力呈单调下降趋势。稻谷在45℃储藏近5个月后，脂肪酶活力下降85%左右，脂肪酶基本失活（图2-5）。稻谷作为生物活体，随着储藏时间的延长，其生命活力是逐渐降低的。同时，脂肪酶作为一种生物催化剂，在较高温度下长时间储藏导致其酶蛋白部分热变性。由此可以说明脂肪酶在30~40℃，在较短时间（10d）内，酶活力基本稳定。但是，随着储藏时间的增长，脂肪酶的残余活力不断减小，储藏温度越高，脂肪酶活力减小的速度越快。

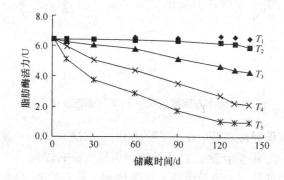

图2-5　稻谷在不同储藏温度下脂肪酶活力随时间变化的关系
$T_1=281.15K$　$T_2=288.15K$　$T_3=303.15K$　$T_4=310.15K$　$T_5=318.15K$

小麦籽粒各部分的蛋白酶活力，以胚为最强，糊粉层次之。蛋白酶在未发芽的小麦粒中活性很低，发芽时蛋白酶的活力迅速增加，在发芽的第7天增加9倍以上。而在麸皮和胚乳淀粉细胞中，不论是休眠状态还是发芽状态，蛋白酶的活性都很低。蛋白酶对小麦面筋有弱化作用，发芽、虫蚀或霉变的小麦制成的面粉，因含有具较高活性的蛋白酶，使面筋蛋白质水解，所以只能形成少量的面筋或不能形成面筋，因而极大地损坏了面粉的工艺和食用品质。

粮食在储藏中由于自身生理代谢的有毒产物积累也导致粮油衰老和陈化，如吲哚乙酸和阿魏酸的积累和一些脂类氧化产物的积累都将加速粮食的陈化。据报道，一些不饱和脂肪酸分解游离基与其他脂类起反应，能使细胞膜结构破坏。衰老的种子里，高尔基体散开并失水，溶酶体膜破裂，引起细胞的解体，同时细胞膜也丧失完整性而透性增强。储藏中有胚的粮食生理变化的指标是：随着陈化加深粮油籽粒生活力与发芽率下降，细胞劣变，细胞膜透性增强，浸出液所含的物质量增加，电导率增高。

2. 化学成分变化

含胚与不含胚的粮食，其化学成分的一般变化规律都是：脂肪变化最快，淀粉其次，蛋白质变化最慢。

（1）脂肪的变化　粮食中脂肪含量虽然很少，但对粮食陈化的影响却显著。粮油储藏过程中，由于脂肪易于水解，游离脂肪酸在粮油中首先出现。特别是在环境条件适宜时，储粮霉菌开始繁殖，分泌出脂肪酶，脂肪酶参与脂肪水解，使粮食中脂肪酸增多，粮食陈化加深。部分脂肪酸进一步氧化分解为戊醛、己醛或戊酮等挥发性羰基化合物，形成难闻的陈味。保管期长的大米发生的"陈米"气味，面粉味道"变苦"，油料作物产生的"哈喇"味，油脂产品产生的"恶臭"味等，都是因为脂肪酸败造成的。

脂肪酸败后，粮油的脂肪酸值、硬度、酸价、过氧化值、皂化价等都会有不同程度的增加，使粮油陈化加深。

（2）淀粉的变化　新鲜粮油籽粒在储藏初期，因淀粉酶活性较强，淀粉水解为麦芽糖和糊精，使粮油黏性较强，食用味美。随着储藏时间延长，麦芽糖和糊精继续水解，还原糖增加，非还原糖显著减少，黏度下降，粮油开始陈化。随着时间的延长，尤其在湿度较大、温度适宜的情况下，还原糖将继续氧化，生成二氧化碳和水，或者酵解生成乙醇和乳酸，使粮油带酸味，品质劣变，陈化加深，严重时可失去食用价值。

（3）蛋白质的变化　粮食储藏过程中，受外界物理、生物等因素的影响，蛋白质水解和变性。蛋白质水解后，游离氨基酸含量上升，酸度增加。蛋白质变性后，空间结构松散，肽键展延，非极性基外露，亲水基内藏，蛋白质由溶胶状态变为凝胶状态、溶解度降低，粮食陈化加深。

资料显示，小麦在长期储藏中，尤其是在高湿和高温的条件下，胚部还原糖与氨基酸发生缩合反应，容易使胚部变褐。褐胚率的增加可综合反映小麦的发芽率和烘焙品质的劣变情况。

3. 物理性质变化

粮油籽粒陈化时，物理性质变化很大，表现为：含水量降低，粮粒收缩，千粒重降低，容重相对增大；粮食组织硬化；淀粉颗粒变硬，糊化能力降低，强度下降；米粒破碎，口感变差，带有陈米气味；油料走油酸败，有辛辣味；面筋持水力下降，面粉发酵性能减弱，面包品质较差。

陈化是由粮食籽粒内部生理生化变化引起的，受储藏环境条件及其他诸多因素的影响。高温、高湿环境会加快粮食的陈化，相反低温干燥环境可延缓陈化的发生。杂质多、虫霉危害严重的粮食，也会陈化加速。因此，一般采用低温干燥密闭储藏可在一定程度上延缓粮食的陈化。粮食的陈化是不可抗拒的，随着储藏时间的延长，粮食的品质都会发生不同程度的下降，时间越长，陈化越严重。但是粮食种类不同，储藏条件不同，陈化的程度会有明显的差异。

（三）影响陈化的因素

影响粮油陈化的因素分为内在因素和外在因素两个方面。

1. 内在因素

影响粮油陈化的内在因素是由种子的遗传和本身质量决定的。正常储藏条件下，有的寿命长，有的寿命短。比如小麦、绿豆储藏的时间长，稻谷、玉米等储藏时间短，这是由粮食本身的遗传因素决定的。同时，粮食的本身质量也决定陈化速度，籽粒饱满的陈化速度慢，甚至有些粮食在田间的生长条件也会影响到储存性能。

2. 外在因素

（1）粮堆的温度和湿度　温度是影响粮食陈化最主要的因素之一。温度高，一方面会促使粮食呼吸，加速内部物质分解；另一方面，温度达到一定程度后又会使蛋白质凝固变性。因此，种子储藏的最高温度不宜超过45℃。水分是影响陈化的另一方面因素，粮食含水量增加，呼吸加快，陈化速度加快。水分还会与温度相互促进，加速陈化过程。在储藏中往往每经过一次高温、高湿季节，粮油就会明显陈化。有研究表明，粮食在正常状态下储藏，温度每降5～10℃，含水量每降1%，储藏时间可延长一倍。因此，要想减缓粮食的陈化速度，首先要把粮食的温度、含水量控制在一定范围内。

（2）粮堆中的杂质　粮堆中的杂质直接关系到粮食储藏稳定性，有些杂质，如草籽，体积小、胚占比例大、呼吸强度大、产生湿热多；有些杂质，如叶子、灰尘、粉屑等往往携带大量的微生物、螨、害虫等随粮食入库，而粉状细小的杂质往往又容易堵塞粮堆内的孔隙，影响粮堆的散热、散湿，使粮堆局部结露、霉变、发热、生虫。

（3）粮堆中的微生物和害虫　粮堆中的微生物主要是霉菌，不仅分解粮食中的有机物质，而且有时还产生毒性物质，如黄曲霉毒素 B_1，有的霉菌孢子还为害虫提供可口食物。因此，粮堆中微生物的大量繁殖是导致粮食发热，加速粮食陈化的重要原因。害虫危害不仅会减少粮食的数量，增加虫蚀率，降低发芽率，而且还容易导致粮食发热、霉变、变色、变味，降低粮食质量。

（4）粮堆中的气体成分　粮堆中的气体成分是影响储藏寿命的另一重要因素，当粮食在安全水分条件下，粮堆中氧气浓度下降，二氧化碳浓度上升，能减缓粮食内部营养物质的分解，减缓粮食陈化速度。

（5）化学杀虫剂　化学杀虫剂对粮食陈化也有一定影响。有些化学杀虫剂能与粮食形成化学反应，形成药害，加速粮食的分解劣变过程，常用的化学杀虫剂如溴甲烷中的溴可以和粮食中的不饱和脂肪酸中的双键发生加成反应。面粉能吸收少量的磷化氢，生成磷酸化合物，氯化苦能与粮食发生反应，降低发芽率。

因此，从减缓粮食陈化速度的角度而言，要尽可能减少化学药剂使用的剂量和次数。

（四）延缓陈化的措施

粮食陈化是不可避免的，减缓粮食陈化速度是可行的。通过采用先进的粮食储藏技术，提高粮食质量，加强日常管理等方法，就能有效减缓粮食陈化速度，达到尽可能保持粮食食用品质和种用品质的目的。

首先，搞好粮仓设施建设是减缓粮食陈化速度的硬件条件。普通粮仓可以吊双层顶棚、贴墙体隔热、防潮保护层，铺设地面隔热、防渗层；新建粮仓要使顶棚、墙体、地面全方位隔热、防潮、防渗设施完备，并具有合理通风功能，粮仓门窗应有密闭和隔热性能，也可挂棉帘加强保护。提前搞好空仓消毒；并设置防虫线、防鼠板、防雀网，防止虫、鼠、雀危害。

其次，把好粮食入仓质量关，是减缓粮食陈化速度的前提条件。粮食入仓时要利用一切可利用的手段，尽可能清净粮食中的有机杂质，将杂质总量控制在0.5%以下；将粮食含水量降到标准水分，主要粮种的标准水分是：玉米14.0%，水稻14.5%，小麦12.5%，大豆13.0%；尽可能降低粮食温度，采用翻晒、通风、低温入仓等措施。

最后，建立健全管理制度、加强日常管理，是减缓粮食陈化速度的软件条件。严格粮情检查，适时搞好防虫检查，检测粮温、水分，发现问题，及时处理。秋凉后适时撤出压盖、解除密闭、加强通风，将粮温降下来，春暖前及时压盖、密闭，保持较低粮温，做到低温储粮。

三、粮食的寿命

（一）寿命的概念

粮食籽粒与其他生物体一样都经历一个生长→发育→成熟→衰老→死亡的过程。因此粮食籽粒也是有寿命的。粮食的寿命是指粮食籽粒活力在一定环境条件下能够保持的期限。实际上每颗粮食籽粒都有它一定的生存期限，但目前尚无法逐一测定，只能用取样的方法。一批籽粒从收获后到其发芽率降低到半数籽粒存活所经历的时间，即为该批粮食的平均寿命，也称半活期。一批种子死亡点的分布呈正态曲线，半活期正是一批种子死亡的高峰期。

种子寿命的长短受多方面因素的影响，且在不同地区和不同条件下的观察结果差异很大。粮食的寿命既与作物的遗传因素有关，也与储藏的环境有关。因此对种子寿命长短的划分也难有一个统一标准。到目前为止，种子寿命划分常采用的方法有 2 种。第一种方法是把种子分为短命种子、中命种子、长命种子三大类。

短命种子：寿命一般在 3 年以内。多为热带作物的种子。

中命种子：或称常命种子，寿命在 3～15 年。大多数种类的粮食种子属于中命种子。

长命种子：寿命在 15～100 年，甚至更长。绿豆、豇豆、芝麻等属于长命种子。

第二种方法是把种子分为不耐藏、中等、耐藏三类。

不耐藏的种子有稻谷，耐藏的有大豆、花生，其他的为中等。

（二）寿命的预测

粮食籽粒在储藏过程中由于受外界环境条件的影响，其寿命表现有很大差异，目前对种子寿命的预测，普遍采用数理统计的方法，即通过对籽粒寿命变化规律的了解和总结，推导出一个合理的方程式，然后再利用该方程来测算保存在稳定储藏条件下的籽粒寿命。

1. 对数直线回归方程式

$$\log P_{50} = K_V - C_1 m - C_2 t \tag{2-5}$$

式中　　P_{50}——籽粒半活期即平均寿命，d；

　　　　m——储藏期间的籽粒含水量，%；

　　　　t——储藏温度，℃；

K_V、C_1、C_2——均为常数，是经验数字（表 2-8）。

表 2-8　　　　　　　　　　几种粮食籽粒的 K_V、C_1 和 C_2 常数值

种类	K_V	C_1	C_2
稻谷	6.532	0.159	0.069
小麦	5.067	0.108	0.050
大麦	6.745	0.172	0.075
豌豆	6.432	0.158	0.068
蚕豆	5.766	0.139	0.056

如式（2-5）所示，可从任何一种储藏温度和含水量组合中求出已知 K_V、C_1、C_2 常数的粮食籽粒保持 50% 生活力的期限；或者根据预先要求保持的寿命，求出所需的储藏温度和籽粒含水量，以便选择适宜的储藏方法或场所。

2. 种子寿命预测方程

上述方程的最大缺陷是以假定入库时的籽粒发芽率为 100% 为前提，而实际上一批粮食入库时的原始发芽率很可能已经下降。原始发芽率不同，对储藏期间的种子活力影响很大，因而也是寿命预测中不可忽视的因素。为了解决这个问题，后来又提出了新的种子寿命预测方程。

$$V = K_i - \frac{p}{10K_E - C_W \log m - C_H t - C_Q t^2} \tag{2-6}$$

或：

$$K_i - V = \frac{p}{10K_E - C_W \log m - C_H t - C_Q t^2} \tag{2-7}$$

式中　　　　V——储藏一段时间后的发芽率，%；

K_i——原始发芽率，%；

p——储藏天数，d；

m——种子含水量（湿基），%；

t——储藏温度，℃；

K_E、C_W、C_H、C_Q——均为常数（表 2-9）。

表 2-9　　　　　　　　　　　　　　　　种子活力常数

粮食种类	K_E	C_W	C_H	C_Q
大麦	9.983	5.896	0.040	0.000428
豇豆	8.690	4.715	0.026	0.000498
大豆	7.748	3.979	0.053	0.000228

该方程的突出优点是把种子储藏过程看作是原始发芽率下降的过程，而下降的幅度大小与种子含水量及储藏温度密切相关。

第三节　粮食的休眠与萌发

一、粮食的休眠

一般只要满足萌发所需的适宜外界条件（温度、水分和氧气），活的粮食籽粒就能正常萌发。但是有些具有生活力的粮油种子，即使在合适的萌发条件下仍不能萌发，此种状态称为休眠。粮食和油料籽粒的休眠期一般在储藏过程中度过。

（一）粮食休眠的原因

1. 胚休眠

由胚本身特性引起的休眠，称为胚休眠。胚休眠有两种不同类型，一种是种胚尚未成熟，另一种是种子中存在代谢缺陷而尚未完成熟。

2. 种皮的障碍

有些种子的种皮成为种子萌发的障碍，即外界环境适于种子萌发，这些条件也不能被种子利用，可以说是种皮迫使种子处于休眠状态。种皮对发芽的影响主要表现在以下几方面：一是种皮不透水；二是种皮不透气；三是种皮阻止抑制物质逸出；四是种皮减少光线到达胚部；五是种皮的机械约束作用。

3. 抑制物的存在

有些种子不能萌发是由于种子内含有萌发抑制剂，其化学成分因粮食种类不同而异，如挥发油、生物碱、激素（如脱落酸）、氨、酚、醛等都有抑制种子萌发的作用。这些抑制剂可以存在于籽粒的种被、胚部或胚乳中。它们大多是水溶性的，可通过浸泡冲洗逐渐排除；同时也不是永久性的，可通过储藏过程中的生理生化变化，使之分解、转化、消除。

4. 光

大部分农作物种子发芽时对光并不存在严格的要求，无论在光下或暗处都能萌发。但是也有一些植物新收获的籽粒需要光或暗的发芽条件，否则就停留在休眠状态。

5. 后熟作用

有些籽粒外部形态虽已具备成熟特征，但在生理上必须通过后熟过程，在种子内部完成一系列生理生化变化以后才能萌发。

（二）粮食休眠的类型

粮油籽粒的休眠，可分为以下四种类型。

1. 深休眠

虽然给予适当的发芽条件，但由于粮食和油料籽粒本身的某种原因不能萌发，此种情况称为深休眠。它主要是由于籽粒内在的生理条件造成的，所以又称生理休眠、熟休眠或自然休眠，同时因为这种休眠是先天性的，所以又称一次休眠或初生休眠。具有这类休眠特性的粮油籽粒，一般都具有后熟期，因此此类休眠也可称为后熟休眠。经过后熟，这些籽粒可在适宜的条件下萌发。

2. 次生休眠

某些粮食和油料籽粒在初生休眠解除后，在适宜的条件下能够萌发，但遇到了不良的环境条件，又重新进入休眠状态，这时即使再给予适宜的条件也不能萌发，这种休眠称为次生休眠或诱导休眠。一般认为高温和氧的限制供应是诱导次生休眠的主要因子。

次生休眠的产生是由于籽粒内部发生了变化，是后熟作用的逆转过程。

3. 强迫休眠

具有生活力的粮食和油料籽粒，在储藏条件下，由于不具备萌发条件，不会萌发，这种状态称为"静止"（quiescence），这种休眠称为强迫休眠或外因性休眠。一旦外界条件具备，即可立即萌发。

虽然强迫休眠与诱导休眠都是由环境因子所引起的，可是在除去外界抑制因子后诱导休眠仍然可以持续地进行一个相当长的时间，除去抑制的环境条件后，强迫休眠便可同时解除，因而这两者是有区别的。

4. 相对休眠

有些粮食和油料籽粒在未经后熟时，只能在很窄的温度范围内萌发，而后熟以后萌发的温度范围扩大，这种休眠特性称为相对休眠。如新收获大麦，只能在10℃及15℃时萌发，19℃时发芽率很低，而在30℃干燥6d后，在3个温度中均能迅速萌发（表2-10）。

表 2-10		大麦种子的发芽率		单位:%
温度	10℃	15℃	19℃	
新粮	97	98	46	
30℃干燥6d	93	99.5	98.5	

（三）粮食休眠机制

目前，控制休眠的机制有两种学说值得注意：一种是内源激素理论；另一种是代谢途径均衡理论。

1. 内源激素理论

内源激素理论是由Khan提出的"三因子控制学说"发展起来了。"三因子控制学说"阐述了萌发促进物质赤霉素（GA）、细胞分裂素（CK）和脱落酸（ABA）三者的相互作用决定籽粒的休眠和萌发。其中ABA是促进休眠和抑制萌发的，而GA、CK是促进休眠解除的。GA与ABA之间的关系是独立的，即相互之间不是拮抗关系，而是各自作用叠加；而CK与ABA是在相同作用点起竞争作用的拮抗关系。因此，在休眠解除中GA的作用是主要的，CK的作用只是克服ABA引起的抑制作用。它们三者之间的关系可用下式表示：

$$CK \xrightarrow{抑制} ABA \xrightarrow{抵消} GA \xrightarrow{解除} 休眠 \tag{2-8}$$

近年来，对于"三因子控制学说"有一重要补充，即乙烯被视为第四种因素参与控制籽粒休眠、萌发过程。

2. 新陈代谢途径均衡论

1973年，Robert研究了稻谷籽粒休眠，并在此基础上提出了新陈代谢途径均衡论。此学说提出休眠籽粒与非休眠籽粒相比较，前者的三羧酸循环过于强烈，消耗了可被利用的有效氧而排斥了其他的需氧过程，只要增加氧气就能使萌发必需的需氧过程得以进行；此外，如果采用三羧酸循环和末端氧化过程的抑制物质降低其需氧量，同样可以导致休眠破除。这种萌发必需的需氧过程就是磷酸戊糖途径。因此，磷酸戊糖途径的顺利进行是休眠破除和得以萌发的关键。

（四）粮食休眠的意义

休眠是植物的一种"生命隐蔽"现象，是粮食种子经过长期演化而获得的一种对环境条件及季节性变化的生物学适应性。具有短暂的休眠期，可以避免籽粒在穗上萌发，即避免胚萌现象的出现，不仅保证了种的延存，而且对人类生产也有益处。粮油籽粒在休眠期间活力很低，籽粒内部的生理代谢及各种生化反应处于不活跃状态，因此干物质损耗较低。另外休眠是一种生命"隐蔽"现象，有助于度过不良环境。因此休眠对保持粮食品质、安全储藏是有利的。实际上，粮食储藏就是控制外界条件，使粮食籽粒处于强迫休眠状态。

二、萌发作用

凡是具有生活力的粮油籽粒，在生理上完成了后熟休眠之后，只要供给足够的水分、适宜的温度和充足的氧气，就能发芽。

（一）基本概念

1. 种子活力

种子活力就是种子的健壮度，健壮的种子（高活力种子）发芽、出苗整齐、迅速，对不良环境抵抗能力强，健壮度差的种子（低活力种子）在适宜环境下虽能发芽，但发芽缓慢，在不良环境条件下出苗不整齐，甚至不出苗。

种子活力是衡量粮油种子质量的重要指标，有人甚至认为种子活力实质就是种子的品质。种子活力与种子储藏寿命和劣变等生理过程有着密切的联系，因为粮食储运部门也肩负着调拨种用粮的重任。

2. 种子生活力

种子生活力是指种子萌发的潜在能力，或者是说种子内在的生命力。有生活力的种子，表示是活的种子。生活力强，表示新陈代谢能力强，对外界不良环境抵抗力强，适应力强，在储藏过程中，能保持较好的品质，即耐储性好。具有发芽力的种子，就一定具有生活力。但具有生活力的种子，在具备发芽的条件下，不一定能发出芽来。这是由于这些种子处于种子休眠状态，虽具有潜在的萌发能力，但暂时不能发芽。

3. 种子发芽力

发芽力是种子在适宜的条件下（实验控制条件），能够发出芽来并长成正常幼苗的能力，也是具有生命力的种子在萌芽方面所表现出的能力。当粮油种子的萌发能力降到一定程度时，就不能作为种用。因此，发芽力的强弱是决定种子质量的重要标准。表示发芽力的具体指标是发芽率和发芽势。

发芽势是指在发芽试验初期（规定的天数内）正常发芽种子数占供试验种子总数的百分率。

$$发芽势（\%）＝发芽试验初期正常发芽种子数/供试验种子总数×100 \qquad (2-9)$$

发芽势也是衡量种子发芽力的具体指标之一。一般地说，发芽势高的种子，说明种子生活力强，播种后发芽快，出苗整齐而健壮，产量也高，可作为种用。发芽势低，说明种子生活力弱，播种后发芽慢，出苗不齐又不健壮，产量也低，一般不宜作为种用。

发芽率是指在发芽试验终期（规定天数内）正常发芽种子数占供试验种子总数的百分率。

$$发芽率（\%）＝发芽试验终期正常发芽种子数/供试验种子总数×100 \qquad (2-10)$$

发芽率是衡量种子发芽力的具体指标之一，发芽率高，表明具有生命的种子多，播种后出苗多。在农业生产上，可以根据种子发芽率的高低，确定该批种子是否可以作为种用，并确定播种用量。在粮油储藏上，也可以根据发芽率来判断粮油的新鲜度和食用品质好坏。

4. 种子活力、生活力及发芽力之间的关系

我国在 20 世纪 80 年代初引入种子活力概念之前，对生活力和活力两个概念混淆不清，现将种子活力、种子生活力和发芽力相互关系阐述如下。

从某种意义上说，广义的种子生活力应包括种子发芽力，但狭义的种子生活力是指应用生化法（四唑）快速测定的结果。种子活力通常指田间条件下的出苗力及与此有关的其他特性和指标。

对于活力与发芽力之间的关系，Isely 于 1957 年，就提出了一个图解（图 2 - 6）。图中最长的横线是区别种子有无发芽力的界限，也是活力测定分界线，在此线以上，表明种子具有发芽能力，即属于发芽试验的正常幼苗，在此括弧范围内，可以适用活力测定，即将这些具有发芽力的种子划分为高活力种子和低活力种子。在横线以下是属于无发芽力的种子，其中部分种子虽能发芽，但发芽试验时属不正常幼苗，在计算种子发芽率时，将它们列入不发芽种子，当然也是缺乏活力的种子，至于那些死种子则更无活力可言。

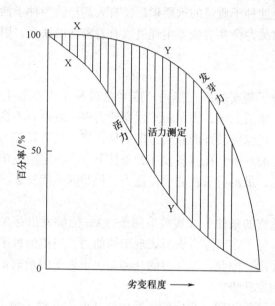

图 2 - 6　劣变过程中种子发芽力与活力的相互关系

种子活力与发芽力对种子劣变的敏感性有很大的差异（图 2 - 6）。当种子劣变达到 X 水平时，种子发芽力并不下降，而活力则有下降，当劣变发展到 Y 水平时，发芽力开始下降，而活力则表现严重下降，当劣变至最后一根纵线时，其发芽力尚有 50%，而活力仅为 10%，此时种子已经没有实际应用价值。

（二）粮食萌发过程

籽粒在生理成熟完成后，经吸水膨胀，具有生命的胚，在适宜的条件下开始生长，幼根与幼芽突破种皮向外延伸，这种生长现象称为粮粒的萌发。萌发过程中，发生了一系列的生理生化变化，其本质就是种子在水的活化下，启动基因组中新基因的表达或原有基因的活化，使胚恢复由于静止期或休眠期而暂时停顿的代谢和生长。

种子萌发过程主要包括吸胀、萌动和发芽三个阶段。

第一阶段为吸水吸胀期，为物理过程。因为种子形成后是极度脱水的，正常情况下含水量仅占总干重的 5% ~ 20%。因此，种子只有首先吸水后才能活化其他萌发过程，水分透过种皮，到达胚，并使种子中的蛋白质和其他胶体物质发生水合作用，使种子体积迅速增大。粮食萌发时需要的吸水量如表 2 - 11 所示。

表 2 - 11 <center>粮食萌发时所需要的吸水量</center>

粮食种类	吸水量（占干重）/%	粮食种类	吸水量（占干重）/%
稻谷	22 ~ 25	黄米	25
小麦	45 ~ 69	大豆	100 ~ 140
大麦	48 ~ 49	蚕豆	150 ~ 157
燕麦	60 ~ 73	豌豆	96 ~ 186
玉米	40 ~ 50	菜籽	48 ~ 49
小米	25	荞麦	47

第二阶段为萌动。在这个阶段吸胀基本结束，种子细胞的细胞壁和原生质发生水合，原生质从凝胶状态转变为溶胶状态。各种酶开始活化，呼吸和代谢作用急剧增强。如大麦种子吸胀后，胚首先释放赤霉素并转移至糊粉层，在此诱导水解酶（α - 淀粉酶、蛋白酶等）的合成。水解酶将胚乳中贮存的淀粉、蛋白质水解成可溶性物质（麦芽糖、葡萄糖、氨基酸等），并陆续转运到胚轴供胚生长的需要，由此而启动了一系列复杂的幼苗形态发生过程。

第三阶段为发芽阶段。在第二阶段代谢活动活化的基础上，胚根细胞伸长，在形态上突破种皮而伸出，俗称露白。发芽在粮食籽粒储藏过程中是极少发生的。但入仓前稻谷和油菜籽常发生。如果储藏管理不善，造成粮堆顶层结露，粮堆底部大量吸潮，或是仓房漏雨，高含水量粮处理不及时，就可能出现局部粮食发芽。

（三）影响粮食萌发的条件

1. 水分

休眠的种子含水量一般只占干重的 10% 左右。种子必须吸收足够的水分才能启动一系列酶的活动，开始萌发。不同种子萌发时吸水量不同，这是由种子所含成分不同而引起的。含蛋白质较多的种子如豆科的大豆、花生等吸水较多；而禾谷类种子如小麦、水稻等以含淀粉为主，吸水较少。一般种子吸水有一个临界值，在此以下不能萌发。一般种子要吸收其本身重量的 25% ~ 50% 或更多的水分才能萌发。例如，水稻为 40%，小麦为 50%，棉花为 52%，大豆为 120%，豌豆为 186%。

粮食发芽随之带来的是营养物质的消耗，淀粉、脂肪及蛋白质在各种酶的作用下，分解成简单物质供胚生长利用。干物质大量损失，品质显著降低。强烈的呼吸作用放出大量的热和水，连同物质分解所放出的热和水，使粮堆的温度和水分增加，造成粮食发热霉变，严重的发生霉烂，完全失去使用价值。在粮食储藏过程中，严格控制水分是防止粮食生芽的决定性条件。

2. 温度

温度是制约种子发芽的第二个重要条件。种子在发芽时需多种酶进行催化，而酶活力又受一定的温度制约。不同植物种子萌发都有一定的最适温度。高于或低于最适温度，萌发都受影响。超过最适温度到一定限度时，只有一部分种子能萌发，这一时期的温度叫最高温度；低于最适温度时，种子萌发逐渐缓慢，到一定限度时只有一小部分勉强发芽，这一时期的温度称为最低温度。各种粮油种子发芽所需温度如表 2 - 12 所示。

表 2 – 12   粮食籽粒萌发时所需的温度

粮食种类	最低萌发温度/℃	最适萌发温度/℃	最高萌发温度/℃
稻谷	10~12	25~35	36~40
小麦	1.4	10~25	30~35
大麦	1~5	20	28~30
玉米	8~10	30~35	40~44
高粱	8~10	30~35	40~44
黑麦	1~2	25	30~35
燕麦	1~5	25	30
荞麦	0~8	25~30	37~44
大豆	6~12	24~30	40
蚕豆	3~4	25	30
豌豆	2~4	30	35

有些粮种在恒温下发芽不良，而在变温中发芽良好。这是因为在恒温中，种子体内的物质多用于呼吸作用，用于胚萌发的较少。而在温度较高时，体内物质大量转化为可溶性物质，在低温时，呼吸减弱，可溶性物质主要用于胚的生长发育。同时，变温能使皮层胀缩受伤，促进酶的活性增加和内外气体交换，因此，发芽良好。

温度同时还影响水分的吸收，温度高时吸水快，吸水量就大；反之，温度低时，吸水慢，吸水量就少。

3. 气体成分

种子吸水后呼吸作用增强，需氧量加大。一般作物种子要求其周围空气中含氧量在10%以上才能正常萌发。含油种子，如大豆、花生等的种子萌发时需氧更多。空气含氧量在5%以下时大多数种子不能萌发。另外，高浓度的二氧化碳也抑制发芽。例如，在密闭粮堆中，氧气含量少，二氧化碳积累过多，就会阻碍种子发芽，达到一定程度后甚至使种子中毒，丧失发芽能力。但是也有些种子对周围气体成分有特殊要求。比如水稻种子能在淹水缺氧条件下萌发，但是在嫌气状态下，往往会产生不正常的幼苗。

4. 光

一般种子萌发和光线关系不大，无论在黑暗或光照条件下都能正常进行，但有少数植物的种子，需要在有光的条件下，才能萌发良好，还有一些种子萌发则为光所抑制，这类种子称为嫌光种子。一般不需要阳光的种子萌发，在它尚未成为完整的、具有光合作用能力的植株前，它萌发的营养物质主要来源于自身（胚乳或子叶）。虽然光照对种子的正常萌发无太大的影响，但对种子的颜色、幼根的粗细等方面有一定的影响。

（四）粮食萌发与储粮之间的关系

粮食籽粒发芽后，对储粮影响较大。首先是干物质含量降低，食用品质下降，加工成品率低；其次是酶活力增强，同时放出大量的热量和水汽，使粮堆温度升高，含水量增加，为虫、霉繁殖创造了条件，严重时会结块霉烂，损失严重。因此，必须防止粮食在储藏过程中发芽。控制发芽，必须控制发芽的三要素。一是降水，保持储粮干燥；二是同时控制温度，进行低温储藏；三是严格限制氧气的通入，进行密闭或气调储藏。

思考题

1. 什么是粮食的呼吸作用？
2. 影响粮食呼吸的因素有哪些？
3. 呼吸作用与储粮有何关系？
4. 什么是粮食的临界水分和安全水分？
5. 什么是粮食的后熟作用？
6. 如何管理后熟期的新粮食？
7. 解释种子活力、生活力及发芽力概念以及它们之间的关系。
8. 解释粮食陈化、寿命的概念。
9. 粮食萌发的条件有哪些？
10. 后熟和发芽期间的主要生理生化变化有哪些？
11. 粮食含水量对粮食储藏有何重要的意义？
12. 粮食在储藏期间有哪些重要的生命活动？

参考文献

1. 王若兰主编. 粮油储藏学[M]. 北京:中国轻工业出版社,2009.
2. 路茜玉主编. 粮油储藏学[M]. 北京:中国财政经济出版社,1999.
3. 张敏,周凤英主编. 粮油储藏学[M]. 北京:科学出版社,2010.
4. 赵红,余昆主编. 粮油储藏. 2007.
5. 中国储备粮食管理总公司,河南工业大学主编. 中央储备粮油储藏技术与管理[M]. 北京:化学工业出版社,2004.
6. 王若兰,严佳,李燕羽等. 不同条件下小麦呼吸速率变化的研究[J]. 河南工业大学学报(自然版). 2009,30(4):12-16.
7. 吴芳,祝凯,严晓平等. 不同温度条件下玉米呼吸速率变化的研究[J]. 谷物化学与品质分析. 2014,43(2):33-38.
8. 崔素萍,张洪微,马萍等. 稻谷及糙米储藏过程中淀粉酶活性的变化[J]. 黑龙江八一农垦大学学报. 2008,20(4):57-60.
9. 叶霞. 稻谷储藏过程中重要营养素变化的动力学研究[D]. 重庆:西南农业大学硕士学位论文. 2003.
10. 穆垚. 储藏微环境对小麦脂质代谢研究[D]. 郑州:河南工业大学硕士学位论文. 2014.
11. 赵丹,张玉荣,林家永等. 小麦储藏品质评价指标研究进展[J]. 粮食与饲料工业. 2012,2:10-14.

第三章　粮油的化学成分及品质变化

【学习指导】

掌握粮食及油料的化学组成及分布；了解粮油品质的基本概念及品质形状分类；熟悉并掌握粮油储藏期间感官、营养成分等品质的变化规律；了解粮油储藏期间胚细胞和胚乳细胞微观结构的变化规律；熟练掌握粮油储存品质控制指标。理解粮食在储藏期间的变化规律，从而使粮食陈化速度降到最低限度。

各种粮食和油料都是由不同的化学物质按一定的比例组成的，它们不仅是粮油籽粒本身生命活动所必需的物质，而且是人类的营养来源。粮食与油料储藏的目的，是使这些营养成分在储藏期间尽量保持不变，甚至在一定条件下使其品质有所改善。因此研究粮食和油料籽粒的各种化学成分及其在籽粒中的分布，对于按不同用途来确定其利用价值、决定加工时的分离取舍、选择合理的加工方式、保证产品质量和提高出率、采取有效的储藏措施、保持储藏粮油品质等方面具有重要的实际意义。

第一节　粮油的化学组成及分布

粮食及油料籽粒的化学组成如图 3-1 所示，由此可见，粮食及油料籽粒由水分和干物质两大部分组成。

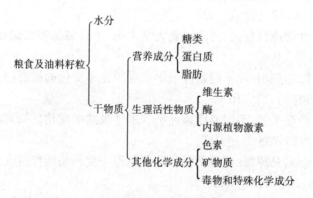

图 3-1　粮食及油料籽粒化学组成示意图

一、粮油籽粒的主要营养成分

粮油籽粒由水分、糖类、蛋白质、脂肪、矿物质、维生素、各种酶和色素等物质组成。粮油籽粒主要的营养成分包括糖类、蛋白质和脂肪。糖类和脂肪是呼吸作用的基质，而蛋白质主要用于构筑结构物质。通常在糖或脂肪缺乏时，蛋白质也可通过转化作用成为呼吸基质。

（一）糖类

糖类是粮油籽粒中的三大储藏和营养物质之一，在生物体内的主要功能如下。

（1）供给能量 糖类是一切生物体维持生命活动所需热能的主要来源，在生物体内通过生物氧化释放出能量，供给生命活动的需要。我国人民的膳食中，由糖类供给的能量占人体所需总热能的60%~70%。

（2）构成组织 糖类是构成机体的重要物质，特别是植物组织的细胞壁中普遍存在的纤维素、半纤维素和果胶等物质。

油料籽粒中的脂肪都是由糖类转变而成的储藏物质，人体也利用多余的糖产生脂肪。

（3）参与合成 有些糖是重要的中间代谢物，糖类物质通过这些中间物为合成其他生物分子如氨基酸、核苷酸、脂肪酸等提供碳骨架。

粮油的加工品质、食用品质及耐藏性等与粮油籽粒中的糖的含量、分布及其特性有密切关系。糖类按在粮油中存在形式的不同可分为两大类：不溶性糖和可溶性糖，其中不溶性糖是主要的储藏形式。

（1）可溶性糖 大多数粮食和油料籽粒可溶性糖含量不高，一般占干物质的2%~2.5%，其中主要是蔗糖，大量分布于籽粒的胚部及外围部分（包括果皮、种皮、糊粉层及胚乳外层），在胚乳中的含量极低。

籽粒的生理状态不同，可溶性糖的种类和含量不同。未熟种子的可溶性糖含量较高，其中单糖占有较大的比例，并随籽粒成熟度的增高而相应下降。粮油籽粒在不良条件下储藏时，也会引起可溶性糖含量的增高，例如玉米籽粒在30℃条件下储藏2个月，其蔗糖含量相当于在10℃条件下储藏1年的蔗糖含量。因此籽粒内可溶性糖含量的动态变化，可在一定程度上反映籽粒的生理状态。

（2）不溶性糖 粮油籽粒中不溶性糖种类很多，主要包括淀粉、纤维素、半纤维素和果胶等，这些不溶性糖完全不溶于水或通过吸水而形成黏性胶状溶液。

①淀粉：淀粉在植物种子中分布广泛，同时也是禾谷类粮食籽粒中最主要的储藏物质。淀粉主要以淀粉粒的形式存在于胚乳细胞中，籽粒的其他部位含量极少，甚至完全不存在。日常生活中的煮（蒸）饭、蒸馒头等过程主要是其中的淀粉粒发生糊化作用，糊化后的淀粉称为淀粉糊，又称 α-化淀粉，现代的即食米面制品就是用生淀粉通过 α-化制得的。淀粉粒的主要成分是多糖，一般在95%以上，此外还含有少量的矿物质、脂肪酸及磷酸。

一般认为，淀粉由直链淀粉和支链淀粉组成，通常含有20%~25%的直链淀粉和75%~80%的支链淀粉，在糯米和玉米中，几乎不含直链淀粉而仅有支链淀粉。直链淀粉含量的多少是大米品质的关键因子之一，是决定其蒸煮食用品质的重要因素，直链淀粉含量越高，米饭黏度越低，米饭的硬度越大。

直链淀粉和支链淀粉遇碘液发生不同的颜色反应，直链淀粉呈蓝黑色，支链淀粉呈红棕色，因此这是区别大米糯性品种与非糯性品种的主要依据。

小麦淀粉对其烘焙品质有重要影响。研究结果表明，将小麦粉中的淀粉提取出来后，再用玉米、稻米、高粱、燕麦、马铃薯、黑麦淀粉代替之，用由此得到的面粉做出的面包体积比小麦要小，而且面包质构差，这说明其他粮食淀粉不具备小麦淀粉的烘焙性能。研究表明，小麦淀粉的烘焙性能主要包括：把面筋稀释到适当稠度（稀释面筋）；通过酶的作用，为发酵提供所需的糖；使气泡膜拉伸；从面筋中吸水使气泡固定。

②纤维素和半纤维素：纤维素、半纤维素与木质素、果胶、矿物质等结合在一起，组成果皮和种皮细胞，在细胞壁的机械物理性质方面起着重要的作用。

（二）蛋白质

粮食及油料籽粒中的大部分蛋白质是储藏蛋白，属简单蛋白质，主要以蛋白体或糊粉粒的形态存在于细胞内，只有极少数的蛋白质是复合蛋白质，主要有脂蛋白和核蛋白。在粮食品质（营养品质、食用品质）的评价中，蛋白质的质和量占有很重要的地位。

植物蛋白质的分类最早是 Osborne 于 1907 年根据其在不同溶液中的溶解度差异提出的，尽管根据这种方法区分有一定的缺陷，但目前仍被谷物化学界所普遍接受。根据 Osborne 的观点，粮食及油料中的蛋白质分为清蛋白（水溶性蛋白）、球蛋白（盐溶蛋白）、醇溶蛋白（溶于 70% 乙醇中）和谷蛋白（溶于稀酸或稀碱中）。

粮食和油料中蛋白质的含量随粮油种类、品种、土壤及栽培条件等的不同而异，而且各种蛋白质的含量也不相同。禾谷类籽粒中的蛋白质主要是醇溶蛋白和谷蛋白，其中以玉米的醇溶蛋白和稻米的谷蛋白最为显著；燕麦中的球蛋白含量最多，是个例外；豆类和油料中的蛋白质大多数为球蛋白；而小麦胚乳中醇溶蛋白和谷蛋白含量几乎相等，且这两种蛋白能形成面筋，是小麦面筋的主要组成成分，是决定小麦面团黏弹性的主要因素。醇溶蛋白与面团的延伸性（黏性）有关，是面包（馒头等食品）体积膨胀的主要因素之一；而麦谷蛋白吸水后则与面团的弹性（韧性）有关。大量研究表明，面包的弹性及体积受麦谷蛋白的质和量的制约。英国人 Payne 和郑州粮食学院的研究都证实，特殊的高分子麦谷蛋白亚基（HMW－GS）组成与面包的烘焙膨胀有密切关系，并分别以 SDS－沉降值和面团抗延伸力差异建立了小麦高分子麦谷蛋白亚基的膨胀评分系统。清蛋白主要是酶蛋白，与醇溶蛋白一样，可以用来鉴别小麦等粮食的品种。大米中的球蛋白在储藏过程中起重要作用，它不仅影响米的营养价值而且与米饭的食味有很大关系。

小麦蛋白中巯基和二硫键（S—S）在面团特性方面起重要作用。面筋蛋白中的 S—S 键被破坏后，就会减弱面团的强度。未经后熟作用的小麦其烘焙特性较差，就是由于其中 S—S 键含量较少的缘故。

从营养价值看，小麦的营养价值较稻米低。稻米蛋白的生理价为 75，消化率为 97，净利用率为 72；小麦蛋白质的生理价为 52，消化率为 100，净利用率仅为 52。此外，小麦蛋白中的赖氨酸含量较大米低，其他谷类粮食也是如此，所以赖氨酸是禾谷类粮食的第一限制氨基酸。这类粮食的食用部分实际上是胚乳，其主要蛋白质，是赖氨酸含量低的醇溶蛋白。

油料和豆类则不同，籽粒中普遍缺乏甲硫氨酸，其中花生蛋白质的赖氨酸、苏氨酸和甲硫氨酸含量均较低，但大豆籽粒中赖氨酸含量丰富，营养价值最高。

（三）脂类

脂类物质包括脂肪和磷脂两大类，前者以储藏物质的状态存在于细胞中，后者是构成原生质的必要成分。一般禾谷类粮食含脂肪较少，油料含脂肪很高。例如，芝麻含脂肪 50%～53%，花生含 38%～51%，菜籽含 30%～45%，棉籽含 14%～25%，大豆中脂肪的含量也较丰富，一般为 17%～20%。

粮食（谷物）的脂类大体上可以分为两类：淀粉脂和非淀粉脂。将淀粉脂从淀粉中分离出来是相当困难的，它处于直链淀粉螺旋结构中，相当稳定，只有淀粉结构被破坏后才能分离出来，一般常采用热正丁酸进行提取。另一类是我们通常说的植物油脂，虽然其含量较低，但易分解，不仅会影响粮食安全储藏，而且对粮食食用品质、蒸煮品质、烘焙品质都有很大影响。

脂类在储藏过程中的变化主要有两条途径，一种是氧化作用，另一种是水解作用。一般低水分粮，尤其是成品粮，脂类的分解以氧化为主，而高水分粮则以水解为主，正常含水量的粮食两种脂解作用可交互或同时发生。

温度对脂类的影响较大，研究表明，在40℃储藏180d的大米，脂类降解程度和酶活力降低与在4℃储藏2年的大米接近。

二、粮油籽粒中的生理活性物质

粮油籽粒中某些化学成分，其含量虽然很低，但具有调节籽粒生理状态和生化变化的作用，促进生命活动强度增高或降低，这类物质称为生理活性物质，包括酶、维生素和激素。

（一）酶

粮食及油料籽粒内的生物化学反应是由籽粒本身所含的有机物质所催化、调节和控制的，这种有机物质就是酶。从化学结构看，酶是蛋白质，有些酶还含有非蛋白组分。非蛋白部分是金属离子（如铜、铁、镁）或由维生素衍生组成的有机化合物。酶具有底物专一性和作用专一性，因此粮油籽粒中各种生理生化变化是由多种多样的酶共同作用所控制的。粮食及油料籽粒中的酶主要有以下几种。

（1）淀粉酶　粮油籽粒中淀粉酶有三种：α-淀粉酶、β-淀粉酶及异淀粉酶。

α-淀粉酶又称糊精化酶，只能水解淀粉中α-1,4糖苷键，α-淀粉酶对谷物食用品质影响较大。大米陈化时流变学特性的变化与α-淀粉酶的活力有关，随着大米陈化时间的延长，α-淀粉酶活力降低。高水分粮在储藏过程中α-淀粉酶活性较高，它是高水分粮品质劣变的重要原因之一。小麦在发芽后α-淀粉酶活力显著增加，导致面包烘焙品质下降。α-淀粉酶活性测定通常采用降落数值仪测定降落数值（falling number）。降落数值越小，说明α-淀粉酶活力越高。

β-淀粉酶，又称糖化酶，它能使淀粉分解为麦芽糖，作用于α-1,4糖苷键，但不能越过α-1,6糖苷键。它对谷物的食用品质影响主要表现在馒头和面包制作效果及新鲜甘薯蒸煮后的特有香味上。

（2）蛋白酶　蛋白酶在未发芽的粮粒中活性很低。研究比较详细的是小麦和大麦中的蛋白酶。小麦蛋白酶与面筋品种有关，大麦蛋白酶对啤酒的品质产生很大的影响。

小麦籽粒各部分的蛋白酶相对活力，以胚为最强，糊粉层次之。至于麸皮和胚乳淀粉细胞中，不论是在休眠或发芽状态蛋白酶的活力都是很低的。

蛋白酶对小麦面筋有弱化作用。发芽、虫蚀或霉变的小麦制成的面粉，因含有具较高活性的蛋白酶，使面筋蛋白溶化，所以只能形成少量的面筋或不能形成面筋，极大地损坏了面粉的工艺和食用品质。

（3）脂肪酶　脂肪酶与粮食及油料中脂肪含量并无直接关系，但对粮油储藏稳定性影响较大，粮油籽粒中脂肪酸含量的增加主要是由脂肪酶的作用所引起的。在良好的储藏条件下，脂肪酶的活性很低。

（4）脂肪氧化酶　脂肪氧化酶能把脂肪中具有孤立不饱和双键的不饱和脂肪酸氧化为具有共轭双键的过氧化物，造成必然的酸败条件，这种酶能使面粉及大米产生苦味。

（5）过氧化物酶和过氧化氢酶　过氧化物酶对热不敏感，即使在水中加热到100℃，冷却后仍可恢复活性。过氧化氢酶主要存在于麦麸中，而过氧化物酶则存在于所有粮油籽粒中，粮油在储藏过程中变苦与这两种酶的作用及活性密切相关。

（二）维生素

粮油籽粒中含有多种水溶性维生素（B族维生素和维生素C）和脂溶性维生素（维生素E），不含维生素A，但却含有维生素A的前体胡萝卜素，经食用后，在酶的作用下能分解为维生素A。

维生素E（生育酚）大量存在于油料籽粒中及禾谷类籽粒的胚中，是一种主要的抗氧化剂，对防止油品的氧化有明显作用，因此对保持籽粒活力是有益的。

B族维生素的种类很多，功能各异，禾谷类和大豆中B族维生素的含量均很丰富，在禾谷类中的存在部位主要是麸皮、胚和糊粉层，因此碾米及制粉精度越高，B族维生素的损失就越严重。

维生素C一般在成熟的粮油籽粒中并不存在，但在种子萌发过程中大量形成。

维生素的生理作用和酶有密切关系，许多酶由维生素和酶蛋白结合而成，因此缺乏维生素时，酶的形成和活动即受到影响。油料籽粒中的维生素含量不是很高。

（三）植物内源激素

植物激素具有促进种子及果实的生长、发育、成熟、储藏物质积累、促进（或抑制）种子萌发等作用。根据激素的生理效应和作用，可将植物激素分为生长素、赤霉素、细胞分裂素、脱落酸和乙烯。

三、粮油籽粒中的其他成分

（一）水

按照水分在粮食和油料籽粒中的存在形式，可分为自由水和结合水两大类。自由水存在于粮食和油料的细胞中，可溶性物质就溶解在这类水中。自由水容易蒸发，储藏期间失去的就是这类水分。结合水与籽粒中的蛋白质、糖类等相结合，这类水分不易蒸发。

粮油籽粒中的水分受储藏环境的温度和湿度影响，空气湿度大时，粮食容易吸湿回潮，空气温度高时，粮食受热使水分迁移，引起粮堆内水分的再分布。如果粮堆内某一处粮食内的水分含量高，会滋生微生物，微生物呼吸和粮食呼吸又会产生更多的热量和水分，造成粮堆内部的结露和霉变。小麦、大麦、玉米、稻谷等主要粮种安全储藏的最高水分含量在12%~14%，芝麻、花生、油菜籽等油料作物安全储藏的最高水分含量在6%~8%。

（二）矿物质

矿物质是粮油籽粒中无机物的总称，也是粮油种子在生长发育过程中的必需元素。作为营养元素又被人类所食用，为人类提供必需的营养。

粮油籽粒中的矿物质元素有30多种，根据其含量可分为大量元素和微量元素两类。一般禾谷类粮食灰分率为1.5%~3.0%，豆类含量较高，尤其是大豆，高达5%。粮粒中所含的矿物质有磷、钙、铁、硫、锰、锌等多种。矿物质的分布很不均匀，胚和种皮的灰分率高于胚乳数倍。

小麦籽粒的灰分（干基）为 1.5% ~ 2.2%，在籽粒各部分的分布很不均匀。皮层和胚的灰分含量远高于胚乳。皮层中糊粉层的灰分最高，据分析，糊粉层部分的灰分占整个麦粒灰分总量的 56% ~ 60%。

稻谷的矿物质有铝、钙、铁、镁、钾、钠、锌等。稻谷的矿物质主要存在于稻壳、胚和皮层中，胚乳中含量极少。因此，大米的精度越高，灰分含量越低。

（三）色素

粮食和油料籽粒的颜色主要来自于天然植物色素。小麦中含有的麸皮黄酮、麦胚黄酮以及大豆中的异黄酮都属于花黄素类，它们使小麦和大豆具有其自身特有的颜色。近年来，有科学家培育出了彩色小麦和黑色小麦，小麦籽粒呈白色、红色、紫色、蓝色、绿色和黑色。这些颜色主要是小麦麸皮所呈现的颜色。

（四）有毒和特殊化学成分

粮油籽粒中含有一些特殊的化学成分，含量不高，但这些成分有的是有毒物质，人体食入过量能引起中毒；有的能影响人体对食物的消化吸收；有的能影响食物的风味和品质。例如，棉籽中的棉酚、菜籽中的葡萄糖苷（芥子苷）、蓖麻籽中的蓖麻毒蛋白和蓖麻碱、大豆中的胰蛋白酶抑制素、蚕豆中的巢菜碱苷、菜豆中的皂素、马铃薯种的龙葵素、木薯中的木薯苷和高粱中的单宁等都是有害成分。

（1）葡萄糖苷　葡萄糖苷在各种油菜种子中普遍存在，它在完整细胞中不会变化，但在细胞破碎的情况下，芥子酶能将它分解产生芥子油等有毒产物。因此，用未经处理的菜籽饼做饲料，常引起牲畜中毒，轻者食欲减退、腹泻，重者停食，呼吸困难，甚至死亡。菜籽油中也含有少量葡萄糖苷，如果经常吃未精炼的毛菜油，对人体健康有一定的影响。葡萄糖苷的存在还使菜籽油具有一种令人不愉快的辛辣味。

（2）棉酚　棉酚是一种深红色的有毒色素，存在于棉籽中。普通棉籽中含棉酚 0.15% ~ 1.8%，主要分布在棉仁中，含量为 0.5% ~ 2.5%，棉籽壳中的棉酚含量较少。棉籽制油后，一部分棉酚转入棉油中，一般毛棉油中含棉酚 0.24% ~ 0.40%。棉酚对人体的毒害主要是引起烧热病，对生殖系统有损害。因此，毛棉油是不宜食用的，应进行精炼处理后再食用。

（3）单宁　单宁是一种水溶性色素，广泛存在于植物体中，粮食中以高粱含单宁最多，主要集中在高粱的皮层中。单宁具有防霉防腐的作用，对安全储藏有利。但单宁有涩味，会降低食用品质，食入后妨碍人体对食物的消化吸收，还容易引起便秘。单宁和蛋白质之间有极强的亲和力，当它与蛋白质结合以后会使蛋白质变性，使蛋白质的利用率和消化酶的活性显著下降，从而降低籽粒的营养价值。

（4）胰蛋白酶抑制素　大豆等豆类和马铃薯块茎中，含有胰蛋白酶抑制素，是一种蛋白酶抑制剂，能抑制体内蛋白酶的正常活性，影响人体对蛋白质的消化与吸收，并对胃肠有刺激作用。胰蛋白酶抑制素耐热性较高，需要在较高的温度下才能被破坏。半生不熟的大豆食品或未充分煮沸的豆浆中，胰蛋白酶抑制素没有被破坏，如果食入过多，便会引起中毒。通常在半小时至 1 小时内发生恶心、呕吐等胃肠症状，但一般较轻，能很快自愈。

四、粮油籽粒中主要化学成分的分布

粮食及油料籽粒中各种化学成分的含量，在不同种类粮食及油料之间，相差很大，但在正常稳定的条件下，同一品种的化学成分变动的幅度较小。表 3 – 1 所示为几种主要粮食及油料籽粒的化学成分及含量。

表 3 – 1 　　　　　　　几种主要粮食及油料籽粒的化学成分及含量 　　　　　　　单位：%

粮食种类		水分	蛋白质	糖类	脂肪	纤维素	灰分
禾谷类	小麦	13.5	10.5	70.3	2	2.1	1.6
	大麦	14	10	66.9	2.8	3.9	2.4
	黑麦	12.5	12.7	68.5	2.7	1.9	1.7
	荞麦	14.5	10.8	61	2.8	9	1.9
	稻谷	14	7.3	63.1	2	9	4.6
	玉米	14	8.2	70.6	4.6	1.3	1.3
	高粱	12	10.3	69.5	4.7	1.7	1.8
	粟	10.6	11.2	71.2	2.9	2.2	1.9
豆类	大豆	10.2	36.3	25.3	18.4	4.8	5
	豌豆	10.9	20.5	58.4	2.2	5.7	2.3
	绿豆	9.5	23.5	58.8	0.5	4.2	3.2
	蚕豆	12	24.7	52.5	1.4	6.9	2.5
	花生仁	8	26.2	22.1	39.2	2.5	2
油料	芝麻	5.4	20.3	12.4	53.6	3.3	5
	向日葵	7.8	23.1	9.6	51.1	4.6	3.8
	油菜籽	7.3	19.6	20.8	42.1	6	4.2
	棉籽仁	6.4	39	14.8	33.4	2.3	4.1

从表 3 – 1 可以看出粮食及油料籽粒化学组成有以下几个特点：

一是粮食及油料种类不同，化学成分有很大差异，因此化学成分是粮食分类的主要依据。例如禾谷类籽粒的主要化学成分是糖类（占 60% ~ 70%），其中主要是淀粉，故可称它们为淀粉类粮食；豆类含有丰富的蛋白质，特别是大豆，约含 40%，是最好的植物性蛋白质；油料籽粒则富含脂肪（30% ~ 50%），可作为榨油的原料。

二是带壳的籽粒（如稻谷等）或种皮比较厚的籽粒（如豌豆、蚕豆）含有较多的纤维素。而含纤维素多的籽粒，一般灰分含量较高。

三是脂肪含量较多的籽粒，蛋白质含量也高，例如油料中的花生、大豆、芝麻等。

实际上，粮油籽粒中各种化学组成因品种、土壤及栽培条件不同而有较大的变动，所以一般文献中常见的化学成分是多次分析多种样品所得的平均数值，只能供参考或比较用。

粮食及油料籽粒中的各种化学成分的分布很不平衡，在不同部位之间的含量相差很大，因此籽粒各部分的生理生化特性也不一致。稻谷、小麦籽粒可作为禾谷类籽粒的代表，表3-2为稻谷籽粒各部分的化学组成。表明胚在整个籽粒中所占的比例很小，但含有较高的蛋白质、脂肪和可溶性糖及矿物质。表3-3、表3-4为不同的化学成分在小麦籽粒不同部位的分布。如果把小麦籽粒中各种化学成分看作100，那么观察它们在小麦籽粒中的分布，就更加清楚（表3-5）。从表3-3、表3-4、表3-5中可以看出小麦籽粒中的各种化学成分的分布是很不均衡的，总的来讲，有以下几点值得注意：

（1）作为储藏物质的淀粉全部集中在胚乳，其他各部分均不含淀粉；

（2）蛋白质的含量以胚乳为最高，其次为糊粉层和胚；

（3）糖分大部分集中于胚乳，其次是胚和糊粉层；

（4）纤维有3/4都位于麸皮中，而且以果皮中最多，胚乳中的含量则极少；

（5）灰分以糊粉层中的含量为最高，甚至比麸皮还要高出一倍。

所以小麦制粉时，为了得到较高的出粉率，必须把麦粒中富含淀粉和蛋白质等营养物质的纯胚乳全部提取出来，使其与富含纤维的麸皮分离。

表3-2　　　　　　　　　　　稻谷籽粒各部分的化学组成　　　　　　　　　　　单位:%

化学成分	稻谷		米		米糠	稻壳
	变异范围	平均	变异范围	平均		
水分	8.1~19.6	12	9.1~13	12.2	12.5	11.4
蛋白质	5.4~10.4	7.2	7.1~11.7	8.6	13.2	3.9
淀粉	47.7~68	56.2	71~86	76.1	—	—
蔗糖	0.1~4.5	3.2	2.1~4.8	3.9	38.7	25.8
糊精	0.8~3.2	1.3	0.9~4.0	1.8	—	—
纤维素	7.4~16.5	10	0.1~0.4	0.2	14.1	40.2
脂肪	1.6~2.5	1.9	0.9~1.6	1	10.1	1.3
矿物质	3.6~8.1	5.8	1~1.8	1.4	11.4	17.4

表3-3　　　　　　　　　　　小麦籽粒各部分的化学组成　　　　　　　　　　　单位:%

籽粒部分	质量比例	蛋白质	脂肪	淀粉	糖分	戊聚糖	纤维	灰分
完整籽粒	100	16.07	2.24	63.07	4.32	8.1	2.76	2.18
内胚乳	87.6	12.91	0.68	78.93	3.54	2.72	0.15	0.45
胚	3.24	37.63	15.04	0	25.12	9.74	2.46	6.32
糊粉层	6.54	53.16	8.16	0	6.82	15.64	6.41	13.93
果皮和种皮	8.93	10.56	7.46	0	2.59	51.43	23.73	4.78

表3-4　　　　　　　　　　　小麦麸皮各部分的化学组成　　　　　　　　　　　单位:%

籽粒部分	质量比例（占全粒百分比）	蛋白质	脂肪	戊聚糖	纤维	灰分
果皮外层	3.9	4	1	35	32	1.4
果皮内层	0.9	11	0.5	30	23	13
种皮	0.6	15	0.9	17	13.2	18
珠心层和糊粉层	9	35	7	30	6	5

表 3-5 不同化学成分在全麦籽粒中的分布 单位：%

籽粒部分	蛋白质	脂肪	淀粉	糖分	纤维	灰分
完整籽粒	100	100	100	100	100	100
内胚乳	65	25	100	65	5	17
胚	8	20	0	20	5	21
糊粉层	22	25	0	10	15	42
果皮和种皮	5	30	0	5	75	20

第二节　粮油品质

一、粮油品质的概念

粮油品质指粮油产品的质量或其优劣。能够最大限度地满足粮油产品质量要求的农产品称为优质农产品。农产品的品质直接影响它的价值、加工利用、人体健康和家畜生长，以至工业生产。鉴于粮食种类繁多，产品各异，栽培者、加工者、消费者、畜牧饲养者所要求的标准不同，所以很难给品质优异定一个共同确切的标准。例如，对于栽培者来说，小麦产量高，生产投入少，抗逆性好，容重高，就意味着优质；面粉厂则要求籽粒饱满、整齐、容重高、无病虫害、清洁、出粉率高、粒色浅、易磨；面包厂则要求有良好的烘烤品质（即面粉吸水率高、面筋含量高、面筋强度大）；而饼干厂则要求面粉吸水率低、面筋含量少、强度低、面粉细；家庭消费者要求面粉有较高的营养价值，适合制作各种主食、口感好、卫生、耐储藏等。

二、粮油品质性状的分类

粮油的品质性状形形色色。我们可以按照不同特征把它们分为若干种类型，不同类型有不同品质性状。

（一）物理品质

物理品质指粮油产品物理性状的好坏。如粮食籽粒形状、大小、色泽、容重、饱满度、角质率、种皮厚度、籽粒整齐度等。物理品质决定产品的外观、结构以及加工利用和销售，因而是很重要的。

（二）化学品质

化学品质指粮油产品的化学特点，包括营养物质的含量、成分及平衡状态，如蛋白质含量及其氨基酸成分、含糖量、油料的含油量及其脂肪酸成分、维生素和矿物质含量等。化学品质直接影响营养价值、加工利用等，是品质研究的重要内容。

（三）外观品质

外观品质包括各种粮油产品的外观特点，上述物理品质所涉及的内容多数影响外观品质，如粮食的籽粒大小、整齐度、饱满度、粒形等。外观品质直接影响产品的销售品质。

（四）营养品质

营养品质主要指粮油营养成分含量、成分结构及其对人畜的营养价值，如粮食籽粒中的蛋白质及必需氨基酸含量，油料的含油量及脂肪酸成分，豆类的蛋白质及油分含量，蔬菜、果品的糖分及维生素含量，饲料的营养成分含量，各种营养成分的消化率、利用率、生物价以及氨基酸平衡状态等。各种营养成分对人畜健康有重要作用，因而提高粮油产品的营养价值是粮食育种的重要目标。

（五）蒸煮品质

蒸煮品质表示米、面等制作各种主食的适宜性和其质量的好坏。包括大米、小米的蒸煮品质（直链淀粉含量、胶稠度、出饭率、米汤固形物、糊化温度等），饭味、硬度、黏度和口感；小麦粉蒸馒头、制面条、包饺子等的品质。

（六）卫生品质

卫生品质表示食物或饲料产品的无毒性。如食用菜籽油中的芥酸含量，菜籽饼中的硫代葡萄糖苷含量，豆类粮食中的胰凝乳蛋白酶抑制剂，谷类籽粒和油料中的酚化物和植酸等，都对人有不同程度的毒副作用，称为败质毒素。败质毒素在粮油品质育种过程中或加工过程中应予以去除。另外，农药残留量，重金属污染，害虫尸体、类便、霉腐烂等也属于卫生品质范围。

（七）食品加工品质

食品加工品质表示目标产品对食品加工的适宜性及其质量优劣。如小麦粉的烤面包、制作饼干及其他糕点的品质；豆类制作豆腐及其他豆制品的品质；利用油料粮食的油脂制作各种糕点及人造奶油的品质。

（八）一次加工品质

一次加工品质指农产品进行初加工的品质。如小麦的出粉率，水稻的出米率，玉米的出碴率，向日葵、花生果的籽仁率及油料的出油率等都属于一次加工品质。

（九）二次加工品质

二次加工品质即一次加工品质后的产品进行再加工产品的品质。如玉米粉、大米、小米、油脂、糖类都是一次加工后的产品，用它们制作糕点、烤面包等属于二次加工。因此，食品加工品质属于二次加工品质。

（十）商品（市场）品质

商品（市场）品质表示能被消费者所接受或喜爱的一切有利于销售的特点。除具有良好的外观品质外，优良的质地、风味和食味，高度的营养以及其他易被消费者偏爱的特点，都可提高销售品质。

（十一）储藏保鲜品质

储藏保鲜品质表示粮食耐储藏和持久保鲜的能力，与储藏条件、储藏技术及管理有很大关系；应以创造最合理的储藏条件、最大限度保持粮食的新鲜度，为市场、加工、饲用等提供最佳品质为准则。

上面介绍的几种品质分类仅是初步的和粗浅的。

由以上分析可以看出，同一性状可以属于不同品质内容，而且，不同品质内容有时对同一性状的要求可能是相反的。

第三节　粮油在储藏期间的品质变化

在储藏过程中，粮油品质发生不可逆转的变化，即陈化。对于不同的品质指标有不同的变化规律。

一、粮油感官特性的变化

（一）色泽

正常的条件下，粮食籽粒的色泽是比较稳定的，但在不良的环境下储藏，常会发生褐变、黄变和点翠等。例如，色泽纯白色、透明且富有光泽的大米，变为灰暗混浊；小麦发生褐胚现象，甚至发生黑胚现象；玉米的点翠等；另外，在正常的储藏条件下，小麦粉会自行由微黄色变为白色。

（二）气味

粮食在储藏过程中气味也会有所改变。粮食气味的主要成分为乙醛、丙醛、戊醛、己醛、丙酮及丁酮等，其中戊醛和己醛是表征大米陈化与劣变，并影响米饭风味的主要成分。另外，陈米中挥发性硫化物的含量比新米低，其中以 H_2S 和（CH_3）$_2S$ 的变化最明显，所以，大米挥发性硫化物的减少，被认为是大米陈化的现象之一。

（三）形状

粮食在储藏过程中，籽粒的形态会发生变化。例如，小麦和玉米的胚部会发生萎缩，胚乳变得不充实，外皮发皱，体积变小，另外小麦的腹沟变浅。

（四）食用品质

食用品质是指粮食制作熟食过程中所表现的各种性能，以及食用时人体感觉器官对食品的反映，例如，色、香、味、软硬度、黏度和润滑度等。

用新米做成的米饭有光泽，且呈半透明状；而陈米做成的米饭色泽发暗，呈混浊状。陈米饭表现出异味主要是由脂肪酸自动氧化而产生的戊醛和己醛等造成的。陈米煮饭时吸水过快，米粒膨胀不均匀，组织结构被破坏，形成很多空隙，因而食味不佳。另外随着储藏时间的延长，米饭的硬度增大，黏度降低，咀嚼性增高，胶性增大，而凝聚性基本不变。

用新入库的小麦磨成的小麦粉或刚磨出的小麦粉制作的面包，体积小，弹性差，组织不均匀。在储藏过程中，随着小麦完成后熟以及小麦粉成熟，做成的面包体积大，皮薄，组织均匀，面包心松软而富有弹性，气孔小而多。但是如果小麦在入库前受到雨淋或入库后受潮，就会使小麦发芽或霉变，产生大量的 α-淀粉酶。α-淀粉酶水解淀粉会产生黏度很大的糊精，使制作的面包体积小，气孔少，面包心黏湿且缺乏弹性。用劣变的小麦磨成的小麦粉，吸水率较小，揉成的面团缺乏弹性，堆不起来，制成的面包是铺散的，且面包心易碎散。

所以，储藏时间的长短是影响粮食食用品质的重要因素之一。

另外，粮食在储藏过程中感官特性的变化还表现在发热、生霉及结露等。

二、粮油物理参数的变化

在储藏过程中，粮食与油料的物理特性参数也会发生一定的变化。

（一）容重

随着储藏时间的延长，粮食籽粒的绝对量逐渐减少，容重会减少。但如果入库时粮食很干燥，水分含量低，同时仓内空气的湿度很大，粮食就会吸收水分，造成容重不但不会下降，反而有所上升。

（二）千粒重

千粒重和容重的变化相似，一般情况下粮食的千粒重随着储藏时间的延长而降低。若粮食吸湿，则会造成千粒重增大。

（三）静止角

粮食的散落性用静止角表示。静止角与散落性成反比，即散落性好，静止角小，反之，散落性差，静止角大。

粮食储藏期间散落性（静止角）的变化可在一定程度上反映粮食的储藏稳定性。安全储藏的粮食具有较好的散落性，较小的静止角。如果粮食"出汗""返潮"，水分增大，霉菌滋生，就会使散落性降低，静止角增大；严重发热的粮食结块会形成90°角的直壁状，完全丧失散落性。

（四）吸水率

粮食是多孔毛细管胶体物质，具有很大的吸附表面，并且有很多的亲水性基团，具有吸附和解吸水蒸气的能力。空气湿度会对粮食水分产生影响，当水分含量低的粮食放到潮湿的环境中，粮食会受潮，即粮食水分吸附水蒸气，吸水率增加。

稻米随着储藏时间的延长，加热后吸水率增大；在吸水量相同的情况下，膨胀率也有所增加，黏度逐渐减小；用陈米沥出的米汤比较稀，米汤固形物含量降低，而用新米沥出的米汤比较稠，固形物的含量也比陈米米汤高。

三、粮油营养成分的变化

（一）糖类

粮食及其加工产品在储藏过程中，α-淀粉酶和β-淀粉酶作用于其中的淀粉，使其转化成糊精和麦芽糖。在储藏早期小麦的淀粉酶活性增加。而在特定条件下观察到粮食储藏过程中干重增加，这个增加可用水分在淀粉水解过程中被消耗掉的事实来解释。因此，淀粉水解产物的干重较原淀粉的干重大。尽管这种水解作用的结果可能会使粮食中还原糖量显著增加，但是利于淀粉降解的条件通常有利于呼吸活动，使得糖被耗掉并转化成二氧化碳和水。在这些条件下（通常在含水量为15%或更多时发生），粮食损失淀粉、糖，而且干重减少。

不同储藏环境下（A：15℃，相对湿度50%；B：20℃，相对湿度65%；C：28℃，相对湿度75%；D：35℃，相对湿度85%）的小麦瑞星一号经过300 d的储藏，其直链淀粉含量升高（图3-2）。随着储藏时间的延长，小麦淀粉的酶解力（图3-3）、糊化特性、透光率、胶稠度都会发生相应的变化，小麦淀粉的酶解力在储藏过程中有所减小，淀粉的峰值黏度（图3-4）、最低黏度、最终黏度随着储藏时间的延长都会减小，回生值（图3-5）和崩解值随着储藏时间的延长而增大，储藏时间对糊化温度影响不大。储藏温湿度的提高会加速小麦品质劣变，储藏温湿度越高小麦淀粉各个特征值变化速率越快。各个特征值均与储藏时间显著相关，各个特征值之间也显著相关。淀粉粒度随着储藏时间的延长而增大，结晶度减小，淀粉颗粒呈现圆形或者椭圆形，随着储藏时间延长淀粉颗粒表面出现刮痕，越来越不光滑。随着储藏时间的延长淀粉凝胶的质构特性参数会发生变化，凝胶硬度（图3-6）增加，凝胶弹性（图3-7）、黏聚性（图3-8）、咀嚼度（图3-9）均降低，高温高湿下的样品淀粉凝胶质构特性参数会更快地发生变化。

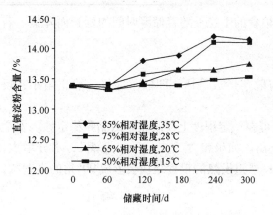

图3-2 瑞星一号小麦储藏期间直链淀粉含量变化　　图3-3 瑞星一号小麦储藏期间酶解力变化

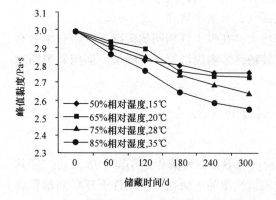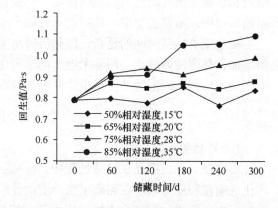

图3-4 瑞星一号小麦淀粉峰值黏度变化　　图3-5 瑞星一号小麦淀粉回生值变化

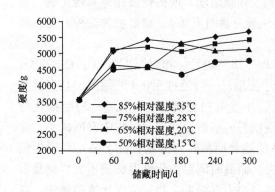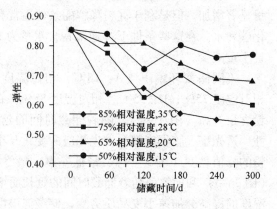

图3-6 瑞星一号小麦淀粉凝胶硬度变化　　图3-7 瑞星一号小麦淀粉凝胶弹性变化

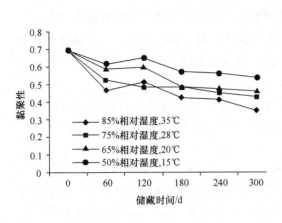

图 3 – 8　瑞星一号小麦淀粉凝胶黏聚性变化

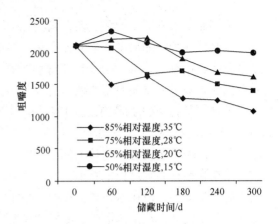

图 3 – 9　瑞星一号小麦淀粉凝胶咀嚼度变化

研究表明，大豆储藏在水分含量超过 15% 的条件下，还原糖明显增加，而非还原糖含量减少。玉米在品质劣变时，非还原糖也大量散失。有报道表明取自古埃及坟墓据说有 3000 年之久的类似斯佩尔特小麦的籽粒，含有糊精和大量的还原糖。这也说明粮食的状态变得使呼吸作用不能进行以后，而淀粉酶的活性仍继续。然而在高水分时，可发生活性糖的发酵作用，生成乙醇或乙酸及最终的特征酸味。

小麦在相对湿度为 9% ~ 25%、温度为 29 ~ 50℃ 条件下储藏 8d，在损失非还原糖的条件下发生特征性的还原糖增加，这些变化发生在外表褐变之前。小麦的无氧储藏和有氧储藏研究表明，即使霉菌的生长受阻，在氮气环境中还原糖和非还原糖也会发生很大变化，非还原糖的减少几乎完全与还原糖的增加相等同。当湿润小麦储藏在空气中，霉菌大量生长，还原糖的增加量仅为非还原糖下降量的 1/4，这是因为前者被霉菌所利用。表 3 – 6 是气密储藏 5 个月的大米还原糖、非还原糖和总糖的变化情况。

表 3 – 6　　　　气密储藏大米还原糖、非还原糖和总糖的变化（5 个月）

碱减率/%	水分/%	温度/℃	还原糖/[g(麦芽糖)/100g 干重]						非还原糖/[g(蔗糖)/100g 干重]						总糖/%					
			外层		内层		整粒		外层		内层		整粒		外层		内层		整粒	
			储藏前	储藏后	储藏前	储藏后	储藏前	储藏后	储藏前	储藏后	储藏前	储藏后	储藏前	储藏后	储藏前	储藏后	储藏前	储藏后	储藏前	储藏后
7.7	15.6	-20	0.5	0.64	0.08	0.12	0.15	0.16	3.52	3.37	0.09	0.08	0.5	0.5	4.02	4.01	0.17	0.2	0.65	0.67
7.7	15.6	5	0.5	0.9	0.08	0.13	0.15	0.19	3.52	3.26	0.09	0.06	0.5	0.49	4.02	4.16	0.17	0.19	0.65	0.68
7.7	15.6	25	0.5	1.54	0.08	0.24	0.14	0.42	3.52	0.51	0.09	0.04	0.5	0.14	4.02	2.05	0.17	0.28	0.65	0.56
7.7	15.6	35	0.5	1.5	0.08	0.35	0.14	0.47	3.52	0.32	0.09	0.05	0.5	0.05	4.02	1.37	0.17	0.37	0.65	0.52
7.7	13.7	35	0.5	1.35	0.08	0.14	0.14	0.36	3.52	0.12	0.09	0.04	0.47	0.04	4.02	1.47	0.17	0.17	0.61	0.4
7.7	12.9	35	0.5	0.94	0.08	0.12	0.14	0.22	3.52	1.04	0.09	0.05	0.51	0.15	4.02	1.98	0.17	0.17	0.65	0.37
12	15.5	-20	0.37	0.35	0.07	0.1	0.08	0.1	0.86	0.8	0.05	0.02	0.17	0.11	1.23	1.01	0.13	0.13	0.25	0.21
12	15.5	5	0.37	0.36	0.07	0.14	0.08	0.11	0.86	0.65	0.05	0.02	0.17	0.11	1.23	1.01	0.13	0.16	0.25	0.22
12	15.5	25	0.37	0.69	0.07	0.14	0.08	0.17	0.86	0.14	0.05	0.01	0.17	0.04	1.23	0.81	0.13	0.15	0.25	0.23
12	15.5	35	0.37	0.47	0.07	0.14	0.08	0.17	0.86	0.02	0.05	0.01	0.17	0.01	1.23	0.49	0.13	0.15	0.25	0.18

不同储藏条件下二糖和三糖含量变化的研究表明：在良好条件下，除蔗糖含量稍有下降外，其他各种糖的浓度基本上无变化。当小麦储藏在高温、高湿条件下，蔗糖和棉籽糖含量下降；仅有 35.4% 水分条件下储藏的样品麦芽糖含量大幅度上升。正常小麦储藏 6 年后总糖含量减少，非还原糖的减少更为明显。

把含水量为 9% 的面粉在密闭容器中（温度为 24℃和 32℃条件下每隔 6h 交替一次）储藏 357d，麦芽糖含量无变化。但是，如果把面粉储藏在棉布袋中（相对湿度 58% 和 90%），在 210d 内麦芽糖含量大幅度下降。

淀粉在粮食储藏过程中由于受淀粉酶作用，水解成麦芽糖，又经酶分解形成葡萄糖，其总的含量降低，但在禾谷类粮食中，由于淀粉基数大（占总重的 80% 左右），总的百分比变化并不明显，在正常情况下淀粉的量变一般认为不是主要方面。淀粉在储藏过程中的主要变化是"质"的方面。具体表现为淀粉组成中直链淀粉含量增加（如大米、绿豆等），米饭的黏性随储藏时间的延长而降低，涨性（亲水性）增加，米汤或淀粉糊的固形物减少，碘蓝值明显下降，而糊化温度增高。这些变化都是陈化（自然的质变）的结果，不适宜的储藏条件会使之加快与加深，这些变化都显著地影响淀粉的加工与食用品质。质变的机制，普遍认为是由于淀粉分子与脂肪酸之间相互作用而改变了淀粉的性质，特别是黏度。另一种可能性是淀粉（特别是直链淀粉）间的分子聚合，从而降低了糊化与分散的性能。用陈化而产生的淀粉质变，在煮米饭时加少许油脂可以得到改善，也可用高温高压处理或减压膨化改变因陈化给淀粉粒造成的不良后果。

在常规储藏条件下，高水分粮食由于酶的作用，非还原糖含量下降。但有人曾报道，在较高温度下，小麦还原糖含量先是增加，但到一定时期又逐渐下降，下降的主要原因是呼吸作用消耗了还原糖，使其转化成 CO_2 和 H_2O，还原糖的上升再下降说明粮食品质开始劣变。

（二）蛋白质

粮食在储藏过程中蛋白质的总含量基本保持不变。将新收获的 6 种小麦在室温（27±3）℃和相对湿度 35%~75% 的条件下进行 4 个月的储藏，实验结果显示新收获的小麦中的醇溶蛋白含量较高，经历了后熟过程的小麦的醇溶蛋白含量下降，谷蛋白含量上升。

研究发现，在 40℃和 4℃条件下储藏 1 年的稻米，总蛋白含量没有明显的差异，但 40℃下的稻米水溶性蛋白和盐溶性蛋白明显下降，醇溶蛋白也有下降趋势。据 H. Balling 等报道，大米在常规条件下储藏，3 年后醇溶蛋白有明显降低，到第 7 年，所有样品的醇溶性蛋白含量几乎都降低到了原来的一半，他认为可能是部分醇溶蛋白与大米中的糖及类脂相互作用形成其他产物的结果，但另有学者认为是稻米蛋白中巯基氧化为二硫键所致。

大米经储藏过夏后，蛋白质中的巯基（—SH）含量有了明显的变化，这种巯基含量在很大程度上反映了蛋白质与大米品质变化的关系。—SH 含量的变化超前于黏度/硬度比值的变化，说明大米储藏过程中还存在着蛋白质以外的其他影响大米流变学特性的因素。同时，经还原剂处理的大米，蒸煮的米饭黏度/硬度比值明显提高。

大米密闭储藏过程中蛋白溶解性的变化如表 3-7 所示。

表 3 - 7　　　　　　　　大米密闭储藏过程中蛋白溶解性的变化　　　　　　　单位:%

蛋白质组分/%（干基）		储藏前	5℃储藏 5 个月	25℃储藏 5 个月	35℃储藏 5 个月
清蛋白	整籽粒	0.3	0.38	0.25	0.18
	外层	1.75	1.44	1.44	0.79
	内层	0.29	0.27	0.16	0.17
球蛋白	整籽粒	0.67	0.57	0.59	0.45
	外层	1.12	0.71	0.65	0.89
	内层	0.6	0.45	0.63	0.44
醇溶蛋白	整籽粒	0.25	0.14	0.08	0.13
	外层	0.72	0.19	0.19	0.21
	内层	0.22	0.1	0.1	0.11
谷蛋白	整籽粒	5.25	4.9	4.81	3.74
	外层	7.93	8.85	7.84	6
	内层	5.05	4.1	4.36	3.41
全蛋白	整籽粒	6.47	5.99	5.73	4.5
	外层	11.62	11.19	10.12	7.89
	内层	6.16	4.92	5.25	4.13
不溶性蛋白	整籽粒	1.68	1.87	1.98	3.11
	外层	3.17	3.58	4.33	6.96
	内层	1.27	2.58	1.96	2.93
蛋白提取率	整籽粒	79.3	76.1	74.3	59
	外层	77.9	75.7	70	53.1
	内层	80.7	71.9	72.7	58.5

　　储藏 10 个月的大豆（夏季最高粮温 32℃），盐溶性蛋白（球蛋白）减少 20%，由此制作出的豆腐的品质也很差。

　　新收获的小麦醇溶蛋白含量最高，由于小麦的后熟作用，谷蛋白含量逐步增加，储藏 4 个月（常规储藏）的小麦，谷蛋白与醇溶蛋白的比例从原来的 0.33:0.88 转变为 1.3:1.9。

　　同时新收获小麦的蛋白质中巯基含量比储藏 4 个月后的巯基含量高得多，但二硫键比储藏后要低得多。

　　小麦蛋白组分的变化与小麦粉烘焙品质之间有一定的关系。储藏初期烘焙品质有所改善，而储藏后期烘焙品质变差。经过储藏的小麦，其相对应的面粉吸水率呈下降趋势，面团的形成时间随品种的不同有不同程度的增加。

　　品质好、生活力强的小麦中游离氨基酸表现为谷氨酸含量高，谷氨酸/天冬氨酸的比值高于 2，小麦在储藏过程中这个比值开始下降就认为小麦开始劣变。

　　研究各类种子及其粉碎物在储藏过程中蛋白质所发生的变化发现：经过储藏的小麦、玉米、大豆及其粉碎物中蛋白质的溶解性及体外胰蛋白酶和胃蛋白酶的消化率下降。与此同时，氨基氮含量上升，真蛋白氮含量下降。含水量为 11% 的小麦，24℃ 条件下在密封罐中储藏两年，蛋白质消化率下降 8%。同样储藏条件下（储藏时间也一样）含水量为 12%

的玉米蛋白消化率降低3.6%。这些变化以及蛋白质溶解性的变化在粮食粉碎物中比整粮粒中进行得更快。

Yanai 和 Zimmerman 研究了大宗粮食在严格控制储藏条件下所发生的一些变化。研究的目的是确定空气、储藏温度范围及相对湿度水平对一些大宗粮食蛋白质营养价值的影响。通过用赖氨酸限制食物喂养刚断奶的老鼠来确定其营养价值，所用的蛋白质营养价值参数为蛋白质效价（PER）、蛋白滞留及净蛋白利用（NPU）。这些指标在小麦和稻米储藏过程中仅发生了微小变化。

Dobczynska 研究储藏在各种条件下的小麦中有效赖氨酸（限制性氨基酸）的变化。在前42d中变化最大，在以后的140d中仅测出微小变化。有效赖氨酸的下降范围从3.2%（粮食含水量15%，储藏温度7~8℃）到19.9%（粮食含水量20%，储藏温度20~21℃）。在实际条件下（含水量13.0%~13.5%，温度2~21℃，或含水量14%、温度7~8℃）其下降量为6%~8%，有效赖氨酸损失量随起始水分水平及湿相干燥速率和温度的增加而增加。在氮气条件下干燥不比在空气中干燥优越。

在标准条件下把小麦储藏4年或在气调条件下储藏2年。用储藏1年或更长时间的小麦饲养老鼠，其生长速率和食物消耗稍有下降，血液和肌肉中的赖氨酸和苏氨酸含量无变化。小麦储藏在氮气或二氧化碳环境中，以及对照储藏在-20℃得到类似结果。用空气中储藏的小麦样品饲养发育中的老鼠，其生长速率和食物消耗量最低。

在人为控制条件下，温度为20℃，储藏大麦在18%含水量下净蛋白利用率大幅度下降。18%和20%含水量下净蛋白利用率与12%~17%含水量下的对应值相差甚大。一般来说，总赖氨酸的含量（在水解产物中测定）随大麦水分的增加而减少。表3-8所示为大米气密储藏过程中游离氨基酸的变化情况。

表3-8　　　　　　　　　　大米气密储藏过程中游离氨基酸的变化

样品	储藏条件		游离氨基氮/（mg/100g 干重）		
	水分含量/（%，干基）	温度/℃	外层	内部	整粒
7.7% 碾减率	15.6	-20	46	4.3	9.8
	15.6	5	42.1	4.6	9.6
	15.6	-25	35.9	6.5	10.6
	15.6	35	23.8	7.6	10.9
	13.7	35	28	6.9	9.6
	12.9	35	36	5.5	10.1
原始样品			40	4.5	10.9
10% 碾减率	15.5	-20	17.7	3.2	4.7
	15.5	5	16.9	3.4	5
	15.5	25	13.4	4.8	6.3
	15.5	35	11.6	5.3	5.8
	14.2	35	16.6	4.5	5.7
	13.1	35	13.1	3.1	4.3
原始样品			16.1	3.2	3.9

　　将小麦在四种环境条件（15℃，50%相对湿度；20℃，65%相对湿度；28℃，75%相对湿度和35℃，相对湿度85%）下储藏。随储藏时间的延长，在四个储藏微环境条件下小麦的总蛋白质含量无明显变化。其蛋白质组分发生明显变化，清蛋白、球蛋白、谷蛋白含量呈现上升趋势；而醇溶蛋白含量明显减少。和其他三个处理组相比，在高温高湿条件（35℃，相对湿度85%）下，小麦蛋白质组分含量变化显著（$P < 0.05$），谷蛋白/醇溶蛋白的比例升高，说明储藏温湿度对小麦蛋白质变化影响显著。以瑞星一号小麦为例，图3-10至图3-13所示为在四个储藏环境条件下小麦的蛋白质组分，清蛋白、球蛋白、谷蛋白、醇溶蛋白含量的变化趋势。

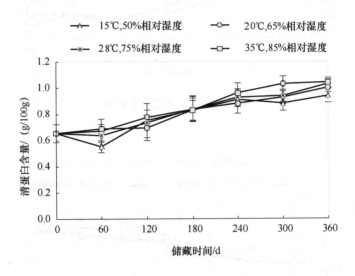

图3-10　清蛋白含量变化

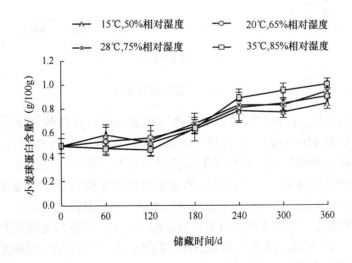

图3-11　球蛋白含量变化

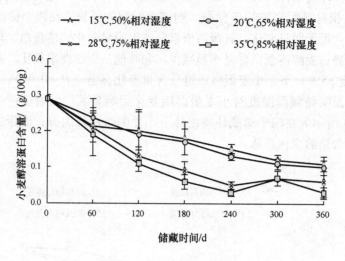

图 3 - 12 醇溶蛋白含量变化

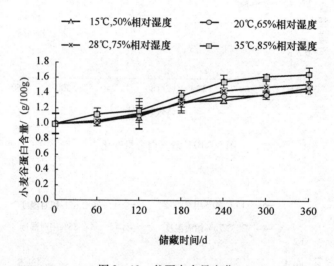

图 3 - 13 谷蛋白含量变化

随储藏时间的延长，在四个储藏环境条件下小麦的游离氨基酸含量呈上升趋势（图 3 - 14），在储藏前期（0 ~ 180d）增长趋势明显，储藏后期（180 ~ 360d），其升高趋势平缓；且在储藏末期（360d）时，相比于低温低湿（15℃，50% 相对湿度）的条件，在高温高湿（35℃，85% 相对湿度）条件下，小麦的游离氨基酸含量增加显著（$P < 0.05$）。这说明高温高湿的储藏条件会导致小麦蛋白质的水解，造成其品质劣变。

通过二级结构测定，发现小麦蛋白质二级结构中以 β - 折叠和无规则卷曲为主。整个储藏期间，小麦的 α - 螺旋呈现较为明显的减少趋势，β - 折叠和 β - 转角发生了一定程度的转化，由反转变为了伸展（图 3 - 15 至图 3 - 18）。

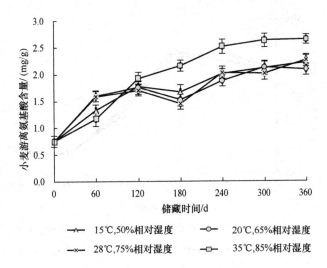

图 3-14　瑞星一号小麦游离氨基酸含量变化

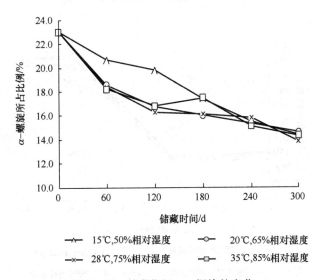

图 3-15　储藏期间 α-螺旋的变化

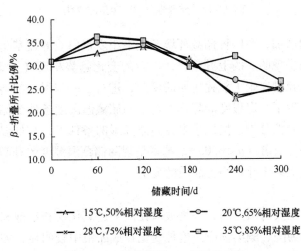

图 3-16　储藏期间 β-折叠的变化

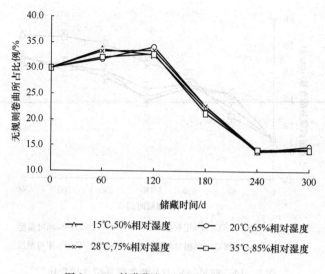

图 3 – 17　储藏期间无规则卷曲的变化

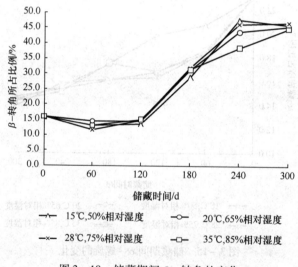

图 3 – 18　储藏期间 β – 转角的变化

随着储藏时间的增加，在四种储藏环境条件下小麦蛋白质的巯基呈现出不断减少的趋势，而二硫键含量则呈现明显的上升趋势，二者的变化趋势相反（图 3 – 19、图 3 – 20）。在储藏期间巯基和二硫键发生了氧化还原的反应，进行了一定程度的转化。随储藏时间的增加，小麦的品质发生了一定程度的陈化。对不同储藏温湿度条件下储藏的两种小麦的巯基和二硫键进行了差异性分析，发现小麦在高温高湿的条件下，与低温低湿相比，其巯基和二硫键含量变化差异显著（$p < 0.05$），基本呈现随储藏温湿度的升高，其变化速度加剧的趋势，而这种变化更易于导致小麦品质的变劣。

（三）脂类

粮食中脂类变化主要有两方面，一是被氧化产生过氧化物和不饱和脂肪酸被氧化后产生羰基化合物，主要为醛、酮类物质。这种变化在成品粮中较明显，如大米的陈米臭与玉

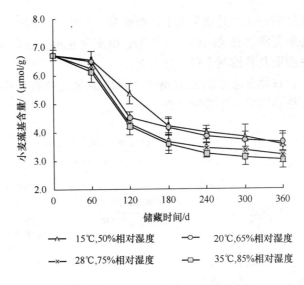

图 3 - 19　瑞星一号小麦巯基含量变化

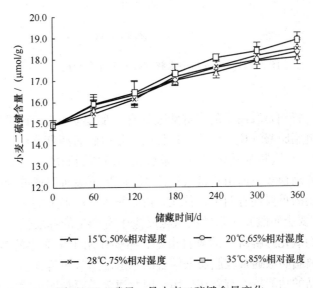

图 3 - 20　瑞星一号小麦二硫键含量变化

米粉的哈喇味等。原粮中因种子含有天然抗氧化剂，起了保护作用，所以在正常的条件下氧化变质的现象不明显。另一种变化是受脂肪酶水解产生甘油和脂肪酸。自 20 世纪 30 年代以来发现劣质玉米含有较高脂肪酸，各国研究者多用脂肪酸值做粮食劣变的指标。特别是高含水量易霉变粮食更明显，因为霉菌分解的脂肪酶有很强的催化作用。新收获的粮食脂肪酸值一般在 15mg KOH/100g 粮食以内，很少超过 20mg KOH/100g 粮食，在储藏过程中逐渐增加，相对湿度高、温度也高的条件下增加较快。

　　谷物酸败发生在粮食收获、储藏、加工直到形成产品的过程中，最终导致品质及可接受性的丧失，酸败的发生是由各种降解反应引起的。酸败定义为不良的品质因素，起因于直接或间接的内源性脂质反应，产生令人不快的味道和气味或不能接受的功能特性。

在含有麦麸和麦胚的谷物产品或全麦中，酸败是一个较大的问题，因为麦麸、麦胚或全麦粉中含有与脂肪酶促降解有关的酶。近年来，由于全麦粉和高纤维食品的流行，使得以谷物为原料的食品酸败及其控制变得十分重要。

和其他食品一样，谷物食品中的酸败是由于水解或氧化降解所引起的，通常两种都有，水解酸败之后往往会发生氧化酸败（图 3－21）。

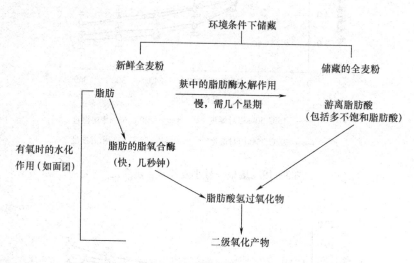

图 3－21　全麦粉中水解酸败和氧化酸败的关系

1. 水解酸败

在一些食品中，特别是乳制品的水解酸败具有"肥皂臭味"，这是因为脂肪酸中的乙酰酯能产生一些短链脂肪酸（$C_6 \sim C_{10}$），这种反应是由脂肪酶催化的。谷物中的脂肪主要是一些长链（$C_6 \sim C_{10}$）脂肪及其相对应的未酰化的游离脂肪酸，它们的异味阈值比短链脂肪酸的异味阈值要高很多，而由长链（$C_{16} \sim C_{18}$）脂肪酸所促成的异味几乎很少，然而谷物中脂肪水解作用的重要性有两个：首先，由脂肪水解所形成的多元不饱和游离脂肪酸（绝大多数谷物的主要脂肪酸）是后续的氧化反应中所产生的挥发性或非挥发性异味的先导。脂氧合酶引发的氧化降解所需的氧自由基，主要作用于未酰化的多元不饱和脂肪酸，在非酶促反应中游离脂肪酸通常较脂肪酸结合的乙酰酯形式更容易被氧化。其次，游离脂肪酸对许多谷物食品的功能特性有破坏作用，因此通常需要指明最大游离脂肪酸含量，如稻米或玉米中游离脂肪酸含量高时会导致油脂精炼过程中的损失和其他问题，对小麦的烘焙品质也产生影响。

由于谷物食品水解酸败时存在酶促反应过程，所以关注有关脂肪酶的一些异常性质是非常重要的。

（1）小麦脂肪酶与水解酸败　小麦中脂肪酶主要集中在麦麸中。健康小麦粉碎物水解酸败的脂肪酶几乎完全是在麦麸中。在小麦胚部也发现了脂肪酶并命名为"麦芽脂肪酶"，但是这种酶不能水解小麦中的长链三酰甘油。因此小麦胚中的这种酶与小麦粉碎物的水解酸败无关。真正的脂肪酶在小麦发芽初期出现在胚部，但未发芽、健康的小麦产品中此酶没有活性。

表 3－9 所示为麦麸和麦胚的酸败情况，此表说明了麦麸、麦胚及其混合物中游离脂

肪酸（FFA）在储藏过程中的积累情况。可以看出，储藏过程中麦麸中的 FFA 含量比麦胚中高得多，事实上纯麦胚（胚芽和小盾片）是相对稳定的。商品小麦胚不稳定，并迅速累积 FFA，是因为商业生产的麦胚中含有大量的麦麸（＜50%）。如表 3－9 所示麦胚和麸1:1混合物比麦麸更不稳定。

表 3－9　　　　　　　　　麦胚、麦麸的酸败情况（每 10min 吸收 O_2 的量）　　　　单位：μmol/g

储藏期（25℃/d）	麦胚	麦麸	麦胚、麦麸混合物（1:1）
0	2	2	2
21	4	16	27

由此可见脂肪酶的活性集中在麦麸中。与大多数酶不同，麦麸中的脂肪酶在低水分含量（＜5%）时仍很活跃。这个含水量比其他粉碎样品的含水量低得多（正常含水量一般为 10%～15%）。小麦麸中水分活度 $A_w = 0.85$ 时（17% 含水量）其脂肪酶活力最大。这样在不稳定的粉碎产品中会积累 FFA，而其他的酶（指催化 FFA 氧化的酶）和微生物被抑制，只有增加水分时才起作用。

在正常水分条件下麦麸脂肪酶是热稳定的。正常水分条件下（10%～12%），麦麸可以在 80℃ 保持几天而不丧失其脂肪酶活性。但如果增加水分和加热，或在高压釜内，脂肪酶的活性便很快消失。在 1:1（质量比）麦麸－水混合物中，100℃ 经 10min 就可使脂肪酶钝化。高压釜中 666.4MPa 压力，10min 也可使其失活。颗粒越小脂解速度越快，在麸皮、粗粉中，FFA 的积累速度与麸皮的细度有关，干燥的物料，表面积越大，麸皮与油接触得越多，则脂解反应速度越快。

粉碎样品中 FFA 含量与储藏时间呈线性关系。在给定储藏条件下，麸皮及全麦粉中的 FFA 持续上升，直到最大值，这种增加的幅度取决于麸皮中底物（油）对酶的有效性。在细麸粉中（＜0.5mm），FFA 含量达到最大值时至少有 90% 的三酰甘油被水解，随麸皮颗粒的增大，脂解的速度及程度会减小，但是不管是大颗粒还是小颗粒 FFA 的含量都随储藏时间的延长而增大。

新收获的小麦的脂肪酸值都比较小，存储一年后脂肪酸值稍有上升，存储两年后脂肪酸值大约增加 1mgKOH/100g；存储三年后增加比较多。小麦脂肪酸值受储藏条件的影响较大，贮藏在同一时期的小麦脂肪酸值因储藏条件不同各不相同。在相同的储藏时间内储藏温度越高，脂肪酸值的增加越快。研究发现贮藏在 20℃、30℃ 下的小麦粉与贮藏在 4℃ 下的小麦粉比较，脂肪酸值显著增加。

脂肪酸值是评定小麦储藏品质的敏感指标之一。由表 3－10 的数据可以看出，小麦瑞星一号在不同储藏环境下（A：15℃，相对湿度 50%；B：20℃，相对湿度 65%；C：28℃，相对湿度 75%；D：35℃，相对湿度 85%），经过 300 d 的储藏，脂肪酸值均有不同程度的上升，储藏初期小麦的脂肪酸值上升幅度较为平稳，从 60～240d 之间，两种小麦的脂肪酸值迅速上升，在 240d 之后，两种小麦的脂肪酸值的上升程度再度趋于平稳。

表 3 – 10　　　　　　　　不同储藏条件下小麦粗脂肪酸值变化　　　　　单位：mgKOH/g

储藏时间/d	0	60	120	180	240	300
A	13.05 ± 0.07	14.46 ± 0.06	21.51 ± 0.05	26.67 ± 0.05	29.96 ± 0.04	31.50 ± 0.05
B	13.05 ± 0.07	14.62 ± 0.06	23.36 ± 0.04	27.5 ± 0.04	31.30 ± 0.04	34.60 ± 0.03
C	13.05 ± 0.07	14.87 ± 0.05	25.01 ± 0.05	29.72 ± 0.04	33.65 ± 0.05	36.25 ± 0.04
D	13.05 ± 0.07	15.74 ± 0.06	27.85 ± 0.06	31.24 ± 0.05	38.78 ± 0.03	40.50 ± 0.03

（2）其他谷物的脂肪酶与水解酸败　在一些谷物中脂肪酶的活性较小麦中的高（表3 – 11）。除非经过热量处理，否则（燕麦和糙米由于脂肪酶含量高）谷物劣变速度很快。防止劣变的方法之一是采用热处理，然而对小麦粗粉和全麦粉不能采用热处理，这是因为热处理会破坏面筋蛋白的功能特性。

表 3 – 11　　　　　　　不同谷物及其加工产品的脂肪酶活性　　　　　　　单位：U

材料	脂肪酶活性	材料	脂肪酶活性
整粒小麦	2 ~ 4.5	高粱	6
小麦麸皮	7	糙米	11 ~ 13
小麦粉	1 ~ 1.25	精白米	1.25
燕麦	20	米糠	20 ~ 30
谷子	6 ~ 10		

因燕麦的脂肪含量较高，且脂肪酶活力也高，所以加工时需要蒸煮以钝化脂肪酶。通常在 90 ~ 100℃，含水量大于 12% 时经几分钟就可以使脂肪酶钝化。如果不经过这样处理，在 2 ~ 3d 内游离脂肪酸含量会达到难以接受的程度。不同品质间脂肪酶活性差别很大。有研究表明在同一种植地区的 350 个品种中脂肪酶活性最大的品种是脂肪酶活性最小的品种的 21 倍。

稻谷的脂肪酶活性主要集中在糠层，碾米过程可提高脂肪酶活性。糙米特别是米糠劣变速度很快。米糠含油量 15% ~ 20%，除非碾米时采用合适的稳定措施，否则提取的米糠油在几小时内就会变得不能食用。用于稳定米糠的方法很多，但商业上一般采用 90 ~ 130℃ 的热处理，在自然水分条件下挤压蒸煮，或者加水蒸气在 80℃ 条件下处理。至于未发芽稻米中内源性或来自微生物的脂肪酶到底有多少还不清楚，但已经知道，收获的稻谷中及其后来的储藏中有许多脂解性真菌和细菌。

2. 氧化酸败

所有谷物的脂质中含有相当比例的不饱和脂肪酸是潜在的氧化酸败源。

完好的谷粒脂肪酸败相对缓慢，这是因为其反应物被局限在某些区域，谷物加工时，组分得以重新分布，氧化反应就会发生。在大多数情况下，这种反应快而广泛。反应可以是酶催化的也可以是自动氧化。

（1）酶促氧化（或脂氧合酶反应）　一般来说，谷物制品中脂肪的酶促氧化作用可以认为是脂氧合酶的作用（严格地说是一组同工酶），这些酶集中在谷物的胚部，除一些新培育的杜伦小麦脂氧合酶含量十分低外，所有的商业谷物都含有脂氧合酶。脂氧合酶作用于含有 1，4 – 顺 – 戊二烯基团的不饱和脂肪酸（如 18:2，18:3），其反应如下：

$$LH+O_2+Enz \rightarrow \left[\begin{array}{c} L-O_2 \\ | \\ Enz \end{array}\right] +H^+ \rightarrow LOOH+Enz \tag{3-1}$$

共氧化反应
还原态 氧化态

对一个给定的脂肪酸底物，可能形成两个或两个以上的氢过氧化物结构异构体，如

$$CH_3(CH_2)_4—CH=CH—CH_2—CH=CH—(CH_2)_7COOH$$

脂氧合酶

$$COOH$$
$$CH_3(CH_2)_4—CH—CH=CH—CH=CH—(CH_2)_7COOH或$$

$$COOH$$
$$CH_3(CH_2)_4—CH=CH—CH=CH—CH—(CH_2)_7COOH \tag{3-2}$$

因为脂氧合酶集中在胚部，整粒或含胚较多的物料中脂氧合酶活性较加工产品中脂氧合酶活性高，Galiard 对小麦胚中脂氧合酶进行了深入研究并得出以下结论：

脂肪的氧化作用在商业储藏的健康小麦及其加工产品中进行得较慢。但是当全麦粉或含有麦胚和麸皮的加工产品与水相混时，就会很快吸收氧自由基，这种氧的消耗几乎完全是由于脂氧合酶催化不饱和脂肪酸的氧化引起的，所以水分对氧化酸败有促进作用。

有些组分可以被脂氧合酶催化的共氧化反应所氧化，特别是亲油物质、敏感化合物［包括色素、脂溶性维生素（维生素 E、维生素 A）、不饱和脂肪酸以及蛋白质中的巯基］。

（2）谷物油脂的非酶促氧化作用 尽管在适当条件下酶催化的氧化反应速度快而且广泛，但非酶促氧化酸败在谷物产品中也会发生，这种酸败在钝化了脂氧合酶的材料上得到证实。

酶促和非酶促氧化反应的初始产物相同，即脂肪酸氢过氧化物。然而两个过程有本质的区别，特别是非酶促氧化反应可受到抗氧化剂的抑制，非损伤的粮粒及胚中的油脂稳定的原因之一是其中含有生育酚（抗氧化剂）。在完整的粮粒中，大多数脂肪以油滴的形式存在。加工过程、加热粉碎或剪切作用会使油脂重新分布，抗氧剂受到破坏，与氧的接触表面积增大。如蒸汽处理的燕麦较为稳定，但如果进一步加热便使产品的稳定性变差，其原因在于燕麦中含有生育酚（20mg/kg）及其他抗氧化物质。适当的蒸汽处理可使脂肪氧化酶钝化，进一步加热使抗氧物质遭到破坏。

金属离子是谷物制品中非酶促氧化的主要催化剂，不仅天然地存在于谷物中（麸皮），而且许多情况下人为添加，有时候加工设备也会造成污染。通常金属蛋白中的金属离子并不具有这种催化作用，但经湿热处理变性后，金属离子也会催化氧化反应。

（四）影响谷物及其制品酸败的因素

影响水解酸败和氧化酸败的许多因素是相同的，所以放在一起讨论，而且在许多情况下氧化酸败是由脂肪最初水解释放出来的脂肪酸所引起的。

（1）原料质量 原料的质量对谷物及其产品的稳定有很大影响。物理损伤及在收获前气候湿润时，粮食污染了脂解性微生物会直接影响其储藏稳定性。如含有污染真菌的面粉制成的饼干中会有肥皂异味，这是由真菌中的脂解酶水解饼干中的乳脂所引起的。

（2）加工条件 用抗氧化剂来防止食品中的酶促酸败是不可行的。因此，通常采用加热处理来钝化酶，这个条件必须严格控制，首先要"杀死"酶，但又不能使内源性抗氧化剂受到破坏（防止非酶促酸败），所以，有必要强调酶对热的敏感性随水分活度的增大而

增大。在一些情况下，热处理可以破坏谷物的某些功能特性，如加热面粉会使面筋活性丧失，因此要选择其他方法，对胚强化的面粉应把胚分开蒸煮以钝化酶。

（3）储藏条件　温度：温度降低反应速度变慢，稳定性增大。脂解作用依赖于油在物料中的扩散作用，在低温条件下（油固化温度以下）这种作用的发生受到限制。

水分活度：脂肪降解可以发生在大多数谷物本身的水分活度低得多的条件下，如在面粉制品中水解酸败可在含水量低达 5% 时发生。然而小麦制品在环境条件下（$A_w = 0.65$）的反应速度比在水合物料中要小得多。减少非酶促氧化酸败通常推荐的含水量是小于 5%。

（4）空气　除去氧自由基可以防止氧化酸败，但不能防止水解酸败，脂肪酶促成非酶促氧化仅需少量的氧，通常 1% 左右就可以了。

（5）抑制剂　适合谷物制品的脂酶抑制剂（防止水解酸败）尚未发现，尽管抗氧化剂对脂氧合酶引发的氧化作用无效，但它可以延缓非酶促氧化酸败的发生。研究发现 300mg/kg 的薄荷提取物能有效地抑制麦片和米片的酸败，100mg/kg 的香子兰醛对滚筒干燥的小麦片来说是特别有效的抗氧化剂。

（6）颗粒大小　颗粒小、表面积大的物料易发生氧化酸败，但通常情况下颗粒大的物料其物理和感官特性比较差，所以在实际应用中必须使两者协调起来。

四、粮油中酶活力的变化

1. 淀粉酶

稻谷和糙米在储藏过程中 α-淀粉酶、β-淀粉酶活力在室温条件下均呈下降趋势，在 4 月至 10 月间下降幅度最大，10 月后 α-淀粉酶、β-淀粉酶活力趋于稳定并维持最低水平。在 4℃ 储藏时，α-淀粉酶、β-淀粉酶活力下降幅度小于室温储藏时的下降幅度。因此，在每年的 4 月至 10 月间，宜在低温下储藏稻谷，以防止其品质变劣。

稻谷中 α-淀粉酶活力随储藏时间的延长而下降。在储藏第一年下降较快，在储藏两年以后到第五年，其活性的下降主要受环境的影响较大。好的储藏条件会使稻谷的 α-淀粉酶活力保持相对稳定，恶劣的储藏条件会使稻谷的 α-淀粉酶的活性很快下降，从而使稻谷的品质劣变。

发芽后的小麦籽粒的 α-淀粉酶含量会急剧增加，并造成面包烘焙品质的下降。随着储藏时间的延长，小麦籽粒中的 α-淀粉酶活力又会逐渐降低，这是在通常情况下新麦的降落数值比陈麦的降落数值低的主要原因，有研究表明不同筋力的小麦粉在 38℃ 和 RH70% 密闭条件下储藏 2 周之后 α-淀粉酶活力下降很大。

2. 蛋白酶

蛋白酶在未发芽的粮粒中活力很低。小麦发芽时蛋白酶活力迅速增加，在发芽的第 7 天增加 9 倍以上。

3. 脂肪酶

经过 300 d 的储藏，小麦瑞星一号在不同储藏环境下（A：15℃，相对湿度 50%；B：20℃，相对湿度 65%；C：28℃，相对湿度 75%；D：35℃，相对湿度 85%）的脂肪酶活力均与储藏时间呈正相关，即随着储藏时间的延长脂肪酶活力呈上升趋势。小麦的脂肪酶活力越高，说明在小麦籽粒内以甘油酯为底物生成的甘油二酯、甘油一酯和游离脂肪酸的反应越强烈，从而造成储藏粮食脂肪酸值上升的幅度越高。

4. 脂肪氧化酶

研究表明，随着储藏时间的延长，稻谷中脂肪氧化酶活力下降。花生脂肪氧化酶活力越高，则种子储藏寿命越长。

5. 过氧化氢酶和过氧化物酶

对稻谷和玉米中的过氧化氢酶（CAT）和过氧化物酶（POD）活性随着储藏时间的变化进行研究发现随着储藏时间的延长，稻谷和玉米中的 CAT 和 POD 的活性均逐渐降低。

有研究人员对小麦在温湿度分别为 A：15℃，相对湿度 50%、B：20 ℃，相对湿度 65%、C：28 ℃，相对湿度 75%、D：35 ℃，相对湿度 85% 四个储藏环境下过氧化物酶和过氧化氢酶的变化情况进行了研究。不同的储藏条件，小麦细胞的 CAT 和 POD 活性都显示出不同的变化。在 A 和 B 储藏条件下，CAT 活性表现出先略有下降，后缓慢上升再降低的趋势，POD 活性则逐渐下降，但下降都不明显。而在 C 和 D 储藏条件下，CAT、POD 活性都经历了先增大而后快速下降的过程，其中 CAT 降幅分别为 40%、63%，POD 降幅分别为 38%、57%。尤其 D 条件下两者降幅显著高于低温低湿（A 和 B）条件（$P <$ 0.05）。这说明储藏期间，环境温湿度同样对 CAT、POD 活性影响显著。

五、粮食细胞超微结构的变化

（一）胚细胞

微观上，小麦瑞星一号在不同的储藏条件下储藏 300d 后，用透射电子显微镜观察到胚细胞发生了明显的变化。图 3 - 22 所示为原始的小麦胚细胞的超微结构图。如图 3 - 22 所示，原始小麦细胞形态及各细胞器正常，显示出良好的结构和功能。细胞壁结构致密，可清楚看到纤维素微纤丝，细胞膜平整光滑［图 3 - 22 （4）］；细胞基质致密均匀；细胞核占据细胞的较大空间，核膜、核仁清晰可辨，核质均匀，着色较淡，常染色质较异染色质丰富［图 3 - 22 （1）］；线粒体数量丰富，呈比较规则的圆形或卵圆形，双层被膜结构完整，内膜的脊密集清晰［图 3 - 22 （2）］；细胞内蛋白体充盈，呈现规则的球形，大小不等；脂肪体丰富，并均匀分布在细胞膜和蛋白体附近［图 3 - 22 （4）］。在胞间质中还可观察到大量的胞间连丝和成列的小囊泡［图 3 - 22 （2）、图 3 - 22 （3）］。由图 3 - 22 （4）还可清晰地看到在细胞壁上附着有丰富的 Ca^{2+}。

经过 300d 的储藏，不同储藏环境下（A：15℃，相对湿度 50%；B：20℃，相对湿度 65%；C：28℃，相对湿度 75%；D：35℃，相对湿度 85%）的小麦，其胚细胞超微结构变化也各不相同。A、B 条件下变化较缓慢，尤其在 A 条件下，小麦的胚细胞结构及各细胞器均保持较良好的状态，小麦细胞代谢均较正常［图 3 - 23 （1）、图 3 - 23 （2）］；在 B 条件下，小麦的细胞超微结构有了进一步的变化，主要表现为出现核染色质凝聚现象的细胞数量增多［图 3 - 23 （3）］。在 C 条件下，小麦的胚细胞超微结构发生了较明显的变化，如图 3 - 23 （5）所示，小麦胚细胞形态已出现变形，细胞壁溶解较明显，细胞膜内陷变形并出现一定程度的破损，大部分线粒体内膜的脊紊乱并减少，线粒体内部降解加重，部分线粒体已出现完全空泡化，此外，细胞核膜出现溶解，残缺不全，部分细胞核核仁变形并出现分裂，异染色质凝聚加重［图 3 - 23 （6）］；由图 3 - 23 （7）可知，部分细胞内的蛋白体也出现变形并严重降解，围绕其周围的脂肪体减少。D 条件下，小麦胚细胞超微结构变化均最显著。如图 3 - 23 所示，在 D 条件下，经过 300d 的储藏，小麦胚细胞已经完全变形，大部

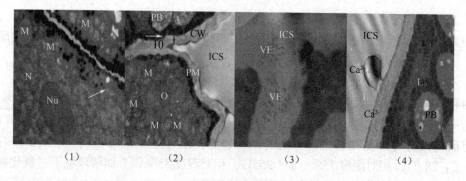

图 3 - 22　瑞星一号原始小麦的胚细胞超微结构

注：CW，细胞壁；F，纤维丝；ICS，胞间隙；M，线粒体；N，细胞核；Nu，核仁；PO，胞间连丝；PM，细胞质膜；VE，小囊泡；PB，蛋白体；L，脂肪体；Cy，细胞质；Ca²⁺，钙离子；黑色箭头指代膜结构。

（1）细胞核、线粒体（×15 000）　　（2）线粒体、细胞壁膜以及胞间隙和胞间连丝（×20 000）　　（3）细胞间的跨膜囊泡转移（×30 000）　　（4）细胞中的蛋白体、脂肪体、细胞壁膜及其上附着的 Ca²⁺（×15 000）

分细胞已经没有完整的细胞结构。细胞壁膜完全降解，线粒体空泡化严重，已经看不到完整的线粒体。细胞核膜、核仁消失不见，蛋白体、脂肪体也已降解消耗，只留下一些残骸，大部分细胞已经完全死亡［图 3 - 23（8）、图 3 - 23（9）、图 3 - 23（10）］。

从以上分析可知，在小麦储藏过程中，采用低温低湿环境，易于减缓小麦衰老，保持小麦品质。

（二）胚乳细胞

小麦籽粒成熟后，其胚乳细胞被贮藏物质淀粉和基质蛋白质所充实，为胚细胞提供了丰富的营养物质。小麦胚乳结构的变化直接影响小麦的籽粒特性及加工品质，并影响小麦胚细胞的活力。随着储藏时间的延长和环境温湿度的增高，小麦胚乳微观结构也发生了不同程度的变化。

如图 3 - 24 所示，在储藏初期，小麦胚乳结构致密，基质蛋白质丰富，多成半糊化状态。淀粉颗粒主要由大淀粉颗粒和小淀粉颗粒组成，大淀粉颗粒多成椭圆形，较扁，小淀粉颗粒多成球形。小淀粉颗粒围绕大淀粉颗粒，由基质蛋白质粘结，整体性较好。小麦淀粉颗粒结合紧密，大、小淀粉颗粒完全被基质蛋白质形成的鞘包被。小麦胚乳的大淀粉颗粒较多，小淀粉颗粒较少。

在 A、B、C、D 条件下经过 300d 的储藏，小麦胚乳结构的变化差异非常明显。A、B条件下，其大淀粉颗粒和小淀粉颗粒脱落数量均有所增加，这说明基质蛋白质与淀粉颗粒的结合程度有所降低。其他变化均不明显［图 3 - 25（1）、图 3 - 25（2）］。在 C 条件下，小麦胚乳结构的疏松现象均较为普遍，主要表现为大淀粉颗粒与小淀粉颗粒出现了不同程度的分离，蛋白质基质有所减少，基质多成片状，较光滑，蛋白质基质与淀粉颗粒出现不同程度开裂，表面淀粉颗粒因脱落而有所减少［图 3 - 25（3）、图 3 - 25（4）］。在 D 条件下，这一变化更加明显，小麦胚乳结构均更加疏松，部分蛋白质基质与淀粉颗粒结合不紧密并出现分离，少部分蛋白质基质出现凝聚，淀粉颗粒大部分分散、裸露，且其表面光滑无基质蛋白质附着［图 3 - 25（5）、图 3 - 25（6）］。

以上分析均显示出，随着储藏时间的延长，小麦胚乳细胞结构在不断发生损伤，并随储藏温湿度的增大，损伤越趋明显。可见，低温低湿储藏环境有利于保持小麦品质。

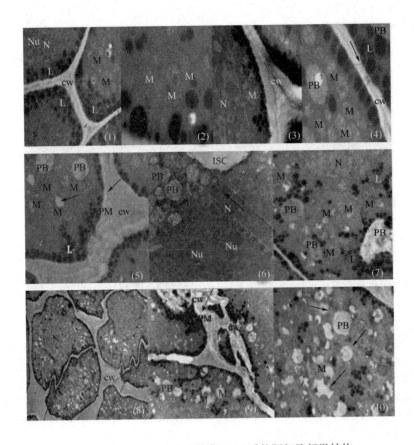

图 3 - 23　瑞星一号小麦储藏 300d 后的胚细胞超微结构

（1）A 条件下胚细胞结构，无明显变化（×20 000）　　（2）A 条件下的线粒体，无明显变化（×30 000）
（3）B 条件下，细胞核染色质稍有凝聚（×15 000）　　（4）B 条件下的线粒体，少部分内膜脊出现一定模糊
（×30 000）　　（5）C 条件下，细胞形态出现变形，细胞壁溶解，细胞膜内陷并出现破损，线粒体内部降解，有的
已完全空泡化（×20 000）　　（6）C 条件下，细胞核染色质凝聚加重，大部分蛋白体降解凝聚，脂肪体减少
（×20 000）　　（7）C 条件下，有的蛋白体降解严重出现变形解体（×20 000）　　（8）D 条件下，细胞形态完全变
形，核膜核仁溶解消失，线粒体数目明显减少（×5 000）　　（9）D 条件下，细胞壁膜完全破损溶解，线粒体空泡
化严重（×15 000）　　（10）D 条件下，蛋白体、脂肪体已降解消耗（×20 000）

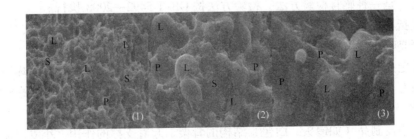

图 3 - 24　瑞星一号原始小麦的胚乳微观结构

注：P，蛋白质基质；L，大淀粉粒；S，小淀粉粒。
（1）胚乳结构致密（×500）　　（2）大淀粉颗粒多于小淀粉颗粒（×1 000）
（3）基质蛋白质与淀粉颗粒结合紧密，基质多成半糊化状态（×3 000）

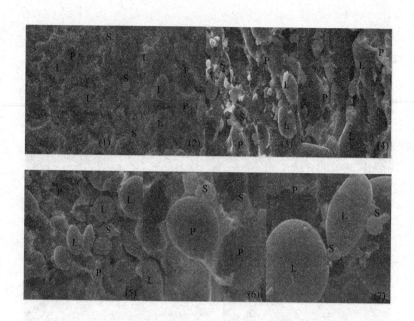

图 3 – 25　储藏 300d 后瑞星一号小麦的胚乳微观结构

（1）A 条件下的胚乳结构，无明显变化（×1 000）　　（2）B 条件下的胚乳结构，无明显变化（×1 000）
（3）C 条件下，胚乳结构疏松，淀粉粒间较分散，大淀粉颗粒脱落较明显（×1 000）　　（4）C 条件下，基质蛋白质与淀粉颗粒结合较不紧密，基质干裂，多成片状（×3 000）　　（5）D 条件下，胚乳结构较蓬松，部分基质蛋白质与淀粉颗粒分离，基质蛋白质减少，少部分基质凝聚变性（×1 000）　　（6）D 条件下，部分基质蛋白质内壁光滑，与淀粉粒的粘贴力明显减小（×2 000）　　（7）部分淀粉粒裸露，表面光滑，无蛋白质基质包被（×3 000）

第四节　主要粮油储存品质控制指标

一、小麦（参照 GB/T 20571—2006）

1. 色泽、气味

色泽、气味的鉴定是借助检验者的感觉器官和实践经验对小麦的色、香、味、形的优劣进行评定，是一种感官检验方法。检验方法按 GB/T 5492—2008 执行。

色泽是指小麦籽粒的颜色和光泽。鉴定时，将小麦籽粒置于散射光线下，肉眼鉴别其颜色和光泽是否正常。

气味鉴定是利用鼻子闻嗅，鉴别小麦是否具有固有的气味。在检验时，环境空气应保持清新，没有其他异味，如香烟味、汽油味、试剂味、香味、霉味和陈朽味等异味。

2. 面筋吸水量

面筋是小麦制品（如馒头、面包）结构的骨架，起着支撑的作用。小麦面筋的主要成分是面筋蛋白质，即麦醇溶蛋白和麦谷蛋白的混合物。面筋蛋白质给小麦粉赋予了一定的加工特性，使面团具有黏着性、湿润性、膨胀性、弹性、韧性和延展性等流变学特性，这样才能通过发酵制作馒头、面包等食品，同时也使食品具有柔软的质地、网状的结构、均匀的空隙和耐咀嚼等特性。面筋是由面筋蛋白质在不断的搅拌下吸收水分而膨胀形成的。

所以蛋白质含量越高，吸收的水分就越多，即吸水量就越大。

面筋吸水量以面筋含有水分的百分含量表示。其中湿面筋是在 GB/T 14608—1993 规定的条件下获得的湿面筋，干面筋是由湿面筋干燥得到并称量。

$$Z(\%) = \frac{m_1 - m_2}{m_2} \times 100 \qquad (3-3)$$

式中　Z——面筋吸水量，%；

　　　m_1——湿面筋含量，g；

　　　m_2——干面筋含量，g。

3. 品尝评分值

将小麦进行润麦、制粉、后熟后，制作馒头，对小麦样品的蒸煮品质进行评分。按规定对馒头进行品尝评分并做记录。表 3-12 所示为小麦储存品质控制指标。

表 3-12　　　　　　　　　　　　小麦储存品质控制指标

项目	宜存	不宜存	陈化
黏度/（mm²/s）	≥4	<4	—
面筋吸水量/%	≥180	<180	—
品尝评分值/分	≥70	≥60~<70	<60
色泽	正常	正常	不正常
气味	正常	正常	有异味

二、稻谷（参照 GB/T 20569—2006）

1. 色泽、气味

取制备好的标准一等稻米样品，在符合品评试验条件的实验室内，对试样整体色泽、气味进行感官检验。检验方法按 GB/T 5492—2008 执行。

色泽用正常、基本正常或明显黄色、暗灰色、褐色或其他人类不能接受的非正常色泽描述。具有大米固有的颜色和光泽的试样评定为正常；颜色轻微变黄和（或）光泽轻微变灰暗的试样评定为基本正常。

气味用正常、基本正常或明显酸味、哈味等或其他人类不能接受的非正常气味描述。具有稻米固有的气味的试样评定为正常；有陈米味和（或）糠粉味的试样评定为基本正常。

2. 脂肪酸值

粮食、油料中含有一定的脂肪，而这些脂肪中的脂肪酸，特别是不饱和脂肪酸，很容易在外界因素的影响下发生氧化及水解反应，因而引起酸败，氧化可能产生低碳链的酸，水解产物有游离脂肪酸产生。

稻谷在储藏期间，尤其在稻谷含水量和温度较高的情况下，脂肪容易水解，使游离脂肪酸含量显著增加。因此，通过脂肪酸值的测定，可以判断稻谷品质的变化情况。

游离脂肪酸的多少，用脂肪酸值来表示。其检验结果以中和 100g 稻米试样中游离脂肪酸所需氢氧化钾的质量（以 mg 计）表示。

3. 品尝评分值

将稻米制作的米饭用于反映稻米的蒸煮品质，并进行品尝评分。品尝米饭的色、香、味、外观性状及滋味等，其中以气味、滋味为主。按规定做品尝评分记录。表 3 - 13 所示为稻谷储存品质控制指标。

表 3 - 13　　　　　　　　　　稻谷储存品质控制指标

项目	籼稻谷			粳稻谷		
	宜存	不宜存	陈化	宜存	不宜存	陈化
色泽	正常	正常	明显黄色	正常	正常	明显黄色
气味	正常	正常	明显酸味、哈味	正常	正常	明显酸味、哈味
脂肪酸值/（mg KOH/100g）	≤30	≤37	>37	≤25	≤35	>35
品尝评分值/分	≥70	≥60	<60	≥70	≥60	<60

三、玉米（参照 GB/T 20570—2006）

1. 色泽、气味

取混匀的净玉米样品约 400g，在符合品评试验条件的实验室内，对其整体色泽、气味进行感官检验。检验方法按 GB/T 5492—2008 执行。

色泽用正常、基本正常或明显发暗、变色或其他人类不能接受的非正常色泽描述。具有玉米固有的颜色和光泽的试样评定为正常；颜色轻微变深或变浅，和（或）光泽轻微变暗的试样评定为基本正常。

气味用正常、基本正常或有辛辣味、酒味、哈味或其他人类不能接受的非正常气味描述。具有玉米固有的气味的试样评定为正常；有轻微的酸味、酒味、哈味的试样评定为基本正常。

2. 脂肪酸值

玉米中的脂肪酸值以中和 100g 玉米试样中游离脂肪酸所需氢氧化钾的质量（以 mg 计）表示。

3. 品尝评分值

可将玉米粉碎过筛后制成玉米粉，蒸制窝头进行品尝评分。品评窝头的色、香、味、外观形状、内部性状及滋味等，其中以气味、滋味为主，按规定做品尝评分记录。表 3 - 14 为玉米储存品质控制指标。

表 3 - 14　　　　　　　　　　玉米储存品质控制指标

项目	宜存	不宜存	陈化
色泽	正常	正常	明显发暗、变色
气味	正常	正常	有辛辣味、酒味、哈味
脂肪酸值/（mgKOH/100g）	≤50	≤78	>78
品尝评分值/分	≥70	≥60	<60

四、食用油脂

1. 色泽、气味（参照 GB/T 5525—2008）

色泽、气味等感官指标反映了油脂的品种特性、精炼程度和感官品质的好坏，能够直观地反映出油脂的内在品质。

植物油之所以有颜色，是因为油料籽粒含有的各种色素溶于油脂中的缘故。油色有淡黄色、橙黄色乃至棕红色，有的油脂呈青绿色。油脂的各种色泽主要取决于油料籽粒粒色和加工精炼程度。此外，油料品质劣变和油脂酸败会使油色变深。

油脂色泽是油脂的一项重要物理指标，不同品种、不同加工等级的油脂其色泽不同。质量标准中对色泽有明确的要求。

油脂气味测试是基于油脂变质过程中产生的某些微量成分，这些物质具有特异的气味。取少量试样注入烧杯中，加温至50℃用玻璃棒边搅拌边嗅气味，凡具有该油脂固有的气味，无异味的为合格。

2. 酸值（参照 GB/T 5530—2005）

油脂酸值是指中和1g油脂中游离脂肪酸所需氢氧化钾的质量，用 mg/g 表示。该指标是评价油脂品质好坏的重要依据之一。一般从新收获、成熟的油料种子中制取的植物油脂，含有游离脂肪酸的质量分数约为1%，但是当原料中含有较多的未熟粒、生芽粒、霉变粒时，制取的植物油脂中将会有较高的酸值。此外，在油脂储藏过程中，如果水分、杂质含量高，储存温度高时，脂肪酶活性大，也会使植物油中游离脂肪酸含量增高。因此，测定油脂酸值可以评价油脂品质的好坏，也可以判断储藏期间品质变化情况，还可以指导油脂碱炼工艺，提供需要的加碱量。

3. 过氧化值（参照 GB/T 5538—2005）

油脂在氧化初期阶段，氢过氧化物的量逐渐增多，而达到深度氧化时，氢过氧化物开始分解、聚合，因此过氧化值是油脂初期氧化程度的指标之一。一般情况下，新鲜的油脂其过氧化值小于1.2mmol/kg；过氧化值在1.2～2.4mmol/kg之间时，感官检验不觉得异常；过氧化值高于4mmol/kg时，油脂出现不愉快的辛辣味；如果超过6mmol/kg时，人们食用了这种油脂后可引起呕吐、腹泻等中毒症状。氢过氧化物对人类健康有害，过氧化值高的油脂及食品不宜食用。

因此，油脂过氧化值的测定是油脂酸败定性和定量检验的参考，是鉴定油脂品质的重要依据。表3-15所示为食用油储存品质控制指标（参照 GB 1534—2003、GB 1535—2003、GB 1536—2004、GB 10464—2003）。

表3-15　　　　　　　　　　　食用油储存品质控制指标

项目	大豆油、菜籽油			花生油、葵花籽油		
	宜存	不宜存	陈化	宜存	不宜存	陈化
过氧化值/（meq/kg）	≤8	>8～≤12	>12	≤12	>12～≤20	>20
酸值/（mgKOH/g）	≤3.5	>3.5～≤4	>4	≤3.5	>3.5～≤4	>4

思考题

1. 简述粮食的化学组成与分布。
2. 粮食的营养成分有哪些？
3. 粮食的生理活性物质有哪些？
4. 粮食的品质包括哪些？
5. 储藏期间粮食的感官变化有哪些？
6. 储藏期间粮食的营养成分变化有哪些？
7. 储藏期间粮食的物理参数变化有哪些？
8. 储藏期间粮食的食用品质变化如何？
9. 小麦、稻谷、玉米和食用油脂的储藏品质指标有哪些？

参考文献

1. 王若兰主编. 粮油储藏学. 北京：中国轻工业出版社，2009.

2. 任顺成主编. 食品营养与卫生. 北京：中国轻工业出版社，2011.

3. 马春梅主编. 农产品检验原理与技术. 北京：中国水利水电出版社，2011.

4. 蒲彪，秦文主编. 农产品贮藏与物流学. 北京：科学出版社，2012.

5. 秦文，吴卫国，翟爱华主编. 农产品贮藏与加工学. 北京：中国计量出版社，2012.

6. 张怀珠，张艳红主编. 农产品贮藏加工技术. 北京：化学工业出版社，2009.

7. 王镜岩，朱圣庚，徐长法主编. 生物化学. 第三版. 北京：高等教育出版社，2003.

8. 国家粮食局人事司组织编写. 粮食行业职业技能培训教程 粮油质量检验员. 北京：中国轻工业出版社，2009.

9. 周显青，张玉荣. 储藏稻谷品质指标的变化及其差异性. 农业工程学报. 2008，24（12）：238 – 242.

10. 张玉荣，周显青，张勇. 储存玉米膜脂过氧化与生理指标的研究. 中国农业科学. 2008，41（10）：3410 – 3414.

11. 张丽丽，王若兰，刘莉等. 储藏微环境下小麦细胞线粒体超微结构和抗氧化酶活性变化研究. 现代食品科技. 2014，30（3）：81 – 86.

12. 张瑛，吴先山，吴敬德. 稻谷储藏过程中理化特性变化的研究. 中国粮油学报. 2003，18（6）：20 – 28.

13. 高奇. 花生脂肪酶和脂肪氧化酶活力检测技术优化及其对储藏特性的影响. 安徽农业大学硕士学位论文. 2012.

14. 崔素萍，张洪微，马萍等. 稻谷及糙米储藏过程中淀粉酶活性的变化. 黑龙江八一农垦大学学报. 2008，20（4）：57 – 60.

15. 张玉荣，周显青，王东华. 稻谷新陈度的研究（三）——稻谷在储藏过程中 α – 淀粉酶活性的变化及其与各储藏品质指标间的关系. 粮食与饲料工业. 2003，（10）：12 – 14.

16. 张丽丽. 储藏微环境对小麦细胞衰老的影响. 河南工业大学硕士学位论文. 2014.

17. 穆垚. 储藏微环境对小麦脂质代谢研究. 河南工业大学硕士学位论文. 2014.

18. 刘晓林. 储藏微环境对小麦蛋白质变化规律的影响研究. 河南工业大学硕士学位论文. 2014.

19. 刘月婷. 储藏微环境对小麦淀粉特性的影响. 河南工业大学硕士学位论文. 2014.

第四章　粮食储藏生态系统

【学习指导】

熟悉和掌握粮食储藏期间物理、生理、生化多变量因素受内外条件的综合影响及控制途径，建立生态的理念。重点包括储粮生态系统的概念、储粮生态系统的组成、储粮生态区域划分、7 个储粮生态区的特点、环境因子变化规律、储粮的结露与发热产生原因、类型、预防和处理。了解储粮生态系统的特点和环境因子对储粮安全的影响。

第一节　储粮生态系统的组成及特征

一、储粮生态系统的概念

（一）生态及生态学

生态学（ecology）一词源于希腊文 oikos，其意为"住所"或"栖息地"。从字义上讲，生态学是关于居住环境的科学。生态学作为一个科学的名词，是德国生物学家 E·Haeckel 于 1866 年在其所著的《有机体的普通形态学》一书中首先提出来的，他认为"生态学是动物与有机和无机环境的全部关系"，其研究生物在其生活过程中与环境的关系，尤其指动物有机体与其他动、植物之间的互惠或敌对关系。从此，揭开了生态学发展的序幕。传统的生态学以动物、植物、微生物等生命体为核心，研究生物与环境的相互关系。

此后，在生态学科形成和发展过程中，由于研究背景和研究对象的不同，不少学者对生态学提出过不同的定义，如"研究生物体与其周围环境之间关系的科学""研究生物与环境间关系的各种形式的学科""自然界的结构与功能的研究"等，更简短的定义为"环境的生物学"。通常情况下，广泛采用的生态学定义是"研究生物与环境之间相互关系及其作用机理的科学"或者是"生活着的生物及其环境之间相互联系的科学"。

生态学源于生物学，但它们之间又有着不同的研究范畴。生物学是研究生物的结构、功能、发生和发展规律的一门自然科学，研究的重点在于生物本身，主要是个体以下的层次；而生态学中所涉及的是生物个体或个体以上的水平，包括个体、种群、群落、生态系统、区域、生物圈等。

（二）生态系统

1935 年英国植物生态学家 Tansley（A. G. Tansley）首次提出生态系统的概念，生态系统（ecosystem）就是在一定空间中共同栖居着的所有生物（即生物群落）与其环境之间由于不断地进行物质循环和能量流动过程而形成的统一整体。地球上的森林、草原、荒漠、海洋、湖泊、河流等，不仅它们的外貌有区别，生物组成也各有其特点，并且其中生物和非生物构成了一个相互作用，物质不断地循环，能量不停地流动的生态系统。因此，生态系统这个术语的产生，主要在于强调一定地域中各种生物相互之间、它们与环境之间功能上的统一性。

人们形象地把生态系统比喻为一部机器,机器是由许多零件组成的,这些零件之间靠能量的传递而互相联系为一部完整的机器并完成一定的功能。在自然界只要在一定空间内存在生物和非生物两种成分,并能互相作用达到某种功能上的稳定性,哪怕是短暂的,这个整体就可以视为一个生态系统。因此在我们居住的这个地球上有许多大大小小的生态系统,大至生物圈或生态圈、海洋、陆地,小至森林、草原、湖泊和小池塘,除了自然生态系统以外,还有很多人工生态系统如农田、果园、自给自足的宇宙飞船和用于验证生态学原理的各种封闭的微宇宙(也称微生态系统)、储粮系统等。

在应用生态系统概念时,对其范围和大小并没有严格的限制,小至动物有机体内消化道中的微生物系统、大至各大洲的森林、荒漠等生物群落型,甚至整个地球上的生物圈或生态圈,其范围和边界是随研究问题的特征而定的。

生态系统是生态学上的一个主要结构和功能单位,属于生态学研究的最高层次。任何一个生态系统都是由生物成分和非生物成分两部分组成的,也称生物系统和环境系统。生态系统中的非生物成分和生物成分是密切交织在一起、彼此相互作用的。

非生物成分即是环境系统,通常由光、热、水、气体、土壤等组成。但环境系统是相对于生物系统划分的,当研究特定的生物系统时,也将其他生物系统划入环境系统。所以环境系统可由非生物要素组成,也可由生物要素与非生物要素混合组成。

生物成分按其在生态系统中的作用可划分为三大类群:生产者、消费者和分解者,由于它们是依据其在生态系统中的功能划分的,与分类类群无关,所以又被称为生态系统的三大功能群。

为了分析生态系统,常常把任何一个生态系统的生物成分和非生物成分细分为以下六种构成成分:

(1)无机物质　包括处于物质循环中的各种无机物,如氧、氮、二氧化碳、水和各种无机盐等。

(2)有机化合物　包括蛋白质、糖类、脂类和腐殖质等。

(3)气候因素　如温度、湿度、风和雨雪等。

(4)生产者　指能利用简单的无机物质制造食物的自养生物,主要是各种绿色植物,也包括蓝绿藻和一些能进行光合作用的细菌。

(5)消费者　异养生物,主要指以其他生物为食的各种动物,包括植食动物、肉食动物、杂食动物和寄生动物等。

(6)分解者　异养生物,它们分解动植物的残体、粪便和各种复杂的有机化合物,吸收某些分解产物,最终能将有机物分解为简单的无机物,而这些无机物参与物质循环后可被自养生物重新利用。分解者主要是细菌和真菌。

(三)储粮生态系统

粮食本身是有生命的生物体,粮堆中也存在着其他的生物,如有害生物(害虫和微生物),并且粮食储藏的状态与储存环境之间存在着极其密切的关系,如环境的温度、湿度、气体成分、虫害和微生物等均会影响到储粮的安全。根据生态系统的定义,任何一个生物群落与其周围非生物环境的综合体就是生态系统,储粮与环境具有生态系统的特征,是一个典型的生态系统。此时的生态系统可以是一袋粮食、一个粮仓、整个粮库。所以粮食储藏生态系统具有多样性，可以是家庭中的一个袋子、一个罐子或者其他容器，也可以是仓房中几千吨甚至上万吨的散装、包装粮堆或露天垛。粮食的归属和所有权也是多元化的，有的是农户或家庭所有，有的是集体所有，有的是地方政府或国家政府所有。

粮食在储藏过程中并非独立存在，而是以粮堆形式与其他因素相互作用，形成一个人为的储藏生态系统，20 世纪 70 年代以后，国内外不少学者都把储粮作为一个生态系统来研究，并逐渐形成了储粮生态学。

粮食储藏生态学是探讨粮堆内生物群体与其环境之间相互作用的基本规律、协调生物与环境的关系，以获得储粮安全的综合性新学科；将储粮与环境作为生态系统研究，以生态学基本理论，指导粮食储藏工作，可以使储藏技术的应用高效、节能、科学、经济；中国幅员辽阔，自然条件、气候条件、粮食耕作制度、社会经济发展状况以及储粮中的突出问题复杂多变，不尽相同，甚至差别甚远。因此粮食储藏技术应该根据各储粮区域的不同特点、经济发展水平、不同类型储粮适宜程度，研究最佳粮食储藏配套技术及仓储工艺，形成粮食储藏的地域性特点，因地制宜，采取不同的储藏技术，扬长避短，充分发挥地域自然、经济资源优势，逐步达到高效、绿色储粮，取得最大的生态效益、社会效益和经济效益。

了解储粮生态系统，就是对该系统的一些属性和特点有基本认识，掌握粮食陈化劣变和有害生物发生、发展的一般规律。通过对一些生态因子的系统分析，加强储粮的生态学控制，改变传统的有虫杀虫、有霉抑霉、发热降温的简单直线思维，真正实现对储粮的综合及协调管理，兼顾粮食储藏的近期效益与长远效益、经济效益与社会效益、局部效益与环境效益、现状与可持续发展，为人类提供损失少、品质高、符合卫生标准的食品原料，即保证储粮数量和质量安全及储藏技术高效乃是储粮生态研究的最终目标。

二、储粮生态系统的组成

储粮生态系统也是由生物成分和非生物成分组成的，如图 4-1 和图 4-2 所示。

储粮生态系统
- 环境成分
  - 物理因素：围护结构、三温（气温、仓温、粮温）、两湿（气湿、仓湿）、气压、风力、粮堆物理特性
  - 化学因素：CO_2、O_2、N_2、无机盐类
  - 物理化学因素：水分
  - 有机物：代谢产物、无生命的有机物
- 生物成分
  - 生产者：粮食
  - 消费者
    - 初级消费者：以粮食为食的，如害虫、螨类
    - 次级消费者：以捕食害虫的幼虫、蛹或卵为食，如花蝽、米象小蜂、肉食螨等天敌
  - 分解者：主要是真菌、细菌、放线菌，既危害粮食又分解动物尸体、排泄物和植物的凋落物

图 4-1　储粮生态系统的基本构成

（一）生物因子

1. 粮粒

全国性的生产和储备粮食品种以小麦、稻谷和玉米为主，不同的区域均有一些特殊的粮食种类，如高寒干燥区粮食种类以春小麦为主，其次为大麦和青稞；湿冷区种植的主要品种还有大豆。其他各区也生产和储备一些小杂粮，如高粱、荞麦、莜麦、谷子、花生、

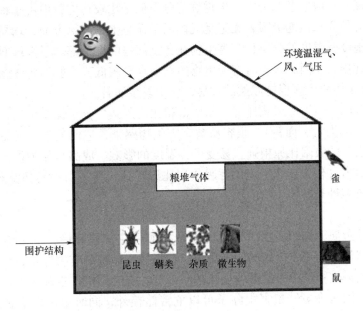

图 4 - 2　储粮生态系统的组成

油菜籽、亚麻籽、麻籽、薯类和豆类杂粮等。

在粮食储藏生态系统中，粮食是其中的主体。粮食及油料籽粒是储粮生态系统生物群落的主体，是粮堆生态系统中能量的来源和能流的开端。它参与对系统"气候"变化和生物群落演替的调节，是主要因素，在储藏过程中不能再造的养分，处于缓慢的分解状态，是特殊的"生产者"。就粮食储藏的安全性而言，粮食本身的特点，如粮食的流散特性，粮食的热特性，粮食的吸附特性，粮食的呼吸作用、休眠作用、后熟作用等，都有自身变化的规律，与此同时这些特性也受到粮食储藏生态系统诸多因素的影响。了解粮食本身的这些特性（有的对粮食的安全储藏是有利的，有的对粮食的安全储藏是不利的）对粮食的安全储藏有重要意义。

粮食在储藏期间是以粮堆的形式出现的，粮堆是由粮食颗粒堆聚而成的群体。据测定500 克稻谷约 20000 粒、小麦 15000 粒、玉米 1500～2000 粒、蚕豆 400～600 粒、油菜籽170000～240000 粒。通常粮食储运时，形成了一个由数目相当大的粮粒组成的粮食群体——粮堆。当然粮堆的组成并非单一的粮食籽粒，而是由生物和非生物的多种成分组成。包括粮粒在内的这些生物和非生物成分也同时形成了粮食储藏生态系统，在系统中粮堆会表现出一些有别于单个粮粒的特性，如物理特性和生理特性。在粮堆这个特定的生态系统中，这些特性又反过来影响粮食的储运安全。

粮食是一种特殊的商品和储藏物，其除了具有其他储藏物少有的物理特性、生理特性、生态特性外，还具有更特殊的储藏特性。由粮食的结构、生理和生化特性决定了不同的粮种具有不同的储藏稳定性，如稻谷的胶体组织较为疏松，对高温的抵抗力很弱，所以粮食不耐高温，易陈化；在烈日暴晒或高温下烘干，均会增加爆腰率和变色率，降低食用品质与工艺品质。小麦的耐热性较强，热稳定性高。另外有些粮种易发热、结露、生霉、生虫、变色等。

原粮的储藏，一般以散存为主，生物群落分布似乎比较均匀，但由于粮堆的不良导热性和表层粮粒对外界水汽的吸附，无论是气候因子还是生物群落方面，均易引起系统内子系统的分化，湿度及温度的分层，有害生物在适宜部位的聚集等。子系统间的效应有时会带来严重的粮食损失。因其人类对有害生物的忍受水平较低，一般不允许该系统趋于"成熟"，粮堆内有害生物大多保持原始的种群，较少发生演替。

成品粮一般以包装堆垛形式储藏，与原粮相比，因其失去了保持作用，所以物理性质有了很大改变（如大米、面粉），很容易被有害生物感染，造成危害。成品粮粮堆导热性更差，而且对水分的吸附比原粮强，易受外界湿度的影响。成品粮作为群落的主体，可被认为丧失了生命力（但细胞水平上的呼吸作用比原粮强，容易引起局部湿热的产生），只能被动地接受较多种类有害生物的危害。

2. 昆虫

粮堆中的昆虫属于储粮昆虫。储粮昆虫是指能适应储粮环境，危害储藏粮食及其产品，在干燥的储粮中能正常繁殖的一类昆虫。包括危害储粮的有害昆虫，以及捕食、寄生这些害虫的天敌。储粮昆虫是储藏物昆虫的一部分。有时储粮害虫和其他储藏物害虫并没有严格的界限，因为许多储粮害虫除了可以危害储粮外，同时也可以危害其他多种储藏物。在所有的储粮中，最为重要和数量最大的是收获后的粮食，通常把危害储藏粮食及其产品的昆虫称为储粮害虫。

储粮害虫给储粮带来的危害是多方面的，首先，由于害虫的危害，造成了粮食重量的损失。据有关部门调查，我国储藏中的粮食损失，国家粮库为 0.2%；农户的储粮损失为 6%~9%，其中引起损失的主要因素是储粮害虫的危害。目前，我国粮食的年产量已超过 5 亿吨，而农户储粮占 1/2~2/3 以上，因此储粮因虫害引起的损失是非常大的。有些害虫喜食粮食籽粒的胚芽，使种子粮的发芽率降低甚至完全丧失，影响农业生产。有些害虫蛀蚀粮食的胚乳，使粮食的营养价值降低。有些害虫还能危害仓、厂建筑与包装器材。虱状恙螨可使人皮肤引起"谷痒症""皮炎"。害虫在取食、呼吸、排泄和变态等生命活动中散发的热量，能促使粮食发热，害虫的分泌物、粪便、尸体、蜕、丝茧等污染粮食，直接影响人体健康和畜禽的生长发育。由此可知，储粮害虫造成的损失不仅可以造成肉眼可见的直接损失，而且还可以造成间接损失和由于商品生虫而引起的商品信誉损失，以及造成对人们心理的不良影响等。

在粮食储藏生态系统中，影响粮食储藏稳定性的主要生物因子除粮食本身以外，就是储粮害虫和储粮微生物，它们常被称为粮堆中的有害生物。作为储粮系统的消费者，昆虫、螨类及其他动物处于相同的或不同的营养层次，实现物质和能量的单向流动。其生命活动是围绕着粮食及油料籽粒进行的，直接或间接地依赖于粮食及油料而生存。

不同的区域害虫的发生、发展和出现的类群是不同的。全国性发生的主要储粮害虫有：米象、玉米象、谷蠹、锈赤扁谷盗、印度谷蛾、麦蛾、赤拟谷盗、杂拟谷盗、锈赤扁谷盗、长角扁谷盗、黑皮蠹、日本蛛甲、螨类、书虱等。不同区域发生的害虫种类差别不大，但发生的时间及危害的程度却大不相同，在高寒干燥区、湿冷区、干冷区和干热区的害虫从 4 月下旬至 6 月上旬开始活动，7~9 月为发生危害盛期，10 月以后活动减少，多数储粮害虫进入越冬期或虫态潜伏期；湿热区和中温低湿区每年的 3~12 月是害虫的发生期，害虫危害较重的时期是从 5 月下旬至 11 月上旬；在高温高湿区几乎全年均有害虫发生，4～10月是发生的高峰期。

　　3. 微生物

　　微生物具有个体小、肉眼不可见，分布广、生存能力强，在适宜的条件下能以极快的速度繁殖等特点。自然界的土壤是微生物的"大本营"，是微生物聚集、发展的主要场所，它们在有机物的分解，碳、氮元素的循环等方面起着举足轻重的作用。粮食的种植离不开土壤，土壤中的微生物通过气流、雨水、昆虫等介质可以传播到粮食中，构成了粮食微生物的主体；另外，在粮食收获及储藏、运输、加工等过程的人为活动中也会使粮食引入新的微生物类群。粮食在一定的生态条件下形成的微生物类群的总和称为粮食微生物区系。粮食中的微生物主要粘附在粮食籽粒的外表面，有些可以聚集体的形式混杂在籽粒中，也有一些微生物在植物田间生长时期或粮食储藏时期侵入到粮食籽粒的皮层内。由于粮食中含有丰富的碳水化合物、蛋白质、脂肪、维生素及无机盐等营养物质，是微生物良好的天然培养基质，一旦外部生态环境符合微生物生长的需求，微生物就会在粮食中迅速生长、繁殖，它们不仅利用粮食中的各种营养物质导致粮食品质的劣变，而且其活动还有可能在粮食上产生各种有毒代谢产物，从而严重影响食品的安全性。

　　自然界中最常见的微生物类群主要包括细菌、放线菌、酵母菌、霉菌、病毒等。粮食中的微生物类群从数量上看以细菌和霉菌为多，放线菌和酵母菌数量较少；从对粮食品质的危害性上看，霉菌是引起粮食品质劣变的主要微生物类群。粮食中的微生物类群众多，与粮食的生态关系较为复杂，从不同的出发点可以将它们分为不同的生态系。例如，根据微生物与其他生物的关系，可将微生物分为寄生型、腐生型及兼寄生型三类。寄生型微生物主要危害粮食作物的种植，腐生型与兼寄生型在合适的条件下均可对粮食的储藏品质造成危害。根据微生物侵染粮食的时期，又可将粮食中的微生物分为田间型和储藏型两类，主要在粮食植物种植时感染的称为田间型微生物，而收获及储藏期间侵染到粮食中的微生物则称为储藏型微生物，当然，这种划分并不绝对，因为不同地区生态环境对其种群类型的影响很大。粮食中的微生物种类及其数量由于粮食的种类、等级、储藏条件及储藏时间的不同会有很大的差异，只有充分了解各类微生物的特性，才能有效保证粮食储藏的安全。

　　随着储藏时间的延长，田间型霉菌数量下降的速率会趋于平缓。储藏型霉菌在储粮条件（包括粮质、粮仓、管理等条件）较好的常规储藏期间一般数量基本维持稳定；粮仓中的某些部位，如近表面的粮层、靠近仓墙、门窗等处的粮食，在储藏初期（如半年）由于粮食本身的后熟呼吸及受外界温、湿的影响，可能出现储藏型霉菌少量增加的情况，但随着储存期的继续延长，这类霉菌的数量也将呈下降趋势。所以在常规储藏中，随着储藏时间的延长，粮粒外部携带的霉菌总的数量呈下降的趋势。当然，在储藏的初期，总带菌量下降速率较快，然后逐渐趋于稳定。微生物在适宜的环境条件下，会大量生长繁殖，使粮食发生一系列的生物化学变化，这是造成粮食品质劣变的一个重要原因。粮食微生物对储粮的危害，不仅使粮食的营养物质分解，造成质量损失，营养降低，同时还能引起粮食的发热霉变，使储粮变色变味，造成食用品质、饲用品质、工艺品质降低，甚至能产生毒素，使粮食带毒，影响人畜安全。

　　微生物的生长主要依赖于环境的湿度，因此在干燥地区和潮湿地区储粮微生物的种类、发生、发展及危害的程度也就自然不同。三个干燥区——高寒干燥区、干冷区、干热区和中温低湿区常见储粮微生物主要是细菌、曲霉属、青霉属，代表种有黄曲霉、灰绿曲霉、橘青霉、芽孢杆菌等；湿热区和高温高湿区在常见的储粮微生物中增加了毛霉属；而湿冷区是储粮微生物的多发区和高发区，粮堆中发生较普遍的有：根霉属、毛霉属、梨头霉属、卷霉属、共头霉属、毛壳菌属、曲霉属、青霉属、拟青霉属、帚霉属、镰刀菌属、交链孢霉属、蠕孢霉属、芽枝霉属、弯孢霉属、黑孢霉属、矩梗霉属、葡萄状穗霉属、葡萄孢霉属、丝内霉属、木霉属等近 30 个属。

（二）环境因子

1. 围护结构

围护结构是粮堆与外界环境之间的隔离层，如各类仓房、各类苫盖物以及密封材料等。这些围护物是粮堆生态系统的一个重要组成部分，它与粮堆生物群落的动态变化有着非常密切的关系，起到保护储粮不受外界气候因子的影响和有害生物的侵染的作用。没有良好的围护结构，就不可能有粮油的安全储藏。安全储粮要求围护结构具有良好的防潮、隔热性能以及灵活的通风与密闭性能。

因为很少有无围护结构的粮堆，所以围护结构可以看作是储粮生态系统的背景系统，决定了储粮生态系统的"几何"边缘，与储粮生态系统中生物群落的动态变化及演替有非常密切的关系。围护结构不仅关系到外界环境因素对储粮的作用，也关系到有害生物（害虫及微生物）侵袭粮堆生态系统的可能性及危害程度。没有良好的围护结构，就无法对粮食及油料安全储藏。

不同围护结构的储粮生态系统，一般都会表现出不同的特征，即表现出不同的储粮性能。粮食储藏围护结构要求应该随气候、粮种以及某一个地域的粮食储藏主要害虫种类的不同而不同。对绝大部分建筑结构来说，如果能够减少来自环境的热量吸收，就会减少害虫的感染机会及粮食的陈化速度。粮仓围护结构的类型及组成随不同的仓型而变化，中国现有的粮仓仓型以房式仓、立筒仓、浅圆仓和楼房仓等为主。房式仓、楼房仓其仓壁几乎均采用砖砌结构，价格低廉、施工方便，但其强度、隔热性及防潮性能差，再加上门窗较多，与外界接触的边缘"地带"较长，不仅粮堆内环境因子易受外界影响，而且也容易被有害生物感染。此类仓墙的结构中一般设有防潮层，而无隔热层，所以其防潮性较好，隔热性稍差，一般能满足粮食常规储藏对仓房的要求。这类仓的仓顶目前大多采用钢筋混凝土预制板或现浇结构，强度高，施工方便，工期短，但其隔热性较差，应用中最好辅助以仓顶隔热改造措施，如可在仓顶内表面喷涂发泡硬质聚氨酯泡沫塑料，或在原屋顶下进行吊顶改造，也可在仓顶的外表面喷涂反辐射涂料，以减少太阳热辐射对仓温的影响。立筒仓在围护结构中由于使用的材料不同，其性能特点相距甚远，钢混结构的立筒库、浅圆仓结构坚固、整体性好，使用寿命长，在仓壁中虽未采用隔热、防潮材料，但其隔热性、防潮性、气密性一般能满足常规储藏的要求，机械化程度高，可实现自动化，但是由于进仓时自动分级明显，靠近筒壁的粮食含杂高、质量差，再加之受仓壁温度影响大，所以储藏期间易发热霉变，产生挂壁现象。另外在储藏期间的水分转移分层、结露发热等也会造成堆内结拱，在出仓时造成断流。采用砖混结构的立筒仓，其坚固性、整体性及使用寿命均不如钢混结构的立筒仓，但因砖的承压能力较差，所以往往建造时采用较厚的仓壁，因此砖混结构的立筒仓的隔热性优于钢混结构的立筒仓，为粮食的安全度夏提供了有利的条件。金属结构的立筒仓，投资小、建造快、自重轻，但由于仓体采用薄钢板建造，因而其隔热性较差，仓温、粮温波动大，储粮安全性差，挂壁现象普遍，大部分钢板仓还存在整体性差、气密性差的特点，不适于粮食的长期储藏。

地下仓不仅具有良好的低温（恒温）性能，而且结构合理，能解决防潮问题，储粮环境因子的变化平稳，边缘"地带"很短，不易受有害生物感染，比较容易管理。土堤仓露天储粮，因为围护结构简单，不仅易被有害生物感染，而且外界因子很难控制，因此一般不宜用于长期储存。

2. 温度

粮堆是一个复杂的生态体系，在此体系中既有生物成分也有非生物成分，而粮食的储藏稳定性则取决于这些生物、非生物成分与环境间的相互作用，相互影响，相互制约。粮温是粮食储藏期间所进行的粮情检测的主要指标，也是用于掌握粮堆状况的常用指标，这是因为粮温变化与粮食本身的状况、含水量高低、虫霉活动等多方面的因素关系密切。当储粮发生问题时，如发热、霉变、生虫、含水量高等，必然会引起粮温的增高，所以定期检查粮食温度，及时掌握粮温的变化趋势，是确保粮食安全储藏的必要手段。

粮温对粮食储藏安全性的影响主要是通过对害虫、微生物及粮食品质的影响而表现的，控制粮堆生物体所处环境的温度，限制有害生物体的生长、繁育，延缓粮食品质的陈化，即可达到粮食安全储藏，减少储粮损失的目的。

3. 水分

粮食储藏的安全性与许多因素有关，其中最主要的因素是水分和温度。水分是粮食中的重要化学成分之一，它不仅会显著影响粮食颗粒的生理，而且与粮食的安全储藏、加工品质等都有着密切的关系。粮食中的水分最初取决于田间生长期间的成熟度，收获时期及收获时的气候条件等。但收获后的粮食含水量也会随时发生变化，这主要是通过粮食与环境之间的吸湿平衡移动实现的，或者取决于粮食储藏环境的湿度。当粮食中的水分含量增高，出现游离水时，粮食的生命活动趋于旺盛，也易于促进粮堆中虫霉的发展，储粮安全性大大下降。但是从长期的研究和实践中发现水分对粮食储藏安全性的影响与温度的高低有着密切的关系，受温度范围的制约，如安全度夏的粮食在温度较高的季节，只要粮食含水量足够低，粮食也将是安全的。而对于高水分粮，只要将储粮温度维持在一定的低温范围内，也可保证粮食的安全储藏。因此在一定的温度范围内，有一个对应的水分数值，可使粮食处于安全的储藏状态，这个水分就称作粮食的"安全水分"。安全水分的概念是建立在温度、水分对储粮安全性影响联合作用基础上的，因此安全水分与温度的范围密切相关，因此，也可将安全水分与温度联合起来定义。在 0～30℃ 范围内，如温度为 0℃ 时，粮食含水量为 18% 是安全的，温度每升高 5℃，粮食的安全水分应相应降低 1%。为了保证粮食的安全储藏，各地方粮食部门，一般均根据当地的气候条件，对于不同粮种都规定有一个安全水分标准。安全水分的概念，在储粮实践中具有重要意义，一般来说粮食水分只要控制在安全水分以内，便可长期安全储藏，因此也常将水分在安全水分范围以内的粮食称为安全粮。符合安全水分标准的粮食，在正常情况下，一年四季均处在稳定储藏的状态中。根据实践经验，含水量在 14%～15% 的谷类粮食，在我国大多数地区的冬春季节，很少发热霉变；含水量在 12%～13% 的谷类粮食在夏秋季节也能保持安全储藏。但是油料种子的安全水分比谷类粮食低，一般油料种子的安全水分在 9% 以下，这主要是因为在油料种子中含有大量的疏水性物质——脂肪。

4. 气体成分杂质

生物的一切生命活动都离不开环境中的空气，反过来，改变环境空气的组成及浓度也可以影响生物的生命活动，甚至直接促使其死亡。在自然界中，除水汽外，干燥空气的组成成分比较稳定，按体积百分比计算，一般含氮（N_2）78.09%、氧（O_2）20.95%、氩0.93%、二氧化碳（CO_2）0.03%以及微量的氖、氪、氙、氢等。其中O_2和CO_2的存在及其含量变化，对生物有机体的生命活动有着重要影响。

粮堆内的气体成分与一般空气的成分不同，由于环境内生物成分的呼吸作用，使其环境中的O_2含量减少，CO_2的含量增多，从而造成粮堆内部O_2、CO_2与N_2的比例发生改变，另外还有一些陈粮所特有的气体成分增加。粮堆中空气的氧气含量，除厌氧细菌以外，将影响粮食和所有有害生物生长、繁殖，更是影响储粮害虫危害性的最重要化学因素。

粮食和油料储藏环境中气体成分的变化会影响粮食的呼吸强度和呼吸类型，同时对粮食的生活力及寿命也会有一定的影响。根据研究，与呼吸作用关系密切的氧气和二氧化碳对种子的寿命有一定程度的影响。有研究证明将种子储藏于含有40%~45%二氧化碳的缸内，能在较长时间内保存其生活力，有效地延长它的寿命，高浓度二氧化碳对休眠状态的干燥种子非但无害，而且往往能延长储藏期，使生活力保持更久。一般含脂肪较多的种子，储藏在无氧条件下，比在空气中储藏的寿命为长；当然，气体对种子寿命的影响，因种子种类不同而有差异，并且与温度、水分等因素往往发生相互作用，应综合环境条件分析气体条件对种子寿命的影响。

储粮昆虫同粮堆其他生物成分一样，其呼吸代谢的结果需要从环境中摄取氧，同时排出二氧化碳。因此，粮堆气体成分，主要是氧和二氧化碳含量对储粮昆虫的生命活动有很大影响。氧气是昆虫进行呼吸，维持生命活动所必需的气体。氧浓度降低，储粮昆虫的呼吸代谢将受到抑制，甚至窒息死亡。试验证明，当粮堆中氧浓度下降到15%以下时，就能控制害虫的危害程度；下降到8%时，大部分害虫不能生长、发育和繁殖；当氧浓度降到4%并维持2周以上，害虫逐渐死亡；当氧浓度降到2%以下时，经48h害虫全部死亡。二氧化碳是粮堆生物成分的呼吸代谢产物，其浓度积累过高，将直接影响储粮昆虫的正常呼吸和生存。一般认为，当环境中二氧化碳浓度增高至10%~15%时，昆虫的气门会有节奏地开闭，进行强烈的通风作用，加快虫体水分的散失；当二氧化碳浓度上升至40%~60%时，大部分储粮昆虫会很快死亡。二氧化碳对昆虫的毒杀作用主要表现在两个方面：一是二氧化碳能刺激害虫的呼吸，使害虫气门持续张开，体内耗氧量急剧增加，直至氧气耗尽而死亡；二是二氧化碳对害虫具有毒害作用，当二氧化碳进入虫体后，抑制呼吸酶的活性，从而阻止机体对氧气的利用或抑制氧化过程而导致有毒物质的积累，产生毒害作用。

粮堆气体成分的变化，对储粮微生物的生命活动有显著的影响。对储粮安全影响较大的霉菌属于好氧微生物，大多数好氧微生物在氧浓度低于2%的环境中，生长受到抑制。然而，在氧浓度为0.2%~0.5%的环境中，如遇适温、高湿条件，特别在出现自由水的环境中，白曲霉、黄曲霉等霉菌仍可缓慢生长；对一些耐低氧的霉菌，如米根霉及总状毛霉等，尽管难以形成孢子，但白色菌丝生长良好（通常称"白霉"）。所以，在气调储藏中应严格避免"膜内结露"造成的适温、高湿环境。一般二氧化碳浓度达到40%~60%时，可显著抑制大多数霉菌的生长繁殖。在二氧化碳浓度达到80%以上时，几乎可以抑制全部霉菌。

　　当粮堆内氧气消耗到一定程度或者二氧化碳积累到一定程度，对粮堆内各种生物成分的生命活动都有抑制作用，对安全储藏有利。但在一般储藏情况下，由于粮堆围护结构的气密性有限，粮堆内外气体不断地进行交换，使氧浓度的减低和二氧化碳的积累，并不能达到抑制粮堆内生物成分活动的目的。只有当粮堆完全处于密封状态时，才能保持高浓度的二氧化碳和低浓度的氧。

三、储粮生态系统的特征

　　粮堆是在流通领域的储藏过程中所存在的客观实体，是一个特殊的生态系统，与大自然中的森林、草原、湖泊、农田等生态系统有着不同的特征。

（一）粮堆是人工生态系统

　　人类将粮食和油料储存于一定的围护结构内，自觉或不自觉（不自愿）地把一些其他生物类群和杂质也带到了这个有限的空间中，形成储粮生态系统。该系统时刻受到外界生物类群的侵染和不良气候因子的影响。但是随着储粮技术的发展，今天人类已经能够对该系统实现有效控制。无论是生物群落还是环境因子都是可控的。如人们可以通过气调储藏改变粮堆内气体组成，低温储藏调节温湿度，对粮堆中的有害生物进行人为的控制，这是储粮生态系统的一个显著特点，也是区别自然生态系统的一个重要标志。

（二）没有真正的生产者

　　粮食储藏生态系统中的生物群落包括：粮食、昆虫、螨类、微生物（有时包括鼠、雀），其中粮食是粮堆生物群落的主体，已完成营养制造和能量固定的光合作用，在储藏过程中只能被动地受消费者及分解者的消耗，同时为了维持自己生理活动还必须自我供应，营养物质只减不增，是一个有限资源。在粮食储藏生态系统中，粮食之所以被称为"生产者"，是因为它们是食物链中第一个营养级，是粮堆中一切生物的能量和物质的源泉。但这个"生产者"是不生产的"生产者"，只是物质和能量的储存者。由此可见粮食储藏生态系统中没有真正的生产者。

（三）是不平衡的生态系统

　　粮食储藏生态系统，并不是一个自然的生态系统，而是一个人工的生态系统。这个生态系统受到强烈的人为活动干扰，在一般情况下处于非生态学稳定状态。消费者的多种层次均处于抑制状态，分解者也同样处于不活动状态。更由于粮食本身的休眠，造成系统本身很少有自我调节和补偿能力（物质循环），整个系统的热焓始终保持下降趋势。一旦压抑消费者的环境因子失控而变得对它们有利，就会很快引起一级消费者（储粮微生物或植食性储粮虫、螨）生物量急剧增加，加速该系统热的散失。通过控制环境条件，使粮食储藏生态系统处于非生态学稳定状态，是粮食安全储藏的根本。

（四）是未成熟的生态系统

　　与成熟生态系统比较，粮食储藏生态系统中的生物量小，种群层次有限（种群营养水平一般只处于两个层次，一级是粮食，一级是植食性虫螨和微生物，只在管理粗放的粮堆中，才能发现食菌性虫、螨和捕食寄生虫螨的天敌），食物链短，食物网不复杂，个体或物种的波动大，生活循环简单，个体寿命短，种群控制以非生物为主，故属于未成熟的生态系统。

第二节　中国储粮生态区域的划分及其特点

我国由于地域辽阔，气候差异十分明显，农耕制度也差别巨大，因此在不同地区自然条件及作物耕作制度复杂多变，粮食储藏生态系统有显著的差异，有明显的区域特点。将气候因素视为主导因素，耕作制度等视为辅助因素，用主导因素和辅助因素相结合的方法，同时参考了中国仓虫区划、气象区划、农业区划等，将中国划分为七大储粮区域（图4-3）。

一、我国储粮生态区域的划分依据

粮食储藏的安全性通常主要与储藏环境条件及入仓时粮食的原始状况有关，即取决于粮食收获季节和储藏期间的气候条件。储藏环境条件主要受制于当地的气候特点，主要是温度、湿度；而入仓时粮食的原始状况（温度、水分）主要和粮食收获的季节有关，如夏粮收获时气温高易于降水，但是原始粮温高，而秋粮收获时气温偏低，不利降水，但粮温低。所以在进行储粮生态区域划分时，选择以气候因素和农耕制度为主要划分依据。

（一）气候因素

粮食的安全储藏要求粮食在其储藏期间品质基本稳定，无虫霉滋生污染。这一要求能否满足取决于粮食收获季节和储藏期间的气候条件，粮食自身的温度、水分状况及其储藏环境内温、湿度和空气成分对粮食的影响。由此可见，首先应从外界气候条件，特别是气候的冷热和干湿程度开始考虑储粮的区域性。

在众多描述大气温度的特征指标中，考虑到粮食及滋生于其上的虫霉均属生物，生物学中常用积温衡量其外界环境温度条件对生物生长的影响，故借用气象、农业、生物等部门常用的指标"年积温"来衡量粮食储藏的环境温度条件。日均温≥10℃的积温有较好的生物学意义，是大多数农作物呈现生长状态的温度，即大多数生物快速生长的起始温度。换言之，≥10℃的积温越大，农作物生长的外界热量条件就越好，要维持种子休眠、控制虫霉的发展就越困难。在储粮实践中国内外一般把粮温15℃作为低温保管的临界温度，但是通过比较日均温≥10℃的积温和日均温≥15℃的积温作为主要指标划分的储粮区域，发现两者在大部分区的划分上都无太大出入，唯有华北与西南、华中之间的界线稍有差别。如以日均温≥15℃的积温为区划依据，界线就会向北推进到华北平原黄河大堤附近，这明显不妥。所以，以日均温≥10℃的积温划分似乎比较稳妥。用日均温≥10℃的积温和天数为主要指标在很大的程度上能客观和正确地衡量我国各区域储粮外界气温条件。

积温有两种，即活动积温和有效积温。高于或等于生物学下限温度的日平均温度称为活动温度，活动温度的总和称活动积温。活动积温是指某时段内逐日平均气温累积之和，它是衡量作物生长发育过程热量条件的一种标尺，也是表征地区热量条件的一种标尺。以（℃·d）或℃为单位。活动温度与生物学下限温度的差值称为有效温度。生育时期内有效温度的总和称为有效积温。储粮生态区划分时选择的积温是指一年内日平均气温≥10℃持续期间日平均气温的总和，即活动温度总和，也就是活动积温。

大气湿度是另一个影响粮食储藏稳定性的气候条件，经过大量研究，选择干燥度作为划分储粮生态区的大气湿度指标。干燥度是最大可能蒸发降水比，是表征气候干燥程度的指数，又称干燥指数。它是可能蒸发量与降水量的比值，反映了某地、某时段水分的收入和支出状况。显然，它比仅仅使用降水量或蒸发量反映某地大气的干湿状况更加确切、科学，故将干燥度作为划分储粮区域的又一个气候指标。由于可能蒸发量的计算方法不同，干燥度的表示方式也有多种。干燥度的倒数称湿润度或湿润指数，也能客观地反映大气的干湿程度。积温和干燥度是划分我国储粮区域的主要气候指标。

（二）粮食生产特点

表征粮食生产特点的主要指标是熟制，其次是粮食种类。粮食的耕作制度及各地区相应的主要粮食的种类、收获期、收获期的气象条件和粮食收获入仓时的原始含水量、粮温密切相关，是影响储粮生态区域性特点的主要因素之一，也是进行储粮生态区划的重要依据。

因为中国地域辽阔，各地区的自然条件相差较大，另外不同地区农业发展水平、科技水平不同，所以形成了粮食生产明显的区域性。我国的粮食主产区集中在长江中下游平原、东北平原、黄淮海平原三大平原及新疆地区，中低产区主要分布在西北、西南、华北等地区。第二是粮食品种结构的不平衡。我国粮食作物种类繁多，再加之人们受传统和习惯的影响，在我国便出现了粮食作物种类的区域性。水稻主要分布在秦岭、淮河以南暖湿的地方，有双季稻、单季稻、单季稻加麦等为主的栽培形式。如长江流域、华南、西南各省区，稻谷的播种面积和产量约占全国的90%。小麦种植较广，南北方均可种植，但以北方为主，我国的第三大粮食作物玉米主要分布在东北、华北、西南等地区，而大豆的主产区为东北的松嫩平原和华北黄淮平原。

另外在进行储粮生态区域划分时，也适当考虑了不同地区对当地风能和太阳能的可利用情况及储粮害虫的分布特点。如除西南地区的四川盆地、贵州高原、华中地区的湖南大部和江西部分地区、广西北部为风能和太阳能都欠缺的地区外，其他地区都属这两种能源的可利用区，特别是青藏区、蒙新区这两种能源极为丰富，东北辽河平原、华北北部地区太阳能较为丰富，风能也属可利用区，故在这些地区可利用这两种资源对粮食进行晾晒、自然通风。东北的松嫩、三江平原位于风能较丰富区，也可用于粮食通风降水。冬、春季利用这两种能源对粮食进行自然低温储藏、晾晒、自然通风等，效果好、成本低。

在夏季气温较高、太阳辐射强度大的一些区域，如新疆的南疆、吐鲁番、哈密盆地以及河西走廊、宁夏平原和河套平原都属于太阳能资源丰富地区，关中平原、华北平原南部、长江中下游平原及东南沿海地区等也属于太阳能可利用区域，现在已经在一些地区开展了仓顶安装太阳能光伏发电装置，既可以减少仓顶太阳能的辐射和传热，保持仓温稳定，又可以利用太阳能发电供给库区用电，目前国家鼓励建设利用太阳能的新能源项目，还有一定的政府配套资金，在粮食仓储企业具有很大的推广空间。

全国各区储粮害虫在长期的发生发展过程中，根据不同的地理位置、气候条件也出现了一些具有明显耐寒、耐热、耐干、耐湿及过渡特征的代表种，纬度越低，害虫发生代数就越多，为害也就越烈，这在储粮生态区域划分时也要适当考虑。

二、我国储粮生态区域及特点

储粮生态区域划分是将气候因素视为主导因素，耕作制度等视为辅助因素，用主导因素和辅助因素相结合的方法，同时参考其他行业的区划，将中国划分为七大储粮区域，如

图4－3所示。

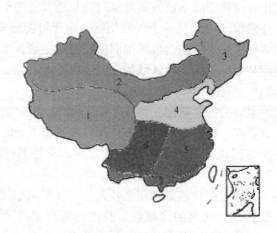

图4－3　中国储粮生态区域

1—青藏高原储粮区　2—蒙新储粮区　3—东北储粮区　4—华北储粮区

5—华中储粮区　6—西南储粮区　7—华南储粮区

1. 青藏高寒干燥储粮区

本区包括西藏全部、青海南部及川、滇、新、甘的一部分。青藏区空气稀薄，气压低，氧气少，太阳辐射强，日照时间长，这些均居全国之首。但气温低，年较差较小，年均温5℃以下，日较差大，积温少。长冬无夏，春秋短暂，四季不明显，但干湿季分明，干季为11月到翌年4月，空气极其干燥，降水极少且多大风；湿季为5～10月，在此期间降水占年降雨量的90%以上，多夜雨。绝大部分地区年平均相对湿度小于65%，本区还多雷暴和冰雹。≥10℃活动积温<2000℃，≥10℃的天数<150d，干燥度>4.0～1.0，年降水量<800mm，1月平均温度为－16～0℃，7月平均温度为6～18℃。

本区主要种植喜凉的青稞、春小麦和冬小麦。青稞是青藏高原上一年一熟的高寒河谷种植业的标志作物。青藏高原的主要农区多为干旱、半干旱气候。空气干燥、降水少，使高原上粮食作物的种子收获晒干或风干后的含水量仅为8%～9%，加之气温低、气压低、缺氧，大大减缓了种子自身的呼吸作用和陈化衰老过程，同时极度限制了仓虫和微生物的活动。空气稀薄，太阳能、风能资源极为丰富，终年寒冷，干季干燥，使其成为储粮最适宜区域。青藏高原是天然的低温、气调粮仓，适宜粮食储备，是我国粮食储藏难度最小的地区，储藏期间粮食含水量的逐年过度下降和保水成为主要问题。

2. 蒙新低温干燥储粮区

蒙新储粮区位于我国北部与西北部，深居内陆，区内有高原，巍峨挺拔的高山和巨大的内陆盆地。本区包括内蒙古的大部分，宁、陕、冀、甘的一部分及新疆的全部。本区四季分明，冬冷夏热，空气极其干燥。冬季寒冷，冷天多达150～200d。年、日较差大，日照充足，太阳辐射强，仅次于青藏地区；本区年降水日数小于80d，降水少于400mm，为全年干旱多晴区。年平均相对湿度多为60%以下。新疆地区极度干旱，年降雨量100mm左右，空气极其干燥，年均相对湿度仅为40%～50%，是我国最干旱的地区；风多，风力强，以冬春季为甚，常形成风沙天气。≥10℃活动积温为1600～3400℃，≥10℃的天

数 < 200d，干燥度 ≥ 1. 5，年降水量 ≤ 400mm，1 月平均温度为 − 20 ~ − 8℃，7 月平均温度为 18 ~ 24℃。

本区主要种植旱作作物如小麦、玉米，在有灌溉的地区如河套平原有水稻种植。因其极其干燥的气候，冷日长，本区是我国储粮最适宜区域之一，易进行自然低温储粮。储藏期间粮食含水量的过度下降和保水也是该区的主要问题。

3. 东北低温高湿储粮区

东北区位于我国的东北部，是我国位置最北、纬度最高的一个区。本区包括黑、吉二省的全部，辽宁省的大部（除去辽东半岛和辽西走廊）和内蒙古自治区的大兴安岭东部区域。

东北区属寒温带、中温带季风气候。冬季寒冷漫长，长达 6 ~ 8 个月，冷日超过 150d，1 月均温 − 30 ~ − 12℃，土地长期冻结，雪盖 3 ~ 4 个月以上；夏季温暖短促，仅有 1. 0 ~ 2. 5 个月。但日照时间长，7 月均温大都在 20℃ 以上，基本无炎热日。≥ 10℃ 的持续天数北部为 95d，南部、东部为 95 ~ 170d；降水较丰沛，年降水量 400 ~ 1000mm，6 ~ 9 月是东北地区的雨季。大部分地区年平均相对湿度为 60% ~ 75%，冬、夏季相对湿度高，春、秋季低。≥ 10℃ 活动积温为 < 3200℃，≥ 10℃ 的天数 < 150d，干燥度为 1. 25 ~ 1. 5，年降水量为 400 ~ 1000mm，1 月平均温度为 − 30 ~ − 12℃，7 月平均温度为 19 ~ 24. 5℃。

东北区主要作物为春小麦、玉米、大豆。东北平原是我国重要的商品粮基地。该区是我国东部冷季最长的一个区，"冷、湿"是其气候特点。冬长且寒冷的特点，决定了本地区应以自然低温为主要措施进行储粮，这对于粮食特别是来不及干燥的高水分粮尤其重要。同时，要抓紧秋冬干燥的天气和利用烘干设备及时降低秋粮的含水量。

4. 华北中温干燥储粮区

华北区包括晋、鲁、京、津全部，冀大部分及辽、陕、宁、甘、豫、皖、苏的一部分。该区气候类型为暖温带、半湿润至半干旱的大陆性季风气候。冬冷夏热，冬长于夏，夏雨集中。本区春季气温回升快，3 月后每 5 天左右，日均温升 1℃，4 月气温超过 10℃，五月猛增到 20℃。华北区年降水量 400 ~ 1000mm，降水集中于夏季，多暴雨。年平均相对湿度为 55% ~ 75%。一年四季之中，冬、春季相对湿度最低，夏季最高。≥ 10℃ 活动积温 3200 ~ 4500℃，日均温 ≥ 10℃ 的天数 < 225d，干燥度为 1. 0 ~ 1. 5，年降水量为 400 ~ 1000mm，1 月份平均温度为 − 10 ~ 0℃，7 月平均温度 > 24℃。

本区农作物两年三熟或一年两熟。多种植冬小麦、玉米、大豆、杂粮、水稻，是我国重要的商品粮基地和小麦主产区。冬长、干冷和夏湿热的气候状况决定了本区应考虑对粮食尤其是高水分粮进行低温储藏、通风干燥，另外应避免夏季高温对粮食品质及有害生物的影响。

5. 华中中温高湿储粮区

华中储粮区大致位于秦岭至淮河与南岭之间。本区绝大部分属长江中、下游流域，包括浙、赣、沪全部及湘、鄂、豫、皖、苏、闽、桂、粤的一部分。华中地区属亚热带湿润的季风气候，冬温夏热，1 月均温 0 ~ 10℃（或 0 ~ 12℃），夏季普遍高温，7 月均温 28℃ 左右，5 ~ 9 月常出现高出 35℃ 的酷热天气，极端高温达 40℃ 以上。大部分地区的炎热日数超过 20d，许多地方超过 40d。本地区春秋温暖，4 月和 10 月均温 16 ~ 21℃，秋温略高于春温，四季分明，长江中下游冬季和夏季时间大致相等为 4 个月，长江中下游平原以南夏长冬短。本地区年降水 1000~1800mm，比华北地区多 1~2 倍，是全国春雨雨量最为丰沛的地区。梅雨显著，历时一个月左右，雨量约占全年降水量的 40% 左右。春夏雨量占年降水量 70%。年平均相对湿度为 70%~85%，3~6 月间相对湿度最大，此间长江中下游地区可达 82%~83%。7 月天气晴朗、高温少雨，9、10 月间秋高气爽，东南沿海此时常有台风雨。日均温 ≥10℃ 的活动积温为 4500~6500℃，日均温 ≥10℃ 的天数 <250d，干燥度 <1.0，年降水量为 1000~1800mm，1 月平均温度为 0~10℃，7 月平均温度为 28℃左右。

本地区以双季稻为主。北部稻、麦两熟，中部种双季稻，南部种双季稻或种油菜和双季稻，年可三熟。华中区农业发达，是我国重要的粮食生产基地。与华北地区相比，冬短夏长，冷日少、炎热日多，加之年平均相对湿度大于 70%，使得储粮难度加大，春雨居全国之最，夏热居东半球之最，夏季高温、高湿不利于粮食储藏。粮食入仓后的降水和降温问题均比较突出。

6. 西南中温低湿储粮区

西南区位于华北、华中、华南和青藏地区之间，包括黔的全部及川、滇的大部分、陕、甘、豫、鄂、湘、桂的一小部分。西南区属亚热带高原盆地气候，除云南中部四季如春外，秦巴山地以南地区夏长于冬。本区气温年较差小于同纬度的华中区，冬暖夏热，1 月均温 2~10℃，比同纬度的华中地区要高。7 月均温 18~28℃，除四川盆地外，多数地区没有华中地区炎热。本区大部分地方位于我国降雨日数最多的区域内，发生暴雨频次也较大。本区年降水量 1000mm 左右，气候湿润。夏季三个月的降水量占全年降水量的 40%~70%，秋雨为 20%~30%，大部分地区年均相对湿度大于 70%，四川盆地和贵州西部超过 80%，雾日多，日照少。日均温 ≥10℃ 活动积温 4500~6000℃，日均温 ≥10℃的天数 <275d，干燥度 <1.0，年降水量为 1000mm 左右，1 月平均温度为 2~10℃，7 月平均温度为 18~28℃。

本地区主要种植单季稻、冬小麦、玉米等，以稻麦两熟为主，一般 4 月收小麦，7 月收早稻，10 月收晚稻。西南区冬短夏长，且阴雨天、雾天多，日照时间少，空气相对湿度大，在储粮中的主要问题是高水分粮降水和虫害较严重。

7. 华南高温高湿储粮区

本地区位于我国最南部，包括海南省、台湾省全部及闽、粤、桂、滇的一部分。本区人口密度大，农业生产条件优越，交通便利，经济较发达。本地区是一个高温多雨、四季常绿的热带至南亚热带区域。华南区全年温度高，年均温 20~26℃，日均温 ≥10℃ 的持续天数在 300d 以上。本区长夏无冬，春秋相连，大部分地区夏长 6~9 个月。冬季温暖，1 月均温 10~26℃，冷日极少，云南最南部和海南岛常年无冷日。本区降水多，年降水量 1200~2000mm，年均相对湿度 80% 左右，大部分地区年降水的 70%~80% 集中在 5~10 月。全年以 3~8 月春夏雨季湿度较高，相对湿度大于 80%，在 11 月至次年 1 月的晚秋和初冬晴天较多，湿度较低，相对湿度可在 70% 以下。本地区台风频繁，台风雨占年降雨的 10%~40%。华南区热量丰富，日均温 ≥10℃ 积温为 6000~10000℃，日均温 ≥10℃ 的天数 >300d，干燥度 <1.0，年降水量为 1400~2000mm，1 月平均温度为 10~26℃，7 月平均温度为 23~28℃。

本地区以种植水稻为主，多数耕地实现一年两熟或三熟制。本区夏季长度和湿润程度都居全国之首。长夏无冬，全年温度高，春夏极其湿润及受台风雨影响大是华南区最为重要的气候特点。全国热季最长，是我国最"湿、热"的地区，储粮难度最大，储粮所面临的问题是全面的，降温、降水、隔热、防潮和有害生物与虫霉防治等问题会同时出现，其中虫害和高水分粮的发热霉变问题突出。

三、不同生态储粮区的储粮技术综述

不同的储粮生态区域所处地理位置、气候条件、粮食种类、有害生物群落等诸多方面的差异，导致各区粮食储藏中所遇到的主要问题不尽相同，所以储粮技术管理方案、设施设备配置、储粮安全经济运行模式和成本也就不同。粮油储藏技术规范（LS/T 1211—2013）对各区的重点任务进行了分析和强调：在第一区和第二区，应重点防止过度失水影响储粮加工品质并造成质量损失；在第三区应重点做好降水和微生物的控制；在第四区和第六区，应迅速将粮油水分降到安全水分，防止虫害感染；在第五区和第七区，应重点防止储粮品质下降和有害生物的危害。

1. 青藏高寒干燥储粮区

在青藏区，玉米和水稻9～10月收获，此时正值雨季尾声，可择机晾晒，到11月进入干季，相对湿度陡降，通过自然通风就可达到降水降温的目的；冬小麦、春小麦6～9月收获，此时正值雨季，可利用本区晴天太阳辐射强，降雨多在夜间的特点在白天择机晾晒，进入旱季后通过自然通风和机械通风降水降温。次年2～3月温度回升，5月雨季来临之前密封粮食。特别注意采取防雨季夜雨的措施。充分利用青藏区气候"寒""干"的特点，适宜采用自然通风、摊晾、日晒、就仓就堆机械通风、自然低温储藏等常用储藏技术，并注意在雨季来临之前做好密闭，干燥季节和通风时注意储粮的保水。

2. 蒙新低温干燥储粮区

粮食收后应及时利用充分的日照及干燥空气，通过晾晒、自然风干、就堆就仓通风等措施降水降温，如处理不完，经过冬季低温保管后，在来年开春前一定要用同样的方法进行处理，将粮温降到5℃以下，粮食水分降到安全标准，4月上、中旬气温回升到10℃以前密封粮食，夏季对高温粮可以利用日较差较大的特点，在夜晚开窗换气排积热，降低仓温，个别地区可视情况使用降温设备。充分利用蒙新区气候"冷""干"的特点，适宜采用自然通风、晾晒、就仓就堆机械通风、自然低温储藏等常用储藏技术；并注意高水分玉米入仓后的降水处理和干燥季节以及通风时的储粮保水；可在夏季来临之前将储粮施拌保护剂后密封，并根据粮情，夏季酌情使用谷冷机降温。

3. 东北低温高湿储粮区

本区3～6月相对温暖、干燥、多风，经过冬季低温储存的粮食可在此时进行自然风干、晾晒和机械通风降水，4月中旬以前密封粮食，可与外界隔绝，安全过夏。另外，东北地区比较适合采用低温干燥的方法，即在粮食收获后、冬季来临前，10～11月用自然通风的方法降温降水。该区高水分玉米的降水问题比较突出，所以是我国拥有烘干设备最多的地区。在秋末和冬季要抓紧时间，利用烘干设施、自然通风、晾晒、机械通风等技术，在春季温度回升之前将粮食含水量降到安全水分之内。东北地区农户中常采用大堆冷冻、堆垛自然通风等方法处理高水分玉米，降水效果好、成本低。本区是我国东部冷季最长的一个区，应充分利用"冷"的气候特点，应以自然低温为主要措施，配合自然通风、机械通风、烘干等储藏技术，可在夏季来临之前将储粮施拌保护剂后密封，并要特别注意储粮期间的防潮增水。

4. 华北中温干燥储粮区

本区 6 月收小麦，气温高，有利于小麦的降水，及时自然通风便可将小麦含水量降至安全水分。玉米 9 月份收获，含水量较高，可在入仓后采取机械通风方法，使其水分降至安全水分或接近安全水分。小麦、玉米冬季经机械通风、自然低温储藏后，对水分依然偏高的粮食，也可利用 3~4 月温暖干燥的空气通风、晾晒。次年 4 月上旬气温急剧回升至 10℃前，采取防治储粮害虫的措施，无虫粮施拌谷物保护剂，然后密封过夏。农户储粮还可以利用夏季高温择机晾晒小麦以降水杀虫，然后入仓；根据本区"干""热"的气候特征，适宜采用小麦、玉米收后晾晒、机械通风降水或高水分玉米烘干降水，自然低温和机械通风降温等方法。夏初前将粮食施拌保护剂密封防虫；密切注意过夏粮粮情，必要时可采取谷物冷却机、空调机降温过夏。

5. 华中中温高湿储粮区

本区一般是 5 月收小麦，7 月收早稻，10 月收晚稻。小麦收获正值雨季，可考虑烘干或用机械通风干燥，然后过夏。早稻和晚稻收后可利用伏旱及秋高气爽的条件择机晾晒、烘干或机械通风降水。个别地区 7~10 月气候允许自然通风降水，水稻可以采用通风方法降水。早稻 6 月份收获，也可利用自然通风降水。对未来得及降水的粮食在次年 3 月前一定要设法用烘干及机械通风的方法降水，然后拌保护剂密封过夏。冬季可用自然低温、机械通风等降低粮温。本区气候条件的"湿""热"不利于粮食的降温降水，安全储藏难度较大，宜采用收后机械通风和烘干降水、秋冬通风降温、开春气温回升前拌保护剂密封、储藏期间防潮防霉等方法。密切注意过夏粮粮温、水分变化，并根据虫情及时采取储粮害虫治理措施。

6. 西南中温低湿储粮区

本区阴湿寡照，风能和太阳能欠缺程度居全国之首，且终年气候温暖，小麦收后气温较高，立即用自然通风就可满足要求，晚稻收后至次年的 2~3 月进行自然通风也可满足要求，早稻 7 月收后正值雨季，气温也较高，必须对早稻进行降水处理。一般看来，本区粮食收后应先考虑烘干及机械通风降水。每年 12 月到次年 3 月相对干冷，自然低温和机械通风降温效果较好，3 月中旬以前拌保护剂密封储藏。对于过夏粮和陈粮要密切注意粮温和水分变化，如有必要可使用谷冷机降粮温。贵州高原冬暖，雨季长且暴雨多，秋冬雨相对其他地区要多，阴湿寡照，储粮时要注意防潮、隔湿。本区适宜采取的储粮技术包括：玉米、稻谷收后机械通风降水，晚稻烘干降水，秋冬通风降温，次年开春气温回升前拌保护剂密封，储藏期间防潮防霉、密切注意夏粮粮温、水分变化，酌情利用谷冷机降低粮温，并根据虫情及时采取储粮害虫熏蒸措施。

7. 华南高温高湿储粮区

本地区 3 月收小麦，7 月上旬收早稻，11 月上旬收晚稻。小麦收后可立即采取措施降水，降水后拌保护剂入仓密闭。早稻收后不久台风季节就要到了，故应及时降水，降水后过夏要注意隔热、降温、隔湿、防漏和防虫。晚稻收后气象条件（雨季结束、气温高）基本可满足水稻的自然通风干燥要求。从 11 月份开始到次年 3 月基本处于干季，可以酌情对粮食机械通风降水、降温。2 月上旬前拌保护剂，然后密封粮食。要密切注意夏粮的温度、水分及虫霉发生情况，及时采取措施。本地区要注意在干季（11月至次年初春）降温降水。2月上旬以前要采取措施隔热、隔潮、防雨。夏季仓内可考虑使用谷冷机，有条件的地区可建一些低温库。本区"高温""高湿"的气候特点，使其成为我国安全储粮难度最大、成本最高的地区。常采用粮食收后及时自然通风、机械通风或高温干燥降低粮食含水量，干季及时通风降温、降水，然后拌保护剂密封，储藏期间注意防潮，必要时采用吸湿设备降湿降水等方法。高温季节密切注意粮情变化，需要时采用熏蒸、吸湿和冷却等设备确保储粮安全。

第三节　储粮生态系统的环境因子

一、环境因子与粮食储藏安全

（一）温度

温度是储粮的重要生态因子，没有一种生物能完全不受外界温度的影响，粮食及油料更是如此。对储藏生态系统，地上仓温度主要受大气温度的影响，而地下仓则主要受地温变化的影响。但无论地上仓还是地下仓，仓温都受储粮生物群落生命活动的影响。

粮温是粮食储藏期间的粮情检测主要指标，也是掌握粮堆状况的常用指标。因为粮温变化与粮食本身的状况、含水量高低、虫霉活动等多方面的因素关系密切。当储粮发生问题时，如发热、霉变、生虫、水分高等，必然会引起粮温的增高，所以定期检查粮食温度，及时掌握粮温的变化趋势，是确保粮食安全储藏的必要手段。控制粮堆生物体所处环境的温度，限制有害生物体的生长、繁育，延缓粮食品质的陈化，即可达到粮食安全储藏，减少储粮损失的目的。

（二）湿度和水分含量

水具有其特殊的物理与化学性质，而这些特性使其在生物体内具有重要意义，因此水分是一切生物维持生命及进行生命活动不可缺少的物质。例如，水分是植物细胞中原生质的重要组成成分之一；生物的新陈代谢过程中绝大多数的生化反应必须以水为介质；水也可以直接参与生物的代谢作用等。仓内及仓堆孔隙中空气湿度对粮食水分的影响很大，大气湿度影响仓内湿度，仓内湿度影响粮堆湿度，气湿、仓湿、粮堆湿度和粮食原始含水量的大小决定着粮食水分的变化。粮食入仓后的水分变化，除了仓房漏雨、仓墙、地坪渗漏等原因外，都是空气湿度变化引起的。

粮食水分和粮堆湿度在储粮生态系统中相互依存的表现水平或发生水平，对整个储粮生物群落的演替有着非常重要的作用。当粮食水分较低时，粮食和微生物的生命活动受到抑制，粮粒的活细胞处于长期休眠状态。而储粮真菌及细菌等在粮食水分不能保证其发育所需的最低水分活度时，也只能处于休眠状态。粮食水分一旦增加到适宜水平，粮堆中喜湿的微生物、螨等就会很快发展起来，造成严重的粮食霉变和生虫。

一般低水分粮所处的干燥环境，虽不可能完全避免虫、螨的活动，但会有一部分种类因不适于干燥条件，生理平衡遭到破坏而无法生存，即使能够生存的种群，也会因"缺水"，生长状态、繁殖速度，种群很难发展。任何形式的增水或加湿，都可能会在短时间内引起有害生物种群的爆发，严格控制粮食含水量是安全储粮的有效措施之一。

（三）气体成分

生物的一切生命活动都离不开环境中的空气，反过来，改变环境空气的组成及浓度也可以影响生物的生命活动，甚至直接造成其死亡。在自然界中，除水汽外，干燥空气的组成成分比较稳定，按体积百分比计算，一般含氮（N_2）78.09%、氧（O_2）20.95%、氩0.93%、二氧化碳（CO_2）0.03%，以及微量的氖、氙、氦、氢等。其中 O_2 和 CO_2 的存在及其含量变化，对生物有机体的生命活动有着重要影响。

粮堆内的气体成分与一般空气的成分不同，由于环境内生物成分的呼吸作用，使其环境中的 O_2 含量减少，CO_2 的含量增多，从而造成粮堆内部 O_2、CO_2 与 N_2 的比例发生改变，另外还有一些陈粮所特有的气体成分增加。

粮食储藏环境中气体成分的变化主要是对粮食的呼吸强度和呼吸类型产生影响，同时对粮食的生活力及寿命也会产生一定的影响。当粮堆内 O_2 消耗到一定程度或者 CO_2 积累到一定程度，对粮堆内各种生物成分的生命活动都有抑制作用，有利于粮食的安全储藏。

粮堆中空气的氧气含量，除厌氧细菌以外，将影响粮食和所有有害生物生长、繁殖，是影响仓虫危害的最重要的因素。粮食和油料储藏环境中气体成分的变化会影响其呼吸强度和呼吸类型，同时对粮食的生活力及寿命也会有一定的影响。

氧分压的高低和 CO_2 的浓度对粮食和油料呼吸强度有明显的影响。通常随着氧分压的降低 CO_2 浓度升高，有氧呼吸减弱，无氧呼吸加强。与呼吸作用关系密切的氧气和二氧化碳对种子的寿命有一定程度的影响，气体对种子寿命的影响，因种子种类不同而有差异，并且与温度、水分等因素往往发生相互作用，应综合环境条件分析气体条件对种子寿命的影响。

储粮昆虫同粮堆其他生物成分一样，其呼吸代谢需要从环境中摄取氧，同时排出二氧化碳。因此，粮堆气体成分，主要是氧和二氧化碳含量对储粮昆虫的生命活动有很大影响。氧气是昆虫进行呼吸，维持生命活动所必需的气体。氧浓度降低，储粮昆虫的呼吸代谢将受到抑制，甚至窒息死亡。当其周围环境中氧气的含量低于10%时，储粮昆虫全部气门开放着，其开放时间的长短，决定于聚集在虫体内的二氧化碳数量，当周围环境中的二氧化碳含量增高时，储粮害虫气门的开放时间也随之延长。如果环境中的二氧化碳含量在10%～15%时，气门有节奏地开放，二氧化碳含量若增至20%～30%，则全部气门都敞开。此时，如果再加上高温，就会影响害虫的生存。当粮堆中氧浓度下降到15%以下时，就能控制害虫的危害程度；下降到8%时，大部分害虫不能生长、发育和繁殖；当氧浓度降到4%并维持2周以上，害虫逐渐死亡；当氧浓度降到2%以下时，经48h害虫全部死亡。

二氧化碳是粮堆生物成分的呼吸代谢产物，其浓度积累过高，将直接影响储粮昆虫的正常呼吸和生存。当环境中二氧化碳浓度增高至10%～15%时，昆虫的气门会有节奏地开闭，进行强烈的通风作用，能加快虫体水分的散失；当二氧化碳浓度上升至40%～60%左右时，大部分储粮昆虫会很快死亡。

粮堆气体成分的变化，对储粮微生物的生命活动有显著的影响。微生物的生长、繁殖对环境的依赖性很强，根据微生物与环境 O_2 的关系，可将其划分为好氧型、兼性好氧型和厌氧型三大类。绝大多数储粮微生物是好氧性微生物，缺氧对储粮微生物生长不利。但储粮微生物对低氧的耐受力较强，只有在氧气浓度低于好氧微生物的最低要求时，菌体生长繁殖才被抑制。大多数好氧微生物在氧浓度低于2%的环境中，生长受到抑制。然而，在氧浓度为0.2%～0.5%的环境中，如遇适温、高湿条件，特别在出现凝结的游离水的环境中，白曲霉、黄曲霉等霉菌仍可缓慢生长。

环境中，一般二氧化碳浓度达到40%～60%时，可显著抑制大多数霉菌的生长繁殖。在二氧化碳浓度达到80%以上时，几乎可以抑制全部霉菌，对酵母菌也有明显抑制作用。高浓度二氧化碳还能抑制霉菌代谢产毒。此外，在气调储藏中利用充氮也可抑制霉菌生长及产毒。

二、温度变化规律

（一）影响粮温的因素

1. 太阳辐射

太阳辐射到储粮围护结构，会引起围护结构表层升温。围护结构的热能一部分返回大气，一部分以传导的方式透过围护结构，再以复合传热的方式向储粮内传入。大部分热能又会被仓内空间吸收或散射，引起仓温升高，这部分能量再以对流方式进入粮堆内。

2. 外界热能的传导与对流

大气层吸收太阳能，使得空气运动加速，与围护结构发生碰撞，引起外层围护结构升温，当仓温或者粮温较低时，就向仓内传导热能，引起仓温或粮温升高，另外，热空气可通过门窗及围护结构的洞、缝以较快的速度对流传热。

3. 地坪传导

热量可以通过地坪直接传导进入围护结构或粮堆，但通常由于仓温较高，地温较低，这种影响较少。对于仓温较低的低温仓、地下仓这种影响也许比较大。

4. 生物群落的呼吸热

粮堆生物群落主要包括粮粒、储粮害虫及储粮微生物，它们的呼吸作用所产生的代谢热是影响粮温的一个重要因素。

（二）温度变化规律

粮堆生态系统中温度变化情况比较复杂，但有一定的周期性变化规律。了解和掌握温度的正常变化规律对于准确分析粮情，及时发现问题至关重要。

1. 气温的变化

气温在一昼夜发生变化称为日变。正常情况下，日变的最高值发生在下午2点左右，最低值则发生在日出前。一昼夜间气温最高值与最低值之差，称为气温的日变振幅。

气温在1年各月间发生的变化，称为年变，在北半球，年变的最热月份常发生于7～9月份，最冷月份发生在1～3月份；在南半球，年变的最热月份正好和北半球相反。最热月份的平均气温与最冷月份的平均气温差，称为气温的年变振幅。

2. 仓温的变化

仓温的变化主要受气温影响，也有日变与年变的规律。仓温日变的最高值与最低值的出现，通常较气温日变推迟1～4h，一年中，气温上升季气，仓温低于气温；气温下降季节，仓温高于气温。

仓温变化的昼夜振幅与年变振幅，通常较气温的变化振幅小，即仓温最高值低于气温的最高值，仓温的最低值高于气温的最低值，在空仓或包装储藏的仓房中，仓温高低有分层现象，上部仓温较高，下部仓温较低。

仓温的变化受围护结构及仓房的隔热性能的影响较大，一般金属仓受外界温度影响较大，砖木结构和钢混结构仓受外界温度影响较小；在高温季节，外墙与仓顶喷涂反射涂料的仓房，仓温要比未喷涂的仓房低2~3℃；仓内吊顶隔热仓房的温度要比未吊顶的低3~5℃。

3. 粮温变化

由于粮食的导热性较差，粮堆中空气流动速度又很微弱，因此，粮温的变化尽管也受外界影响，但有其特殊的规律。

粮温的日变化也有最低值和最高值，出现的时间比仓温最低值和最高值的出现延迟1~2h。但是，通常能观察到的粮温日变化的部位仅限于粮堆表层至30cm处；再深处粮温的变化不明显。一般情况下，粮堆表面以下15cm处，日变化仅为0.5~1℃，早晨8点左右粮温与气温较接近，适合于粮食入仓及进仓检查。

一般粮温年变的最低值和最高值的发生较气温年变的最低值和最高值推迟1~2个月，地下仓可能推迟2~3个月，粮温最高值出现在8~9份，最低值出现在2~3月份，3月以后开始升温，9月以后开始降温。

粮温年变振幅要比气温、仓温小，不同的围护结构，年变振幅也不相同。一般情况下，钢板仓>露天堆垛>房式仓>浅圆仓>地下仓。除此之外，粮温还受其所处方位的影响。一般是南面较高，北面较低，依次为南>东>西>北，东南>西北。在南半球刚好与此相反。

不同季节，粮温变化也不相同。冬季：粮温>仓温>气温；夏季：气温>仓温>粮温。春秋转化季节，三温会发生交错，规律不明显。不同季节不同层次的粮温顺序也不相同，在普通房式仓中冬季：下层>中层>上层；夏季：上层>中层>下层；春季：上层>下层>中层；秋季：中层>下层>上层。

高大房式仓的粮温分上层、中上、中下和下层4层检测，粮温最稳定的粮层为中下层；浅圆仓和立筒仓的测温电缆是以同心圆布置的，每根电缆上又布置了不同深度粮层的测温电阻，粮温分布规律基本相同，以中下层内环处的粮温最稳定，靠近表层及仓壁50cm处的粮温变化最明显。

可见在某一地区，气温，仓温，表层粮温都呈现一种周期性日、年变化规律，有时，周期性不很规则，房式仓、浅圆仓的三温变化曲线如图4-4至图4-7所示。

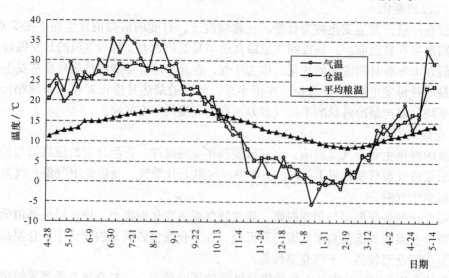

图4-4 平房仓三温变化

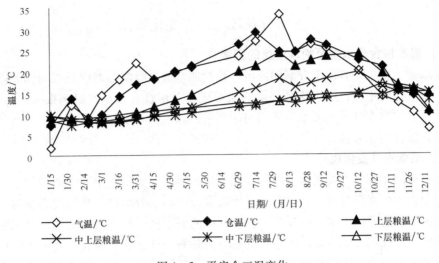

图4-5 平房仓三温变化

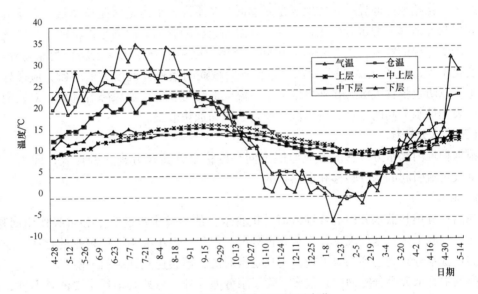

图4-6 高大平房仓三温四层变化

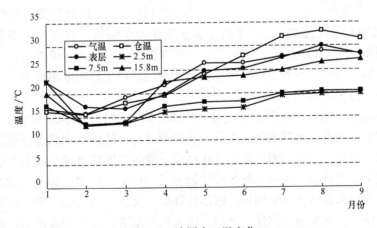

图4-7 浅圆仓三温变化

三、水分及环境湿度变化规律

（一）影响粮食含水量及粮堆湿度的因素

粮食水分变化主要有两个方面的原因：粮食通常通过吸湿及解吸过程与储藏微环境中空气相对湿度达到平衡，所以储藏环境的相对湿度对粮食含水量的影响很大；另一方面，粮堆中常常会发生水分分层或水分不均匀的现象，而这时的水分含量变化似乎与环境相对湿度无关，常称为水分转移。

（二）粮食水分变化规律

粮食水分的年变化主要是随着空气相对湿度的年变化而呈现出一定的规律。当空气的湿度超过粮食表面水汽分压时，粮食就开始吸湿，平衡水分增加。当温度不变时，湿度越大，粮食的平衡水分也就越大。反之，当空气中的湿度低于粮食表面的水汽分压时，粮食就开始解吸，平衡水分减少。因此粮食的水分会随着空气湿度而变化，在一年内，空气的湿度随着季节而改变。因此粮食平衡水分在一年内的变化也呈现一定的规律性。空气相对湿度的年变化随地区而异；北方地区是夏季低，冬季高；沿海地区是秋季低，春季高。粮堆中表层及外围部分的水分变化，主要受气湿和仓湿的影响，而储粮内部的水分变化比较复杂，既受气湿的影响，也存在水分转移。全年中储粮水分变化除上层较为显著外，中、下层变化不大，幅度一般在 1% 以内。在粮食储藏期间当外界湿度大的时候，应做好仓房密闭工作以防止粮食吸湿，在外界湿度小、温度低时可以进行通风降温降湿；对粮面已经吸湿或表上层水分高的粮食，可以翻动粮食、扒沟加快散湿。

（三）水分转移

根据粮堆内部水分转移的形成原因不同，可将水分转移分为三种形式，即水分再分配、空气对流引起的水分转移和湿热扩散。

1. 水分再分配

当高水分粮和低水分粮混合堆放时，粮食水分能通过水汽的吸附和解吸作用而移动，最终达到吸湿平衡，这种现象称为水分再分配。但是，由于吸附滞后现象的存在，经过再分配的粮食水分只会达到相对平衡，而且是暂时的，不会达到绝对的平衡。

影响粮食水分再分配的因素很多，除了水分差异外，另外其中最主要的是温度，温度越高，水分再分配的速度越快，达到平衡时的差异缩小。例如，含水量为 15.97% 和 9.6% 的两种小麦堆在一起，在 4℃ 下经过 42d 方可达到水分相对平衡，但尚有 0.76% 的水分差异；在 24℃ 时经过 28d 达到平衡，水分差异为 0.63%，而在 32℃ 条件下，只需要 14d，即可达到平衡，水分差异仅为 0.37%，所以在粮食入仓或者堆放时，必须把干燥粮食分开堆放，防止混堆，或者尽可能缩短再分配时间，以免影响储粮安全。

2. 空气对流引起的水分转移

储粮水分随冷、热空气对流而移动是引起粮堆水分分层的基本原因之一。粮堆内热空气因相对密度小而上升，水汽也随之上升，至表面遇冷，达到饱和状态而结露，于是表层粮食水分增加，例如，当年入库的夏粮，在气温下降时，容易出现粮堆表上层转冷而水分增高的分层现象，这种现象在每年秋冬季比较普遍，粮堆"结顶"即是由此产生和发展的结果，粮堆结顶导致粮堆含水量增加，散落性降低，犹如一层硬壳。但是在实践中，也可利用粮堆水分随空气对流而转移这一规律，进入秋冬季节，经常翻动粮面，使粮堆内部水分向外散发，对降低储粮水分，防止结露具有一定作用。

3. 湿热扩散

粮堆内部水分按热流方向转移的现象称为湿热扩散。温差是导致湿热扩散的原因。通常粮堆内的温度是不均衡的，如高温季节的"冷心热皮"、低温季节的"热心冷皮"、仓内方位不同以及局部生虫、杂质含量高、结露、发热等都会造成温差的存在。

粮温较高的部位，粮食平衡水分发生解吸而降低，该部位空气中实际含水气量增加，水汽分压较高，而周围低温部位水汽分压较低，因此高温部位的水分子会向低温部位扩散转移，即高温部位的水分子经粮粒空隙向低温部位移动，结果导致低温部位的粮食水分增加，而高温部位的粮食水分降低。在储粮中，水分的湿热扩散和由空气对流而引起的水分转移往往同时发生，二者作用混在一起，不易区分。如秋冬季节在粮堆中容易出现的"结顶"现象，就是两种水分转移造成的。但是两者发生的基本原因是不同的，前者是由于水汽压力的差异，后者是由于空气的相对密度不同所致。

湿热扩散而造成的储粮局部水分增高，常发生在阴冷的墙壁和柱石周围、底部，储粮中冷、热部位的温差越大，持续时间越长，湿热扩散就越严重，对储粮安全的影响也越大。

四、气体成分变化规律

（一）影响气体成分的因素

在粮堆生态体系中，气体成分的变化除受其围护结构的气密性影响较大外，还受粮食温度、粮食水分、粮种和其他生物成分生命活动的影响。粮堆中空气的 O_2 含量和 CO_2 的含量不仅影响粮食的品质，而且对所有有害生物的生长和繁殖都具有很大的影响。

但在一般储藏情况下，由于粮堆围护结构的气密性有限，粮堆内外气体不断地进行交换，粮堆自身生理生活所致的 O_2 浓度的减低和 CO_2 的积累，并不能达到抑制粮堆内生物成分活动的目的。在密封的粮堆中，由于 CO_2 的相对密度（1.53）和 O_2 的相对密度（1.11）不同，因此 O_2 和 CO_2 的分布也不同，呈现出从上到下 O_2 浓度逐渐降低，CO_2 浓度则逐渐升高的现象，形成两个相反的浓度梯度。在气调储藏中粮堆气体成分就和气调的方式方法以及粮堆密闭程度有关了。

（二）气体成分变化规律

1. 常规储藏

粮堆空隙中空气成分的组成比例与正常空气不同。在粮堆生态体系中，没有绿色植物进行光合作用产生氧，也没有对二氧化碳的消耗利用；相反，粮堆内各种生物成分的生理代谢活动，都需要消耗氧并产生二氧化碳，所以其气体成分变化的总趋向是氧浓度逐渐降低，而二氧化碳却逐渐积累。当粮堆内氧气消耗到一定程度或者二氧化碳积累到一定程度，对粮堆内各种生物成分的生命活动都有抑制作用，对安全储藏是有利的。但在一般常规储藏下，由于粮堆围护结构的气密性有限，粮堆内外气体不断地进行交换，氧浓度的降低和二氧化碳的积累，并不能达到有效抑制粮堆内生物成分活动的目的。

2. 密闭储藏

在密闭储藏的粮堆中，氧和二氧化碳的分布不同于常规储藏。由于二氧化碳（相对密度 $d=1.53$）比氧气（相对密度 $d=1.11$）重，因此在密封的粮堆中，氧浓度从上到下逐渐降低，而二氧化碳浓度则逐渐升高，形成两个相反的浓度梯度。

密闭储藏时粮堆中气体成分的变化与粮种、粮食本身的状况、含水量以及储藏环境温度、粮堆虫口密度等都有密切关系。有些具强降氧能力的粮食在密封后能把粮堆中的氧降至2%，甚至绝氧，但也有一些粮食在粮堆密封较长时间后，粮堆的氧含量仍保持在10%～15%以上，氧浓度降低甚微。研究发现稻谷、大米、小麦、玉米、大豆等粮种都具有很高的自然降氧能力，常见粮种的降氧能力由强到弱依次为：大米 > 玉米 > 小麦 > 稻谷 > 大豆，红薯干及面粉则很难达到自然缺氧效果。

另外同一种粮食，含水量高、粮温高、有虫粮氧含量下降速度和二氧化碳上升速度都较快。

3. 气调储藏

气调储藏的粮堆中气体成分可以人为地调节，根据采取的气调方法和气调的目标不同，可将粮堆中的氧浓度、氮浓度和二氧化碳浓度控制在一定的范围，达到杀虫防虫、控制微生物活性和减缓粮食品质变化的效果。目前常用的充氮和充二氧化碳气调储藏，主要是控制氮和二氧化碳浓度；而脱氧剂储藏或真空储藏主要是降低氧浓度。当然因为储藏环境的密闭是相对的，所以目标气体的浓度也会逐渐发生变化，为了保持目标气体的浓度，达到良好的气调效果，在气调储藏期间补气则是不可避免的。

第四节　粮食结露与发热霉变

储粮生态系统的存在和发展是由不断的物流和能流来维持的，尽管粮堆是一个未成熟的生态系统，但是储粮生态系统、生物与环境之间，通过能流而联结，形成了一个相互依赖，相互制约的网状、关系复杂的统一整体。环境在能流各环节上都起着重要作用。在储粮生态系统中，粮食及油料这个能量和物质的有限资源是储藏的对象。粮食及油料在储藏过程中品质及数量损失，其实质就是储粮生态系统能流的结果。由于粮堆是一个闭环生态系统，其"生产者"在储藏中失去生产能力，是一个"只出不入的亏损者"，不能保持"等价交换和收支平衡"。因此，能流在系统内流速越快，流量越大，其储粮损失就越严重，能流的速度和流量，有赖于周围环境条件。其中最主要的即通常所说的储粮温度、粮食水分和气体成分三要素，一般情况下，温度的波动、水分的变化及气体成分的变化是相当缓慢的，对系统内生物群落的影响很微弱，能流和物流不够畅通。当这些变量因素超过正常储藏条件时，潜伏着的分解者会激发起来；处在停育或半停育状态的消费者会活跃起来；粮食及油料自身的呼吸作用会旺盛起来，能流和物流会畅通起来。

粮堆中各种生物体对环境条件的敏感性，总的趋势是一致的，但由于生物及种群不同，其生态可塑性是不相同的。

因此，调节储粮生态系统环境因子，阻碍能流，以求打破有害生物在储粮生态系统中的生态平衡，是制定储粮措施的理论依据，同时也是为了避免粮堆结露、粮食发热霉变，达到综合治理的目的。

一、粮食结露

储粮结露是储粮生态系统内环境变量因素对储粮影响的典型实例，与水分、温度及粮食热特性有关。

（一）粮食结露的定义

当空气中的水汽含量不变，温度降低到一定程度时，空气中的水汽能达到饱和状态，开始出现凝结水，这种现象称结露。开始出现"结露"时的温度，简称"露点"。当粮堆某一粮层的温度降低到一定程度，使粮食孔隙中所含的水汽量达到饱和状态时，水汽就开始在粮粒表面凝结成小水滴，这种现象称为储粮结露（或粮堆结露）。储粮某一状态下的温度与露点温度之差称为结露温差，结露温差越大，越不容易发生结露。

（二）结露的原因及预测

引起储粮结露的主要原因是粮堆不同部位之间出现温差。温差越大，储粮结露越严重。此外粮食及油料水分的高低对储粮结露也有一定影响，高水分粮在温差较小的情况下也可能发生结露。

储粮结露的预测是以测算粮堆内外的露点为依据的。因为只有达到露点，才能结露。通常测算粮堆露点的方法有以下几种。

（1）利用露点仪。露点仪可直接测定出储粮结露时的温度。

（2）利用露点温度检查表（表4-1）。根据粮食水分和温度从表中可查到露点近似值。

表4-1　　　　　　　　　　　　露点温度检查表

温度/℃	含水量/%								
	10	11	12	13	14	15	16	17	18
0	-14	-11	-9	-7	-6	-4	-3	-2	-1
5	-9	-7	-5	3	1	0	1	3	4
10	-2	0	1	3	4	5	7	3	9
13	1	3	4	6	7	9	10	11	12
14	2	4	6	7	8	10	11	12	13
15	3	5	6	8	9	10	12	13	14
1	3	5	7	8	10	11	13	14	15
18	4	5	8	10	12	13	15	15	17
20	6	8	10	12	13	15	16	18	19
22	8	10	12	14	15	17	18	20	21
24	10	12	14	16	17	19	20	22	22
26	12	14	16	18	20	21	22	24	25
28	14	16	18	20	22	23	24	26	27
30	16	18	20	22	24	25	26	28	29
32	18	20	22	24	26	27	28	30	31
34	20	22	24	26	28	29	30	32	33
结露温差	12~14	10~12	8~10	7~8	6~7	4~5	3~4	2	1

（3）利用粮食水分与湿、温度及露点关系图（图4-8、图4-9）。在已知粮温和水分，粮温和相对湿度任一组数值时都可从图中求出露点。

（4）利用空气I-D图查露点（图4-10）。

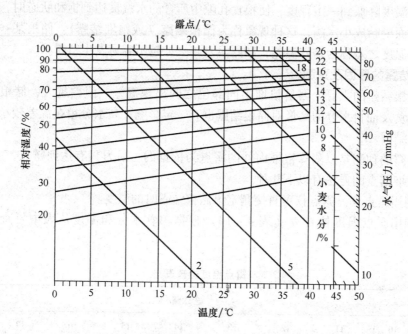

图4-8　小麦水分与温湿度及露点关系图（吸附）

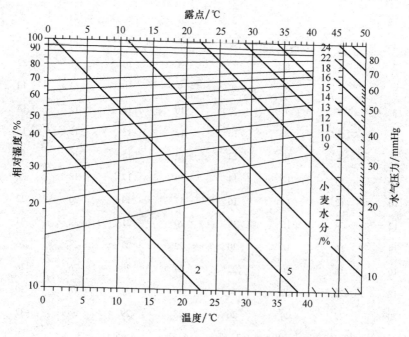

图4-9　小麦水分与温湿度及露点关系图（解吸）

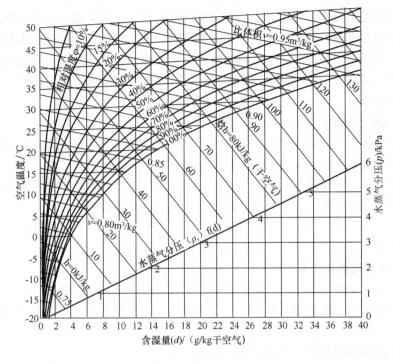

图 4 – 10 空气 I – D 图

（三）粮食结露的类型

1. 表层结露

表层结露一般发生在季节转换时期，多发生在 11 月前后，在秋冬季节，气温下降很快，仓温和粮堆表层温度形成温差，粮堆内部的热空气向表层粮面扩散，使表层结露。结露部位通常在粮面下 5 ~ 30cm 处。其中以 5 ~ 15cm 的粮层结露最严重，一旦形成结露，变化逐步向四周扩展，形成结顶进一步发展成发热霉变。

低温粮进入高温季节时，也能产生表层结露。多出现在 4 月份前后，不过不如秋冬季那样严重，但也不能忽略。

2. 粮堆内部结露

粮堆内部如果存在较大的温差就有可能出现结露。粮堆内部出现较大温差的原因，一是粮堆的生物成分，主要是储粮虫、螨集聚活动，放出大量的湿热，并向四周扩散，特别是杂质聚积的部位更易放出大量的呼吸热；二是外温影响使粮堆内部出现严重的粮温分层或向阳面和背阴面出现粮温分层；三是部分高温粮或低温粮混入正常粮堆。由于粮堆内温差的存在，在对流作用或湿热扩散作用下，使低温部位湿度增大，产生结露。

3. 热粮结露

热粮入仓（如烘、晒的粮食或新出机的成品粮，未经充分冷却便直接入仓，或者白天接收的夏粮，粮温很高，直接入仓）遇到库内冷的地坪、墙壁、柱石等，因温差过大都可引起结露。这是造成粮堆底部、墙壁四周或靠墙壁、柱石等垂直粮层发热、生霉的一个重要原因。

4. 密封粮堆结露

应用塑料薄膜进行密封储粮时，只要薄膜内外的温差达到露点时就能结露，如薄膜外温度高，薄膜内温度低，达到露点时则在薄膜外面结露，如在春、夏季，出现这种情况对粮食储藏影响不大，但应注意整堆密封情况、有无裂缝，并禁止开封，以免露水侵入。当薄膜内温度高，薄膜外温度低，达到露点时，则在薄膜里面结露，即使膜内已经缺氧，也可能导致粮食生霉。

5. 其他情况下的粮堆结露

储粮结露可能发生的情况很多，如通风不合理，冷空气进入仓、囤而不能及时扩散平衡造成过大温差等。在粮食水分含量较高的情况下，更易发生粮堆结露。或因仓房密封性能差，门窗管理不当，使外界湿热空气进入，都可能在粮面、墙壁、柱子或囤边产生结露现象。地下仓夏季粮温低，开仓时热空气进入，也能引起结露。

影响储粮结露的因素很多，但主要是温差、湿度及与其相平衡的水分。二者之间的综合作用与结露有密切的关系。

（四）粮食结露的预防及控制

储粮结露后，能使局部水分增加，引起酶活力增加，呼吸作用旺盛，储粮虫、螨大量生长发育，最终引起粮堆发热、发芽、霉变、腐烂，失去利用价值。因此必须预防结露的发生，一旦发生结露应及时处理。

1. 设法消除或减小粮堆各部位之间的温差

在气温骤降季节（秋冬季），勤翻粮面，促使表层的水汽和热量回升散发；对粮堆进行机械通风（应先预测露点）或翻仓倒囤，使粮堆温度降低并使粮堆内部各部位的温度达到基本平衡；合理开关门窗，注意调节仓内温度，排出仓内湿热，避免仓温骤然下降，经常检查分析粮情，消除任何引发结露的条件。

2. 尽可能将粮食含水量降至安全水分之内

粮食含水量高是结露的条件之一，粮食入仓后设法控制含水量的升高，特别是进入高温季节之前和春秋季节交替的时候，保持低的粮食含水量，对于预防粮食结露是非常有效的。

3. 一旦发生结露，应及时处理

对表层结露，轻者可人工或采用翻仓机翻动粮面、扒沟散发湿热，重者将表层出仓日晒或进行干燥；粮堆内部或底层结露，轻者应翻仓倒囤，重者也应出仓日晒或干燥。不管是表层还是局部结露，都要把结露层分开或单独处理，切不可干湿混掺以免引起更大范围的发热霉变。

图 4-11 翻仓机粮面作业

二、粮食发热霉变

（一）粮食发热的定义及判断

储粮生态系统中由于热量的集聚，使储粮（粮堆）温度出现不正常的上升或粮温该降不降反而上升的现象，称为粮堆发热。粮堆发热违反粮温正常规律变化，导致储粮生态系

统内粮食出现异常现象，继而发展为粮食霉变，影响其品质。

因为粮堆发热对粮食储藏有危害，所以判断粮食发热及预防是非常重要的。

1. 粮温与仓温进行比较

气温上升时（如春季），粮温上升太快，超过仓温日平均量 3～5℃ 时，可能出现早期发热。气温下降季节，粮温始终不降或反而上升，可能出现发热。

2. 粮温之间的横向比较

粮食入仓时，如果保管条件、粮食水分和质量基本相同的同种粮，粮温相差 3～5℃ 以上，则视为发热。

3. 粮温之间的纵向比较

每次检查时，与以前记录情况比较，若无特殊原因，温度突然上升，即是发热。

4. 通过粮情质量检测，进一步确定粮堆发热

可通过一些指标如感官指标（色、香、味等）及化学指标（如粮食脂肪酸值）判断粮食是否发热。特殊情况如刚晒过（或加工出机）的热粮，后熟期的乱温现象一般不被看作是发热现象。

（二）发热的原因

粮食发热的原因是多方面的，但总的来讲，是储粮生态系统内的生物群落的生理活动与物理因子相互作用的结果。

1. 生物因子

粮食和油料是储粮生态系统的主要因子，其代谢活动及品质对发热有一定作用，但因为粮食及油料在储藏过程中代谢很微弱，所以产生的热量正常情况下不可能导致发热。

有害生物的活动是造成储粮发热的重要因素，尤其是微生物的作用是导致发热的最重要因素。粮食及油料在储藏过程中，储藏真菌逐步取代田间真菌起主导作用，在湿度为 70%～90% 时，储藏真菌即开始繁殖，特别是以曲霉和青霉为代表的霉菌活动，在粮堆发热过程中提供了大量的热量，据测定，霉菌的呼吸强度比粮食及油料自身的呼吸强度高上百倍乃至上万倍。如正常干燥的小麦呼吸强度为 0.02～0.1mL／（g 干重·24h），而培养 2d 的霉菌（黑曲霉）则为 1576～1870mL／（g 干重·24h）。在常温下，当禾谷类粮食水分在 13%～14% 以下时，粮食和微生物的呼吸作用都很微弱。但当粮食含水量较大时，微生物的呼吸强度要比粮食高得多，粮食及油料水分越大，微生物的生命活动越强，这就是高水分粮易于发热的主要原因，另外，储藏虫、螨也对粮食发热有促进作用，但都没有微生物作用显著。

2. 物理学因素

储粮生态系统中的生物群落的活动产生热量，由于粮堆的孔隙度小，导热性差所以热量很难及时散发，造成热量在粮堆内积聚，更加速了粮堆的发热进程。

3. 粮食发热的条件和时间

粮堆发热的条件和时间，与粮食及油料质量和储藏环境有关，通常有四种情况：一是粮质过差或由于储粮水分转移，劣质粮混堆、漏水、浸潮以及热机粮（烘干粮或加工粮）未经冷却处理等原因，粮食可以随时出现发热；二是储粮虫、螨的高密度集聚发生，既可以引起局部温、湿度升高，又为微生物创造了适宜的生态环境，造成储粮"窝状发热"等；三是春秋季节转换时期，出现温差，储粮结露，出现粮食发热；四是质量差的粮食发

热，多发生在春暖和入夏之后，粮温升高，粮食水分越高，发热出现越早，这就是高水分粮难以度夏的根本原因。

（三）粮食发热的类型

粮食发热按其在储粮中发生的部位及程度，可分为如下五种类型，即局部发热、上层发热、下层发热、垂直层发热和全仓发热。

1. 局部发热

局部发热即储粮内个别部位发热，俗称"窝状发热"，发热部位称为发热窝。主要是因为仓、囤顶部漏雨，仓壁、囤身渗水，潮粮混入，由湿热扩散形成的高温、高温区或储粮虫、螨集中区，自动分级形成的杂质区，入仓脚踩或垫板压实的部位等都可能发生发热现象。

2. 上层发热

上层发热多发生在离粮堆表面30cm处。因季节转换、气候变化，粮堆上层与仓（气）温或与储粮内部的温差过大，形成结露，或因仓（气）湿过大而使表层吸湿，为微生物和粮食及虫、螨活动创造了有利条件，从而引起粮堆表面以下的粮层发热。

3. 下层发热

由于铺垫不善，地面潮湿，热粮入仓遇到冷地坪而结露，或因季节转换等原因而使粮堆内部水分转移，引起粮堆中下层或底层粮食发热。

4. 垂直层发热

垂直层发热即贴墙靠柱或囤周围的垂直粮层发热。这主要是由于垂直粮层与墙壁、囤的外部或柱石之间温差过大，或墙壁周围渗水潮湿等。如果仓房漏水严重，对应的储粮部位，在粮食出仓时，会出现"竖柱"现象，势必会造成垂直粮层发热。

5. 全仓发热

全仓发热通常是由于对上述几种发热处理不及时，任其发展扩大而造成的，有时也因粮食全部浸水所致。一般下层发热，容易促使粮堆全面发热。所谓的"三高"（高水分、高温、高杂粮）粮更容易由点到面迅速造成全堆粮发热。

（四）粮食发热的过程

粮食发热是粮堆生物体和储藏微环境因子之间从相互影响、相互促进到相互限制、相互制约的连续、有序过程，通常包括三个阶段，即出现—升温—高温。如高温继续发展，同时粮堆供氧充足和易燃物质生成积累，则可能达到非生物学的纯化学氧化，即自燃阶段。发热的每个阶段特点不同，表现在粮温、粮食含水量或粮堆湿度、微生物的种类、粮食的品质状况均有差别。

1. 出现

在储粮生态系统中，因粮食入仓时的状况、水分转移、结露、温差、生虫等，或因环境因素影响，粮堆局部粮食水分达到或高于相对湿度70%的平衡水分（$A_w \geq 0.7$），便为耐干燥的灰绿曲霉和局限曲霉提供了生长的有利条件，这两种曲霉就可能首先开始生长，即禾谷类粮食水分在13%～15%就开始危害粮食。此时的粮温即可高于正常的粮温3～5℃。如果粮食水分过高，即使在0℃左右的低温下，灰绿曲霉和局限曲霉等也能使呼吸强度上升，放出热量，导致热量在粮堆内集聚，粮温即开始不正常上升，储粮发热现象即开始出现，此时的发热也称初期发热阶段。这一阶段粮食的品质变化比较小，及时处理还有一定的食用价值，其变化主要表现在感官品质方面，如粮食逐渐失去原有色泽，变灰发暗，大米出现"反白""发灰"，小麦出现"褐胚"等现象；粮食会出现轻微的甜味、酸味、酒味等异味；粮粒表面潮润，有"出汗""返潮"、散落性降低等现象；小麦与大豆出现比较明显的粮粒软化，硬度下降，大米起筋、脱糠，粮食体积也出现膨胀。

2. 升温

继初期发热阶段之后，粮堆中湿热积聚，进一步促使粮食微生物的侵害，使粮温迅速上升超过正常温度，并很快达到 35～45℃ 时，粮温可以每天 2～3℃ 或更快的速度上升，而出现明显的发热现象。相对湿度达到 75% 以上，此时粮堆的温湿度为大多数中温性的霉菌——青霉和曲霉生长的最适条件，微生物生长迅速达到稳定生长期。此阶段的粮食已经严重变质，有很浓的霉味和霉斑，粮食"生毛""点翠"，变色明显，品质劣变严重，有时可能出现霉菌毒素，所以一般不宜再食用。青霉和曲霉旺盛的代谢活动导致储粮温度和粮食含水量及粮堆湿度进一步增加，可使粮温继续上升至 50～55℃，此时的发热区域内，多数中温性微生物不能生长，只有少数嗜温性微生物活跃，危害粮食。

3. 高温

当粮温升至 50～55℃ 时，相对湿度可达 90% 以上，进入发热的高温阶段。由于高温蒸发，储粮温度也可能有所下降，加之多数中温性微生物生长活动停止，因此粮堆发热可能终止，而使粮温逐渐降低。但是如果此时感染嗜温性微生物，如烟曲霉，甚至放线菌，可能还会导致粮温升高。此时的粮食及油料已经严重霉变，粮食的活力大大减弱或完全丧失，粮食中的有机物质，遭到微生物严重的分解，使粮食腐烂、腐败，结块明显，产生严重的霉，酸、腐臭等难闻气味，以致完全丧失利用价值。

4. 自燃

微生物在高温下分解粮食中有机物质，会产生一些低燃点的烃类化合物，只要氧气供应充足，即可氧化，而导致储粮自燃。但是通常情况下，发热的粮堆大多处于缺氧或低氧状态，因而不易产生自燃现象。但大粒粮或孔隙度大的粮堆，在严重发热时就可能自燃。这种现象曾经发生在薯干储藏中，造成的损失巨大。

（五）粮食发热的后果

粮堆发热、霉变是相互关联的，而不是孤立的过程，对储粮的危害也是多方面的。

1. 干重损失明显

一般发过热的粮食干重损失在 3% 以上。

2. 营养品质降低

由于微生物的作用，粮食营养物质被消耗，导致各种营养物质含量下降，营养品质降低。

3. 种用品质降低

粮食发热、霉变后，胚部被微生物感染，导致活力下降，发芽率降低，甚至失去种用价值。

4. 工艺品质和食用品质变劣

粮食发热、霉变后，出粉（米、油）率降低，容重、硬度下降（小麦、大豆）。小麦粉制作面包后，面包发黏、酸，而且体积小，质构差。大米蒸煮后硬度增加，黏度降低，糊化温度升高。

5. 引起粮食变色变味

伴随着粮食发热，在粮堆中会出现不同的、特殊的异味，如霉味、酸、酒味、臭味等，被粮粒吸附很难除去，影响粮食品质。

6. 引起粮食带毒

粮食发热、霉变后，微生物生理活性增加，某些微生物（如黄曲霉）分泌的真菌毒素使粮食带毒，其中许多为强致癌物质，严重影响了粮食的卫生安全，对人畜健康均会造成严重后果。

7. 结块

粮食发热霉变后由于微生物的生长、菌丝体的缠绕、分泌物的粘结以及粮食含水量升高等原因，粮食轻则散落性下降，重则结块成团，甚至完全失去流动性。

（六）粮食发热的预防和控制

1. 粮食入仓前做好准备仓工作

粮食入仓前一定要做好空仓消毒，空仓杀虫，完善仓房结构（主要是仓墙、地坪的防潮结构和仓顶的漏雨）等。

2. 把好粮食入库关

入仓粮食要做到干、饱、净，严禁"三高"粮食入仓，入仓时严格遵守"五分开"，尽可能低温入仓，为储粮发热的预防打好基础。

3. 储藏管理

储粮期间加强管理，认真做好储粮的干燥、降水、合理的密闭通风。特别要密切注意质量差、入仓温度高的储粮，准确掌握储藏期间粮温的变化速度。

4. 劣变指标的测定

应定期检查、测定储粮的品质控制指标，如脂肪酸值、非还原糖水平及粮食带菌量等。及时了解储粮的品质状况及发热出现的可能性。

5. 利用现代储粮技术及时处理险情粮

充分利用现代科学储粮技术，如低温储藏、气调储藏、机械通风储藏和化学储藏等技术，可有效地预防储粮发热和处理已发热的粮堆。

思考题

1. 什么是生态及生态系统？
2. 储粮生态系统的组成有哪些？
3. 储粮生态系统有哪些特点？
4. 储粮中的"三温"指的是什么？它们如何影响粮食储存？
5. 影响粮温变化的因素有哪些？
6. 粮温的年变化规律有哪些？
7. 引起粮食水分变化的原因有哪些？
8. 什么是结露、露点温度和结露温差？
9. 粮食结露的原因是什么？
10. 粮堆结露的类型有哪些？

11. 如何预测和预防粮食结露？

12. 粮食发热的定义是什么？如何鉴别？

13. 引起粮堆发热的原因有哪些？

14. 粮食发热的过程如何？各阶段有何特点？

15. 粮堆发热的类型有哪些？

参考文献

1. 王若兰主编. 粮油储藏学. 北京:中国轻工业出版社,2009.

2. 尚玉昌. 普通生态学. 第二版. 北京:北京大学出版社. 2002.

3. 陈阜. 农业生态学. 北京:中国农业大学出版社. 2002.

4. 骆世明. 普通生态学. 北京:中国农业出版社. 2005.

5. 王明洁. 对中国储粮区域的研究. 郑州粮食学院学报,2000,21(1):62-66.

6. 白旭光. 储藏物害虫与防治. 北京:科学出版社. 2008.

7.《中国不同储粮生态区域储粮工艺研究》编委会. 中国不同储粮生态区域储粮工艺研究. 成都:四川科学技术出版社,2015.

8. 王若兰. 粮食储运安全与技术管理. 北京:化学工业出版社,2005.

9. 李维炯. 生态学基础. 北京:北京邮电大学出版社,2005.

10. 李博. 生态学. 北京:高等教育出版社,2000.

11. 王若兰. 粮油储藏理论与技术. 郑州:河南科学技术出版社,2015.

第二篇　粮油储藏通用技术

第五章　储粮机械通风技术

【学习指导】

熟悉储粮机械通风的用途及通风系统的组成分类，掌握通风系统的工艺设计方法，并能对通风系统进行测试与调整，以及对通风条件进行正确判断与合理选择。重点包括流体力学基础理论、通风系统的主要参数选择与计算以及通风机的分类及性能特性。能够结合实际储粮状况，依据不同通风目的提出合适的通风工艺；掌握什么情况下能够进行通风及结束通风；通风过程中如何对通风状况进行测试与调整，怎样使通风效果最优化。

第一节　概述

一、储粮机械通风的发展概况

储粮机械通风技术是目前粮食储藏的一项重要技术，其实施不仅增强了储粮的稳定性，同时保管费用较低、操作简单、容易掌握、为安全储粮奠定了良好的管理基础。一些发达国家在第二次大战后开始应用储粮机械通风技术。美国储粮机械通风，尤其是玉米通风在农村和商品粮仓已使用几十年之久。英、荷、日、俄等国也曾进行大量的试验研究。到 20 世纪 60 年代中期，特别是在冬季温度较低及夜晚凉爽的地区，如巴西、印度、以色列等国家的大型粮库、筒仓、房仓相继使用，并全面推广。之后，机械通风技术在全世界得到广泛应用。美、澳、法等国的大小筒仓都配有机械通风设施，如美国哈切森粮库的1000 个筒仓，主要靠机械通风控制储粮的安全，法国机械通风已达到规范化管理，澳大利亚的新南威尔士州、维多利亚州、南澳等地也采用机械通风系统储粮。

我国储粮机械通风技术的研究始于 20 世纪 50 年代后期，当时通风设备投资较大，技术掌握也不够全面，因而没能全面推广。但对相关的通风工艺和设计参数的研究为以后储粮机械通风技术的推广奠定了基础。20 世纪 70 年代以后，许多粮仓陆续安装了机械通风设备，江浙一带大量应用储粮机械通风技术，在江苏可以见到几乎所有的通风形式，在浙江对通风降水、调质进行了大量研究，江西、湖南、河南、安徽、青海、甘肃、黑龙江等省也进行了重点试用，通风储粮量所占比例逐步得到提高。20 世纪 80 年代是我国储粮机械通风技术进入迅速发展的阶段。到 1984 年江苏通风储藏的仓容已达 25 亿千克。1986

年、1988年两次召开全国储粮机械通风推广会议，国家"七五"攻关项目建立了对储粮机械通风的系统研究，《机械通风储粮技术规程》的制定，机械通风配套设备的研制，推动了通风储粮技术在全国范围的推广，到1991年全国每年应用机械通风技术处理的粮食达500多亿千克。从1998年国家粮食储备库建设开始，通风储粮技术已经成为新建仓库的必备技术。近年来，随着电子信息技术的发展和不断介入，智能通风技术得到快速发展，使得储粮机械通风技术发展日臻完善。

二、储粮机械通风的定义与作用

储粮机械通风是利用风机产生的压力，将外界低温、低湿的空气送入粮堆，促使粮堆内外气体进行湿热交换，降低粮堆的温度与含水量，增进储粮稳定性的一种储粮技术。因此，凡是为改善储粮性能而向粮堆压入或抽出经选择或温度调节的空气的操作都称为通风。储粮机械通风的作用在于改善储粮条件。

（一）创造低温环境，改善储粮性能

利用低温季节进行粮堆通风，可以降低粮食的温度，在粮堆内形成一个低温状态。这样不仅对保持粮食的品质有利，而且可以有效防虫，抑制螨类和微生物的生长与发展，减少熏蒸次数与用药量，使储粮性能大为改善。

（二）均衡粮温，防止结露

由于粮堆的不良导热性和环境温度的变化，易在粮堆内形成温差，引起粮堆水分重新分配，会使湿气在冷粮堆处积聚而造成粮堆结露、发热霉变，特别是在昼夜温差较大或季节性温度波动较大的地区，此现象尤为严重。此时通风不仅仅是降温，而是通过通风降温散湿，均衡粮温，防止水分转移而形成粮堆结露或产生结顶、挂壁现象。

（三）防止高水分粮发热和降低粮食水分

水分是影响粮食储藏稳定性的最重要的因素之一。晚秋收获稍高水分的粮食由于受气候或烘干能力所限，得不到及时干燥，在存放期间有可能引起粮食发热霉变。采用大风量通风可降低高水分粮自然发热的危害，带走霉菌所产生的积热，降低霉菌生长的速度，使其进行短期储藏；如果采用大于一般降温通风15～30倍的单位风量，也能收到较好的降水效果。另外，通风系统还可用作烘干机的冷却系统，降低烘后粮食的温度，使之安全储藏。

（四）排除粮堆异味，进行环流熏蒸

通风换气可以排除因长期储藏而在粮堆形成的异味或残留的熏蒸毒气。对气密性较好的房仓或筒仓，利用通风系统进行环流熏蒸杀虫，促使毒气均匀分布，可以明显提高熏蒸剂、防护剂的防治效果。

（五）增湿调质，改进粮食的加工品质

由于粮食的储藏水分要低于粮食加工时的最佳水分值，直接加工会降低粮食的产率与品质，影响到企业的经济效益。利用湿空气，对储粮进行缓慢通风，可将其水分调整至适合加工的范围，改善加工品质，提高企业的经济效益。由于调质后的湿粮不易再保管，此法只能在粮食加工前进行。

（六）处理发热粮

粮食在储藏过程中，由于受到外界条件和内在因素的共同影响，常常会出现局部或大

面积粮温升高，利用通风系统选择合适的环境条件进行降温处理，可以有效防治粮堆发热现象产生，为粮食安全储藏奠定基础。

综上所述，粮堆通风是储粮中行之有效的技术之一，对保持与改善粮食品质、延缓粮食陈化、防止粮食品质劣变具有重要作用，20 世纪 80 年代以来我国储粮机械通风技术得到迅猛发展。

第二节　储粮机械通风系统的组成及分类

一、储粮机械通风系统的组成

储粮机械通风系统主要由风机、供风导管、通风管道、粮堆以及风机操作控制系统等组成。

风机：是储粮机械通风系统中的重要设备，其作用是向粮堆提供足够的风量，克服系统阻力，促使气体在粮堆里流动，保证通风作业的完成。常用的风机为离心式风机或轴流式风机。

供风导管：由管壁密封的管子构成，分别与风机和通风管道相接，起着输送空气的作用。

通风管道：俗称风道，指安装在粮堆内由孔板或筛网构成的管道，在粮堆内起着均匀分配气流，防止局部阻力过大的作用，达到通风作业的目的。生产中常把设在仓房地坪上的风道称为地上笼，设在仓房地坪下的风道称为地槽，如果仓房整个地坪是由冲孔板构成的，则称为全地板通风。

粮堆：是指装有粮食的仓房或露天储粮的货位，它是机械通风的对象。

通风操作控制系统：指在通风过程中控制风机启动、停止的仪器，简单的仅起开启或关闭风机的作用，复杂的能自动选择通风时机，减轻保管人员的劳动强度，实现自动开机和关机的操作，如图 5 - 1 所示。

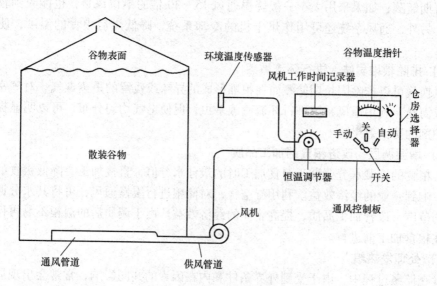

图 5 - 1　储粮机械通风系统的组成

二、储粮机械通风系统的分类

（一）按通风的范围分类

1. 整体通风

整体通风即对独立的廒间、堆垛或货位进行整体通风。

2. 局部通风

局部通风即对独立的廒间、堆垛或货位的局部进行通风。

（二）按系统风网的型式分类

1. 地槽通风

独立的廒间、堆垛或货位地坪之下建有固定的地槽通风管道，该通风系统的粮仓地坪平整，通风管道固定且不占仓容，出粮时仓内易于清理，可适用于多种仓型。目前浅圆仓全部采用地槽通风系统，地槽形式有放射形、梳形和环形，如图5-2所示。

2. 地上笼通风

独立的廒间、堆垛或货位地坪之上建有固定的通风管道，地上笼通风系统风道布置灵活，不破坏原有地坪结构，通风时气流分布较均匀。但进出仓安装、拆卸麻烦，不便于机械作业；不用时需要器材库存放，占用一定的仓容。该系统常用于平房仓，如图5-3所示。

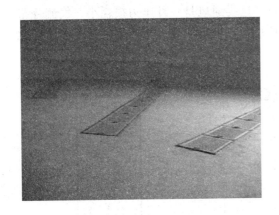

图5-2　浅圆仓地槽通风

图5-3　房式仓地上笼通风

3. 移动式通风

移动式通风系统主要对独立的廒间、堆垛或货位的局部进行通风，常用来处理局部有问题的粮食。该系统移动灵活，可多仓共用，特别对没有整体通风的廒间、堆垛或货位更为实用。移动式通风分为单管通风和多管通风，如图5-4所示。

4. 箱式通风

箱式通风是在粮堆内预埋箱式空气分配器的负压通风系统，应结合粮面揭膜方法或配置导风管使用，适用于小型房式仓的整体通风或局部通风。该通风系统造价低廉，但运行费用较高，如图5-5所示。

5. 径向通风

径向通风是通风气流径向流动的通风系统，适用于立筒仓通风。径向通风是在筒仓内

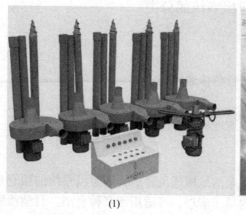

(1)　　　　　　　　　　　　　　　(2)

图5-4　单管、多管通风系统

固定安装两组冲孔金属管，其中一组为进风管，而另一组为出风管。通风时迫使气流沿筒仓直径方向横向流动，从而降低通风阻力，如图5-6所示。

6. 夹底通风

夹底通风是粮仓底部设全开孔底板的通风系统，适用于小型房式仓的干燥通风或立筒仓中粮食的慢速干燥及干燥后的冷却（图5-7）。这类通风是一种压力损耗小、气流分布均匀、通风量较大的一种通风形式。由于这种通风形式造价较高，且均匀性好，多采用此种形式作为通风干燥仓来处理较高水分的粮食。

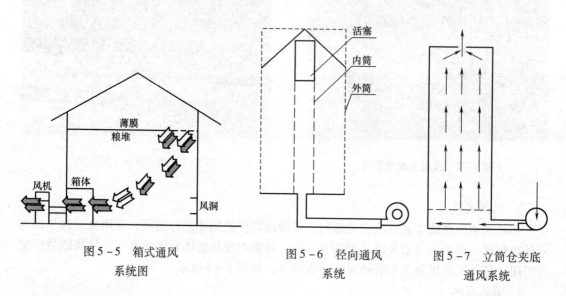

图5-5　箱式通风　　　　　图5-6　径向通风　　　　　图5-7　立筒仓夹底
系统图　　　　　　　　　系统　　　　　　　　　通风系统

（三）按送风方式分类

1. 压入式通风

压入式通风即正压通风，它利用风机产生的压力，将外界空气经风道压入粮堆，在粮堆中进行湿热交换后从粮面排出，再经打开的门窗排出仓外。图5-8所示为压入式通风。

2. 吸出式通风

吸出式通风即负压通风，它利用风机产生的吸力，先使外界空气从粮面进入粮堆，然后通过风道排至仓外，或先使外界空气经风道进入并穿过粮堆，最后经风机排至仓外。图5-9所示为吸出式通风。

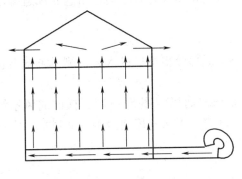 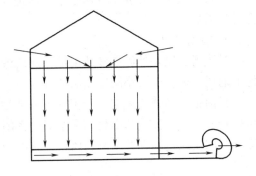

图5-8　压入式通风　　　　　　　　　　　　图5-9　吸出式通风

3. 压入与吸出相结合式通风

除采用压入式与吸出式通风外，对于粮层较厚的筒仓通风时，粮层阻力较大，可用两台风机，采用压入与吸出相结合的混合式通风方式。对较厚粮层的房式仓通风时，采用压入与吸出交替通风，有利于整个粮堆温度与水分的均衡分布，如图5-10所示。

4. 环流通风

环流通风一般指通风机的空气输入端和输出端分别与粮堆风网的空气输出端和输入端相连接的循环通风系统，多适用环流熏蒸。为了提高谷冷机冷却效率，谷冷通风时有时也采用此通风形式，如图5-11、图5-12所示。

图5-10　压入与吸出结合式

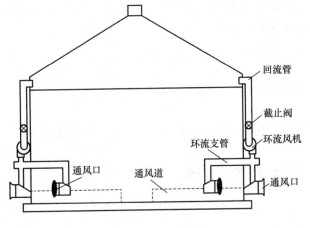

图5-11　环流熏蒸

图5-12　谷冷环流通风

（四）按气流方向分类

1. 上行式通风

上行式通风是外界空气从底部进入粮堆向上，穿过粮层后排出仓外的通风。

2. 下行式通风

下行式通风是外界空气从粮堆表面进入粮堆向下流动，穿过粮层后，由仓底风道排出仓外的通风。

3. 横流式通风

横流式通风是外界空气从粮堆一侧横流穿过整个或部分粮堆后进入另一侧，再排出仓外的通风。适合于较小跨度仓房的通风。

目前粮食储藏"四合一"升级新技术之一就是横向通风（图5-13），横向通风系统包括仓房和粮面覆盖的密封薄膜组成的密闭粮堆，固定于平房仓檐墙两侧的通风口、主风道、竖向支风道和仓外一侧通风口连接的吸出式风机。

图5-13　横向通风地笼上墙

横向通风系统中所有支风道固定安装在两侧檐墙上，解决了粮食进出仓时拆装地上笼、风道漂移、出仓时清仓麻烦等问题，仓房地面整洁，有利于实现粮食进出仓全程机械化作业。粮面薄膜和隔热材料压盖，有利于粮堆的隔热保冷、预防结露等。但是横向通风系统阻力较大，不适用于大跨度仓房的通风和降水通风。

（五）按空气温度调节方式分类

1. 自然空气通风

自然空气通风是外界空气不经调节直接送入粮堆的通风。

2. 加热空气通风

加热空气通风是外界空气经适当加热升温后送入粮堆的通风，主要适用于降水通风。

3. 冷却空气通风

冷却空气通风是外界空气经机械制冷后送入粮堆的通风。

（六）按储粮堆装形式分类

1. 包装粮堆机械通风

外界空气经机械送入包装粮堆的通风方式。

2. 散装粮堆机械通风

外界空气经机械送入散装粮堆的通风方式。

（七）按通风机械设备类型分类

1. 离心式通风机通风

离心式通风机通风常用于风网阻力较大的大型粮仓的通风及发热粮的处理，通风降温降水速度快，如图5-14所示。

2. 轴流式通风机通风

轴流式通风机通风适用于冬季低温条件充足，并且储粮粮情稳定，粮食水分在安全水分内的粮食通风，降温效果较慢但比较经济。装粮线高时不宜采用，如图5-15所示。

3. 混流式通风机通风

适用于中型粮仓的通风，风压高于轴流式通风机，经济性优于离心式通风机，如图5-16所示。

图5-14　离心式通风机　　图5-15　轴流式通风机　　图5-16　混流式通风机

4. 谷物冷却机通风

适用于环境温湿度较高时的冷却通风。特别是在夏季处理问题粮时常用，效果好，但经济性尚待进一步探索，如图5-17和图5-18所示。

图5-17　谷物冷却机　　　　　　图5-18　谷物冷却机通风

第三节　流体力学基础理论

一、流体的物理性质

（一）气体的密度

单位体积的气体所具有的质量称为气体的密度，用符号 ρ 表示，单位为 kg/m^3。

气体密度数学表达式：

$$\rho = m/V \tag{5-1}$$

式中　ρ——气体密度，kg/m^3；

　　　m——气体的质量，kg；

　　　V——气体的体积，m^3。

常用气体在 0℃ 的密度如表 5-1 所示。

表 5-1　　　　　　　　　　常用气体在 0℃ 的密度　　　　　　　　　　单位：kg/m^3

气体	密度	气体	密度
空气	1.293	二氧化碳	1.997
氧气	1.429	氮气	1.251

（二）气体的重度

单位体积的气体所具有的重量称为气体的重度，用符号 r 表示，单位为 N/m^3。

气体重度数学表达式：

$$r = G/V \tag{5-2}$$

式中　r——气体重度，N/m^3；

　　　G——气体的重力，N；

　　　V——气体的体积，m^3。

当重力加速度 $g = 9.81 m/s^2$ 时，气体重力 G 与气体质量 m 间的关系：

$$G = mg \tag{5-3}$$

于是，

$$r = \rho g \tag{5-4}$$

（三）流体的黏滞性

流体质点间作相对运动时，会产生阻力（内摩擦力），这是因为流体具有黏滞性的缘故，它是造成流体在管道中运动时压力损失的内因。流体黏性越大，运动时克服的内摩擦力就越大。内摩擦力的大小与流体黏滞性引起的速度变化梯度、摩擦面、流体的物理性质等因素有关。

（四）流体的流动性

流体与固体物体相比，流体质点间相互作用的内聚力极小，易于流动，没有固定的外形，不能承受拉力和切力，只要有极微小的切向力，就可以破坏流体质点间的相互平衡。因为流体容易流动，不能承受切力，所以流体的静压力一定垂直于作用面。

（五）流体的压力

流体受外力影响导致流动，这种力就是流体的压力，流体所受的外力主要有两种形式，即静压力与动压力，二者之和又称流体的全压力。

1. 静压力 H_j

静压力是气体作用于与其速度相平行的风管壁面上的垂直力，它在管道中对各个方向的作用力都相等。通常以大气压为零，用相对压力来计算静压力。在吸气管段，静压力小于大气压为负值，在压气管段，静压力大于大气压为正值。在管壁上开一小孔，用胶管与压力计相接便可测得静压力。

2. 动压力 H_d

动压力是气体分子作定向运动时产生的压力，动压力的方向与气流方向一致，其值永远为正值。

3. 全压力 H_q

静压力和动压力之和为全压力，即：

$$H_q = H_j + H_d \tag{5-5}$$

全压力实际表示了单位体积气体所具有的全部能量。

二、流体的运动状态

（一）层流与紊流运动

由于流体具有黏滞性，在流动过程中必然会造成能量损失，即在流体内摩擦力作用下产生流动阻力。实践证明，流动阻力与流体运动状态密切相关。实际流体在流动时存在两种流动状态，一种是有秩序的流动，称为层流运动；另一种是杂乱无章的流动，称为紊流运动。

流体的流动状态不同，引起流道中同一截面上速度分布有显著的差别。当气体在圆管内的流动状态为层流时，其速度分布为抛物线，如图 5-19（1）所示，气流沿着管轴流动的流动质点速度最大，而与管壁直接接触处的流速为零。工程中常用假想的平均速度（$\bar{v}$）来计算。

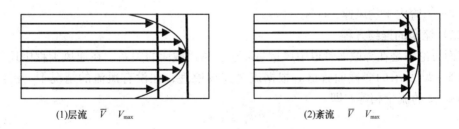

(1)层流　$\bar{V}$　V_{max}　　　　(2)紊流　$\bar{V}$　V_{max}

图 5-19　不同流动状态的速度分布

层流的平均速度为：

$$\bar{v} = \frac{1}{2} V_{max} \tag{5-6}$$

当气体在圆管内的流动状态为紊流时，流体在管道截面上每一点的流速在大小和方向上是经常变化着的，与层流相比，速度分布曲线较为平直，如图 5-19（2）所示。这是由于紊流中各层的流体质点相互混杂时进行动能交换的缘故。紊流的平均速度为：

$$\overline{v} = (0.8 \sim 0.85)\ V_{max} \tag{5-7}$$

（二）雷诺数——流体流态的判断方法

实验表明，层流与紊流是完全不同的两种流动状态，在一定条件下，两者可以相互转变。流体流态的转变不仅与流速有关，还受管径大小、流体黏度等因素影响。这些因素按一定规则组成一无因次的量，称为雷诺准数 Re：

$$Re = \frac{Vd}{v} \tag{5-8}$$

式中　V——流速，m/s；

　　　d——管道直径或当量直径，m；

　　　v——空气的运动黏性系数，m^2/s。

在通风工程上常用临界雷诺数 $Re = 2320$ 作为流体流态的判别依据，即 $Re < 2320$ 时的流动状态为层流；当 $Re > 2320$ 时的流动状态为紊流。在储粮机械通风中，由于管道内空气流速较大，通常在 4m/s 以上，管径大于 80mm，若取空气运动黏性系数 $v = 15 \times 10^{-6}$ m^2/s，则雷诺数：

$$Re = \frac{4 \times 0.08}{15.0 \times 10^{-6}} = 21333 > 2320 \tag{5-9}$$

所以，在储粮机械通风管道中的空气流动都属于紊流。

三、流体的基本方程式

（一）空气的流量

空气流量（简称风量）是指单位时间内流经某一管道截面的空气量，它与风速以及流过横截面的大小等因素有关。空气流量以体积计算，称为体积流量，用 Q_v 表示，单位为 m^3/s。

当管道内空气的平均风速为 v，管道的横截面积为 F 时，流经管道的流量为：

体积流量：

$$Q_v = 3600F \cdot V \tag{5-10}$$

式中　F——管道的截面积，m^2；

　　　V——管内平均风速，m/s。

（二）流量的连续方程

前面讨论的是在等截面管道中风量与风速、风道截面的关系。在通风工程中还经常遇到如图 5-20 所示的变截面管道。根据流量连续原理，在没有泄流的情况下，流经截面 1-1 和 2-2 的流量相等。即

$$V_1 F_1 = V_2 F_2 \tag{5-11}$$

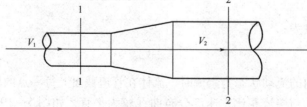

图 5-20　变截面管道中的流动

（三）能量方程——柏努利方程

运动着的流体除分子间的内能外，还具有动能和位能，对于气体还具有静压能。柏努利方程即流体能量守恒方程式，就是通过分析流体流动中的能量互相转换规律，从而揭示出流体具有的机械能沿管道各截面的变化规律。利用柏努利方程可解决工程上的许多问题。实验证明，气流在管道中稳定流动时，截面大的地方流速小，静压力大；截面小的地方流速大，静压力小。这并不表明流体静压力与流速在数值上呈反比关系，而是反映了静压力与动压力在能量上的相互转换的关系。如图 5 – 21 所示，在稳定流的管道内任意选取流段 1 – 2，在外力作用下，流段 1 – 2 经过 Δt 时间流至 $1'$ – $2'$ 位置，若流动中间没有能量的增加与损失，它的总能量应保持不变。即

$$H_{j1} + H_{d1} + Z_1 = H_{j2} + H_{d2} + Z_2 \tag{5-12}$$

式中　H_j——流体的静压能；

$\quad\quad H_d$——流体的动压能；

$\quad\quad Z$——流体的位能。

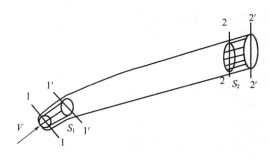

图 5 – 21　柏努利方程式示意图

由于截面 1、2 可以任意选取，因此，对于任意一个截面均有：

$$H_j + H_d + Z = 常量 \tag{5-13}$$

上式就是流体力学中最基本的方程，即柏努利方程，它表明稳定流动的流体，其静压能、动能、位能之和为一常数，也就是说三者之间只会相互转换，而总能量保持不变。将空气作为不可压缩理想气体处理时，位能项较小，可忽略不计，所以空气流动的柏努利方程可写为：

$$H_q = H_j + H_d = 常量 \tag{5-14}$$

式中　H_q——流体的全压能。

然而，空气是有黏性的，在流动时存在内摩擦损失、流体与流道表面的摩擦损失，还有流道截面变化引起的局部损失。因此，实际柏努利方程应加上一项流动的能量损失。即：

$$H_{j1} + H_{d1} = H_{j2} + H_{d2} + H_{损1-2} \tag{5-15}$$

或

$$H_{q1} = H_{q2} + H_{损1-2} \tag{5-16}$$

这种能量损失表现为压力的变化，所以也称压力损失。

如有外功（如风机）加入系统时，通风管道的两截面间的能量守恒方程中还应包括输入的单位能量项 $H_{风机}$ 在内。

$$H_{j1} + H_{d1} + H_{风机} = H_{j2} + H_{d2} + H_{损} \tag{5-17}$$

式中　$H_{风机}$——风机供给的能量；

　　　$H_{损}$——整个系统的能量损失。

四、系统的阻力计算

从流体力学中知道，流体沿风道流动时会产生两类阻力。当流体通过任意形状、不同材料制成的风道时，由于流体的黏滞、管壁粗糙，会在流体内部、流体和管壁之间产生因摩擦形成的阻力，此阻力称为沿程摩擦阻力；当流体通过风道中的异形部件（弯头、三通等）或设备时，由于气流方向改变或速度变化以及产生涡流等形成的阻力称为局部阻力。

（一）沿程摩擦阻力

1. 沿程摩擦阻力

沿程摩擦阻力的大小与管道的几何尺寸、内壁的粗糙度以及空气的流动状态和流速等有关。长度为 L 的任何形状的直长管道的摩擦阻力计算用公式：

$$H_m = L \times \frac{\lambda}{D} \times \frac{\rho v^2}{2} \tag{5-18}$$

式中　H_m——沿程摩擦阻力损失，Pa；

　　　L——风道的长度，m；

　　　λ——摩擦阻力系数；

　　　ρ——空气的密度，kg/m^3；

　　　v——风道中空气流速，m/s；

　　　D——风道直径（或矩形管道的当量直径），m。

如果管道为矩形管道，则它的流速当量直径为：

$$D_{当} = \frac{2ab}{a+b} \tag{5-19}$$

式中　$D_{当}$——矩形管道流速当量直径，m；

　　a、b——矩形管道的边长，m。

2. 摩擦阻力系数 λ 值的确定

摩擦阻力系数 λ 值与空气在风道内的流动状况和管壁的粗糙度有关。当流动呈层流状态 $Re < 2320$ 时，λ 值与管壁的粗糙度无关，只与雷诺数 Re 有关，其摩擦阻力系数为：

$$\lambda = \frac{64}{Re} \tag{5-20}$$

当流动处于紊流状态时，分为三种情况：

（1）光滑管区　当层流边界层的厚度 $\delta > \Delta$ 时，可采用下式计算 λ 值，它适用于 $10^4 \leqslant Re \leqslant 10^5$ 的范围。

$$\lambda = \frac{0.35}{Re^{0.25}} \tag{5-21}$$

（2）过渡区（粗糙管区）　当层流边界层的厚度 $\delta < \Delta$ 时，$v = 1.72 \sim 70m/s$，可采用式（5-22）计算 λ 值，它适用于 $Re > 10^5$。

$$\lambda = \frac{1.42}{\left(\lg Re \dfrac{d}{\Delta}\right)^2} \tag{5-22}$$

式中　Δ——绝对粗糙度，m，如表 5-2 所示。

表 5 – 2　　　　　　　各种材料的绝对粗糙度（指其突起的沙粒粒径的高度）Δ

材料	Δ 值/mm	材料	Δ 值/mm
砖砌体	5 ~ 10	胶合板	1.0
混凝土	1 ~ 3	铸铁管	0.25
木板	0.2 ~ 1.0	镀锌钢管	0.15
塑料板	0.01 ~ 0.05		

（3）平方粗糙区　当层流边界层的厚度 $\delta < \Delta$ 时，可采用下式计算 λ 值，它适用于 $Re > 10^5$。

$$\lambda = \frac{1}{\left(1.74 + 2\lg\dfrac{d}{2\Delta}\right)^2} \tag{5 – 23}$$

（二）局部阻力

流体在风道内流动时，不仅有沿程阻力，而且在通过风道的弯头、三通、收缩管等管件时，发生气流方向的改变或截面变化，从而形成涡流和气体扰乱，消耗部分能量。这种由管件对流动所产生的能量损失仅局限于一定范围内，故称为局部阻力。它可按下式计算：

$$H_{局} = \xi\frac{\rho v^2}{2} \text{（Pa）} \tag{5 – 24}$$

式中　ξ——局部阻力系数。

ξ 值一般取决于局部阻力构件的几何形状，由实验确定。很多相关的书中的附录中列出了常用管件的局部阻力系数值。局部阻力损失是集中产生的，常常可以通过改变风道的几何形状使之减弱或加强。减少局部阻力的途径是避免产生涡流区和质点的撞击，例如在风道的弯曲处设置导流板，减少风道的扩散角等，以求局部阻力损失的减少。

国内外一些资料中常将分配器阻力作为局部阻力处理，即：

$$H_{分配器} = \xi\frac{\rho v^2}{2} \text{（Pa）} \tag{5 – 25}$$

当 $Re \geqslant 500$ 时，空气分配器的阻力系数为：

$$\xi = (1 - k) + \left(\frac{1 - k}{k}\right)^2 \tag{5 – 26}$$

式中　k——筛孔板的开孔率（小数）。

（三）粮层阻力

粮层阻力是指气流穿过粮层时的压力损失，它是通风计算中的一个重要参数，世界许多国家对此都进行了研究，得出一些经验公式及计算图表。粮层阻力与通过粮层的风速、粮堆厚度、粮食种类、粮堆孔隙度和粮食水分等因素有关，所得到的公式及图表之间都有差异，下面推荐几个常用公式及图表供计算时选用。

1. 河南工业大学的经验公式

$$H_{粮} = 9.81 \times ahv_{表}^b \tag{5 – 27}$$

式中　$H_{粮}$——粮层阻力，Pa；

　　　h——粮层厚度，m；

$v_表$——粮面表观风速，m/s；

a、b——与粮种等因素有关的阻力系数，如表 5 - 3 所示。

注意：一般将粮层阻力限制在 745 Pa 以内，否则功率消耗会急剧增加，使通风成本加大。另外，此粮层阻力计算公式适用于装粮高度在 8m 以下的粮堆，若用于深粮层粮堆会产生一定的误差。

表 5 - 3　　　　　　　　　与粮种等因素有关的阻力系数 a、b 值

	玉米	大米	大豆	花生	小麦	大麦	稻谷
系数 A	414.04	1014.13	287.51	280.41	618.40	534.71	484.17
系数 B	1.484	1.269	1.384	1.481	1.321	1.273	1.334
标准差	0.66	3.219	1.24	0.546	2.306	2.776	2.105

式（5 -27）用于计算垂直通风的粮层阻力，如是径向通风可按式（5 -28）计算：

$$H_粮 = 9.81 \frac{a}{1-b}(v_2^b r_2 - v_1^b r_1) \ (\text{Pa}) \tag{5-28}$$

式中　r_1、r_2——通风仓的内、外筒的半径，m；

　　　v_1、v_2——通风仓的内、外筒壁处的表观风速，m/s。

2. 前苏联粮食科学研究所的经验公式

$$H_粮 = 9.81(Av + Bv^2)h \ (\text{Pa}) \tag{5-29}$$

式中　$H_粮$——粮层阻力，Pa；

　　　A、B——与粮种等因素有关的系数，不同含水量、不同粮食的 A、B 值如表 5 -4 所示；

　　　v——粮面表观风速，m/s；

　　　h——粮层厚度，m。

表 5 -4　　　　　　　　　不同含水量、不同粮食的 A、B 值

粮种	系数 A　B	粮食含水量/%	备注
小麦	232　1447	15	1
小麦	218　980	16	1
小麦	340　1200	12.1	2
小麦	256　1160	15.8	2
小麦	242　1000	17.1	2
玉米	50　859	16	1
玉米	94　520	14.3	2
燕麦	213　936	15	1
大麦	186　1055	15	1
黍子	647　2570		1
黑麦	276　1303	15	1
稻谷	190　600	14.6	2
向日葵籽	177　1700	12	1
玉米穗	0.5　19	玉米穗堆	1

资料来源：1—前苏联粮食科学研究所；2—唐山市农机所。

第四节　通风系统主要参数

一、粮食数量 G

当一个仓房给定以后，通风设计的第一步就是要计算需要通风的粮食数量。通风粮食量的计算公式如下：

$$G = \gamma \cdot V = \gamma \cdot F \cdot h \, (t) \tag{5-30}$$

式中　G——储粮重量，t；

　　　V——仓房体积，m³；

　　　F——仓房面积，m²；

　　　h——装粮高度，m；

　　　γ——粮食容重，t/m³。

二、单位通风量 q

单位通风量是指每吨粮食每小时通风时所需的风量。单位通风量通常用符号 q 表示，其单位是 m³/（h·t），国外也有用每立方米粮食每小时所需的风量作为单位通风量的，其单位是 m³/（h·m³）。两者关系是：后者乘以粮食容重（t/m³）即等于前者。单位通风量的选用，可根据不同的粮种，不同的仓库，不同的通风条件，不同的通风目的综合考虑而决定。我国的《机械通风储粮技术规程》（LS/T 1202—2002）中暂定：

以降温为主要目的的通风系统中，缓速通风时，可采用轴流式风机的通风系统，单位通风量 q 选小于8m³/（h·t）。在房式仓或浅圆仓内，选用离心式或轴流式风机的通风系统，单位通风量 q 选小于20m³/（h·t）。对立筒仓进行通风时，选用的单位通风量 q 小于10m³/（h·t），这时一般选用离心式通风机的通风系统。

三、粮堆总通风量 Q

当需要通风的谷物量求出之后，根据所选择的单位通风量，即可按下面计算式求出粮堆总通风量。

$$Q = G \cdot q \tag{5-31}$$

式中　Q——为粮堆总通风量，m³/h；

　　　F——为粮食总重量，t；

　　　q——为单位通风量，m³/（h·t）。

四、粮堆风速

（一）穿透风速

穿透风速指气流从粮粒间孔隙中穿过的速度，也称真实风速。按下式计算：

$$V_{穿} = \frac{Q}{3600F \times S} \tag{5-32}$$

式中　$V_{穿}$——穿透风速，m/s；

F——与气流方向垂直的粮面面积，m^2；

S——粮堆的孔隙度，% 。

（二）粮面表观风速

粮面表观风速指气流离开粮面时的速度，也称空床风速、假风速。按式（5–33）计算：

$$V_{表} = \frac{Q}{3600F} \qquad (5-33)$$

式中　$V_{表}$——粮面表观风速，m/s。

安全粮通风降温的粮面表观风速 $V_{表}$ 一般为 $0.01 \sim 0.1 m/s$。

五、通风管槽的数量

由风机吹进通风系统中的空气，经由通风管道分散在粮堆中。在分散过程中，管槽附近的气流流速相对较高，但是，在粮仓某些区域内，特别是距管槽较远的区域，例如在墙角或地坪面附近，气流的流速相对比较低，这样就造成粮堆内气流的不均匀，因为空气总是沿着最小阻力的通路流动，所以为了达到均匀通风或接近均匀通风，必须在粮堆内均匀、合理地分配空气，以确保粮堆的各个区域都能得到足够的、比较接近的通风量，以减少气流死角，确保通风的均匀性和通风后粮堆温度、水分的一致性。

如果粮仓采用全冲孔地板，粮食入库后，通风时空气进入孔板下方的气室再进入粮堆，此时所有空气的通路都是相同的，因而空气几乎都沿着堆高方向，以平行的路径和接近均匀的流速流过粮堆，空气均匀分配到整个粮堆，通风的均匀性最好。但是这种方法工艺复杂，投资高，因此在通风降温系统中很少采用，可能在一些通风降水或干燥后的冷却仓中有一定的应用。

对于目前应用普遍的管槽风道，如何布置才能使所有储藏谷物得到均匀一致的通风量呢？根据气流在粮堆内的分布规律，提出了通路比这样一个重要概念，即空气由通风管道到达粮堆表面所通过的最长通路（途径）与最短通路（途径）的比值。在《储粮机械通风技术规程》（LS/T 1202—2002）中规定，用于通风降温系统的通路比一般为 $1.5:1 \sim 1.8:1$，用于通风降水系统的通路比则一般保持在 $1.25:1 \sim 1.5:1$。只要能满足上述通路比的要求，在通风过程中就能够达到预期的通风均匀性，当然这个均匀性是相对的，而通风绝对均匀时的通路比应该是 $1:1$，如前边介绍的全冲孔地板粮仓，通风时的通路比基本上是 $1:1$。

六、风道长度

风道的长度主要取决于出风口的始端和末端至两对应墙壁之间的距离，即两个出风口至墙壁的最长通路与最短通路之比也应小于 $1.5:1$ 或 $1.25:1$ 的要求。因两个出风口的最长道路是气流流至两管道中间所对应的墙壁处（图 5–22B 点），所以在确定两端出风口之对应墙壁的通路比时，一般情况下应不超过 $1.5:1$ 或 $1.25:1$（最好取 $1 \sim 1.5m$），如图 5–22 所示。

由图可知：OB > OA 所以在确定气流流至 OA 然后再垂直向上流出粮面的通路与垂直出风口流出粮面的通路之比时，要不大于 $1.25:1$，只要能满足两端出风口至墙壁的通路

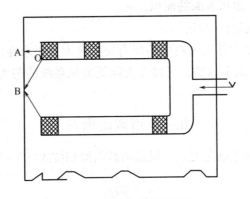

图 5 – 22 管道长度示意图

比，那么这条风道的长度是合适的。另外，为了保证通风的均匀性，LS/T 1202—2002 规定，一般通风管道的长度不超过 25m。

七、空气分配孔的数量

空气分配孔主要指的是非全开口系统，也就是说在通风道上分段开孔，为了使粮堆的各个部位都有足够的风量，开孔部分通常称作空气分配器，空气分配器之间的距离也应该符合通路比 1∶1.5 和 1.25∶1 的要求，根据这一要求计算出一个通风管上空气分配器之间的距离和个数，个数常用 n 表示。

八、管道风速 v

（一）管道内风速

当管道的流量确定之后，管道内的风速与管道的截面积成反比的关系，即截面积越大，风速越小，截面积越小，风速越大，它们之间的关系按式（5 – 34）计算：

$$v_{管} = \frac{Q_{管}}{3600 F_{管}}$$ (5 – 34)

式中 $v_{管}$——管道内风速，m/s；

$Q_{管}$——管道内风量，m^3/h；

$F_{管}$——管道截面面积，m^2。

为避免通风系统的管道内风速过高造成系统阻力损失过大，所以在《储粮机械通风技术规程》中也规定了管内的风速。主风道中空气速度不应超过 12m/s，最大不超过 15m/s。支风道风速一般控制在 6m/s 以下，最大不超过 9m/s。在实际设计过程中，应使风量、风速及管道截面积三者之间统筹兼顾，全盘考虑，采取最佳组合。

（二）通风道表观风速

通风道表观风速指空气穿过通风管道的出风表面，进入粮堆时的风速。按式（5 – 35）计算：

$$V_{管表} = \frac{Q_{管}}{3600 F_{管表}}$$ (5 – 35)

式中 $V_{管表}$——管道表观风速，m/s；

$F_{管表}$——通风管道出风表面的面积，m^2；

　$Q_{管}$——管道内风量，m^3/h。

为了避免气流在粮堆中靠近风道处的压力损失过大，要求在房式仓内 $V_{管表} \leqslant 0.1 m/s$，立筒仓内 $\leqslant 0.15 m/s$。降低 $V_{管表}$ 值，可以大大降低通风系统的阻力，这也为轴流风机的应用提供了可能。

九、风道截面积 $F_{管}$

当风道中的风量及风速确定之后，风道的截面面积按式（5-36）计算：

$$F_{管} = \frac{Q_{管}}{3600 v_{管}} \tag{5-36}$$

式中　$F_{管}$——风道的截面面积，m^2；

　$Q_{管}$——风道内的风量，m^3/h；

　$v_{管}$——风道内的风速，m/s。

若为圆管：

$$则直径 D = \sqrt{\frac{4F}{\pi}} = 2\sqrt{\frac{F}{\pi}} \tag{5-37}$$

若为矩形管，则 $F = a \times b$ 先确定一个而求出另一个，精确时要用当量直径计算。

十、空气分配器出流量 $Q_分$

通风管道内的风量已知，空气分配器的个数已确定，则空气分配器的出流量按式（5-38）计算。

$$Q_分 = \frac{Q_{管}}{n} \tag{5-38}$$

式中　Q——分空气分配孔的流量，m^3/h；

　n——空气分配孔的个数。

十一、分配器表观风速 $v_分$

空气分配器的表现风速是指气流穿过分配器通气孔板表面积的流速，用符号 $v_分$ 来表示，单位是 m/s。

在地槽式通风道中，空气分配器是平面式的，也可做成半圆式的。在地上笼通风中，空气分配器就是整个带空眼的风道。

空气分配器表观风速的计算公式为：

$$v_分 = \frac{Q_分}{3600 F_分} \tag{5-39}$$

式中　$Q_分$——通过分配器的风量，m^3/h；

　$F_分$——分配器开孔板的表面积，m^2；

　$v_分$——分配器表观风速，m/s。

《储粮机械通风技术规程》中分配器表观风速推荐在 $0.1 \sim 0.15 \ m/s$，最大不超过 $0.3 \ m/s$。

分配器表面积的计算，应当注意，如果是地槽式通风采用全程开孔分配器的，$F_分$应为地槽宽度乘以地槽的长度。如果分配器是圆形地上笼，则其分配器表面积为整个圆形风道表面积的 80%。

在推荐的风道分配器表观风速范围内，分配器的阻力不大于 50Pa，计算风网时，可取分配器阻力等于 50 Pa。

分配器的开孔率，可选在 30% ~ 50% 之间。

孔板上的孔眼有圆形、长方形、鱼鳞板形以及编织的不规则形，不漏粮粒是基本要求，孔板的开孔率一般不小于 20%，如能做到 40% ~ 50% 则更好。

十二、空气分配器的面积 $F_分$

空气分配孔面积的确定是根据求出的空气分配孔的流量和所选择的空气分配孔空气射流速度而算出的。空气分配孔面积的计算用下式来进行：

$$F_分 = \frac{Q_分}{3600v_分} \tag{5-40}$$

式中　$F_分$——空气分配器的面积，m^2。

$Q_分$——空气分配器的流量，m^3/h。

$v_分$——空气分配器的表观速度，m/s。

十三、通风系统阻力

计算通风系统的总阻力损失，目的是验证我们初选风机的全压是否符合系统阻力损失的需要，如果符合，证明选的风机是可行的，如果不符合（即风机的全压低于通风系统的阻力损失），则应重新选定，否则将影响通风效果及风机运行的经济性，甚至达不到通风降温、降水的目的。

在通风系统中，引起通风阻力损失的因素很多。通风系统阻力损失包括：

（1）风机至墙壁段的渐缩或渐扩管。

（2）三道分风阀局部阻力损失。

（3）供风管道沿程摩擦阻力损失。

（4）弯头局部阻力损失。

（5）通风管道沿程阻力损失。

（6）空气分配器局部阻力损失。

（7）粮层阻力损失。

第五节　通风机

通风机是粮食通风系统中的一个重要设备，用它来输送空气，并克服系统的阻力，保证通风作业的完成。

常用的通风机有离心式通风机和轴流式通风机两大类。最近几年又生产了一种介于离心式和轴流式风机之间的一种混流式风机。

一、离心式通风机

（一）离心式通风机工作原理

离心式通风机主要由叶轮、机壳、进风口、出风口和电机等部件组成。通风机的叶轮在电动机的带动下随机轴高速旋转，叶轮叶片间的空气随着叶轮旋转获得离心力，空气在离心力作用下由径向甩出而汇集到机壳，同时在叶轮吸气口形成真空，大气中的空气在大气压力作用下而被吸入叶轮，以补充排出的空气，这样叶轮不停旋转，则有空气不断地进入风机和从风机排出。外部能量通过风机叶轮旋转传递给空气，从而保证风机连续地输送空气。

（二）离心式通风机的分类

离心式通风机按其产生压力的不同，可分为三类。

1. 低压风机

风压 <1000Pa，在老型房式仓储粮机械通风系统中，经常选用这种风机。

2. 中压风机

风压为 1000～3000Pa，用于管道较长、粮层较厚，系统阻力较大的风网，在新型高大房式仓和浅圆仓机械通风系统中，可选用这种风机。

3. 高压风机

风压大于 3000Pa，这种风机用于物料的气力输送系统或阻力大的通风除尘系统以及立筒仓通风系统。

离心式通风机的风压一般小于 15kPa。

若风压大于 15kPa 小于 300kPa，这种风机称为鼓风机，若风压大于 300kPa，则这种风机称为压气机（压缩机）。

（三）离心式通风机的性能参数

离心式通风机的性能参数主要有风量、风压、功率、效率及转速等。

1. 风量 Q

通风机在单位时间内所输送的气体体积称为风量，其单位是 m³/s 或 m³/h。

2. 风压 H

通风机的风压指的是空气在通风机内压力的升高值，它等于风机出口空气全压与进口空气全压的差值（或绝对值之和），其单位用 Pa 或 kPa 表示。全压等于静压加动压。

通风机所产生的负压与风机的叶轮直径、转速、空气的密度以及叶轮的叶片型式有关，其关系如下式：

$$H = \rho \times v^2 \times \overline{H} \tag{5-41}$$

式中　H——风机的压力，Pa；

　　　ρ——空气的密度，kg/m³；

　　　v——叶轮外缘的圆周速度，m/s；

　　　$\overline{H}$——压力系数。

压力系数与叶片型式有关，根据实验，其值在风机效率最高时为：后向式 $\overline{H}=0.4～0.6$；轴向式 $\overline{H}=0.6～0.8$；前向式 $\overline{H}=0.8～1.1$。

我们可以根据上式近似估计一台风机的风压。风机的风压在转速一定时会随进风量改变而变化。

3. 功率 N

空气从风机获得了能量，而风机本身消耗了能量，风机要靠外部供给能量才能运转。通风机在单位时间内传递给空气的能量称为通风机的有效功率，其单位是瓦或千瓦，可用式（5-42）表达：

$$N_y = \frac{HQ}{3600} \qquad (5-42)$$

式中　N_y——风机有效功率，W 或 kW；

　　　　H——风机的风压，Pa；

　　　　Q——风机产生的风量，m^3/h。

实际上，由于风机运行时轴承内有摩擦损失，空气在风机内有碰撞和流动损失，因此消耗在风机轴上的功率 N 要大于有效功率 N_y。轴功率 N 与有效功率之间的关系如：

$$N = \frac{N_y}{\eta} = \frac{HQ}{3600\eta} \qquad (5-43)$$

式中　η——通风机效率。

一般离心式通风机的轴功率随着风量的增加而变大。

4. 效率

通风机的效率是有效功率与轴功率的比值，用下式表示。

$$\eta = \frac{N_y}{N} \times 100\% \qquad (5-44)$$

通风机的效率反映了其工作的经济性。当我们用实验方法及仪器测出风机的风量、风压和轴功率后，就可计算出其效率。后向式叶片风机的效率一般在 80%~90% 之间，前向式叶片风机的效率一般在 60%~65% 之间，也有前向式叶片的风机效率达到 85% 的。

在通风系统中工作的风机，就是在同一转速，它所输送的风量也可能不同。系统（风网）中的压力损失小时，要求通风机的风压就小，输送的空气量就大些；如果系统的阻力大时，则要求风机的风压大，而它输送的空气量就小些。要全部评定风机的性能就要了解全压与风量、功率、效率、转速与风量的关系，这些关系就形成了通风机的性能曲线。

为使用方便，通常将风压与风量（$H-Q$）、功率与风量（$N-Q$）、效率与风量（$\eta-Q$）三条曲线按同一比例画在一张图上，就构成了风机特性曲线。图 5-23 是 4-72NO.5 离心式通风机在转速为 2900r/min 时的特性曲线，利用风机的特性曲线确定其性能参数是很方便的，只要知道风量、风压、轴功率、效率四个参数中的一个，就可找到其余的三个参数。

例题1：已知离心通风机 4-72NO.5 在工作时，其风量为 $8000m^3/h$，求其轴功率、风压及效率？

解：在图上，在横坐标上找到风量为 8000 m^3/h 的数值点，由此作上垂线，分别与 $N-Q$ 线、$H-Q$ 线、$\eta-Q$ 线相交，则可读出轴功率为 8.6kW，压力为 3170Pa，效率为 82.6%。

从图上可以知道，风机在工作时，在一定的转速下，有一个最高效率点，相应于最高效率下的风量、风压和轴功率称为风机的最佳工作状况，选用风机使其在风网中工作时，应使其实际运转效率不低于最大值的 0.9 倍。根据这个要求，4-72NO.5 风机的风量允许调节的范围就如图 5 - 23 所示为 $Q_1 \sim Q_2$ 之间，这个区间又称风机的经济使用范围。

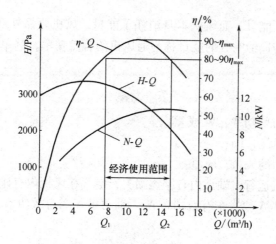

图 5 - 23　4 - 72NO.5 风机特性曲线

通风机生产工厂，不仅作出风机的特性曲线，在风机产品样本上，还提供风机的性能表格，表 5 - 5 就是摘录的 4 - 72NO.5 风机的性能表。

表中所列为转速 2900 和 1450 时的风机性能，不同转速下，都列了 8 个性能点，它们的效率均在经济使用范围内。

表 5 - 5　　　　　　　　　　　　　　　　4 - 72NO5A 风机性能表

转速/（r/min）	序号	风压/Pa	风量/（m³/h）	效率/%	轴功率/kW	电机功率/kW
2900	1	3175	7950	82.4	8.52	13
	2	3126	8910	86.0	8.9	
	3	3067	9880	89.5	9.42	
	4	2969	10850	91.0	9.9	
	5	2842	11830	91.0	10.2	
	6	2626	12780	88.5	10.5	
	7	2411	13750	86.5	10.7	
	8	2195	14720	82.4	10.9	
1450	1	799	3970	82.4	1.06	2.2
	2	772	4460	86.0	1.11	
	3	764	4940	89.5	1.18	
	4	745	5420	91.0	1.23	
	5	706	5300	91.0	1.29	
	6	647	6390	88.5	1.31	
	7	599	6870	86.5	1.34	
	8	549	7350	82.4	1.36	

从表中看出，同一个风机，其转速不同，则产生的风压、提供的风量、所需要的功率是不同的。因此，要根据风网的实际情况选用风机。

（四）离心式通风机的选用

常用的离心式通风机为 4 - 72 - 11 型、C4 - 73 - 11 型、B4 - 72 - 11 型、F4 - 62 - 11 型及 Y4 - 73 - 11 型。它们的性能范围如表 5 - 6 所示。

这是一个大致范围，当我们根据具体的风网选用风机时，必须根据选用的风机产品样本进行选择。

储粮机械通风中，常用的离心式通风机为 4 - 72 - 11 型，也有排尘或离心风机 C4 - 73 - 11 型，将来也可用防爆离心式风机或防腐离心式风机。

4 - 72 型风机运行平稳，噪声低，效率可达 91%，用于储粮机械通风的降水和降温系统中，含尘浓度不超过 150mg/m³ 的除尘系统也可使用。

C4 - 73 型排尘风机，叶片由 16 号锰钢制成，耐磨性能好，运行平稳，效率可达 88%，是一种效率较高的排尘风机。

表 5 - 6	常用通风机的性能范围						
型号	名称	机号 NO	风压范围/ Pa	风量范围/ （m³/h）	输送介质 最高温度/℃	功率范围/ kW	主要用途
4 - 72 - 11	离心式通风机	2.8 ~ 20	200 ~ 3240	991 ~ 227500	80	1.1 ~ 210	一般通风换气
C4 - 73 - 11	排尘离心式通风机	—	590 ~ 7040	15900 ~ 683000	80	7.5 ~ 1220	输送含尘气体
B4 - 72 - 11	防爆离心式通风机	2.8 ~ 12	200 ~ 3240	991 ~ 227500	50 ~ 30	1.1 ~ 210	有爆炸危险的除尘系统
F4 - 62 - 11	防腐离心式通风机		200 ~ 4000	500 ~ 135000		1 ~ 210	输送腐蚀性气体
Y4 - 73 - 11	锅炉引风机	8 ~ 20	370 ~ 3770	15900 ~ 326000	200	5.5 ~ 380	锅炉引风

二、轴流式通风机

（一）轴流式通风机的构造和分类

轴流式通风机构造简单，其示意图如图 5 - 24 所示，叶轮 3 安装在筒形机壳 2 中，电机 4 的机轴直接与叶轮联接，当电机工作时，叶轮旋转，空气由进风口 1 处吸入，通过叶轮和扩散筒 5 排出。轴流式通风机可按压力、结构及传动方式进行分类。

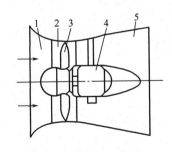 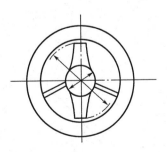

图 5 - 24　轴流式通风机结构图

1—进风口　2—机壳　3—叶轮　4—电机　5—扩散筒

1. 按压力区分

轴流式通风机按压力区分为低压轴流风机（$H < 500\text{Pa}$）、高压轴流风机（$H > 500\text{Pa}$）。

2. 按结构型式区分

轴流式通风机按结构型式区分为筒式、简易筒式和风扇式，如图 5-25 所示。

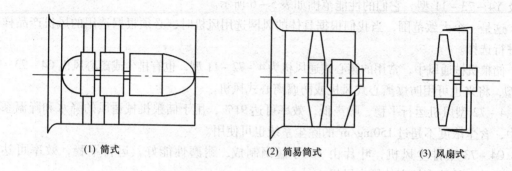

| (1) 筒式 | (2) 简易筒式 | (3) 风扇式 |

图 5-25　轴流式通风机分类

3. 按传动方向区分

按传动方式区分，可分为五种：电机直联传动、对旋传动、皮带传动、联轴传动及齿轮传动。

（二）轴流式通风机的工作原理

轴流式通风机的空气是按轴向流过风机的，叶轮安装在圆形风筒内，叶轮上的叶片是扭曲的，另外有一个圆弧形进风口，以避免进气的突然收缩。当电动机带动叶轮旋转后，空气由进风口吸入，经过叶片，获得能量，再经扩散筒，这时部分动能转为静压，空气流出，送到风网，由于空气在风机中始终是沿叶轮轴向流动的，所以称轴流通风机。

（三）轴流式通风机的特性

轴流式通风机的特性是指其风量、风压、功率和效率等性能参数之间的相互关系。

轴流式通风机特性曲线也是从实验中得到的，如图 5-26 所示。

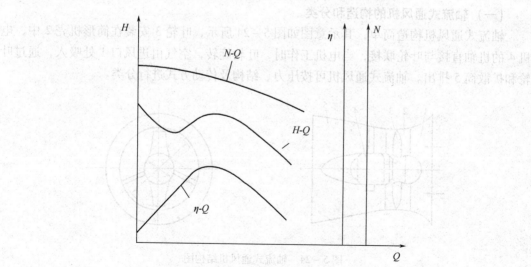

图 5-26　轴流式通风机特性曲线

从特性曲线图中可以看出，轴流式通风机与离心式通风机的区别有：

（1）$H-Q$ 的曲线很陡，当风量 Q 为零时，风压 H 的值最大。

（2）从 $N-Q$ 曲线看到，风量越小所需的功率越大。

（3）$\eta-Q$ 的曲线也很陡，这说明风机允许的调节范围很小，也就是经济使用范围小。工作状态点变化时，容易超出经济使用范围。

因此，使用轴流式通风机应注意：

第一，板形叶片轴流通风机的风量为零时所需功率最大，机翼形叶片轴流风机最大功率，位于最高效率点附近，但风量小时，功率也很大，因此轴流式通风机在启动时，不应关小风量，而应将风口全部打开，以免造成电场过载。

第二，由于轴流式通风机的允许调节范围小，因此不应用闸门来调节风量，这样做很不经济。要改变风量时，最好采用改变电动机的转速或调整叶轮叶片的角度的办法。

（四）轴流式通风机在储粮机械通风中的应用

在储粮机械通风中，华南稻谷产区多喜欢采用此风机缓速降温，此风机结构简单，价格低廉，使用方便，但降温速率小，风扇产生的风压也低，有时造成不方便。

T40 型轴流通风机是 30K4 型轴流通风机的改进型，已成系列产品，按叶轮直径不同分成 No.2.5、No.3、No.3.5、No.4、No.5、No.6、No.7、No.8、No.9、No.10 等 10 种，每一种机号叶片又安装成 15°、20°、25°、30°、35° 等五种角度。风机均采用叶轮直接安装在电机轴上的直联结构。部分风机的性能如表 5-7 所示。

表 5-7　　　　　　　　　　　　轴流风机性能表

机号	叶轮直径/mm	主轴转速/(r/min)	叶片数 4				
			叶片角度	风量/（m³/h）	全压/Pa	效率/%	轴功率/kW
4	400	2900	15	4630	327	78	0.526
			20	5920	362	81	0.714
			25	7640	366	84	0.903
			30	8240	390	83	1.043
			35	9310	483	80	1.507
		1450	15	2320	82	78	0.066
			20	2960	90	81	0.089
			25	3820	92	84	0.123
			30	4120	97	83	0.130
			35	4660	121	80	0.188
5	500	1450	15	4520	128	78	0.201
			20	5780	141	81	0.273
			25	7450	143	84	0.344
			30	8050	152	83	0.398
			35	9090	188	80	0.576

另外，上海生产的 HLT 型轴流通风机，在粮食机械通风系统中有较多应用，该机的风压比 T40 型的高，适合粮食机械通风系统的降温。HLT 型风机的性能如表 5 - 8 所示。

表 5 - 8   **HLT 型风机性能表**

型号	风量/（m³/h）	全压/Pa	转速/（r/min）	电机容量/kW
HLT41/2G - 2	9050	696	2800	3.00
HLT4G - 2	7600	510	2800	1.50
HLT31/2G - 2	5000	294	2800	0.75

三、混流式通风机

混流式通风机的叶轮让空气既做离心运动又做轴向运动，壳内空气的运动混合了轴流与离心两种运动形式，所以称为"混流"，其性能和特点介于离心风机和轴流风机之间。

混流式通风机将弯曲板形叶片焊接在圆锥形钢轮毂上，通过改变叶轮上游入口外壳中的叶片角度来改变流量，机壳可具有敞开的入口，但更常见的情况是，它具有直角弯曲形状，使电机可以放在管道外部。排泄壳缓慢膨胀，以放慢空气或气体流的速度，并将动能转换为有用的静态压力。

混流式通风机结合了轴流式和离心式风机的特征，外形看起来更像传统的轴流式风机。混流通风机的风压系数比轴流风机高，流量系数比离心风机大，它填补了轴流风机和离心风机之间的空白，同时具备安装简单方便的特点，所以近期在粮食机械通风中得到了一定的应用。表 5 - 9 所示为 SWF 型系列部分风机性能表。

表 5 - 9   **SWF 型风机性能表**

型号	风量/（m³/h）	全压/Pa	转速/（r/min）	电机容量/kW
2.5	2664 ~ 1532	358 ~ 634	2900	0.75
3	4652 ~ 3212	512 ~ 883	2900	2.2
4	7228 ~ 5242	654 ~ 1248	2900	4.0
4.5	9169 ~ 7124	672 ~ 1298	2900	5.5
5	13110 ~ 9876	801 ~ 1316	2900	5.5
6	19230 ~ 15210	836 ~ 1365	2900	7.5
7	18800 ~ 11780	329 ~ 470	1450	3.0
8	37350 ~ 28564	809 ~ 1305	1450	15
9	46138 ~ 33579	785 ~ 1343	1450	18.5
10	51821 ~ 40528	792 ~ 1378	1450	18.5
11	59521 ~ 48177	806 ~ 1382	1450	22

四、风机的选择

根据计算出的粮食总通风量，和仓房风道布置的根数，选择与此相匹配的风机，选择风机时，平房仓应选用低压或中压离心式风机，缓速通风降温时也可以选用轴流风机。浅圆仓和立筒仓应选用中压或部分高压风机。总而言之，选择风机的全压应与通风系统的总阻力匹配才能使风机在经济高效区域运转。

选用风机的步骤如下。

（1）通过粮食机械通风系统的计算选用合适的风机。

（2）考虑到系统可能漏风，有些阻力计算可能不大准确，为了使风机运行可靠，选用风机的风量和风压应大于通风系统计算的风量和风压。

$$Q_{机} = (1.1 \sim 1.16)Q_{计} \qquad (5-45)$$

式中　$Q_{机}$——选用风机风量，m^3/h；

1.1~1.16——风量附加安全系数，也称风量系数；

　　$Q_{计}$——系统计算所得风量，m^3/h。

$$H_{机} = (1.1 \sim 1.2)H_{计} \qquad (5-46)$$

式中　$H_{机}$——选用风机的风压，Pa；

1.1~1.2——风压附加安全系数，也称风压系数；

　　$H_{计}$——系统计算的风压，Pa。

（3）根据 $Q_{机}$ 和 $H_{机}$，在风机产品样本上选定风机的类型，确定风机机号、转速和电动机的功率。选择合适的风机出口位置及传动方式，以利于风机的安装和使用，当然风机的工作状态点应在经济范围内。

（4）风机产品样本上所列的风量、风压是在标准状态下的参数（大气压力 101.3kPa，温度为 20℃，相对湿度 50%），如果实际工作状态不是标准状态，风机的实际性能就会变化（风量不变）。因此，选风机时要把实际的状态参数换算成标准状态下的参数，如：

$$H_{机} = H\frac{1.2}{\rho} \qquad (5-47)$$

式中　$H_{机}$——风机样本上的风压，Pa；

　　H——实际工作状态时的风压，Pa；

　　1.2——标准状态下的空气密度；

　　ρ——实际工作状态下的空气密度，kg/m^3。

在机械通风储粮技术中，使用的空气温度与标准状态的温度，相差不是太大，因此，在一般情况下，不需换算。

（5）在机械通风储粮技术中，应尽量避免把两台或多台风机并联或串联使用。在一个通风系统中，选择一台合乎设计要求的风机。

（6）电动机的功率计算可按下式：

$$N_{机} = \frac{KN}{\eta_i} \qquad (5-48)$$

式中　$N_{机}$——电动机功率，kW；

N——通风机的轴功率，kW；

η_i——机械传动功率，按表5－10选取；

K——电动机容量安全系数，按表5－11选取。

表5－10　　　　　　　　　　　　　　机械传动效率

传动方式	机械传动效率	传动方式	机械传动效率
电动机直接传动	1.00	三角皮带传动（滚珠轴承）	0.95
联轴器传动	0.98		

表5－11　　　　　　　　　　　　　电动机容量安全系数

电动机功率/kW	电动机容量安全系数	电动机功率/kW	电动机容量安全系数
<0.5	1.5	2.5	1.2
0.5～1.0	1.4	>5	1.15
1.2	1.3		

例题2：有一机械通风储粮系统，其计算所需的风机总压力为1000Pa，风量为7200m³/h，选用一台离心式通风机，其效率为90%，计算该风机的轴功率及选用电机直接传动的功率?

解：根据风量及风压，计算出有效功率：

$$N_y = \frac{HQ}{3600} = \frac{1000 \times 7200}{3600} = 2000(\text{W}) = 2(\text{kW}) \tag{5-49}$$

进一步计算轴功率N：

$$N = \frac{N_y}{\eta} = \frac{2}{0.9} = 2.22(\text{kW}) \tag{5-50}$$

根据式（5－50）及表5－7、表5－8计算电机功率：

$$N_{机} = \frac{KN}{\eta} = \frac{1.3 \times 2.22}{1} = 2.89(\text{kW}) \tag{5-51}$$

第六节　均匀送风风道的设计

一、等截面变出风口均匀送风风道的设计

等截面均匀送风管道，就是风道截面尺寸从开始端到末端管道截面面积始终保持大小一致。这样的管道动压和静压都是变化的，保证单位长度空气泄流量一致的条件，就是管道上开设面积大小不等的出风口。如图5－27所示。

为便于分析，从管道末端开始对出风口依次编号：1、2…i、$i+1$…n。

均匀送风时第$i+1$个出风口的面积为A_{i+1}，计算公式为：

$$A_{i+1} = \frac{1}{\sqrt{\frac{1}{A_i^2} - \frac{\eta^2}{F_{道}^2}\left[(i+1)^2 - i^2 - \frac{L\lambda i^2}{d_{当}n}\right]}} \tag{5-52}$$

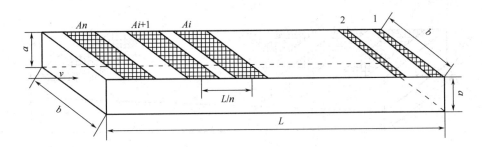

图 5 - 27　等截面变出风口均匀送风风道

式中　A_{i+1}、A_i——为第 A_{i+1}、A_i 个出风口面积，m^2；

$\quad\quad\quad F_{道}$——均匀送风风道的截面面积，m^2；

$\quad\quad\quad \eta$——出风口流量系数，一般取 $0.6 \sim 0.65$；

$\quad\quad\quad i$——出风口编号，i 值取值范围为 $1 \sim n-1$；

$\quad\quad\quad L$——管道总长度，m；

$\quad\quad\quad \lambda$——管道摩擦阻力系数，一般取 0.02；

$\quad\quad\quad d_{当}$——矩形管道流速当量直径，m；

$\quad\quad\quad n$——出风口数。

出风口面积的计算从末端开始，末端第一个出风口面积按式（5 - 53）计算。

$$A_1 = \frac{Q_0}{v_0} \tag{5 - 53}$$

式中　A_1——末端第一个出风口面积，m^2；

$\quad\quad\quad Q_0$——风口空气泄流量，m^3/h；

$\quad\quad\quad v_0$——出风口泄流风速，m/s。

式中 v_0 按上节出风口风速选择及计算方法选取。在套用公式计算时分母根号中可能会出现负值，此时表明风口应开设无穷大，风口开得再大也不能够满足空气泄流。导致此结果出现的原因是，末端第一个出风口开设过大，导致开始端风口开设再大也无法满足泄流。解决的办法就是适当提高最后一个风口的空气泄流风速，从而减小末端第一个出风口面积。

二、变截面等静压均匀送风风道的设计

要想保证变截面等静压均匀送风风道的均匀性，一是粮堆内管道的布置符合通风通路比原则，二是保证每个出风口处管道内静压相等，变截面等静压均匀送风风道上的出风口的面积大小一样，这种管道的设计原理就是如何保证出风口处管道内静压相等。因为管道内气体是靠静压压出的，所以只要保证每个出风口处管道内静压相等，再加上每一个出风口的面积开设大小一样，这样就具备了保证泄流量一致的两个条件，但是否能够达到真正泄流量相等，还要其他影响因素（风口制作、粮食空隙度、杂质含量、风口堵塞情况等）。变截面等静压均匀送风风道的设计如图 5 - 28 所示。

由图 5 - 28 可知，这类风道的设计，出风口编号是从始端开始，刚好与等截面变出风口均匀送风风道的设计编号相反。

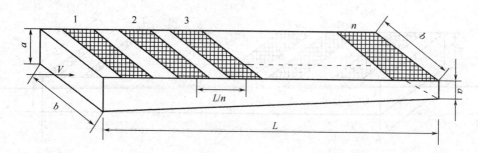

图 5 - 28　变截面等静压均匀送风风道

根据实际柏努利方程 $H_{j1} + H_{d1} = H_{j2} + H_{d2} + H_{损1-2}$，要想保证每个出风口处管道内静压相等，则有 $H_{j1} = H_{j2} = H_{j3} \cdots = H_{jn}$，在静压相等情况下实际柏努利方程则变为下式：

$$H_{d1} = H_{d2} + H_{损1-2} \tag{5-54}$$

即：

$$H_{d1} - H_{d2} = H_{损1-2} \tag{5-55}$$

或

$$H_{d2} = H_{d1} - H_{损1-2} \tag{5-56}$$

由式（5-56）可知，第二个出风口处管道内的动压等于第一个出风口处管道内的动压减去第一出风口到第二个出风口这段管道内阻力损失，阻力损失包括摩擦阻力损失和局部阻力损失总和。阻力损失计算公式参照本章第三节式（5-18）至式（5-29）。在计算第二个出风口处管道内动压之前，必须先算出第一出风口处管道内动压，第一出风口处管道内动压计算按下式计算。

$$H_d = \frac{\rho v^2}{2} \tag{5-57}$$

式中　H_d——管道内动压，（Pa）；

　　　　v——管道内风速，（m/s）。

计算出第二个出风口处管道内动压后，按照下式计算出第二个出风口处管道内风速。

$$v_2 = \sqrt{\frac{2H_{d2}}{\rho}} \quad (\text{m/s}) \tag{5-58}$$

第二个出风口处管道内风量等于风道总风量减去第一出风口空气泄流量，知道了第二个出风口处管道内风量之后，然后按下式计算出第二个出风口处管道截面面积。

$$F_{道2} = \frac{Q_{道2}}{v_2} \quad (\text{m}^2) \tag{5-59}$$

计算出第二个出风口处管道内截面尺寸之后可以换算出管道的直径，如果是矩形管道，确定矩形管道一个边长之后，按照当量直径换算出矩形管道的另一个边长。按照上述计算方法，分别计算出第三个到第 n 个出风口出管道内截面面积。然后按照计算出的管道截面尺寸、出风口尺寸建造。

第七节　通风系统的测试与调整

任何一种通风系统设计安装完毕后，都需要进行测定，以检验是否已达到设计要求，为进一步调整该风网提供必要的依据，所以，必须掌握通风系统的测试方法。

一、测定常用仪器

(一) 压力计

用来测量各种压差的仪器称压力计。我们常用液柱压力计，它所测得的数值均为相对压强。这种液柱压力计不仅可以测量气流的压强，而且可以通过对气流动压的测量，间接得到气流的速度和风量。

经常采用的液柱压力计有两种，一种是 U 形压力计，另一种是微压计。

1. U 形压力计

U 形压力计的构造如图 5－29 所示，图中：1 为玻璃管，其内径为 5mm，弯成 U 形，A、B 为接口。2 为液体，可采用纯水、酒精和水银。由于纯水的重度为 $1000kg/m^3$，且 $1kg/m^2 = 1mmH_2O = 9.81Pa$，因此，用水作工作液体最为简便。若工作液体采用酒精时，因为酒精的重度为 $800kg/m^3$，且 $0.8kg/m^2 = 1mm$ 酒精柱，所以读数需要换算，这就带来不便。但酒精在玻璃管内形成的凹面比水柱明显，故便于读值。在压强较大时才采用水银作工作液。3 为刻度尺，尺面上刻有 $50\sim100mm$。

U 形压力计读数所示的相对压强可由式（5－60）进行计算：

$$\Delta p = P_A - P_B = r\Delta h \qquad (5-60)$$

式中　Δp——U 形压力计所示的相对压强，kg/m^2；

　P_A、P_B——测压点压强，kg/m^2；

　　　r——U 形管内工作液体重度，kg/m^3；

　　Δh——A、B 两管液面高差值，m。

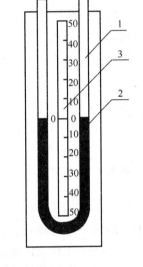

图 5－29　U 形压力计的构造
1—玻璃管　2—液体　3—刻度尺

测压时，只需将所预测的压强通过橡皮管传递至 A、B 孔口，便可在 U 形玻璃管内显示液柱高差。U 形压力计的测压范围很广，但其误差较大，一般误差总在 ±0.5mm 上下，用于测量小于 $15\sim25mmH_2O$ 的压强很不准确。

2. 倾斜式微压计

在测量较小的压差时，微压计具有较高的准确度。

倾斜式微压计可将 U 形压力计读值放大一定的倍数。其原理如图 5－30 所示。它由一个杯形的容器和一个与它相连的可以调节成不同角度的玻璃管组成。玻璃直径与容器的直径相比为 $1:10\sim1:15$。

在无压差存在时，液面均在图中 0 点的水平面上，当测压时，玻璃管内的液面与容器的液面高差为 h。

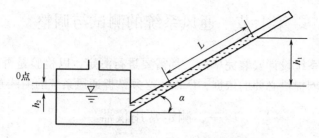

图 5 - 30　倾斜微压计原理图

图 5 - 28 中，

$$h = h_1 + h_2 = L\sin\alpha + h_2 \tag{5-61}$$

因

$$LF_1 = h_2 F_2 \tag{5-62}$$

式中　F_1——玻璃管横断面积，m^2；

　　　F_2——杯形大容器横断面积，m^2。

因为 $F_2 >> F_1$

所以

$$h_2 = L\frac{F_1}{F_2} \tag{5-63}$$

则

$$h = L\sin\alpha + L\frac{F_1}{F_2} = L(\sin\alpha + \frac{F_1}{F_2}) \tag{5-64}$$

那么

$$\Delta P = \gamma L(\sin\alpha + \frac{F_1}{F_2}) \tag{5-65}$$

式中　ΔP——被测压差，kg/m^2；

　　　γ——工作液体重度，kg/m^3；

　　　L——玻璃管液柱长度，mm；

　　　α——玻璃管与水平面之间的夹角。

　　Y - 61 型倾斜微压计是测量管倾斜角度可以变更的微压计，其结构如图 5 - 31 所示。图中宽大杯形容器中充有工作液体酒精，与它相连的是倾斜测量管，在倾斜测量管上标有长为 250mm 的刻度，宽大容器装在有两个调平螺钉和一个水准指示器的底板上，大底板上还装着弧形支架，用它可以把倾斜测量管固定在五个不同倾斜角度的位置上，而得到五种不同的测量范围。

　　把工作液体调整到零点，是借助零位调整旋钮，调整浮筒浸入工作液体的深度，来改变宽大容器内酒精的液面，而将测量管内的液面调整到零点。

　　在宽大杯形容器上装有多向阀门，用它可以使被测压力与容器相通，或与测量管相通。仪器的水准位置可根据底板上的水准指示器用底板左右两个调平螺钉来定准。

　　用它测量压强时的使用步骤如下。

　　（1）先将仪器放平，调整仪器底板左右两个调平螺钉，使之处于水平位置，游标移至

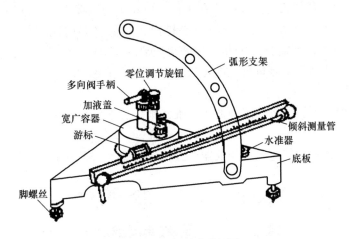

图 5 – 31　倾斜式微压计

零位，倾斜测量管固定在预定的常数因子数上。

（2）将加液盖打开，缓缓加入重度为 800 kg/m³ 的酒精，使其液面在倾斜测量管上的刻度 0 点附近为止，将多向阀门拨在"测压"处，用橡皮管接在阀门的" + "接头上后轻轻吹橡皮管，使倾斜测量管液面上升到接近于顶端处，排出宽大容器和测量管中的气泡，反复多次，直到排尽气泡为止。

（3）将多向阀门仍拨回"标准"处，旋动零位调节旋钮校准液面为零点，如旋钮已旋至最低位置仍不能使玻璃管内的液面调整到零点，则可再加少量酒精使液面高于零点，然后再旋零位调节旋钮校准液面为零点。如零位调节旋钮全开启仍不为零时，说明酒精加多了，可轻轻吹套在" + "接头上的橡皮管，使之从倾斜测量管的上端接头溢出多余的酒精。多向阀门的通道结构如图 5 – 32 所示。

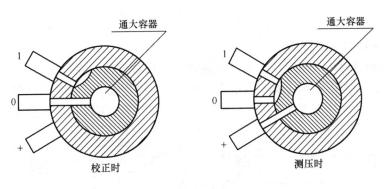

图 5 – 32　多向阀的通道结构图

（4）测量时，把多向阀门拨在"测压"处，如被测压力高于大气压力时，将被测量的压力管接在阀门的" + "接头上，如被测压力低于大气压力时，先将阀门中间的接头的倾斜测量管上端的接头用橡皮管连通，将被测量的管子接在阀门的" – "接头上；如测压差时，则将被测的高压管接在阀的" + "接头上，低压管接在" – "上，阀门中间接头和倾斜测量管上端的接头用橡皮管连通。

（5）在测量中，若想校对液面是否在零位，可将阀门柄拨至"校准"处进行校对。

（6）使用后，近日仍欲用时，酒精不必排出，只需将多向阀门拨至"校准"位置，防止酒精改变或蒸发，若需排空酒精，则将多向阀门拨至"测压"处，轻吹套在"+"接头上的橡皮管，使酒精从测量管上端孔口排出，直至排尽。

（二）测压管

应用时，必须用测压管将管流中的压强准确地传递至压力计。经常采用的测压管为普通毕托管。

普通毕托管是感受和传递压力的仪器，其构造如图 5-33 所示。

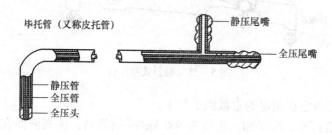

图 5-33　普通毕托管

普通毕托管是由两根铜质套管组成的，弯成 90°的一端在测压时伸入风管内承受气流的压强，称之为测压端，头部有一个连通内铜管的小孔，该小孔是承受气流全压力的。离头部 30mm 的地方，沿外铜管的圆周径向均匀地钻 4 个或 8 个直径为 0.5mm 的小孔，以承受静压。为了减少毕托管对气流运动的干扰，要求毕托管直径不宜过大，一般外铜管外径取 8mm，壁厚取 1mm 左右。而内铜管则可取外径 4mm，壁厚 0.8～1mm 的紫铜管。内、外管应严格气密。

二、测定方法和计算方法

（一）测量时仪器的布置

若想准确地进行压力测定，必须合理地使用和布置仪器。在风网中，吸入段的全压、静压为负值，压出段的全压、静压为正值，而动压不论在吸入段还是压出段均为正值。所以测压管与测压计的连接方式在吸入段与压出段有些不同。具体接法如图 5-34 所示。

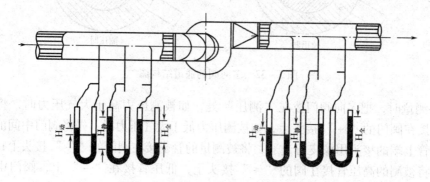

图 5-34　测量风压时仪器连接方法

（二）测量位置的确定

因为风管内速度分布是不均匀的，一般管中心风速最大，越靠近管壁风速越小。所以在工程实践中所指的管内气流速度大都是指平均风速。为了得到断面的平均风速，可采用等截面分环法进行测定。

1. 圆形风管

可将圆管断面划分为若干个等面积的同心环，测点布置在等分各小环面积的中心线上，如图 5-35 所示，把圆面积分成 m 个等面积的环形，则：$F_1 = F_2 = \cdots F_n = \dfrac{F}{m}$，然后将每个等分环面积再二等分，则此圆周距中心为 y_n，与直径交点分别为 1、2、3，$\cdots n$ 点，这些点就是测点位置。设管道的半径为 R，则该圆管断面积为 πR^2，分成 m 个相等的环形面积可写成：

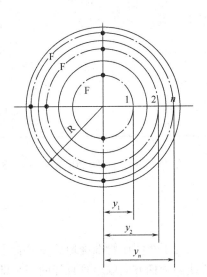

图 5-35　圆管测点布置

$$F_1 = F_2 = \cdots F_n = \frac{F}{m} \tag{5-66}$$

因

$$\pi R^2 = \frac{\pi R^2}{2m} + \pi y_n{}^2 = n\frac{\pi R^2}{m} \tag{5-67}$$

所以

$$R^2 + 2my_n{}^2 = 2nR^2 \tag{5-68}$$

故

$$y_n = R\sqrt{\frac{2n-1}{2m}} \quad （\mathrm{m}） \tag{5-69}$$

式中　R——风管半径，m；

　　　　n——从圆心算起同心环的序号；

　　　　m——根据风管直径决定划分的环数。

各小环划分的原则是：环数取决于风管直径，划分的环数越多，测得的结果越接近实际，但不能太多，否则将给测量和计算工作带来极大麻烦，一般参照表 5-12 分环。

表 5-12　　　　　　　　　　测量时不同管径所分环数

风管直径/mm	≤130	130~200	200~400	400~600	600~800
划分环数	1	2	3	4	6

已知风管直径 $d = 200\mathrm{mm}$，参考表 5-12 可划分为三个同心环，计算各测点距管道中心的距离。

为了简化现场测试的计算工作量，现将 y_n/R 值见表 5-13。

表 5 – 13 圆管测点位置值

从圆心算起同心环序号 n	划分总环数				
	1	2	3	4	6
1	0.0707	0.500	0.409	0.354	0.290
2		0.866	0.707	0.612	0.500
3			0.914	0.790	0.646
4				0.936	0.764
5					0.866
6					0.957

在上例题中：$d = 200mm$，$m = 3$，查表 5 – 13，通过计算：

$$y_1 = 100 \times 0.409 = 40 \ (mm) \tag{5-70}$$

$$y_2 = 100 \times 0.707 = 70.7 \ (mm) \tag{5-71}$$

$$y_3 = 100 \times 0.914 = 91.4 \ (mm) \tag{5-72}$$

为了将测压管准确地放在风管中预定的位置，必须在测压管上作出标志。由测压端中心线向管柄方向取风管直径的一半即 R 为刻度中心，如图 5 – 36 所示，再根据计算出来的 y_1、y_2、$y_3 \cdots y_n$ 值在管柄上逐次标出测点位置。

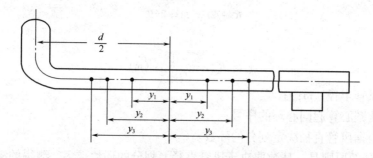

图 5 – 36　测压管标定测点位置

2. 矩形风管

对于矩形管道断面可划分为若干等面积的小方块，测点位置居于每个小方块的中心，如图 5 – 37 所示。其划分原则是：各小方块面积不大于 $0.05m^2$，小块数目不少于 9 块。具体可参考表 5 – 14。

表 5 – 14 矩形风管测定点的确定表

风管面积/m^2	≤0.01	0.01	0.1 ~ 0.4	0.4 ~ 0.6
每边等分数 m	3	4	5	6
测点数 $n = m^2$	9	16	25	36

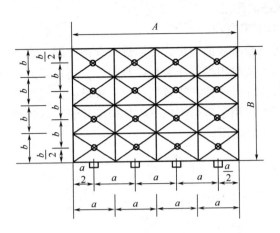

图 5－37　矩形风管测点位置

3. 测定数据的整理计算

对于所测得的全压或静压，只要将各测点的读值平均即为该断面的全压或静压值，但须注意正负。

对于动压它永为正值，按上述方法测得某断面各测点的动压值后，必须按以下方法进行数据整理：

因为

$$v_{cp} = \frac{v_1 + v_2 + \cdots + v_n}{n} \qquad (5-73)$$

且

$$v = 4.04 \sqrt{H_{动}} \qquad (5-74)$$

所以

$$v_{cp} = \frac{1}{n} \times 4.04 \left(\sqrt{H_{动1}} + \sqrt{H_{动2}} + \cdots + \sqrt{H_{动n}} \right) \qquad (5-75)$$

为精确计算起见，其动压应计算为：

$$H_{动cp} = \left(\frac{\sqrt{H_{动1}} + \sqrt{H_{动2}} + \cdots + \sqrt{H_{动n}}}{n} \right)^2 \qquad (5-76)$$

或

$$H_{动cp} = \frac{v_{cp}^2 \gamma}{2g} \qquad (5-77)$$

当 $t = 20℃$，$\gamma = 1.2 kg/m^3$，$g = 9.81 m/s^2$，则

$$v_{cp} = 4.04 \sqrt{H_{动cp}} \qquad (5-78)$$

式中　v_{cp}——风速，m/s；

　　$H_{动cp}$——动压平均值，kg/m^2。

将所测得的平均动压与静压相加即为风管平均全压。

通过计算某断面的平均风速后，可按连续方程求该断面的体积流量：

$$Q = Fv_{cp} \times 3600 \quad (kg/m^3) \qquad (5-79)$$

（三）粮堆表面风速的测定

1. 粮堆表面风速的测定原理

通风气流穿过粮堆从粮堆表面逸出，然后进入仓内空间，为了掌握通风气流在粮堆内分布是否均匀，除了通过测量粮堆静压来加以判断外，还可以通过测定粮堆表面风速的方法来进行判断。因粮堆表面风速往往比较低，所以粮堆表面风速的测定通常采用收集粮面气流方法进行测量，通常采用喇叭形测风罩收集粮面气流，将粮堆表观风速扩大，利于检测。常用测风罩如图 5-38 所示。

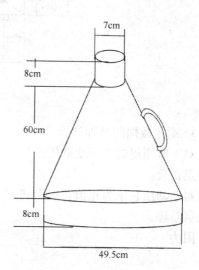

图 5-38　测风罩

通过测风罩将粮堆表观风速扩大的倍数：

$$\frac{\text{底面积}}{\text{顶面积}} = \frac{\pi\left(\frac{49.5}{2}\right)^2}{\pi\left(\frac{7}{2}\right)^2} = \frac{1923.446}{38.465} = 50.005 \tag{5-80}$$

2. 粮堆表面风速的测试方法

根据粮堆面积和通风道风网布置形式，确定具有代表性（如通风道的前、中、后三段和风道上方及两风道中间）的测点位置和数量。利用风速仪和测风罩在确定位置逐点测定风速，并将测定结果填入记录表。

将风速仪（图 5-39、图 5-40）或毕托管测试探头伸入顶部圆管内，在风速仪上直接读取风速数据或在毕托管连接的倾斜式微压计上读取动压数据，动压数据通过换算求出测风罩风速。然后根据测风罩扩大倍数换算成粮面表观风速。

3. 计算方法

（1）动压换算成风速

换算公式

$$V_{\text{表}} = 4.04\sqrt{H_{\text{d}}} \tag{5-81}$$

式中　$V_{\text{表}}$——测风罩平均风速，m/s；

　　　H_{d}——测风罩风压平均值，Pa。

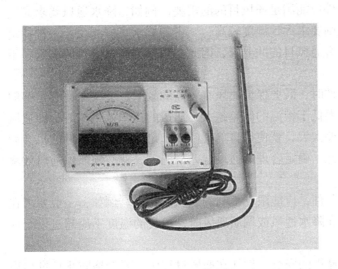

图 5-39　热球式风速仪

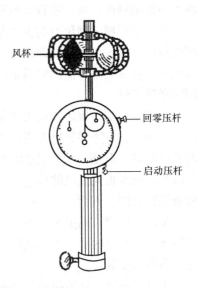

图 5-40　转杯式风速仪

（2）粮面表观风速

$$V_{L表} = \frac{V_表}{50} \tag{5-82}$$

式中　$V_{L表}$——粮堆表观风速，m/s；

　　　$V_表$——测风罩风速，m/s；

　　　50——测风罩风速扩大倍数。

第八节　机械通风条件的判断与选择

根据不同的通风目的，确定是否可以将通风的各种条件组合，我们称为"通风操作条件"。了解操作条件之前，要知道通风原则，并对通风条件进行分析，通风操作条件又分为允许通风的大气条件、结束通风的条件和其他附加条件三类。

一、确定通风的原则

一个机械通风系统组成以后，只是具备了实施机械通风的硬件要素，而何时才应该实施机械通风，还必须取决于以下软件要素——即确定通风的原则。

第一个原则，期望通风达到的目的要与通风具有的功能、通风的合适时机相协调。在生产实际中往往有一些人把机械通风当成灵丹妙药，无论储粮存在什么问题，都想一"吹"了之，而在效果上可能适得其反。比如，储粮因虫害而发生局部发热时，采用机械通风降温，虽可暂时抑制储粮发热，但势必导致虫害在粮堆中大量扩散，进而引发更为严重的虫害，这是一种通风的功能与要达到的目的不协调的错误。又如，在严寒季节进行机械通风降水，这时即使大气的湿度很低，降水的效果也不会十分显著。因为这时粮食和大气的焓值都比较低，水分的蒸发微弱，干燥速度难以提高，这是一种通风时机与通风目的不协调的错误，所以进行机械通风要"对症下药"，盲目地通风是有害的。

第二个原则，通风时的大气条件应能满足通风目的的需要。例如，降水通风要求大气湿度较低，温度要高，而调质通风则要求大气湿度较高，二者的要求正好相反。一种特定的大气条件参数不可能同时满足所有通风目的的要求，因此必须根据通风的目的来选择不同的通风条件。

第三个原则，确定通风大气条件时，既要保证通风有较高的效率，又要保证有足够的机会。例如，对降温通风来说，气温低于粮温的温差越大，通风的冷却效果越好，即通风的效率越高。但是，如果要求的温差太大，就使得自然气候中满足这种温差条件的机会大大减少，甚至丧失通风的机会。因此，确定合理的通风温差、湿差，就必须兼顾通风效率和通风机会两个方面。

第四个原则，确定通风的大气条件，应能限制不利的通风副作用。例如，一般要求在降温通风时粮食的水分不应增加。在降水通风或调质通风时，粮食的温度不应超过安全保管的临界温度等。

第五个原则，通风中必须确保储粮的安全。例如在通风过程中，要严格防止粮堆出现结露等危及储粮安全的现象发生。

以上五条原则涉及大气的温度、湿度、露点，粮堆的水分、温度、露点等参数之间的关系，和各种条件的组合，要同时满足以上五个原则，就要设法在上述诸多参数中找出最佳的平衡点。

二、通风条件的分析

（一）粮食平衡相对湿度曲线与通风条件的分析

在有关篇章中已介绍了粮食的水分与湿度相平衡的原理，粮食的吸附等温曲线和解吸等温曲线，在中间一段是不重合的，也就是说，在相同的相对湿度下，吸附粮食的平衡水分偏低一些，而处于解吸状态的粮食水分偏高一些，从通风实际情况看，大多数的通风中粮食都是处在解吸状态，因此，在讨论粮食的平衡水分时，我们多采用解吸曲线上的数据。

如果将同一粮种在各个温度上的平衡水分值降低，分别连成曲线，就可以得出多条平衡湿度等温曲线。随着温度升高，粮食的平衡水分值降低，表现出较为复杂的函数关系。

例题3：某仓库玉米含水量为15%，粮温为30℃，试分析在气温10℃、相对湿度75%时，可否实施降水通风？

解：查表得出玉米含水量15%、温度30℃时平衡相对湿度77.5%。在通风开始阶段，因为粮温较高，进入粮堆的相对湿度75%、10℃的空气被加热到接近粮温，其相对湿度将下降到22%左右，显然这时是可以达到降水效果的。但是，随着通风的进行，粮温逐渐下降而趋近气温。在10℃时，含水量15%的玉米平衡相对湿度为68%，反而低于大气相对湿度，此时不仅不会降水，而且有可能增水。

从这个例子可以看出，通风是个动态过程，在同样的大气条件下，通风的效果发生了逆转，结果互相抵消了。但是这个逆转点出现的位置，仅通过对平衡相对湿度的分析还不能直接看出。

（二）粮食平衡绝对湿度曲线与通风条件分析

《储粮机械通风技术规程》采用了粮食平衡绝对湿度曲线图来描述通风中各个参数之间的变化规律，图 5－41 是通过计算机数学模型处理实验数据而获得的一个粮食平衡绝对湿度曲线图。图中，纵坐标为绝对湿度，用水蒸气分压（mmHg）表示（1mmHg = 133.3Pa）；横坐标为温度（℃）；曲线 P_b 为一个大气压（760mmHg）下的大气饱和绝对湿度曲线（RH = 100%）。其余成组曲线为粮食平衡绝对湿度曲线，反映了粮食的平衡绝对湿度随温度、水分变化的情况。图中一点 A 在纵轴和横轴上的投影，分别为该点的绝对湿度值 P_{sa} 和温度值

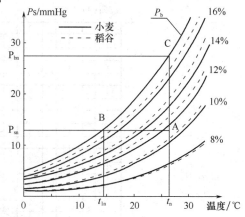

图 5－41　粮食平衡绝对湿度等温线曲线图

t_a；过 A 点的垂直线与曲线 P_b 的交点 C 为 t_a 温度下的大气饱和湿度点，饱和湿度值为 P_{ba}；过 A 点的水平线与曲线 P_b 的交点 B 为 A 点的露点，露点温度值为 t_{la}，而比值 P_{sa}/P_{ba} 即 A 点的相对湿度值 RH_a。如果 A 点正处在粮食水分为 $m\%$ 的平衡绝对湿度曲线上，则 P_{sa}、RH_a、t_{la} 分别代表了该点粮食平衡绝对湿度、平衡相对湿度和粮堆露点温度。从图 5－41 可以看出，不同的粮种在相同的温度、水分情况下，其平衡相对湿度、绝对湿度和露点温度都是不同的，因此在讨论具体通风条件时应区分不同的粮种。

图 5－42 所示为相对湿度与绝对湿度换算图。图 5－43 至图 5－46 分别为小麦、玉米、稻谷、大豆的平衡绝对湿度曲线图。通过这几幅图，我们可以很容易地根据已知条件查出各个与通风有关的参数数值。

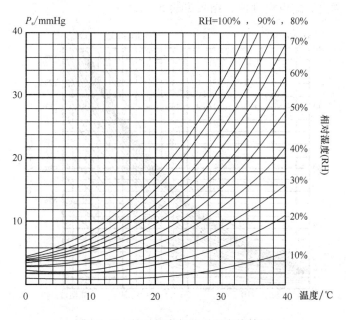

图 5－42　相对湿度与绝对湿度换算图

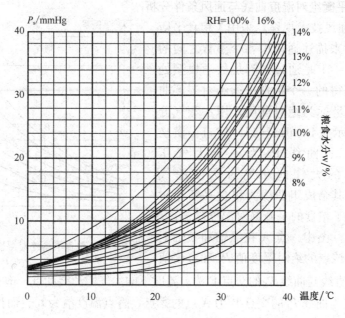

图 5 - 43　小麦平衡绝对湿度曲线图

例题 4：试查出小麦、玉米、稻谷、大米、马铃薯在 13% 水分含量、温度 20℃ 条件下的平衡绝对湿度、平衡相对湿度和露点温度。

解：首先在图 5 - 43 至图 5 - 46 上分别找到粮食水分等于 13% 的曲线与温度为 20℃ 的垂直线的交点，通过该交点作水平线与纵轴相交，在纵轴上读出其平衡绝对湿度值；进而通过该水平线与饱和湿度曲线 P_b 的交点（相当于图 5 - 41 的 B 点）作垂直线，与横轴相交，可对横轴上读出其露点温度值，结果见表 5 - 15：

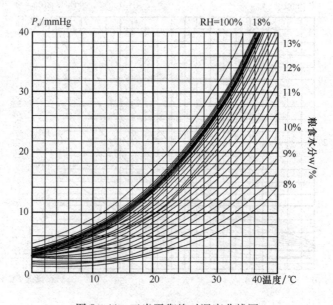

图 5 - 44　玉米平衡绝对湿度曲线图

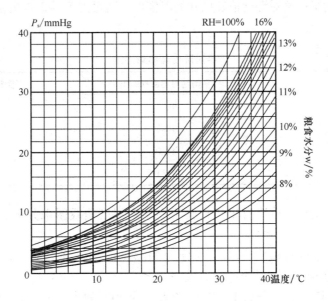

图 5-45 稻谷平衡绝对湿度曲线图

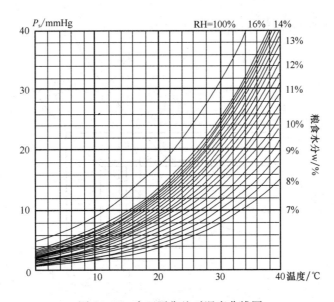

图 5-46 大豆平衡绝对湿度曲线图

表 5-15	绝对湿度与露点温度	
名称	平衡绝对湿度/mmHg	露点温度/℃
小麦	10.0	11.7
玉米	10.5	12.2
稻谷	11.0	12.8
大豆	11.1	13.0

根据已查得的平衡绝对湿度值和已知的温度值，通过图 5-42 查出粮食的平衡相对湿度值见表 5-16：

表 5-16 绝对湿度与相对湿度

名称	平衡绝对湿度/mmHg	平衡相对湿度/%
小麦	10.2	59.0
玉米	10.5	60.7
稻谷	11.0	63.3
大豆	11.1	64.2

以下通过两个例子，可以看出用粮食平衡绝对湿度曲线图来分析通风过程是十分直观的。

例题 5：某粮库拟对温度 30℃、水分为 11.5% 的小麦降温通风，此时大气温度为 20℃、相对湿度为 80%，问是否允许通风？

解：在图 5-47 上，水分为 11.5%，粮温 t_a 为 30℃ 的小麦处于 A 点。可以查出：粮食平衡绝对湿度 $P_{sa}=16.4\%$。

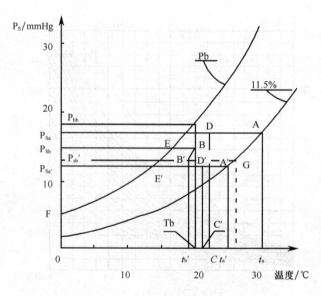

图 5-47 小麦降温通风分析

粮食平衡相对湿度

$$RH_a = 51.9\% \tag{5-83}$$

同时可以查出在气温 t_b 为 20℃ 时：

大气饱和绝对温度

$$P_{bb} = 17.3\,mmHg$$

大气绝对湿度

$$P_{sb} = P_{bb} \times 80\% = 13.9\,mmHg$$

A、B 两点比较：虽然 B 点相对湿度高于 A 点，但其绝对湿度低于 A 点，这表明通风时不会增湿，满足通风的湿度条件；《储粮机械通风技术规程》规定，开始通风时的温差不小于8℃，即此时的通风上限气温应为：

$$30℃ - 8℃ = 22℃（线段 CD）\qquad(5-84)$$

此时气温低于22℃，通风的温度条件也得到满足。结论是允许通风。

分析图 5-47 可以看出，折线 CDEF 给出了允许通风的边界条件，它类似一个"窗口"，如果大气状态处于"窗口"之内则允许通风，反之则不允许通风，这显然是十分直观的。

例题6：上例中小麦经数小时通风，粮温降到25℃，水分基本无变化，而气温降为19℃，气湿降到77%，要求判断是否可以继续通风？

解：根据《机械通风储粮技术规程》，停止通风的温差应为4℃，即上限气温为21℃（相当图 5-47 中 CD）此时气温仍满足通风条件，因为大气相对湿度有所下降，在图 5-47 中大气状态由 B 点移到 B′点，绝对湿度由 13.9mmHg 降到 12.5mmHg；而粮食状态因粮温变化，由 A 点移到 A′，其平衡绝对湿度降到 11.7mmHg，此时"窗口"为 C′、D′、E′、F，可以看到 B′点已移到"窗口"之外，显然继续通风降温将引起粮堆增湿，结论是不宜继续通风。

从上例可以清楚看出通风中各种参数的动态变化情况。如果按一般的经验判断，往往可能认为，既然开始通风时的条件是允许通风，而且在通风过程中气温、气湿都有所下降，理应可以通风。但结论却是否定的。这说明仅凭经验是靠不住的。通过图 5-47 还可以找到通风效果的逆转点位置，即粮温下降到约 26.5℃时的 G 点，其平衡绝对湿度与大气绝对湿度持平。粮温再继续下降则由降湿转为增湿。通过以上两个例子，我们还可以得出一个结论：通风的控制中采用恒定的温度或恒定湿度作为通风的大气条件是完全可靠的。因为即使通风开始时所确定的大气温度、湿度条件是合适的，也不能保证在整个通风过程中始终是合适的。通风大气条件应该随通风的进行而经常相应调整。

三、允许通风的大气条件

允许通风的大气条件是指在一个通风作业阶段开始以后，满足通风目的要求的大气温度、湿度、露点等参数的上限、下限数值。当大气温度、湿度符合该组条件时，则允许启动通风机通风，否则暂停通风，进入等待——但不一定停止通风作业。

（一）允许通风的温度条件

《储粮机械通风技术规程》规定，除我国亚热带地区以外，开始通风时的气温低于粮温的温差不小于8℃，通风进行时的温差要大于4℃；考虑到我国广东等亚热带地区四季温差较小，为保证有足够通风机会，只能牺牲一部分效率，而规定开始通风的温度为6℃，通风进行中温差为3℃。

对自然通风降温来说，因为不消耗能源，为获得更多的通风时机，一般仅要求气温低于粮温即可通风。

对降水通风和调质通风，要求通风后的粮温不超过该批粮食的安全储存温度。粮食安全储存温度可按表 5-17 估算。

表 5 – 17		粮食最高安全储存温度		
粮食水分/%	12	13	14	15	16
最高储存温度/℃	30	25	20	15	10

（二）允许通风的湿度条件

《储粮机械通风技术规程》中的湿度条件一律使用绝对湿度，这样更为明确，条件的表达方式也更为简洁。

对降水通风的湿度条件，《储粮机械通风技术规程》规定：

$$Ps_1 < Ps_{21} \qquad (5-85)$$

式中　Ps_1——大气绝对湿度；

　　　Ps_{21}——粮食水分减一个百分点，且粮食温度等于大气温度时的平衡绝对湿度。

我们注意到一个事实：在机械通风中降水和降温往往是同时存在的。在粮堆中存在两个随气流方向移动的峰面，即冷却前沿和干燥前沿。在冷却前沿之前是尚未冷却的粮食，在冷却前沿之后是已冷却的粮食；对干燥前沿，情况类同。两个前沿的移动速度是不同的，冷却前沿移动速度大大快于干燥前沿（图 5 – 42）。在通风中往往表现为干燥过程尚在进行，冷却过程已经结束。因此，《储粮机械通风技术规程》为了避免出现因为粮温变化而发生通风效果逆转现象，直接将粮温等于气温作为查定粮食平衡绝对湿度的条件。

另外，将粮食水分减一个百分点，是为了进一步增加通风的湿差，以提高通风效率。

对调质机械通风的湿度条件，《储粮机械通风技规程》规定：

$$Ps_1 > Ps_{22} \qquad (5-86)$$

式中　Ps_{22}——粮食水分增加2.5个百分点，且粮食温度等于大气温度时的平衡绝对温度。

我们所使用的平衡绝对湿度曲线是解吸曲线，而同一湿度下对应的吸附曲线平衡水分值一般比解吸曲线低出 2~2.5 个百分点，因此将粮食水分加 2.5 个百分点作为湿差，就是为了补偿两种曲线之差，确保调质通风中能够有效地增湿。

对降温通风，一般仅要求通风中不增湿，并且可以不考虑干燥前沿滞后的问题，因此通风的湿度条件很简单：

$$Ps_1 \leqslant Ps_2 \qquad (5-87)$$

式中　Ps_2——当前粮温下的粮食平衡绝对湿度。

（三）允许通风的露点条件

粮食通风中的结露问题有两种类型，一类是气温低于粮堆露点时，粮堆内部散发出的水蒸发遇冷空气而引起的结露，俗称"内结露"。实践证明，"内结露"在机械通风中影响并不严重，随着引入粮堆的大量低湿空气将粮堆内的高湿空气带走，结露会很快停止。因此，除自然通风以外，这类结露可以不作为通风控制条件。另一类结露是粮温低于大气露点温度，空气中的水气凝结在冷粮上而引起的结露，俗称"外结露"这类结露的水分来源于不断引入粮堆的空气。"外结露"在地下粮库等低温型粮库的误通风中屡见不鲜，往往导致影响储粮安全的严重后果。为防止"外结露"的发生，一般应尽量避免粮温低于大气露点时通风。

表 5 – 18 所示为各类通风的允许通风条件。

表 5-18   允许通风条件表

目的	方式	
	自然通风	机械通风
降温	$Ps_1 < Ps_2$ $t_1 < t_2$ $t_1 < tl_2$	$Ps_1 < Ps_2$ 开始时: $t_2 - t_1 \geqslant 8℃$ (亚热带: $t_2 - t_1 \geqslant 6℃$) 进行时: $t_2 - t_1 \geqslant 4℃$ (亚热带: $t_2 - t_1 \geqslant 3℃$)
降水	$Ps_1 < Ps_2$ $t_2 > tl_2$ $t_2 > tl_1$	$Ps_1 < Ps_{21}$ $t_2 > tl_2$
调质	$Ps_1 \geqslant Ps_{23}$ $t_1 > tl_2$ $t_2 > tl_1$	$Ps_1 \geqslant Ps_{22}$ $t_2 > tl_2$

注: t_1—大气温度; t_2—粮食温度; tl_1—大气露点温度; tl_2—粮食露点温度; Ps_1—大气绝对湿度; Ps_2—当前粮温 t_2 下的粮食绝对湿度; Ps_{21}—粮食水分减 1 个百分点, 且粮食温度等于大气温度 t_1 时的绝对湿度; Ps_{22}—粮食水分加 2.5 个百分点, 且粮食温度等于大气温度 t_2 时的绝对湿度; Ps_{23}—当前粮温 t_2 下, 粮食水分加 2.5 个百分点的粮食平衡绝对湿度。

例题 7: 已知稻谷温度为 30℃, 含水量为 13.5%, 大气温度为 18℃, 相对湿度为 80%, 是否允许降温机械通风?

解: 查图得, 大气绝对湿度 Ps_1 为 12.2mmHg。查图得: 在粮温 t_2 为 30℃ 时, 稻谷平衡绝对湿度 Ps_2, 为 22.1mmHg, 粮堆露点 tl_2 为 24℃。

因为

$$Ps_1 < Ps_2 \tag{5-88}$$

且

$$t_2 - t_1 = 30℃ - 18℃ = 12℃ \geqslant 8℃ \tag{5-89}$$

所以允许降温机械通风。但是由于气温低于粮堆露点, 在通风开始阶段可能有轻微内结露。

例题 8: 已知玉米温度 5℃, 含水量为 18%, 气温为 20℃, 相对湿度为 60%, 是否允许降水机械通风?

解: 查图得, 大气绝对湿度 Ps_1 为 10.4mmHg。大气露点 tl_1 为 12℃。查图得, 玉米含水量减 1 个百分点即 17%, 且粮温等于气温 20℃ 时, 玉米平衡绝对湿度 Ps_2 为 14.4mmHg。

虽然 $Ps_1 < Ps_2$ 满足了湿度条件, 但是由于:

$$t_2 = 5℃ < tl_1 = 12℃ \tag{5-90}$$

可能发生较严重的外结露, 结论是不宜降水机械通风。

例题 9: 已知稻谷温度为 20℃, 含水量为 12.5%, 气温为 18℃, 相对湿度为 80%, 是否允许调质机械通风?

解：查图得，大气绝对湿度 Ps_1 为 12.2mmHg。大气露点 tl_1 为 14.5℃。查图得，稻谷含水量加 2.5 个百分点即 15% 粮温等于气温 18℃ 时，玉米平衡绝对湿度 Ps_{22} 为 11.7mmHg。

因为 $Ps_1 > Ps_{22}$，且 $t_2 > tl_1$；所以，允许调质机械通风。

四、结束通风的条件

结束通风的条件，是指通风的目的已经基本达到，粮堆的温度、水分梯度已基本平衡，可以结束通风作业的条件。

（一）结束降温机械通风的条件

（1）$t_2 - t_1 \leqslant 4℃$（亚热带地区 $t_2 - t_1 \leqslant 3℃$）

（2）粮堆温度梯度 $\leqslant 1℃/m$ 层厚度；

（3）粮堆水分梯度 $\leqslant 0.3\%$ 水分 $/m$ 层厚度。

（二）结束降水机械通风的条件

（1）干燥前沿移出粮面（底层压入式通风时），或移出粮堆底面（底层吸出式通风时）；

（2）粮堆水分梯度 $\leqslant 0.5\%$ 水分 $/m$ 层厚度；

（3）粮堆温度梯度 $\leqslant 1℃/m$ 层厚度。

（三）结束调质通风的条件

（1）粮堆水分达到预期值，但不超过安全储存水分；

（2）粮堆水分和温度梯度同降水通风的梯度要求。

为了达到结束通风的条件，一般在通风目的基本达到后，还应适当延长一段通风时间，使得粮堆内的温度、水分趋于均匀，有利于安全储藏。在粮层厚度较大，温度、水分不易均匀的场合，有时还需要采用诸如变换压入式/吸入式通风的办法来促使加速均匀。

第九节　机械通风的操作管理

一、机械通风的准备

（一）粮食入仓的注意事项

（1）粮食入仓前要检查通风系统是否完好，风道是否畅通；要求风道内不得有积水和异物；地上笼风道的衔接部位要牢固，确保装粮后风网内不会漏入粮食。

（2）在粮食入仓过程中要采取减少自动分级的措施，以保持粮堆的均匀性，并随时检查风道的完好情况，入粮结束后要平整粮面。

（二）通风前的准备

（1）检查风机与风道连接的牢固与密封程度；保证风机接线正确，防止风机反转；采用移动式风机作业时，风机必须有效固定。

（2）开始通风前首先要打开仓房门窗，便于气体交换，减少通风时对仓体形成的压力载荷。

（3）采用揭膜通风的，通风前需要用薄膜覆盖在粮面上。开机后，检查薄膜的完好情况，对查出的漏气孔洞要及时贴补。

（4）测定粮食的温度、水分以及大气的温度、湿度，按照通风条件，判断能否进行通风。

二、通风过程中的管理

（1）储粮机械通风系统的机械和电器的使用管理，按粮食部门《国家粮油仓库仓储机械管理办法》的有关规定执行。

（2）多台风机同时使用时，应逐台单独启动，待一台运转正常后再启动另一台，严禁几台风机同时启动；用于储粮通风作业的风机不允许直接并联或串联使用。

（3）采用吸出式通风作业时，其风机出口要避免直接朝向易损建筑物和人行通道。

（4）设备自动停机时，应查清原因，待事故排除后再重新启动；电机升温过高或设备振动剧烈时应立即停机检修；不允许在运转中对风机及配电设备进行检修。

（5）要对门窗的开启、风机的运转和薄膜的完好情况进行检查；采取吸出式通风的还要经常观察风机出风口是否有异物或粮粒被吸出，发现问题要及时停机处理。

（6）通风开始前和每个阶段通风结束后的粮情检测项目、测点和取样点的布置均按《粮油储藏技术规范》中有关条款执行；在通风进行中允许采用抽样方式检测粮温和水分，但在初始测定的粮温（水分）处和粮温（水分）异常处必须设测温点，其他有代表的点位，如最高、最低粮温（水分）处也可酌情设定测点。

（7）检测粮食水分、温度的时间和要求

①降温通风。每4h至少测定一次温度，并根据变化情况，按照"降温通风条件"中有关要求重新确定是否继续通风；每个阶段通风结束以后要检测整仓粮食水分情况。

②降水通风。每8h至少测定一次温度，并根据变化情况，按照"降水通风条件"中有关要求重新确定是否继续通风；每8h分层定点测定水分一次。

三、通风后管理

（1）及时拆下风机，关闭门窗，用隔热材料堵塞风道口，做好粮堆的隔热密封工作。

（2）拆下的风机经检修、保养和防腐处理后进行妥善保管，以备再用。

（3）详细填写通风作业记录卡。

思考题

1. 什么是储粮通风？
2. 粮堆通风的原理是什么？
3. 储粮机械通风的目的有哪些？
4. 储粮机械通风系统由哪些部分组成？
5. 储粮机械通风是怎样分类的？
6. 粮堆通风的送风形式分为几种？适用场合各是什么？
7. 轴流风机和离心风机各有何使用特点？
8. 什么是通路比？如何确定？

9. 如何布置风道？如何确定风道的间距？

10. 什么是单位通风量？如何确定？

11. 什么是动压、静压和全压，通风过程中如何测定？

12. 什么是管道摩擦阻力、局部阻力和粮层阻力？

13. 什么是风道的开孔率？

14. 如何确定通风降温的开始与结束？

15. 如何确定通风降水的开始与结束？

16. 什么是调质通风？

参考文献

1. 程传秀. 储粮新技术教程. 北京：中国商业出版社，2001.

2. 王平，周焰，曹阳等. 平房仓横向通风降温技术研究. 粮油仓储科技通讯，2011，(2)：19-23.

第六章　粮食低温储藏技术

【学习指导】

熟悉和掌握低温储粮的基本理论和机械制冷系统，重点包括低温储粮的概念、低温储粮原理、低温仓的建筑要求、常用隔热材料及隔热结构、围护结构的传热系数计算、蒸气压缩式制冷的理论循环和蒸气压缩式制冷系统设备与制冷剂，低温储藏冷负荷计算。了解低温储藏的方法和低温储粮的特点。

第一节　概述

一、低温储粮的发展概况

低温储藏是现代储藏技术中较常采用的一种，主要是通过控制"温度"这一物理因子，使粮堆处于较常规温度低的状态，增加了粮食的储藏稳定性。由于粮食是具有生命的有机体，因此，低温必须在不冻坏粮食的基础上，在维持其正常生命活动的前提下，将粮食置于一定范围的低温中，同时这一低温又必须能抑制虫霉生长、繁育，限制储粮品质的变化速度，从而达到安全储藏的目的。

经过长期的研究和应用实践，人们认为15℃是粮食低温储藏的理想温度，这一温度可以有效地限制粮堆中生物体的生命活动，延缓储粮品质变化。粮食在不超过20℃的温度下储藏，也能达到一定的低温储藏效果，同时还可以减少低温储藏的运行费用，提高低温储藏的效益，因此这一温度称作准低温储藏。特别是准低温储藏在我国北方地区，可以通过自然低温和采取有效隔热措施来实现，所以近年来推广较快，备受仓储企业的欢迎。在我国常将仓温保持在15℃以下的粮仓称低温仓；仓温在20℃以下的粮仓称准低温仓；仓温在25℃以下的粮仓称标准常温仓。

低温储粮所指的温度并非指粮堆的平均温度，特别对于大粮堆，平均温度往往是比较稳定的，而且用其说明粮堆稳定性将会出现比较大的误差，甚至掩盖粮堆出现的问题。低温储粮的温度最初是指最高温度，但是在实际工作中，发现最高粮温的控制是非常困难的和不经济的，在《粮油储藏技术规范》（LS/T 29890—2013）中低温储藏（low temperature storage）指粮堆平均温度常年保持在15℃及以下，局部最高粮温不高于20℃的储藏方式。准低温储藏（quasi-low temperature storage）指粮堆平均粮温常年保持在20℃及以下，局部最高粮温不高于25℃的储藏方式。

低温储粮的历史非常悠久，但在历史上无论国内还是国外主要是利用自然低温储粮，除少数国家采用地面自然低温外，大多数为地下低温储粮，所以历史上所指的低温储藏应该属于地下储藏。近几十年来，随着储粮技术的发展及推广，储粮机械通风低温储藏已成为广泛应用的储粮技术，既可以用于降温、均温、处理发热粮，也可用于偏高水分粮的降水，在很多国家认为通风降水比烘干更经济、更实用。机械制冷低温储粮，有五六十年的历史。1933 年，日本的河野长盛首先开始了低温储粮的基础性研究，1951 年日本在茨城县建成了第一座低温粮仓，自此之后低温仓在日本的发展异常迅速，应用非常广泛，日本的主要储藏粮种糙米，大多数是储藏在低温仓或准低温仓中。

我国的机械制冷低温储粮是在 20 世纪 70 年代以后发展起来的。当时机械制冷低温储藏主要用于解决大米、面粉等成品粮的度夏难、品质变化快的问题。近年来在一些大中城市，特别是南方地区，为配合城市应急预案中成品粮储备数量和时间的增加，新建了一些用于高温季节成品粮储藏的低温粮仓。由于空调机易于安装，运行管理简单，所以 20 世纪 80 年代以来，空调低温储粮在我国开始普遍应用，但其所达到的低温温度多在 20℃左右，若仓房隔热性能较好，也可达到准低温的范围。在 1998 年后建造的 550 亿 kg 仓容的新仓中，部分配备了国产化的谷物冷却机。作为低温储粮的专用制冷设备，谷物冷却机在低温储藏冷却粮食时，可直接与仓壁上的风机接口对接，将冷空气通过储粮通风系统直接送入粮堆，粮食冷却降温速度快，效果明显，操作方便，解决了长期以来粮食低温储藏制冷设备不符合处理要求的问题。

由于低温储藏具有明显的减缓粮食品质劣变的作用，特别在保持成品粮的色、香、味方面更具有其他储粮技术不可比拟的优越性，因此，随着我国现代化的实现，国民生活水平的提高，人们对粮食、食品品质的日益重视以及绿色储粮技术的推广应用，低温储藏必将成为一种具有发展前途的现代储粮技术。

二、低温储粮的特点

低温储藏具有显著的优越性，可以有效限制粮堆生物体的生命活动，减少储粮的损失，延缓粮食的陈化，特别是在面粉、大米、油脂、食品等色、香、味保鲜方面效果显著。同时还具有不用或少用化学药剂，避免或减少了污染，保持储粮卫生等特点，并且低温储藏还可作为高水分粮、偏高水分粮的一种应急处理措施，是绿色储粮技术中最具发展前景的技术。

目前，低温储藏技术由于投资较大，运行费用较高，且若仓房围护结构中防潮层不完善或冷空气气流组织不合理，易造成粮食水分转移，甚至结露，这些均限制了低温储藏的推广使用。但是随着我国工业发展，特别是电力供应能力的提高和部分地区实行波谷电价，对降低低温储粮成本，进一步推广低温储粮技术非常有效。

三、低温储粮原理

粮堆是一个复杂的人工生态体系，在此体系中既有生物成分也有非生物成分，而粮食的储藏稳定性则取决于这些生物、非生物成分与环境间的相互作用，相互影响，相互制约。温度和水分是影响一切生物生命活动强弱的两个重要生态因子，特别是对呼吸作用的影响更为显著。然而，温度、水分两个因子对呼吸作用的影响并非独立的，而是具有联合的、相互制约的作用，因此低温对储粮的生物学效应是多因子综合效应的结果。在储粮生产实际中，也常常根据粮食的不同含水量，而采用不同的低温，以达到安全储藏的目的。据报道英国湿粮冷藏的温度是依据粮食的含水量而定的，如表 6 - 1 所示：

表 6－1　　　　　　　　　　　　温粮冷藏的温度与含水量

粮食含水量	储藏温度
16% ~17%	12 ~16℃
20% ~21%	5 ~8℃
29%	－6℃

储粮的安全与否主要取决于粮堆生物体生命活动的强弱，所以，低温储粮的效果在于其对粮堆生物体——粮食以及虫、螨、霉等生物体的控制程度。低温储粮的原理正是控制粮堆生物体所处环境的温度，限制有害生物体的生长、繁育、延缓粮食的品质陈化，达到粮食安全储藏的目的。

（一）低温与储粮害虫

储粮害虫与其他昆虫一样是变温动物，生理上缺乏调节体温的机能或此机能不完善，对温度的适应性较差。温度对变温动物发生直接作用，变温动物的体温是随外界温度的变化而变化的，表现在动物的新陈代谢强度、生长速率方面。温度是仓虫生活环境中最重要的无机环境因素，它对仓虫发育速度影响比较明显，储粮害虫由于长期在比野外温度高的室内生活，多数虫种又起源于热带，耐低温能力较弱，对稍高的温度比较适应。大多数重要的储粮害虫最适生长温度为 25 ~35℃，极限低温为 17℃，若将温度控制在 17℃尤其在 15℃以下，虫体开始呈现冷麻痹，此时，任何害虫都不能完成它们的生活史。当温度降到 5 ~10℃，昆虫出现冷昏迷，这时即使不能使其快速致死，也可使昆虫不能活动并阻止它们取食，结果会由于饥饿衰竭而间接地使害虫死亡。

5℃以下虫类便不能蔓延发展。当温度降到 0℃以下，昆虫体液开始冷冻；－4.5℃以下昆虫体液冻结而致死。

低温防治储粮害虫的效果，取决于低温程度、在低温下所经历的时间及温度变化速度。很低的温度，能在短时间内杀死害虫。如锯谷盗、赤拟谷盗、烟草甲及粉斑螟在 －10℃下 7 ~9h 死亡，在 －20℃下，数分钟即死亡。害虫较长时间地处在较低的温度条件下，也会死亡。如米象的非成虫期，在 1.6℃下经 2 周或在 4.7℃下经 3 周死亡。偏低的温度，虽不能杀死害虫，但能有效控制昆虫种群的增长，低温可延长完成一个世代的天数。

许多学者认为 17℃是对大多数主要仓虫正常发育速率有明显抑制作用的下限温度。螨类生长繁殖的适宜温度为 20 ~30℃，它比昆虫具有更强的抗低温性，一般在低于 5℃时无活动能力；－5 ~0℃时有较低的致死率；－10℃以下的低温才能有效致死。限制主要储粮螨类生长发育的温度为 0 ~10℃，但只要控制粮食水分在 12%以下，就能有效控制螨类的发展。但是如果用低温控制高水分粮中螨类的发展，则温度必须降低至 5℃以下。

另外温度突然降低，杀虫抑虫效果较好。

（二）低温与粮食微生物

粮食在储藏期间感染的微生物大部分是霉菌，其生长和繁殖，在一定程度上取决于环境温度，同时还与菌种及粮食含水量有关，因此，在一定范围内，低温能有效地防止储藏真菌的侵害。

粮堆温度在 －10 ~70℃都有相应的微生物生长，但霉菌大多数为中温性微生物，生长的最适温度为 20 ~40℃，如青霉生长的最适温度一般在 20℃左右，曲霉生长的最适温度一般在30℃左右，只有灰绿曲霉中个别种接近低温微生物，最低生长温度可为−8℃。但是微生物在低温下的正常生长还依赖于环境湿度，所以在比较干燥的粮仓中，粮温保持在10℃以下，微生物的生长发育缓慢甚至停滞。一般来说，在低温仓15℃以下，粮堆相对湿度为75%以下，就可抑制大多数粮食微生物的生长和繁殖。

大多数微生物在低于生长的最低温度下，代谢活动降低，生长繁殖停滞，但仍能生存，一旦遇到适宜的环境就可以继续生长繁殖。如在−20℃的低温仓中，仍能分离到几种青霉、黑根霉、高大毛霉等，可见低温抑菌是容易的，而想达到灭菌是很困难的。

另外，温度对一些霉菌的产毒也有影响，一般霉菌的生长适宜温度，也是它产生全部代谢产物的最适温度。例如黄青霉在30℃的最适温度下培养，42h内青霉素的产量比在20℃下培养时产量高；黄曲霉的产毒菌株在28~32℃下培养，生长旺盛，同时毒素产量也最高。所以，低温储粮，不但能抑制粮食微生物的生长与繁殖，同时还可以防止和避免一些产毒菌株产生毒素，保证粮食的卫生。

微生物在粮堆中的生长和繁殖在很大程度上决定于水分与温度的联合作用。通常粮食水分达到微生物活动的适宜范围时，微生物对温度的适应范围就宽些；如果粮食水分在微生物活动的适宜范围以外，则微生物对温度的适应性就差些。因此用低温来抑制霉菌在粮堆中的发展必须配合控制粮食的含水量，才能获得良好的效果。

（三）低温与粮食品质

粮温、仓温与粮粒本身的生命活动及代谢有着密切的关系。粮食的呼吸强度、各种成分的劣变及营养成分的损失都是随温度的升高而增加的，所以低温储藏能有效地降低粮食由于呼吸作用及其他生命活动所引起的损失和品质变化，从而保持了粮食的新鲜度、营养成分及生命力。

一般来说，处于安全水分以内的粮食，只要控制粮温在15℃以下，便可抑制粮食的呼吸作用，呼吸强度明显减弱，甚至当粮食含水量达到临界水分时，在较低温度下，仍不出现呼吸强度显著增加的现象，如图6−1和图6−2所示［呼吸强度以每小时100粒样品的耗氧量来表示，单位为μL/（100粒·h）］。在20℃以下，稻谷和小麦均未出现呼吸强度的突然增加，而停留在低限水平。这种低温对呼吸作用的抑制效应，有利于增加储粮稳定性及延长安全储藏期。另外由于低温可以抑制粮食的呼吸作用，所以也可减少干物质的损失。

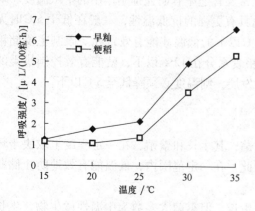

图6−1　低温对稻谷呼吸作用的抑制

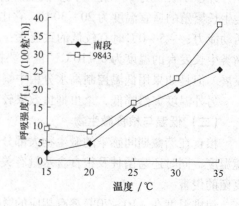

图6−2　低温对小麦呼吸作用的抑制

　　低温储藏有利于粮食品质的保持，尤其是对发芽率的保持具有明显效果，如在常温下储藏的糙米其发芽率在 7~8 月份急剧减少，12 月份到翌年 3 月几乎完全丧失，而同时在低温下储藏的糙米，两年后发芽率仅降至 60% 左右，同样低温储藏对其他品质劣变指标还原糖非还原糖、总酸度、脂肪酸值、黏度及酶活性等均有一定的影响，其中低温储藏对脂肪酸值的影响较明显（表 6-2）。

表 6-2　　　　　　　　　　　小麦在低温及常温下储藏时脂肪酸值的变化　　　　　　　　单位：mgKOH/100g

储藏期/年	低温		常温	
	加拿大小麦	美国小麦	加拿大小麦	美国小麦
0	8.9	9.1	8.9	9.1
2	14.3	13.9	16.8	17.0
4	21.6	21.5	23.3	29.5
6	17.4	17.9	23.9	27.8
8	18.6	18.9	29.7	33.4
10	19.7	25.2	35.9	39.2
12	19.7	21.4	36.4	35.3
14	22.1	24.6	44.1	42.4
16	25.2	25.6	48.8	44.6

　　低温储藏还可以使粮食保持良好的感观品质及蒸煮品质，如色泽、气味、口感、黏度及硬度等。

　　低温储藏能使粮食保持较高的活力，这主要源自粮粒中与其生命活动和生理代谢密切相关的一些重要酶类，在低温下储藏的活性均高于高温，如细胞色素氧化酶（COX）、超氧化物歧化酶（SOD）、过氧化氢酶（CAT）、过氧化物酶（POD），在不同温度下的变化如图 6-3、图 6-4、图 6-5 和图 6-6 所示。

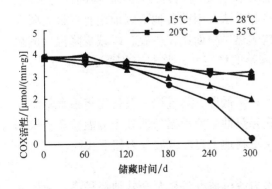

图 6-3　小麦细胞色素氧化酶（COX）活性

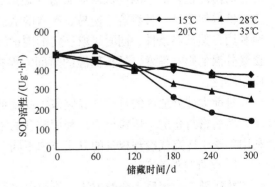

图 6-4　小麦超氧化物歧化酶（SOD）活性

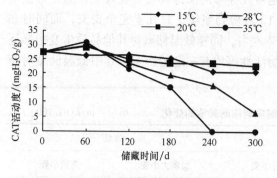

图6-5 麦过氧化氢酶（CAT）活性

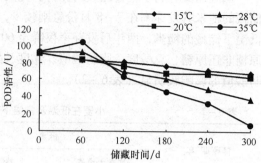

图6-6 小麦过氧化物酶（POD）活性

总之低温储藏可以推迟粮食的品质劣变，延缓陈化、有效地保持粮食的生命力及新鲜度，达到安全储藏的目的。但应当指出，低温储粮的效果还与许多因素有关，特别是粮食本身的含水量，是影响低温储粮效果的一个重要因素，不可忽视，对于不同含水量的粮食应采用不同的低温程度，才能达到理想的储藏效果，采取低温配合低水分则可以有效地减缓品质变化速度，明显地延长粮食的安全储藏期限，达到预期的低温储藏效果。

四、低温储粮方法

低温储藏的关键在于获得较低的仓温、粮温，这一过程的实现依赖于一定的冷源，目前人类所能利用的冷源可分为自然冷源与人工冷源两大类。在低温储粮中根据所利用的冷源及机械设备的不同，获得低温的方法也不同，常可分作如下几类。

（一）自然低温储藏

在储藏期间单纯地利用自然冷源即自然条件来降低和维持粮温，并配以隔热或密封压盖粮堆的措施。自然低温储藏按获得低温的途径不同，又可简单地分为地上自然低温储藏、地下低温储藏和水下低温储藏，由于自然低温储藏完全利用自然冷源，因此受地理位置、气候条件及季节的限制较大，其冷却效果常常不能令人满意。

我国幅员辽阔，四季分明。一般在北纬30°以北的地区，冬季气温都在0℃以下，同时相对湿度也较低，因此低温储粮有充足的自然冷源，是利用自然低温储粮的优势区域。自然低温储藏是一种经济、简易、有效的低温冷却方法，因此各地应因地制宜，最大限度地利用自然低温条件，同时采取一定的围护结构隔热、粮面压盖措施，以减少降温后的粮食受外温的影响程度，延长低温的时间，保持储粮的稳定性，此方法备受基层粮仓欢迎，应用广泛。

目前大部分地区的自然低温储藏主要是地上自然低温，其过程一般是先将粮食降温冷却，然后密封仓房，压盖粮面，利用粮食的不良导热性，使粮温长期处于低温状态。根据利用冬季干冷空气冷却粮食的方式方法不同，又可将地上自然低温分为如下几种。

1. 仓外自然冷却

此法是先冷却后入仓的方法。将粮食采用人力或机械设备移至仓外地势稍高、通风条件好的场地上。一般选择干燥寒冷天气，在17时左右将粮食移出，如为包装粮，可堆成通风垛。堆垛时要注意将垛的通风口对准当地冬季主导风的风向，以提高通风冷却效果。

垛上要进行苫盖，并可根据气温的变化情况，白天盖夜间揭开，并要避免雨雪进入粮垛。粮食在仓外冷却时间的长短主要取决于粮温与气温的温差。如果粮食不急于入仓，可在露天多放些时间，最好能将粮温降低到当地气温的最低温度。如果急于入仓，则可在夜间用轴流风机或大风量低风压的离心风机对露天垛进行强力通风，以便提高降温速度。如果为散装粮，则应在移至场地后，摊成薄层，冷冻过夜，次日入仓。在冷却过程中要注意夜间露湿，加强苫盖。为提高冷却速度及效果，可采用与晒粮作业相类似的翻动粮面或粮面扒沟的方法，这样不但能使粮食降温快，而且也可使含水量偏高的粮食降低一部分水分。对于含杂较多的粮食或有虫粮，还可配以过筛入仓，除去害虫和杂质。

2. 仓内自然冷却

仓外冷却需进行粮食的搬倒，且要有足够的仓外场地，这一点限制了许多仓库的使用，增加的费用也越来越高。此时可进行仓内自然冷却，即粮食在仓内就仓冷却。它不仅适合包装粮也适合散装粮。在冬季严寒干燥季节，将仓房门窗打开，使仓外冷空气自然地在粮面流通，逐层冷却粮食。由于粮食是热的不良导体，粮温降低较慢，特别是水分大、粮堆高的粮食冷却效果不太显著，但因此方法经济，且不需任何机械设备，所以在我国仍然是一种较为普遍的冷却方法。为了提高冷却效果，对于包装粮，粮垛形式应与粮仓形式及门窗方向相适应，粮垛间的走道方向应与仓房内空气通过门窗的流动方向一致，以减小空气的流动阻力，提高粮食的冷却速度。对于散装粮来讲，为了增加通风冷却效果，可采用翻动粮面、扒沟、挖塘等方法。其冷却效果取决于翻动次数、深度、粮堆接触空气面积以及内外温差大小。这种方法由于作业繁重和中下层粮堆冷却不够彻底，全面冷却仍受到一定程度的限制，冷却效果欠佳。

在进行仓内自然冷却时，应注意选择适宜的天气，以仓外低温、干燥的空气为选择原则，进行合理通风，否则不但不利于粮食的冷却与干燥，反而起到相反的效果，降低储粮稳定性。

3. 转仓冷却

将粮食连续通过一定长度仓外输送作业线及设备，由一个仓房转入另一仓房，或仍转入原仓房，使粮食在转运输送的过程中得到冷却。仓内外温差越大，粮食在仓外的输送作业线越长，与冷空气接触的时间越久，则冷却效果就越好。在现代化的机械化大型粮仓中，粮食输送设备完善，机械化程度高，采用此冷却方法较方便，效果也较理想。但是由于这种转仓冷却需要运行一批输送和出入仓设备，也将增加储粮成本。另外转仓冷却的方法主要适用于散装粮，若为包装粮则冷却效果较差。

在进行自然低温储藏粮食时，要想获得理想的储藏效果，除了使粮温降到尽可能的低温以外，还要注意做好隔热工作。一般在粮食冷透、粮温降到接近仓外冷空气温度时，应立即密封仓房门窗。把暂时不用的门窗封死，在其两侧用塑料薄膜或其他密封材料封严，不留缝隙，最好用一些隔热材料在仓内侧将门窗覆盖堵实。留作出入仓的仓门最好采用隔热仓门，并在其右下方开一个小门，供平时检验管理人员出入。仓房密封后，应尽可能减少进仓次数、进仓人数及时间，出入仓时应随即关门以减缓粮温的回升。在密封仓房的同时，还应进行粮面压盖，对于隔热性较差的普通房式仓，压盖粮面是一种有效的隔热保冷措施。其效果关键在于压盖物料的厚度及所采用材料的隔热性能。在粮仓中常用的压盖材料有很多，如稻壳、麦壳、棉籽皮、干砖、干沙、席子、棉絮、毡毯、聚苯乙烯板、聚乙烯板、异种粮包等，这些材料均具有良好的隔热性能，且可吸收一定水分而不易造成粮面结露。另外仓房围护结构中的各类孔洞，务必在春暖气温回升之前采用具有隔热性的材料密封堵严。另外在进行粮食自然低温储藏之前，若能对普通的房式仓围护结构进行适当的隔热改造，提高仓房的隔热保冷性能，则低温储藏效果会更佳。

（二）机械通风低温储藏

机械通风低温储藏利用自然冷源——冷空气，通过机械设备——通风机对粮堆进行强制通风使粮温下降，增加其储藏稳定性。当然机械通风低温储藏仍然属于利用自然冷源的范畴，同样受气候条件和季节的限制，所以粮堆的机械通风常在秋末冬初进行，但是机械通风低温储藏由于实行了强力通风，强制冷却，冷却效果自然好于自然低温储藏，当然保管费用也有所提高。机械通风低温储粮技术的具体内容已在第五章详述。

（三）机械制冷低温储藏

机械制冷低温储藏通常指，在低温仓中利用一定的人工制冷设备，使粮仓维持在一定的低温范围，并使仓内空气进行强制性循环流动，达到温湿分布均匀的低温储藏方法。此低温储藏法是利用人工冷源冷却粮食，因此不受地理位置及季节的限制，是成品粮安全度夏的理想途径，是低温储藏中效果最好的一种，但因机械制冷低温储藏设备价格较高，且对仓房隔热性有一定的要求，所以投资较大，加之制冷设备的运行管理费用也偏高，而限制了在我国及一些发展中国家的推广应用。用于低温储粮的机械设备自 20 世纪 70 年代至今，经历了通用制冷设备、空调机、谷冷机三个时代。

第二节　低温粮仓的建筑要求

低温粮仓无论是采取自然冷却还是人工冷却，当仓外气温较高、湿度较大时，如仓库无一定的改造措施，粮温、仓温及粮食水分，常因受太阳辐射和大气温湿度的影响，使粮温上升，仓湿增加。因此在低温储藏过程中，为了减少和削弱外界高温和潮湿的影响，必须对普通的粮仓进行围护结构的改造，以满足低温储藏对仓房的建筑要求。

一、低温粮仓的建筑要求

1. 隔热保冷

隔热保冷是低温仓能否达到预期效果，甚至是预期温度的一个关键。根据计算，机械制冷低温储藏时所需的制冷量，有 30%～35% 是通过围护结构实现的，如果仓房围护结构的隔热性较差，为了维持较低的粮温、仓温与温度的稳定性，必将会延长制冷设备的运行时间及开机次数，增加粮食的储藏成本。同时还要注意，仓温、粮温的波动与储粮品质的变化速度密切相关。仓房良好的隔热结构，能保持仓温、粮温的稳定，波动小，并减少制冷设备的开启次数，缩短运行时间，降低运行费用，保证储粮品质，提高低温储藏效果。大多数粮仓采用由多层材料组成的隔热围护结构，即所谓静态隔热结构，以减少外界向低温仓的传热量。

2. 防潮隔汽

防潮性是低温仓的另一非常重要的性能要求。由于低温仓内外温差较大，必然引起仓内外水蒸气压差的增加，造成了同一区域湿蒸汽更易进入低温仓的状况，因此对低温仓围护结构防潮层的要求更严格。同时当大气中的水蒸气通过围护结构的隔热层并在其中滞留时，将会降低隔热结构的隔热性能，破坏其隔热保冷效果。因此在对普通仓房进行隔热改造的同时，还应对房顶、墙壁、地坪均进行防潮处理，增设防潮层或对原防潮层进行修补完善，且注意三面防潮层的连接，使它们连接成一体，不留缝隙，常用的防潮材料为沥青和油毡，也可选用一些新型防潮材料，如防水砂浆、防水剂、聚氨酯防水涂料、PVC 改性沥青防水卷材等。一般地区对围护结构进行二油一毡处理即可，对于潮湿地区可进行三油两毡处理。

3. 结构坚固

低温仓的围护结构基本上都是由多层材料组成的，设计和建造时要注意各层材料间在结构上应有坚固的拉结，施工时对承重结构尤其应注意，要防止在低温仓使用期间，由于仓内外温差大而产生结构变形，影响粮仓寿命甚至出现事故。

4. 经济合理

在低温储藏技术应用中，仓房改造、购置设备的投资较大，低温仓使用中的运行费也较高，因此在低温仓的设计中，对所用材料、设备及制冷工质的选择均应因地制宜、就地取材、充分考虑低温储粮的经济性和储粮成本，以弥补低温储藏的不足和缺陷，提高推广应用的可能性。

二、隔热材料的特性与常用隔热材料

通常把热导率小于 0.23W/（m·K），容重小于 $1000kg/m^3$ 的建筑材料称为隔热材料或保温材料。

（一）隔热材料的特性

1. 热导率小

这是选择隔热材料应首先考虑的。一般低温仓中使用的隔热材料其热导率应在 0.024 ~ 0.14W/（m·K）之间，以保证其高的隔热性能。

2. 容重小

隔热材料之所以具有较小的导热系数和它的多孔性结构是分不开的。而多孔性材料其容重就比较小。在隔热材料的微孔中充满了空气，而空气质轻，热导率小 [$\lambda = 0.024$ ~ 0.08 W/（m·K）]，因此容重小的材料内部孔隙多，λ 值小，隔热性能好。但是必须要注意的是隔热材料中的孔隙应足够小，如果孔隙较大甚至连成大孔，则会产生较强的对流传热，使隔热材料的隔热性大大下降。因隔热材料的容重和其隔热性有较好的一致性，所以材料的容重也成为隔热材料的一个重要性能指标。如膨胀珍珠岩容重为 $300kg/m^3$ 时，λ 为 0.12W/（m·K），而容重为 $90kg/m^3$ 时，λ 为 0.045W/（m·K），由此可见良好的隔热材料多为孔隙多、密度小的轻质材料。

3. 材料本身不易燃烧或可自熄

隔热材料最好具有较好的耐火性、安全性，在发生火灾时，不致沿隔热材料蔓延至他处，甚至产生有毒气体。如目前常用的聚苯乙烯泡沫塑料有两种，一种是可发性聚苯乙烯泡沫塑料，另一种是可熄性聚苯乙烯泡沫塑料，后者离开火焰后，在 2s 内可自行熄灭，比较安全，但其价格比前者高 25% 左右。因粮仓是没有火源的，所以在低温粮仓中使用较多的还是可发性聚苯乙烯泡沫塑料。

4. 机械强度高

这主要是对预制板材的要求，板材具有一定的机械强度，可以避免在使用一定时期后出现变形、凸起、挠曲、沉陷和剥落等现象。另外，选择机械强度高的隔热材料，还可以简化施工中的支承结构，减少"冷桥"，降低施工费用。

5. 其他性能

要求隔热材料应具备一定的憎水性，不易吸水；不易霉烂、虫蛀、鼠食；无毒安全；价廉易购；施工方便。

以上几方面是在选择隔热材料时的一些原则，就目前所使用的隔热材料来讲，难以完全满足所有要求，因此在选择材料时要因地制宜，尽量就地取材，考虑材料的主要特性，尽可能做到经济合理。

（二）粮仓常用隔热材料

1. 稻壳

稻壳（图6-7）又称砻糠，因其价格低廉，取材容易，被广泛应用于低温仓的隔热结构中，特别在外墙中应用较多，尤其在粮食部门稻壳来源极为丰富，所以是较早在低温粮仓中使用的隔热材料之一。稻壳的干容重为 150kg/m³，其热导率随含水量不同而变化，在 0.093～0.16 W/（m·K）之间。这种材料的主要缺点是憎水性差，吸湿性强，易生虫、霉烂、鼠咬，在使用期间还易产生密实性下沉，因此在使用之前应将稻壳充分晒干，灌注时力求密实，在使用中要定期检查，发现沉陷应及时填充密实，避免结构中出现冷桥，另外为了保证其隔热性能，使用若干年后应将稻壳进行更换或取出翻晒干燥后再填充到结构中。

2. 膨胀珍珠岩

膨胀珍珠岩（图6-8）是目前国内低温仓、民用住宅及工业建筑中常用的散粒状隔热材料，以珍珠岩、黑曜岩或松脂岩为原料，经破碎、预热、熔烧（1180～1250℃），使内部所含结晶水及挥发性成分急剧汽化，体积迅速膨胀并冷却成为白色松散颗粒状，即为膨胀珍珠岩，膨胀后的珍珠岩的体积为原体积的 7～30 倍，因此其具有容重小和隔热性好的特点。作为隔热材料，膨胀珍珠岩具有导热系数小、容重小、无毒、无味、无刺激，并能避免虫蛀、霉烂、鼠咬，且不燃烧，来源丰富，价格低廉的优点，常用于低温仓外墙及仓顶的隔热。其缺点是吸水率较高，吸水量可达本身重量的 2～9 倍，容重越小其吸水率越高，吸水后其强度及隔热性能下降，因此在使用中应保持其干燥。我国很多地区都有丰富的珍珠岩矿，如黑龙江、吉林、辽宁、河北、内蒙古、山西及浙江等。根据珍珠岩的性能不同，一般将产品分为三类，如表6-3所示。

图6-7　稻壳

图6-8　膨胀珍珠岩

表 6 - 3　　　　　　　　　　膨胀珍珠岩性能

指标	单位	产品分类		
		I	II	III
容重	kg/m³	<80	80～150	150～200
粒度	mm	粒径＞205mm 的不超过 5%； 粒径＜0.15mm 的不大于 8%	粒径＜0.15mm 的不大于 8%	粒径＜0.15mm 的大于 8%
热导率	W/（m·℃）	<0.052	0.052～0.064	0.064～0.076
含水率	%（质量百分比）	<20	<20	<20
使用温度	℃	800	800	800

3. 膨胀蛭石

膨胀蛭石是以蛭石为原料，经烘干、破碎、焙烧（900～1000℃），在短时间内体积急剧增大而膨胀（约 20 倍）成为由许多薄片组成的、层状结构的松散颗粒（图 6 - 9）。它具有与膨胀珍珠岩一样的特征，也是一种很好的保温材料。其容重为 80～120kg/m³，热导率为 0.05～0.07W/（m·K），使用温度可高达 1000～1100℃，耐碱不耐酸，吸水性较大。我国的蛭石资源也很丰富，如河南、山西、山东、湖北、辽宁、河北、陕西、四川等地都有。蛭石按其焙烧后的体积膨胀倍数分为四级：一级的膨胀倍数大于 8 倍；第二级为 6～8 倍；三级为 3～5 倍；四级小于 3 倍。蛭石的吸水性与容重成反比，容重越小吸水率越高。每当吸水率提高 1% 时，它的导热系数平均增加 2% 左右。

4. 聚苯乙烯泡沫塑料

泡沫塑料是以各种树脂为原料，加入一定量的发泡剂、催化剂、稳定剂等辅助材料，经加热发泡膨胀而制成的一种新型轻质隔热材料（图 6 - 10）。其种类很多，均以所用树脂名称而得名。用作隔热保温的泡沫塑料可分为硬质和软质两种，在围护结构中使用的泡沫塑料均属硬质泡沫塑料，且常为预制板材。

图 6 - 9　膨胀蛭石

图 6 - 10　聚苯乙烯泡沫塑料

目前应用较普遍的是聚苯乙烯硬质泡沫塑料，也称可发性聚苯乙烯泡沫塑料，它又可分为自熄性和非自熄性两种。在隔热结构中以使用自熄性为宜。它以石油的副产品苯与乙烯合成为苯乙烯，再经过聚合成颗粒状的聚苯乙烯，然后加入戊烷或异戊烷作发泡剂，若再加入溴化物则可生产成自熄性聚苯乙烯泡沫塑料。这种材料加工方便，可根据需要做成不同厚度，不同大小的板材，也可做成管壳，灵活性好。这种材料的优点是隔热保温性好，热导率常在 0.034 W/（m·K）左右，容重小，有一定的憎水性，抗压强度高，不易腐烂变质，施工方便，不生虫、不发霉、不被鼠咬。在聚苯乙烯的使用中要特别注意的是板块间的连接，施工时一定做到连接严密，不留缝隙，消灭冷桥，板块间的连接可分为黏结、搭接或两种方法同时使用，单纯的黏结一定要选择有效的黏结剂，可在市场上直接购买专用胶水，也可自行配制黏结剂，以汽油和沥青按 3:7 的比例配制加热至 70℃ 即可使用。还可用树脂胶水与水泥（标号不低于 400 号）按 1:（1.5 ~ 2）配好搅匀使用，搭接是在板四周开出槽将板搭接起来，或用铝合金槽、木槽等将板接在一起。如果能在槽内先涂一层黏结剂再搭接板则效果更好。在近期的粮仓吊顶隔热改造中，聚苯乙烯泡沫板使用得较普遍，接缝常采用布条双面涂布白乳胶，取得了良好的效果，且价格便宜，施工方便（图 6 – 11）。

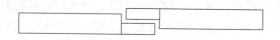

图 6 – 11　聚苯乙泡沫板搭接开槽示意图

聚苯乙烯泡沫塑料的冷收缩现象较明显，其重量吸水率也较大，且使用温度最高不得超过 75℃，另外在使用和存放时应避免长期受阳光的照射，以防止老化和延长使用寿命。

5. 硬质聚氨酯泡沫塑料

硬质聚氨酯泡沫塑料容重为 20 ~ 50kg/m³，热导率 0.02 ~ 0.036kcal/（m·h·℃），抗压强度为 1.5 ~ 2kg/cm²。因其气泡结构几乎全部是不相连通的。所以，防水隔热性能都很好。可以预制，也可以现场发泡，可以喷涂，也可灌注成型，还可以根据不同的使用要求配制不同密度、强度、耐热性的泡沫体，适于快速施工（图 6 – 12）。由于其黏结牢固，包裹密实，内外无接缝，又能保证隔热效果，既减少了隔热层厚度，又减少了施工工序，是一种很有前途的隔热材料，只是目前价格比较高，经济性差。使用温度为 70 ~ 160℃。

6. 铝箔波纹纸板

在低温仓建造中为了不减少仓容可使用反射性隔热材料，如铝箔波纹纸板（图 6 – 13）。这种材料是以高强度的波形纸与工业牛皮纸做成的三层或五层波纹形瓦楞板，在其上面贴一层厚 0.008 ~ 0.014mm 的铝箔而形成的。这种材料的隔热性能是由于波纹纸板间的空气薄层与能反射热射线的铝箔发亮表面的共同作用形成的。若将空气层包括在内，其热导率约为 0.04W/（m·K）。这种材料具有重量轻、隔热保温防潮效果好、有一定刚度、造价低廉、构造简单、取材容易、施工方便等特点，其主要物理性能如表 6 – 4 所示。

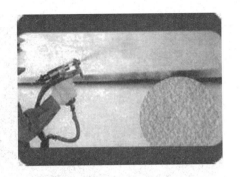

图 6-12　硬质聚氨酯泡沫塑料

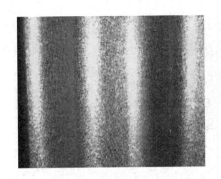

图 6-13　铝箔波纹纸板

表 6-4　　　　　　　　　　　　　　铝箔波纹纸板的物理性能

物理性能	数值
容重/（kg/m^3）	235
热导率/[W/（m·K）]	0.063
比热容/[kJ/（kg·K）]	1.465
导温系数/（m^2/h）	0.7×10^{-3}
48h 吸湿率/%	3
反光系数/%	83
太阳辐射热吸收率/%	17

由此可见铝箔波纹板具有良好的辐射性能，因而在外围护结构中常将铝箔放置在仓房的吊顶上面，这是因为在外围护结构各传热方式中，若具有了空气间层，能使辐射传热方式起主导作用，再覆上铝箔，成为铝箔空气层后，就能达到优良的隔热效果。铝箔波纹板可以固定于钢筋混凝土屋面板下或木屋架下，作为保温隔热顶棚使用。

7. 聚乙烯泡沫塑料板

聚乙烯泡沫塑料板（PEF）是一种新型的适用于粮食隔热保温的板材，具有闭孔式结构，热导率低［约为 0.036W/（m·K）］，吸水率低，防水防潮性能好的特点；并兼有较高的气密性，无毒环保，使用寿命长，保质期为 30 年，可重复使用等优点，如图 6-14 所示。特别是其柔软可折叠翻卷，压缩回弹率高，可在上面任意行走，适合粮堆表面的覆盖隔热处理，也可作为仓墙内衬等处的隔热处理材料，目前在我国粮仓中有一定的使用量。

8. 反射涂料

在仓顶和仓墙的外表面喷涂太阳热辐射反射涂料，以减少太阳热辐射对仓温的影响，也可取得一定的隔热效果，如图 6-15 所示。据一些实仓应用效果来看，反射涂料的应用，一般是通过降低仓体围护结构内表面温度，达到降低仓内温度 3~5℃的效果。但是，仓体外表面喷涂反射涂料的隔热效果易受外界因素的影响，且使用过程中由于灰尘和涂料的老化等原因，其有效期一般只有 1~3 年。

图6-14 聚乙烯泡沫塑料板

图6-15 反射涂料

三、围护结构的隔热性评价

低温仓围护结构一个很重要的性能是其隔热性，只有围护结构的隔热性符合要求，才能达到预期的低温储藏效果。那么如何评价一个围护结构的隔热性呢，通常我们采用一个 K 值来进行评价。K 是表示围护结构传递热量能力的系数，称作围护结构的总传热系数，单位为 W/（$m^2 \cdot \text{℃}$），其物理意义是当围护结构两侧的空气温度相差1℃时，表面积为 $1m^2$ 的围护结构在 1h 内所通过的热量瓦数。

围护结构 K 值是低温仓建筑的重要技术、经济指标之一。它的大小标志着围护结构隔热性能的好与差，当然，在确定 K 值时不能只从隔热性方面考虑，应根据隔热材料的价格、制冷成本、仓内外温差等因素进行综合分析，选择出一个最经济合理的 K 值，既考虑初投资，又注意运行费用。

（一）K 值的计算

首先分析一下热量经围护结构时的传热情况：热量首先是由外界热流体（如热空气）传给围护结构外表面，进而以导热方式通过围护结构，最后热量由围护结构的内表面传给仓内的冷流体。由此可见，热量从仓外经围护结构传入仓内的过程为复合传热过程，其中有导热也有对流换热，根据平壁传热公式，传过围护结构的总热量为：

$$Q = KF\Delta tW \qquad (6-1)$$

式中　　F——传热面积，m^3；

Δt——仓内外温差，℃；

K——传热系数，[W/（$m^2 \cdot K$）]。

传热系数 K 与传热过程的热阻 R 成倒数关系，即：

$$K = \frac{1}{R} \qquad (6-2)$$

因围防结构的传热属于复合传热，所以总热阻 R 应为内、外表面的对流换热热阻 R_α 与导热热阻 R_λ 之和。

即：

$$R = R_{\alpha外} + R_{\alpha内} + R_\lambda \qquad (6-3)$$

因为：

$$R_{\alpha_{外}} = \frac{1}{\alpha_{外}} \qquad (6-4)$$

$$R_{\alpha_{内}} = \frac{1}{\alpha_{内}} \qquad (6-5)$$

$$R_{\lambda} = \frac{\delta_i}{\lambda_i} \qquad (6-6)$$

式中　$\alpha_{外}$——围护结构外表面热系数，其值与室外风速有关（表 6-5），一般情况下取 $\alpha_{外} = 23\text{W}/(\text{m}^2 \cdot \text{℃})$；

$\alpha_{内}$——围护结构内表面换热系数，一般取 $\alpha_{内} = 10\text{W}/(\text{m}^2 \cdot \text{K})$；

$R_{\lambda i}$——围护结构中第 i 层材料的导热热阻，$\text{m}^2 \cdot \text{K}/\text{W}$；

δ_i——围护结构中第 i 层材料的厚度，m；

λ_i——围护结构第 i 层材料导热系数，$\text{W}/(\text{m}^2 \cdot \text{K})$。

表 6-5　　　　　　　　　围护结构外表面换热系数 $\alpha_{外}$

室外平均风速/（m/s）	1.0	1.5	2.0	2.5	3.0	3.5	4.0
换热系数/ [W/（m²·K）]	13.97	17.45	19.80	22.10	24.40	25.60	27.95
换热系数/ [Kcal/（m²·h·K）]	12	13	14	15	147	19	21

所以：

$$K = \frac{1}{R} = \frac{1}{\dfrac{1}{\alpha_{外}} + \dfrac{1}{\alpha_{内}} + \sum\limits_{i=1}^{n} \dfrac{\delta_i}{\lambda_i}} \qquad (6-7)$$

另外，考虑到隔热材料的受潮和施工工艺的不完善，实际上的 K 值应比计算值增加 10%，即：

$$K_{实} = 1.1 K_{计} \qquad (6-8)$$

（二）K 值的选定与隔热层厚度

从以上 K 值的计算公式可以看到，只有当围护结构各层的材料和厚度确定了之后，才能计算出 K 值。在我们着手设计一个低温粮仓时，当选定了围护结构各层的材料之后，如何确定其厚度呢？这就需要根据以前的经验和要求，先初选一个 K 值，然后由公式：

$K = \dfrac{1}{R}$ 得到：

$$\delta_x = \lambda_x \left[\frac{1}{K} - \left(\frac{1}{\alpha_{外}} + \frac{1}{\alpha_{内}} + \sum\limits_{i=1}^{n-1} \frac{\delta_i}{\lambda_i} \right) \right] \qquad (6-9)$$

算出围护结构第 i 层（常为隔热层）的厚度 δ_x。

据报道，日本低温仓的墙壁 K 值一般限制在 $0.35 \sim 0.58\text{W}/(\text{m}^2 \cdot \text{K})$ 的范围内，准低温仓 K 值还可以适当增大些。

我国冷仓围护结构的 K 值是根据仓内外温差而定的，列于表 6-6 中，在低温仓的设计中，可作为初算时的参考值。

表6-6   围护结构传热系数 *K* 值

室内外温差/℃	*K* 值/ [W/ (m² · K)]	室内外温差/℃	*K* 值/ [W/ (m² · K)]
65 ~ 50	0.23 ~ 0.29	25 ~ 20	0.46 ~ 0.52
50 ~ 35	0.29 ~ 0.35	20 ~ 15	0.52 ~ 0.58
35 ~ 30	0.35 ~ 0.41	15 ~ 10	0.58 ~ 0.70
30 ~ 25	0.41 ~ 0.46		

第三节　低温储粮的隔热技术

随着"绿色"储粮理念的提出，低温储粮的优越性日益凸显出来，其发展前景也越来越清楚，人们对其认可度逐渐增加，所以近年来低温储粮技术的发展速度明显加快，应用范围也在逐渐加大，因此与低温储藏技术的应用密切相关的围护结构隔热技术也得到了大力的发展。目前在粮食仓储企业中常用的隔热技术可分为围护结构隔热、粮面压盖隔热及排除空间积热等方式。

一、围护结构隔热

低温仓的隔热结构是保证仓内外温差的基础，是限制和减少由围护结构而传入热量的关键，尤其在夏季，隔热结构的好坏，直接影响着粮食温度的波动情况及制冷设备的操作运行时间，即隔热结构的完善与否在很大程度上决定了储粮效果及低温储粮的费用。

目前国内外所采用的隔热结构可分为静态隔热与动态隔热。

（一）静态隔热

静态隔热是国内低温仓中常用的隔热结构，是指采用由多层材料组成的围护结构（仓顶、墙体及地坪）进行隔热保冷。

1. 墙体

目前国内低温粮仓的隔热墙结构多为夹心墙，在这种隔热墙结构中，除了隔热层，还必须设防潮层。这是因为在隔热层的内外侧由于温差的存在而造成了一个蒸汽分压力差值，使得大气中的水蒸气在正压下同空气一起进入隔热层，并向低温、水气压更低的内侧渗透。另外，隔热材料的孔隙不是完全封闭的，水蒸气可以逐渐通过隔热层进入仓内，这样既破坏了隔热材料的隔热性能，又增加了仓内湿度，所以隔热保冷结构中应设置防潮层，并且防潮层应设置在隔热层的高温侧，如图6-16所示。低温粮仓的仓墙除采用夹心墙结构外，也可采用在仓墙内表面直接粘贴或喷涂隔热材料。

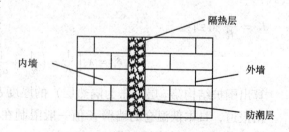

图6-16　隔热墙结构示意图

目前国内常用的防潮材料有两种：一种是沥青加油毡卷材组成的防潮材料，如两油一毡、三油两毡等，这类防潮材料在低温粮仓中，应用得较广泛，其防潮效果也不错，其缺点是施工较麻烦。另一类是塑料薄膜，其特点是施工方便，价格低廉，但易于老化，易脱焊脱胶。塑料薄膜一般在墙体中的应用较少。

2. 仓顶

低温粮仓的仓顶隔热结构最常见的有两种形式，一种称直贴式，另一种称阁楼式。

（1）直贴式　在原有仓顶的基础上直接将防潮层和隔热层粘贴或连接固定在内表面上，因通常仓房仓顶均具备防潮层，所以一般只将隔热材料固定在仓顶内表面即可，工程量较小，如果选用板型隔热材料如聚苯乙烯泡沫塑料板，则施工更方便，也可采用聚氨酯喷涂。直贴式仓顶适用于原有仓顶平滑整洁，无横梁阻挡的仓房，其结构如图 6 - 17 所示。

（2）阁楼式　利用阁楼层使仓顶与仓房隔开，并且两者之间留有空气层。这样利用空气的隔热性进一步降低了由于室外温度影响和太阳辐射进入仓内的热量，提高了隔热效果，是目前低温仓普遍采用的一种隔热仓顶结构，且隔热效果优于直贴式。阁楼式仓顶适用于原仓顶内表面不平滑或有梁阻挡等情况。但这种结构施工量较大，并需新建一个顶棚，新顶棚材料可以就地取材，如南方可采用竹笆，北方可用荆笆，价格均较低，若投资资金较为充足，还可选用一些装饰材料来建新顶棚，如纤维板、胶合板、压缩板等再配合装饰板槽或铝合金槽，不仅结构坚固、施工方便，而且美观、整齐、干净。在这种结构中既可选用散粒状隔热材料，也可选用板状隔热材料，防潮材料常用塑料薄膜，它既可以防潮，又可防止散粒状隔热材料的飞溅流失。其结构如图 6 - 18 所示。

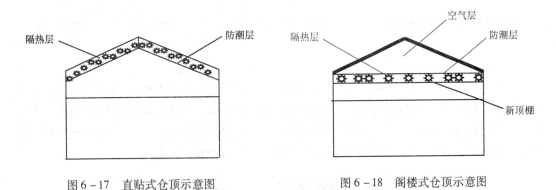

图 6 - 17　直贴式仓顶示意图　　　　　图 6 - 18　阁楼式仓顶示意图

3. 地坪

低温仓地坪大致可分为两种：一种称作高温仓地坪（指仓温在 0℃ 以上），另一种则称作低温仓地坪（指仓温在 0℃ 以下）。通常的低温粮仓仓温在 15℃ 左右，因此其地坪应属于高温仓地坪，高温仓仓温较高，通常认为从地下通过地坪传入仓内的热量微乎其微，因此这类仓地坪无须设隔热层，而是以防潮为主。防潮层主要是防止水分因毛细管和气压差作用而渗透到地坪和仓内，一般以二油一毡作为防潮层即可，并且此防潮层应与墙体防潮层相接，不可留有缝隙。有时为了提高地坪的隔热性，也可采用炉渣作为隔热层，炉渣厚度为 500mm（粒径为 $d = 10 \sim 40mm$）。在北方地区的低温粮仓地坪也可不必全部采用隔热层只需沿外墙的周边填以深为 500mm、宽为 0.5m 的隔热带，防止仓外热量沿地坪横向传递进仓。

4. 门、窗

低温仓以密闭为主，门窗多应封死，仓内侧用适当的隔热材料堵塞并用塑料薄膜密封（图 6-19），仅留一个门供进出粮使用，此门应采用双层隔热仓门（图 6-20）。门是可以活动、启闭的隔热围护结构，要求轻巧、启闭灵活、密封性好，所以应选用强度高、质轻、耐低温、隔热性能好和不易变形的材料制作，并且隔热层应有足够的厚度，在门边缘还应装有密封条，利用其弹性，使门缝密闭。另外，当门的尺寸较大时，应在右下方开有一个小门，供平时操作、检验人员出入，而大门则应尽量少开，防止过多的热从门进入仓内。一般选用铝合金或白铁皮按门的尺寸大小做好一个具有一定厚度的壳子，中间填充以隔热材料如超细玻璃棉、聚苯乙烯泡沫塑料，硬质聚胺酯泡沫塑料、膨胀珍珠岩等。另外为避免进出粮时过多的热量进入低温仓，最好在门的上部装设气幕装置（图 6-21）。

图 6-19　仓窗的隔热密封

图 6-20　隔热仓门

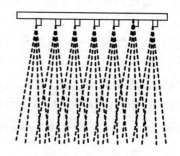
图 6-21　气幕装置示意图

5. 孔洞

仓体上的通风孔、检查孔、风机口、人孔等在夏季到来之前都要采用不同的方法密封隔热处理，比较大的空洞可用袋状或板状的隔热材料堵塞；小的孔洞可用塑料薄膜、发泡聚氨酯等材料进行密封。也可先用与孔洞同样大小的泡沫板嵌入孔洞内，内外再各用一层塑料薄膜密封，使其形成"两膜夹泡沫板"隔热层，效果很好（图 6-22）。

图 6-22　孔洞密封隔热处理

在静态隔热结构的施工中还应注意隔热层及防潮层的连续性及隔热层固定在围护结构上的牢固性。所谓连接性主要指四周墙的隔热层、防潮层与仓顶、地坪的隔热层、防潮层应连成一体，不留间隙，否则通过间隙会导致冷量损失及仓内温度的增加，另外还应注意隔热层应牢固地固定在围护结构上，以免使用期间产生脱落、沉陷，破坏其隔热性。

（二）动态隔热

动态隔热是目前国外新设计的一种粮仓中所安装的隔热结构。特别是一些筒仓常带有动态隔热层，以达到安全、大量、长期储藏粮食的目的。这种动态隔热结构是：使仓房四壁、仓顶、地坪完全封闭在循环空气的夹层中，而夹层中的循环空气则通过一定手段保持低温，这样便可保证仓内的温度精确、稳定。结构如图 6－23 所示。

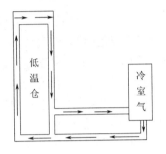

图 6－23　动态隔热结构

动态隔热结构除了可保证仓温的精确稳定外，还有一个突出的优点，即可以避免粮面结露，因为在这种结构中，从空调间送出的低温高速空气并未直接送入仓间与粮食接触，而是在夹层中循环流动，因此不会产生粮面结露。

（三）储粮围护结构经济学评估

从经济学的角度来评价不同储粮生态地域粮仓的围护结构，应从用于围护结构隔热材料的购置费用、仓房使用期间的运行费用、不同储粮生态地域粮仓围护结构的合理性以及由围护结构而导致的储粮损失等方面考虑。

围护结构及所采用材料是根据建筑物的不同要求而确定的，那么其经济性就不能单纯地以围护结构的投资或隔热材料的购置费来评价，因为除此之外还有很多因素影响围护结构的经济性。如对于一个前面已讨论过的低温粮仓，其围护结构的隔热性是非常必要的，这既可节约制冷设备的开启次数和运行时间，又可保证仓内粮温的稳定，从而减缓粮食的陈化速度，此时的经济性首先考虑的是围护结构的隔热性应满足要求，即使用的隔热材料隔热性能要好，并要有足够的厚度。当选定了一种隔热材料，并且随着隔热材料厚度的增加，其隔热性能逐渐提高，但是隔热材料的购置费却在随之增加，此时的经济性就应该考虑尽可能地降低隔热材料的购置费，这两个方面的变化方向正好相反，相互矛盾，如图 6－24所示。图中曲线 A 代表随着隔热材料厚度的增加，粮仓内的冷损失减少，粮仓使用中的运行费用逐渐下降；曲线 B 代表随着隔热材料厚度的增加，隔热材料的购置费用逐渐增加；而曲线 C 表示总费用，即曲线 A 和曲线 B 的叠加，C 曲线的最低点，也就是总费用最少时所对应的隔热材料厚度，就是最经济的隔热材料厚度。所以，在进行建筑物围护结构的经济学评估时，应综合各方面的因素，全面评价。在《粮油储藏技术规范》（GB/T 29890—2013）中建议低温储藏的仓房墙体其传热系数为：第五和第七储粮生态区域，在 0.46～0.52W/（m² · K）之间；第四和第六储粮生态区域，在 0.52～0.58W/（m² · K）之间；第一、第二和第三储粮生态区域，在 0.58～0.70W/（m² · K）之间。仓盖传热系数要求：第五和第七储粮生态区域，传

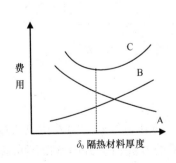

图 6－24　储粮围护结构经济性

热系数不大于 0.35W／（m² · K）；第四和第六储粮生态区域，传热系数不大于 0.40W／（m² · K）；第一、第二和第三储粮生态区域，传热系数不大于 0.5W／（m² · K）。

二、粮面压盖隔热

目前，我国仓房围护结构的隔热性还不能完全满足粮食安全储藏的需要，在高温季节，粮温的上升趋势是不可避免的，而因粮食是热的不良导体，所以温度的升高总是从与外界接触程度较大的仓房四周及表面开始，往往表面的温度变化最显著，粮堆内部的温度相对稳定，即形成夏季常见的"冷心热皮"现象。因此，高温季节控制粮温进行低温储粮的关键是控制表层温度升高，也就是如何将进入仓内的热量阻挡在粮堆之外。在储粮实践中很多粮库均采用表层粮面压盖的隔热技术，可取得良好的隔热控温，延缓粮温，特别是表层温度升高的效果。

利用各种材料压盖粮面控制粮温升高的方法在粮仓中的应用由来已久，采用的材料也比较多，如麻袋、稻壳、草帘子、纤维板、苇席、异种粮包、毡毯、棉被胎、聚苯乙烯板、聚乙烯泡沫板、充气囊等，如图 6-25 所示。覆盖的厚度也各不相同，粮面压盖材料除可以起到延缓粮温升高的作用外，还可达到吸收部分水分，防止粮食水分升高及粮面结露的效果。据报道采用具有隔热性能的材料进行粮面压盖后，比没有压盖的粮堆表面温度可低 5℃ 以上。气囊压盖是近年来形成的一种压盖形式，气囊通常采用复合塑料薄膜焊制，其中充入循环的冷空气可用于粮面温度控制，称作薄膜冷气囊密闭压盖粮面动态隔热控温技术，效果明显。

图 6-25 散稻壳、包稻壳、毡毯、聚苯乙烯板、聚乙烯板、气囊压盖

三、空间排积热

不管是高大平方仓或者是浅圆仓、砖圆仓、立筒仓都存在太阳辐射热、温差传热通过仓体围护结构传入仓内空间的现实情况，因此仓温随着气温的升高而上升的状况不可避免。同时，在仓顶没有做特殊隔热处理或喷涂反光材料的情况下，由仓顶传入仓内的热量占整个仓体传入热量的最大份额，所以在高温季节，仓内粮面与仓顶之间的温度升高最明

显。因此，利用夜间气温较低的时段，通过开启房式仓仓墙上或立筒仓、砖圆仓、浅圆仓仓顶上安装的轴流风机（排气扇），及时排除由外界通过围护结构传进仓内的热量（图6-26），降低仓内空间的温度。在气温升高的季节，是一种防止仓温持续上升，减缓粮温回升速度，推迟粮温上升的有效途径。如果配有通风自动控制系统，在控制系统内可以事先编制好利用轴流风机排除仓内积热的通风控制程序，从而可以避免人为操作带来的误差。在房式仓中，有些经过吊顶隔热改造的仓房，在粮面与吊顶之间的窗户上和吊顶与原天花板之间的山墙上均安装有轴流风机，可根据具体情况分别进行排积热，其控制仓温和粮温的效果更显著。

图6-26 空间排积热

在进行排积热操作前要先检查仓内外温湿度，判断仓内外温度是否有温差，如果仓温高于外界温度，并且不会引起仓内湿度增加的同时，可采用排风扇排除仓顶积热，降低仓内空间温度。操作时还应注意检查风机电源及风机转向、打开粮面上部风机对面的窗户，让冷空气从窗口进入仓内进行气流对流，与仓房内热空气进行热交换，从轴流风机口排出仓外，把白天太阳辐射传入仓内的热量带走。夏季采用排风扇排除仓顶积热降低仓温时，要注意避免夜间空气湿度所导致粮面水分升高现象的发生。在秋冬季节，可关闭粮面上部窗子而打开下面通风机接口，然后开启轴流风机，让冷空气从仓房下部的风机口经通风道进入粮堆，与粮堆内的湿热空气进行交换后从粮面逸出，把粮堆内热量带走，从而达到降低粮温的目的。排积热过程结束后，记录相关的数据，及时关闭门窗防止湿热空气进入仓内。

四、仓顶水喷淋

高大平房仓由围护结构传入仓内的热量60%以上是来自仓顶的热传导，仓顶隔热问题也一直都是储粮技术中比较难以攻克的，尤其是在南方地区，这一问题更为突出。近年来一些粮库在高大平房仓或浅圆仓仓顶安装了水喷淋装置（图6-27），进行夏季仓顶外表面定时间歇喷淋，利用水和仓顶的温差传热及水分蒸发的蒸腾作用带走仓顶结构的热量，降低仓顶的温度，从而降低仓温、控制粮温。应用中常配套定时自动控制器，实施仓顶定时自动间歇喷淋，可以节约用水，提高喷淋降温的效率。在夏季高温季节通过采取仓顶水喷淋可降低仓温2~3℃，有效控制仓温和表层粮温的升高，从而延缓粮食品质劣变速度。

不失为弥补仓顶隔热性差、控制上层粮温增加速度与幅度的一个好方法，特别适合南方水资源丰富的地区。

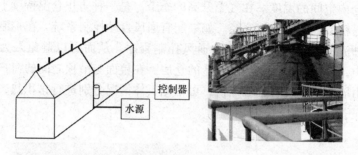

图 6 - 27　仓顶水喷淋

第四节　机械制冷低温储粮

一、制冷的概念及方法

利用自然界的干冷空气对储粮进行自然冷却，其效果往往受地区及季节的限制，特别在夏季由于气温较高，仓温和粮温难以保持所需的低温和准低温要求，所以在高温季节，必须辅之以人工制冷，才能获得有效的低温。

制冷就是使自然界的某物体或某空间达到低于周围环境温度，并使之维持这个温度的过程。实现制冷可以通过两种途径：一是利用天然冷源，如深井或天然冰等；二是利用人造冷源，人造冷源也称人工制冷，其制冷过程必须遵守热力学第二定律。实现人工制冷的办法有多种，按物理过程的不同有：液体汽化法、气体膨胀法、热电法、固体绝热去磁法等。不同的制冷方法适用于获取不同的温度。根据制冷温度的不同，制冷技术大体可划分为三类：

普通制冷：简称普冷，温度高于 -120℃。

深度制冷：简称深冷，温度在 -120 ~ -20℃间。

低温和超低温：温度在 20℃以下。

低温储粮中的制冷技术属于普通制冷范围，主要采用液体汽化制冷法，其中包括蒸气压缩式制冷、吸收式制冷以及蒸汽喷射式制冷，在低温粮仓中主要是采用蒸气压缩式制冷。因此，本教材只对单级蒸汽压缩式制冷作介绍。

二、热力学基本定律

（一）热力学第一定律

能量守恒及转换定律是自然界能量形式之间转换的最普遍规律，把这一定律应用于热力系统和热力过程，用来说明热现象时就称为热力学第一定律。

能量转换及守恒定律指出：在自然界中，一切物质都具有能量，能量有各种不同的形式，它能从一种形式转化为另一种形式，在转化过程中，能的总量保持不变。热力学第一定律实际上是能量守恒及转换定律在热现象中的应用，本章主要是研究热能和机械能的相互转换。

热力学第一定律可以表述为：热可以变为功，功也可以变为热。一定量的热消失时，必产生与之数量相当的功；消耗一定量的功时，也必出现相应数量的热。

用数学形式表达：

能量守恒：

$$E_{sys} + E_{sur} = C \qquad (6-10)$$

式中　E_{sys}——系统的总能量；

　　　E_{sur}——环境的总能量。

整个制冷系统可以看成是一个闭口系统（与外界没有物质的交换），所以系统与外界的能量交换形式只有热和功。

热量以 Q 表示，一般规定系统吸热为正值，放热为负值。

功量以 W 表示，通常系统对外做功取正值，而外界对系统做功，即系统消耗外界功取负值。

那么：

$$\Delta E_{sys} = Q - W \text{（假设系统获得能量）} \qquad (6-11)$$

$$\Delta E_{sys} = -Q + W \qquad (6-12)$$

另外，对于系统本身来讲：

$$E_{sys} = 动能 + 势能 + 内能 \qquad (6-13)$$

而在一般情况下：Δ 动能 ≈ 0

$$\Delta 势能 \approx 0$$

所以：

$$\Delta E_{sys} = \Delta 内能 \qquad (6-14)$$

即：

$$\Delta 内能 = Q - W \qquad (6-15)$$

内能常用 u 表示，是一个状态参数，对于一个循环来讲，工质的初态即终态，其状态是不变的，那么 $\Delta u = 0$。

所以：在一个闭口系统中，对于一个循环，热力学第一定律可以表达为：

$$Q = W \qquad (6-16)$$

如果在一个循环中，有两个或两个以上的过程涉及功热交换问题，则热力学第一定律应表示为：

$$Q = \sum W \qquad (6-17)$$

上式说明在一个闭口系统中，经一个循环，系统与外界的热交换量与功交换量是相等的。远在热力学第一定律建立以前，人们为了满足生产对动力的日益增多要求，曾有许多人企图制造一种不消耗能量，而连续不断做功的所谓第一类永动机，但所有制造此类永动机的任何尝试，均告失败。因此，热力学第一定律也可表述为：第一类永动机是不能造成的。

（二）热力学第二定律

在孤立系统中，由热力学第一定律可知，能的总量是不变的，但是在实际中，能的质不可能是守恒的，即热过程的进行存在着方向与限度问题。

在能量转换过程中，热力学第一定律说明了能量传递和相互转换时的数量关系，但并没叙述有关能量传递与转换过程进行的方向和限度问题。例如在孤立系统中，当两个物体做不等温传热时，热力学第一定律只说明了若一个物体失去热量，则另一个物体应得到热量，且两者数量相等，但并没有说明热量是由低温物体传给高温物体，还是由高温物体传给低温物体。又如热能与机械能的相互转换，第一定律只说明了热能与机械能的总和不变，但并没有指出转换过程有无限制条件，自发的趋势是往哪一个方向转换。热力学第二定律正是用来解决这些自发过程的方向和能量转换限制条件的问题。

由于自然界中的自发现象是很多的，人们从不同的现象总结出了反映同一客观规律的许多叙述方式，这就造成了热力学第二定律表述方式的多样性。下面介绍两种比较经典的说法：

（1）克劳休斯（Clausius）说法：不可能把热量从低温物体传到高温物体而不引起其他变化。这种说法实际上说明了热量自发传递的方向，但这并非意味着，热量根本不可能从低温物体传向高温物体，应该说这一过程通过制冷机是完全可以实现的，然而，此过程并不是一个自发过程，它是靠制冷机消耗一定的功而实现的，因此，这一过程的进行，必然引起其他变化。

（2）开尔文 – 浦朗克（Kelvin – plenk）说法：不可能制造只从一个热源取得热量使之完全变成机械能而不引起其他变化的循环发动机。

人们把从单一热源取得热量并使其完全变为机械能而不引起其他变化的循环发动机称为第二类永动机，这种永动机并不违反热力学第一定律，因为它在工作中能量是守恒的，然而却违反了热力学第二定律。例如，吸取海水的热量使之冷却而做功，这并不违反热力学第一定律，初看起来似乎可能，但实际上这种发动机是造不出来的，因为它违反了热力学第二定律，因此，热力学第二定律也可表述为不可能制造第二类永动机。

三、卡诺循环

（一）卡诺循环

由两个等温过程和两个绝热过程组成的理想可逆循环称作卡诺循环，如图 6 – 28 所示，循环方向为顺时针。

根据热力学第一定律：

$$\omega_0 = \sum Q \qquad (6-18)$$

式中　ω_0——循环净功；

$\sum Q$——循环一次与外界的热交换量之和。

$$\sum Q = Q_{1-2} + Q_{2-3} + Q_{3-4} + Q_{4-1} \qquad (6-19)$$

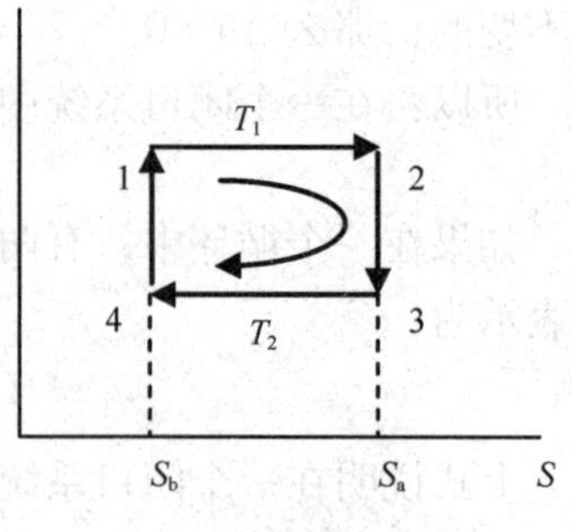

因为：$Q_{2-3} = 0$　$Q_{4-1} = 0$

所以：

$$\sum Q = Q_{1-2} + Q_{3-4} = T_1(S_a - S_b) + T_2(S_b - S_a)$$

$$T_1(S_a - S_b) + T_2(S_b - S_a) \text{ 为面积 } 1 - 2 - 3 - 4 - 1 \qquad (6-20)$$

即循环净功 ω_0 为面积 $1 - 2 - 3 - 4 - 1$。

因此，按正卡诺循环进行的结果是系统吸收热量而对外做功，这是一切热机循环工作的

图 6 – 28　卡诺循环

方向。

然而由于卡诺循环中的所有过程都是可逆过程，这在实际上是无法实现的，所以按卡诺循环工作的热机也是无法制造的。但是，卡诺循环在热力学中仍具有重大的意义，在历史上，卡诺循环首先奠定了热力学第二定律的基本概念，对如何提高各种热机的效率指明了方向，因此，卡诺循环虽不能实现，但仍然具有极大的理论价值。

（二）逆卡诺循环

反向进行的卡诺循环就是逆卡诺循环（如图6-29所示），循环方向为逆时针。

根据热力学第一定律：

$$\omega_0 = \sum Q \tag{6-21}$$

$$\sum Q = Q_{1-2} + Q_{2-3} + Q_{3-4} + Q_{4-1} \tag{6-22}$$

因为：$Q_{2-3} = 0 \quad Q_{4-1} = 0$

所以：

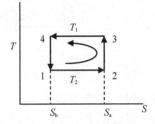

图6-29　逆卡诺循环

$$\sum Q = Q_{1-2} + Q_{3-4} = T_2(S_a - S_b) + T_1(S_b - S_a)$$
$$= T_2(S_a - S_b) + T_1(S_a - S_b) = -[T_1(S_a - S_b) + T_2(S_a - S_b)] \tag{6-23}$$

$\sum Q$ 为面积1-2-3-4-1的负值，即循环净功 ω_0 为面积1-2-3-4-1的负值。

因此，按逆卡诺循环进行的结果是系统放热而消耗外界的功，这是一切制冷装置循环工作的方向。

（三）制冷系数

制冷机组的制冷效率和经济性是其主要性能指标，常用制冷系数 ε 来评价，ε 可用制冷量与所消耗的功的比值求得。

即：

$$\varepsilon = \frac{q_2}{\omega_0} \tag{6-24}$$

完善的制冷机组只需花少量的循环净功 ω_0，就可以从冷源吸取较多的热量 q_2。一般情况下制冷系数 ε 均大于1，且 ε 越大，制冷效果越高。

制冷装置的经济性也可用比制冷能力来评价。所谓比制冷能力就是消耗千瓦小时的功所能获得的制冷量。

四、蒸气压缩式制冷循环

（一）理论循环

实际中的制冷机不可能按逆卡诺循环工作，卡诺循环中的过程受许多因素和设备的限制，是难以实现的。而实际采用的蒸气压缩式制冷的理论循环是由两个定压过程，一个绝热压缩过程和一个等焓节流过程组成的，如图6-30所示。

蒸气压缩式制冷装置主要由四个部分组成：压缩机、冷凝器、膨胀阀、蒸发器。首先制冷剂蒸气被吸入压缩机，并被绝热压缩为过热蒸气。按理想情况考虑，此压缩过程在 $T-S$ 图上（图6-30用等熵线1-2表示）。然后过热状态下的制冷剂蒸气进入冷凝器，被定压冷凝为饱和液体（即过程2-3-4）。制冷剂液体继而通过一个膨胀阀（或称节流阀、

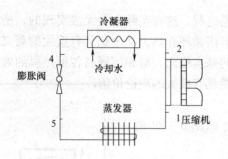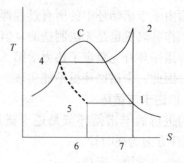

图 6 – 30　蒸气压缩式制冷的理论循环

减压阀）经绝热节流，压力与温度均大大降低，但过程前后焓值相同。因节流是不可逆过程，所以在 $T - S$ 图上常以虚线将 4、5 两点连接。最后，低温低压的湿蒸气制冷剂进入蒸发器，吸收蒸发器周围的热量而蒸发成气体。蒸发过程沿定压线 5 – 1 进行。制冷剂湿蒸气吸热后变为饱和蒸气，重新又被吸入压缩机，如此不断循环。

制冷剂冷凝时的压力和温度分别称作冷凝压力和冷凝温度，以 P_k 和 T_k 表示之，蒸发时的压力和温度分别称作蒸发压力和蒸发温度，以 P_0 和 T_0 表示之。循环制冷量 q_0 为 5 – 6 – 7 – 1 – 5 的面积。在同样的条件下，q_0 越大，制冷系数 ε 就越高。影响 q_0 大小的因素很多，冷凝温度和蒸发温度是影响循环制冷量的两个主要因素（如图 6 – 31、图 6 – 32 所示）。

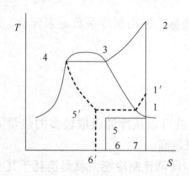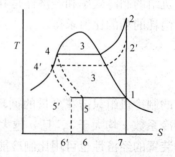

图 6 – 31　蒸发温度对制冷量的影响　　　　图 6 – 32　冷凝温度对制冷量的影响

将原制冷循环 1 – 2 – 3 – 4 – 5 – 1 的蒸发温度由 T_{5-1} 升高到 $T_{5'-1'}$ 时，循环制冷量由原来的面积 1 – 5 – 6 – 7 – 1 增加了面积 1′ – 5′ – 6′ – 6 – 5 – 1 – 1′，使制冷系数提高。

蒸发温度即制冷剂在蒸发器中汽化时的温度确定与所采用冷媒的种类有关。在低温粮仓中主要是以空气作冷媒，则蒸发温度较冷媒温度低 8 ~ 12℃，即：

$$t_0 = t' - (8 \sim 12)℃ \tag{6 – 25}$$

式中　t'——冷媒所要求温度，℃，即低温仓的仓温；

　　　t_0——制冷机蒸发温度，℃。

因此在能够满足需要的条件下，应尽可能采取较高的蒸发温度，而不应不必要地降低蒸发温度，只追求低温，而忽略了制冷系数。

冷凝温度的高低，同样会影响循环制冷量的大小。如图 6 – 32 所示：1 – 2 – 3 – 4 – 5 – 1 为原有蒸气压缩式制冷循环，当冷凝温度由 T_{3-4} 降低至 $T_{3'-4'}$ 时，形成了新的循环 1 – 2' – 3' – 4' – 5' – 1，循环制冷量由原来的面积 1 – 5 – 6 – 7 – 1 增加了 5 – 5' – 6' – 6 – 5 的面积，提高了制冷系数。

冷凝温度即制冷剂在冷凝器中液化温度的高低取决于冷凝器的构造和所采用的冷却介质（水或空气），如冷却介质为水时：

$$t_k = t_2 + 5℃ \tag{6-26}$$

$$t_2 = t_1 + t \tag{6-27}$$

式中　t_k——冷凝温度，℃；

　　　t_2——冷却水出冷凝器时的温度，℃；

　　　t_1——冷却水进冷凝器时的温度，℃；

　　　t——冷凝器中冷却水的温升，℃，它与冷凝器的结构有关，立式壳管式冷凝器 $\Delta t = 2 \sim 4℃$，卧式壳管式冷凝器 $\Delta t = 4 \sim 6℃$。

当冷却介质为空气时：$t_k = t_1 + (13 \sim 15)$，符号意义同前。

因此，在制冷装置中，冷却介质的温度直接影响着系统的冷凝温度及制冷系数，所以在选择冷却介质中应尽可能选择较低温度的介质，并且水要优于空气，特别在大中型制冷系统中。

（二）制冷量

每千克制冷剂经一个制冷循环所吸收的热量称作单位质量制冷量，常以 q_0 表示。而整个制冷机组的制冷量 Q_0 可用下式计算求得：

$$Q_0 = G \cdot q_0 \tag{6-28}$$

式中　G——制冷剂在单位时间内的循环量，kg/h；

　　　q_0——单位质量制冷量，W/kg。

（三）制冷工况

制冷机组的制冷量和压缩机的轴功率是随着蒸发温度和冷凝温度而变化的，所以在说明制冷机的性能指标时，必须指明机组工作时的状况即工况——主要指蒸发温度和冷凝温度。也就是说，同一台机组在不同的工况下（指不同的冷凝温度和蒸发温度），将会得到不同的制冷量和不同的制冷系数 ε。为了说明制冷机的性能和衡量不同机组的制冷能力，统一规定了两种工况——"标准工况"和"空调工况"。另外，在选择电机时，为了使电机功率能满足压缩机的最大功率需要，还规定了最大功率工况，以作为功率计算和比较的标准。

如果已知标准工况下的压缩机制冷量 Q_{0A}，则实际工况下的制冷量可由下式求得：

$$Q_{0B} = K_i Q_{0A} \tag{6-29}$$

式中　Q_{0B}——实际工况下的制冷量，kJ/h；

　　　Q_{0A}——标准工况下的制冷量，kJ/h；

　　　K_i——实际工况下制冷量的换算系数，可根据实际工况下的冷凝温度和蒸发温度及制冷剂种类，在手册中查得。制冷工况如表 6 – 7、表 6 – 8 所示。

表6-7 标准工况

温度/℃	氨	氟里昂12	氟里昂22
蒸发温度 t_0	−15	−15	−15
冷凝温度 t_k	+30	+30	+30
吸入温度 t_1	−10	+15	+15
过冷温度 t_u	+25	+25	+25

表6-8 空调工况

温度/℃	氨	氟里昂12	氟里昂22
蒸发温度 t_0	+5（0）	+5	+5
冷凝温度 t_k	+40（+35）	+40	+40
吸入温度 t_1	+10（+5）	+15	+15
过冷温度 t_u	+30（+30）	+25	+35

五、蒸汽压缩式制冷系统设备

一个制冷系统通常由设备和制冷剂组成，在使用不同制冷剂的系统中，制冷机设备的种类和形式也是不同的，在低温及空调储粮系统中常以氟里昂12为制冷剂，其制冷机是由压缩机、冷凝器、膨胀阀和蒸发器四个主要设备以及一些附属设备组成的，全部机件均用管道连成一个封闭的循环系统。压缩机、冷凝器、膨胀阀和蒸发器这四个主要设备对于制冷循环起着决定性作用，缺一不可，因此它们常被称作制冷机的四大件。而制冷机中的其他设备，如油分离器、干燥器、过滤器、回热器等则是为了提高制冷系数，改善机组工作条件，提高机组工作时的经济性和可靠性而设置的，它们在制冷系统中处于次要的辅助地位，因此将它们称为附属设备或辅助设备。下面将介绍制冷设备中的四大主要设备。

（一）压缩机

制冷压缩机是蒸气压缩式制冷装置的一个重要设备。它的作用是将低压的制冷剂气体变成高压制冷剂气体。

制冷压缩机的型式很多，根据工作原理的不同，可分为两类，即容积式压缩机和离心式压缩机。

容积式制冷压缩机是靠改变工作腔的容积，周期性地吸入一定数量的气体，并将其压缩。常用的容积式制冷压缩机有往复活塞式和回转式。

离心式压缩机是靠离心力的作用，连续地将气体压缩。这种压缩机的转数高，制冷能力大，一般用于大型的制冷机组中。

在低温粮仓中所用到的压缩机几乎都是往复活塞式压缩机，一般简称为活塞式压缩机。活塞式压缩机的应用最为广泛，常用于中、小型制冷机组中。

活塞式压缩机的种类很多，可根据气体在气缸内的流动，分为顺流式和逆流式，又可根据气缸排列和数目的不同分为卧式、立式和高速多缸压缩机。目前，我国中小型活塞式制冷压缩机的系列产品为高速多缸逆流式压缩机。

图 6-33 所示为逆流式活塞压缩机。压缩机的进气阀和排气阀均设置在气缸的顶部。当活塞向下移动时，低压气体从气缸顶部的一侧或四周进入气缸；活塞向上移动时，被压缩后的气体仍从气缸顶部排出。这样，气体在气缸内的运动路线是自上而下，再向上，故称逆流式压缩机。

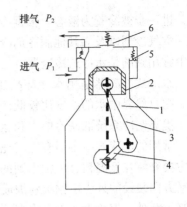

逆流式活塞压缩机的活塞尺寸小，重量轻，有利于提高压缩机的转数（一般为 1000～1500r/min）。因此，压缩机的尺寸和重量可大为减少。

我国中小型活塞式制冷压缩机型号的表示为□□□－□□其中第一项为气缸数；第二项为制冷剂种类，氨用字母 A 表示，氟里昂用字母 F 表示；第三项为气缸排列型式，有 V 型、W 型和扇形三种，分别

图 6-33　逆流式活塞压缩机示意图
1—气缸　2—活塞　3—连杆
4—曲轴　5—进气阀　6—排气阀

用 V、W、S 表示；第四项为系列号，即气缸直径的厘米数；第五项为构造型式，半封闭式用字母 B 表示，开启式略去此项，全封闭式用字母 M 表示。

开启式制冷压缩机的压缩机和驱动电机分为两个设备，由于电机在大气中运转，所以压缩机曲轴穿出曲轴箱的部分需要有轴封装置。氨压缩机和制冷量较大的氟里昂压缩机多为开启式。封闭式压缩机又分为封闭式和半封闭式。全封闭式的压缩机和电动机全部被密封在一个钢制外壳内，电动机在气态制冷剂中运行，结构紧凑、密封性好，噪声低，多用于冰箱和小型空调机组。半封闭式压缩机的曲轴箱体与电动机壳共同构成一个密闭空间，从而取消轴封。

压缩机的制冷量可由产品样本中查出，或机器名牌上已标出，同时也可以用一些基本参数计算出来。

$$V_{\mathrm{h}} = \frac{\pi}{4}D^2 SnZ \times 60 \tag{6-30}$$

$$Q_0 = V_{\mathrm{h}}\lambda q_V \tag{6-31}$$

式中　V_{h}——压缩机的理论排量，m^3/h；

D——气缸直径，m；

S——活塞行程，m；

n——压缩机曲轴转数，r/min；

Z——压缩机气缸数；

λ——输气系数，查手册。

$$q_v = \frac{q_0}{V_1} = \frac{h_1 - h_5}{V_1} \tag{6-32}$$

式中　q_v——单位容积制冷量，$\mathrm{W/m}^3$；

q_0——单位质量制冷量，$\mathrm{W/kg}$；

h_1，V_1——图 6-12 中状态 1 时的焓值和比容值。

h_5——图 6-12 中状态 5 时的焓值。

（二）冷凝器

冷凝器是一种热交换设备。来自压缩机的高压过热气态制冷剂，在此被冷却为饱和

气，进一步被冷凝为液态。根据冷却种类的不同，冷凝器可归纳为四类，即水冷、空冷、水－空气冷却以及靠其他制冷剂冷却或别的介质进行冷却的冷凝器，在低温粮仓的制冷机组中常用到的是水冷式冷凝器。

水冷式冷凝器是用水冷却高压气态制冷剂，使之冷凝。冷却水可为井水、河水等水源。因自然界中水的温度比较低，所以水冷式冷凝器可以得到比较低的冷凝温度，这将有利于提高制冷系统的制冷能力和运行的经济性。因此，目前这种冷凝器应用得较为广泛。

常用的水冷式冷凝器有立式壳管式冷凝器、卧式壳管式冷凝器、套管式冷凝器等。下面主要介绍在低温粮仓中常用到的卧式壳管式冷凝器（图6－34）。卧式壳管式冷凝器是水平方向装设的外壳由钢板卷焊成的圆筒，筒体两端焊有管板，板上焊接或胀接若干根传热管，此外，筒体上还设有许多管口。高温高压的气态制冷剂由上部进入管束外部空间，冷凝后的液体由下部排出。

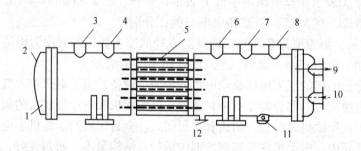

图6－34　卧式壳管式冷凝器

1—泄水管　2—放气管　3—进气管　4—均压管　5—无缝钢管　6—安全阀接头
7—压力表接头　8—放气管　9—冷却水出口　10—冷却水入口　11—放油管　12—出液管

卧式壳管式冷凝器的优点：传热系数较高，冷却水耗用量少，操作管理方便，可同时用于 NH_3 和氟里昂系统。其缺点：对冷却水的水质要求较高，清除污垢不便，需关机清扫。

另外，为了节约冷却水的用量，可采用循环冷却水，在系统中另建一座冷却塔，使从冷凝器中流出的高温冷却水经过冷却塔后有一定的降温，再循环使用，可大大节约冷却水的用量，这在许多大中城市是非常重要的。

（三）膨胀阀

为了保证制冷系统正常工作，在系统中必须设置节流机构。其作用有以下两个：

（1）保证冷凝器与蒸发器之间的压力差，以便使蒸发器中的液态制冷剂在要求的低压下蒸发吸热，同时，使冷凝器中的气态制冷剂在给定的高压下放热、冷凝。

（2）供给蒸发器一定数量的液态制冷剂。供液量过少，将使制冷系统的制冷量降低；供液量过多，部分液态制冷剂来不及在蒸发器内蒸发，就随同气态制冷剂一起进入压缩机，引起湿压缩，甚至造成冲缸事故。

常用的节流机构有手动膨胀阀、浮球式膨胀阀、热力式膨胀阀以及毛细管等。这里主要介绍常用的浮球式和热力式膨胀阀。而手动膨胀阀主要用于氨系统中，毛细管则为冰箱、空调、除湿机的节流机构。

满液式蒸发器要求液面保持一定高度，一般适合采用浮球式膨胀阀。根据液态制冷剂流动情况的不同，浮球式膨胀阀有直通式（图6-35）和非直通式两种，其工作原理是相同的，都具有浮球室，并用平衡管与蒸发器相通，使两者的液面高度相同。液面下降时，浮球下降，靠杠杆作用使阀门开启度增加，加大供液量；反之，浮球上升，阀门开启度减小，缩减供液量。

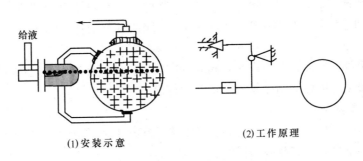

(1)安装示意　　　　　　(2)工作原理

图6-35　直通式浮球膨胀

热力式膨胀阀主要用于非满液式蒸发器。因热力式膨胀阀可以保证从蒸发器出来的低压气态制冷剂具有一定的过热度，所以，氟里昂制冷系统多采用之。热力式膨胀阀有内平衡式和外平衡式两种，下面介绍一下内平衡式膨胀阀的工作原理。

内平衡式热力膨胀阀（图6-36）是由阀芯、阀座、弹性金属膜片、弹簧、感温包和调整螺丝等构成的，一般感温包内充有一定量的与制冷系统相同的液态制冷剂。弹性金属膜片受三种作用力或者说三种作用力控制热力式膨胀阀的动作。

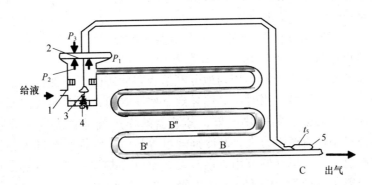

图6-36　内平衡式热力膨胀阀

1—阀芯　2—弹性金属膜片　3—弹簧　4—调整螺丝　5—感温包膨胀阀

P_1——阀后制冷剂的压力，其作用方向向上，即为使阀门关闭的方向；

P_2——弹簧作用力，也是使阀门关闭的作用力；

P_3——感温包内制冷剂的压力，作用在弹性金属膜片的上边，其方向为使阀门开启。

对于任一运行工况，这三个作用力均会达到平衡，即

$$P_1 + P_2 = P_3 \tag{6-33}$$

假定在某一工况下达到平衡时，液态制冷剂流动达B点时全部汽化，变为饱和蒸气，

再向前流动，则将继续吸热而变成过热蒸气，即制冷剂产生一定的过热度，此时，弹性金属膜片达到一个平衡位置。当外界条件改变，蒸发器的负荷减少时，蒸发器内的液态制冷剂将不是在 B 点，而是在 B′点达到饱和蒸气状态。因 B′点至 C 点这段的传热面积小于由 B 点至 C 点的传热面积，所以，此时气态制冷的过热度减小，这样，C 点的温度降低，感温包中的温度下降，压力降低，所以此时 $(P_1 + P_2) > P_3$，阀门稍微关闭，达到另一个平衡状态，减少供液量。反之，当 C 点气态制冷剂的过热度过大时，感温包内的压力也随之增加，导致 $(P_1 + P_2) < P_3$，阀门开度增加，加大供液量，弹性金属膜片达到平衡位置。

从这里可以看出，热力式膨胀阀靠蒸发器出口处气态制冷剂过热度的变化来改变向蒸发器的供液量，以保证制冷系统的正常运行。

（四）蒸发器

蒸发器的作用是将节流后的制冷剂湿蒸气在其中蒸发吸热，使蒸发器周围的空气温度降低，仓温下降，达到制冷的目的。

蒸发器的型式很多，根据供液方式的不同，蒸发器可分为满液式蒸发器、非满液式蒸发器、循环式蒸发器和淋激式蒸发器四种。在低温粮仓中常用的直接蒸发式空气冷却器属于非满液式蒸发器。为了增加传热，多采用强迫对流的直接蒸发式空气冷却器（图 6 – 37）。

这种蒸发器的优点：不用载冷剂，而直接靠液态制冷剂的蒸发来冷却空气，冷损失小，且房间降温速度快，可以减少起动运行时间；结构紧凑，机器占地面积小；管理方便，易于实现运行过程自动化。

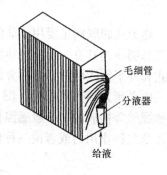

图 6 – 37　直接蒸发式空气冷却器

在低温粮仓中常采用直接蒸发式空气冷却器并配以离心或轴流式风机组成所谓的冷风机。蒸发器中的分液器、毛细管是保证液态制冷剂能够均匀地分配给各路肋管的主要部件。由于来自膨胀阀的制冷剂是湿蒸气，当安装不当时，必然导致某些肋管通入较多的气态制冷剂，而通过的液态制冷剂较少，就会影响传热效果，分液器的作用就是解决这个分液不均匀的问题。毛细管的内径小，流通阻力大，制冷剂通过等长的毛细管后再进入各路肋管，就可保证各路的供液量均匀。空气调节用直接蒸发式空气冷却器一般由 4 排、6 排或 8 排肋管组成，管材一般用直径为 10 ~ 16mm 的铜管，外套连续整体铝片，铝片又可为平板形或波纹形，片厚 0.2 ~ 0.3mm，片节距为 2.0 ~ 3.0mm。制冷剂通过各路肋管时，从外部流过的空气中吸收热量，逐渐变成干度较大的湿蒸气、饱和蒸气、过热蒸气，最后从总管排出。

四大件在安装时应注意，只能将膨胀阀和蒸发器放在仓房内，而压缩机、冷凝器应放在靠近粮仓的专用机器间内，否则仓温难以下降，甚至上升。在一般的低温粮仓中蒸发器直接放在仓内，因蒸发器温度较低，仓内空气遇到其表面后，水蒸气便以结露的形式析出，经集水盘排出达到除湿的目的，所以仓内湿度一般可控制在 65% ~ 70%，不会出现包心生霉及螨类的大量活动，也不用专门的除湿机。

六、制冷剂

制冷剂是在制冷装置中进行制冷循环的工作物质。在制冷系统中，无论所有的制冷设备是多么完善，没有制冷剂是不可能达到目的的。所以人们常常把制冷剂比喻为制冷系统的血液，是制冷系统中不可缺少的。

（一）对制冷剂的一般要求

蒸发压力和冷凝压力适中。制冷剂在低温状态下的饱和压力最好能接近大气压力，甚至高于大气压力。因为如果蒸发压力低于大气压力，空气易于渗入系统，这不仅影响蒸发器、冷凝器的传热效果，而且增加压缩机的耗功量，所以希望制冷剂是在大气压力下沸点较低的物质。

同时，常温下制冷剂的冷凝压力也不应过高。制冷系统一般均采用水或空气使制冷剂冷凝成液态，故希望常温下制冷剂的冷凝压力不要过高，一般不要超过 $1.2 \times 10^6 \sim 1.5 \times 10^6 Pa$，这样可以减少制冷装置承受的压力，也可减少制冷剂向外渗漏的可能性。

制冷剂的单位容积制冷能力要大。制冷剂的单位容积制冷能力越大，要求产生一定制冷量时，制冷剂的体积循环量越小，这就可以减小压缩机等设备的尺寸。

但是对于小型的制冷系统，压缩机尺寸过小反而引起制造上的困难。此时，制冷剂的单位容积制冷能力小些则会更合理。所以，对于这一个要求应辩证来看，灵活掌握。

制冷剂的临界温度要高。制冷剂的临界温度高，便于用一般冷却水或空气进行冷凝。此外，制冷循环的工作区越远离临界点，制冷循环一般越接近逆卡诺循环，节流损失小，制冷系统较高。凝固温度要适当低些，这样便可以得到较低的蒸发温度。

制冷剂在润滑油中的溶解性。在蒸气压缩式制冷装置中，除采用离心式制冷压缩机外，制冷剂一般均与润滑油接触，结果两者相互混合或吸收形成制冷剂——润滑油溶液。根据制冷剂在润滑油中的可溶性，可分为有限溶于润滑油的制冷剂和无限溶于润滑油的制冷剂。

氨是典型的有限溶于润滑油的制冷剂，其在润滑油中的溶解度（质量百分比）一般不超过 1%。如果在这类制冷剂中加入较多的润滑油，则两者将分为两层，一层为润滑油，另一层为制冷剂（其中润滑油含量小于 1%）。

氟里昂几乎全部属于无限溶于润滑油的制冷剂，处于过冷状态时，此类制冷剂可与任何比例的润滑油组成溶液，润滑油随制冷剂一起渗透到压缩机的各个部件，为压缩机的润滑创造良好条件，并且不会在冷凝器、蒸发器等的换热表面上形成油膜而阻碍传热。但是，制冷剂中溶有较多润滑油时，会导致制冷量减少。

制冷剂的导热系数、放热系数要高，这样可以提高热交换效率，减少蒸发器、冷凝器等热交换设备的传热面积。

制冷剂的密度、黏度要小，减小流动阻力，可以降低压缩机耗功和缩小管径。

要求制冷剂对金属等材料无腐蚀，在高温下不分解、不燃烧、不爆炸，对人类的生命和健康无危害，不具有毒性、窒息性、刺激性，价廉易购。

在实际中要选择十全十美的制冷剂是不可能的，目前所采用的制冷剂都或多或少存在一些缺点。在应用中只能根据用途和工作条件，保证主要要求，而不足之处可采取一定措施弥补。

（二）常用制冷剂简介

1. 氨

氨属于无机化合物类的制冷剂。国际上规定用"R×××"作为制冷剂的代号，对无机类制冷剂，"R"后第一位数字为7，后面两位是该物质相对分子质量的整数，那么氨的制冷剂代号便为R717。

氨除了毒性大以外，是一种出色的制冷剂，从19世纪70年代至今一直被广泛应用。氨的主要优点是：单位容积制冷能力较大，蒸发压力和冷凝压力适中。当冷却水温度达30℃时，冷凝压力仍不超过1.5×10^6Pa（为$1.2 \times 10^6 \sim 1.3 \times 10^6$Pa）。蒸发温度只要不低于$-33.3$℃，蒸发压力总是大于1个大气压，不会使蒸发器造成真空。另外，氨的放热系数高，泄漏易察觉，价廉易购。

氨的吸水性强，但为了保证系统的制冷能力，要求氨液中含水量不得超过0.12%。氨对黑色金属无腐蚀作用，若氨中含有水分时，对铜和铜合金有腐蚀作用。

氨的最大缺点是有强烈的刺激作用，对人体的危害大，目前规定氨在空气中的浓度不应超过20mg/m³。再者氨易燃易爆，安全性很差，空气中氨的体积百分比达16%～25%时，可引起爆炸，空气中含量达到11%～14%时即可点燃。

2. 氟里昂

氟里昂是饱和烃类的卤族衍生物的总称，是19世纪30年代出现的一类制冷剂，它的出现满足了对制冷剂的各种要求。

氟里昂的化学分子式为$C_mH_nF_xCl_yBr_z$，其原子数m、n、x、y、z之间有下列关系：

$$2m + 2 = n + x + y + z \tag{6-34}$$

氟里昂的代号用"R×××B×"表示。第一位数字为$m-1$，该值为零时则省略不写；第二位数字为$n+1$；第三位数字为x；第四位数字为z，如为零时，与字母"B"一起省略，例如，一氯二氟甲烷分子式为CHF_2Cl，因为$m-1=0$、$n+1=2$、$x=2$、$z=0$，故其代号为R22，称作氟里昂22。

大多数氟里昂本身无毒、无臭、不燃，与空气混合遇火也不爆炸，因此比较安全，常用于空调制冷装置。氟里昂中不含水分时，对金属无腐蚀作用。

但是氟里昂的放热系数低，价格略高，极易渗漏又不易被发现，而且氟里昂的吸水性较差，为了避免发生"冰塞"现象，在氟里昂制冷系统中应装有干燥器。常用的氟里昂制冷剂有氟里昂12、氟里昂22等。

氟里昂12（CF_2Cl_2、$R12$）是我国中小型空调用制冷和食品冷藏装置中使用较普遍的制冷剂，它在大气压下的沸点为-29.8℃，凝固点为-158℃，它的冷凝压力较低，当采用天然冷却水冷却时，冷凝压力不超过1×10^6Pa，即使采用室外空气冷却（空冷）时，其冷凝压力也只有1.2MPa左右。因此，R12特别适用于小型空冷式制冷机组。

氟里昂12的最大缺点是单位容积制冷能力较小，因此R12一般不用于大型制冷系统。此外，氟里昂12易溶于润滑油，为确保压缩机的润滑，在系统中应设置油分离器，并使用黏度较高的润滑油。

氟里昂22（CHF_2Cl、R_{22}）：在大气压下的蒸发温度为-40.8℃，用水作冷却介质时冷凝压力一般不超过1.5×10^6Pa。在常温或普通低温下，其热力学特性及单位容积制冷能力均与氨相近，且安全可靠，常用于大型食品冷藏及空调系统，但R22对绝缘材料的腐蚀性较大。根据近几年的研究成果表明，氟里昂对大气中的臭氧层有一定的破坏作用，所以从环保的角度出发，在许多国家已经禁用氟里昂，对此国际环保组织也作出了相关规定。

（三）无氟制冷剂

1. 氟氯烃与环境问题

氟氯烃（或氯氟烷，以下简称 CFCs）与其他制冷剂相比有许多优点：极其稳定，不易燃烧，无毒，对人体无害，沸点低，在常温下具有较高的蒸气压。这些优良的性质，赋予 CFCs 广泛的用途。自 20 世纪 30 年代问世以来，CFCs 一直被作为最好的制冷剂，用于制冷机、汽车和家用空调器、电冰箱等行业。直到 1974 年加利福尼亚大学的两位科学家提出，如果大量使用 CFCs 可能会耗尽同温层臭氧的论断。因为 CFCs 具有极高的化学稳定性，上升到同温层，在紫外线作用下发生光分解，释放出极活泼的氯原子催化臭氧分解，导致臭氧层的破坏。而臭氧层是保护生物体免遭紫外线伤害的天然屏障。如果遭到破坏或减少将会使整个生物圈出现危险，还会引起天气和气候的变化。并且越来越多的证据表明，普遍使用 CFCs 是造成臭氧层变薄的主要原因，所以寻找 CFCs 的替代产品就成为当务之急。新的制冷剂应具备 CFCs 的一切优点：稳定、无毒、沸点低，同时还不能对环境造成污染。

1987 年 9 月，在联合国环境规划署（UNEP）召集下，旨在保护地球平流层臭氧的国际环保协定——《蒙特利尔议定书》获得通过，并于 1989 年 1 月生效。它将 5 种 CFCs 列为管制物质。1997 年年底，为了缓解全球气候趋暖，京都议定书决定削减温室气体排放，新开发的 HFCs 和原来的 CFCs、HCFCs 一样都具有很高的全球气候趋暖指数 GWP（Global Warming Potential），因此也被列于其中。

1997 年 12 月联合国气候变化框架公约缔约国第三次会议通过了《京都议定书》，从保护全球气候变暖角度要求控制六种温室气体（CO_2、CH_3、N_2O、HFC、PFC 与 SF_6）的排放。

中国于 1992 年正式宣布加入联合国环保组织，执行修订后的《蒙特利尔议定书》，并于 1993 年批准了《中国消耗大气臭氧层物质逐步淘汰国家方案》。1995 年 12 月，联合国环保组织在维也纳召开了《蒙特利尔议定书》缔约国第七次会议，提出了对 CFCs 和 HCFCs 类物质的限制生产和使用日程表。规定如下：

（1）CFCs（包括 CFC11、CFC12、CFC113、CFC114、CFC115 等）氯氟烃物质，规定发达国家从 1996 年 1 月 1 日起完全停止生产与消费；对发展中国家最迟在 2010 年停止使用。

（2）HCFCs（包括 HCFC22、HCFC142b、HCFC123 等）氢氯氟烃物质，规定发达国家从 1996 年 1 月 1 日起冻结生产量，2004 年开始削减，2020 年停止使用；对发展中国家，从 2016 年开始冻结生产量，2040 年完全停止使用。

在中国，以上时间表可能要提前，因为一些新开发出的节能型、环保型制冷剂将推进中国氟里昂淘汰的进程。

为了全面正确衡量制冷剂对全球气候变化的影响，符合《蒙特利尔议定书》和《京都议定书》的要求，制冷空调界认为，除了制冷剂的 GWP 值外，空调制冷系统运行耗能所产生的 CO_2 也会影响全球变暖，因此提出了变暖影响总当量（TEWI）指标，它同时考虑了制冷剂排放的直接效应和能源利用引起的间接效应。直接效应取决于制冷剂的 GWP 值、气体释放量和考虑的时限长度，间接效应取决于这种制冷空调系统的效率以及能源供给方式。

2. CFCs 替代技术的发展

一套完善的 CFCs 制冷剂替代品必须满足：①优秀的环保性能：不含或少含氯原子，对消耗臭氧系数 ODP（臭氧贫化指数 Ozone2Depleting Potential）和全球变暖系数 GWP 为零或 ODP <0.05，GWP <0.5。②热力学要求：替代品应与原制冷剂有近似的沸点、热力学特性及传热特性，如气体易压缩、潜热大、排气压力和吸气压力适中等。③生理要求：具有无毒、无味、无燃烧爆炸的特点。④兼容性强：不会因为工质的变化造成一些不良现象，如吸湿量大，回油性能差，易泄漏等，不需更换润滑油或机件等。

CFCs 替代品开发一般有以下几条途径：第一，含氢氯氟碳化合物（HCFCs），如 HCFC222，HCFC2141b，HCFC2142b 等。其大气寿命较短、破坏臭氧的能力比 CFCs 相对较小，但是 ODP 值不为零，所以只能作为过渡性替代品。

第二，含有氢氟碳化合物（HFCs），如最常见的有 HFC2134、HFC2152 等，此类化合物在大气中的寿命短，又无氯，被认为是一种减少大气臭氧破坏的最好替代品之一。可作为 CFCs 的长期替代品，虽然不消耗臭氧，但此类化合物一般具有较高的温室效应，由于这个因素，在将来某个时期规定限制其生产和使用是必然的。

第三，HCFCs 和 HFCs 混合工质，由于化合物拥有 HCFCs 的性能，也只能作为一种过渡性替代品使用。随着 CFCs 禁用期的临近，混合工质替代技术将不可避免被满足环保要求的新技术所替代。

第四，碳氢化合物（HCs），如环戊烷、异丁烷、二甲醚等。尽管此类化合物具有可燃性，由于其 ODP 为零和极低的 GWP 值而备受重视。在应用技术的开发中只要设计安全保护系统，将是长期替代品的发展方向。

丙烷（R290）作为制冷工质已使用多年，尤其适用于石油化工工业中。其优点在于：传热性能比氟里昂要好；充注量比氟里昂减少将近一半；与矿物油能相互溶解；潜热较大。因此对于一定活塞排量的压缩机而言，应用丙烷时，其制冷量要大一些。目前丙烷的应用之一就是在家用空调中替代氟氯烃，尽管丙烷具有可燃性，但其主要物理性质与氟氯烃极其相近。此外，丙烷的环境有害系数为零，对人体的毒性也接近于零，所以丙烷具备替代氟氯烃的基本条件。因此，丙烷很可能成为将来在家用空调中广泛应用的环保型制冷剂，也将有可能成为环保型制冷剂家族中的重要成员。丙烷的 ODP 值为 0，对臭氧层没有破坏，而且 GWP 值极小为 3，几乎没有温室效应的影响，丙烷是一种真正的绿色制冷剂。

另外还有液化石油气（LPG）、丙烯（R1270）、丙烷/丙烯（R290/R1270）混合物、丙烷/丁烷（R290/R600）混合物、丙烷/异丁烷（R290/R600a）混合物等，都有可能替代 R22，而且对环境几乎没有破坏。

制冷剂 HFC2134a：其物理性能与 CFC12 相似，ODP 值为 0、GWP 值为 0.26，有温室效应，基本无毒性。然而作为一种新型制冷剂，它也存在着一些固有的弱点，相应地要采用一定的技术措施来克服所带来的负面影响。另外还存在着后期运行费用高，原材料成本高的特点。该替代技术已处于成熟阶段，HFC2134a 理化特性稳定，不燃不爆，使用安全，价格低，且与 CFC212 所用材料相溶，成为一种非常有效和安全的 CFC12 的替代品，目前汽车空调中的制冷剂大部分是 HFC2134a（别名 R134a、HFC134a、HFC‑134a、四氟乙烷）。但是，如采用 HFC2134a 替代 CFC12，设备改动较大，会增加相应投资。另外，HFC2134a 的 GWP 值为 0.34，不符合国际环保的规定，尽管美国、日本等国家都有大量的生产和消费，但是随着国际社会对温室效应环境问题的日益关注，HFC2134a 禁用期有可能提前，这样必然导致 R600a 制冷剂在将来会迅速替代 HFC2134a。

制冷剂 HC2600a（异丁烷 R600a）：ODP 值和 GWP 值均为零，环保性能好，易取材，价格低，制作原料来源于石油、天然气。其运行压力低，噪声小，能耗降低可达 5% ~ 10%；润滑油可采用原 CFC212 的润滑油；对系统材料没有特殊要求。不足的是属易燃易爆物质，所以在生产和使用维修过程都要有严格的防火、防爆措施。另外前期设备投资大。R600a 替代技术正处于发展上升阶段，生产过程要求精度和维护费用较 HFC2134a 低。两种新的制冷剂各有利弊，估计会在一段时间内共存。

制冷剂一般装在专用的钢瓶中，钢瓶应定期进行耐压试验。装存不同制冷剂的钢瓶不能互相调换使用，也切勿将存有制冷剂的钢瓶置于阳光下曝晒和靠近高温处，以免引起爆炸。一般氨瓶为黄色，氟里昂瓶为银灰色，并在瓶表面标有装存制冷剂的名称。

第五节　低温仓冷负荷计算

一、设计参数

（一）夏季室外计算干球温度

为近 10 年内每年高于某一干球温度的累计小时数为 50h 的干球温度的平均值。按简化法计算：

$$t_{\mathrm{W}} = 0.47t_{\mathrm{P}} + 0.53t_{\max} \tag{6-35}$$

式中　t_{W}——夏季室外计算干球温度，℃；

t_{P}——该地区十年内最热月温度的平均值，℃；

$t_{\max}$——该地区十年内最热月极端最高温度，℃。

（二）夏季室外日平均温度（t_{WP}）

夏季室外日平均温度是取近 10 年内不保证 5d 的日平均温度的平均值。按简化法计算：

$$t_{\mathrm{WP}} = 0.8tP + 0.2t_{\max} \tag{6-36}$$

（三）等效温度（或称当量温度）

等效温度是由于太阳的热辐射，使室外温度 t_{W} 相当于增加的温度数。太阳辐射的当量温度为：

$$\frac{\rho J}{\alpha_{\mathrm{W}}} \tag{6-37}$$

式中　ρ——材料表面对太阳辐射热的吸收系数。可查有关手册。一些常见的（建筑物表面的）ρ 值如下：

红砖墙：0.75；青灰砖墙：0.45；红褐瓦屋顶：0.7；青灰瓦面：0.52；

红瓦面：0.54；石灰粉刷：0.48；水泥砂面：0.5；

J——太阳辐射强度，kJ/m^2，与围护结构的纬度、朝向及计算时间有关，可查有关手册；

α_W——围护结构外表面换热系数。

（四）综合温度（t_z）

综合温度是指室外空气温度与当量温度之和。

即：

$$t_z = t_W + \frac{\rho J}{\alpha_W} \, (℃) \tag{6-38}$$

（五）低温仓内所要求的干球温度 t_n（℃），相对湿度 φ_n

（六）粮食的原始参数

包括粮食入库时间、进仓时粮温 t_1（℃）及粮食含水量。

（七）低温仓的几何尺寸

包括低温仓房的截面积、容积及储粮数。

（八）粮食的比热容（C）

粮食的比热容与粮食含水量有很大关系，当大米的含水量为 14%～16% 时，其比热容可按下式计算：

$$C = 1.55 + 0.0063W = 1.88 - 1.97 \, [kJ/(kg \cdot ℃)] \tag{6-39}$$

二、冷负荷计算

（一）围护结构传热而产生的冷负荷 Q_1

$$Q_1 = Q_q + Q_f + Q_d \tag{6-40}$$

$$Q_q = KF\left(t_{WP} + \frac{\rho J_P}{\alpha_W} - t_n\right) \tag{6-41}$$

式中　Q_q——由外墙传热而产生的冷负荷，W；

　　　K——外墙传热系数，$W/(m^2 \cdot K)$；

　　　F——传热面积，m^2；

　　t_{WP}——夏季室外日平均温度，℃；

　　　J_P——太阳平均辐射强度，W/m^2，与墙的地理位置与朝向有关，其值可查有关手册；

　　　ρ——材料外表面对太阳辐射热的吸收系数；

　　α_W——墙外表面换热系数，$W/(m^2 \cdot K)$；

　　　t_n——低温库库内要求的温度，℃。

$$Q_f = KF\left(t_{WP} + \frac{J_P \rho}{\alpha_W} - t_n\right) \tag{6-42}$$

式中　Q_f——由屋顶传热而形成的冷负荷，W。

$$Q_d = \sum K_{di} F_{di}(t_W - t_n) = (t_W - t_n)\sum_{i=1}^{4} K_{di} F_{di} \tag{6-43}$$

式中　Q_d——由地坪传热而形成的冷负荷，W；

　　　K_d——分段计算传热系数，$W/(m^2 \cdot K)$，其值与分段有关（表6-9）；

　　　F_d——分段各带的面积，m^2；

i——地坪分段号，其分段标准如图 6-38 所示。

表 6-9　　　　　　　　地坪分段传热系数

分段号	距墙/m	$K_{di}/$（W/m² · K）
1	0~2	0.46
2	2~4	0.23
3	4~6	0.12
4	6 以上	0.07

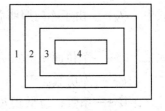

图 6-38　地坪分段示意图

（二）冷却粮食的冷负荷 Q_2

$$Q_2 = \frac{G \cdot C\Delta t}{Z} \text{（W）} \tag{6-44}$$

式中　G——低温库储粮数，kg；

　　　C——粮食的比热容，kJ/（kg · ℃）；

　　　Δt——入库时粮温与冷却后粮温差值，℃；

　　　Z——为开机后要求粮食达到低温的时间，h。

（三）粮食呼吸而产生的冷负荷 Q_3

$$Q_3 = G \times q \text{（W）} \tag{6-45}$$

式中　G——储粮总数，t；

　　　q——单位重量粮食的呼吸热，W/t，与粮种、含水量及储粮温度有关，在 15℃时，含水量为 15% 的大米，其 $q = 0.37 W/t$。

（四）粮库内通风换气而产生的冷负荷 Q_4

$$Q_4 = 3Vr(i_w - i_n)/m \text{（W）} \tag{6-46}$$

式中　　　　i_w、i_n——分别为库外、库内空气的焓值，kJ/kg，其值可由空气的 $I-d$ 图查得；

　　　　　　V——粮库内空气总体积，m³；

　　　　　　r——空气的重度，一般取 1.2kg/m³；

　　　　　　m——通风机每昼夜运转的时间，h。

公式中的系数"3"——每昼夜更换新鲜空气次数，一般选三次，实际上是换气次数。

（五）库内空气降温冷负荷 Q_5

$$Q_5 = C_{air}V(t_1 - t_n)/Z \text{（W）} \tag{6-47}$$

式中：C_{air}——空气的体积比热容，一般可取 $C_{air} = 1.42$，kJ/（m³ · K）；

　　　V——库内空气总体积，m³；

　　　t_1——原库温，℃；

　　　t_n——低温库要求的库温，℃；

　　　Z——库温由 t_1 降至 t_n 所经历的时间，h。

（六）库内风机运行产生的冷负荷 Q_6

$$Q_6 = 1000 \times N\eta \text{（W）} \tag{6-48}$$

式中　N——风机上配备的电机功率，kW；

　　　η——电机效率，一般取 $\eta = 0.75$。

（七）操作管理产生的冷负荷 Q_7

$$Q_7 = Q_Z + Q_K (W)$$ (6-49)

式中　Q_Z——由于库内照明而产生的冷负荷，W。

$$Q_Z = q_z FC (W)$$ (6-50)

式中　q_z——单位面积由照明产生的热量，W/m^2；

　　　F——库房截面积，m^2；

　　　C——系数，与低温库性质有关，当低温库为生产性库时：$q_z = 7.5 W/m^2$，$C = 0.65$；当库为非生产性库时：$q_z = 3 W/m^2$，$C = 0.35$。

$$Q_K = q_k F (W)$$ (6-51)

式中　Q_K——由于库房开门所产生的冷负荷，W；

　　　F——低温库截面积，m^2；

　　　q_k——库房单位面积开门产生的热量，W/m^2，其值与库房截面积 F 有关，当 $F < 50 m^2$，$q_k = 9.3 W/m^2$；$F = 50 \sim 100 m^2$，$q_k = 4.7 W/m^2$；$F > 100 m^2$，$q_k = 3.5 W/m^2$。

（八）总冷负荷 $Q_总$

低温库的总冷负荷在制冷机起动时与运行期间是不同的，且为了安全期间，往往在总冷负荷 $Q_总$ 的计算中乘一个安全系数 ε，一般取 $\varepsilon = 1.1 \sim 1.3$。

所以，制冷机起动时的总冷负荷：

$$Q_总 = \varepsilon(Q_1 + Q_2 + Q_3 + Q_5 + Q_6 + Q_7) (W)$$ (6-52)

在一般储藏期间的总冷负荷：

$$Q_总 = \varepsilon(Q_1 + Q_3 + Q_4 + Q_6 + Q_7) (W)$$ (6-53)

由公式算出的 $Q_总$ 应为设计工况下的冷负荷，一般在选择制冷设备时可将两个 $Q_总$ 中的较大者换算成标准制冷量，作为选择压缩机及其他制冷设备的依据。

三、粮食冷却设备的选择

（1）根据企业具体情况和资金投入量，确定购买设备的类型及档次。

（2）根据低温仓实际总冷负荷，选择适当功率和型号的制冷设备，注意冷负荷工况的换算。

（3）购买设备时既要考虑设备的价格又要考虑设备的质量、寿命、维修成本、安装及能耗等影响经济性的诸方面，选择质量可靠性、价比高的名优产品。

第六节　空调与谷物冷却机低温储粮

一、空调低温储粮

根据低温储粮工艺的需要，低温粮仓必须保持一定的空气条件，这样的空气条件通常用空气的温度、湿度和空气的流动速度来衡量，因此，将仓内"三度"维持在一定范围内的调节技术称空气调节，且常由空调机来完成这一调节任务。

1. 空调储粮的特点

早期空调低温储粮技术中使用过窗式空调机，目前使用较多的是分体挂壁式空调机，也有采用风管式中央空调的，空调机的压缩机为全封闭式，冷凝器为风冷式，因而运行简单可靠，管理方便，易于安装，不需要水源及冷却塔。蒸发器为机械吹拂式，节流机构为毛细管，使用制冷剂常为氟里昂。

空调低温储藏的缺点是温度偏高，如果普通房式仓未进行隔热改造，则仓温很难达到20℃以下，如仓房按照低温仓要求进行改造，则仓温可维持在 15～20℃ 间，即达到准低温。

2. 空调器的选择与安装

空调器的选择除了厂家、品牌外，主要是型号、台数的确定，其主要依据是低温仓的总冷负荷量。因此在进行空调低温储粮设计时，仍然需要先计算出低温仓的冷负荷，然后确定机型与台数。另外也可根据低温仓的平面面积大小，由经验估出空调机台数，根据经验每 $100～200m^2$ 的平面面积仓房需安装制冷量为 3500W 左右的空调机 1 台。

空调机对仓温的调节，主要靠人为设定的制冷温度及送风风力，根据仓温的高低自动开启与关闭，不需人工操作。

挂壁式空调机的室内机应安装在离地面较高的窗口上，尽可能靠仓间顶部，以防止从空调机中吹出的冷风直接接触粮面而产生结露。室外机要安装牢固，最好安装在背阴处，仓外机与仓内机之间的冷气管外要包裹保温隔热材料，以防冷量损失。

二、谷冷机低温储粮

谷物冷却机低温储粮技术是通过与仓内储粮通风系统对接，将谷物冷却机的送风口接在仓墙上通风机接口处，直接向仓内粮堆通入冷却后的控湿空气，使仓内粮食温度降到低温状态，并能一定程度地控制仓内粮食水分，从而达到安全储粮的一种粮食储藏技术。外界空气经过谷物冷却机控湿降温后，得到恒温恒湿空气，在穿过粮堆时与粮食进行热湿交换，从而降低仓内粮食温度、控制仓内粮食湿度，达到低温储粮的目的（图 6 - 39）。

图 6 - 39　谷冷机低温储粮

谷物冷却机低温储粮一般不受自然气候条件限制，凡具备机械通风系统的仓房均可应用，其主要用来降低仓内粮食温度，预防粮食生虫和霉变，减缓粮食生化反应速度，防止粮食品质劣变，降低粮食损耗。同时也起到避免高水分粮食发热、均衡仓内粮食温度和水分，防止结露等作用。也可以一定程度地改善粮食的加工品质，它是确保储粮安全、保持粮食品质的重要科学手段之一。低温储粮可以避免或减少化学药剂熏蒸处理，实现粮食的"绿色储藏"。在环境温度较高、湿度较大、仓内粮食处于不安全状态时，可利用谷物冷却机对其进行安全、有效、经济的处理。

谷物冷却机主要用于降低储粮温度，在降温的同时可以保持和适量调整粮食水分。谷冷机低温储粮主要有保持水分冷却通风、降低水分冷却通风和调质冷却通风。

保持水分冷却通风是通过合理调控送入仓内冷却空气的温度和相对湿度，降低储粮温度。在降温同时，保持粮食水分。保持水分冷却通风用于降低粮食温度，防止粮食发热和虫、霉危害，保持粮食品质；处理发热粮食和高温粮食；平衡粮食的温度、湿度，防止水分转移及结露等。

降低水分冷却通风是将送入仓内冷却空气的相对湿度调节到低于被冷却粮食的相对平衡湿度，在降低储粮温度的同时可以适量降低储粮水分的冷却通风。

调质冷却通风是适当调高送入仓内冷却空气的相对湿度，对水分过低的储粮，在降低储粮温度的同时使仓内粮食水分能有适量增加。

（一）谷冷机的组成与类型

1. 谷冷机的主要组成及型号

谷物冷却机是一种可移动式的制冷调湿机组，该机组除了与普通制冷设备相同的四大件和一些辅助设备之外，还有湿度调控系统、送风系统、PLC 控制系统和设备行走系统。按送风系统在制冷机组中设置的位置不同又分为前置式（送风风机安装在蒸发器前面）和后置式（送风风机安装在蒸发器后面）两种。按谷物冷却机制冷能力的大小，又分为大型谷物冷却机（制冷量为 100kW）、中型谷物冷却机（制冷量在 50～100kW）和小型谷物冷却机（制冷量在 50kW 以下）。

谷物冷却机是一种可移动式的制冷控湿通风机组。典型的谷物冷却机主要由以下三部分12 种主要部件组成，如图 6 - 40 所示。

（1）制冷系统　由压缩机、冷凝器、热力膨胀阀、蒸发器等组成；

（2）送风系统　由过滤器、通风机、静压箱等组成；

（3）控制系统　由电控箱、可编程控制器、变频器、传感器、执行器等组成。

谷物冷却机按使用的气候环境分为：A 型代表热带型，其代号为 GLA；B 型代表温带型，其代号为 GLB。

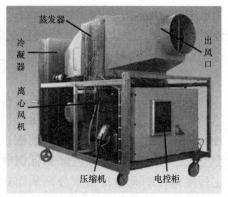

图 6 - 40　谷物冷却机的组成

谷物冷却机的型号由大写汉语拼音字母和阿拉伯数字组成，具体表示方法如图 6 - 41 所示。如制冷量 42kW、A 型的谷物冷却机，型号编制为 GLA42。谷物冷却机使用时的气候环境条件往往难以分为 A 型或 B 型，所以国内有的生产厂家将同一机型标为 GLA/GLB或者只标出 GL，不分 A 型或 B 型，并在 GL 后加标最大冷却能力。如 GL - 400 型（在工况为 17℃，RH70%，粮食水分 15% 时，最大处理能力 400t/24h）。

A、B 型谷物冷却机的基本参数如表 6 - 10 所示。

A 型机组名义试验工况：

进风口 27℃，相对湿度 81%；出风口 12℃，相对湿度 75%；出风静压 980Pa。

B 型机组名义试验工况：

进风口 17℃，相对湿度 70%；出风口 12℃，相对湿度 75%；出风静压 980Pa。

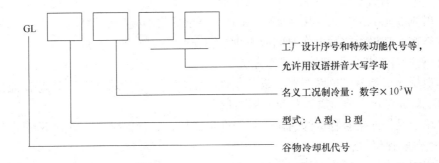

图 6-41 谷物冷却机型号编制图示

表 6-10 A、B 型谷物冷却机基本参数

制冷性能系数/（kW/kW）		单位功率送风量/〔m³/（h·kW）〕	
GLA	GLB	GLA	GLB
1.30	0.82	85	244
1.90	0.90	125	265
1.95	0.95	130	275

2. 谷物冷却机的基本参数

（1）送风量 单位时间内向粮仓送入的空气量，单位为 m³/h。谷物冷却机在任何状态运行时送风量均应换算成在 20℃、101Pa、相对湿度 65% 的状态下的数值。

（2）制冷量 在规定的制冷能力条件下，从进入谷物冷却机的空气中除去的热量，单位：kW。

（3）消耗功率 谷物冷却机运行时所消耗的全部功率，单位：kW。

（4）单位功率送风量 风量与消耗功率之比。其单位用 m³/（h·kW）表示。

（5）制冷性能系数（COP） 制冷量与消耗功率之比，其单位用 kW/kW 表示。

（6）空气焓差法 一种测定谷物冷却机能力的方法。它对谷物冷却机的进风参数、出风参数以及风量进行测量，用测出的风量与进风、出风焓差的乘积确定谷物冷却机的制冷量。

3. 谷物冷却机主要技术要求

按照 JB/T 8889—1999《谷物冷却机》国家机械行业标准执行：

（1）谷物冷却机出风参数范围及控制精度 当谷物冷却机出口温度设定在 7~18℃时，控制精度：平均 ±0.3℃，最高 ±1℃；相对湿度设定在 65%~90% 时，控制精度：平均 ±3%，最高 ±6℃。

（2）实测名义工况制冷量应不小于名义制冷量的 95%。

（3）实测名义工况下消耗功率应不大于名义消耗功率的 110%。

（4）实测名义送风量不小于名义送风量的 95%。

（5）实测制冷性能系数（CPO）不小于规定的 95%。

（6）实测单位功率送风量应不小于规定的95%。

（7）出风静压从980Pa变化至2940Pa时，风量变化不应超过25%。

（8）谷物冷却机无故障工作时间应不少于8000h。

（二）谷物冷却机低温储粮的操作方法

（1）根据仓房类型、风网布置、设备条件、粮食种类、粮堆体积、冷却作业要求等，确定谷物冷却机在仓房的通风位置及使用数量。

（2）用送风管连接谷物冷却机出风口与仓房进风口，确保接口及风管不漏气，必要时可在风管上包敷保温材料。

（3）应有选择地、适量地打开仓房门窗或排气口，便于仓内粮食中热空气顺畅排出。

（4）严格按照《设备使用说明书》规定的方法，接通电源并检查接入电源的相位，按照要求的时间，对谷物冷却机进行预热。

（5）完成设备预热并进行必要的设备检查后，逐台启动谷物冷却机。待设备运行稳定后，根据测定的仓温、粮温、粮食水分和大气温度、相对湿度等粮情数据，确定通风目的和通风方式，设定出风温度和湿度。

（6）冷却通风过程中，定时检测入仓冷空气的温度、湿度，定期检测粮堆各层温度和抽样检测粮食水分，分析判断参数设置和粮情变化是否正常，存在问题及时解决。

（7）冷却通风结束后，应立即拆除风管，关闭仓房进风口、门窗、排气口，对设备进行必要的检查、清理和保养并妥善保管。

（8）记录整理粮情数据和检测结果，评估本次冷却通风作业的单位能耗和成本。

（三）谷冷机低温储粮操作注意事项

（1）对同一仓房采用多台谷物冷却机同时冷却通风时，可采用"一机一口"或"一机多口"的连接方式，严禁多台谷物冷却机串联使用。

（2）谷物冷却作业的环境温度宜在15~35℃之间，环境相对湿度宜在50%~95%之间。高温季节确需进行谷物冷却作业时，宜选择夜间等环境温度较低的时段进行。在气温较高的工作环境中，谷物冷却机宜放置在背阴处或加盖遮阳棚，避免整机特别是电控柜受阳光直接照射。

（3）谷物冷却机应在平整路面移动，避免剧烈颠簸。用机动车牵引时，速度不应超过6km/h。到达使用地点应平稳摆放、可靠定位，避免运行时出现溜车和不应有的振动。设备电缆不宜在地面上拖拽并严禁碾压，以免造成事故。

（4）使用谷物冷却机时，必须严格按照使用说明书要求进行操作。启动前特别要注意判断电源相位、预热等工作，以确保使用安全。

（5）谷物冷却机出风温度的设置一般不宜低于10℃。过低的温度设置不能使冷却速度加快，反而造成运行成本的提高。同时，严禁向仓内送入高于粮食温度的热空气，以防粮食结露引起霉变。当采用不同温度分阶段冷却通风时，不允许后阶段通风温度高于前阶段。

（6）设备运行过程中，若发现输出冷风温湿度波动较大或与设定值偏差较大（与设定温度的差值大于1℃或设定湿度的差值大于6%）时，以及粮食水分变化较快时，应及时调整和纠正温湿度参数设定值。若设备自控调节不利或不能纠正偏差时，必须停机检查原因，排除故障后方能重新启动。

（7）在送风温度较低而粮食温度较高时，冷却通风过程中会造成仓房顶部或墙壁甚至粮堆表层出现结露。这时应该继续低温通风，并且加强仓房顶部的空气流通。在雨天和雾天等相对湿度较高的天气条件下使用谷物冷却机，要及时修正温湿度参数，确保冷风相对湿度在要求的范围内。

（8）设备报警或自动停机时，应在设备提示下查清原因，排除故障，重新启动；通风作业时，当设备出现机器温度、湿度或压力异常、电机温度过高、设备振动剧烈、制冷剂泄漏等故障应立即停机检修；不允许在设备运行状态下进行修理；停机后再启动时，间隔不应少于 10min。

（9）不允许在设备上清洗进风口过滤器，未安装进风口过滤器的设备，不允许运行；清理冷凝器时要避免散热翅片变形；用水冲洗设备时，要严防电器接线处及控制系统着水，以免造成电器短路；不允许攀拉摇动设备上的各条管路，特别是设备上的毛细管。

（四）谷冷机的维护

（1）设备任何方面的保养与维护必须在停机状态下进行，坚决杜绝运行过程中对设备的任何保养，防止事故发生。

（2）制冷系统的检查与维护应请厂家专业技术人员进行，非专业人员一般不要随意拆卸和安装制冷系统，制冷系统管路严禁用手推拉或遭受各种外力，以免造成制冷剂的泄露及制冷系统的损坏。

（3）过滤器灰尘、杂物过多（附着物超过滤网面积的 25% 或运行时压差超过 200Pa）时，应关闭设备，及时从设备上拆卸（或取出）过滤网，采用压缩空气喷吹或吸尘器抽吸或洗涤剂清洗的方式进行清理，或直接更换，待过滤网安装复位后，方能重新启动设备。严禁在设备上清洗过滤网，以免污染蒸发器。严禁未安装过滤器或过滤器（网）撕裂的设备启动运行。

（4）冷凝器和蒸发器上灰尘、杂物过多时，应及时停机并用清洁水冲洗，以提高冷却效率。注意冲洗水压不宜超过 0.5 kg，以免使翅片受损。若翅片上粘有油污，可用水蒸气进行喷洗，也可先喷洒强力除油剂，再用清洁水冲洗。冲洗前，应对电控部位和电器连接处做好必要的防水措施。

（5）谷物冷却机应存放在干燥、清洁、温度波动不大的环境中，特别注意不能和有腐蚀性的物料存放在一起，以免对设备、线路及电器元件等造成腐蚀侵害。

（6）参加维护与保养的人员必须受过专业培训，具备相关专业知识和操作技能，否则不准上岗。

三、小型储藏物冷却机

由于谷物冷却机功率大、耗电高，适用于大型粮仓的快速降温、大批粮食的冷却和将粮堆温度保持在较低水平，但是对于小型容粮仓以及仅用于控制上层粮温、粮堆均温消除温差和处理冷心热皮现象时，谷冷机就显得成本高、太浪费。近期市场上又出现了一种小功率的储藏物冷却机，如图 6-42 所示，该机具有以下优点：

（1）功率小、能耗低、效率高、压缩机串联，采用二次冷凝技术，冷却能力强。送风风量可调，能满足不同仓型、不同温度要求。

（2）引进行业先进技术，采用带有微处理器的仪表控制冷空气出风温度，确保不受外界环境因素的影响，送入粮堆中的空气精确处在所设定的范围之内，控温精确，运行平稳可靠。

（3）操作简单，开机不需预热，不需电力增容或改变送电线路，增效节能多仓共用，利用率高。

（4）结构紧凑，体积小，重量轻，移动方便，使用寿命长。

（5）安全性能好，机器设有多种自动安全保护装置、故障报警装置和故障代码显示，便于查找故障原因及时排除。

图 6 – 42　小型储藏物冷却机

小型储藏物冷却机参数如表 6 – 11 所示。

表 6 – 11　　　　　　　　小型储藏物冷却机参数

型号	QGL – 1FA	QGL – 1.5FA	QGL – 15FA	QGL – 20FA	QGL – 40FA	QGL – 50FA	QGL – 60FA	QGL – 80FA	QGL – 100FA
名义工况制冷量/kW	2.5	3.7	38.2	42.9	88.1	110.1	132.1	153.4	186.3
名义工况送风量/（m³/h）	220	350	3500	5000	10000	12200	14500	17000	20800
名义工况制冷系数	2.17	2.34	2.65	2.53	2.2.8	2.29	2.2.5	2.14	2.16
名义工况谷物处理能力/（T/d）	40	65	650	800	1600	2000	2400	3200	4000
最大谷物处理能力/（T/d）	50	80	800	1000	2000	2500	3000	4000	5000
压缩机制冷能 kW –2℃/52℃	2.5	3.7	38.2	42.9	88.1	110.1	132.1	153.4	186.3
工质充注量 R22/kg	0.6	1.1	9.5	12	20	30	36	70	90

小型储藏物冷却机与谷冷机的工作原理、低温储粮操作、维修维护基本相同。

思考题

1. 低温储粮的概念是如何建立的？
2. 低温储粮的特点有哪些？
3. 低温储粮的方法有哪些？
4. 隔热保冷对储粮有何意义？
5. 常用隔热材料有哪些？
6. 常见的隔热结构有哪些？
7. 低温仓有哪些建筑要求？
8. 简述蒸气压缩式制冷循环。
9. 常用制冷剂的种类有哪些？特点是什么？
10. 蒸气压缩式制冷机组的主要部件有哪些？功能各是什么？

参考文献

1. 王若兰主编. 粮油储藏学. 北京:中国轻工业出版社,2009.

2.《中国不同储粮生态区域储粮工艺研究》编委会. 中国不同储粮生态区域储粮工艺研究. 成都:四川科学技术出版社,2015.

3. 王若兰. 粮食储运安全与技术管理. 北京:化学工业出版社,2005.

4. 王若兰. 粮油储藏理论与技术. 郑州:河南科学技术出版社,2015.

5. 白旭光. 储藏物害虫与防治. 北京:科学出版社,2008.

6. 左进良. 低温储粮用于控温技术. 北京:中国国际文化出版社,2015.

第七章 气调储粮

【学习指导】

了解气调储粮的发展概况及特点；掌握气调储粮的基本原理；了解气调储粮的密封材料及密封技术；掌握压力半衰期及气密性等级；了解生物降氧储粮技术；熟悉和掌握氮气储粮技术，重点包括粮堆密封、碳分子筛富氮脱氧的原理及工艺流程、膜分离富氮脱氧的原理及工艺流程；熟悉和掌握二氧化碳储粮技术，重点包括整仓充二氧化碳气调设备及工艺流程；了解化学脱氧与真空气调储粮；熟悉和掌握气调储粮技术管理，重点包括粮堆气体成分分析及粮堆结露的预防。

第一节 概述

一、气调储粮的发展概况

气调储粮（controlled atmosphere storage of grain）是指将粮食置于密闭环境内，并改变这一环境的气体成分或调节原有气体的配比，将一定的气体浓度控制在一定的范围内，并维持一定的时间，从而达到杀虫抑霉延缓粮食品质变化的粮食储藏技术。气调储粮有悠久的历史，是从气密储藏（airtight storage）发展而来的。早在4000年以前的远古时代，中国、印度等国家，就采用地窖储藏粮食，一些阿拉伯国家如也门以及非洲东部的索马里、塞浦路斯、肯尼亚等从古代到现代均广泛应用地下窖或半地下仓进行粮食储藏，并实现了科学的粮情检测和管理。最初进行地窖储粮的目的，主要是为了消灭收获后自田间带入粮堆的虫害，由于地下、半地下仓的气密性良好，储藏一段时间后，仓内便可达到气调的气体状况，这是通过密封粮食改变大气（modification atmosphere）从而安全储粮的雏型。从地下气密储藏发展到地上气调仓储粮，经过了漫长的时间，直到16世纪才开始了气调储粮的文字记载。由于缺乏建筑手段或建筑成本太高，人工气调仓的建造并非易事，因此人工气调储粮技术发展缓慢。在20世纪70年代气调储藏在世界范围内有了空前的进展、推广和应用，美国农业部的贝莱（Bailey S. W.）、奥克来（Oxley T. A.）、史托雷（Storye L.）、意大利的谢巴尔（Shejbal J.）、澳大利亚的班克斯（Banks H. T.）等学者在气调储粮方面做了大量的研究和论证。自20世纪80年代初以来，联合国粮农组织（FAO）相继在意大利、澳大利亚、以色列、加拿大、新加坡、中国等国召开过多次国际气调储藏的学术研讨会，从而促进了气调储藏理论的完善，以及气调储粮技术的发展和应用。

我国的气密储藏也具有悠久的历史，远在仰韶文化时期已有气密性的缸、坛、窖藏，到唐代已有规模宏大的地下仓气密储粮，如洛阳近郊的含嘉仓、回洛仓。我国的现代气调储粮技术在20世纪的60年代末和70年代初才有了较大发展。在"六五""七五"国家科技攻关课题中对气调储粮技术进行了系统的实验研究和实仓试验。在我国已进行了稻谷、小麦、玉米、豆类、油料、大米、油品等二十多个粮种气调储藏的研究和应用。也曾进行过自然缺氧、气密储藏、人工气调等多种气调技术研究，"十五"期间先后在四川绵阳、上海、江苏南京、安徽六安、江西九江等地建造了我国第一批大型二氧化碳气调储粮仓，仓容达 21.5 万 t，使我国二氧化碳气调储粮技术达到了国际水准，积累了丰富的实践经验。2005 年中储粮南京直属库、广西防城港国储粮库采用变压吸附制氮机组自制氮气和气囊密闭粮面的方法，解决了外购二氧化碳气体费用高、整仓气密处理难和投资大等制约气调储粮发展的瓶颈问题，使得充氮气调储粮技术在我国开始得到推广。2008 年第八届国际储藏物气调与熏蒸大会在我国成都召开，中储粮总公司在绿色充氮气调储粮技术推广应用方面的突出成果得到了与会专家、学者的高度评价。2013 年中储粮氮气气调储粮数量达到1200 万 t，储粮品种已发展到全部中央储备粮品种，东南沿海地区中央储备粮直属库基本实现了气调储粮。

迄今国内外已确认，气调储粮在杀虫、抑霉以及品质控制等方面均较之常规储藏更具明显的优越性和效果。

二、气调储粮的特点

气调储粮通过物理的、化学的和生物的方法控制储粮环境的气体成分，属于绿色储粮的范畴，其优点比较突出。气调储粮可以起到杀虫防虫、防霉止热、延缓粮食品质变化的作用；避免或减少了粮食的化学污染以及害虫抗药性的产生；避免污染环境并改善了仓储人员的工作环境。

但是，气调储粮在我国推广使用中也存在一些问题，首先，对于气密性达不到要求的粮仓，应采用塑料薄膜进行粮堆密封，而塑料薄膜的性价比往往不尽如人意，价廉物美的薄膜选择余地太小，另外塑料薄膜密封粮堆的工作量也比较大。其次，种子粮和水分含量高于当地安全水分的粮食不宜采用气调储藏技术。第三，气调储粮成本偏高，也限制了该项技术的大规模推广应用。

三、气调储粮基本原理

在密封粮堆或气密仓房中，可采用生物降氧或人工气调改变密闭环境中的 N_2、CO_2 和 O_2 的浓度，杀死储粮害虫、抑制霉菌繁殖，并降低粮食呼吸作用及基本生理代谢，提高储粮稳定性。实验证明，当密闭环境中氧气浓度降到 2% 左右，或二氧化碳浓度增加到 40% 以上，或氮气浓度高达 97% 以上时，霉菌受到抑制，害虫也很快死亡，并能较好保持粮食品质。

（一）气调储粮防治虫害的作用

储粮害虫的生长繁殖与所处环境的气体成分、温度、湿度分不开。利用储藏环境的气体成分配比、温度、湿度及密闭时间的配合可以达到防治储粮害虫的目的。具有代表性的杀虫防虫气体是低氧高二氧化碳和低氧高氮。例如，当氧气浓度在 2% 以下，二氧化碳达到一定的浓度，储粮害虫能迅速致死（表 7 - 1）；低氧高氮对几种常见储粮害虫也具有致死作用（表 7 - 2）。杀虫所需的时间还取决于环境温湿度，温度越高，达到 95% 杀虫率所需的暴露时间则越短，所以高温可以增加气调的效力，如澳大利亚研究表明，低氧对储粮害虫的致死作用，与温度密切相关。水分含量 12% 以下的粮食中，当氮气中氧浓度在 0 ~

1.2%时，温度在23℃时，需28d时间杀死所有的害虫，而在18℃时，则需要105d时间才能达到同样的杀虫效果。此外，在比较低的湿度下处理比在较高的湿度下处理更为有效。因害虫生存中经常面临的一个重要问题是保持其体内的水分，避免水分过分散发以确保生命的持续，生活在干燥状态的储粮害虫，具有小而隐匿的气门，气门腔中存在阻止水分扩散的疏水性毛等，在正常情况下，所有气门处于完全关闭或部分关闭状态，如果处在低氧高二氧化碳或低氧高氮以及相对湿度60%以下的干燥空气中，则能促使害虫气门开启，因此害虫体内的水分逐渐丧失。经试验发现储粮害虫处于1%氧与高浓度氮气混合处理时，其相对湿度与害虫致死率呈现负相关，赤拟谷盗、杂拟谷盗、锯谷盗的致死率均随相对湿度降低而显著增加（表7-3）。

表7-1　　　　　　　　　　　　　　CO_2气调杀虫浓度和时间

CO_2浓度/%	熏蒸密闭时间/d	CO_2浓度/%	熏蒸密闭时间/d
80	8.5	40	17
60	11	20	几周至几个月不等

表7-2　　　　　　　　　　　低氧高氮对几种储粮害虫的防治效果

虫种	混合气体/%		死亡率/%	暴露天数/d	温度/℃	相对湿度/%
	O_2	N_2				
锯谷盗	4.5	95.5	100	14	32.0	72
锈赤扁谷盗	4.5	95.5	100	14	32.2	72
玉米象	4.2	95.8	100	14	29.0	72
米象	4.0	96.0	100	14	29.0	72
谷蠹	3.0	97.0	100	14	32.0	72
长角扁谷盗	1.0	99.0	100	2	32.2	60
杂拟谷盗	0.3	99.7	99	2	26.7	59

表7-3　　　　　　　不同相对湿度下混合气体与害虫死亡率的关系

平均气体浓度/%		相对湿度/%	害虫致死率/%		
O_2	N_2		赤拟谷盗	杂拟谷盗	锯谷盗
0.97	99.03	68 ± 0.6	3.0 ± 1.5	5.2 ± 3.7	4.1 ± 1.2
0.76	99.24	54 ± 0.6	75.9 ± 6.3	39.1 ± 9.2	17.0 ± 3.2
0.76	99.24	33 ± 0.6	94.8 ± 3.2	95.9 ± 1.3	27.5 ± 4.7
0.80	99.20	9 ± 4	98.5 ± 0.8	98.1 ± 0.9	40.0 ± 7.0

注：（1）赤拟谷盗、杂拟谷盗暴露24h，锯谷盗暴露6 h；

　　（2）温度为26.3℃。

当然，气调杀虫的效果与充入的气体浓度密切相关，如氧气浓度控制在2%以下，15d以上可有效防治储粮害虫，具有快速致死作用，可用于害虫危害严重的储粮；氧气浓度控制在5%~10%，2个月以上可有效抑制储粮害虫，具有种群抑制作用，应用于害虫危害较轻或无虫的储粮。例如，小麦含水量11.5%～12%，粮温30～35℃，含氧量为1.4%～2.4%，只须12～30h玉米象就可达到致死程度，而氧浓度在2.8%～4.5%时，48h害虫死亡率只有20%，随含氧量增高，害虫死亡时间还将延长。

害虫的虫期和种类也会影响气调杀虫的效果。一般而言，鞘翅目储藏物昆虫的前期蛹对气调的忍耐力最强（因其几乎处于休眠状态），其次是卵、高龄幼虫、低龄幼虫和成虫，而蛾类通常要比象虫对气调更加敏感。有研究认为同虫期的害虫对CO_2的忍耐力大小排序为：杂拟谷盗＞赤拟谷盗＞玉米象＞米象＞谷蠹。

目前国内外为防止储粮害虫因长期化学药剂熏蒸而产生抗性的问题，作了众多的研究，实验证实气调能在减少化学药剂用量的基础上增强其熏蒸效果。据报道，在防治赤拟谷盗和杂拟谷盗时，用25%的CO_2和剂量为50ml/L的PH_3混合熏蒸，其防治效果明显优于高CO_2或高剂量PH_3熏蒸，这一结果也同样适用于谷斑皮蠹和谷蠹的防治。

大量的气调储粮实践证实，要取得一定的气调防治虫害的作用，可以有不同比例的气体浓度组成，例如，在26℃及相对湿度57%，氧含量为2%～8%，二氧化碳为5%～30%的气体中暴露96h以上，对两种成虫的死亡均会产生明显的作用（图7－1）。

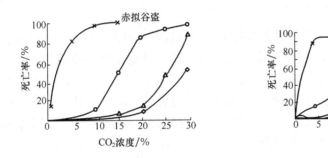

图7－1　赤拟谷盗和谷蠹成虫的死亡率

注：在57%相对湿度及26℃下，暴露96h，氧浓度：×——2%，○——4%，△——6%，□——8%

（二）抑制霉菌的作用

环境气体成分及浓度对真菌的代谢活动有明显的影响。如能理想地将环境氧浓度降低至0.2%～1.0%，不仅能控制储藏物的代谢，也能明显地影响真菌的代谢活动。当粮堆氧浓度下降到2%以下时，对大多数好气性霉菌具有显著的抑制作用，特别是在安全水分范围内的低水分粮以及在粮食环境相对湿度65%左右的低湿条件下，低氧对霉菌的控制作用尤为显著。但是有些霉菌对环境氧气浓度要求不高，对低氧环境有极强的忍耐性，例如灰绿曲霉、米根霉能在0.2%氧浓度下生长。当气调粮堆表面或周围结露时，在局部湿度较大的部位就会出现上述霉菌，有些兼性厌氧霉菌如毛霉、根霉、镰刀菌等也能在低氧环境中生长。因此，采用气调储藏的粮食其水分含量必须控制在《粮食安全储存水分及配套储藏技术操作规程（试行）》所规定的水分以内。

有资料报道，对刚收获的湿玉米（水分含量17%～23%）采用缺氧密闭储藏，由于缺氧的原因，微生物区系及带菌量逐渐减少，杂色曲霉分生孢子的发芽率降低到20%以下，娄地干酪青霉和烟曲霉等真菌也不能生长，但含水量超过23%的玉米进行缺氧密闭储藏时，会出现轻微的酒精味，最好在密闭2～3个月以后进行烘干处理，降低水分至安全水分时再继续储藏。

二氧化碳气调抑制粮食上的霉菌需要较高的浓度，有研究认为只有当二氧化碳浓度提高到40%以上才能有明显的抑霉作用，且温度会影响气调效果，如 CO_2 浓度的增加可显著地降低青霉孢子的发芽率，但在青霉的最适生长温度范围内其抑制效果稍差。此外，CO_2 对真菌的代谢活动有明显的影响，当 CO_2 浓度增加到60%～90%时，能抑制小麦或玉米内的霉菌生长及青霉或黄曲霉毒素的产生，据报道，用二氧化碳保藏11.8%～25.4%高水分花生仁时，可抑制黄曲霉和防止黄曲霉毒素的形成（表7-4）。

表7-4 　　　　　　　　　　　防止黄曲霉毒素形成的二氧化碳配比条件

CO_2 浓度/%	其他气体成分/%		温度/℃	相对湿度/%
	O_2	N_2		
20	20	60	15～17	86
40	20	40	15	99
40	20	40	25	86
60	20	20	25	86～92

低氧高氮气调也能影响霉菌的种类及数量，使得粮食的霉菌总数较空气储藏的少。有报道指出：经过三个月低氧高氮气调储藏的东北玉米，其霉菌带菌量减少了两个数量级（从 10^5 降为 10^3），霉菌感染率降低，导致粮堆发热的曲霉被抑制（平均检出率从69%降为10.8%），因此氧气浓度低于2%时对粮食微生物有较好的抑制作用。

在储藏期间霉菌类型的演变规律是田间真菌如芽枝霉及交链孢霉逐渐减少，储藏真菌（青霉和曲霉）在各种储藏条件下逐渐增加。但在用氮气气调控制真菌时，在含 O_2 量为0.3%的工业 N_2 中，只能控制霉菌的发展速度，只有在纯氮（含 O_2 在0.01%）中，真菌生长繁殖才被完全抑制。此外，氮气能抑制黄曲霉毒素的产生，这已在湿小麦、花生与湿玉米中获得证实，而黄曲霉毒素的产量与真菌的生长成正比。根据塞检菲尼等试验，在空气及氮气中，黄曲霉在湿小麦内（含水量18%～19%）的生长及黄曲霉毒素 B_1 产量是不同的，在严密的充氮条件下，黄曲霉受到了致命的抑制作用。

（三）降低呼吸强度

呼吸是和生命紧密相联系的，呼吸强度是粮食主要的生理指标。在储藏期间，粮食呼吸作用增强，有机物质的损耗会显著增加，粮食易劣变。在缺氧环境中，粮食的呼吸强度显著降低，当粮食处于供氧不足或缺氧的环境条件下，并不意味着粮食呼吸完全停止，而是靠分子内部的氧化来取得热能，在细胞内进行呼吸来延续其生命活动。这种呼吸过程就称为缺氧呼吸或分子内呼吸。

因为正常的呼吸作用是一个连续不断从空气中吸收氧的氧化过程，缺氧呼吸所需氧是从各种氧化物中取得的，即是从水及被氧化的糖分子中的 OH^- 中获得的，与此同时，必须放出 H^+，所以缺氧呼吸是在细胞间进行的氧化过程与还原过程。有氧呼吸和缺氧呼吸两者间的共同途径是相同的，都有复杂的、各种酶参与反应，其中脱氢酶、氧化酶是起着决定性作用的酶。呼吸产物的共同点是都要放出二氧化碳和热能，也都有氧化过程。但当粮食由需氧呼吸方式变迁为缺氧呼吸方式时，由于粮堆环境中氧受到限制，粮食呼吸强度也相应降低到最低限度。缺氧呼吸时氧化 1mol 葡萄糖所放出的热量（117kJ）较之有氧呼吸时放出的热量（2830kJ）缩小了近 30 倍。可见缺氧呼吸可降低粮食生理活动，减少干物质的耗损。与此同时，不论缺氧呼吸或有氧呼吸所产生的二氧化碳都能积累在粮堆中，相对地抑制粮食的生命活动，并抑制虫霉繁殖。但积累高浓度的二氧化碳只有在密闭良好的条件下才能取得。据文献报道，当二氧化碳积累量达 40% 以上时，就可杀死储粮害虫，二氧化碳浓度达到 70% 以上时，绝大部分有害霉菌可被抑制。因此，在实践中缺氧储藏具有预防和制止储粮发热的效果，而且，干燥的粮食采用缺氧储藏，可以较好地保持品质和储粮稳定性。因为在干燥的粮食中，它们呼吸的共同途径是都兼有缺氧呼吸，即不仅发生着正常的需氧呼吸，而且还发生缺氧呼吸过程，常常由于整个呼吸水平极其微弱，即使有缺氧呼吸在细胞中进行，它们所形成的呼吸中间产物也是极其有限、微不足道的，对粮食的品质和发芽力都不会有重大影响。

然而，在高水分粮采用缺氧储藏技术时，粮粒的呼吸方式几乎由缺氧呼吸替代了正常的呼吸，它虽然产生的能量很低，也应注意到它的另一方面，缺氧呼吸的最终产物是酒精或其他中间产物及有机酸类。粮食和其他有机体一样，是需要氧维持正常功能的，在长期缺氧条件下，如果由于酒精、二氧化碳、水的积累而对粮粒的细胞原生质产生毒害作用，将会使机体受到损伤或完全丧失生活力，这种现象特别对高水分粮、种子粮不利。一般来说，粮食水分在 16% 以上，往往就不宜较长时间地采用缺氧储藏方式，以免引起大量酒精的积累，影响品质。对种子粮来说，氧气供应不足或缺乏时，其呼吸方式由需氧转向缺氧呼吸，即使是水分含量偏低的种子粮，也会由于供氧不足，加速粮粒内部大量氧化作用和不完全氧化产物的积累，并有微生物的参与，以导致发芽率降低和种子寿命的衰亡。所以，缺氧储藏对粮粒生活力的影响取决于原始水分的多少。从表 7-5 可以看出，水分越高，缺氧越严重，保管时间延长，对发芽率影响较大。种子水分含量的增高，必然会引起籽粒的强烈呼吸，这时需要更多的氧源来补充才能适应种子生理的要求，但这时处于密闭储藏条件，氧被消耗，粮粒将因长期缺氧而窒息死亡，特别当水分含量提高到 14% 以上时，发芽率有降低到 0 的可能。这在实践中是应该注意的。

表 7-5　　　　　　　　　　　　　　缺氧储粮对种子发芽率的影响

粮种	水分含量/%	储藏时间/月	最低氧浓度/%	发芽率/%
	12.2	16	6.4	87.5
小麦	11.2	16	9.9	94.0
	14.1	12	0.8	39.5
对照样品	12.7	12	大气	82.0
	12.7	14	3.4	85.5
稻谷	14.7	14	0	62.0
	17.4	14	0	1.0
对照样品	12.7	14	大气	92.5
	12.0	12	3.4	91.7
豌豆	22.0	2	0	40.0
对照样品	12.0	12	大气	94.0

（四）气调储藏对粮食品质的影响

气调储藏对储粮品质的影响一直是人们关注的焦点，国内外在近几年的研究中，对此问题作了详尽的分析与评定。实践证明，气调储藏的粮食品质变化速度比常规储藏慢，其中低温气调的效果好于常温气调。从表7-6分析来看，水分含量为14.05%的大米采用缺氧储藏，经5个月之后，其品质与对照（常规）储藏相比较，缺氧储藏的样品品质显然优于常规储藏；而对照组黏度下降，脂肪酸值增高，淀粉糊化特性改变明显地较缺氧储藏的样品速度快。

表7-6 　　　　　　　　　　　　　　缺氧储藏大米的品质变化

	品质指标	原始样品	自然缺氧储藏		对照
			低温（地下室）	常温（房式仓）	房式仓（包装）
	酸度/（mg KOH/10g）	0.72	1.64	1.34	1.43
	脂肪酸值/（mg KOH/100g）	38.18	28.49	39.57	50.51
	硬度/（0.5kg/粒）	4~8.9	4~8.9	4~8.9	4~8.9
	透光率/%	47.5	49.0	49.7	55.4
	黏度/（mPa·s）	3.58	2.57	2.40	2.30
	糊化温度/℃	83	83	83	83
淀粉	最高黏度/BU	530	635	650	710
糊化	最高黏度温度/℃	90	89	90	91
特性	最终黏度/BU	440	525	590	610
	最终黏度温度/℃	90	94	94	94

不同的粮食种类在气调储藏环境中品质变化的速度也有差别。从表7-7可以看出，储藏5个月之后的面粉，其脂肪酸值增长率高于同样经过5个月储藏的大米（表7-6），因此面粉品质变化较大米快。如表7-7所示，对照组面粉的脂肪酸值较原始样品增加超过1倍，透光率增加11%，黏度降低，可见缺氧储藏组的面粉品质优于对照组，低温组优于常温组。

表7-7 　　　　　　　　　　　　　　缺氧储藏面粉的品质变化

	品质指标	原始样品	自然缺氧储藏		对照
			低温（地下室）	常温（房式仓）	房式仓（包装）
	酸度/（mg KOH/10g）	0.72	1.64	1.34	1.43
	脂肪酸值/（mg KOH/100g）	45.01	81.91	90.35	109.04
	湿面筋含量/%	29	22	21.5	22
	透光率/%	51.1	49.0	51.5	62.2
	黏度/（mPa·s）	—	3.175	3.039	2.990
	糊化温度/℃	77	77	77	77
淀粉	最高黏度/BU	540	652	719	885
糊化	最高黏度温度/℃	85	87	86	86
特性	最终黏度/BU	450	510	595	675
	最终黏度温度/℃	92	92	92	92

注：面粉原始水分含量13.07%。

表 7 - 8　　　　　　　　　　　面粉缺氧储藏 8 个月的品质变化

测定项目	水分含量/%	酸度/（mg KOH/10g）	黏度/BU	湿面筋/%	面筋延伸性/cm
微生物降氧	12. 17	131. 74	460	31. 72	20. 5
	13. 00	90. 54	400	32. 66	21. 0
自然缺氧	13. 21	119. 98	420	32. 66	21. 0
	13. 17	93. 08	440	28. 23	23. 2
对照	13. 97	126. 40	580	28. 44	21. 0
	14. 48	120. 59	890	28. 44	19. 8

表 7 - 8 所示为经过不同降氧方式处理的面粉储藏 8 个月之后的品质变化，从中可以看出，经过缺氧储藏的面粉品质明显优于对照组，表现为面粉酸度大部分低于对照组，湿面筋含量高于对照组 3% ~4%，面筋延伸性高于对照组 1cm 左右。

马中萍等研究发现，在相同储藏条件下，二氧化碳气调储藏籼稻谷脂肪酸值的增加、黏度的下降、发芽率的下降和品尝评分值的下降都较常规储藏籼稻谷变化速度慢，在同等条件下，可适当延长稻谷的宜存期，相应延长轮换周期，减少稻谷的轮换次数，将节省大量的轮换费用，经济效益显著。肖建文、张来林等人研究发现，在不同温度下的气调储藏，玉米发芽率呈下降趋势，但与常规储藏相比，下降幅度明显延缓；在相同的储藏条件下，35℃下的玉米储藏到 135d 时，常规仓脂肪酸值由最初的 22.4（KOH/干基）/（mg/100g）上升至 57.5（KOH/干基）/（mg/100g），已达到轻度不宜存的标准范围，同等条件下的氮气气调仓玉米脂肪酸值升高到 37.8（KOH/干基）/（mg/100g），氮气气调储粮对玉米脂肪酸值的上升有明显的抑制作用。杨健、周浩等人的研究结果也表明：在 20 ~30℃的条件下，维持 90% 以上浓度的氮气气调可以延缓玉米（含水量 13.2% 和 14.0%）脂肪酸的增加。四川粮食局科研所与广东、浙江、江西、天津、湖南、四川等省市十六个单位协作研究，从大米缺氧储藏过夏的品质变化指标分析结果看，采用四种缺氧储藏的大米，其品质在储藏 150d 后同样比采用常规储藏的对照组好。

据报道，日本将糙米在低氧状态下储藏，与在一般空气中储藏相比较，其品质变化的差异也是存在的。从表 7 - 9 可以看出，经过低氧储藏的糙米其水浸酸度值显著地低于一般空气储藏，因此低氧储藏对于延缓糙米的大分子物质降解是有利的；但糙米水分含量为 15%，在低氧下储藏，生成相当大量的乙醇，为空气中储藏的 4 ~8 倍，与之相应的是低氧储藏下糙米的发芽率下降。

表 7 - 9　　　　　　　　糙米在空气和二氧化碳混合气体中的品质变化

测定项目	原始值	CO_2	CO_2:空气 4:1	CO_2:空气 1:1	空气	添加氧的空气
水分/%	15. 0	15. 3	15. 3	15. 1	15. 3	15. 4
发芽率/%	100	0	3	9	12	7
水浸酸度/（mg KOH/10g）	157. 2	142. 6	137. 1	139. 4	234. 2	199. 0
乙醇含量/%	5. 7	41. 9	39. 6	82. 5	11. 8	0
还原糖/（mg/100g）	274. 1	433. 9	431. 6	438. 1	414. 9	398. 3
淀粉糖（吸光系数减少率）/%	12. 4	5. 0	4. 8	5. 6	7. 4	3. 2
淀粉酸（生成葡萄糖的质量）/mg	88	60	64	70	61	76

四、气调储粮方法

气调储藏的途径分为生物降氧和人工气调两大类，生物降氧可通过粮堆生物体或人为培养的合适生物体（微生物、鲜植物叶、萌芽等）的呼吸，将塑料薄膜帐幕或气密仓内粮粒孔隙中的氧气消耗殆尽，并相应积累一定的二氧化碳，达到缺氧高二氧化碳的状况，是以生物学因素为理论根据的。人工气调则是应用一些机械设备，如燃烧炉、分子筛、化学药剂或外购气源等，使仓内气体达到高氮、高二氧化碳、低氧的状况，因此是以设备控制为依据的。

五、气调储粮类型

气调储粮可根据控制气体的数量分为单一气调和混合气调，混合气调又可分为二混气调、三混气调和多混气调等。单一气调储粮通常是以单独控制 O_2、CO_2、N_2 的某一气体浓度，达到杀虫、抑霉、减缓储粮品质变化的气调类型，可将 O_2 浓度控制在 2% 以下，或将 CO_2 浓度控制在 40% 左右，或 N_2 浓度控制在 97% 以上。二混气调储粮常将低 O_2（2%）配高 N_2（98%），或高 CO_2（80%）配 O_2（20%）。三混气调储粮一般是 O_2、CO_2、N_2 混合，只要其中一种气体达到其单一气调的浓度要求时，便可取得理想的气调储粮效果。多混气调储粮主要是利用一些混合气体进行储粮，如不同燃料的燃烧气、沼气等多种气体的混合气。因这些混合气中多为低 O_2 高 CO_2，所以也可以获取良好的气调储粮效果。

第二节　气调储粮密封技术

一、气调储粮密封材料

气调储粮实施的基础条件是一个相对密闭的环境，储粮环境密封程度的好坏是气调储藏成败的关键。只有在严密封闭条件下才能形成和保持粮食的气调状况。目前，中国只有少数的气调仓，可在仓内整仓进行气调储藏。而普通粮仓的气密性不能满足气调仓的要求，只能采取密封粮堆的方法达到储藏环境的气密性要求。所以气调储粮的密封材料便可分为用于密封粮堆的塑料薄膜类密封材料和用于气调仓围护结构喷涂的密封喷涂材料。

（一）塑料薄膜

1. 塑料薄膜的类型及性能

塑料薄膜是一类主要用于粮堆密封的材料，在气调储粮粮堆密封时采用的既有单一薄膜也有复合薄膜。

气调储粮常用的单一薄膜有聚氯乙烯、聚乙烯、聚丙烯等塑料薄膜，其厚度分别为 0.07~0.40mm。在常温下耐酸、碱的腐蚀，具有耐磨性及绝缘性，其机械强度随厚度增加而加强，但不耐高温。聚氯乙烯在 85℃ 软化，130℃ 变形。聚乙烯熔点在 110~130℃。聚丙烯在 170~174℃ 就开始熔化。因目前在生产技术上还允许存在有一定的微孔及砂眼，对于气体和水蒸气具有微透性，微透性随厚度增加而减少，所以在选用聚氯乙烯和聚乙烯薄膜作粮堆密封材料时，应先查漏、补洞，其厚度根据需要来选定。应用生物降氧方法密封粮堆时可选用 0.14mm 厚度的薄膜，做成一面或五面密闭。厚度为 0.2mm 的薄膜，必须选用能耐压，抗拉力较强，并可经受得起抽真空，耐负压的，一般用于人工气调的机械脱氧，也可供做充 N_2、充 CO_2 的密封帐幕，还可用于气调小包装的密封材料。

　　在自然密闭缺氧储藏中常用的单一塑料薄膜是聚乙烯和聚氯乙烯。聚氯乙烯质地较柔软，易热合、粘合。但因塑料薄膜含有增塑剂，不宜用来直接接触食品，也不宜用来包装成品粮。原粮因有外壳及果皮保护，可将其用于粮堆的覆盖密封及包装。聚乙烯质地较硬，易热合，但不易粘合，无毒，可以做成品粮包装材料。常见单一薄膜的透气性和透湿性如表 7 - 10 所示。

表 7 - 10　　　　　　　常见单一薄膜的透气性与透湿性（20℃，相对湿度 65%）

薄膜	气体通过率/ $[g/ (cm^2 \cdot 24h)]$			透湿量/ $[g/ (cm^2 \cdot 24h)]$
	N_2	O_2	CO_2	
聚氯乙烯	0.14 ~ 0.18	0.16 ~ 0.59	3.1 ~ 4.2	5 ~ 6
聚乙烯（低密度）	1.90	5.50	25.20	24 ~ 48
聚乙烯（高密度）	0.27	0.83	3.70	10 ~ 25
聚丙烯	0.70	1.30	3.70	8 ~ 12
聚偏二氯乙烯	0.00094	0.0053	0.229	1 ~ 2

　　从表 7 - 10 中可以看出塑料薄膜对水汽、气体具有微透性，但缺氧储粮中氧气有回升现象并不完全是薄膜微透性所造成的，而应认真检查密闭是否严密。目前，我国采用的密封材料大多数属于软质结构，密封条件在要求上是严格的，密封程度越高，粮堆气密性能越好。但在实际应用时，并不是绝对的而是相对的，这是因为我国目前所用的塑料薄膜尚具一定的透气性。实验证明：在密封粮堆中当降氧速度大于进氧速度时，只要进氧速度每天低于空间容积的 0.5%，这种轻微的透气性仍可使中度感染的虫害窒息死亡，基本上不影响缺氧的效果。

　　除单一薄膜外，国内外在食品包装及储粮中也可应用复合薄膜，也称层压（积）薄膜。随着我国气调储粮技术的发展和仓容量的增大，要求所用塑料薄膜具有透氧率低、超宽幅、抗拉强度大、无污染、无异味等特点，主要用于仓房内墙、粮面、门窗等部位的密闭，已开发的气调粮仓专用复合薄膜种类包括：三层共挤聚乙烯薄膜、茂金丝复合粮食专用膜、PA/PE 尼龙复合膜等。相比单一薄膜，复合薄膜的氧气透过率大大降低，而抗张强度大大增加且质轻；薄膜宽度的提高可以减少仓内薄膜焊缝条数，从而降低了因焊接不佳导致气体泄漏的几率（表 7 - 11），例如仓房跨度 24m 的粮面薄膜可用 2 幅 12m 的薄膜焊接而成，仅有 1 条焊缝；若用 6 幅 4m 的薄膜焊接而成，则会产生 5 条焊缝，增加焊缝处漏气的可能性。

表 7 - 11　　　　　　　　　　　粮仓专用塑料薄膜基本参数

名称	宽度/m	厚度/mm	相对密度	氧气透过率/ $[mL/ (cm^2 \cdot 24h)]$	抗张强度/ (kg/cm^2)	克重/ (g/m^2)
聚氯乙烯粮食专用膜	2 ~ 6	0.12 ~ 0.22	1.35	2500	39.2	189
聚乙烯膜	2 ~ 10	0.08 ~ 0.16	1.0	580	4	80
茂金丝复合粮食专用膜	2 ~ 14	0.08 ~ 0.16	0.95	56	128	80
PA/PE 尼龙复合膜	2 ~ 12	0.08 ~ 0.12	1.0	56	128	80

2. 塑料薄膜的老化与防止

目前塑料薄膜已广泛应用于气调储粮粮堆密封，各种薄膜在使用一段时间后变脆、破裂，甚至发黏、变酸、龟裂、变形，出现斑点、光泽改变等变质现象而不能使用。这种材料在储存和使用过程中物理化学性质和机械性能变坏的现象称为"老化"，老化现象主要是由游离基反应所致的，当高分子材料受到大气中氧、臭氧、光热因子等作用和诱导时，高分子的分子链会产生活泼的游离基，这些游离基能进一步引起整个大分子链的降解和交联或者使侧基发生变化，最后导致高分子材料老化变质。因此高分子材料的老化与它所处的环境条件密切相关。如聚氯乙烯、聚乙烯及聚丙烯的光稳定性极差，在室外应用极易老化，在室内使用则老化较慢。此外热、氧的影响也是显著的。氧的存在会加速薄膜的氧化，这是由于在氧、热能量作用下发生失酸、氧环化、降解与交联反应，分子质量急剧下降。另外薄膜中含有 40% ~50% 的增塑剂，这些增塑剂都是低分子有机化合物酯类，易被热、氧作用，逐渐挥发，加速薄膜老化。

根据塑料薄膜老化的机制，在使用中要采取适当的措施防止薄膜老化，延长薄膜的使用寿命，提高经济效益。在使用和保管塑料薄膜时应尽量避免环境条件中光、热辐射以及臭氧、氧的影响，防止霉菌以及水、酸、碱等化学试剂的污染，改进使用、保管条件，避免不必要的曝晒、烘烤。正确使用洗涤剂洗涤，施行物理保护，减少任意拉扯、挠曲、重压等机械损伤、防止龟裂、戳破、穿孔、老化。不用时要妥善保管，避免重压和靠近高温。

（二）密封喷涂材料

仓房良好的气密性是气调储粮技术实施的关键。常规储藏的仓房一般由常规的建筑材料建造，气密性较差，只能满足常规储藏的需要，不需增设气密层，但是如果要提高仓房的气密性或者建造气调仓，则必须采用气密材料对仓房进行密封喷涂处理。在气调库建设中所采用的气密材料种类并不多，简介如下。

1. 氯丁橡胶

氯丁橡胶是由 2 - 氯 - 1，3 - 丁二烯在乳液状态下聚合而成的。其相对分子质量随不同品种而异，一般在 20000 ~950000。

氯丁橡胶由于分子链中含氯原子，因而具有极性，在通用橡胶中，其极性仅次于丁腈橡胶。氯丁橡胶的物理机械性能与天然橡胶相似，其生胶具有很高的抗张强度和伸长率，所以属于自补强性橡胶，它的耐老化、耐热、耐油及耐化学腐蚀性比天然橡胶要好。

氯丁橡胶的耐老化性甚为优越，特别表现在耐候及耐臭氧老化上，在通用橡胶中仅次于乙丙橡胶和丁基橡胶；能在150℃下短期使用，耐燃性在通用橡胶中是最好的。

除芳香烃及氯化烃油类以外，氯丁橡胶在其他溶剂中都很稳定，耐无机酸、碱腐蚀性也很好。

氯丁橡胶不宜在低温下使用，而且贮存稳定性差。

2. 丙烯酸树脂

丙烯酸树脂是溶剂型基料中很重要的品种。以丙烯酸树脂为基料的涂料因具有色浅、耐候、耐光、耐热、保光保色性好、涂膜丰满等特点，已在航空航天、家用电器、仪器设备、交通工具等方面得到广泛应用。近几年又发展到道路桥梁及外墙饰面上。作为建筑涂料基料主要使用热塑性丙烯酸树脂，该树脂色浅透明，有极好的耐水、耐紫外线等性能。

丙烯酸树脂除含有丙烯酸酯外，为了调整树脂性能及降低成本，还可用一些其他乙烯系单体（如苯乙烯等）。建筑涂料中使用的丙烯酸树脂多为丙烯酸酯、甲基丙烯酸酯和其他乙烯系单体的共聚物。

3. 聚氨酯树脂

聚氨基甲酸酯树脂简称聚氨酯树脂。它是由多异氰酸酯与含羟基的化合物反应生成的聚合物，用它作为基料配制的涂料具有多种优异性能。

（1）物理机械性能好　涂膜坚硬、柔韧、光亮、丰满、附着力强、耐磨。

（2）耐腐蚀性优异　涂膜耐油、耐酸、耐化学药品和工业废气。

（3）施工适应范围广　可室温固化或加热固化，节省能源。

（4）能与多种树脂混溶　可在广泛的范围内调整配方，配制成多品种、多性能的涂料产品，以满足各种通用的和特殊的使用要求。

聚氨酯涂料品种很多，在建筑涂料中主要是以双组分羟基固化型聚氨酯为基料。以含异氰酸酯基（—NCO）的加成物或预聚物为 A 组分，含羟基（—OH）的聚酯、聚醚、丙烯酸树脂或环氧树脂为 B 组分。两者分开包装，使用时按一定比例混合而成，通过—NCO 与—OH 反应而固化成膜。由于涂膜具有光亮、坚硬、丰满、外观酷似瓷釉等特征，在建筑涂料中冠以"仿瓷涂料""瓷釉涂料"的美名。内墙可广泛用于要求严格的墙面的装饰。其造价远低于铺贴瓷砖。外墙主要用于高档建筑物外饰面或复层涂料的罩面。

值得注意的是用于内墙与外墙的聚氨酯仿瓷涂料所用原料不同，不可混同。用于内墙涂料的大多采用芳香族异氰酸酯，如己撑二异氰酸酯（HDI）。因为前者耐候性差，在户外曝晒后涂膜易泛黄；后者耐候性好，在户外曝晒后很少变黄，可保持理想的装饰效果。

4. 环氧树脂

环氧树脂是含有环氧基团的高分子化合物。环氧树脂涂料种类很多，性能各异，概括其特性有以下几点。

（1）抗化学品性能优良，耐碱性尤为突出。

（2）涂膜具有优良的附着力，特别是对金属表面附着力更强。

（3）涂膜保色性好，具有较好的热稳定性和电绝缘性。

（4）户外耐候性差，涂膜易粉化、失光，涂膜丰满度不好，因此不宜作为高质量的户外用漆和高装饰性用漆。

（5）环氧树脂中含有羟基，制漆处理不当时，涂膜耐水性不好。

环氧树脂经实仓应用具有气密效果好、施工难度低的特点，在立筒仓内喷涂后，压力从 2500Pa 降至 2000Pa 的时间为 32min，在该仓内气调储藏既可节省成本，又可缩短处理时间。我国的二氧化碳气调储粮示范库中有采用聚酰胺环氧树脂作为围护结构气密涂料的。

二、气调储粮密封技术

气调储藏是以密闭环境为条件的，根据我国储粮仓房的现状，一般采用对仓房进行气密改造以及塑料薄膜密封粮堆两种方法达到气调对环境的气密性要求。

（一）仓房的密封技术

1. 仓房内墙面的密封

仓房内墙面涂刷（或喷涂）气密涂料，气密涂料应满足 GB/T 25229—2010 的要求。根据不同粮仓的特性采用不同浓度、不同方法分步进行。具体施工要求为：涂抹前必须将内墙表面清扫干净，在裂缝、孔眼、麻面、脱壳等不平整处用基底料填平，干燥后清除浮尘；施工前将涂料充分搅拌均匀；涂布方法为涂刷（滚涂或喷涂）两遍，第一层宜用较稀的涂料涂刷，以便于墙体吸附；第二层可用较厚稠涂料涂刷，以增加密封层厚度，加强其气密性。每层涂料涂刷方向应与前一层涂刷方向垂直错开，并保持一定的速度，以保证涂料形式致密、厚薄均匀；用量达到 ≥ 0.5kg/m^2，厚度 ≥ 0.5mm，无纺布层不得低于 0.8mm；涂刷中要求再次涂刷时以漆面干燥不粘手为准；涂刷后应仔细检查涂刷面，要求涂料均匀黏附在仓壁上，无气泡、干燥成膜后无裂痕、无孔眼。

2. 地坪与仓顶的密封

地坪采用石灰、水泥、沙浆做基底进行硬化，地坪分隔缝用气密材料和填充料混匀后灌封处理。仓壁与仓顶连接处主要采用聚氨酯涂料与聚酯纤维无纺布进行密封处理；在密封涂布前先用聚氨酯泡沫或嵌缝胶等将较宽缝隙填充，再将各交接处做成弧形，采用二布三涂进行密封处理，并对裂缝、气泡、砂眼等进行修补处理，达到密封要求。

3. 门窗的密封

有条件的粮库可安装带有压紧功能的新型气密挡粮门、新型气密保温窗。也可因地制宜对普通门窗进行密封。一般对于仓门的密封方法是：不开的门，用塑料槽管（图7-2）把预先热合好的比门稍大些的薄膜用充气膨胀气密压条（图7-3）固定在门框四周，粮食入仓时，做一圈包打围，以防粮食直接侧压于塑料薄膜造成薄膜破损。一般一个仓房只留一个经常开的门，作检查粮情用，可在原仓门内侧增设塑料薄膜框架门，保证仓门的密闭性。

图7-2　塑钢异型双槽管

图7-3　充气膨胀气密压条

4. 孔洞的密封

各工艺洞口等处也是造成仓房漏气的重要因素之一，需对此进行密封处理。主要在粮仓进出粮口、通风管道口、轴流风机口、检修口、气调供气孔、粮情检测电源管线、供电管线及各工艺电源管线等通道口处，可酌情采用密封窗、塑料薄膜、硅酮胶、聚氨酯泡沫、高耐候气密胶、磁性密封条等加以覆盖和嵌缝。注意所有管线间的缝隙要用硅酮胶、发泡聚氨酯等气密材料填塞密封。具体处理方法参照 GB/T 25229—2010《粮油储藏　平房仓气密性要求》来实施。

（二）薄膜的连接

薄膜的连接方式可以分为黏结与热合，黏结在帐幕制作时的局部或补漏时应用，而大量的薄膜连接是以热合方式进行的。

1. 常用黏合剂

使用黏合剂可以完成塑料薄膜的黏结，在缺氧储粮时多用于补洞和辅助将薄膜粘在墙或地坪上。因此，随着"缺氧储粮"这一方法的广泛开展，对于黏合剂的需求量是越来越大，目前粮食仓储上应用的黏合剂主要是化学黏合剂。关于黏合剂的适当选择，应根据多种因素来确定，使用还应慎重考虑到接合处的合理设计。

若是薄膜与薄膜之间黏合，可选用聚氯乙烯胶、过氯乙烯胶、塑料胶水或万能胶水。聚氯乙烯胶是将干、洁的聚氯乙烯薄膜碎片溶解在环己酮溶液中［比例约为 9:1（质量比）］，呈黏稠状即可使用。也可直接用环己酮试剂，但只限于用极少量来进行薄膜补洞，不能用来整块薄膜黏合；过氯乙烯胶是将过氯乙烯溶解在二氯乙烷溶液中（比例 1:4），呈黏稠状即可使用；塑料胶水或万能胶水。

若是薄膜与物体之间的黏合，可选用聚乙烯醇胶、羧甲基纤维素。聚乙烯醇胶是用聚乙烯醇树脂 0.5kg，兑水 1.5kg，蒸 12h 即可；羧甲基纤维素（商品名称 CMC）又称化学浆糊，用温开水调冲成浆糊状即可。此外，各地区因地制宜应用沥青、磁漆、皮胶、桐油加石灰和立德粉、白乳胶与布条等将五面密闭的帐幕底边与地面黏合，都取得了良好的黏合效果。

总之，根据不同的黏合情况来选择合适的黏合剂，这样才能达到预期的效果。薄膜之间的黏合最好选用相同规格。各种黏合剂的结合情况如表 7 – 12 所示。

表 7 – 12　　　　　　　　　　各种黏合剂及其黏合效果　　　　　　单位：kg（垂直负重）

黏合剂		脂溶性胶				水溶性胶	
		过氯乙烯胶	聚氯乙烯胶	万能胶	醛胶	聚乙烯醇	化学浆糊
薄膜与墙壁之间	聚氯乙烯	10	12	4	12*	4.5	5
	聚乙烯	3	3.5	3	12*	7	2
薄膜之间	聚氯乙烯	12.5	10.5	10.5	6.5	0	0
	聚乙烯	6.5	3.5	0	3.5	0	0
	聚丙烯	9.5	0	0	8	0	0

注：四川中江县龙合区粮站科研组资料；* 负重后不脱落。

2. 热合

近年来，世界上许多国家已普遍采用塑料薄膜的热合技术代替黏结方法，保证了薄膜的连接质量。目前，塑料薄膜的热合工具主要是高频热合机，如无热合机也可采用 300 ~ 500W 调温的电熨斗，或用 75 ~ 100W 电烙铁或自制的电刀。采用高频热合机（台式、钳式）进行热合，效率高、焊缝质量好。热合技术条件通常是通过控制热合温度和热合时间实现的，而热合温度通常是通过调节输出电流来实现的，在热合前要根据薄膜材料的种类和厚度确定热合条件，以保证热合的质量。另外还可自制一些金属刀具，热合塑料帐幕的一些测温、测气、测虫、取样等管口。市场上也有成品管口出售，可直接购买使用。

应用电熨斗和电烙铁热合塑料薄膜，热合条件难以控制，速度慢，效率低、质量差，适合在缺少热合机的情况下应急或在一些局部补漏时应用。无论采用何种设备热合薄膜，均应在热合之前将所要热合的薄膜用干布擦净，同时热合薄膜时要注意热合机的刀口、电熨斗、电烙铁等不能直接接触薄膜，以免在薄膜上造成漏洞，而应在薄膜与刀口之间放一层耐高温的材料，如黄蜡绸、聚四氟乙烯布、玻璃纸或报纸、真丝绸布、棉布等，热合时要注意匀速推进，保证焊缝密合结实。如帐幕较大，也可采用双缝焊接，使焊缝更结实，在使用中不易被拉开。

（三）粮堆的密封技术

粮堆密封的主要工艺可分为查漏补洞、制备帐幕、密封粮堆。

1. 查漏补洞

查漏补洞是预防塑料薄膜漏气的一项重要工序。

未塑化的透明粒子一般称为"鱼眼"，也称"砂眼"。塑料薄膜"砂眼"及微孔如查不出，补不好，就可能达不到缺氧储粮的理想效果，所以在制作帐幕前必须进行仔细查漏补洞。做到五查：热合前查、热合后查、吊在仓内查、密闭后查、查粮情时查。热合前查是最关键的一环，其方法是：把薄膜平放在装有日光灯的查漏台上或对着日光灯查看。发现漏洞及"砂眼"用小木棒沾上一点黏合剂，贴上一块比漏洞稍大的薄膜粘牢，较大的破洞可用热合工具进行热合，这样更加牢固。

2. 制备帐幕

在应用塑料薄膜作为密封材料时，应先根据粮堆大小，密闭形式等具体情况来量剪塑料薄膜，做到合理下料，并计算大概用量，以便购买。如果用0.14mm的塑料薄膜做五或六面密闭，需要量为0.2~0.4kg/t粮食，用0.14mm以上薄膜为0.4~0.6kg/t粮食，用0.14mm薄膜采用一面密闭用量为0.1~0.2kg/t粮食。

较大的帐幕一般采用分片焊接，将数片焊接好的薄膜运至粮面后再连接成整体。帐幕的片数应根据仓房大小而定，如500t或1000t的粮堆表面可把薄膜热合成一块，一般2500t的粮堆表面热合成三块为宜；若仓内有柱子，可以柱子为界，确定帐幕的片数，待移入粮面时再衔接成一体。热合帐幕时要保质保量，做到热合适度、牢固、不脱焊、不假焊。

在制备帐幕时除要设计必要的测温、测气、测虫、取样等管口，市场上也有成品管口出售，可直接购买使用（图7-4）。还要注意帐幕四周要比粮堆的实际尺寸每边各长出20cm，作为薄膜的焊缝，以保证帐幕焊接后的尺寸符合要求。

3. 密封粮堆

粮堆密封好坏是气调储粮成败的关键，必须高度重视，确保密闭严实。根据仓房条件及堆垛形式不同，采用不同的粮堆密封方式。粮堆的密封方式主要有一面密闭、五面密闭和六面密闭三种。

图7-4 密封取样口

（1）一面密闭　有的地方称为"盖顶密闭""粮面密封"等，尽管说法不一，其实质都是用塑料薄膜密封全仓粮面，这种方法适用于仓房围护结构好、仓墙和地坪防潮性好、密闭性能高的散装储藏的仓房，适于保持气压基本平衡的密闭缺氧储藏，如自然缺氧、微生物辅助降氧、燃烧缺氧等。

一面密闭在大型粮仓中均是配合使用塑料槽管来密封粮堆的。塑料槽管可事先用膨胀螺栓固定在装粮线附近，粮食入满后，将热合好的帐幕盖在粮面上，四周以充气膨胀气密压条将薄膜卷起嵌入塑料槽管中，依靠塑料的弹性达到帐幕与仓墙间的密封。

（2）五面及六面密闭　五面及六面密封是高大平房仓气密性处理的有效措施，还能起到一定的防潮作用。仓房五面密闭时，首先根据仓房大小热合好两块塑料薄膜，一块是仓房四周的薄膜，一块是粮面薄膜。把热合好的四周薄膜沿墙壁四周吊挂起来，下端延长30～50cm用黏合剂与地面黏合好，待粮食入满后平整粮面，若仓房较大，最好将四周墙体敷设的薄膜通过塑钢异形双槽管和充气膨胀气密压条进行无缝连接；若仓房较小，也可采用热合或黏合的方式，并注意引出测温、测湿、测虫线头及测气管口。六面密闭比五面密闭多了一个薄膜底，其余相同。薄膜之间的连接酌情采用槽管、热合或黏合的方式。

（3）粮堆密闭顺序　粮食进仓时在粮堆内埋好测温头、测湿头、测虫仪及测气管道，待粮食装满后，扫平粮面，并按计划留出走道，铺上走道板，然后把热合成若干块的粮面薄膜放平在粮面上，由仓房的一端向另一端卷拉放平，应由数人同时向一个方向操作。如果为一面密闭，则将粮面薄膜与四周墙壁的塑料槽管连接密封；如为五面或六面密闭，需将四周墙体敷设的薄膜与预先热合好的粮面薄膜连接在一起，之后检查粮面薄膜，若有破洞、裂缝等，需要黏结或热合好，最后密封仓门。

三、仓房气密性评价及检测

（一）气调库的气密性评价

在仓库和粮堆内保持有效的气密状态，对于维持低氧、高二氧化碳或高氮的浓度是十分重要的。一个密封的粮仓，理论上相当于一个防虫防霉的容器。气调库的气密性评价方法很多，国际上的应用比较混乱，指标范围也不统一。下面介绍气密性试验。

（1）气体流失量计算　当气密库充气以后，以充入 CO_2 计量，在一周之内减少量为 0～0.4% 就能满足气密的要求，因为保持气体浓度的时间超过全歼灭仓虫的时间是没有必要的。压力在 1～100Pa 可应用每天最大允许通气量来分析粮仓漏气特性，如表 7-13 所示。

表 7-13	气调中最大允许通气量	单位:%
类型	每天最大允许通气量	
干粮密闭仓	0.026	
充 N_2 气调长期密闭	0.05	
充 CO_2 气调	0.07	

（2）气密系数　启动通风机向仓内鼓风，当仓内压力达到 250～350Pa 时，关闭阀门和风机，观察压力变化，每隔 5min 记录压力及仓内外温度，单位时间内压力降低得越慢，说明气密性越好。用公式表示为：

$$\lambda = \frac{\lg \frac{h_1}{h_2}}{t}$$

式中　λ——气密系数；

　　h_1——始压，Pa；

　　h_2——$t$min 后压力，Pa；

　　t——经历时间，一般为 20min。

$\lambda \leqslant 0.05$ 时，表明仓房密封性良好。

（3）压力衰降试验　此气密评价指标在国际上普遍适用在散装房式仓或混凝土筒仓的气密性检测中。它以充气后仓内压力衰减一半所用的时间来表示仓的气密性，通常可用于容量为 300 ~ 10000t 的粮仓，压力范围为：1500 ~ 2500Pa，750 ~ 1500Pa 或 250 ~ 500Pa。此气密评价指标是以施用压力衰减到初始值的一半所需的时间来表示的，通常称它为"压力半衰水平"或"压力半衰时间""压力半衰期"等。

为了保证气调储粮的效果，国外对仓房气密性有着严格的要求，但各国气密性标准的数值差别较大。如澳大利亚规定，空仓初始压力从 2500Pa 降至 1500Pa 所需时间≥5min 者为一级仓；从 1500Pa 降至 750Pa 的时间≥5min 者为二级仓；从 500Pa 降至 250Pa 的时间≥5min 者为三级仓。日本规定则更为严格，要求粮食筒仓建成后要进行密闭程度审查，在空仓密封条件下加压到 4900Pa，经过 20 min 后，其压力仍大于 1960Pa 者，则认为气密性合格。

我国储粮仓房的气密性评价也已采用压力衰降法，考虑到我国粮食仓房的结构特点，测定压力范围规定为 500Pa 降至 250Pa。GB/T 25229—2010《粮油储藏　平房仓气密性要求》将气调仓分为三个等级，如表 7 – 14 所示。

表 7 – 14　　平房仓的气密性等级

用途	气密性等级	压力差变化范围	压力半衰期（t）
气调仓	一级	250 ~ 500Pa	$t \geqslant 5$min
	二级	250 ~ 500Pa	4min$\leqslant t < 5$min
	三级	250 ~ 500Pa	2min$\leqslant t < 4$min

平房仓仓房气密性达不到上述标准气密性等级要求，若进行气调储粮可采取仓内薄膜密封粮堆的方法，其粮堆气密性同样分为三个等级，如表 7 – 15 所示。

表 7 – 15　　平房仓内薄膜密封的粮堆气密性等级

用途	气密性等级	压力差变化范围	压力半衰期（t）
气调储粮	一级	– 300 ~ – 150Pa	$t \geqslant 5$min
	二级	– 300 ~ – 150Pa	2.5min$\leqslant t < 5$min
	三级	– 300 ~ – 150Pa	1.5min$\leqslant t < 2.5$min

另外不同仓型空仓与实仓的压力半衰期有差别，一般空仓的压力半衰期大于实仓，因此 LS/T 1213—2008《二氧化碳气调储粮技术规程》中对于二氧化碳气调仓的气密性要求

为：空仓 500Pa 降至 250Pa 的压力半衰期大于 5min，实仓 500Pa 降至 250Pa 的压力半衰期大于 4min。

需要注意的是整体仓房的气密性检测，采用正压气密检测法；薄膜密封粮堆的气密性检测，采用负压气密检测法。在测试气密性时，压力不宜加得太大，只需比检验压力高 50 ~ 100Pa 即可，否则可能会破坏仓体的气密性。

（二）仓房漏气部位检测

如果仓房的气密性没有达到要求，就应该进一步找出仓房漏气的部位所在，采取措施修补完好，再检测其气密性，直至达到要求。仓房漏气部位检测方法有很多，可根据仓房情况及测试条件，选择不同的方式进行。

（1）肥皂泡法 用风机向仓内压入空气，使仓内外压力差保持在 300 ~ 500Pa。将 2% 肥皂水或其他家用洗涤剂与水混合液用喷雾器或喷枪喷射到仓房表面（主要是门窗及周边接缝处），漏气的地方可以观察到气泡，需做气密处理。本法尤其适用于微小甚至是极微小缝隙或孔洞的检测，如环流设备、环流管道、闸阀门的连接处、通风口盖板处，也包括仓内部件与墙面以及塑料薄膜的连接处等漏气部位。

（2）观察法 在光线较好的情况下，观察仓内墙面及仓顶等处有无裂缝、孔洞，仓内地面、地面与墙体交接处有无裂缝，仓内预埋粮情检测箱、电源管、信号电缆管等是否密封妥当。

（3）听声法 向仓内压入空气（或从仓内抽出空气），使仓内外压力差达到 600 ~ 650Pa，停止风机、关闭阀门，保持环境的清净。用耳朵贴近门窗及其他可能漏气部位，如听到"吱吱"风声，说明该处明显漏气，需做气密处理。听声时需使仓内外压力差保持 300Pa 以上，采用声音放大器或在仓内听声可提高查漏效果。

第三节 生物降氧储粮技术

近代采用的气调技术主要有两大类，即生物降氧和人工气调。可根据具体情况实施各种气调技术。生物降氧是非常常见的一类气调储粮技术，它是利用生物体的呼吸作用，降低密闭粮堆内氧气浓度的方法。常用的生物降氧主要是自然密闭缺氧和微生物降氧两大类。

一、自然密闭缺氧

（一）特点

在生物降氧储粮技术中，自然密闭缺氧储藏是利用密封粮堆中的粮粒、粮食微生物和害虫等粮堆生物群自身的呼吸作用，逐渐消耗粮堆中的氧气并增加二氧化碳含量，使粮堆自身逐渐趋于缺氧状态，达到杀虫、抑菌、保持储粮品质的目的。自然缺氧的特点是充分利用粮堆生物体自身的生物特性，操作方法简便；过程易于控制；经济安全。

（二）工艺

自然缺氧储藏的工艺主要是粮堆密封技术的应用和实施。

1. 制备帐幕

一般自然密闭缺氧储藏可选用 0.14mm 以上厚度的聚氯乙烯薄膜，按照粮堆密封技术中的要点制备帐幕。

2. 密封粮堆

自然缺氧储藏的粮堆一般选择单面密闭即可。如仓体围护结构较差，可以考虑五面或六面密闭。

3. 查漏补洞

自然密闭缺氧储藏的成败很大程度上取决于粮堆的密封程度，查漏补洞是保证粮堆气密性的关键，所以要做好薄膜帐幕热合前、热合后、吊在仓内、密闭后、查粮情时的五查。查漏补洞看似简单，其实要想做好，并非易事。这需要经常性、有耐心、有责任感地检查，发现漏洞及时修补，以保证自然密闭缺氧储藏的气调效果。

4. 缺氧期间的管理

自然密闭缺氧储藏期间应加强管理，除定期检测粮食的温度、水分、虫害等指标外，还要注意仓温、外温及仓内湿度的变化，防止由于温差过大而产生结露。同时，为了检验气调效果，还应定期检测粮堆的气体成分，掌握粮堆中各种气体成分的变化趋势及数值。

（三）自然缺氧储藏效果

1. 降氧能力

不同的粮种以及粮食本身的状况与其自动降氧能力密切相关，有些降氧能力强的粮食在密封后能把粮堆中的氧降至2%，甚至绝氧，表明了这种粮食具有很高的自然降氧能力。但也有一些粮食在粮堆密封较长时间后，粮堆的氧含量仍保持在10%~15%，氧浓度降低甚微，表明了这些粮食降氧能力极低。在进行自然缺氧储藏时，首先要熟悉和掌握储存粮种的降氧能力和粮种间降氧能力的差异。降氧能力高的粮种才可以利用自然缺氧方法进行缺氧储藏，降氧能力较低的粮种则应采用其他方法进行气调储藏。

经试验研究发现稻谷、大米、小麦、玉米、大豆等粮种都具有很高的自然降氧能力，常见粮种的降氧能力由强到弱依次为：大米>玉米>小麦>稻谷>大豆，红薯干及面粉则很难达到自然缺氧效果。

2. 降氧速度

在进行自然密闭缺氧储藏实践中，发现不同状况的粮堆密闭后缺氧速度差别很大，而且主要与粮食水分、温度关系密切，粮堆虫害密度大小也影响到降氧速度的快慢。

（1）水分含量　水分含量高，降氧快。在21~22℃下，水分含量为17.6%的粳稻粮堆氧浓度降到0.2%时，只需10d；水分含量为16.7%时，要20d；水分含量为15.6%时，则需30d，如图7-5所示。

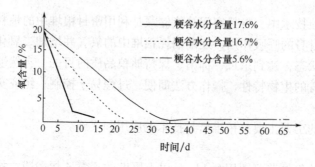

图7-5　粳稻含水量与降氧速度

其他粮种，也表现出相似的规律，如小麦水分含量13.96%，密闭7d，氧浓度降低到3.5%；水分含量10.36%的小麦经过95d氧浓度只降到17.4%。

（2）温度　粮温高，降氧快。同一种粮食，含水量相同的情况下，粮温高降氧速度快。如含水量为12.5%～13.5%的籼稻，低温季节入仓，由于粮温长期处在20℃以下，降氧速度极为缓慢，直到7月上中旬进入高温季节后，粮温相应上升到28～30℃时，5d内氧浓度迅速降到0.5%。

（3）虫口密度　有虫粮，降氧快。害虫的呼吸强度比粮食大10万倍以上，所以虫口密度越大，降氧速度越快，同时氧含量越低，杀虫效果越好。如水分含量为12.2%的虫粮小麦（虫口密度为1277头/kg）密闭3d后测定，二氧化碳上升至14.4%，氧下降至1.4%。可见，虫粮应用自然缺氧是以虫治虫的经济、高效方法。

二、微生物降氧

利用好氧性微生物的呼吸作用，降低密闭粮堆内氧气浓度的方法称为微生物降氧。目前，我国许多地区都进行过酵母菌、糖化菌以及多菌种的固体发酵的微生物降氧，取得了良好的效果。微生物辅助降氧方法简便，费用低，降氧速度快，一周内可将粮堆的氧浓度降到2%以下，是生物降氧方法之一。

1. 菌种的选择

菌种应该安全无毒，对人畜无害、不污染粮食；降氧快、呼吸量大；自身的生长对氧的要求不十分严格；培养方法简便，繁殖快、易于培养；菌种和培养料均取材容易。常用于微生物辅助降氧的菌种为黑曲霉菌与酵母菌。

2. 培养料的制备

一般采用三级扩大培养法。

（1）一级培养　一级培养为试管斜面培养，将麦芽汁琼脂斜面灭菌以后接种黑曲霉菌与酵母菌。

（2）二级培养　二级培养为曲盘糖化，以砻糠和麸皮为原料，配制比例为（0.5～1）:1，原料加入等量的水进行调节，然后蒸煮灭菌1h，取出冷却至60～65℃接种上述菌种，保持在30℃，培养4d。

（3）三级培养　三级培养为粮堆培养箱培养，同时接通粮堆进行粮堆脱氧，按粮堆实际空间体积计算用料量，配料及灭菌方法同二级培养，按1%接种量。进行微生物脱氧时每10t粮食需1kg麸皮，0.5～1kg糠，水少许，湿重约4kg。

3. 粮堆脱氧装置

微生物培养箱通常采用金属或木质、竹框架，外部包裹塑料薄膜等气密材料，内装培养的微生物及培养料。微生物培养箱可安放在包装粮堆帐幕的一侧，也可安放在散装粮的堆面，在培养箱与粮堆之间设通气管，用来联通微生物培养箱与粮堆，保证气体的畅通。当培养料投放进培养箱后，管道接口应立即密封，防止漏气，在通气管道的弯曲下端，可安装接水器皿，盛接微生物培养过程中放出的水。通气管应设两根，以使粮堆与培养箱的气体构成回路，保证气体的交换效率。微生物脱氧装置如图7-6所示。

4. 脱氧效果

当粮温在25～30℃时，一周内可将粮堆中的氧浓度降至1%～1.5%，脱氧完毕，可

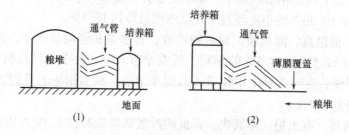

图 7-6　微生物脱氧装置

拆除培养箱，密封好粮堆，保持缺氧状态。如果培养箱在第一次投料后 5~8d，氧浓度下降甚微，可进行换料以增加降氧速度，直至达到低氧要求为止。采用微生物降氧与其他生物降氧法相比，突出的优点是降氧速度快，所以特别适合自然降氧能力差的粮种，如面粉自然降氧能力很差，水分含量为 12.5% 的面粉采用自然缺氧，经 7d 含氧量仍为 20.7%，采用微生物降氧一周，氧含量降为 1.2%，详见表 7-16。

表 7-16	面粉采用生物降氧时的氧浓度变化		单位:%
时间/d	自然缺氧	微生物辅助降氧	仓温为 19~24℃以棉被保温
0	20.7	20.7	
1	20.8	20.6	
2	21	18.3	
3	20.8	12.3	
4	20.8	10.3	
5	20.8	10.0	
6	20.7	3.0	
7	20.7	1.2	

第四节　氮气储粮技术

氮是惰性气体，占空气体积的 78%，无色无臭，相对密度 0.967，难溶于水，非常稳定。常采用充入氮气来取代富含氧气的正常大气，在粮堆或仓库中形成并保持低氧状态。氮的来源是通过空分法，取得钢瓶液化氮，通常采取分子筛或膜分离技术来实现，以上工艺都能生成氮气含量高达 99%~99.9% 的气体。

中国储备粮管理总公司大力推进氮气气调储粮，至 2014 年，已开展气调储粮建设库点 150 多个，建设规模超过 1000 万 t。推广应用区域由南方高温高湿地区逐渐向中部地区扩展，储藏品种由稻谷逐渐扩展到大豆、玉米、小麦，使我国的气调储粮技术实现了跨越式发展。规模化的应用实践表明，氮气气调储粮技术是我国长江流域及以南地区经济可行的粮油产后减损及绿色保鲜储粮技术，与传统储粮技术相比，其优势明显。

一、充氮气调粮堆密封

中储粮企业标准《氮气气调储粮技术规程》（Q/ZCL T8—2009）中规定，考虑到我国仓房目前的实际情况，氮气气调主要采用膜下气调，条件允许时，粮堆要尽量采用五面密闭。气密性处理部位主要为堆粮线以下的仓体，包括墙体、工艺孔洞、门。另外，为了取得更好的控温效果，也需对仓房堆粮线以上的仓体进行一定的气密性处理，包括窗户、仓顶板缝、伸缩缝等。无论是对于墙体的挂膜处理，还是仓门（图7-7）及各工艺洞口的气密性改造，以及粮面薄膜压紧（图7-8），均推荐使用塑钢异型双槽管加充气膨胀气密压条进行正压密封。其中，双槽管具有强度高、质量轻、便于装卸等特点，还可依据使用需求制作成不同弧度的转角；气密压条采用特殊的塑料软管配方，压条表面光滑、质地均匀、透明、无毒、无异味、柔软适中且具有很好的弹性，便于嵌入操作且安装过程中对薄膜保护良好，此外，膨胀气密压条具有良好的充气膨胀性及散气后的恢复性，采用3~86kg的压力充气膨胀，气密压条膨胀变大后使薄膜被压紧而与槽管紧贴，密封效果好且不易脱落。

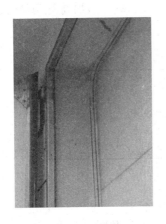

图7-7 仓门双槽管密封

图7-8 粮面薄膜双槽管密封

关于充氮气调粮堆密封，中储粮在企业标准中还定义了"粮面气囊"的概念，即充气能形成一定储气空间的粮堆表面密封粮膜。中储粮规定气调杀虫需要维持氮气浓度98%不小于28d，气调防虫需要维持氮气浓度95%，气调储藏需要维持氮气浓度90%~95%，因此在粮堆密封时选用面积大于粮面面积的薄膜（长宽可分别多4m左右），在充入气体时可以鼓起贴向仓顶形成一个巨大的气囊，用于保持仓内粮堆的高氮低氧环境更长时间，以及补充氮气环流降氧所需的气体。此外，粮面气囊具有一定的隔热作用，因此中储粮推荐无论是采用连续充气、间断充气还是环流降氧，均应在粮堆内的氮气浓度达到目标浓度后继续充气，使气囊隆起（仓内粮面氮气气囊如图7-9、图7-10所示）。常采用的过程为直充富氮低氧空气（含氮99.5%以上）进入薄膜密闭粮堆，形成粮面气囊，再进行环流降氧，待粮面气囊降低后，再进行直充和环流交替进行降氧，达到设定的氧气浓度，直充低氧空气进入粮堆在粮面形成低氧正压气囊，达到长期维持粮堆低氧浓度的效果。

图7-9 仓内氮气气囊1

图7-10 仓内氮气气囊2

二、液化氮气调

液化氮通过空气分离设备将空气压缩、冷却、液化和精馏而成。液化氮气调的设备有液氮储槽、蒸发器、抽气泵等，其工艺流程为：启动抽气泵，将气调仓或密封粮堆内的空气抽出；将液氮槽中液氮放出，通过蒸发器使液氮汽化成气态氮，然后将气态氮送入气调仓或密封粮堆中（图7-11）。

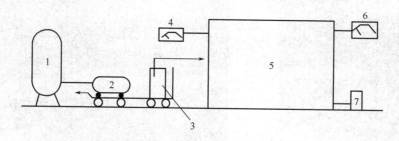

图7-11 液化氮储粮工艺流程图
1—液氮槽 2—移动槽 3—蒸发器 4—温度检测 5—粮堆 6—气体检测 7—抽气泵

在常规储藏的仓房中，在进行液化氮气调时粮堆多采用六面密闭，若为气调仓则直接向仓房充气均会获得理想的气调储粮效果。对于粮堆气调而言，通常是先以高频热合机将塑料薄膜热合成帐幕，五面或六面将粮堆密封好，再用真空泵（900L/min）抽真空，然后充入氮气。有资料显示每10t散装大米粮堆可充入氮气 $5\sim6m^3$，包装粮堆用氮量要增加40%左右，充氮浓度应达95%以上，粮堆氧气剩余不足5%，随着储藏期的延长，粮堆内生物体的呼吸消耗，氧浓度逐渐降低，二氧化碳相应增加，当粮温在 $20\sim25℃$ 时，充氮几天后就可以绝氧或保持低氧。

三、分子筛富氮脱氧

目前我国采用分子筛富氮脱氧工艺的设备占氮氧分离设备总量的90%左右。分子筛是一类能筛分分子的物质，分子筛富氮是一种空分制氮技术，许多物质具有分子筛效应，如晶体铝硅酸盐、多孔玻璃、特制的活性炭、微孔氧化铍粉末等。目前在制氮、制氧领域内使用较多的是碳分子筛。碳分子筛是一种兼具活性炭和分子筛某些特性的碳基吸附剂。碳分子筛具有很小微孔，孔径分布在 0.3 ~ 1nm 之间。较小直径的气体（氧气）扩散较快，较多进入分子筛固相，这样气相中就可以得到氮的富集成分。一段时间后，分子筛对氧的吸附达到平衡，根据碳分子筛在不同压力下对吸附气体的吸附量不同的特性，降低压力使碳分子筛解除对氧的吸附，这一过程称为再生。变压吸附法通常使用两塔并联，交替进行加压吸附和解压再生，从而获得连续的氮气流。美国、法国、德国均采用过新型碳分子筛变压吸附空分制氮装置，进行气调储粮。我国在 20 世纪 70 年代也试制成功，并投入实仓气调储粮应用，富氮浓度可达 98% ~ 99.5%。90 年代后期先后有一些企业对原有分子筛富氮设备进行改进，提高了富氮的效率和可操作性，使分子筛富氮储粮技术，在经历了 20 多年徘徊不前的状况后，有了一个新的发展。

利用分子筛富氮脱氧的脱氧速度快，经反复循环富氮排氧，可使粮堆的氮含量高达 95% ~ 98%，氧含量则相应降低到 5% 以下。现代化的分子筛制氮机均配备了空气净化系统，是由冷干机及三支精度不同的过滤器及一支除油器组成，通过冷冻除湿以及过滤器由粗到精地将压缩空气中的液态水、油及尘埃过滤干净，使得进入粮堆内的氮气洁净干燥，避免了粮食的内结露问题，同时不会对粮食产生任何污染，方法本身安全经济，易于操作和控制，是人工气调技术中具有广阔应用前景的气调储粮法，是绿色储藏技术中的一个理想途径。

分子筛富氮装置的工作过程，一般是采用变压吸附法，即在常温条件下完成加压吸附、减压脱附、循环操作制取氮气的全过程。利用在某一时间内吸附剂对氧和氮吸附量存在差别的这一特性，使得直径小、扩散快的气态氧较多地进入分子筛微孔，而直径大、扩散慢的气态氮进入分子筛微孔较少，利用加压和减压相结合的方法，使空气中的氧分子在加压时被吸附到分子筛的微孔中，减压时再从分子筛微孔中将氧分子释放出来。加压和减压的全过程由可编程逻辑控制器（PLC）按特定时间程序，控制管路上的气动阀来实现，从而在气相中获得高纯度氮气。在气调储粮中可以采用移动式制氮设备或固定式制氮设备将高浓度氮气直接充入仓房。

移动式分子筛富氮储粮设备如图 7 - 12 所示，可对仓容量较小的仓房或者储粮堆垛进行充氮作业。

图 7 - 12　移动式分子筛富氮储粮设备

固定式分子筛富氮工艺流程如图7－13所示，由空气压缩部分（空气压缩机、缓冲罐）、空气净化部分（精密过滤器、冷冻式干燥机、活性炭过滤器、高效除油器、空气缓冲罐）和制氮主机部分（氮气吸附塔、氮气储罐、粉尘过滤器、PLC控制器以及图上未显示的蒸汽过滤器、除菌过滤器等）组成。在制氮主机部分中，净化后的空气经由两路分别进入两个吸附塔（塔A和塔B），通过制氮机上气动阀门的自动切换进行交替吸附与解吸，这个过程将空气中的大部分氮与少部分氧进行分离，并将富氧空气排空。氮气在塔顶富集，由管路输送到后级氮气储罐，并经流量计后进入用气点。固定式分子筛富氮设备如图7－14所示；PLC控制器如图7－15所示；仓房进气、排气阀门如图7－16所示。

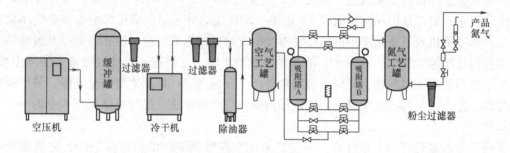

图7－13　固定式分子筛富氮工艺流程图

图7－14　固定式分子筛富氮设备

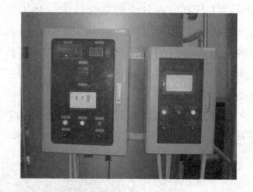

图7－15　固定式分子筛富氮设备——PLC控制器

对于实仓气调而言，首先要在密闭条件下抽出粮堆内的空气（图7－17），并充入适量氮气，实仓气调的设备除了移动式或固定式制氮机之外，还需要气体检测装置、仓内通风管网等。实仓充氮气调工艺流程如图7－18［(1)为单仓；(2)为多仓］所示。注意应选择能生产氮气浓度99.5%以上的制氮机，但开始入仓时氮气浓度不必太高，因为当制氮机制氮浓度大于99%时，耗电量成倍增加。当检测到仓内氮气浓度已达到90%时，可提高制氮浓度，降低产量；此外，因为杀虫效果最佳的温度条件一般在25℃以上，因此选择在每年的5～10月进行充氮杀虫。

图 7-16　充氮气调储粮进气、排气阀门

图 7-17　抽负压时粮膜紧贴粮面

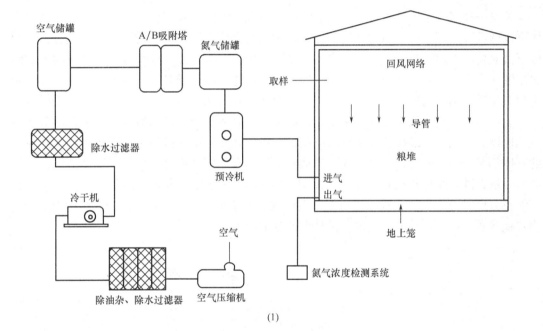

(1)

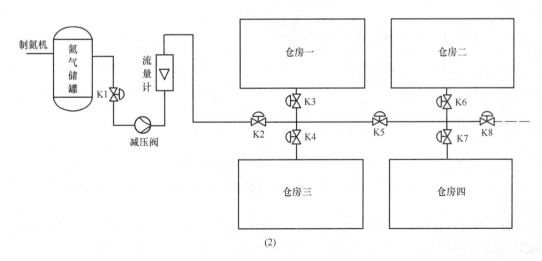

(2)

图 7-18　实仓充氮气调工艺流程图

现代化的气调储粮仓房，还应配置气体浓度监测系统、气调储粮智能控制系统、智能通风控制系统及仓房压力平衡装置等。气体浓度监测系统主要由气体采集、气体管路控制、气体浓度测量、数据传输和监控微机等部分组成，采用先进的检测和自控技术，实现粮仓气体浓度的全自动测量和数据处理。智能通风控制系统对气密处理完成的仓房，实现了充氮工艺的自动控制，降低了氮气气调储粮技术的劳动强度，提高了其性能和精度。智能通风控制系统在生产中可根据需要，随时进行粮温、仓温、仓湿及气温、气湿等数据的采集，通过对数据的分析与处理，确定粮情状态，为气调储粮的进行提供参考意见，保证对粮情的有效控制。压力平衡装置调节仓内外的压力平衡，保证仓体围护结构的安全。

四、膜分离富氮脱氧

膜是一种起分子级分离过滤作用的介质，当混合气体与膜接触时，在压力下，某些气体可以透过膜，而另些气体则被选择性地拦截，从而使得混合气体的不同组分被分离。膜分离富氮技术出现于 20 世纪 70 年代末，其原理如下：由于各气体组分在高分子膜上的溶解扩散速率不同，当两种或两种以上的气体混合物通过高分子膜时，会出现不同气体在膜中相对渗透率不同的现象。根据这一特性，可将气体分为"快气"和"慢气"。当混合气体在驱动力——膜两侧压差的作用下，渗透速率相对较快的气体如氧气、二氧化碳和水汽会迅速渗透纤维壁，以接近大气压的低压，自膜件侧面的排气口排出。而渗透速率相对慢的气体如氮气、一氧化碳、氩气等在流动状态下不会迅速渗透过纤维壁，而是流向纤维束的另一端，进入膜件端头的产品集气管内，从而达到混合气体分离的目的（图 7-19）。一根膜分离器（组件）由成千上万根中空纤维分离膜集装在一个外壳内，其结构类似于列管式换热器，可在最小的空间里提供最大的分离膜表面积。

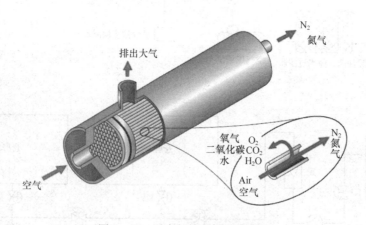

图 7-19　混合气体的膜分离原理

膜分离制氮机气体流程如图 7-20 所示。膜分离制氮系统包含以下主要设备：

①空压机：为制氮装置提供足够气源，空压机排气压力和排气量以膜组件的工况要求为依据。

②空气预处理装置：是为了除去压缩空气中的油和水分以及大于 0.1μm 的微尘颗粒，减轻后续膜组件的负担。空气预处理装置包括除油过滤和空气干燥两个功能。

③膜分离装置：其功能是将压缩空气精过滤后，经膜装置分离成氮气和富氧。氮气达

到品质要求后进入缓冲罐备用。未达标气体从放空口排出。膜分离过程的富氧废气通过富氧排放口排出。

④氮气缓冲罐：用于氮气的暂时存储和气体缓冲。

⑤氮气监控系统：用于控制膜分离制氮装置，提供膜分离制氮装置人机操作界面、运行数据显示、报警显示等功能。主要功能包括：一键装置启停、空压机启停、温度调节、压力调节、氮气纯度检测、氮气存储/放空转换控制、温度参数调整、压力参数调整、报警显示等。

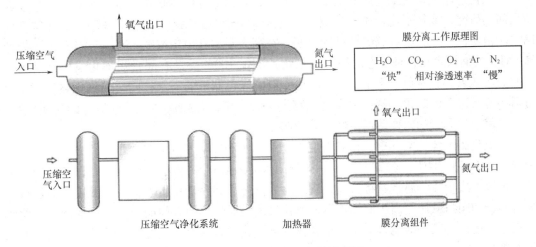

图 7 - 20　膜分离制氮机气体流程图

膜分离富氮脱氧装置有移动式（图 7 - 21）和固定式（图 7 - 22）之分，和其他制氮设备相比具有结构简单、体积小、噪声低、无切换阀门等运动部件、维护量少、产气快（≤3min）、增容方便等优点，适宜于产品氮气纯度≤98%的中、小型氮气用户，有最佳功能价格比。

图 7 - 21　移动式膜分离制氮机

图 7 - 22　固定式膜分离制氮机

膜分离制氮与碳分子筛制氮相比，因为膜十分容易被压缩气源中的油分和尘埃所堵塞，使用一定时间后会出现产氮能力下降的现象，而且细菌的侵入会加速膜分解；且碳分子筛因有再生过程，所以对气源要求不像膜那么苛刻。此外，膜分离制氮机要求气源温度为 45～50℃，因此需要安装加热器，但温度高会加速膜老化；而碳分子筛可在常温下工作。最后，从经济实用角度考虑，若膜分离制氮机生产纯度为 98.5% 的氮气，其所需的设备成本和运行成本都比碳分子筛高，且氮气纯度越高，用碳分子筛越经济。因此，膜分离制氮机适宜在产品氮气纯度 <98% 的岗位上工作。

第五节　二氧化碳储粮技术

二氧化碳储粮是人工气调的主要技术之一，我国 20 世纪 60 年代末以来对其进行了较为全面的研究，取得了比较显著的成效。进入 21 世纪后，我国建造了多座二氧化碳气调储粮示范库，二氧化碳气调储粮试验表明，在高大平房仓中用浓度 35%～70% 的 CO_2 处理 15d 对主要储粮害虫各种虫态的防治效果均达到了 100%，具有同常规磷化氢熏蒸杀虫相同的防治效果，且避免了害虫抗性的产生，符合绿色储粮的需求；同时二氧化碳气调储粮可适当延缓粮食的陈化，延长粮食的储存期，相应延长轮换周期，减少粮食的轮换次数，将为国家节省大量的轮换费用，经济效益明显。

二氧化碳气体比空气重，相对密度为 1.53，无色、无臭。空气中二氧化碳仅占空气体积的 0.03%～0.04%，在 20℃ 时，一体积的水能溶解 0.88 体积的二氧化碳，在高压或低温下可以形成干冰。通常是将二氧化碳压缩为液态，储存于耐压容器中，使用时通过打开高压容器的阀门减压，高压液体则迅速汽化喷出，通过控制阀门的开度，可控制二氧化碳的汽化速度，经管道即能直接充入粮仓或粮堆，通过管道上安装的流量计可控制充入的二氧化碳量。

向粮仓或粮堆中充入二氧化碳，有两种作用，一是充二氧化碳排氧，把空气中的氧置换出来达到降氧目的。二是二氧化碳含量维持在 40%～60% 的高浓度时，对粮堆中的有害生物有抑制作用。

二氧化碳储粮属于绿色储粮的范畴，但由于其需要外购二氧化碳气源以及相应的仓房设施改造造成运行成本偏高，因此近年来的推广应用力度不及氮气储粮。目前常见的二氧化碳气调储粮包括充二氧化碳气调、燃烧脱氧气调和二氧化碳小包装气调三种。

一、充二氧化碳气调

当代先进的二氧化碳气调储粮技术是在密封的混凝土仓或焊接钢板仓（立式或卧式）中进行的整仓大规模气调。在美国和澳大利亚的许多仓房均配有整套的二氧化碳充气系统设施，仓房内有二氧化碳管网，与仓外一个变量蒸发器相连，再连接到 20t 的液态二氧化碳容器（储液罐），通过二氧化碳喷射排放设置和输送管道使数个仓房同时充气。要求气调仓的气密性达到当初始浓度为 70% 时，在 14d 内衰减至仍高于 35%。我国首座二氧化碳气调储粮示范库于 2002 年在四川省绵阳市建成，之后又陆续兴建了一批二氧化碳气调储粮示范库并装粮使用。

（一）整仓充二氧化碳气调

1. 仓房

要达到气调仓各项技术性指标要求，仓房的气密性能至关重要。气密性良好的仓房，才能保障二氧化碳的工艺浓度，减少用气量，降低成本，充分体现气调储粮的优越性。在粮仓建设时，要把工程气密性的要求作为质量的重点，严格规范施工，确保仓房内墙面、仓壁与墙身、地坪连接处密封处理效果。仓房的气密性应符合 LS/T 1213—2008《二氧化碳气调储粮技术规程》的要求，达不到该要求参照 GB/T 25229—2010《粮油储藏　平房仓气密性要求》进行气密性改造。

2. 工艺

利用仓外大型供配气系统、配套粮仓二氧化碳自动检测系统、仓房循环智能通风控制系统及仓房压力平衡装置，将二氧化碳气体集中输送入密闭性能良好的气调仓房，强制循环系统使仓内二氧化碳气体浓度均匀达到工艺浓度，自动监测仓内二氧化碳气体浓度，使之维持在一定范围内，从而达到改变粮仓内气体的组成成分，破坏害虫及霉菌生态环境，抑制粮食呼吸，杀灭储粮害虫，延缓粮食品质陈化的效果。并通过仓房压力平衡装置（图 7 - 23），调节仓内外的压力平衡，保证仓体围护结构的安全。二氧化碳气调仓充气工艺流程如图 7 - 24 所示。

图 7 - 23　仓房压力平衡装置

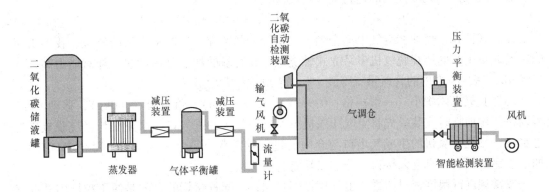

图 7 - 24　二氧化碳气调仓充气工艺流程

3. 仓外气体配送系统

该系统由二氧化碳储液罐（图 7 - 25）、气体蒸发器、减压装置、气体平衡罐、送气管道组成。送配气系统配置及工艺流程如图 7 - 24 所示。

4. 二氧化碳自动监测系统

采用二氧化碳气体采集网、气体管路控制系统、二氧化碳浓度测量装置、数据通信系统和监控计算机及软件，组成粮仓二氧化碳浓度自动监测系统。

（二）密封粮堆充二氧化碳气调

密封粮堆充气法常利用二氧化碳气体相对密度比空气

图 7 - 25　二氧化碳储液罐

大的物理特性，采用置换充气法向密封粮堆充入二氧化碳。置换充气法的塑料帐幕表面设置有排气孔，充气口位于粮堆的下部。首先将顶部的排气孔全部打开，直接从下部管口接上二氧化碳钢瓶，由于二氧化碳气体相对密度比空气大，当粮堆下部充入二氧化碳时，粮堆原有空气便会自下而上逐渐被挤向上方，从帐幕表面的排气孔排走。一般在表层帐幕鼓起时，粮堆中二氧化碳浓度达70%以上，即可关闭钢瓶阀门，停止充气，并立即密封进气口和排气口。

密封粮堆充气法也可采取先抽真空再充二氧化碳的真空充气法，此法不必在粮堆密封帐幕顶部留排气孔，先将真空泵与密封粮堆连接，直接抽真空至5000Pa以上，如无泄露现象，即可卸下真空泵，立即接上二氧化碳钢瓶，打开阀门，使气流均匀扩散，直至表面薄膜膨起即可停止充气，立即密封粮堆。二氧化碳用量：每10t散装粮充入10kg，包装粮根据粮堆孔隙度的不同酌增40%左右。

二、燃烧脱氧气调

我国曾经使用一种燃烧循环脱氧设备进行气调储粮，该设备是以各种形态的燃料和大气为原料进行高温完全燃烧，由燃烧炉出来的高温气体，在冷却塔中经水冷后，使水蒸气冷凝成水，生成气冷却到常温并通入粮堆进行气调储藏。这种气调方法也可用于果蔬的气调储藏。

燃烧脱氧机燃烧煤油或液化石油气的反应式：

$$2C_{12}H_{26} + 37\ 1/2O_2 + 141N_2 = 26H_2O + 24CO_2 + 141N_2 + 1/2O_2 \tag{7-1}$$

按此式计算，煤油在空气中完全燃烧，氮气全部留存，残留极低量的氧气。我国山西榆次及北京生产的燃烧脱氧机多系立式燃烧型，其脱氧的特点是速度快，降氧能力高，开机经4h，密封粮堆内的含氧量就降到1%，杀虫效果尤为显著。

燃烧脱氧机体积小（一般规格：0.9m×0.6m×1.3m）、重量轻（300kg），移动方便，可以在使用前临时安装。先将空气压缩机与燃烧脱氧机的进气口、水龙头与燃烧脱氧机的进水管，燃烧脱氧机的生成气出口与仓内的进气莲蓬头、每个进气支管、每个出气探管、抽气莲蓬头及其与真空泵接口，分别以软胶管相连接。

按常规进行粮堆密封与进、出气探管密封配置。配置探管的目的是便于粮堆内外的气体交换和粮堆内气体的压力平衡分布。探管配置数量应根据粮堆大小确定，如一个500t的粮堆长16m、宽12m、高3.5m，共插探管32根，即进气管20根，出气管12根。进气管与出气管要交叉分布。

燃烧脱氧机开机点火后先将生成气体放空，待化验生成气中的二氧化碳为14%~15%，含氧量为0.2%~0.5%时，方可充入粮堆。在生成气体开始充入粮堆时，开动真空泵把粮堆内的空气抽出，将粮堆内抽成负压（负压不要超过500Pa），然后关闭真空泵，充入燃烧脱氧机的生成气体，待粮面帐幕薄膜鼓胀起来后，再次开动真空泵，抽出粮堆内的含氧较多的气体，如此反复，抽气—充气—抽气—充气，直到粮堆内氧气含量平均在2%以下时，停止抽气，最后将薄膜帐幕充胀即可停机。密封粮堆的各种管口，使粮堆保持密闭缺氧状态。

燃烧脱氧气调储藏时应注意：第一，必须对生成气体的成分进行检测分析，合格的生成气（CO_2 14%~15%，O_2 0.2%~0.5%），表明燃料燃烧得完全，氧化彻底。同时注意生成气体的冷却降温，通常应该使其进仓时的温度低于粮温，不至于引起粮温的增加。第二，必须考虑加强粮堆气体交换的有效性和气体分布的均衡性，以充分发挥燃烧脱氧机产气量大，脱氧速度快的特点，防止粮堆死角含氧量过高的问题。第三，注意整机及过程的操作安全。

三、二氧化碳小包装气调

二氧化碳小包装也称胶实包装储藏，又称"冬眠"密封包装储藏，当塑料密封口袋（上侧留有气体进出孔各 3cm）装粮后，充入二氧化碳，在 24 ~ 32h 内就能形成袋内负压状态，粮粒胶着成硬块状，这是由于粮粒吸附袋内二氧化碳，造成负压所致。袋中气体成分：二氧化碳 97%、氮 1.45%、氢 0.1%、氧 0.6%，各种粮食对二氧化碳吸附量不一致（表 7 - 17），在 25℃ 条件下，最初 6h，糙米和白米的吸收量最大，可达全部吸收量的 50% ~ 60%。在进行二氧化碳气调小包装时应注意：第一，充分保证包装袋的密封性，因为二氧化碳小包装的包装袋不仅要保证不漏气，而且要经受较高的负压，所以一般粮堆密封时所用的单一薄膜不能满足要求，而应选用气密性更高，强度也较好的复合薄膜。第二，充入二氧化碳的量要适中，若二氧化碳太多，粮食吸附不完则达不到胶实状态；若充入量太少，则达不到气调的效果。

表 7 - 17	各种粮食吸附二氧化碳的数量		单位：mL/kg
粮种	3h 吸附量	粮种	3h 吸附量
稻谷	86	玉米	170
糙米	90	花生	560
白米	70	大豆	440
米粉	60	大豆粉	216
小麦	75	红豆	64
面粉	60	芝麻	230

第六节　化学脱氧与真空气调储粮

一、化学脱氧

（一）概述

脱氧剂（free - oxygen absorber），也称除氧剂。化学脱氧储藏是通过与包装袋或器皿中内容物同时密封的脱氧剂与氧气快速化学反应，除去包装或容器中的游离氧或溶存氧，使储藏物处于无氧环境中，达到抑制好气微生物和虫害危害，防止品质氧化劣变，安全储藏的目的，是气调储藏的一种技术。

（二）脱氧剂的种类与性能

脱氧剂分为无机物系和有机物系两大类，近年来无机物系列产品发展很快，以常见无机物脱氧剂为例，其作用机理与性能如下。

1. 铁系脱氧剂

铁系脱氧剂因为原料易得、成本低、除氧效果好、安全性高等原因应用最为广泛。铁粉经特殊处理而成为特制铁粉，粒径在 $300\mu m$ 以下，比表面积为 $0.5m^2/g$ 以上，与氧气发生一系列反应，因而能除掉氧。$1g$ 活性铁与氧反应生成氢氧化铁，要消耗 $0.43g$ 氧（相当于 $1500mL$ 空气的氧），效果极为显著，吸收氧速率也快。反应式为：

$$Fe + 2H_2O \rightarrow Fe(OH)_2 + H_2 \uparrow \tag{7-2}$$

$$3Fe + 4H_2O \rightarrow Fe_3O_4 + 4H_2 \uparrow \tag{7-3}$$

$$2Fe(OH)_2 + \frac{1}{2}O_2 + H_2O \rightarrow 2Fe(OH)_3 \tag{7-4}$$

$$2Fe(OH)_3 \rightarrow Fe_2O_3 \cdot 3H_2O \tag{7-5}$$

铁系脱氧剂可以生产为置换型脱氧剂，在除去氧气的同时产生二氧化碳以提高气调效果。如一种以硫酸亚铁、铁粉为主剂的铁系脱氧剂，其反应式为：

$$2FeSO_4 + 4NaHCO_3 + \frac{1}{2}O_2 + H_2O \rightarrow 2Fe(OH)_3 + 2Na_2SO_4 + 4CO_2 \uparrow \tag{7-6}$$

$$Fe + \frac{1}{2}O_2 + 2CO_2 + H_2O \rightarrow Fe(HCO_3)_2 \tag{7-7}$$

$$Fe(HCO_3)_2 \rightarrow Fe(OH)_2 + 2CO_2 \uparrow \tag{7-8}$$

$$2Fe(OH)_2 + \frac{1}{2}O_2 + H_2O \rightarrow 2Fe(OH)_3 \rightarrow Fe_2O_3 \cdot 3H_2O \tag{7-9}$$

铁系脱氧剂剂量在 $2.4g/L$，产氢量仅为百分之几，远远低于氢与空气配合爆炸范围（$4.1\% \sim 75\%$），故使用十分安全。由于脱氧剂的除氧机制是化学反应，其反应的速度受温度、湿度、压力的变化及催化剂等不同条件的影响，除氧能力也各不相同。加辅助脱氧和催化脱氧的无机物或有机物，使脱氧效果更加显著。使用铁粉为主要成分（$80\% \sim 98\%$），辅以 $1\% \sim 10\%$ 的硅和 $1\% \sim 10\%$ 的铝配制成脱氧剂，称为金属混合脱氧剂，效果倍增，因为这些金属对氧的亲和力强，易与氧反应形成稳定的氧化物。

2. 连二亚硫酸钠为主剂的脱氧剂

连二亚硫酸钠为主剂的脱氧剂，是以氢氧化钙及活性炭为辅料配合制得的脱氧剂，它在催化剂、水的作用下，与氧反应生成硫酸钠。$1g$ 连二亚硫酸钠消耗 $0.184g$ 氧，相当于 $650mL$ 空气中的氧，由于在反应中产生 SO_2，因而必须加入 $Ca(OH)_2$ 与之发生另一化学反应，除去 SO_2，分步反应式如下：

$$Na_2S_2O_4 + O_2 \rightarrow Na_2SO_4 + SO_2 \uparrow \tag{7-10}$$

$$Ca(OH)_2 + SO_2 \rightarrow CaSO_3 + H_2O \tag{7-11}$$

总反应式为：

$$Na_2S_2O_4 + Ca(OH)_2 \rightarrow Na_2SO_4 + CaSO_3 + H_2O \tag{7-12}$$

可以在连二亚硫酸钠脱氧剂中加入碳酸氢钠作辅助剂，在除去氧气的同时产生二氧化碳，提高脱氧剂的气调储藏效果，此类脱氧剂常被称作置换型脱氧剂。

$$Na_2S_2O_4 + O_2 \rightarrow Na_2SO_4 + SO_2 \uparrow \tag{7-13}$$

$$SO_2 + 2NaHCO_3 \rightarrow Na_2SO_3 + H_2O + 2CO_2 \uparrow \tag{7-14}$$

$$Ca(OH)_2 + SO_2 \rightarrow CaSO_3 + H_2O \tag{7-15}$$

$$Ca(OH)_2 + CO_2 \rightarrow CaCO_3 + H_2O \tag{7-16}$$

（三）脱氧剂的制备

脱氧剂的种类很多，其制备方法大致可分为化学制备法和生物化学制备法两大类。现针对应用最广的铁系脱氧剂的化学制备方法做一简要介绍。

1. 铸铁粉

熔融成细条状，切削成铁粉，粒度在 $300\mu m$ 以下，吸附比表面积在 $0.5\ m^2/g$ 以上。

2. 金属卤化物

为提高脱氧剂反应速度，加入碱金属或碱土金属类，如各种金属氯化物、溴化物及碘化物均可。

3. 充填剂

脱氧剂中加入充填剂，不仅能控制吸氧的速度，且能提高组成物的通透性，从而提高脱氧效果。充填剂要求不与原料发生化学反应并形成高密度氧膜，如二氧化硅、高岭酸性白土、活性炭、硅藻土、泡沸石、珍珠陶土，聚酰胺粉末、苯乙烯粉末等混合物均可。

4. 置换型脱氧剂

对于置换型的脱氧剂还需加入碳酸氢盐，如 $NaHCO_3$、$KHCO_3$、NH_4HCO_3 等，或加入含结晶水的碳酸盐，如 $Na_2CO_3 \cdot 10H_2O$、$Na_2CO_3 \cdot 7H_2O$ 等效果均较为理想。

几种铁系脱氧剂的配方如表 7-18 所示，制备方法简述如下：按比例称好料，先将铁粉与碳酸氢盐或碳酸盐混合，再加入金属卤化物和充填剂，于球磨机等设备上混合均匀后，用双层袋密封包装，检验合格即为成品。

表 7-18　　　　　　　　　　　　　　几种铁系脱氧剂的配方

铁粉/g	十水碳酸钠/g	卤化物/g	填充剂/g	吸氧时间/h	吸氧量/mL*
0.5	0.5	NaCl 0.5	酸性白土 0.5	19	123
0.5	0.5	NaCl 0.5	硅藻土 0.5	19	121
0.5	0.5	KBr 0.5	酸性白土 0.5	19	126
0.5	0.5	$CaCl_2$ 0.5	酸性白土 0.5	19	126
0.5	0.5	NaCl 0.5	石墨 0.5	19	110

注：* 以标准状态的体积计。

（四）脱氧剂的应用

脱氧剂具有制作工艺简单、成本低、脱氧速度快、脱氧能力高、无毒、无残留等优点，1980 年国际食品卫生法公布铁系脱氧剂可在食品中无限量应用。在采用塑料薄膜密封粮堆时，可在密封粮堆表面的薄膜上预留若干窗口，从窗口放入脱氧剂后迅速密封预留窗口，粮堆即可迅速降氧。脱氧剂的使用剂量与其种类、规格有关，如储粮用的铁粉脱氧剂使用剂量约为 0.2%，即 1t 粮食约需 2kg 铁粉脱氧剂。另外，置入的脱氧剂应采用透气性材料包装，使用后回收，避免混入粮堆。

脱氧剂气调储藏的效果已被大量的储藏试验所证实，如装有脱氧剂的密封小包装粮袋（带虫），很快袋内就会形成负压无氧状态，其中的害虫全部窒息死亡。油脂采用悬挂脱氧剂储藏，经储存过夏，经历了 35~40℃ 的高温后，由于脱氧剂与油罐空间的氧反应，油脂中不饱和脂肪酸的氧化被控制，经 35d 储存，其过氧化值、酸价、茴香胺值与羰基值均稳定在原始水平上，油脂储罐存氧量稳定在 0.2% ~ 0.3%。对于原粮，如小麦，河南信阳地区各个县的粮管所，曾推广应用自制脱氧剂于粮堆防治害虫，每年处理虫粮 280t 以上，仓房类型均为房式仓，粮面密闭，按 5t 粮食投放 4 ~ 5kg 的脱氧剂，将脱氧剂分成小包投入粮面以下 30cm 处，一周后氧含量降为 1%，两周后已无害虫活动，达到安全储藏的效果，脱氧剂的高效杀虫能力得到了证明。对于成品粮而言，河南工业大学（原郑州粮食学院）曾用脱氧剂对水分含量为 14.5% 的大米作了模拟度夏试验，经测定脂肪酸值、碘蓝值、降落值等各项品质指标，说明脱氧剂用于粮食储藏是有成效的，具有抑制粮食品质变化的作用。有报道表明化学脱氧剂可延长晚籼大米（水分含量为 13.8% 和 14.6%）的储藏期，且试验垛未发现害虫，储藏期间没有发热、霉变现象，色泽气味正常。另据对面粉在梅雨季节进行为期 4 个月的保存试验表明，脱氧包装组的面粉经 4 个月存放，品质（营养成分和馒头的食味等）与新鲜面粉一样好；而对照组的面粉有明显的霉变异味，且馒头食味变淡。

脱氧剂所采用的密封材料，选用在粮食气调中常用的聚氯乙烯即可，如果采用聚酯/聚乙烯复合薄膜效果更好。使用不同密闭材料，脱氧储藏的效果及低氧含量的维持有差异。在密闭条件下，只要投入适量的脱氧剂，最短的两天时间内，能使粮堆氧气降到 1% 左右或绝氧状态，以利于储粮。对一些不易降氧的粮食，如油料等尤为有效。

二、真空气调

（一）概述

真空储藏又称减压储藏、负压储藏，主要是用真空泵将粮堆空间抽成负压，使空间氧含量降至低氧或绝氧，达到接近真空或真空的状态，抑制虫霉活动、保持储存物的新鲜。真空储藏是气调储藏中一种出现较早的技术，我国在 20 世纪 60 年代已将其成功用于粮食储藏，如今在粮食小包装储藏、食品保鲜方面应用广泛。随着经济的发展，国内外粮食市场对粮食商品包装供销的要求日益增长，日本、泰国、美国、缅甸出口大米均采用小包装，瑞典也曾经生产 1m³ 体积的大包装粮食气调系列储运产品。我国在 1980 年将真空包装的大米首次装载在 X950 油水轮上的高温仓中，进行洲际全程试验，航经太平洋低纬度的洋面上，经过灼热的赤道，气温 50℃，仓内相对湿度 90%，历时 34d，真空包装的大米品质依然良好，这是我国远航储粮取得成功的一个实例。真空包装储粮是气调储藏的一个重要技术，它具有设备和操作简单、费用低、防霉防虫效果好、卫生无污染、小包装外形美观等优点，特别适用于成品粮流通各环节的应用，如运输、装卸、销售等，且市场适应性强，应用前景广阔。

（二）设备条件

进行真空储藏，应具备真空泵、吸风机或抽气泵、密闭容器、加厚薄膜、热合机、真空包装机。

（1）真空泵　旋转式各种型号均可使用。

（2）抽气泵　用 3800Pa 吸风机或抽气泵。

（3）密闭容器　塑料、玻璃容器、塑性袋、集装箱等。

（4）塑料薄膜　用加厚聚氯乙烯或聚酯/聚乙烯复合薄膜，厚度 0.2 ~ 0.23mm。

（5）热合机　高频热合机或热熔性钳式热合机。

（6）真空包装机　有各种单性能真空包装机及充气式真空包装机可供选用，多数真空包装机，均系自动化作业，适用于小包装真空气调储粮。

（三）方法

1. 粮堆真空减压储藏

根据粮堆尺寸，以 0.20mm 塑料薄膜做成帐幕，套在粮堆上密封好，粮堆最好采用六面密闭，为避免薄膜在抽真空减压过程中破损漏气，可在粮面上铺盖衬垫物，然后用真空泵或抽气泵抽气减压，抽空期间可用皂沫法查漏，及时修补漏气处的帐幕，直至真空度在600Pa，氧浓度降至4%以下，撤掉所有设备，密封粮堆，保持2周以上为好。

2. 真空包装

真空包装多用于小包装储藏。将复合薄膜热合成三面密封的袋子，装入粮食，再将粮包放入包装机的真空室内，注意袋口未封的一面，要放在包装机真空室的刀口下，盖上真空室的盖子，包装机即刻自动抽真空，达到设定的真空度值时，热合刀口自动落下密封好包装袋，接着包装机进气，打开真空室密封盖，即成真空包装。

3. 真空充气包装

为了延长储藏物的保鲜期，或平衡包装内外压力，有时采用真空充气包装，方法与上述真空包装大致相同，只是在抽真空后充入一定量的惰性气体，再热合包装袋口。连动式真空充气包装机一般是全自动流水作业，即抽真空、充气、热合、放气、输送一次完成。各环节的时间可以设定。

真空小包装密封性能与储存期的长短与包装材料的选择密切相关，应选择氧渗透度小的密封包装材料。一般选用氧渗透度在 5mL/（m^2·0.101MPa·24h）的复合薄膜较为理想，氧渗透度在 30~120mL/（m^2·0.101MPa·24h）的薄膜只能作短期储存，氧渗透度在 120mL/（m^2·0.101MPa·24h）以上者不适合作为小包装密封材料，用作真空充气小包装的塑料薄膜以及尼龙、铝箔、聚酯等只要符合上述性能，均可应用。

但真空小包装或真空充气包装在运输期间还应注意装箱时防止碰、撞导致包装破损、漏气等现象，并将小包装储存于 20~25℃ 的温度条件下，才能确保安全储藏的理想效果。

第七节　气调储粮技术管理

粮食入仓后的管理工作是搞好气调储藏的重要保证，因我国大多数气调粮仓的压力半衰期普遍较低，需要配合采用塑料薄膜密闭粮堆，因此从密闭之日起，应加强管理，除对粮堆进行常规储藏必要的管理和粮情指标检测外，还应对粮堆气体进行定期测定，并做好密封粮堆结露、氧浓度回升的预防及安全防护工作。

一、粮堆气体成分分析

掌握粮堆各气体的浓度及变化规律，是评定和了解气调储粮设备技术性能的一个极为重要的方面，也是预测气调储藏效果的重要依据。粮堆气体成分的分析，在密封后 24h 内即应进行，连续测定一周达到降氧效果后可改为每三天测记一次。分析气体的方法及所用仪器很多，一般包括下述三类。第一类是快速气体成分测定仪，采用各种传感器感应不同的气体，再将信号处理放大，并以数字或指针的形式输出。此类气体分析仪可为便携式或仓房固定式（图7-26），测定速度快，可连续自动化分析，操作方便。但由于其测量的准确性受到测定原理及传感器质量的影响，因此准确性高的测定仪价格也偏高。第二类是根据气体的化学反应量测定其浓度，是经典的气体成分分析仪器，如奥氏气体分析器。此类气体测定仪依据的是化学反应原理，因此精确可靠，但仪器结构复杂、携带不便、测量速度慢、全部为手工操作，比较适合化验室检测。第三类为现代化的大型气体成分检测仪，例如气相色谱仪，其检测灵敏度高，分析速度快，但由于成本较高，对人员及管理的要求也高，且不能实现现场使用，因此限制了其在气调储粮方面的应用。

图7-26　仓房固定式气体检测器

　　各种气体成分分析仪所测定气体的种类是不同的，在气调储粮技术中，一般调节的气体种类为氧气、氮气和二氧化碳，因此通常在气调储粮中所选气体分析仪具有测定上述三种气体的能力就足够了。

二、密封粮堆结露的预防

　　在气调储藏中，特别是采取密闭粮堆的气调方式，由于粮堆的密闭增加了粮堆内外的温差，在季节转换时常发生结露现象，粮堆结露出现的时间、类型与粮堆密闭的时间和季节变化有关。在低温季节密闭的粮堆，随着气温上升，仓温常高于粮堆温度，直到高温季节（7月份以前），易产生外结露现象，即结露发生在密封材料的外表面（薄膜与仓内空气的接触面）；而随着气温的下降，到秋末季节，粮温常高于仓温，一般会产生内结露，即结露发生在密封材料的内表面（薄膜与粮堆的接触面）。如在高温季节发生了轻微的外结露，不会影响到粮食水分，可不进行处理，若比较严重，可采取适当的方法除去塑料薄膜外表面的水分，有条件时可采用脱湿机在仓内去湿；如发生内结露，会直接影响粮食的含水量，应及时采取有效的措施处理，因内结露发生在低温季节，最有效的处理方法是揭开帐幕，降低粮堆温度，如此时不能揭幕，也可应用硅胶、无水氯化钙及分子筛对少量储粮堆垛进行吸湿，解除结露或将粮堆内的湿空气引出至粮堆外部，也有一些粮库在粮堆密闭之前，以旧麻袋、纤维板、稻糠等材料压盖粮面，既可预防内结露，也可在内结露发生后吸收一部分凝结水，避免粮食水分的增加。

　　整仓气调储藏的粮食一般不易发生结露现象。

三、温度、水分及害虫检测

　　温度的检测范围包括：粮堆温度、仓内空间气体温度和仓外空气温度，即通常所说的"粮温、仓温和气温"。对于现代化的气调储粮仓房而言，一般均配备了温度自动检测系统，粮堆密封之前将测温电缆埋入粮堆。粮堆、仓房内外检测点的布置以及检测周期参照GB/T 29890—2013《粮油储藏技术规范》中的规定。温度的检测最好能够定时定点，便于前后对比并分析掌握三温的变化规律。

目前我国大多数的气调储粮需要配合粮堆密闭，而水分检测需要扦取粮食样品，因此要制作袖口状的粮食取样口或购买塑料取样口，预先热合固定在帐幕需要取样的地方，取样时把口放开，迅速将样品取出后立即封闭。水分含量的检测周期、检测点的设置及粮食扦样方法参照 GB/T 29890—2013《粮油储藏技术规范》中的规定。

对于密闭粮堆的气调储粮方式而言，最常用的害虫检测方法为扦样检测法，薄膜帐幕上扦样口的处理如上段所述。检测周期、扦样点的设置及扦样方法参照 GB/T 29890—2013《粮油储藏技术规范》中的规定。一般采用筛检法拣出筛上的害虫并计数，结果以每千克样品筛出活的害虫头数表示，即为害虫密度。

四、氧浓度的变化规律

（一）变化规律

一般进入10月份以后，气调储藏，特别是缺氧储粮会普遍出现氧浓度回升现象，此现象的发生原因比较复杂，不能单纯认为是薄膜透性所造成的，而要分析一下具体情况，如果粮堆的氧含量呈现有规律的缓慢下降趋势，则基本上属于正常现象。

（二）变化原因

（1）薄膜微透性所造成。

（2）粮温低，粮食进入深休眠期，呼吸微弱。

（3）气温低，测气时气体与吸收液的反应速度慢，吸收不完全使其测定数据偏低。

（4）如果发现粮堆氧浓度忽高忽低，或是突然上升，一般是帐幕出现较大的破损所造成的，应立即查出漏洞进行修补。

五、智能气调储粮系统

智能化是由现代通信与信息技术、计算机网络技术、智能控制技术、行业的相关技术等汇集而成的针对某一个方面应用的智能集合。通过智能化粮库建设，可以使得粮食存储的生态环境大为改善，充分保证存储过程中的质量、数量安全；仓储粮情数据采集更加方便，数据共享更加快捷，数据利用更加高效。智能气调储粮系统是通过对粮情变化情况的智能化分析，结合粮食储备过程中的质量检测情况，通过氮气储粮等方式控制粮情变化，改善粮食储备的生态环境，减少虫害的产生和减缓粮食质量的变化，以更稳定的方式进行粮食储藏。通过智能化的决策分析，产生科学合理的智能化气调方案，使粮食存储环境更加优良和稳定，提升粮食存储质量，保证粮食品质。智能化气调管理应用的研究为粮食储藏提供了更好、更科学的存储管理办法，通过与信息技术的融合，以智能化的方式改善粮食存储的生态环境，其原理如图7-27所示。

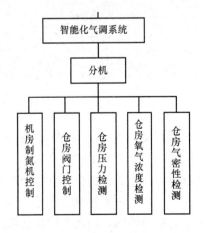

图7-27 智能气调储粮系统原理图

由于氮气气调储粮的工艺较复杂且需控制的设备

多，为了降低操作人员的劳动强度，实现整个充氮过程"一键完成"，提高氮气气调储粮的自动化水平，需要建设智能气调管理系统，其把气调储粮工艺编成计算机程序，采用自动化控制技术对气调储粮操作流程进行智能化控制。只要预先设置好气调仓的目标氮气浓度、充氮量，即可自动完成充氮工作。该系统还具有对气调仓进行氮气浓度实时在线检测与分析，实现氮气充气、环流、补气等作业过程远程无线自动控制的功能，并定时自动检测并保存仓房气密性数据。此外，智能充氮系统可以通过手机将系统启动或者关闭情况及时发送给相关人员，以实时了解充氮进程，并可以设置权限，实现远程手机控制；可单仓或多仓连续充氮，整个充氮过程实现一键完成，有效减少了保管员在气调储粮操作过程中发生的误操作行为。最后，该系统还具有拓展功能，可以与智能通风、粮情检测等系统相集成，进行功能拓展升级。

图7-28为控制系统计算机屏幕的智能气调储粮系统用户操作界面，通过人机对话，操作人员可以随时了解该系统实时显示的充气时间、仓内浓度、压力、仓内温湿度、仓外温湿度等相关信息，掌握充氮进程，安排下步工作。

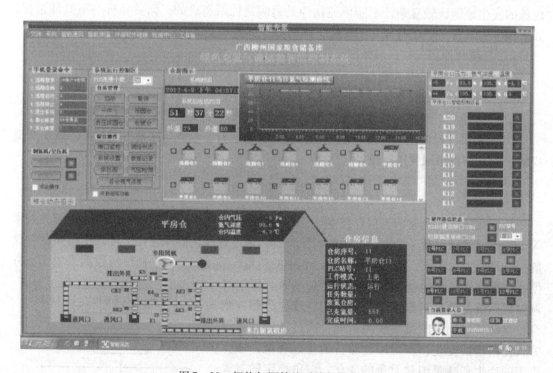

图7-28 智能气调储粮系统操作界面

早在2011年，中国储备粮管理总公司就在其仓储管理工作会议上提出，在未来2~3年内，以分公司为单位，直属库总仓容80%的气调粮库应用智能管理系统。经过几年的科技攻关，由中国储备粮管理总公司主持与负责的项目"国家储备粮氮气绿色储藏关键技术创新与应用"可对单仓、多仓的氮气浓度任意控制在78%~99.5%之间，并可同时进行定点、定时巡测，实现了粮食仓储由传统手工操作到信息化智能控制的转变。

六、气调储粮的安全防护

（一）低氧、高二氧化碳与人身安全

气调储藏的环境相对密闭，且环境内的气体呈低氧高二氧化碳状态，这对人身健康及生命安全非常有害，人对缺氧大气的反应如表 7-19 所示。

表 7-19　　　　　　　　　　人对缺氧大气的反应

级别	氧气含量/%	症状与现象
1	12~16	呼吸与脉搏增加，肌肉协调轻微障碍
2	10~14	清醒，情绪失常，行动感到异常疲劳，呼吸失常
3	6~10	恶心呕吐，不能自由行动，将失去知觉，虚脱，虽能感知情况异常，但也不能行动或喊叫
4	6 以下	痉挛性行动，喘息性呼吸，呼吸停止几分钟后心脏停止跳动

从表 7-19 中可以看出氧浓度低于 10% 就有生命危险，要想达到气调效果，粮堆中或气调仓内的氧浓度一般均低于 10%。另外，二氧化碳在正常大气中的浓度为 0.03%（许多国家的卫生标准为 0.5% 以下），人在高二氧化碳的环境中也会发生明显的生理反应，如表 7-20 所示。

表 7-20　　　　　　　　　　人对高二氧化碳的反应

二氧化碳含量/%	症状与现象
2%~5%	人可感觉到呼吸次数增加
5%~10%	感到呼吸费力
10%	可以忍耐数分钟
12%~15%	会引起昏迷
25% 以上	数小时内可导致死亡

气调储粮的气体成分往往是低氧高氮或者低氧高二氧化碳，需要特别警惕。特别是整仓密闭气调储藏进仓检查粮情时，要特别注意人身安全，以防事故发生。

（二）安全防护

（1）对于气密处理过的气调仓房，在人员进仓前一定要保证仓内气体对人的呼吸是安全的，要用相应的检测器检测安全后才可进仓。否则应配置正压式空气呼吸器设备才可进仓，此时过滤式防毒面具不具备防护功能。

（2）使用二氧化碳气调时，在自由空间一般不会达到危险的浓度，但与气调设施连通的地下室或低洼处二氧化碳可能会达到危险浓度，应特别注意。

（3）装二氧化碳的罐、钢瓶和输气管道，在充气时温度非常低，接触皮肤会导致"冷灼伤"，所以接触冷源时要戴手套。

（4）二氧化碳气调结束放气后，由于粮食的解吸作用，在一段时间内，仓内二氧化碳浓度一直较高，应引起注意，避免发生意外。

（5）气调作业过程，必须多人完成，不可单人操作。

（6）发生突发事件时应立即切断气源，手边应有应付突发事件的用具、装置，并有与消防、医生、救护车等联系的方式、方法。

思考题

1. 气调储粮的概念是什么？
2. 气调储粮的类型有哪些？
3. 气调储粮的方法有哪些？
4. 气调储粮的特点有哪些？
5. 粮堆密封材料如何选用？
6. 如何检测仓房气密性？
7. 塑料帐幕如何制作？
8. 粮堆密封的方法有几种？
9. 什么是"压力半衰期"？
10. 我国的国家推荐标准中，将用于气调的平房仓气密性分为几个等级？各自的压力半衰期是多少？
11. 我国的国家推荐标准中，将平房仓内薄膜密封的粮堆气密性分为哪几个等级？各自的压力半衰期是多少？
12. 碳分子筛富氮脱氧的原理是什么？
13. 碳分子筛制氮设备包括哪几个系统？
14. 膜分离富氮脱氧的原理是什么？
15. 何为充氮气调储粮的"粮面气囊"？"粮面气囊"的作用有哪些？
16. 脱氧剂的种类有哪些？
17. 粮堆气体成分分析方法有哪些？

参考文献

1. 王若兰主编. 粮油储藏学. 北京：中国轻工业出版社，2009.
2. 张来林，金文，付鹏程等. 我国气调储粮技术的发展及应用. 粮食与饲料工业，2011，9：20－23.
3. 高素芬. 氮气气调储粮技术应用进展. 粮食储藏，2009，4：25－28.
4. 李颖，李岩峰. 不同温度下充氮气调对稻谷理化特性的影响研究. 粮食储藏，2014，4：26－30.
5. 马中萍，马洪林，何其乐等. 二氧化碳气调储粮技术在我库的应用情况概述. 粮食储藏，2006，3：13－16.
6. 肖建文，张来林，金文. 充氮气调对玉米品质的影响研究. 粮油仓储节能减排专题技术会议论文集，520－523.
7. 杨健，周浩，黎万武等. 不同温度条件下氮气气调储粮对玉米脂肪酸值的影响. 粮食储藏,2013,4:22-26.

8. 付家榕,袁建. 充氮储藏对大豆老化劣变影响的研究. 粮食储藏,2014,1:40-44.

9. 张崇霞,王伟,李荣涛. 氮气气调对不同水分大豆储藏效果研究. 粮食储藏,2012,1:20-22.

10. 张来林,罗飞天,李岩峰等. 浅谈气调仓房的气密性及处理措施. 粮食与饲料工业,2011,4:14-18.

11. 张敏,周凤英主编. 粮食储藏学. 北京:科学出版社,2010.

12. 司建中. 氮气气调储粮与二氧化碳储粮对比分析. 粮油仓储科技通讯,2011,6:40-42.

13. 刘晓庚. 试论脱氧剂在粮油食品中的应用. 粮食与饲料工业,1996,4:24-28.

14. 周乐明,支桂珍. SP-III 化学脱氧剂应用于大米储藏试验. 粮食加工,1985,10:20-25.

15. 黄志宏,林春华. 智能化粮库建设的探讨与构想. 粮食储藏,2012,1:52-53.

16. 张志愿,杨文生,张成. 智能气调储藏技术在浅圆仓中的应用研究. 粮油仓储科技通讯,2013,3:31-33.

17. 闻小龙,张来林,汪旭东等. 智能气调和智能通风系统应用试验. 粮食流通技术,2012,5:32-35.

第八章　粮食地下储藏

【学习指导】

了解我国地下储粮的发展概况，掌握地下储粮的原理、地下仓的分类及结构特点。重点掌握地下仓的储粮性能特点、地下仓的建造工艺尤其是仓顶的防潮隔热结构特点，能够制定出合理的地下储粮技术方案并对地下储粮进行科学的管理。

第一节　地下仓储粮概述

一、地下仓发展概况

（一）我国古代地下仓

地下储粮在我国具有悠久的历史。远在五六千年前我国原始社会的仰韶文化时期，人们就采用了地下挖窖储粮的方法。由于当时还没有较发达的文化和技术。储粮较为简单，规模也小。仓型是口小底大的袋形窖。王祯《农书》记载："夫穴地为窖，小可数斗，大至数百斗，先令柴束。烧投其土焦燥，然后周以糠，隐粟于内。"

到隋、唐时期，我国劳动人民总结了挖窖储粮的经验，创造和建立了不少大型地下粮食仓窖，地下粮仓有了很大的发展。公元605年（隋大业元年），隋炀帝杨广在洛阳兴建"含嘉仓"。翌年迁都洛阳，在洛口置"兴洛仓"，筑仓城方圆20余里，有3000多个大窖，每窖储谷8000石，总储藏量折合现在总仓容在5亿kg以上。又在洛阳北七里置"回洛仓"，仓城周围十里，有300个大窖。

1969年开始，河南省洛阳市博物馆对含嘉仓进行了全面的勘察和重点的发掘。勘探出大小不等的圆形或椭圆形的地下粮窖二百余座。这些仓窖排列有序，东西成排，南北成行，仓窖口大底小，如缸形。现存在窖口直径最大为18m，最深的达12m。含嘉仓仓窖断面示意图如图8-1所示。

仓窖的修建工序第一步是挖掘土窖，先从地面向下挖一口大底小、周壁中部略呈弧形外鼓的圆缸形土窖，窖口一般为椭圆形，少数为圆形。土窖挖成后，对窖壁和窖底经过细致的加工，底、壁平整、光滑。不少窖有两层底，上层底是在下层底废弃后重新垫土夯筑而成。窖底有圜底和平底两类。圜底又分窖壁的底部内折成锅底形，及在底的周边和壁相接外筑成鼓起的二层台两种；平底则是壁和底相接处略向内收，窖底中部较为平坦。仓窖底部靠近窖壁处都有一条斜坡形的沟槽，沿窖壁呈弧形，长1m左右，宽约0.5m，最深处0.3m。窖底的底板覆盖在沟槽上。

土窖挖成后要作防潮处理。窖底防潮首先加固夯实，垫一层干燥土再夯实，厚度2~4cm，可以防止湿气上升；然后用火烤干，窖底和窖壁下部的土壤变成黑红色的红烧土，有的还将烧灰留在窖底以起防潮作用；接着涂抹防潮层，涂一层由红烧土碎块、碎炭渣、

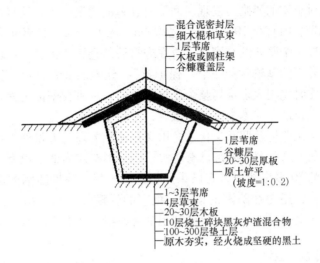

图 8-1　含嘉仓仓窖断面示意图

烘窖燃烧后的灰烬以及调合剂的混合物，仅 1～2mm 厚，调合剂可能是桐油；进而铺设木板、草糠，木板有错缝平铺和并列横铺两种，有的只铺一层木板，有的则铺二层、三层，还有的窖底不铺木板，只铺草；最后垫谷糠，在木板上铺席，席上垫谷糠。

窖壁首先是紧贴土窖壁铺砌壁板，不少壁板用毛料，横行排列，直接镶砌在窖壁上。壁板是盛容粮食增加时而增加的，粮食一经取出，壁板也撤去，下次用时再重新设置。除木板外，紧贴窖壁外还有木箔、糠、席。木箔往里有一层席，席里为一层糠，糠里又为席，席里盛粮食。这就是窖壁的一整套防潮措施。

窖顶采用密封式，装上粮食后，在粮食上面盖席，席上垫一层谷糠，谷糠厚 40～60cm，糠上再盖席，席上用黄土密封成上小下大的圆锥形，这样有利于排水。窖口高出地面，窖顶又要大于窖口，这样从窖顶上流下来的水会顺着排水沟流去，而不会流入窖内。

兴洛仓当时主要把江南经大运河运来的粮食囤积于此。兴洛仓不仅容量大，而且具有重要的战略价值。当时瓦岗军起义占领了该仓后，立即开仓放粮，赈济饥民，瓦岗军的队伍也得到迅速发展，短时间内猛增至几十万人，瓦岗军借此在这里建立了农民政权。后来因为多种因素，瓦岗军起义没能成功，但是却凸显了兴洛仓的重要地位。兴洛仓的选址很科学：一是兴洛仓地处水运大动脉的轴心和北京、杭州、西安的核心地带，便于集聚四方、辐射四方；二是位于洛河与黄河汇流处，与首都洛阳近在咫尺，粮食能迅速通过洛河满足洛阳的调运需要；三是位于黑石关京师要地，与洛阳军事联系紧密，能确保粮食安全，没有大的暴动不会出问题；四是建造于北邙之上，土质干燥，土层深厚，这里最适于建窖储粮。

2013 年 1 月，"浮出"地面的整个隋朝回洛仓城东西长 1000m、南北宽 355m，相当于50 个国际标准的足球场；其内，内径 10m 的仓窖，东西成行、南北成列，约有 700 座，气势恢宏。回洛仓内各个仓窖的大小基本一致，窖口内径 10m，外径 17m，深 10m，规模巨大。每个仓窖储存的粮食在 25 万 kg 左右，整个仓城的储粮总数可达 1.775 亿 kg。整个仓城由仓窖区、管理区、道路和漕渠等几部分构成。其中，管理区位于仓城南侧，仓城内有东西、南北方向道路各一条。两条漕渠分别位于仓城西侧和仓城南侧。

通过发掘以及对土质的辨别后发现，回洛仓仓窖的建设顺序是这样的：先在生土上挖一个外直径十六七米、内直径 10～12m、宽约 3m、深 1.5～2m 的环形基槽，然后对基槽进行夯打，从而形成一个坚实的仓窖口。再在夯打后的仓窖口内挖一个深约 10m、口略大于底的缸形仓窖。外围的基槽就像一个"保护罩"，让内层的仓窖更牢固。为了保持仓窖内干燥，工匠在修建时先用火来烧烤整个仓窖的壁面，然后在壁面上涂抹一层青膏泥，再用木钉铺设一层木板，最后在木板上铺一层席，之后才存储粮食。

此外，裴李岗文化遗址及仰韶文化、龙山文化遗址上都有大量地下窖穴，有的还堆积有粮食腐朽后的谷灰。这些窖穴外部已有防水措施，但在穴内似乎没有经过防潮处理；战国到西汉时，洛阳的 50 多个地下粮窖已采用粗糙的木板、谷糠防潮方法；隋唐时地下储粮无论在粮窖的制作，还是在防潮的措施，粮窖的管理等方面，都达到了相当完善的程度。我国西北地区广大劳动人民，也早已利用窑窖储粮，计有石箍窑、砖箍窑、土箍窑等形式。

（二）我国现代地下仓

20 世纪 80 年代以来，我国地下粮仓的设计、建筑技术及机械化配套均有了很大发展。我国大部省、自治区的山区丘陵地带都兴建了一批地下粮仓。其中以河南、陕西、山东、内蒙古、河北等地较多。地下粮仓的建造不需钢材、木料，是粮仓建筑上的一项重大革新。已经兴建的地下粮仓仓型计有平式仓、立筒仓、喇叭仓、双曲拱仓等。这些仓型占地少、用料省、造价低廉、经久耐用；基本上解决了仓壁、仓底的防水、防潮问题。不再受到外界大气温、湿度的影响。低温密闭，粮情稳定，原粮（小麦、大麦、玉米）、成品粮（大米、面粉）、油料、油品都能长期安全储藏。地下储粮已随着国民经济发展而显得尤为重要。

（三）国外地下仓

国外地下储粮也有数百年的历史。埃及、亚西利亚、日本都曾有地下储粮。地中海的马耳他岛，在 1657—1660 年就有地下凿石灰岩储藏窖。美洲印第安人也有人在住宅附近挖窖和堆土储存玉米。在埃及少雨地区迄今仍挖窖储藏粮食。印度在 1934 年采用混泥土造的克哈梯窖储藏粮食。19 世纪法国对地下储粮进行试验，建造了一些金属板衬里的水泥地下窖储藏粮食和饲料。大部分安全，一部分窖由于密封不完善，湿气进入窖内，使储粮水分上升，导致品质劣变。近代地下储粮也有发展。南美洲的阿根廷、巴拉圭、委内瑞拉、乌拉圭，非洲的坦桑尼亚、肯尼亚、尼亚萨兰德、阿尔及利亚、苏丹以及塞浦路斯等均有建造。阿根廷建造的隔绝空气和水气的水泥窖，仓容量为 50 万 kg，窖长 30～46m、宽 6～12m、深 3～6m。壁上有阶梯以便粮食进出。当装满粮食后，上面有沥青密封。加以改良的窖顶，为密闭防水，用隔入金属网的三层油毛毡作顶盖。1949 年阿根廷就建造了 1540 座地下仓，地下储粮 8.5 亿 kg，在巴拉圭、委内瑞拉和乌拉圭也广泛普及。

二、新概念地下仓

目前我国的地下仓对地形地势与土质条件具有很大的依赖性，需建在地质条件较好、地下水位较低的地区，一般选址在较偏远的地区，交通不便。此外，现有地下仓存在仓容量小，结构简易，仓顶上部的覆土未能得到开发利用，进出仓困难，机械化程度不高等问题。因此，近期仓建专家提出了一种新概念地下仓，这种仓型的建造不受地质条件限制、仓容量大、地表可以继续用于耕种、绿化或建设为办公区、广场等公共活动场所。目前，由于大中城市土地价格上涨，人口数量增加，交通拥挤，使得当前粮食储备库与粮食加工企业等不得不退市进郊，造成运费及搬倒费增加。这种新概念地下仓对于土地资源稀缺的城市来说尤为适宜。目前这种新概念地下仓还处于研究论证阶段，其基本结构为地下矩形、柱形筒仓或仓身由数个小的矩形或柱形筒仓围合而成，仓体采取钢筋混凝土浇筑结构，并进行严格、特殊的防潮处理。

三、地下储粮特点

因地下仓所处的地理位置以及仓房的结构性能与地面仓房截然不同，所以地下仓具有它独有的特点：

（1）地下仓温度低、干燥、密闭。

（2）地下仓结构牢固，隐蔽性好，具有防爆、防火的特点。

（3）地下仓具有不占耕地或少占耕地的特点。

（4）地下仓造价低廉，耗用建材少。

（5）地下储粮可抑制虫、霉危害，一般不用化学药剂熏蒸，对粮食及环境减少污染。

（6）地下仓储粮稳定性好，可延长粮食保鲜期，便于日常管理，能节约人力、物力、降低保管费用。

四、地下仓的分类

地下仓根据仓体周围地质结构、仓体形状和仓体所处位置不同可分为三大类型：即地下土洞仓、石洞仓、半地下仓。而每种仓根据仓体形状不同又可分为多种仓型。

（一）地下土洞仓

土洞仓主要兴建在土层厚、土壤坚硬、地质结构稳定、地形有一定落差和地下水位较低的地区，其布置形式可分为卧式和立式两种。

1. 卧式地下土洞仓

（1）窑洞仓 平卧式，入口与地面水平，跨度小，进深较大，也称平窑洞仓，如图8-2（1）所示。

（2）地下卧式筒仓 砖砌结构，呈横向卧式圆筒形，通常为多筒并联排列，如图8-2（2）所示。

（3）地下双曲拱仓 砖石砌结构，平面呈长方形，仓顶为双曲拱形，如图8-2（3）所示。

（4）也有双曲拱顶在地平线以上，仓顶再覆盖土层的，这称为半地下双拱仓。

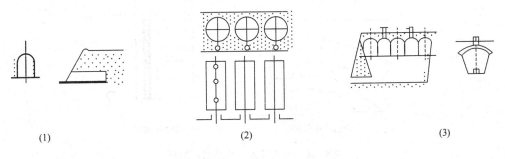

(1)　　　　　　　　(2)　　　　　　　　(3)

图8-2 卧式地下土洞仓

2. 立式地下土洞仓

（1）地下立筒仓　砖混结构，呈直立圆筒形，仓盖为球形，如图 8-3（1）所示。

（2）椭圆形仓　呈橄榄球形。平面似圆形，纵断面为椭圆形，由上下两个球壳组成，如图 8-3（2）所示。

（3）喇叭形地下仓　仓身上宽下窄，形似喇叭，所以统称为喇叭仓。如图 8-3（3）所示，仓顶盖为球壳形，仓底有平底、斜底、锥底等多种形式，这是目前最常用的仓型，它体现了土体的自稳能力，粮食出入仓可自流，并适于机械化配套，造价较低，在河南省西部地区如巩义市、灵宝等地已形成喇叭仓群，作为国库粮食长期储备的模式。

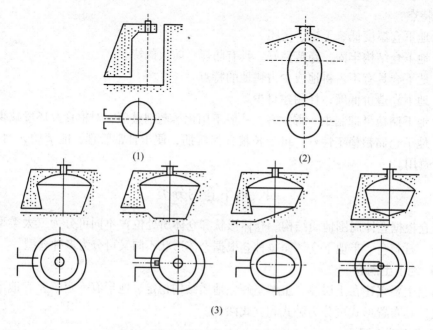

(1)

(2)

(3)

图 8-3　立式地下土洞仓

（二）石洞仓

石洞仓又称岩洞仓，建造于山体宽厚、石质坚固、无裂缝、无破碎带、不渗水、交通便利的地区。根据岩体情况，石洞仓又分为直通道式石洞仓、马蹄形石洞仓，如图 8-4 所示。非字形石洞仓，如图 8-5 所示。

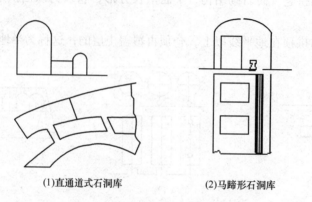

(1)直通道式石洞库　　　　(2)马蹄形石洞库

图 8-4　直通道式、马蹄形石洞仓

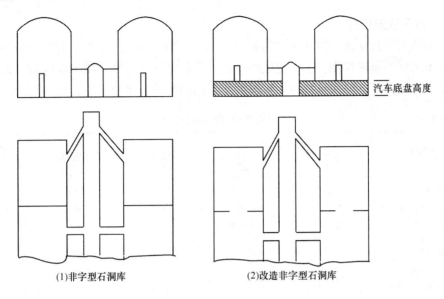

(1)非字型石洞库　　　　　　　　(2)改造非字型石洞库

图 8 - 5　非字形石洞仓

第二节　地下储粮原理

我国幅员辽阔，南北方气候相差悬殊，因此地下仓所处的地区不同，地貌、地理位置不同，地下仓的温、湿度变化各异。

一、地下仓低温效应

（一）地温与地理、纬度的关系

我国北方纬度高，地下恒温值低，我国南部纬度低，地下恒温值高，从海南岛的崖县北纬18°到黑龙江的漠河地区北纬53°，其纬度相差约53°，因此地理位置不同，地下仓温度高低不等，地下仓年平均温度大致相差25℃，实测纬度与地下恒温值之间的关系如图8－6所示。可知地下仓的低温概念只适用于高纬度和中纬度区域，不适用于低纬度地区。在我国，大致可以这样划分纬度温区：纬度27°以下为低纬度常温区，地下仓恒温值在21℃以上；纬度27°～37°为中纬度准低温区，地下仓恒温值在16～20℃；纬度37°以上为高纬度低温区，地下恒温值在15℃以下。

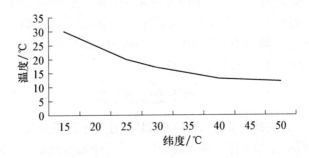

图 8 - 6　纬度与地下恒温值之间的关系曲线

（二）地下低温效应

土壤为热的不良导体，热导率约为 $\alpha \leqslant 0.138\text{W}/（\text{m} \cdot \text{K}）$，所以干土层也是一种隔热材料。由于土层的隔热作用，大气温度的变化，将随地下仓深度的增加而骤减，即地层越深，地温相对越恒定。河南巩县602粮库测定不同深度的地温变化如表8-1所示。

表8-1　　　　　　　　　　　　　不同纬度地下库的恒温值

省区	地理位置		地形地貌	恒温值/℃	温度区段
	纬度	经度			
广东省海南岛（中部）	19°	109°31′	岛屿	29	常温区
广西壮族自治区南宁市	22°50′	108°20′	沿海	24	
福建省福州市	26°05′	119°10′	沿海	24	
浙江省苍南县（北关）	27°10′	120°32′	岛屿	20	准低温区
浙江省洞头县	27°49′	121°10′	岛屿	19	
四川省重庆县（北碚）	29°41′	106°26′	内陆岛屿	19	
浙江省象山县	29°29′	121°53′	岛屿	18	
浙江省镇海县	29°57′	121°45′	岛屿	18	
浙江省岱山县	30°14′	122°13′	岛屿	18	
浙江省杭州市	30°16′	120°10′	沿海平原	18	
浙江省嵊泗县	30°43′	122°28′	岛屿	17	
上海市松江县	3°102′	121°14′	沿海平原	17	
江苏省连云港市	34°37′	119°12′	沿海	16	
河南灵宝县	34°30′		内陆山区	15	低温区
山东省长岛县	37°55′	120°44′	沿海	14	
辽宁省大连市	38°55′	121°39′	沿海	12	
吉林省伊通县	43°21′	125°17′	内陆	10	

有资料说明地层深度 $\geqslant 4\text{m}$，一年内地温最高在21℃，年度温差梯度 $t < 8℃$，地层深度超过6m，年最高温度可保持在20℃以下，地层深度在16m深处的地温，年变化幅度仅0.1℃，称为地温不变层，地温不变层的实际温度称为当地的地下恒温值，我国大部分地区地下恒温值都在5~20℃。地温不变层的温度不仅与地层深度有关，而且与所处地的纬度和土质有密切关系，大型深层地下仓，由于粮食本身也是不良导体，仓温变化幅度甚小，粮温变化常限于上层，下层粮温基本上平衡于深层地温，尽管如此，因纬度差别，各地不变层恒温值也不完全相同。河北承德基层库8号库，位于燕山山区，为地下石洞仓，储存粮食为玉米，仓容量781t，粮温全年保持9~11℃的低温。又如河南洛阳，地处中原，仓深18m的地下喇叭仓，储藏小麦2162t，上层最高粮温25℃，低于仓温5℃，中、下层粮温稳定，常年在20℃左右，低于仓温10℃。

二、地下仓低湿效应

地下仓内潮湿与否，关键在于防潮结构的好坏。在黄土高原地区所建造的土洞仓，由于地下水位低，气候干旱，土质干燥，施工时采用干石、干墙及防潮层，使仓体也保持干燥，入储水分在安全水分标准以内，使粮食深藏于地层内的密闭环境中，并已阻断了外界水分和湿气的侵入途径，仓内常年能保持 40% ~50% 的相对湿度，所以土洞仓有显著的低湿效应。石洞仓在建仓时，整个仓体主要由混凝土砂浆浇筑而成，虽有防潮层，但是防潮处理为外贴处理方式，由此带来的施工水长时间难以除掉，所以应采取有效的防潮与散湿措施，才能使石洞仓尽快投入使用。山东长岛石洞仓采取特殊的防潮层，建成后使用，使仓内湿度常年可稳定在 63% ~66% 相对湿度，安全储粮达 2~3 年之久，同样达到良好的低湿效应。

三、密闭性能

在地下仓内，温度、湿度、气体成分几乎不受外界的影响，形成了一个相对密封的小气候环境，在粮情正常情况下，具有低温、低湿两个共同因素，一定程度上能抑制虫、霉繁殖滋生，加之密闭性能良好，地下仓内氧浓度也有低于地面仓库的趋势，储粮时间长就能形成缺氧环境，有助于安全储粮，但对偏高水分的大米、玉米储存，由于密闭长时间造成自然缺氧，管理人员应引起足够的重视，严防因入仓检查粮食造成伤亡事故。

四、隔热性能

地下粮仓的仓顶、仓壁和仓底都包裹于不同厚度的土层之中，土层本身就是一种隔热材料。据测试，干土层容重为 1500kg/m³ 的；λ 值为 0.138W/（m·K）；湿土层容重为 1700kg/m³ 的，λ 值为 0.156kcal/（m·h·℃）。相当于粮食 λ 值 0.14 ~0.233W/（m·K）。因此，地下仓（土洞库）内温度的高低与仓顶覆土厚度有直接关系。

一般要求，在球壳中心最薄处不少于 1m，周围随球壳矢高和直径的变化而变化，球壳直径越大，覆土层越厚，仓内温度受外温影响越小，对储粮越有利。河南灵宝粮库多年进行了地下储粮试验，仓深 17m 的立筒仓，由于壳顶覆土较薄，上层粮温高达 28℃，相反，仓深仅为 3m 的平式仓，由于覆土厚，上层最高温未超过 21℃，不论仓深多少，容量大小，其覆土层厚度达 250 ~456cm，常年粮温一般可保持在 20℃ 以下，如表 8-2 所示。因此地下储粮温度的高低与仓顶覆土厚度有直接关系。

表 8-2　　　　　　　　　地下仓深度、覆土厚度和储粮温度的关系

仓型	仓深/m	堆高/m	容量/万 kg	覆土厚度/cm	储量温度/℃	
平式仓	3.2	2.3	5	1000	上层	13~12
					中层	13~20.5
					下层	14~20
立筒仓	17.5	17.5		50~180	上层	5~28
					中层	13~15
					下层	14~17
喇叭仓	8.5	8.5	25	250~456	最高	19
					最低	15
喇叭仓	11	11	37.5	250~456	最高	17
					最低	14
喇叭仓	13.5	13.5	250	250~456	最高	17
					最低	14

地下石洞库的隔热与地下土洞库有所不同，因石洞库的仓顶有少则数十米，多则几十米至上百米的岩石，太阳的辐射热不能从仓顶传入库内，所以石洞库的隔热主要在于仓门。通常石洞库有两至三道仓门，最里面一道仓门用泡沫塑料或其他隔热材料制成，基本隔绝了外界气温对仓温的影响。同时在隔热材料的外围，包上一层防水材料，隔绝外界温度的影响，从而保证了地下石洞库的温度常年处于稳定的状态。

第三节　地下仓的建造

一、地下粮仓的库址选择

建库前首先要选择仓址，地下粮仓的仓址选择是否恰当，是建造地下仓一个很关键的问题，它关系到工程造价的高低，仓房使用寿命的长短，储粮条件的好坏，仓库利用率的高低，以及管理期间经济效益的好坏。因此，选址时应慎重地进行可引性研究与分析，地下仓的选址，包括仓址的定位、规模与发展等几方面，应多方面综合考虑。

1. 粮源充足

粮库库址应选在粮源充足的地方或附近，或建在粮食的主要销区，这样既可充分利用仓容，提高仓房利用率，同时又可缩短车船运输距离，减少运输费用，避免造成仓容浪费或运输费用过高的现象。另外，还应注意建库的规模应与粮源多少相适应，不可盲目建造大型粮库。

2. 符合粮食流通方向，交通便利

粮库中粮食的储存是粮食流通的中间环节，粮食的流通，从生产到消费，应有其主导流动方向。在选择粮库库址时，应考虑粮源、粮库及销区的相对位置符合当地粮食流向以减少粮食的往返运输，提高经济效益。

3. 地形、面积、地势要求

库区形状应根据具体情况而定，并尽可能整齐美观，但又要便于管理。建仓时还应尽可能不占或少占耕地，利用荒地和山坡建库。库区的地势对粮库使用期间库区的排水、仓内的防潮都有一定的影响，地势稍高于周围地势有利于保持仓内的干燥，则利于库区内的排水。

4. 水文地质条件

尽可能选择有良好的工程地质和水文地质条件的地方建库，避免复杂的基础工程，特别是地下石洞仓，应尽量避开岩石破碎带，以免给仓库建造造成麻烦，另外粮库地址应避免选在国家规定的风景区、文物古迹保护区等。

5. 安全卫生要求

为了保证库区安全生产，满足库区卫生要求，同时也应考虑对周围环境的影响，选择库址时应符合以上几方面的要求。

二、地形地貌

修建地下仓时，对地形、地质、地貌等条件有较严格的要求，它直接关系到能否适合用来兴建地下仓，也就是说，是地下仓选址中的一项根本的前提。

1. 地下土洞仓

（1）地形　地形适于选择在土层较厚的冲沟、丘陵、山地、缓坡平地等地形，如河南、陕西、甘肃的平窑仓，多利用黄土高坡地带的自然坡地，水平掘进建仓；喇叭仓对地形的适应性较强，上述多种地形均可建仓，地形高低悬殊、落差大，对建造地下仓更为有利，仓体可建造深一点，仓顶覆土厚度也可以相应加厚，使仓温相对稳定。

（2）土质　为改善储粮的安全性，延长土体地下仓使用的寿命，建造大型地下土洞仓，一般要求选土质致密，结构坚稳的强度较高的黄黏土土质，并要求均匀，建在自稳性强，地层稳定的地带。

（3）地下水位　选择地下水位低的地形，在冲沟建造地下土洞仓，也应设置必要的四周排水设施，使雨水及时排除流畅，必要时设拦洪填，阻断洪水冲击地下粮仓，我国中西部的一些省、自治区，属黄土地带，地下水位低，土壤含水率小，适于建造地下土洞仓，工程造价较低。我国长江流域主要为黏土地带，黏土层含水率一般较高，尤其在地下水位较高地区，地下粮仓的建造深度不宜过深，并要求设有排水和特殊的防水结构，因此工程造价也相应增加，故在仓址定位时，要尽可能选择地下水位较低、土壤含水率低的地点。此外，应具备充足的水源和电源，并应自备发电和电力系统，便于照明、消防以及机械化作业。

2. 岩体石洞仓

一般选择山体宽厚，石质坚固、均匀，无岩石破碎带的地点建仓，还应避开滑坡、破碎带、溶裂断层，风化较多的岩石和丘陵接址的地带，粮仓的走向，最好与岩层走向成正交，要严格避免仓体轴线走向与岩体节理裂隙相平行，以防止围岩不稳而破坏工程结构。整体位置还应避开两山崖槽之下，以免积物层吸水渗漏，影响库体的防水性能。

三、地下土洞仓的建筑

目前建造的地下土洞仓以喇叭仓型为主，它的结构包括仓顶、环形基座、仓身和仓底四大部分，建造时先造仓顶，然后造仓身，最后建造仓底，喇叭仓在施工时，是使用土胎模法砌筑仓顶壳体，然后利用土体的自稳能力采用边开挖，边衬砌，由外向内，由上到下的施工方式，如图8-7所示。

具体步骤：首先制作球壳壳体，在土胎模周围砌环形基座，再在环形基座上砌筑球壳壳体，待壳体制作完毕后，回填仓顶。从仓顶入粮口处打一直井到仓底与底部出粮通道打通，挖掉球壳里的土，对球壳进行修补。然后按照一定坡度（锥度）开挖仓身，边挖边砌仓壁，最后建造仓底。

防潮处理是地下仓质量的关键，壳体防潮层分内贴和外贴，所谓外贴就是直接在土模上砌筑壳体，壳体外面做三油两毡防潮处理。所谓内贴就是在土模上先贴一层干砖，然后做三油两毡防潮处理，再用干砖蘸热沥青粘贴在防潮层上，作为连接壳体与防潮层的中间连接体。最后在连接体上面砌壳体（内贴壳体示意图如图8-8所示）。内贴壳体可很好地保持仓内干燥。仓身防潮层可直接用二油一毡或三油二毡贴仓壁，如果土粮含水量高，为了防止地下水的渗透而对仓壁防潮层产生压力，除了上述处理外，应先衬砌空心墙作为排水之用，再实砌60～120mm砖墙，再做防潮层，贴干砖，勾缝。必要的情况下可选用防水水泥建筑，或采用外排水的方法，将渗水引出仓库。

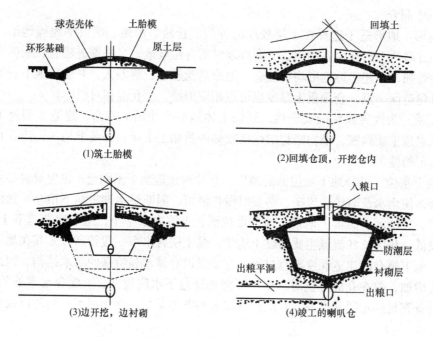

图 8-7 地下喇叭仓施工示意图

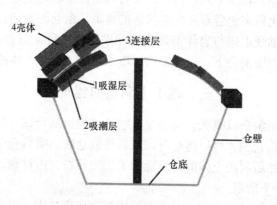

图 8-8 内贴壳体示意图

四、石洞仓的建筑

地下石洞仓的施工，与一般隧道施工方法基本相似，平窑洞库是先在岩石上挖出一个隧道，然后从侧通道向两边分支，通入两边的库区，当整体挖好之后，然后进行砌筑，仓壁和仓顶砌体与岩石洞往往留有一定的间隙，它的防潮处理采用的是外排外防形式。因此地下石洞库的整体结构为单层离壁，浇砌结合，外排外防结构形式。也有双层离壁被覆的，但这种形式建筑费用较高。内部装修，仓内所有与外界连通的孔道都必须设置密闭门，照明电器安装时须注意不能破坏防潮密闭性能，并防止外界空气进入造成温差引起可能的仓壁与粮面的结露。新库竣工后，需要进行通风、干燥，排除遗留的施工中的水分以后，方可投入储粮使用。

第四节　地下储粮的技术管理

一、粮食入库

粮食质量的好坏，是决定粮食能否安全储藏的基础条件。地下仓储粮以低温密闭方式为主，要做到粮食长期安全储藏，就必须有较好的粮质。要求入库粮食达到干、饱、净、无虫。由于地下仓内粮食温度的升降相当缓慢，从低温储粮角度出发，一般以冬季冷入库为好，使粮食入库后处于低温状态，对保持储粮品质有利。但在某些情况下，采用热入库的方法，由于地下仓传热速度慢，热量不易散发，常常要经过一段相当长的30℃以上高温期，各层粮温才逐渐与地面温平衡，或者采取有效的冷却降温措施，才能使储粮稳定在15～20℃的低温状态。在降温过程中，若遇到温度变化大的情况，将会给害虫造成适宜条件，要加强管理，控制局部区域的水分增加，采取必要措施，防止害虫发生。

热入冷藏的地下仓，需要认真清仓消毒，用二毡三油糊封门口，测温测湿装置需在地下仓中均匀布点，除仓中心安装一组外，应按仓库大小离仓壁一定距离等距布点，并在易于受到外界温、湿度影响和易于生虫的仓顶、仓底、挡粮板口布点。地下仓热入冷藏的粮食质量要求较高，验质要严格，把好入库质量关。入库水分符合国家规定标准。

地下仓热入冷藏采用机械通风的方法，其风道布置十分重要，总的要求是粮堆内要具有均匀的气流速度和换气次数，仓内没有死角。通过对小型仓（15万kg）、中型仓（75万kg）、大型仓（150万～225万kg）三种仓型通风与不通风对比试验，认为地下仓通风风道的布置，平底喇叭仓应采用叶脉形风道，锥底喇叭仓应采用车轮形风道，如图8-9所示。图中包括车轮形风道与叶脉形风道。

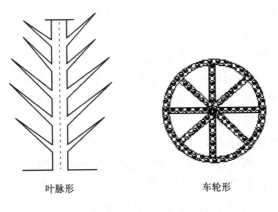

叶脉形　　　　　　　车轮形

图8-9　叶脉形与车轮形风道图

风道直径一般200～300mm，风道间距一般选择2m。风道上面不必设置风管。风机应根据仓型大小合理选择，小型仓选用4-72-11No3.6A风机，中型仓选用4-72-11No4.5A风机，大型仓选用4-72-11No4.5A风机和4-72-11No5A风机。通风时可以利用自动控温控湿仪（22型自控仪），这种仪器能按照粮食的温湿度需要任意调通风条件。自动控制仪能使空气温湿度在符合要求条件下自动开动风机，超过这个条件范围时自动关闭风机。通风所选择的温度范围为 −2 ~ 0℃，相对湿度为 50% 以下。

机械通风选择粮温与气温温差在 10 ~ 15℃ 时进行，采取连续通风法，当粮温没有降到设计要求时，不能停止通风，以免上表层增湿。

二、合理通风与密闭

地下储粮以密闭为主，每年除 12 月至 3 月（因地因库制宜）可以选择低温干燥的大风天气通风以降低库内温湿外，其他季节或平时均应密闭，特别是 6 ~ 9 月份，必须严格密闭。

（一）地下土洞库（喇叭仓）密闭方法

（1）仓内密闭，用麻袋缝制一个与入粮口大小一样的口袋，里面装麦糠，将入粮口堵塞，再用钢板焊制的帽盖盖在入粮口上，帽盖上面再用塑料布包扎严密，然后覆土 1 ~ 2m 厚。仓底出粮的拱门洞，可做二道门，或在门的里面用麦糠包堆成隔热墙，门的外面用砖砌墙封闭，并做好防潮层。入粮口出粮门在密封期间一般不准人员出入。

（2）粮面密闭是在粮堆表面覆盖隔热防潮材料，一般用塑料薄膜、防水篷布或毛毡，下面要用麻袋或苇席衬垫，上面被覆一层隔热土层，出粮口的密封也采用双道门，在密闭期间可以选择适当的时候，下仓检查粮面。这种方法主要针对一些仓顶上部空间温度不太稳定，或者使用外贴防潮的土洞库。如果仓库条件完好，温度相当稳定，夏季高温季节最好是采用密仓不密粮的密封方法，这样可以避免因不合理进仓检查，而引起仓顶结露的弊病。

（二）地下石洞库

地下石洞库一般都有两个相通的出入口，一般石洞库的两头都设置 2 ~ 3 道门，门与门之间的距离约 6m，密闭期间，应封死其中一头仓门，避免空气对流，另一头未封死的门，每道门内都挂防潮帘（外层为塑料布，内层为棉帘），务使四周严密不透气。密闭期间人员必须出入时，一律不准开全门，只准开小门或小开门，快进快出快关门。密闭期间粮食必须出库时，要选择一天间温湿度最低的时间。利用两道门分段隔绝的地方，突击时出。粮食出库特别是成品粮出库时，因低温环境突然转入高温环境，能促使呼吸旺盛，代谢增强，品质劣变加快，故应快速供应，或转入地面仓后用薄膜帐幕密闭作短期保管。

地下石洞库通风时，应注意温差、风向与风力。温差过大，通风可能造成结露，据一般经验，夏季库内外温差超过 7℃，冬季温差超过 15℃，就有结露可能。风向一般以西北风和北风为好，因为西北风比较干燥。通风效果则与石洞库的形状有关，非字型库一般比马蹄形库通风效果好，直通道式要比房间式通风效果好，还有人防工程改造的地下仓通风效果不理想，原因是死角太多，气流受到一定的阻力。

地下土洞库（喇叭仓）只有一个出入口的平式地下仓，空气不能对流，洞口风速仅为 1.4 ~ 1.8m/s，洞内风速随洞深而逐渐减小，一般为 1.0 ~ 1.2m/s。高 17.7m 的立式地下仓，上口风速为 2.3m/s，当装满粮食时，由于受到粮层阻力，通风性能更微弱，即使设置竖井进行自然通风，也无法解决粮堆通风降温、换气问题。因为喇叭形等地下粮仓基本上是密闭仓型，所以入库粮食以低水分、低温为主，如要"热入冷储"，其有效方便的途径是在仓内装设机械通风设备，在气候合适的条件下，给粮堆进行强力换气。

三、粮情检查

地下仓粮情的检查时间，尽量选择在不增加温度、湿度的情况下进行，特别是夏季要注意防止检查时气温影响仓温和粮温，造成温差过大而产生结露。检查时要尽量做到随开仓随关闭，否则在夏季常会发现顶盖仓口开得过长，形成结露和增加水分。

为了减少进仓次数，降低劳动强度，目前，不少地下粮库都安装了测温测湿装置，定期测温测湿，全面掌握粮情，做到胸中有数。有时不需要测定气体成分。

检查部位一般以粮堆表层、仓壁边部、挡粮板周围、入粮口、拱角为重点。这些部位储粮水分易升高，也是仓虫易于生长繁殖的场所。如发现粮堆表层覆盖物交接处的粮食水分增大或有轻度霉变，可将其取出晾晒，有害虫发生时，可采用局部处理的办法抓紧进行。

四、空仓管理和仓外管理

空仓管理不善，会使大气湿度经常侵入仓内，增加仓湿。另外，新建仓库也常产生仓湿增大现象。特别是新建的地下石洞库，由于施工水、裂隙水、结构水未干等原因，建成初期仓湿往往可以高达95%～100%。一般应采取一系列的干燥去湿方法，等仓湿稳定后方能入粮，对地下土洞库采取的方法是，抓住有利时机，打开进、出粮口，进行自然通风，据河南灵宝501库报道，对于17.7m的立筒仓自然通风的测定，如果仓湿过高，可以抓住有利时机，采取自然通风，降低仓内湿度。如果仓房干燥，空仓也应严格密闭，防止外界温湿度侵袭。对于地下石洞库采取下述几种方法。

1. 自然通风降湿

自然通风降湿的效果与风速、库体的建造形式以及库房的地理位置等因素有关。直通道式石洞库通风效果最好。

自然通风降湿应选择气温气湿低于仓温仓湿的季节（一般为冬季），并且晴朗的天气进行，采用通风降湿→密闭平衡→再通风降湿→再密闭平衡的方法，以增加降湿幅度，巩固降湿效果。

2. 器材吸湿

利用麻袋、木炭、木屑等吸湿性较强的干物料吸湿、晒干、再吸湿、再晒干，反复进行。据试验，每个麻袋每天平均能吸湿水分100～150g。依靠麻袋吸湿能使仓湿降至80%以下。如果将吸湿后的麻袋移出晒干，待冷却后再放入粮堆吸湿，效果就更好。

3. 氯化钙吸湿

1kg无水氯化钙能吸水1kg，可定期烧焙再生使用。空仓吸湿用量0.25～0.5kg/m³，使用时氯化钙应放在容器中，防止大量吸湿后液化外溢。

4. 除湿机降湿

除湿机型号很多，降湿效果较好，一般每小时降湿量可达10～20kg。如果上述方法实施有困难时，可使用风机进行强迫送风，促使空气对流，达到降湿的目的。如果仓内已干燥，即可装粮使用，如不装粮，进出粮口要封闭，以免仓壁结露，干砖吸湿。仓顶必须搞好地皮硬化，保证下雨排水顺利，任何时间都不允许积水。仓顶及仓库四周要严防鼠洞蚁穴，也不能栽种树木和粗根植物，以免破坏仓库防潮层而造成漏水。地下土洞库的渗漏，除上述原因外，还可能是仓顶回填土和环壳防水层的施工质量问题。如果是仓顶回填土施工不良，应挖出渗漏部位的回填土，再分层回填夯实。由于下面仓内已挖空，打夯时不能用打夯机，只能用铁木杆。回填土时，每层土的虚铺厚度不宜超过15cm。如果是回填土的土质不好引起渗漏，应另换渗透性小的黏土，并在地面下15~45cm处，做30cm厚的三七灰土层，以加强防水能力。如果是大面积渗漏，应彻底挖除仓顶回填土，清除球壳顶部，做两层防水砂浆（掺入水泥用量5%的防水粉），养护5~6d后再分层回填。如果是球壳防水层施工不良，可在渗漏部位用酒精喷灯烘烤干砖吸湿层，使内部沥青受热熔化，然后轻轻取下砖（严禁猛砸硬撬），露出防水层后，用热沥青油毡粘补再砌干砖保护层（吸湿层）。地下石洞库渗漏原因主要是岩石裂隙渗水，特别在夏季连续降雨时期，更有危险。仓顶渗漏可做三油二毡防水处理，如难以防住时，可引水入地沟，外面做防潮层，仓壁渗水应先修补漏水处，然后喷冷底子油，喷沥青，上砂浆抹石灰。

思考题

1. 地下仓是如何分类的？
2. 地下仓的储粮原理是什么？
3. 地下仓的布局应如何考虑？
4. 地下仓对地质、地形和地貌的要求有哪些？
5. 地下土洞仓的建筑结构特点是什么？
6. 地下石洞仓的建筑结构特点是什么？
7. 地下仓如何防潮隔热？
8. 热入冷储的特点是什么？

参考文献

1. 李德富，王玉田，孙慧等. 绿色储粮的理想仓型——地下粮仓. 粮油仓储科技通讯，2007,（3）:19-21.

2. 王录民，郭明利，丁永刚等. 桩围复合式地下仓结构分析. 河南科学，2013,（5）:625-629.

第九章　粮食露天储藏技术

【学习指导】

　　了解粮食露天储藏的基本形式，露天囤、垛及土堤仓的建造，熟悉常用露天储藏技术的应用，掌握露天储粮的技术管理，确保露天储粮安全。

第一节　概述

一、露天储粮发展概况

　　露天储粮就是将粮食存放在土堤仓、简易棚仓或其他经过特殊处理的露天货位上的储藏形式，俗称露天堆。一般在仓容不足时采用。露天储粮是一种临时储存措施，很多国家都采用过。目前即使在许多经济和科技都很发达的国家也还存在着这种储粮方式。图9-1所示为澳大利亚某露天储粮场景。

图9-1　露天储粮

　　露天储粮在我国有悠久的历史，元《王祯农书》中所记载的廪、囷、庾就是露天储粮。许多年来，我国国家粮库采用露天储藏的粮食，一般占库存的15%~20%，南方地区这一比例稍低，北方地区特别是仓容短缺现象突出的东北地区，可能超过这一比例。尽管我国近几年来在不断加大粮食仓储设施的投入，但由于粮食储备基数大、粮食主产区收购季节入库量大等原因，露天储藏这种方式将会在相当长的时期内，作为仓内储藏的补充形式与仓内储藏并存。

　　土堤仓是将地坪面作适当处理，周边筑堤，储存粮食的堆垛，由澳大利亚土堤存粮演变而来。土堤仓的原始形式是挖地成穴，储粮后在顶部防水篷布上压土。因土方工程量大，作业不方便，所以这种形式已被淘汰。土堤仓的基本形式是以土筑堤，地面铺垫防潮材料，存入粮食后，粮面覆盖防水篷布。后来土堤型逐步发展成为预制挡板型和"A"字框架型等，尽管它们已大大超出"土堤"的概念，但在澳大利亚仍习惯称呼其为土堤仓。这种露天储粮技术相继推广到许多发展中国家，在我国引进使用也有几十年的历史，并有很大改进和发展，成为具有中国特色的新型露天储粮模式。它结构简单、造价低廉、设施简便、储藏量大、使用灵活，适用于广大基层粮库的大量储备。

随着粮食仓储技术的快速发展，露天储粮技术也在原有基础上，逐步向减轻劳动强度，节约保管费用，提高防虫、防火、防雨、防热、防鼠（雀）性能以及材料标准化、粮堆整齐化、储粮科学化、管理规范化等方向发展。露天储粮材料已由高分子材料、纤维板、双面涂塑革等新型材料取代了芦席、稻草、篷布等，不仅减轻了劳动强度，节约储粮费用，而且在防虫、热、雨、火、鼠等性能方面也有显著提高，有些技术还获得了国家专利。

二、露天储粮特点

粮食露天储藏时流动性大，围护结构简陋，易受外界环境条件的影响。这些特点决定了露天储粮是一个不稳定的储粮生态系统。

露天储粮具有结构简单，施工方便，造价低廉，储粮规模可根据需要而灵活确定等优点，除可作为解决仓容不足的一种重要手段外，对于一些不适宜于仓内储藏的粮食，如干油饼、棉籽等常采用露天储藏。但是，露天储藏的粮食几乎与外界环境直接接触，受环境温、湿度等因子的影响显著，易感染虫霉，围护结构简单，防潮性、气密性、隔热性及防火性差，实施机械通风、熏蒸杀虫技术和防鼠比较困难，难以保证储粮效果，同时露天储藏多采用包装的方式，所以取样检测也不方便。另外，露天储藏中常出现的结露、高温、表层粮食品质劣变快等现象均难以控制。粮食安全储藏难度较大，在日常管理中稍有不慎，就有可能发生事故。因此，露天储粮无论从技术还是从管理上，都应该严格要求，加倍重视。

三、露天储粮的类型

（一）按垛的形状分类

露天储粮按垛的形状分类主要有露天囤、垛（池）两种类型。露天囤多指露天散装储藏形式，一般为圆柱形。垛（池）多指露天包装储藏形式，一般为长方形，规模较大的垛可容纳 7000 万~8000 万 kg，规模大小可根据实际需要而定。

（二）按垛基底分类

按垛基底类型可分为固定型和移动型。固定型即垛基底相对较为固定，移动型则垛基底可拆卸移动，灵活方便。

（三）按结构形式分类

露天储粮按结构形式可分为以下 8 种类型。

1. 土堤型

土堤型仓以土筑堤，堤内存粮。一般取垛宽 16~20m，长度可任意延长，其规模大小可根据实际需要而定。土堤仓是一种较为先进的、简便易行的露天储粮设施，具有结构简单、施工方便、储量大、造价低廉、易于管理、密闭性能好、适用于大规模储粮等优点而备受人们欢迎。

2. 框架型

框架型仓用金属或木材制成 A 字形框架支撑,用波纹钢板装配成围墙代替围堤。这种仓很灵活,拆卸、装配更方便。

3. 预制挡板型

预制挡板型仓用钢筋混凝土预制成挡板,连接起来代替围堤。这种仓造价较高,但使用灵活,可以随时移动,能大能小,可长期使用。

4. 围包土堤型

围包土堤型仓用装粮的麻袋堆砌代替土堤。这种仓型是结合我国包装储粮的特点而设计的,可减少土方工程,操作方便,易于掌握。

5. 砖石仓基型

砖石仓基型仓用砖石砌基,水泥抹面,仓基上储粮。这种结构形式地点比较固定,储粮时作仓,不储粮时作晒场。

6. 砖围土心仓基型

砖围土心仓基型仓用砖砌围,围内垫土。平整夯实场地后,按所需尺寸,四周用砖和水泥砌 24cm 或 37cm 厚的围墙,墙高及规格要求同砖石仓基,墙内垫土,按砖石仓基端面形状平整夯实。

7. 防鼠高底脚仓基型

防鼠高底脚仓基型仓用砖砌围至防鼠高度,达到防鼠效果。高底脚堆基具备防鼠性能。装粮后不再采用其他方法和材料,也能有效地防止鼠害。高底脚堆基适用于散装储粮。

以上七种露天堆垛均是在原始的土堤仓基础上对仓堤进行不同形式的改造而成的,所以,也经常把它们统称为土堤仓。土堤仓建造规模,可根据储存的粮食数量来确定,所采用的形式和构件,应根据场地、资金投入的可能性来选型。为了确保储粮安全,土堤仓应建造成四周密封,排水良好,便于机械化作业,能通风,能熏蒸杀虫,有自动检测粮温、气体及取样测水分的自控系统的矩型仓体。

8. 临时移动型

临时移动型仓的仓垛基底用石条或水泥墩架空,上铺预制板或竹笆等物料作垛基。

(四)按存放方式分类

按存放方式分类有一般散存、围包散存和包装存放三种形式。一般散存是将粮食全部倒散存放,常用土堤型、框架型、预制挡板型等;围包散存是指四周用装粮麻袋包围堤,堤内散存,常用围包土堤型、砖石仓基型等;包装存放是粮食全部用装粮麻袋堆存,常用临时移动型垛基。

(五)按密闭性能分类

露天储粮按密闭性能可分为以下三种类型:

1. 一般型

苫篷与底部防潮材料没有紧密重叠,整个粮垛不能形成一个密闭实体。

2. 密闭型

苫篷与底部防潮材料紧密重叠，整个粮垛形成一个密闭实体。

3. 通风型

粮垛具有自然、机械通风能力。

鉴于我国幅员辽阔，各地气候条件差异很大，粮食品种、质量也不一样，各地应结合当地气候、经济特点，运用新材料、新工艺改进现有的露天囤、垛，使之更加合理完善。

第二节　粮食露天储藏囤、垛建造

一、囤、垛建址选择

露天储粮堆基的选址要符合粮库总体规划，不影响库区交通，不影响粮食的收购、调运、整晒等作业环节，场地上空无高压电线通过。尽可能和工作区、生活区隔开，堆基与堆基之间要留防火通道和机械操作空间。

露天储粮囤、垛建址一般选择在地势较高的地方，雨后易于排水，不受洪涝侵袭；土质坚实，压实整平后能承受粮食和机械化作业的负载；交通便利，便于机械化作业，能正常运转，粮食集、散方便；具备一定的防盗、防火条件；具备熏蒸及其他杀虫技术的应用条件。

二、囤、垛类型

露天储粮要根据不同粮食品种、质量、用途、存放周期以及季节气候情况，确定合理的堆装方式。露天储粮有圆形堆和方形堆两种。每种堆型又分包装与散装，所以囤、垛类型主要有包装方堆和圆垛、围包散装方堆和散堆圆垛。有的露天散装堆粮以粮包作为基本的围护结构，也有的以其他材料作为围护结构。

三、堆基建造

露天储粮的堆基就是露天储粮的地坪，是用于堆存粮食的基础。堆基的好坏，直接影响露天储粮的安全。堆基地坪应中间略高，向四周逐渐降低，形成斜面；堆基中轴线高于两侧边部30cm；从始端到末端具有约千分之五的落差；堆基外围必须挖排水沟，以利排水；地坪要平整结实，能承受粮食和卸粮机械的重量，要将杂草、瓦砾、垃圾清除干净。

（一）堆基的性能要求

1. 防潮性能

堆基返潮是露天储粮受潮霉变的一个重要原因。建造堆基时要用防潮材料阻隔地下水，使其不能上升到堆基表层，还要保证堆基有一定的高度和一定的表层形状，以防雨水浸湿堆基。

2. 防鼠性能

露天储粮围护结构简单，老鼠易于进入粮堆危害粮食。堆基要有一定的高度和光滑度，防止老鼠跳跃或上爬；要有一定的硬度，防止老鼠打洞做窝；通风孔洞要有防鼠设施。

3. 防虫性能

堆基要坚实、平整无缝隙，外围表面光滑，便于清扫消毒，要镶嵌压膜管槽便于粮堆密封防虫。

4. 通风性能

露天储粮需要通过通风来降温降湿，通常要在堆基上布置不同形式的通风道。

（二）堆基的建造

1. 堆基的大小与形状

堆基的大小和形状，因具体情况不同差别很大。一般认为，以一个堆基储粮 100 ~ 200t 为宜。堆基过小，存粮数量少，浪费土地和器材，增大费用；堆基过大，存粮过多，苫盖困难，防虫、防鼠和熏蒸密闭困难，储粮出现不安全因素时处理困难。相对来讲，圆形堆基和用于散装储粮的方形堆基宜小一些，用于包装储粮的方形堆基可大一些。

常用的堆基尺寸与存粮数量如表 9 - 1 所示。

表 9 - 1　　　　　　　　　　　堆基尺寸与存粮数量

堆基形状	堆基尺寸/m	堆装方式	堆装高度	储粮数量/t
圆形	直径 7	做囤散装	檐高 4m	100
	直径 8		檐高 4.5m	150
方形	6 × 10	围包散存	檐高 4m	200
	10 × 10	包装	15 包高	

2. 堆基的建造

（1）土堤型　在建好的地坪上从端部三面用土筑堤，分层夯实，堤高一般为 1.5 ~ 2m，堤基宽 3 ~ 3.5m，堤顶宽 1m。然后在堆基四周距土堤外侧 30cm 处挖一条宽 15 ~ 20cm、深 20 ~ 30cm 的压槽沟，作固定粮面防水篷布用。低端暂不封口，待原粮基本装完后再封闭。

（2）预制挡板型　用预制构件在处理好的堆基四周连接起来代替围堤。常用的预制构件长 3.5m，底座宽 1.2m，挡板高 0.8m，厚 0.1 ~ 0.14m，上部外侧有一凹槽，槽口下有两个螺栓孔，底座外侧有 3 个螺栓孔。安装预制挡板时，应从堆基高的一端和边墙开始，留出低端作为进出口，粮食基本装完后再封闭。挡板要用地脚螺栓固牢，挡板与挡板之间要用密封篷布四周压边的方法封严，防止渗水。

（3）框架型　框架是由三根槽钢或三块方木连接而成的。框架尺寸常见的是底边 1.1m，斜边长 1.5m，活动支柱长 0.8m。用槽钢制成 A 字框架，支柱不用时可随时放下，使斜边与底边合拢，以利于搬运和存放。使用时，可将活动支架支起，使斜边与底边成 40°，再在框架的斜边上安装波纹钢板（钢板厚 0.5 ~ 1.0mm、长 1.8m、宽 0.9m）形成挡板，用密闭材料糊封接缝处，框架的安装顺序同预制挡板仓。

（4）围包土堤型　围包土堤型仓基土堤部分的做法同土堤型，用土做成高 40cm，内坡 10°，外坡 70°的三角形土堤，然后在土堤内坡堆码粮包代堤。粮包基部一般宽 3m，以后每层向内收缩 10cm，使麻袋围堤高 1.5 ~ 2.5m。堆码时，麻袋要放牢，层与层之间要咬茬错缝。然后在麻袋墙的外侧挖一宽 15 ~ 20cm、深 20 ~ 30cm 的压槽沟用以固定篷布。利用水泥晒场时，可在水泥晒场四周用砖砌深约20cm、宽约20cm的压槽沟，或在墙上直接起槽，每隔1～1.5m固定一螺栓，代替土堤基。

（5）砖石堆基　将建堆基场地平整夯实，按所需尺寸，用砖石水泥砌筑，高度不低于40cm。砌至距地面25cm高处，在外沿按20～30cm等距离预埋若干5cm×5cm×10cm长方形木块，四周沿木块外围钉好压膜槽管。堆基表层5cm高度，四周均在底部尺寸基础上内收5cm，形成沿台，用于放置防鼠裙。圆形堆基的表层形状是馒头状，方形堆基的表层形状是鱼脊状坡度，可防雨水顺边缘倒灌入堆。最后将堆基表层和外围用水泥抹平抹光。

（6）砖围土心仓基　平整夯实场地，按所需尺寸，四周用砖和水泥砌筑24cm或37cm厚的围墙，墙高40cm以上，外围用水泥抹平抹光，墙内空间填土或碎砖石及其他当地易取材料，平整夯实夯紧后，低于墙高8cm左右，用2～5cm厚细泥或细灰沙平整找面，上铺焊接好的薄膜或沥青油毡做防潮层，然后在防潮层上均匀地铺1cm厚的干细泥做保护层，再用水泥砂浆做3～5cm厚的面层，抹平抹光。这种堆基的沿台、表层形状和压膜槽安装均与砖石堆基的建造要求相同。

（7）移动堆基　按堆基所需周长，事先将砖围制成每块长1m左右、高40cm的预制块，预制块的外部和上部用水泥抹平抹光。建堆基时平整场地，将预制块拼接成围，用水泥砂浆扫缝。围内填土夯实，上铺双层塑料薄膜垫底或是在围内用砖自下而上平铺至墙高。底层砖与砖之间不用泥浆砌，不勾缝，以便拆除，表层砖用细泥找平，铺设焊接好的薄膜防潮。也可以在拼接好的堆基围内按1m左右间距用砖砌若干道砖墩，并预制相应尺寸的水泥板铺在上面，然后铺设垫底薄膜隔潮。

移动堆基可在现场随拼随用，拆除、移动方便，适合于在水泥晒场等临时堆放露天储粮的场所使用。拆除时，堆基内的垫砖或水泥板取出仍可做其他建筑用。这种堆基的沿台，表层形状也与硬底堆基的建造要求相同，应在预制时同时完成。

（8）防鼠高底脚堆基　平整夯实场地，四周按所需尺寸用砖砌筑80cm高、24cm或37cm厚的围墙。砌墙时墙体内埋砌四道8号铅丝或直径6.5cm圆钢制作的钢筋箍。钢筋箍分布在檐口下并排二道，离地面30cm高处一道，55cm高处一道。围墙上沿向外飞出3cm反檐，内圈留5cm×5cm沿台以便放置囤粮器材。围墙上沿内高外低，呈反水坡状，以利泄水。墙体自底部向上约40cm留若干个直径1cm的漏水孔，平漏水孔以下，按建造砖石堆基或砖围土心堆基的要求，砌筑砖石或填土夯实，铺设防潮层，做水泥面层成为堆基。堆基以上内墙用防水剂处理后用水泥抹平，空间用于装粮，粮食堆装至沿台后再继续用其他器材打围装粮。

原有的硬底堆基要改造成高底脚防鼠堆基，可直接以三道钢筋为箍，沿堆基四周向上加砌40cm高的围墙。砌墙时，平堆基面层留若干个直径1cm的漏水孔，墙体外部和堆基外围平齐，用水泥抹平抹光成为整体，内墙用防水剂处理后用水泥抹平。其余要求均与上述建造方法相同。

（9）包装、散装两用堆基　先在选好的场地上按要求建造40cm高的长方形堆基，宽度一般不小于7m，再在建好的堆基上按所需直径建若干个圆形堆基，高于平台10cm，这种堆基平时用于做囤散装或包打围散装，调粮装包时可就地做包装粮堆基。

（10）堆基风道设置　堆基风道应在建造堆基时一次完成。建造砖围土心堆基时，通风地槽应随砖围同时砌筑好，以后再填土。圆形堆基，按半径长度设置"一"字形通风地槽。方形堆基，按空气途径比在1.5左右，单程长度不超过20m，设置"一"字形、"二"字形、"井"字形、"Y"字形或"土"字形通风地槽。地槽与堆基水平，也可略高于堆基表面。地槽截面为正方形时，边长30~40cm，用砖砌筑，做防水处理。圆形堆基，地槽表面用水泥板铺盖至中心部位，留50cm长铺盖透气孔板，上接一个边长为70cm左右的正方形或长方形存气箱。也可直接埋设直径30cm左右的水泥管做水平地槽，中心部位用砖石砌50cm见方的槽孔，铺设透气孔板，连接存气箱。方形堆基地槽表面铺盖孔板与相同尺寸的水泥板，按1:1相间布置，或采取全开孔式。通风地槽上透气孔的开孔率一般在20%以上，孔不得漏粮。通风地槽出口在堆基外墙中间部位。砖砌地槽出口要安装连接风机的阀栏圈，外墙面装上保护门，平时关严地槽出口，以利防鼠和隔温隔湿。

由于露天储粮堆装一般较高，特别是圆堆做囤散装，顶端高度多达7m以上，仅靠堆基上的水平地槽通风往往会造成"短路"，在使用时最好连接径向风道，使通风系统形成"L"形风道，径向风道用薄钢板、木条、竹笼等材料制成方形、圆形、三角形均可。径向风道可与存气箱相接，也可在堆基水平通风地槽铺盖透气孔板的中心部位预留槽沟，进行安装接插。包装、散装两用堆基的通风地槽建在每个圆形堆基上。移动式堆基应在其中一块预制墙围上预留通风口，并同时制作好通风地槽预制件，使用时拼装。

有建仓规划的企业如需临时进行露天储粮，可以有计划地建造仓基式堆基。即按照建仓规划，将堆基建造在仓址上，堆基尺寸及基础处理均按照建仓库图纸要求设计施工，并同时做好勒脚、散水坡及机械通风地槽。这种堆基在建仓时可直接作为仓库的地坪使用。

四、露天堆垛

（一）包装方堆

露天包装方堆就是将包装粮堆成方形实堆，具体做法是：先做垫底，然后按实垛堆法进行堆垛，至一定高度后在垛两边的包各向内收半包，起脊坡度要大。堆好后，在垛四周围盖席3~4层，垛顶盖席层数应适当增加。当席盖到垛顶时，可用数层干净麻袋覆在粮包上，同时垛顶两边覆席搭头后，应再用数层席子从垛脊向两边覆盖，以免雨水从垛顶进入垛内。

这种堆垛一般堆成长方形，起脊，宽度一般在5m左右，多为4列半或5列半，留长通风道，水分高的还要留横道，10包左右起脊，25~30包结顶，全高6~7m，檐高2.5~3.0m，起脊高3.5~4.0m。起脊时每包收进约15cm，起脊坡度55°左右。堆垛时，两端盘头，中层拍包，与仓内袋装堆法相同。由于垛形较高，两端应略微收进，保证安全。这种垛形，起脊部分的容量近全垛容量的1/3。

（二）包装圆垛

包装堆成圆垛比较少见，一般的圆垛容量只有70t左右，直径为6~7m，码2包高要横2包，至11~12包时收顶，到达檐高时每包收进15cm，粮食水分偏高时垛的下部要留十字形通风道。

（三）围包散方堆

露天围包散装的堆法与仓内围包堆法基本相同，要层层骑缝，垛形与露天包装基本相同，但垛内不留风道，围包堆垛与垛内散装要同步进行，垛身11~13包时起脊，22~25包时结顶。一般宽度4m，全高5m，檐下2.5m，起脊坡度不少于50°，长度不限。装粮选取垛高时，要考虑粮堆的侧压力。

（四）散堆圆垛（囤）

散堆圆囤可分为2部分，下部为圆柱形，一般为地面至檐口，高4m左右。上部为檐口至顶，高3.5m左右，为圆锥形，囤总高7.5m左右。堆基主要是圆形硬底。根据散装囤的制作材料不同有芦苇片或竹片编织囤、草包囤、竹围囤、简便竹围囤、组合或纤维板囤、聚丙烯囤等。其中纤维板拼装式露天储粮囤和聚丙烯露天囤均有专业厂家生产。

（五）土堤仓的建造

最早的土堤仓用在缺少仓房和大量收购小麦时的应急或临时性储藏。采用地上筑土埂（堤）装粮、覆盖，以后逐步发展为各种改良型的土堤仓，规范了土堤仓建设，获得了良好的储藏效果。

1. 地坪处理

整个地坪中间略高于四周，坡度以1:200逐降，仓基外围必须挖出排水沟，以防储粮时积水，并在雨后能迅速排水。地坪需平坦、结实，但不留存任何硬物，以免损坏铺垫材料，为使地坪坚固、经久耐用，可采用三合土及沥青层地坪。

2. 土堤型仓

土堤型仓以土筑堤，三面用土堤连接，一面留出便于装粮。土堤高1.5～2.0m，基部宽6～8m，斜坡角度以使雨水可从外侧流出为宜。装粮前，地坪和承载的三面均以聚氯乙烯薄膜覆盖，薄膜边缘要交搭折叠，保证衬底完整，土堤外侧四周开沟排水，使篷布压入，避免雨水侵袭土堤仓（图9-2）。装粮时预先布埋测温、测气点。

先从顶部用机械卸粮入堤内，粮食堆积好以后，表面用加有紫外线阻化剂的白色聚氯乙烯薄膜覆盖，将测温、测气导线以导管接在一起，并从篷盖的上下薄膜交接处引出，以便定期检测仓内温度、气体变化。随着装粮的完成，将另一面土堤筑好，将底、面两张覆盖薄膜在土堤斜墙外折叠连接，最后表面覆盖泥土以达密闭目的。土堤仓规模可大可小，单仓规模越大，其单位仓容所需建造费用越低，但跨度超过35m时，因篷布太长，覆盖和机械作业都不方便。土堤仓的缺点是土方工程量大，作业不方便。

3. 预制挡板型土堤仓

预制挡板型土堤仓是将钢筋混凝土预制构件连接起来代替土堤。预制构件长3.5m，底座宽1.2m，挡板高0.8m，厚0.1～0.14m。挡板上部外侧有一凹槽，槽口下边有两个供固定防水篷布用的螺栓孔。底座外侧有三个孔，用以安装地脚螺钉使挡板固定在地面上。预制挡板型土堤仓堆基建造与土堤型仓相同，预制构件如图9-3所示。

图9-2 土堤型仓

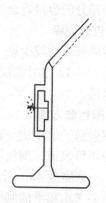

图9-3 预制挡板构建及安装

4. A字框架土堤仓

框架由三根槽钢或三块方木连接而成，用槽钢制造的A字框架，可将支柱随时放下，使斜边与底边合拢，便于不使用时搬运、存放（图9-4）。使用时，将活动支架支起，使斜边与底边成40°夹角，再在框架的斜边上安装波纹钢板形成挡板，钢板厚0.5~1.0mm，长1.8m，宽0.9m，用密封材料封好接缝处，即可装粮（图9-5）。

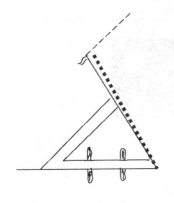

图9-4　A字框架示意图

图9-5　A字框架土堤仓入粮

5. 围包土堤仓

围包土堤仓是由地坪、土堤仓基、围包组成。地基、地坪的建造要求中间向两侧逐渐降低，使中心略高于两侧0.3m，地基内侧向外用土逐渐垫高至围包外侧高0.4m，垫高的斜面与地面水平夹角为10°，围包内侧由基底向上略向外倾斜，围包外侧由基部向上略向内倾斜，两边倾斜度为25°~30°。围包地坪修筑成长方形，基础的宽度取决于围包的高度，如围包高为2m，其基础宽为3m，围堤顶部以23°角向上倾斜。河南省某750万t围包土堤仓构造如图9-6所示。

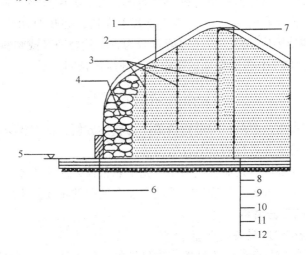

图9-6　围包土堤仓构造示意

1—防雨苫布　2—满铺聚苯板　3—测温电缆　4—围包　5—自然地坪　6—370砖砌M5水泥内外防水砂浆

7—中部堆高　8—塑料薄膜　9—油毡　10—中砂　11—三七灰土　12—素土夯实

6. 砖型土堤仓

在地坪上用砖砌墙，但必须在地坪平整面上砌墙，墙的厚度要能承受粮食侧压，墙高≤80cm，墙外留出压槽，墙外留出3~4m宽不封口，便于进出车辆和排水（图9-7）。

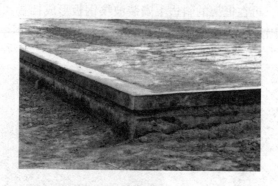

图9-7　砖型土堤仓

五、露天储粮的铺垫

露天储粮常用的铺垫材料有油毡、沥青纸、塑料薄膜、旧篷布、编织片。油毡铺下层，起垫平作用。一般选择厚0.2mm左右的聚氯乙烯塑料薄膜，铺于油毡之上，起防潮作用。旧篷布和编织片主要用于铺垫临时移动仓基。也可以先用沥青纸贴地坪，再在上面铺预先热合成大块的薄膜。

铺垫前应先对堆基进行清扫，捡出砖块、石子等硬物，以防损坏铺垫材料，同时要仔细检查塑料薄膜是否有损坏和砂眼，发现后需认真修补。

大型仓基应铺1层油毡2层塑料薄膜，水泥抹面的小型仓基可铺1层油毡和1层塑料薄膜；临时移动式仓（垛）基视情况可就地取材，可采用大型仓基的铺垫材料和方法，也可采用塑料编织片或旧篷布作为铺垫材料进行铺垫。为了确保防潮、防水性能，最好将塑料薄膜热合成整块，如面积过大，也可热合成若干大块，铺垫时两块结合处至少要重叠20cm，上、下层塑料薄膜应错缝，油毡以能重合为宜。塑料薄膜或塑料编织片的大小应比仓基四周多出1.5m，便于和覆盖粮面的篷布叠合并压沟密闭。

六、露天储粮的苫盖

露天储粮堆装结束后，要对粮堆进行苫盖。为叙述方便，把对露天储粮垛（囤）身进行的苫盖称为挂围，对顶部进行的苫盖称为苫顶。

露天储粮四周和顶部没有其他遮掩物体，完全靠苫盖来防止雨水、湿气、热气以及其他不良环境条件的影响。苫盖，是确保露天储粮安全储存的重要技术之一。

（一）露天储粮的苫盖材料

1. 露天储粮苫盖材料应具备的性能

露天储粮苫盖材料应具备防雨雪性能、透气性能、防火性能、隔热性能、防风性能。

露天储粮苫盖材料的选用，除应考虑以上基本性能以外，还应具备较好的抵抗鼠、雀害的性能和价格低廉、重复利用率高的特点，以降低储粮费用。

从当前使用的露天储粮苫盖材料来看，还没有哪一种材料能同时具备上述几点基本要求。材料性能各有所长，只能从储粮品种、储存方式、储存周期的不同和当地使用习惯及经验出发，因地制宜地合理选用。

2. 常用的露天储粮苫盖材料

（1）草　多为麦秸和稻草，草可用麻绳编织成草帘，挂围主要用草帘，苫顶用散草或草帘均可。用草做露天储粮的苫盖材料，取材容易，价格低廉，透气性好，冬天不易结露，夏天隔热效果好于其他材料，但防火、防水、防风、防雀性能差，比较费工，重复利用率低，阴雨天连续时间过长时，因稻草本身具有一定的持水性而使湿气逐渐内渗，易导致表层粮食水分增高。

（2）篷布　即仓库常用的各种篷布制品，以棉布、维棉布、维纶布经桐油漆制而成。篷布作为苫盖材料，拆盖方便，便于检查，防风防火性能好，有较好的防虫、防雀性能，但在使用一段时间后如不能及时维修上油，或因鼠咬等原因造成破损，往往漏雨浸水，易受鼠害。透气性差，受外界气温影响，传入传出的热量大，速度快，容易产生温差，造成结露，吸热性强，尤其夏季高温天气，对表层粮食品质影响大。另外，一次性投资较大，但重复利用率高。

（3）PVC维纶双面涂塑革　PVC维纶双面涂塑革是近几年发展起来的一种新材料，主要成分是2×2维纶布、聚氯乙烯、二丁酯、二辛酯、增型剂、阻燃剂、颜料、钛白粉。每平方米重$0.5 \sim 0.8 kg$，不漏雨，吸水性能小，雨后不增重。离开火源3s自熄。耐酸碱盐等腐蚀，耐寒性强，$-35℃$无异常现象，有较好的低温柔软性。

PVC维纶双面涂塑革具有篷布的防火、防风、防虫、防雀性能。防雨性能优于篷布。与篷布相比还具有重量轻、体积小、耐寒性和耐腐蚀性好等特点，使用方便。不足之处是透气性能和隔湿性能不理想，也存在怕鼠咬、破损易漏雨、易结露和夏季高温对表层粮食品质造成不良影响的缺陷。

（4）芦席　芦席是用芦苇片编织而成的。其防火、防风、防雀性能和使用方便程度好于草而不如篷布和PVC维纶双面涂塑革。透气、隔温性能不如草但好于篷布和PVC维纶双面涂塑革。在相同的坡度下，排水性能好于草，持水性能小于草，因此，在连续阴雨天气，对表层粮食的水分转移也小于草。在冬季结露现象比草多。其一次性投资高于草，接近篷布和PVC维纶双面涂塑革。

有些地方使用的露天储粮苫盖材料还有油毡、塑料薄膜等，其各种性能和以上几种材料大同小异，使用范围较小。

由于露天储粮的各种苫盖材料性能各有利弊，很难同时满足露天储粮安全保管的要求，许多地方从实践中取其所长，配合使用，露天储粮苫盖材料的选用从过去的单一型如草顶和草围、席顶席围、篷布顶篷布围等改变成两种或两种以上材料的组合型。常见的材料组合如下。

①草顶席围：苫顶用草，挂围用芦席。

②草顶布围：苫顶用草，挂围用篷布或PVC维纶双面涂塑革。

③布顶席围：苫顶用篷布或PVC维纶双面涂塑革，挂围用芦席。

④席顶布围：苫顶用芦席，挂围用篷布或PVC维纶双面涂塑革。

露天储粮苫盖材料的组合使用，在一定程度上起到了优势互补作用，如草顶布围，既保持了顶部的透气隔温性能，又提高了囤身的防火性能，比使用其中的单一材料苫盖效果好。

（二）露天储粮的苫盖方法

露天储粮的苫盖方法，堆身和堆顶略有区别，堆身苫盖一般不受堆装方式影响，主要根据所用挂围材料来确定相应的苫盖方法。不论露天储粮堆垛是圆形还是方形，是包装还是散装，如使用同一种挂围材料，其挂围方法大体相同。堆顶部的苫盖，除因苫盖所用的苫顶材料不同需要采取不同的苫盖方法外，堆装方式不同，苫盖方法也不完全相同。

1. 挂围

（1）篷布、PVC 维纶双面涂塑革、复合塑料薄膜挂围　定制布围法：事先按露天储粮的堆形和尺寸在工厂直接定制成相应规格的布围。布围的上、下边部装有穿绳环孔，两端制作有不同形式的搭扣，使用时只要按规定围上堆身，搭好搭扣并在环孔内穿绳拉紧即可。

普通篷布挂围法：如露天储粮堆垛较大，不便做配套布围或事先没有定制好配套布围，也可采用一般规格篷布做挂围材料。

（2）芦席挂围　芦席挂围，一般不少于三层，用竹签（400mm×7mm×5mm）扦牢在堆身上，竹签向上斜倾打入粮堆，外露部分向下倾斜，称为"下水签"，以防雨水顺竹签渗入粮堆。扦挂芦席围自下而上进行，一般用两排直挂，如芦席长度能满足堆高要求，也可一张到顶或一横一竖扦挂，底排横放，上排直放。上、下席搭头不少于10cm，上下排直缝错开，左右两张芦席互相重叠略多于1/2，成鱼鳞状，则为两层。外边覆盖第三层，不要重叠，接头相互盖住10cm即可，使外观只能看到表层的芦席，这样，可减少内部席子霉坏折损，有一定的防雨雪作用，也使外观服帖美观。如需苫盖4层，则左右两张席重叠2/3，即为三层，外边再覆盖一层。另外，为了增强防雨性能，也可在第二层与第三层芦席中间夹一层油纸、油毡或薄膜。在挂围时，还要注意芦席接头或重叠缝口要尽可能背向当地常见的风向，以免雨雪吹入，例如，当地东北风较多，东西面的芦席应自南向北一层层叠压，使缝口朝南。

如没有竹签固定挂围芦席，可用包绳将挂席上部绞在粮堆上，然后用包针将接头处绞若干针固定。

（3）草帘挂围　草帘挂围，也是由下而上苫盖。用铅丝或绳子将草帘扣牢在粮堆上，第一层草根向下，第二层以上一律草梢向下。第二层与第一层基本平齐，从第三层起每层向上提升1/3 直至檐口，如是方形堆垛，在四角和檐口处要加厚2～3 层。芦席或草帘均可采取先用竹竿或其他材料架空堆身再挂围的方法。

（4）露天储粮挂围的注意事项　不管采取什么材料进行挂围，堆基周围有沿台的，挂围材料下端应盖过沿台，堆基周围无沿台的，其下部必须盖住堆基10cm 左右，以防雨水进入堆基边缘。

挂围材料不宜挂得过低，如拖在地面，易于藏鼠，不利于清扫，也使地面湿气不能及时晾晒并浸入挂围材料内部。

有的地方堆身1m 高以下另外使用玻璃钢、矿渣瓦等材料防鼠，此时防鼠裙下端应盖过堆基沿台或盖过堆基10cm 左右。挂围材料下端应盖过防鼠裙5cm。

芦席具有一定的伸缩能力，挂在粮堆上一段时间后会自然下垂，用芦席挂围时，下端席头应整齐，离地面可适当高一些，能盖过沿台或堆基即可。这样，当挂席下垂后，盖住堆基部分自然达到10cm左右，如下垂严重，拖向地面，要及时调整上提。

如遇连续阴雨，应在天气晴好，地面晒干后及时将堆围下部撑起进行晾晒，以散发堆体的湿气。

2. 苫顶

露天储粮苫顶有粮面苫顶和架空苫顶两种类型。在实际工作中，应根据露天储粮的储存计划、储存期的长短和用途来选用合适的苫顶方法，具体来说，对加工、供应和调运中转临时储存的露天储粮以及计划安排储存期在半年左右的露天储粮可进行粮面苫顶，计划安排储存期较长的露天储粮可进行架空苫顶。

（1）篷布（或PVC维纶双面涂塑革）苫顶　圆形露天储粮囤顶的苫盖：将篷布按囤顶尺寸制成相应规格的顶罩。使用时先在顶罩下端的环孔内穿好绳子，再将顶罩折叠好抬上粮面，四边展开向下放过檐口罩住囤顶，顶罩四周要盖住囤围挂围材料20cm以上，拉紧环孔内绳子，或是分别从两环孔之间将绳子拉下紧系在囤围的竹签上，篷布挂围上扎有铅丝箍的，也可用S形钩子将绳子系在铅丝箍上。

方形露天储粮垛顶的苫盖：使用一般规格的方形或长方形篷布盖在堆顶上，四边均应盖住堆围挂围材料20cm以上，四周环孔内穿绳系在堆基边缘特制铁环上。比较大的堆垛，采用两块以上篷布苫顶的，篷布与篷布搭头1m以上，接缝口背向当地常年主要风向，下层篷布搭头边缘卷成槽沟，以防雨水顺着篷布流入粮堆。如粮堆较宽，檐口到粮顶高，斜坡长，可先在两边檐口各盖一块篷布，其下端盖住堆围挂围材料20cm以上，上端环孔穿绳扎牢在粮包上，再用一块篷布过顶分别盖住两边篷布50cm以上。堆基上没有铁环的，可用15kg左右的水泥预制块打孔，将篷布绳系在上面吊离地面，借其下坠力固定篷布。

用篷布苫盖露天储粮堆顶，透气性和隔温性差，易结露，除采用架空苫顶来解决这一问题外，也可在粮面苫顶中增加通气孔和防护层。

①通气孔。即在顶罩顶端预留一个直径40cm左右的圆孔，圆孔上用篷布接制同等直径的通气管，长度40cm左右，再制一个可升降的伞型通风帽或是重锤式通风帽，套在通气管内，启开通风帽时可排出上层的一部分湿热空气。

②防护层。即在苫盖前，先在粮面铺设一层吸湿隔热物料，然后再用篷布苫顶。增加防护层有三个作用：一是可使粮堆露点转移到防护层上，避免直接在粮面形成露点，并吸收粮堆内上升的湿热空气；二是当篷布出现漏雨情况时起隔离和吸收作用；三是有一定的隔温作用，减少篷布内外的温差，减少结露，减少高温对储粮造成的不良影响。当前选用的防护物料主要是草或砻糠。稻草一般铺30cm厚，砻糠装在废旧麻袋或草包里，成砻糠包，铺于粮面即可。

（2）芦席苫顶　芦席苫盖露天堆顶，一般有两种方法，一种方法是错缝苫盖。使用1.28m×1.26m的直纹芦席，从檐口向上至顶尖，分五排苫盖。第一排用七层芦苇，分三层错缝苫盖，即第一层将两张芦席合并顺粮面盖严，第二层是将两张芦席合并，覆盖其上，芦席中心部位盖在左右两张芦席的接缝处，第三层将三张芦席合并后再按上法覆盖上；第二排用五层芦席，分两次（第一次两张，第二次三张，错缝苫盖）；第四排三层，一次盖完，基本可至顶尖，再用若干顶芦席过顶分别盖严。在苫盖时，第一排七层芦席下端平齐，用包绳扎绞在一起增加防风性能，并伸出堆体10cm左右成檐口，减少堆顶排下的雨水冲击堆围。上下排芦席搭头处和左右芦席接头处均用包绳扎绞若干道或用竹签扦插牢固，用竹签扦插时，竹签应成"下水签"，以防雨水进入堆内。同时每排芦席表面层的一张应向外露的两个边各错开约5cm，把内层席边全部密盖，使外观只能看到表层的一张芦席，减少内部席子的霉坏折损。

芦席苫顶的另一种方法是重叠苫盖法。所用芦席规格一般为1.33m×2m，盖顶的厚度为五层。苫顶从檐口开始为第一排，左右两张芦席互相重叠四分之三成鱼鳞形。第二排与第一排盖法相同，上下两排搭头不少于20cm，上下两排席缝错开，如此逐排上盖到顶尖封顶。最后再用一层芦席从下到上覆盖严密，上下芦席搭头和左右芦席接头各10cm左右即可，起保护里层芦席作用。采用重叠苫盖法，第一排下端也应伸出檐口10cm左右，搭头和接缝处均应按错缝苫盖法的方式连接扦牢。

（3）草苫顶

①散草苫盖：采用散草苫顶要先引檐。取直径3cm左右、长80cm的小竹竿若干根，一头削尖，沿露天储粮堆檐口四周按每隔30cm一根，水平插入粮堆60cm深，外露20cm，沿外露竹竿边缘处和距边缘10cm处分别用竹片扎两道，然后再盖草。盖草前先在粮面铺一层芦席，反面向上。盖草的方法和民间建草房的盖草法相同，将稻草抖散重新理顺捆成草个，将若干草个一头用铡刀铡齐做檐口草，盖草从插在粮堆檐口上的小竹竿边缘开始，将檐口草逐个放平铺一排，铡齐的一头向下，厚度约40cm，底层平竹竿边，上层逐渐向外下方伸出成15°左右的内坡，然后从檐口草开始逐排向上铺草，每排上提1/3高度，每排厚度不少于20cm，直至顶尖，最上边一排草过顶尖盖住囤顶，然后在顶尖50cm左右直径范围内用泥灰泥上，盖住过顶草封顶。苫好后，用扫帚拍实并将表面乱草刷下，草顶苫好压实的厚度不少于30cm。

②草帘苫盖：用草帘苫盖露天储粮堆顶，可随同进粮时一并完成，做草包围装粮的，在结顶时，将最上面一层草包压向囤内，草包之间、草包和芦席之间用竹签扦牢成一斜角。从檐口开始，在芦席上先盖3～4层草帘，然后用一根长2m的粗竹扦把芦席和草帘一起绕起，把堆中心的粮食划向四周，使其坡度稍超粮食静止角，接着再向堆中心进粮，粮面放好芦席扦牢，盖草帘。重复这一过程至顶尖，装粮完成，苫盖同时结束。

如果在装粮结束后再用草帘苫盖，其方法和散草苫盖相似。先引檐，然后从檐口开始铺草帘。草根向下，平铺3～4层草帘为第一排，从第二排起一律草稍向下，第二排与第一排重叠，从第三排起每排上提三分之一，至堆顶时，先在粮面上用稻草交叉铺三层过顶尖盖住对面，再用数层草帘过顶苫盖，草帘左右接缝处用包绳扎牢。

（4）架空苫顶　架空苫顶是采取不同措施将粮面和苫盖物之间隔开，留出空间，以利粮堆空气流通，散发湿热，减少结露，并能起到一定隔热作用。如粮堆和苫盖物之间的架空高度能满足人直立行走的需要，也给露天储粮的安全检查和熏蒸施药提供了方便。可见，架空苫顶要比粮面苫盖更有利于储粮安全。

常见的架空苫顶有框架架空法、糠包架空法、简易架空法和房架形架空法，其中房架形架空法应用较多，而且主要用于方形粮垛架空。基本方法有以下两种。

第一种方法：在堆顶粮面纵向的中间用粮包码一道脊，脊高1.5m左右，从堆脊向两侧边檐口架木棍或竹竿，间距1m左右，形成房式仓的人字架，木棍或竹竿上端通过脊顶用铅丝或绳子连接以防下滑，最后在人字架上按要求苫盖好篷布或PVC维纶双面涂塑革

（图 9 - 8）。

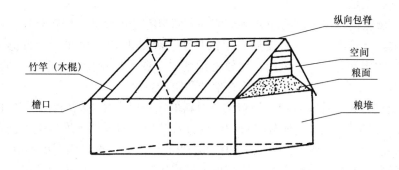

图 9 - 8 纵向包脊架空示意图

第二种方法：按照包装堆收顶的方法和要求，用粮包在粮面上每隔 3 ~ 3.5m，垒成一堵人字形山墙，山墙中间留一条 180cm × 70cm 宽的通道，两头山墙各留一个相同尺寸的门洞，山墙通道和门洞铺木过桥板，两头门洞用篷布做帘将门盖严。山墙上每间隔 80 ~ 100cm 横放一根木棍或竹竿，即可形成屋架，在屋架上苫盖篷布或 PVC 维纶双面涂塑革，粮堆上部空间便于人活动，通道平时也可用来通风，如图 9 - 9 所示。

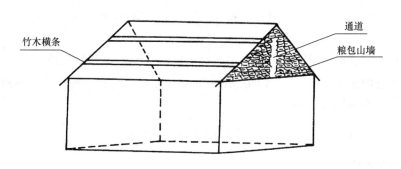

图 9 - 9 粮包堆山墙架空示意图

在没有竹木做人字架的时候，可将粮堆上粮包山墙间距缩小至 1m 左右，直接替代人字型房架，然后在上面苫盖篷布或 PVC 维纶双面涂塑革。

以上两种方法在适当加密人字架上的木棍或竹竿后，也可使用芦席和草苫顶，具体方法基本和粮面苫顶方法相同，即自下而上，逐排上铺，相互重叠，扦插牢固。

有条件的地方，还可直接用竹、木或钢材制成人字形或拱形屋架固定在粮面上，再按要求盖好苫顶材料。

采用房架形或拱形架空法苫盖的露天粮垛，架空空间较大，通风作用接近仓房，人还可以在上面检查粮情，进行熏蒸施药，具有一定的优越性。同时，粮面不直接接触苫盖材料，受外温的影响较小，具有较好的隔热性与防结露性。

如果将架空顶部的设施和挂围时用来架空围布的小竹竿在粮堆檐口处以适当的空间和有利于顶部排水的坡度相接，在挂围所用的篷布或 PVC 维纶双面涂塑革的适当部位留几个平时可以关闭的风门，当需要通风时，同时打开围布上的风门和顶部的通气孔，可使粮堆在苫盖材料内形成一个从下到上的通风整体，其通风性能和效果大大强于仅靠顶部通气孔来通风排气的粮堆。

随着露天储粮的发展，有的地方逐步把露天储粮的苫盖设计成固定材料、固定形状的简易仓棚形式。北京市顺义区粮食局采用钢骨架、圆封头 PVC 全拱型仓棚露天储粮，顶部设排风扇，四周开有若干个风门，比较好地解决了露天储粮防风、防水、防霉、防虫、防鼠、防结露等问题，方便工作人员检查粮情和防治虫害。

（5）露天储粮苫顶注意事项　篷布架空材料的选择以支撑牢固为宜，架空的高度以能行人检查粮情为宜。不论采用何种材料和何种方式苫顶，露天储粮堆顶端到檐口都必须保持45°以上坡度，坡面应保持平整光滑，中间不得有凹陷处，檐口四周更不得上翘成翘檐，如苫顶时出现上述问题，应在相关部位填粮补齐或用物料撑起后再进行苫盖。

作防护层或架空使用的各种物料和砻糠，在使用前应晒干并进行消毒除虫，防止害虫感染粮堆。

用稻草苫盖时，堆顶用灰泥封住的部分透气性能差，易形成结露。因此，在封顶时最好先在顶尖粮面铺一层砻糠后再苫草盖泥。

露天储粮苫顶系高空作业，操作中要注意人身安全，架空措施要安全牢固。包码山墙时，两头要用双排粮包，中间用一横一竖粮包相互骑缝堆码，压紧压实，防止倒塌。

第三节　粮食露天储藏技术

露天储粮围护结构简单，受外界环境条件的影响更大，各种储藏技术的内涵、实施与效果均有别于仓内储藏。如露天储藏防结露和防鼠是基本技术，隔热和熏蒸是关键技术，通风与密闭是灵活运用的技术。

一、露天储粮通风技术

（一）自然通风

露天储粮堆在仓外，直接处于对流空气之中，有利于空气交换，利用自然通风降温降湿效果明显。就全国多数地区而言，每年的10月中下旬到次年的二月底为储粮自然通风降温降湿的有利时机。

1. 拆顶、剥围、放裙自然通风

将苫顶挂围材料和防鼠裙全部拆去，深翻粮面，加速堆内空气交换，促使粮堆内温度下降，一般每15d左右进行一次。如粮温较高，温度下降速度缓慢的可挖井通风降温。具体方法是：在粮堆中心用质量好的折子做成折圈，直径1m左右，挖出圈中粮食，使折圈随之下沉，形成上口大、下口小的空筒，俗称"打井"。在挖粮时，要注意保持折圈的圆度和牢固性，并每隔0.7~1m加一道竹箍，以防发生挺肚和倒塌事故。粮温下降后或出粮前应及时将空筒填实。

2. 随囤做心通风

（1）粮面打塘　粮食在囤内堆高到1.5m时，在中心部位挖一个塘，塘底离铺垫物约1m。

（2）塘底做心　将一条折子的头圈起，折头放在圈里，圈的直径约75cm，底边折圈两层，折头处用竹签插入，然后从折圈的外围自下而上地圈，边圈边旋。圈好后，放入堆底中部，再把粮食拥到心壁压实。

（3）安放护心罩　在心壁外套一个用竹篾做成的护心罩，以防送粮人员误踏心壁，使折心塌陷。护心罩的直径比心壁的直径大30cm左右，一般直径为1.1m。

（4）加旋折口　待粮面与心口相平，在折口上面折囤的边沿加旋折子，边堆粮、边加心，粮囤收顶，心也做成。

3. 设置通风道，堆空心堆

（1）在包装或包打围散装露天储粮堆高到1m左右时，平整粮面，在粮堆上拉两条直线，间距40~50cm，用麻包或草袋装成粮包堆码在直线两边，高度70cm左右，上面横盖粮包作为过桥，包间缝隙用废袋堵塞以免散装粮食漏下堵塞通风道，风道在码成后继续进粮到所需高度为止。

（2）竹气笼或三角架通风道　主要用于包、囤打围散装或做囤散装的粮堆中。竹气笼用竹篾编制，直径35cm左右，每节长2m左右。三角架用竹、木钉制成等腰三角形，边长40cm左右，每节长2m左右。使用时，放入粮堆中，上盖芦席片、草包片或废旧麻袋片均可。

（3）通风道在粮堆中的设置形式，可随粮堆的形状和尺寸选定。方形粮垛一般按3~4m的距离设一道，横设纵设或设成"十"字形、"土"字形、"井"字形等均可。圆形粮囤按"十"字形设置，最好设置成"L"形，即在粮囤底部或是囤体1m高处设一条水平风道至中心，中心部位设存气箱与水平风道相接，然后边进粮边从存气箱上接一条径向风道至堆顶连接出气孔，整个粮堆风道即形成"L"形，打开出气孔帽盖时即可进行自然通风。

（4）不论何种形式的风道，水平风道的出口均应设在粮堆的西北方向。

（二）机械通风

1. 风道的布置

目前各地使用的露天储粮机械通风风道有地下槽和地上笼两种形式。

地下槽：建堆基时在堆基地坪之下修建的通风道。

地上笼：在堆基以上粮堆中布置的通风道。由采用竹篾编制的竹气笼和木条制作的三角架或粮包堆砌而成，风道出口一般设在粮堆底层或堆体1m高处。风道布置形式和地下槽相同。

露天储粮中采用"L"形布置的风道，径向风道的高度对粮堆机械通风均匀性影响较大，径向风道过高，粮堆顶部通风降温快，但中、下层通风降温缓慢；径向风道过低，则粮堆中、下层通风降温快，而上层特别是顶端容易出现死角，通过试验表明，径向风道的高度按以下公式计算布置，当粮囤顶部到檐口坡度在45°~55°之间时，其途径比小于1.5，整个粮堆机械通风降温均匀性较好。

$$径向风道高度 = 粮堆高度 - 堆底半径$$

2. 风机的选用

露天储粮进行机械通风，就多数粮库而言，不可能单独选配风机，而是和粮仓所用的通风机通用。一般情况下，选用低压轴流风机就可满足需要。

3. 通风时机和通风方式的选择

（1）露天储粮机械通风时机的掌握，一般分为三种情况。第一，对发热粮油的处理，只要粮温和气温的差值符合通风要求（一般在10℃以上），可随时通风。第二，对过夏以后粮温偏高的储粮或早秋收储、原始粮温偏高的储粮，采取2～3次间歇通风。第一次在10月中、下旬，将粮温降至和气温大体持平，一般掌握在25℃左右；11～12月之间，根据气温变化情况进行第二次通风，使粮温降至接近气温，一般在15℃左右，然后再选择寒冷天气将粮温降到5℃以下。第三，中、晚秋新收储的粮油，原始粮温一般较低，大部分在15～20℃之间，可以在收储结束后，抓住寒冷天气，一次性开机将粮温降至5℃以下。

（2）露天储粮进行机械通风的方式，采用压入式和吸出式均可。据试验，两种通风方式的单位电耗和各层点温差梯度基本相同，但各层点间温度变化不同，采用压入式通风，粮温依次是上层高于中层，中层高于下层，以顶部温度最高，容易造成顶部结露。采用吸出式通风，粮温依次是上层低于中层，中层低于下层，以底层温度最高。如风道布置不合理，通风出现"死角"点，则不论采用哪种方式，"死角"点粮温都偏高。由于露天储粮的苦顶挂围材料多直接围压在粮堆上，因此，实践中采用的通风方式为吸出式。

（三）露天储粮顶部结露通风降温措施

露天储粮中最严重的问题是顶部结露，所以，顶部通风降温防止堆顶结露是露天储粮中一个关键技术，根据经验有以下几种除湿措施。

（1）放置通风管用机械通风方法，强制性排除潮湿空气。

（2）人工堆码自然通风管道，深秋或冬季，揭开棚布，采取自然通风降温。

（3）用包装覆盖粮面，配合揭棚布防止结露。

（4）用易吸湿的物料覆盖粮面，吸收湿气，达到防止结露的目的，如麦糠、包装生石灰等。

（5）采用单管风机，利用外界干燥冷空气适时进行消除温差的降温通风技术，防止湿热现象发生。

二、露天储粮密闭技术

露天储粮直接受风、雨、雪、光以及鼠害的影响，一般密闭材料和密闭方法不易采用，储粮环境气候也不稳定，温湿度变化速度快，变幅大，容易造成粮堆内外温差的骤然形成而导致粮堆结露；加之粮堆的相对外露表面积大，密封条件差，所以给密闭保管带来一定困难，尽管如此，经过广大保粮职工在实践中积极探索，密闭储藏技术目前在露天储粮中仍已得到初步应用。

（一）露天密闭储藏应解决的主要问题

（1）防风防雨　露天密闭储粮首先要保证密封不漏雨，并有一定的防风能力使密封材料不会被风吹开。

（2）防鼠　露天密闭储粮绝对不能有鼠害，否则，会咬破密闭材料造成漏雨漏气。

（3）通风　露天储粮受气温直接影响，气温经常发生骤冷骤热变化，容易造成粮堆内外温差，出现这种情况，需要随时对粮堆温度进行短时间调节，在气温下降季节，密闭储藏的粮食也需要及时通风散温散湿以防粮堆结露。因此，不具备良好通风条件的一般也不宜密闭。

（4）隔温 主要作用是在气温突变时减少温差，防止结露，并减少夏季高温对储粮品质的影响。

（5）检查 露天密闭储藏要同时配套解决粮情检查措施，有关部位要启封容易，检查方便。

（6）费用 粮食本身的价格较低，露天储粮保管费用又远高于仓内，因此，在对露天储粮进行密闭储藏时，使用材料开支费用要掌握经济适度，不能盲目追求高标准。

（7）粮质 基于露天储粮的外部环境条件差，凡水分、杂质超过安全储存标准的粮食不能在露天密闭储藏，虫害严重的粮食应熏蒸后再密封。

（8）不同粮种与密闭时间 粮种不同，生理特性和储藏特点不同，收获季节不同，露天密闭储藏时机的选择也不完全相同。小麦本身具有耐高温的特性，收购入库正值夏季，气候高温高湿，虫害多发，最好在收购入储时即采取密闭储藏。稻谷和其他一些粮种，就全国大部分地区来讲，收购入储后气温已开始进入下降季节，应先采用通风储藏，将粮温降下来，在来年气温回升前再采取密闭。

（9）施药 露天密闭储粮的技术关键是密封，但是，目前的密封还很难达到完全不透气的要求，露天储粮要达到绝对密封更为困难，密闭只是相对的。为提高密闭储藏效果，各地密闭储粮主要采取密闭—自然缺氧—低温—低浓度化学药剂处理相结合的办法进行，这就要求在密闭粮堆的同时，要有合适的施药方法在很短的时间内完成化学药剂的投放。为确保安全，化学药剂最好全部投放在粮堆里边。

（二）露天密闭储粮的一般操作程序

1. 选用密封材料

露天密闭储粮使用的密封材料，目前仍以塑料薄膜为主。塑料薄膜具有较好的气密性能和防潮性能，价格较低，重量轻，使用方便。国内常用的有聚乙烯薄膜、聚酯/聚乙烯复合薄膜、聚氯乙烯薄膜等。聚乙烯和聚氯乙烯薄膜的防雨性能好，气密性较差，聚酯/聚乙烯复合薄膜的气密性能好，防潮性能稍差，但都能满足露天密闭储粮的需要，可以根据具体情况选用。PVC维纶双面涂塑革也可同时作为密封材料使用。

2. 制备帐幕

按照露天储粮的堆形和尺寸，将塑料薄膜焊制成薄膜帐幕，密闭时套在粮堆上即可。

（1）测算露天储粮体积，设计好薄膜帐幕焊制形状，按设计要求裁剪薄膜。密封薄膜帐幕的长度、宽度和高度应比粮堆的实际长度、宽度和高度大 20～30cm，如是圆形帐幕，则帐幕的直径应比粮囤的直径大 50～60cm。

（2）查漏补洞，将裁剪好的薄膜对着光亮查漏，发现漏洞和裂缝，及时用胶水或热合修补。

（3）使用高频热合机或调温电烫斗将裁剪好的薄膜热合并制成所需形状的帐幕。热合时，薄膜边头要焊牢，在距离地面 1.5m 左右高度焊上测温、测气等各种管孔或塑袋，顶部根据粮堆形状和尺寸，留若干个直径 40cm 左右的孔，上接相同直径，高 20cm 左右的塑料袋筒，密闭时扎紧，需要通风散气时解开。

3. 密封粮堆

露天储粮密闭有五面封和六面封两种。凡是堆基上有压膜槽的，多采用五面封，密封方法是：做好粮囤后，安装好测温线路测气管道，引出线头至薄膜帐幕预留孔口处，粮堆先用二层芦席或草帘草袋挂围苫顶，也可在顶部铺设 20cm 左右厚度的稻草或砻糠。按每吨粮食 2~3g 的剂量施放磷化铝，封闭投药口，然后从上到下套上薄膜帐幕，从预留的管孔中引出测温测气导线，将帐幕下端用橡皮胶管压入压膜槽，扎紧上端的通气孔，薄膜帐幕全部密封好以后，再在薄膜帐幕外苫盖二层芦席或草帘以保护薄膜，密封工作即告结束，最后在堆体下端 1m 高另设防鼠裙。

如堆基上没有压膜槽，可以采用六面密封，方法是：先在堆基上铺一层草袋片或废旧麻袋片，然后铺上焊接好的薄膜片，垫底薄膜片四周均大于堆基 50cm 左右，上面再铺一层草袋或麻袋片，即可装粮，粮食堆装完毕以后，按五面密封的方法，套好薄膜帐幕，将帐幕的下端与垫底薄膜焊接起来，外面再进行苫盖并设防鼠裙即可。

密封粮堆时，薄膜帐幕外边的苫盖芦席或草帘不能用竹签连接头固定，可改用包绳缝合接头，上下采用铅丝捆紧。

三、露天储粮防虫技术

由于露天粮堆受外界环境影响较大，采用低温、低氧储粮不太现实，一旦发生虫害，熏蒸杀虫比较困难。因此，露天储粮的虫害控制应以"防"为主，为了避免虫害的发生，必须防患于未然，即从入库到储藏严格把关。

（一）严把入库关

现在粮食仓储企业不但秋冬季节收粮，在春夏高温季节也要进行收购或轮换。由于农民在春夏季保管的粮食一般都不采取防治措施，造成送交的粮食经常带有虫卵或害虫。粮食的原始质量与其安全储藏以及储藏成本关系密切，尤其对露天储藏更是如此。入库时的品质检验要严格把关，把粮食等级、水分、杂质等各项收购指标控制在国家标准的范围内。水分、杂质高的粮食要单独堆垛，尽快处理。另外，在收购时，扦样、验质也一定要注意虫卵或害虫，发现大量害虫或虫卵的粮食要单独堆放，并立即进行熏蒸，做成临时垛，尽快销售，不可将带有虫卵或害虫的粮食做成大堆，长期储存。

（二）施药防护

露天储藏的粮食在堆垛前的施药防护是至关重要的。为了达到长期安全储粮目的，可采用我国允许使用的储粮防护剂进行防虫处理。首先处理底部的铺垫物，再装粮。在包打墙时，在包墙外面、袋与袋之间接触面要喷洒防护剂，在粮面上也要进行防护剂处理，最后苫盖顶部，在苫顶的外表面喷洒防护剂。这样，在粮食四周形成一个全封闭的害虫防护网，外界害虫很难进入粮堆内部，内部由于药剂的毒杀作用害虫也很难滋生。

（三）要坚持经常性的防治措施

因为露天储藏密封性能较差，药剂挥发就会快一些，所以还要坚持经常性的常规防治措施。一般情况下，春季可把苫盖材料掀起，用喷雾器往里面喷洒防护剂，然后再苫盖好粮垛。到夏秋季节，如虫害严重可采取熏蒸杀虫技术。

（四）熏蒸杀虫

露天储藏熏蒸杀虫技术的实施不如仓内方便，但基本环节是相同的，可采用粮面施药、缓释熏蒸、小药袋施药、埋藏施药、利用通风道施药等施药技术。投药量应根据虫害发生情况及堆垛的密封状况而定，与仓内熏蒸基本相同。如果是局部生虫，则可在篷布表面开口，用探管局部熏蒸处理，投药后应注意粘补篷布达到无缝状态。

（五）其他防虫技术

露天储粮害虫防治通常也可利用检疫防治、习性防治、清洁卫生防治、温控防治、生物防治、机械除虫等综合储粮害虫防治技术。

另外，要做好露天储藏周围和垛内卫生，恶化害虫的生存环境，预防害虫发生。在进行通风时一定要选择在外界温度比较低、湿度也较低且天气晴朗的时候进行，通风后立即密闭，加强堆基管理，防止害虫进入垛内。雨后要及时清扫篷布上积水，防止雨水渗透入内造成粮食局部水分升高，为害虫提供生长条件，也可防止粮食发热霉变。最后，要定期认真检查虫情，虫情检查在温度较高、害虫活动频繁的季节要做到半月一次。检查时要耐心细致，争取面面俱到。同时还要认真做好虫情检查记录，发现害虫及时上报有关领导，确定是否熏蒸。

四、露天储粮隔热控温技术

露天储粮围护结构简单，粮堆的隔热仅仅靠很薄的苫盖材料来实现，效果非常差。因地制宜加强露天储藏的粮堆隔热控温对保证储粮品质及延长安全储藏期具有决定性的作用。

（一）粮面压盖

高温季节到来之前，在粮堆表面压盖吸湿、隔热材料，是露天储藏控制粮温的有效措施之一。如可将麦糠、珍珠岩、稻糠等装入面袋或麻袋，压盖在表层上及粮堆四周的表面，或直接用毡毯、麻袋等压盖，其作用有阻热、阻湿、吸湿，可以减缓或延迟粮温的升高；减少粮温升高的幅度；缩小粮堆内外温差，防止结露；阻止外界水蒸气进入粮堆，保持粮食水分稳定。其优点是操作简便，取材容易，经济实用。缺点是要定期对压盖材料晾晒降湿，增加了保管人员劳动强度。

（二）架空

采用各种支撑物将篷布架空，使粮堆表面与篷布之间留有一定空间，此空气层可缓解外温对粮堆的直接影响，起到一定的隔热作用。通常使用的支撑物有：木材、塑料、钢管，也可用粮包支撑，使露天垛的外形与房式仓相似，在两边山墙上还可以安装轴流风机，当垛内温湿度过大时，可利用对内预留的通风道和风机的运行降温降湿。空气层的隔热作用和风机的排风降温，可以有效控制粮温，并且此法预防结露也非常有效。同时不揭布通风，可延长篷布使用寿命，减轻劳动强度，有效地防止鼠雀危害，节约费用。

（三）苫盖材料外表面喷涂反辐射材料

目前，常用的露天储藏苫盖材料大多颜色深，吸收太阳热辐射较多，不具备热辐射反射性能，也是造成露天储藏的粮温在高温季节升高过快过高的原因之一，特别是靠近篷布的表层。针对这一状况，采取在篷布表面喷涂具有反辐射、隔热性能的涂料，也取得了一定的降温控温效果。但是，此控温方法在使用中喷涂费工、材料老化快、表面吸附灰尘后其反射、隔热性能下降，而且涂料容易脱落。

第四节　露天储粮技术管理

露天储粮，不仅受到环境温湿度、虫、霉、鼠、雀的危害，还经常受到狂风、暴雨、大雪、冰雹等灾害性天气的影响和洪汛的危害，也容易引起火灾。所以露天储粮的技术关键是抓好"四防、一管"，确保储粮安全，即防火、防潮（风雨）、防结露（霉变）、防鼠（虫），并加强管理，确保储粮安全。

一、防火

露天储粮的苫盖材料如草帘、芦席等防火性能差，一旦发生火灾，将会造成严重后果。火灾是威胁露天储粮安全的天敌。防火安全是确保储粮安全的头等大事，做好防火管理，至关重要。

（一）露天储粮火灾的特点

露天储粮火灾具有突发性、扩散快、持续燃烧时间长、灭火困难及损失严重等特点。用水灭火后，粮食水分大幅度升高，后期如处理不当，霉烂变质在所难免。

（二）露天储粮的防火管理

露天储粮的防火管理，应纳入仓库整体防火规划，建立组织，健全制度，统一管理。

（1）严格控制明火，严防电器电路短路、老化引起火灾。

（2）使用磷化铝熏蒸露天堆，要严格按照操作规程进行，不得随意扩大用药剂量，严防自燃起火。

（3）露天储粮要避开高压用电线路。

（4）久旱无雨天气，可定期用消防泵以雾状对露天储粮苫盖材料喷水、湿润表层，以增强防火性能。

（5）加强值班、巡查。

（6）露天储粮区域必须配备齐消防器材，配备足够的消防用水和用沙。

（7）搭建露天席茓囤尽量采用 PVC 阻燃苫布或镀锌钢丝网进行苫盖，有效阻隔外界火源。

二、防潮防雨（汛）

露天储粮最易遭受洪汛危害，防潮防雨是保证露天储粮安全的关键。当洪汛造成粮库被淹被冲时，首先受害的就是露天储粮。为减少露天储粮受洪汛的危害，应采取以下预防和抢救措施。

（1）江河沿岸和行蓄洪区内汛点粮库的露天储粮，应在汛期到来之前，有计划地提前安排转移。

（2）洪汛点的露天储粮场地要选择在库内地势较高的地方。采用高底脚堆基，使堆基外围墙裙距地面高度 80cm 以上。同时采用二油一毡提高堆基的防潮性能，墙裙内外及堆基表层全部用水泥搪抹，洪汛发生时，及时封闭风道口和漏水孔。

（3）露天储粮区域要开挖排水沟渠并保持畅通。

（4）遇紧急情况，其他方法一时难以奏效的，可采用熏蒸帐幕将粮堆罩上，帐幕底部嵌入堆基上的压膜槽内或用土袋等压紧封闭，这样能有效地减轻水害，减少损失。

（5）大雪过后，要及时清除露天储粮囤、垛上及四周的积雪。

三、防结露

结露不利于粮食安全储藏，应该尽量避免。防止露天储粮结露可采取以下措施。

（一）揭幕通风

揭开幕布通风，降低储粮内部温度是解决露天储粮表、上层结露非常有效的方法。但是揭掀幕布工作量大、劳动强度高，特别是大型露天垛，操作有一定难度。再者，土堤仓粮食结露主要在冬季，在多数情况下温度低，表、上层高水分粮不会发生霉变，表层虽然有凝结水，但不揭幕是可行的。所以表层出现结露后，只要加强管理，是可以过冬的。表层结露的粮食随着春季的到来，气温的回升，表层的高水分层可逐步向深层转移。水分转移后，虽然表层水分还高于其他部位，但由于在表层形不成发热点，还是可以安全过夏的。对那些冬季表层局部水分太高的粮食，可采用单管通风机局部通风的办法处理。如果大面积粮食水分过高，或确有发霉趋势，不揭幕不行时，也必须选择无寒流的干燥温暖天气，最好在3月底进行。这时气温开始回暖，害虫尚未活动，不至于造成害虫感染。揭垛后再苫盖粮食时，要用适量的药剂以杀死老鼠。

（二）粮面压盖

在粮堆表面压盖吸湿隔热材料（麦糠、珍珠岩、稻糠、麻袋等），阻隔外温外湿对粮面的影响，减小温差，防止结露。其优点是操作简便，取材容易，经济实用。缺点是要定期对压盖材料晾晒降湿，保管人员劳动强度大。

（三）做好铺垫增强苫盖

为了增强土堤仓的密闭性能和防潮、防风性能，土堤仓铺垫一般采用先铺油毡，再铺2～3层塑料薄膜的办法，而且要把塑料薄膜热合成整块，并严格查漏补洞。粮食装满后，要及时苫盖1～2层篷布。良好的苫盖能防止粮食受潮和温度剧变，缩小温差，防止结露的发生。

（四）经常检查垛的密封状况

应经常检查外垛完好情况，防止外部鼠咬，如有损坏及时修补，以免在破损处粮食水分增高。

（五）上部架空

采用支撑物将篷布架空，使粮堆表面与篷布之间留有一定空间，可缓解外温对粮堆的直接影响，当垛内温湿过大时可利用通风道和换气扇降温降湿，预防结露。

（六）双层密闭

双层密闭是将整个露天粮堆首先用塑料薄膜六面密封第一层，然后再用PVC涂塑篷布密闭第二层，使篷布与塑料薄膜之间形成一个空气层，阻隔外温对粮温的直接影响，减少粮堆水分转移，从而防止结露现象发生。同时采用双层密闭后，粮堆表面与外界之间多了一个隔热层，当季节交替，外界温度出现大的变化时，由于篷布和塑料薄膜的隔热作用，粮堆表面不会出现大的温差，可有效防止结露现象发生。

四、防鼠

露天堆垛必须防止鼠、雀、虫害，尤其是鼠害引起的粮食损耗，应十分重视防鼠设施的完善。

（1）改变露天储粮的堆基，以减少老鼠栖身危害的机会。

（2）硬化露天储粮区地坪。

（3）增设防鼠墙或档鼠板，也可用捕鼠板、虫网、电猫，切实可行的是在垛、囤基底部筑1m高的固定光滑面。在土堤仓的四周用超声波驱鼠，电子扑鼠或磷化锌毒饵捕杀，电子扑鼠通电时间以晚上为好。

（4）其他防鼠方法，如堵塞鼠洞、断绝水源、搞好卫生。

五、露天垛、囤、堤的质量管理

（一）严格把好入库质量关

露天储藏的粮食水分、杂质含量要符合国家标准才能入堆。按种类、等级、干湿、新陈、虫害情况逐一了解，符合标准方能入囤、垛、堤，否则应先处理后入堆。

（二）建立质量档案

露天储粮入堆后要及时建立质量档案。

六、粮情管理

（一）粮情检查

温度检查一般采用测温仪检测。对临时机动点可通过在篷布上开口，用电阻测温杆或米温计插入粮堆进行检测。粮堆的上、中、下部布置测温、测气点并设若干取样点，以定期测定粮食水分、虫害，测温导线集中在仓外，可用微机遥测判断粮情。对露天储藏的检查要比一般仓内检查更仔细，更认真，做到对粮情心中有数。

1. 粮温检查

按照《粮油储藏技术规范》的规定，分区设点，布测温电阻，定期检测粮温。露天储粮温度的检查必须做到定期、定时。安全粮7d内至少检查一次，半安全粮至少3d检查一次，危险粮每天检查一次。每个囤、垛的粮温每次要固定在同一时间检查，一般选在每天上午8～10时进行，要注意固定点与机动点相结合。对散存粮堆（垛）固定点的设置，一般是沿脊部每8～10m设置一组，每组按表层、上层、中层和下层共设4个测温点。表层紧贴篷布，为篷布下温度；上层距表层50cm处；中层为粮堆的中部；下层距地坪10cm处。机动点应在固定点的基础上，根据不同的季节、不同的粮食和苫盖材料的情况，结合实践经验选择易于发生问题的部位设置。

对包装粮堆应结合入仓分层预埋测温电缆，固定测点的设置，一般分上、中、下3层，每层设若干组，每组3～5个测点。

温度不正常升高或降低者，应仔细检查原因。查看是否因为电阻线头与测温表头接触不良引起温度不正常，还是因为电线脱焊引起的。若排除这些故障后，显示仍不正常，则为电阻损坏或粮食出现异常情况，要迅速处理。

2. 粮食水分检查

表上层粮食水分每半月至少应开口测一次；中、下层粮食水分每月至少测一次。发现异常应增加检测次数并及时处理。日常检查以现场快速测定为主，每月普查时用标准法测定。一般情况下可参照测温层点设置的办法确定固定取样测水点，但表、上层粮食水分要适当增加检查点。对于散存粮，为减少篷布开口，在每个取样点上，应用4～5m的手动扦样器分别向不同方位、不同距离取样检测。

3. 虫害检查

虫害检查一般随开口取样测水时一起进行。在温度较高，害虫活动频繁的季节要做到半月检查一次。检查时要耐心细致，认真做好虫情检查记录，发现害虫及时上报有关领导，确定是否熏蒸。

露天垛的害虫可分为原始性害虫和感染性害虫。原始性害虫是粮食在田间就已发生的害虫，虽然在储存前可能施药熏杀，且杀死了成虫，但深藏在粮粒内部的虫卵，因其外部的蜡质层细胞排列紧密，气体很难穿透，再加上活动量小，造成不能彻底杀死。这些虫卵在储藏期间一旦遇到适合于生长发育的条件，就会迅速生长繁殖，短时间内出现大量害虫。感染性害虫为粮食在运输储存过程中由外部蔓延而来的害虫，这种情况是害虫起初不明显，但任其生长繁殖，会在来年产生一场大的虫害。由于露天储存密闭条件差，有时还需定期拉开篷布进行通风降温，这都加大了感染害虫的机会，为害虫的生长繁殖提供了条件。

（二）结露检查

土堤仓内外温差很大，特别是秋冬之交，需要密切注意表层结露，进入冬季后，应加强对表层结露的检查。主要通过脚手触动篷布以感觉粮堆表层变化，分析是否出现结露，有疑点则开口检查。一旦发现表层局部水分增加，即是局部结露，可揭开篷布，进行散湿处理或翻动粮面或局部晾晒，提高散湿效果，至水分降至安全范围即可覆盖篷布。

（三）储粮品质检查

露天储藏的条件比较恶劣，粮食品质的变化要快于仓内储藏，所以对储粮品质检查的时间间隔应短于仓内储藏。做好粮食品质的定期检查，以储存品质指标指导轮换是保证储粮品质、确保安全储藏的关键环节。取样时应适当增加特殊部位取样点，如表层、底层、外层、脊部等，对那些发热、结露、生虫等部位，也应重点检查，以确保整堆粮食的安全。

思考题

1. 什么是露天储粮？其特点有哪些？
2. 我国露天储粮的类型有哪些？
3. 简述露天储粮堆基的性能要求。
4. 建造土堤仓时如何对地坪进行处理？
5. 露天储粮常用的铺垫材料、苫盖材料有哪些？
6. 露天储粮挂围、苫顶应注意哪些问题？
7. 露天储粮防虫技术包含哪些内容？
8. 露天储粮隔热控温技术包括哪些内容？
9. 露天储粮的防火有哪些具体措施？
10. 防止露天储粮结露的措施有哪些？
11. 如何加强露天储粮垛、囤、堤的管理？

参考文献

1. 王若兰. 粮油储藏学. 北京:中国轻工业出版社,2009.
2. 国家粮食储备局储运管理司. 中国粮食储藏大全. 重庆:重庆大学出版社,1994.

3. 粮食大辞典编辑委员会. 粮食大辞典. 北京：中国物资出版社,2009.

4. 商业部粮食储运局. 露天储粮. 郑州：河南科学技术出版社,1991.

5. 巩献忠. 露天垛储粮防结露技术发展应用及管理探讨. 粮油仓储科技通讯,2007, (3):55-56.

6. 向长琼,张华昌,罗海军. 露天储粮技术管理探析. 粮油仓储科技通讯,2013,(5): 14-17.

7. 孙宝明. 抓好"六防一管"确保露天储粮安全. 黑龙江粮食,2013,(8):53-54.

第三篇　粮油储藏专项技术

第十章　原粮及成品粮的储藏

【学习指导】

了解稻谷、小麦、玉米及主要杂粮的形态与结构，了解稻谷与大米、小麦与小麦粉、玉米与玉米粉在储藏过程中的品质变化，掌握稻谷与大米、小麦与小麦粉、玉米与玉米粉以及主要杂粮的储藏特性和储藏方法。

第一节　稻谷与大米的储藏

我国是稻作历史最悠久、水稻遗传资源最丰富的国家之一。经过数千年的种植与选育，全国稻谷品种繁多，据不完全统计，目前已达4万~5万个。稻谷是我国最主要的粮食作物之一，产量约占粮食总产量的1/2，在国家储备粮中占有重要的地位。

一、稻谷的籽粒形态与结构

稻谷由稻壳和糙米两部分构成，稻谷籽粒的形态如图10-1所示。一般为细长形或椭圆形，其色泽呈稻黄色、金黄色，还有的呈黄褐色、棕红色等。稻壳包括内颖、外颖、护颖和颖尖（颖尖伸长为芒）4部分，稻谷加工后稻壳即为砻糠（俗称大糠）。外颖比内颖略长而大，内、外颖沿边缘卷起成钩状，互相钩合包住颖果。颖的表面生有针状或钩状茸毛，茸毛的疏密和长短因品种而异。稻谷加工去壳后的颖果部分即为糙米，其形态与稻粒相似，一般为细长形或椭圆形。糙米有胚的一面称腹面，为外颖所包，无胚的一面称背面，为内颖所包。糙米表面共有五条纵向沟纹，背面的一条称背沟，两侧各有两条称米沟。纵沟的深浅因品种不同而异，对碾米工艺影响较大。沟纹深的稻米，加工时皮层很难全部除去，对出米率也有一定的影响。糙米由果皮、种皮、外胚乳、胚乳和胚组成。胚乳占颖果的绝大部分，由糊粉层和淀粉细胞组成。胚位于米粒腹面基部，色素位于果皮中。稻谷籽粒结构如图10-2所示。

二、稻谷的分类

稻谷是禾本科稻属一年生草本植物。目前栽培的稻谷，都属于普通栽培稻亚属中的普通稻亚种。

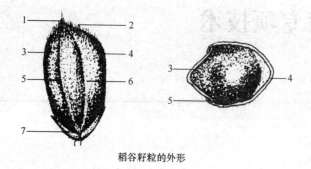

稻谷籽粒的外形

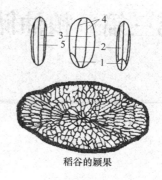

稻谷的颖果

1—颖尖　2—茸毛　3—内颖　4—外颖
5—内外颖重叠处　6—脉迹　7—护颖

1—胚　2—腹部　3—背部
4—小沟　5—背沟

图 10 - 1　稻谷籽粒外形与颖果

按照生长期，可将稻谷分为早稻、中稻和晚稻三类。一般早稻的生长期在 120d 以内，中稻在 120 ~ 150d，晚稻的生长期在 150d 以上。

按照粒形和粒质，可将稻谷分为籼稻、粳稻和糯稻。籼稻一般呈长椭圆形或细长形，粒上茸毛稀而短，米粒呈半透明，腹白较大，硬质粒较少，含直链淀粉多，米饭黏性小，胀性大，出饭率高。粳稻一般呈椭圆形，较籼稻短而圆，粒上茸毛浓而密，米粒蜡白有光泽，呈透明或半透明，腹白较小，硬质粒较多，含支链淀粉多，米饭黏性大，胀性较小，出饭率低。糯稻分为籼糯和粳糯，所含淀粉几乎全部是支链淀粉，因而米饭黏性最大，胀性最小，出饭率最低。

根据米质的优劣，稻谷分为普通稻和优质稻。优质稻是指由优质品种生产，符合国家标准《优质稻谷》（GB/T 17891—1999）要求的稻谷。优质稻米皮薄，组织坚实，直链淀粉含量中等偏低，胶稠度中等偏软，透明度较高，光泽好，米粒延伸性好，脂肪含量较高，食味品质好。

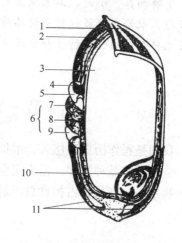

图 10 - 2　稻谷籽粒结构图
1—外颖　2—内颖　3—胚乳　4—糊粉层
5—种皮　6—果皮　7—内果皮　8—中果皮
9—外果皮　10—胚　11—护颖

根据遗传性状可将稻谷分为常规稻、杂交稻和转基因稻谷。常规稻即可以留种且后代不分离的稻谷品种。选用两个在遗传上有一定差异，同时它们的优良性状又能互补的水稻品种进行杂交，产生具有杂种优势的第一代杂交种用于生产，就是杂交稻。因为杂交稻的基因型是杂合的，子代性状与上代分离，制种不孕率高，所以需要每年制种。转基因稻谷是指通过转基因技术将不同品种水稻或近缘物种的抗虫基因、抗病基因等导入某种水稻基因组内培育出的稻谷品种。对转基因稻谷的研究及商业化一直存在争议。

按生长的环境条件和所需的水量，可将稻谷分为水稻和陆稻。陆稻在我国栽培很少。

我国国家标准《稻谷》（GB 1350—2009）规定，稻谷按照生长期、粒形和粒质分为早籼稻谷、晚籼稻谷、粳稻谷、籼糯稻谷、粳糯稻谷五类，各类稻谷以出糙率为定等指标。

三、稻谷的化学组成

稻谷的化学成分主要有水分、糖类、蛋白质、脂肪、矿物质以及维生素。稻谷籽粒各组成部分的化学成分及含量如表 10 - 1 所示。

表 10 - 1		稻谷籽粒各部分的化学成分及含量				单位:%
名称	水分	粗蛋白质	粗脂肪	粗纤维	灰分	无氮抽提物
稻谷	11. 68	8. 09	1. 80	8. 89	5. 02	64. 52
糙米	12. 16	9. 13	2. 00	1. 08	1. 10	74. 53
胚乳	12. 4	7. 6	0. 3	0. 4	0. 5	78. 8
胚	12. 4	21. 6	20. 7	7. 5	8. 7	29. 1
米糠	13. 5	14. 8	18. 2	9. 0	9. 4	35. 1
稻壳	8. 49	3. 56	0. 93	39. 05	18. 59	29. 38

四、稻谷在储藏过程中的品质变化

（一）稻谷种用品质和酶活力的变化

新收获的稻谷，一般籽粒新鲜饱满，经过后熟作用之后，发芽率通常都在95%以上。在正常储藏条件下，由于稻谷的陈化作用，其种用品质逐渐下降。在不良储藏条件下稻谷发生结露、发热、霉变，极易丧失其活力，发芽率很快下降。稻谷在储藏期间，α - 淀粉酶、β - 淀粉酶、脂肪酶、过氧化氢酶、过氧化物酶活力逐渐降低。

（二）稻谷主要营养成分的变化

1. 淀粉的变化

淀粉在储藏期间虽然受酶的作用水解成糊精、麦芽糖，进而分解成葡萄糖，但由于基数大，在数量方面变化不明显，而在质量方面则变化较大。支链淀粉占总淀粉的比例明显下降，直链淀粉含量增加，其中溶于热水的直链淀粉（可溶性直链淀粉）含量降低，而不溶性直链淀粉则逐渐增加。支链淀粉有脱支的倾向，这可能是由于大米中脱支酶仍保持活性，并作用于1，6 - 糖苷键使支链淀粉脱支。

2. 蛋白质及氨基酸的变化

稻谷在储藏期间，总蛋白质含量基本保持不变，蛋白质的变化主要表现为结构和类型等方面的改变。储藏 3 年的稻谷，总蛋白质含量变化不大，但储藏 14 个月时，非蛋白氮突然下降，下降率达 10% ~42%，水溶性蛋白质和盐溶性蛋白质也随稻谷储藏时间的延长而下降。正常储藏 1 年的稻谷，盐溶性蛋白质下降达28%。密闭储藏三年后，稻谷盐溶性蛋白质普遍下降。在常规条件下储藏三年的稻米，游离氨基酸有所下降，其中赖氨酸含量下降14% ~46%。从蛋白质结构上来讲，稻谷储藏后，蛋白质会出现分子质量增长的趋势。Chrastil 和任顺成等报道，无论新米还是陈米的谷蛋白电泳图谱中都有从 12. 3 ~202ku 的 13 个谱带，但是陈米的谷蛋白中，低分子质量谱带含量减少，高分子质量谱带含质量增多，谷蛋白的平均分子质量增大。大米陈化过程中品质变化的部分原因可能来源于蛋白质结构上的变化。

3. 脂类的变化

储藏过程中稻谷脂类的变化主要有两方面：一是氧化作用，脂类中脂肪酸组成多为不饱和脂肪酸，能被氧化产生羰基化合物，主要为醛、酮类物质；二是水解作用，油脂受脂肪酶水解产生甘油和脂肪酸。一般来说，低水分稻谷的脂类以氧化为主，高水分稻谷的脂类则以水解为主。脂肪酶是脂肪分解代谢中第一个参与反应的酶，一般认为它对脂肪的转化速率起着调控的作用，是稻谷储藏过程中脂肪酸败变质的主要原因之一。王若兰等研究发现脂肪酶和脂肪氧化酶缺失的样品，其脂肪酸值、过氧化值的增加速度明显低于对照样品，从而证实了脂肪酶和脂肪氧化酶在一定程度上具有加速稻谷陈化的作用。

4. 维生素的变化

稻谷中维生素主要有维生素 B_1、维生素 B_2、维生素 B_3、维生素 B_5、维生素 B_6 等 B 族维生素，还有少量维生素 A 原——胡萝卜素和维生素 E。储藏条件及含水量不同，稻谷中各种维生素的变化不尽相同。正常储藏条件下，安全水分以内的稻谷维生素 B_1 的降低比高水分稻谷要小得多。在正常情况下，稻谷中的维生素 B_1、维生素 B_2、维生素 B_6 和维生素 E 都比较稳定，但在大米中则容易分解。

（三）稻谷食用品质的变化

1. 大米的吸水率与膨胀率

在储藏最初几个月内，大米的吸水率有所增加，但继续储藏一段时间会逐步下降。蒸煮时，陈化大米的吸水率随着储藏时间的延长而增加，膨胀率也随着储藏时间的延长而增高，储藏温度越高，这种变化越明显。

2. 米汤固形物

在储藏过程中，随着稻谷的陈化，蒸煮时米汤中可溶性固形物逐渐减少。Chrastil 报道，中、长粒稻米在 4℃ 条件下储藏 1 年，米汤固形物含量分别降低 21% 和 18.7%。

3. 米汤碘蓝值

一般品质优良的新鲜大米，米汤中淀粉与碘生成物的蓝色较深，米汤碘蓝值较高。蒸煮时，米饭黏性好，从而表现出良好的适口性和黏弹性。稻米陈化后，则米汤稀，淀粉与碘生成物的蓝色较浅，米汤碘蓝值较低，米饭口感变差。

4. 运动黏度

随着稻米储藏时间延长，运动黏度不断下降。运动黏度与米饭品尝评分相关性十分密切，相关系数达 0.01 的显著水平。籼米的水分越高，储藏温度越高，运动黏度下降越显著，因此，可将运动黏度作为衡量稻米储藏品质的指标。

5. 直链淀粉含量

稻谷在储藏期间的总直链淀粉含量没有显著变化，但所有稻谷品种的可溶性直链淀粉含量随着储藏时间延长而降低，而不溶性直链淀粉含量逐渐增高。研究表明，直链淀粉含量与蒸煮时大米黏性呈明显的负相关，不溶性直链淀粉增多，使米饭黏性下降。不溶性直链淀粉含量可用作反映稻米陈化程度的一个重要指标。

6. 糊化温度与糊化特性

在正常储藏条件下，稻米的糊化温度随储藏时间的延长而逐渐上升。米粉的糊化特性试验表明，常规储藏的大米，7 个月后的最终黏度值和回生后黏度增加值显著增大，其他特性值也略有增加。储藏一年后除糊化温度和黏度最高时的温度外，其余均显著增大。因此，一般认为大米淀粉最终黏度值和回生后黏度增加值的增大，意味着大米有陈化的趋势。

五、稻谷的储藏特性及储藏方法

（一）稻谷的储藏特性

稻谷具有稻壳保护，对防止虫霉危害与缓解稻米吸湿有一定的作用，故在储藏过程中稻谷的稳定性比糙米、大米、小麦粉等成品粮要高。由于收获期不同，不同种类的稻谷储藏特性也不相同。如早稻、中稻收获时正值高温季节，便于及时干燥，入仓水分较低，但易感染害虫；晚稻秋后收获，正值低温季节，虫害较少，但不易干燥，入仓水分较高，容易引起发热霉变。在正常储藏条件下，新稻谷的生理活性较强，呼吸旺盛，而后逐渐降低而趋于平稳，储藏稳定性增高。稻谷储藏期一般不宜超过三年。

1. 易陈化

在原粮中，稻谷是容易陈化的粮种。高温环境对稻谷储藏品质影响较大，每经历一个高温季节，稻谷陈化明显，如酶活力减弱，黏性降低，发芽率、黏度下降，脂肪酸值上升，其中糯稻最不稳定，粳稻次之，籼稻比较稳定。而且稻谷的水分越大、温度越高、储藏时间越长，其陈化现象出现得越早、越严重。因此，在稻谷保管中，要采用低温储藏，并注意推陈储新。

2. 易生虫

危害稻谷的储粮害虫至少有 20 余种，其中尤以玉米象、谷蠹、锯谷盗、麦蛾、印度谷蛾等危害较为严重。我国南方早稻入仓时处于梅雨、气温上升季节，容易受到害虫的侵染。粮堆害虫积聚的部位随季节而不同，冬季一般都积聚于中下层，春暖以后逐渐迁徙至上层，高温季节以上层为主，秋凉后又向中下层迁徙。麦蛾最早，4 月就发生；玉米象在 5 ~ 6 月发生；而谷蠹是一种分布广、破坏性大的害虫，在温带地区一年发生两代，在亚热带地区可发生四代。

3. 易发热霉变

稻谷在储藏期间发热霉变与其水分含量密切相关。在一定的温度下，当稻谷的水分含量达到某一临界值时，就会出现发热霉变现象。籼稻一般水分含量低，发热较少，而晚粳稻水分含量较高，较容易发热。在季节转换时期，高温粮堆的表层会引起水分分层和结顶现象，造成稻谷结露、发热霉变，甚至发芽霉烂。在人工踏实入仓的粮堆和进仓踏脚处，粮堆孔隙度变小，湿热不易散发，也容易发热。地坪返潮或仓墙裂缝渗水以及害虫大量繁殖，都会造成粮堆发热。在诸多因素中，微生物大量繁殖是引起高水分稻谷发热的主要原因。

稻谷表层结露、高温粮入仓或发热稻谷处理不及时，发热持续发展就会演变成霉变。稻谷霉变主要是霉菌作用的结果，通常与粮食发热的条件关系密切，也有不发热而霉变的。危害稻谷的大多数微生物为中温性的，在 20 ~ 25℃时生长良好，繁殖速度快。常规储藏的粮食温度范围正好满足这些微生物的生长需求。在梅雨季节，如水分含量偏高的稻谷可能是发热与生霉同时发生；在高温季节往往发热到中期或后期，稻谷开始霉变，其发生的部位在表层居多。稻谷霉变最先出现并且易于观察到的现象是：局部水分增高，略觉潮润，散落性降低，籽粒发软，硬度降低，有轻度霉味，色泽开始微显鲜艳，继而谷壳潮润挂灰、泛白，未成熟粒偶见白色或绿色霉点等。早期的发热霉变，粮温不高，米质尚未变化，是处理的关键时刻，应及时采取措施。

4. 易发芽、霉烂

普通稻谷后熟期短，大多数品种如籼稻基本上没有后熟期。稻谷在田间成熟时，种胚发育基本完成，已具有发芽能力，加之稻谷萌发所需水量较低，水分含量只要达到23%以上，温度适宜，通气良好，稻谷就能发芽。因此，稻谷在收获、晾晒、输送或储藏过程中，被雨淋、受潮、结露，或入仓后发生水分转移，都可能导致发芽甚至是霉烂。凡发过芽的稻谷，其储藏稳定性大大降低。

5. 易黄变

稻谷在收获期间若未能及时脱粒干燥，就会在堆垛内发热产生黄变，生成黄粒米。稻谷在储藏期间，不论在仓内保管还是露天存放，都会发生黄变现象，这与稻谷储藏时的温度和水分有密切关系。粮温与水分互相影响、互相作用，就会加速稻谷黄变，粮温越高，水分含量越大，黄变就越严重。据资料介绍，气温在 26～37℃ 时，稻谷水分含量在18%以上，堆放3d就会有10%的黄粒米；水分含量在20%以上，堆放7d就会有30%左右的黄粒米。稻谷的水分越高，发热的次数越多，黄粒米的含量也越高。稻谷黄变现象，还会随储藏时间延长而增加，如早稻含水量在13.5%以内，虽然没有发热霉变，但储存时间达2年的，其黄粒米含量也会上升至5%；储藏 3～7 年，黄粒米含量可增至 5%～10%；储藏10年以上，黄粒米含量则可上升至10%以上。稻谷黄变后，出糙率降低，发芽率、黏度下降，酸价升高，脂肪酸值增加，碎米增多，食用品质和种用品质明显劣变。

（二）稻谷的储藏方法

1. 常规储藏

常规储藏是自然气候条件下，对储藏的粮食主要采取清洁卫生、自然通风、定期检查粮情等一般技术和常规管理措施的储粮方法。在一个储藏周期内，通过提高入库质量，并做到种类分开、好次分开、不同水分分开、新陈分开、有虫无虫分开存放，加强储藏期间的粮情检查，根据季节变化采用适当的管理措施，基本上能够做到安全保管。

2. 一般密闭储藏

如果稻谷无虫，水分较低，在既能降水又能降温的情况下，可以通风降温散湿，其余时间均应进行一般密闭储藏，即将全部门窗、孔洞封闭，压盖粮面储藏。

3. 低温密闭储藏

稻谷耐热性差，储藏温度越高，品质劣变越快，故稻谷适宜低温密闭储藏。一般可以利用冬天寒冷天气进行自然通风或机械通风，尽可能将粮温降到10℃以下，水分降到安全标准以内，春暖前进行压盖密闭，这样可以较长时间保持粮堆的低温状态，减少外温影响，增加储藏稳定性。浙江、湖北、湖南、江苏、四川、河南和陕西等省粮食储备库大量的低温储粮应用实例表明，通过冬季通风降温的粮堆，北方粮库只需采取一种措施，仓房的隔热改造或粮面压盖密闭，粮堆在度夏时的平均粮温可以较容易地控制在20℃左右，而南方粮库要达到同样的低温效果，则要采取两种或两种以上措施，仓房的隔热改造加粮面压盖密闭，且隔热措施要强于北方地区，对于华南地区甚至还要加上空调降温等技术措施。

4. "双低""三低"储粮

"双低"储粮是在自然缺氧储藏的基础上，再施加低剂量的磷化铝，确保储粮安全。在密闭条件下，利用稻谷本身和微生物的呼吸作用，降低粮堆内的氧气浓度，恶化虫霉的生态条件；将适量磷化铝投入薄膜内，可减少药剂挥发空间，相应地增大了粮堆内磷化氢的有效浓度。稻谷在综合因素的影响下，生命活动受到抑制，害虫死亡，微生物也不能繁殖，因而处于稳定状态。

"三低"储粮是在"双低"储粮的基础上发展起来的，即低温、低氧和低剂量磷化氢熏蒸的简称。它用于稻谷储藏，可有效地防止虫霉危害，延缓稻谷陈化。对于水分在安全范围以内，基本无虫、杂质少的稻谷，充分利用冬季寒冷天气进行通风降温，将粮温降至10℃以下，春暖前用塑料薄膜密封粮面，起到保冷和降氧作用。进入高温季节后，将适量磷化铝投入薄膜内，密封投药口，即可安全过夏。

5. 气调储粮

气调储粮主要通过对粮堆进行严格密封，利用粮堆生物体的呼吸作用或通过其他方法，降低稻谷堆中氧气浓度，增加二氧化碳浓度，达到防治害虫、抑制微生物、保持稻谷品质的目的。稻谷自然降氧的速度与粮食水分、温度密切相关，不同温度、水分稻谷密闭时间与氧气浓度的关系并不十分明显，但稻谷水分高不利于安全储藏，可以采取充氮或二氧化碳的方法，以达到气调储藏的目的。目前实现降氧的方法很多，如生物脱氧、真空充氮、二氧化碳置换、机械脱氧、分子筛脱氧等。但在保持同样效果的前提下，自然缺氧储藏简便易行，费用低，适合广大基层库点推广应用。该方法就是在密封条件下，利用微生物、害虫和粮食等生物体的呼吸作用，把粮堆内的氧气逐渐消耗，达到缺氧状态，同时二氧化碳含量相应增高。只要掌握自然缺氧储粮的规律，克服降氧速度慢等不足之处，就可以获得良好效果。

6. 高水分稻谷的特殊储藏

在南方收割早稻时往往会遇上连续阴雨天气，使大批稻谷来不及晒干而发热霉变甚至发芽霉烂。因此，搞好高水分稻谷的应急储藏是亟待解决的重要问题。

(1) 通风降温散湿　对于仓内无风道的粮库，将高水分稻谷装包堆成非字形、半非字形或井字形的通风垛，也可堆成有通风道形式的通风垛，堆高不超过 10 ~ 12 包，采取自然通风的方式降低稻谷水分。对于仓内有通风道的粮库，偏高水分的散装稻谷入仓后及时扒平粮面，一般堆高不超过 3m，然后选择气温较高（20 ~ 30℃）、湿度较低（相对湿度低于 60% ~ 65%）的有利时机，采用离心风机间歇地进行强力通风，利用仓外的干燥空气反复置换仓内与粮堆内的潮湿空气，每天通风时间不超过 4 ~ 6h，使稻谷水分逐步下降，达到安全水分要求，从而确保安全储藏。实践证明，采用通风方式储藏高水分稻谷，与人工晾晒或烘干相比较，不仅节约大量劳力与电耗，大幅度降低处理费用，减少粮食损耗，而且能更好地保持稻谷的工艺品质，保证加工大米的质量，是安全储藏高水分稻谷有效的技术措施。

(2) 高浓度磷化氢熏蒸　当仓房条件达不到低温和较高的气密要求或不具备通风降水的气候条件时，通风降温、低温冷却和缺氧密闭等储藏技术的使用就会受到限制，此时可采用高浓度磷化氢熏蒸抑菌方法保管高水分稻谷。稻谷进仓后及时严格密闭，在发热前施以高剂量的磷化铝（8 ~ 15g/m³）常规或环流熏蒸，当外界温度较高时，保持粮堆内300 ~

400mL/m³以上的磷化氢气体浓度，能有效抑制微生物的生长、粮食呼吸和高水分粮发热。在良好的密闭条件下，12g/m³剂量磷化铝熏蒸的有效防霉时间为4个月左右。到秋冬季节再对粮堆进行全部揭膜通风降温散湿，彻底解决粮食水分高的问题，确保储粮安全。

（3）准低温储藏　将高水分稻谷包装储存于低温仓内，利用谷物冷却机、空调器把仓温控制在20℃以下，进行准低温储藏，可以抑制稻谷的呼吸作用，控制虫霉危害，不仅能安全度过夏季，而且还能保持稻谷品质。

（4）缺氧应急储藏　收割后的湿谷（含水量一般为23%～25%）或尚未晒干的潮粮（含水量一般为18%左右），如遇阴雨天气无法降水时，可在晒场上避雨处或空仓内堆成高约80cm、底宽1m的梯形长条堆垛，用塑料薄膜覆盖粮堆，薄膜四周用干沙压实，保持严格密封，使粮堆尽快绝氧。高水分稻谷可以在数天内不发芽、不霉变，晒干后加工成大米，略有异味，但还能食用。这种临时应急措施适用于农户处理少量高水分稻谷，但必须在天晴时晾晒处理。

（5）施用漂白粉后密闭储藏　每吨湿谷用400g有效氯（约1kg普通漂白粉）拌匀，再用塑料薄膜密闭，堆形和上法相同。采用这一方法5～7d内湿稻谷不发芽，不霉变，晒干加工成大米，异味不大。一旦天晴应立即晾晒，降低稻谷水分。

（6）喷洒丙酸法　丙酸是一种食品添加剂，有抑制高水分稻谷发霉、发芽的作用。将稻谷堆放在室内或不淋雨的通风处，按0.1%的用量，用喷雾器将丙酸均匀喷洒在湿稻谷上，然后将湿稻谷堆成梯形长条。施药后，湿稻谷堆内温度在1～2d内不会上升，但3d后粮堆易发热，故需每天将湿稻谷摊开1～2次，这样做可使湿稻谷在7～10d内不发芽霉变，晒干加工成大米的品质比密闭法的略好。

六、大米在储藏过程中的品质变化

大米是稻谷加工后的成品。由于大米没有稻壳和皮层的保护，胶体物质易于遭受外界不良条件的影响，分解变性作用加速，因而陈化的速度较快。大米在储藏过程中品质变化主要表现为感官品质和食用品质的变化以及由于发热霉变而产生的不良变化。

（一）感官品质的变化

大米感官品质的变化主要表现在色泽和气味上。在储藏过程中常出现大米光泽逐步减退变暗且纵向沟纹呈现白色的现象，俗称"起筋"。在储藏期间，大米气味的变化也较为突出，新鲜大米的清香味易被"陈米味"取代。此外，陈米上感染的霉菌也会形成霉味，还会引起其他不良的变化。

1. 异味

大米发热霉变而产生的异味主要是微生物散发出来的轻度霉味，大米正常陈化而产生的"陈米味"则是长期新陈代谢的结果。随着储藏时间的延长，大米香气减退或消失，异味逐渐出现。

2. 出汗

由于米粒上粘附着大量微生物，在适宜的条件下微生物强烈呼吸，产生的水分聚积在米粒表面而出现潮润现象，俗称"出汗"。

3. 发软

出汗部位米粒吸湿，水分增加，硬度降低，手搓或牙咬清脆声减弱，未熟粒与病伤粒最先出现发软现象。

4. 散落性降低

米粒吸湿膨胀,使散落性降低。如用扦样器或米温计插入米堆,阻力增大,大米由扦样器流出时断断续续,手握易成团。

5. 起毛

米粒潮润,黏附糠粉,或米粒上未碾去的皮层浮起,显得毛糙不光洁,俗称"起毛"。

6. 起眼

米粒胚部组织较松,含糖、蛋白质、脂肪等营养物质较多,霉菌菌落先在胚部出现,使胚部变色,俗称"起眼"。含胚的大米颜色加深,类似咖啡色;无胚的,先是白色消失,然后变黄色,再发展变成黑绿色。

7. 起筋

米粒侧面与背面的沟纹呈白色,继续发展成灰白色,如筋纹,故称"起筋"。一般靠近米堆表层先出现,通风散热之后筋纹愈加明显,米粒表面光泽减退、发暗。

一般情况下,轻度异味、出汗、发软、散落性降低等现象的出现,是大米发热霉变的先兆,而起毛、起眼、起筋等现象出现,说明发热霉变已进入早期阶段。早期阶段可能持续的时间是不等的,当气温在15℃以下时,持续时间较长,以上早期特征可能全部出现;当气温达25℃左右时,中温性微生物大量繁殖,持续时间可能只有3~5d,不待起眼、起筋等,即急速转入霉变阶段。一般在早期发热过程中,米质损失不明显,如及时处理,不影响食用。在米质均匀的情况下,散装大米的外观品质劣变一般多出现于上层,袋装大米多出现在包心与袋口之间。在米质不均匀的情况下,一般多出现在米质较差的部位。霉变常见的深度,散装大米多发生于粮面以下10~30cm处;包装堆多发生于上层第2~3包。另外,还有一种大米霉变而不伴随发热的情况,多见于较低水分大米,特别是米堆外层,每年春、秋季气候变化时,散装米堆上层和靠近地面的外层(高度可达1m左右),可能出现这种情况,其主要原因是吸湿返潮。一般由于发霉米层很薄,不超过5cm,热量容易散失,故不易引起米堆发热。

(二)食用品质的变化

虽然大米中脂肪的含量很低,但在储藏期间脂类物质的氧化和水解却对大米的食用品质影响很大。在大米储藏中,常以脂肪酸值作为灵敏指标,通过测定大米中的游离脂肪酸含量,可了解大米的储藏情况和品质变化情况。除脂肪外,还原糖含量因淀粉在淀粉酶的作用下分解而增加,维生素的含量在储藏中也逐渐减少。大米的直链淀粉含量与其蒸煮品质有密切的关系,直链淀粉含量高的大米其蒸煮膨胀值也高,米饭干松。直链淀粉含量低的大米,出饭率低,米饭黏性强。大米在储藏期间蛋白质化学性质的变化,也与大米的蒸煮品质有直接关系。

1. 酸度

酸度通常是指粮食中酸性物质的含量。大米酸度增加是由于脂肪酸与各种有机酸增多引起的,其中游离脂肪酸的增加,往往占主导地位,故常以总酸度或脂肪酸值作为陈化程度的判定指标。

2. 黏度

大米储藏期间黏度逐渐降低,尤其经高温过夏后,黏度下降更为显著。大米黏度在储藏过程中下降的原因很多，目前还没有统一的认识。从研究的情况看，应为多种原因的综合效应。随着储藏期的延长，淀粉酶活性的降低，蛋白质由溶胶变为凝胶，陈米细胞壁较为坚固，蒸煮时不易破裂及游离脂肪酸会包裹淀粉粒，使其膨化困难等。对比不同类型稻米黏度变化速度发现，糯米下降最快，粳米次之，籼米较慢。

3. 挥发性物质

陈米和新米中挥发性化合物是不同的。据报道，戊醛与己醛是形成陈米味的主要成分。在常温条件下，储藏 7 个月的大米，其乙醛含量由 63% 减少到 24%，而戊醛、己醛含量分别增加到 8% 和 39%。近年来通过气相色谱分析研究，认为大米气味中的主要成分是一些挥发性的羰基化合物和硫化物，新米气味中的主要成分是低级的醛、酮和挥发性硫化物。随着大米的持续陈化，以硫化氢为代表的挥发性硫化物含量减少，而以戊醛、己醛为代表的挥发性羰基化合物含量增加。此外，陈米上感染的霉菌也会形成陈米气味。在测定大米储藏品质指标时，可用己醛峰面积与乙醛峰面积之比表示，或测定米饭中 H_2S 的含量来判断大米是否陈化。

4. 食味

大米储藏的时间越久，食味评分就越低，黏度逐渐降低，色泽也随之变暗。食味下降是由于陈米酸度大，葡萄糖、水溶性氮及其他呈味物质减少所致。

5. 硬度

大米的硬度与水分含量和储藏时间成反比，在储藏过程中，如不遭受虫害，一般是水分逐渐减小，硬度逐渐增大。但如果水分增加，则硬度减小。硬度的大小，也与温度有密切的关系，在一年的变化中，冬、春季的硬度高，夏秋季的硬度低。在温度 0~5℃时硬度最大，高于或低于这个温度，硬度都比较小。

6. 吸水能力

在一般温度下，随着储藏时间的延长，大米的吸水能力降低。

7. 蒸饭增量

大米储藏越久，蒸饭时的增量就越多。陈米蒸煮的米饭蓬松，黏度较小，故蒸饭增量较大。

七、大米的储藏特性及储藏方法

（一）大米的储藏特性

大米没有稻壳和皮层的保护，胚乳部分暴露，易受外界湿、热等不良条件影响和虫霉侵害。大米作为成品粮，要比其他粮种更难储存。大米的储藏特点是由其本身形态特征、内部构造及其理化、生物化学特性决定的。

1. 易爆腰

大米腰部出现不规则的龟裂称为爆腰。爆腰是由于急速地对粮粒加热或冷却，使得米粒内部与表面膨胀或收缩速度不一致，以及米粒受到外力作用所造成的。在储藏和加工过程中，稻米产生爆腰主要与湿度有关，当水分吸、散过快，爆腰率就会增加。爆腰的大米，影响其工艺品质、商品价值和食用品质，储藏稳定性也变差。高水分的大米必须在低温或常温条件下进行缓慢降温、干燥，若采用高温干燥或骤然冷却，就会造成爆腰。对高水分的稻谷应先干燥、后加工，否则加工成大米后再干燥就会产生爆腰，增加碎米量，降低使用价值，同时还会降低大米的储藏稳定性。

2. 易陈化

大米没有皮壳保护层，易受外界温、湿、氧等环境条件的影响以及害虫和霉菌的直接侵害，导致大米中营养物质快速代谢。另外，米粒表面糠粉中所含的脂肪易于氧化分解，使大米酸度增加，甚至产生异味。因此，大米与稻谷、糙米相比其储藏稳定性差，难以保管。大米陈化主要表现为米质变脆，米粒起筋，无光泽、糊化和持水力降低，黏度下降，脂肪酸值上升，米汤固形物减少；大米蒸煮后硬而不黏，有陈味，一般储存一年即有不同程度的陈化。大米若水分大、温度高、精度低、糠粉多则陈化快，尤其在盛夏梅雨季节陈化更快。

3. 易吸湿返潮

大米胚乳中亲水胶体直接与空气接触，具有较高的吸湿性，又由于大米本身的平衡水分较高，且又对环境温度、湿度的变化较为敏感，因此在储藏过程中非常容易吸湿返潮。大米的吸湿能力与加工精度、糠粉含量、碎米含量等有关，加工精度低、糠粉和碎米含量高，吸湿能力强。

4. 易霉变

由于大米容易吸湿返潮，在各种温度、湿度条件下，其平衡水分均较高，大米在储藏过程中易发热和霉变。除此之外，发生霉变还与大米表面糠粉多、热机米未及时摊凉以及虫害有关。

引起大米霉变的微生物主要是真菌中的霉菌。霉变初期大米表面发灰，失去光泽，呈现灰粉状，沟纹形成白线。霉变过程中表现为发热、出汗，接着就会出现脱糠或称发灰，表面呈现霉臭味。同时霉菌自身及其代谢物还会产生色素，引起大米变色，使米粒失去原有的色泽而呈现出黑、暗、黄等颜色。若继续发展下去，水分增大，米粒松软，霉菌大量繁殖，产生各种色泽（白色、微黄色、绿色、紫色、黄褐色、黑色）并发出异味，最后腐烂。

5. 易生虫

大米与稻谷相比缺少了外壳的保护，使其更容易遭受害虫危害，尤其是在高温季节虫害更为严重。害虫的种类与稻谷害虫相同。

（二）大米的储藏方法

储藏大米时，要根据大米的品质和季节，采用通风降温、低温密闭、气调储藏、"双低"储藏等技术进行综合处理，延缓大米劣变速度，防止发热霉变，达到安全储藏的目的。

大米储藏的形式主要有包装与散装两种，对短期内需外调或供应的大米可采用包装储藏。对于质量差、水分大、温度高、杂质多的大米也要采用包装储藏。对于量大又要长期储藏的大米一般采用散装储藏。

1. 常温储藏

常温储藏是目前应用最广泛的大米储藏方式，是指大米在常温条件下，适时进行通风或密闭的储藏方法。常温储藏必须有配套的防潮隔热措施，是其他储藏技术应用的基础。常规储藏的大米最好选在冬季进仓，或在低温季节通过机械通风冷却粮堆，以提高大米储藏的稳定性。在春季气温上升前，对门窗和大米堆垛进行密闭和压盖，防止大米吸湿和延缓粮温上升。

2. 低温储藏

低温储藏是大米储藏中保鲜效果最好的方法。实现低温的途径有两种：一是利用机械通风将秋冬低温空气通入粮堆，使仓内大米温度降至低温状态，并利用粮食热容量大、导热系数小的特性，使大米较长时间处于低温状态；二是在夏秋季高温季节机械制冷补充冷源，以保持粮温的准低温状态。

（1）自然低温储藏　利用自然通风或机械通风将冬季的自然低温空气送入粮堆，将大米温度降至10℃以下，待春暖前对质量好、水分低、杂质在0.1%以下的大米进行低温密闭储藏。这样的大米基本上可以保管至夏季，当上层粮温达20℃以上时，可能会陆续发生变化，如出现出汗、起毛等现象，然后逐渐向下扩展。根据这一特点，一是可以采取"剥皮"处理的办法，逐层装包供应，不损粮质；二是在春季及时压盖粮面，夏季降低仓温，以减缓表层粮温上升的速度；三是可以用塑料薄膜分堆密闭或进行磷化氢化学保藏处理，抑制虫霉生长，度过盛夏。

（2）机械制冷低温储藏　采用自然低温密闭储藏法，虽然可以延长大米的安全储藏期，但不能完全度过夏季的高温期。因此，在自然低温隔热密闭的基础上，南方地区可以结合使用谷物冷却机、空调器等制冷设备降低粮温和仓温，这是确保高水分大米过夏的一个重要措施。根据实践，采用这一办法，大米水分含量在16%左右，粮温控制在15℃以下，基本能抑制虫霉发展，保持大米品质，安全度过高温季节。使用谷物冷却机冷却粮食，对仓房的隔热性能要求不高，降低了低温储粮的费用，移动式设备使用灵活方便，较好地解决了固定式蒸气压缩式制冷机组存在的问题，在保管大米时，特别是在生产优质大米或经营出口大米的企业中得到很好的应用。

3. 气调储藏

大米气调储藏的方法主要有自然缺氧、真空包装、充二氧化碳、充氮、生物降氧和化学剂除氧等几种。

（1）自然缺氧密闭储藏　大米自然缺氧密闭储藏操作简便，成本低廉，是大米储藏的主要技术措施。控制水分是大米缺氧储藏的关键，水分含量高，大米呼吸旺盛，粮堆内湿度也高，度夏后产生异味；水分含量低，大米呼吸微弱，不能达到缺氧的目的。因此，自然缺氧储藏应选择水分适宜的大米。密封时的粮温高低，直接影响自然缺氧储藏大米的呼吸强弱和降氧速度，一般在20℃左右较为适宜。

（2）真空包装储藏　真空包装储藏是利用包装材料良好的气密性，使大米处于绝氧稳定状态，从而达到防虫、防霉的目的。其方法为将大米装入聚酯/聚乙烯复合薄膜塑料袋中，用真空包装机进行抽真空后直接封口，米袋内呈负压状态，塑料薄膜紧贴米粒形成硬块状。因袋内呈真空状态，储粮害虫缺氧窒息死亡，霉菌的生长也受到抑制，从而保持大米品质。

（3）充二氧化碳包装储藏　充二氧化碳气调包装储藏，日本称为"冬眠"包装，它是利用大米吸附二氧化碳的机制，采用抗拉性强、又不透气的特殊复合薄膜作为包装材料，用包装机将大米和二氧化碳同时装入袋内，合口密封，经过一段时间后便成为胶实状的硬块，这一储藏技术不仅能防止害虫和微生物侵害，而且由于二氧化碳的作用，有效地抑制了粮食中呼吸酶的活性，降低粮食呼吸强度，防止粮食中脂肪的氧化和分解，从而达到延缓粮食陈化的目的。具体操作方法是将大米用阻气性能较好的聚酯/聚乙烯复合塑料袋密封包装，先抽真空再充入 30% 以上二氧化碳气体封口密闭。经充气后塑料袋稍微鼓起，放置 12h，大米吸附二氧化碳呈胶实硬块状。试验表明：水分含量为 16.5% 的大米采用二氧化碳"冬眠"技术包装，经高温高湿试验，能有效抑制霉菌生长。二氧化碳气调储藏大米的方法，能大大地延缓其品质陈化速度，保鲜效果远比"双低"和"自然缺氧"优越。尤其水分含量高的大米采用高二氧化碳（90% 以上）处理效果更加明显。

（4）充氮包装储藏　先抽真空后再充入氮气，并封口密闭，氮气浓度达 95%，保鲜效果优于真空包装。充氮储藏操作方法与充二氧化碳储藏方法基本相同，只是氮浓度相对较高。

（5）脱氧剂缺氧储藏　脱氧剂是一种能与氧气反应从而去除空气中氧气的物质，常见的脱氧剂有特制铁粉、连二亚硫酸钠等。将脱氧剂与粮食密封在一起，能吸收粮堆中的氧气，使粮食处于基本无氧的环境中，从而抑制粮食的生理活动和虫霉危害，达到安全储藏的目的。脱氧剂脱氧具有无毒、无味、无污染、除氧迅速、操作简单等优点，弥补粮食自然降氧无法降至低氧状态的不足。

4. 电子辐照防霉储藏

电子辐照防霉储藏是利用电子加速器产生的射线辐照大米后再进行储藏。用 1kGy 剂量辐照大米后，可使昆虫不育或死亡，而当辐照剂量达到 2 ~ 4kGy 时，霉菌就会停止生长。一般认为，在适当的剂量范围内，经辐照处理的大米是安全的。

5. 化学储藏

目前，化学储藏主要是使用磷化氢密闭储藏。高浓度磷化氢可抑制大米上的霉菌繁殖，达到预防高水分大米发热霉变的目的。防霉的关键在于保持磷化氢的有效浓度（$0.2g/m^3$ 以上），提高 $C \cdot T$ 值（磷化氢熏蒸浓度与熏蒸时间的乘积），否则不能有效限制霉菌的繁殖，大米仍有可能发热霉变。根据大米储藏期的长短、水分与温度等情况的不同，选择不同的磷化氢控霉法，常用的方法有快释法、快缓结合法和缓释法。

6. 生物制剂保鲜技术

我国研发的高水溶性脱乙酰甲壳素（壳聚糖）、高活性葡萄糖氧化酶等多种生物成分经有机配合而成的大米生物保鲜制剂，对大米防潮、防菌、防变质具有很好的效果，仓储保鲜期可达 6 个月以上，最长可达两年。美国研制出的一种大米保鲜剂，其主要成分是丙酸、氢氧化钠、氢氧化铵等，该保鲜剂使用了多种潮解物，有效抑制水分移动，将大米的水分控制并保持在最合理的水分含量，同时利用丙酸的防霉杀菌作用，达到保鲜效果。

7. 物理杀虫、杀菌保鲜技术

物理杀菌是一种近几年才兴起的冷杀菌技术，它是运用物理手段，如场（包括电场、磁场）、高压、电子、光等的单一或者两种以上的因子共同作用，在低温或常温下达到杀菌目的。目前大米物理杀菌保鲜的方法主要有微波大米保鲜技术、电子束消毒杀菌保鲜技术，有适于包装大米的微波保鲜技术和仓储大米的微波保鲜技术。微波处理具有速度快，不污染大米和环境等特点，可有效控制大米中的虫霉，是替代化学熏蒸控制储粮害虫的一种有潜力的方法。

8. 隔氧、防霉包装材料保鲜技术

日本研制出一种强密封性包装袋，它由一种特殊塑料制成，具有极好的隔氧作用。用它来包装新大米，可长久保持大米的色、香、味不变，而且袋内产生的二氧化碳还有防虫、防霉的作用。国外还将 TBZE2 –（4 – 噻唑基）苯并咪唑按 0.1% ~0.2% 的比例添加到 PE、PP、A1 与 PE 复合薄膜中，制成一种防霉包装材料，用来包装大米，封口后具有良好的抗菌、防霉效果。近来国外又开发出一种能长期防止粮食发霉的包装袋。它用聚乙烯制造而成，含有 0.01% ~0.05% 香草醚，能长期抑制霉菌，还能使大米有一种香味。

9. 综合治理

大米储藏的综合治理，即利用主观和客观的条件，因地制宜，利用技术优势加以方法的组合，以达到最佳的储藏效果。

（1）缺氧防霉，低温保质　水分含量 16% 左右的粳米，在进入低温仓后，由于水分偏高，15~18℃ 的温度范围不能抑制霉菌繁殖，但含水量高的大米在密封条件下可以迅速达到缺氧状态。因此，在大米进入低温仓时，可采用塑料薄膜密封缺氧，达到抑霉作用，同时控温以达到保质的目的。

（2）低药处理，防止白霉　水分含量 16% 左右的粳米缺氧储藏过夏后往往产生白霉和酒精味，上海地区从 1980 年开始在大米临近缺氧时投入适量的磷化铝，可以抑制白霉产生和防止异味。

（3）低温干燥，防潮隔热　低温干燥是保持大米稳定性的有效措施，而气调可以防止外界湿度影响，但水分高的大米还会产生粮堆水分转移和薄膜内温差结露。控温储藏大米的原始粮温高，下降较难。因此，对气控、温控的大米同样还要采取防潮隔热措施。上海地区对气控、温控的大米，在梅雨到来之时每个粮垛都采取草片包围压盖、门窗密闭防潮隔热措施，确保大米品质稳定。

八、稻谷、大米储藏技术管理

（一）稻谷储藏技术管理

粮食储藏技术效果的优劣，不仅取决于技术水平的高低，而且取决于技术水平发挥的好坏。要让技术水平发挥好，就必须在粮食储藏的全过程加强技术管理。

在稻谷储藏过程中，要切实做好粮堆的隔热密闭保冷工作，从而抑制稻谷的呼吸作用与虫霉生长繁殖的能力，减少外界不良因素的影响，避免稻谷发生有害的生理活动与生化变化，防止虫霉感染，实现安全储藏，较长时间保持稻谷的品质与新鲜度。若在储藏期间管理不善，稻谷就会产生各种如发热霉变、发芽霉烂、品质劣变等现象。做好稻谷储藏工作的关键是控制入仓的粮质，达到"干、饱、净"的要求，坚持做到"五分开"，即不同品种、不同水分、不同等级、有虫无虫、新粮与陈粮分开储藏，加强粮情检查和储粮管理，经常做好仓房的隔热防潮、粮堆的防虫与防霉等工作，并根据常年的粮情变化与季节变化，采取适当措施控制粮情变化。

1. 改善仓储条件，提高仓房隔热保冷性能

稻谷不耐高温，炎热高湿的气候条件不利于稻谷储藏。每经过一个夏季，稻谷品质陈化显著，而在低温下储存则可以明显延缓品质陈化，有效保持稻谷原有的新鲜品质。因此，在南方高温地区要做好稻谷的储藏保鲜工作，必须改善仓储条件，提高仓房隔热保冷的性能。

2. 控制入库水分，提高储粮稳定性

稻谷发热霉变既与储藏温度有关，又与其所含水分有关，因此在稻谷入库时必须控制水分。因为受到多种因素的制约，粮食仓储企业很难收购符合质量标准的稻谷，所以在入仓过程中要通过日晒、通风降水和干燥降水等技术措施，做好超标准水分粮的保管工作。表 10 - 2 给出了各种稻谷在不同温度下的安全水分。长期储藏的稻谷应该比表 10 - 2 中的数值再低一些。稻谷的安全水分标准与品种有关，一般情况下，粳稻的安全水分可以高一些，籼稻应低一些；晚稻可以高一些，早稻应低一些。种用稻谷为了保持发芽率，度夏水分应低于上述安全标准 1%。安全水分标准还与稻谷的成熟度、纯净度、病伤粒等有密切关系，如稻谷籽粒饱满、杂质少、基本无虫、无芽谷、无病伤粒，其安全程度就高；反之，其安全程度就低。水分、温度对稻谷储藏的稳定性是相互影响的，在一定温度范围内有一个相应的安全水分。即低水分的稻谷能在较高温度中储藏，而高水分的稻谷就必须储藏在低温环境中才能确保安全。

表 10 - 2		在不同温度下稻谷的安全水分		
稻谷温度	籼稻水分/%		粳稻水分/%	
	早籼	中、晚籼	早、中粳	晚粳
30℃左右	13 以下	13.5 以下	14 以下	15 以下
20℃左右	14 左右	14.5 左右	15 左右	16 左右
10℃左右	15 左右	15.5 左右	16 左右	17 左右
5℃左右	16 以下	16.5 以下	17 以下	18 以下

3. 清理除杂，控制入仓粮质

稻谷中常混有稗子杂草、穗梗及瘪粒等有机杂质以及灰尘、泥土、沙石等无机杂质，容易造成杂质在粮堆的某一部位集中，形成杂质聚集区。这些杂质水分含量高，呼吸强度大，吸水性强，带菌量多，加上细小杂质堵塞粮堆的孔隙，造成湿热积聚，不易散发，容易引起稻谷发热霉变、虫霉繁殖，影响粮食的通风降温散湿和熏蒸杀虫的效果。随着粮食收购主体的多元化，粮食经营面临更加激烈的竞争，企业很难收到符合质量标准的粮食，入仓粮食的水分大，杂质多，加之大型仓房和输送机械的大量使用，在入仓清理去杂环节的工作如不到位，仓内粮食的杂质自动分级现象严重，势必会影响到稻谷储藏过程中的稳定性。因此，要严把入仓质量关，对不符合要求的粮食一定要进行整治，降低水分，清理过筛，使之符合安全储粮的要求。通常情况下，需要初清筛、振动筛组成的作业线进行清杂，也可直接使用 YW180 型组合式粮食清理设备进行清杂。

4. 防治害虫

稻谷入仓前，要将仓内的铺垫物、陈粮、粉尘和灰尘清理出仓，并用国家允许的空仓杀虫剂对仓房进行空仓杀虫消毒。稻谷入仓后，应及时采取有效措施防治害虫。在南方地区，稻谷入仓后更应认真抓好害虫的防治工作。通常多采用防护剂或熏蒸剂进行防治，以预防害虫感染，杜绝害虫危害或将危害降低到最低程度，减少储粮损失。特别是在新建仓房中，都配备完善的仓储设施及相关设备，为有效防治害虫打下了基础。

5. 适时通风、降温散湿

新稻谷入仓后，粮堆内湿热难以散发，储藏较不稳定，容易引起稻谷发热，导致粮堆表层、上层结露、生霉、发芽，造成损失。因此，在新稻入仓后，应利用有利的天气条件，及时进行通风降温散湿，勤翻粮面，缩小粮温与气温或仓温的温差，平衡粮温，促使粮堆内的湿热散发，防止粮面结露和堆内湿热积聚而引起发热霉变。凡有条件的粮库，可采取机械通风降温降水，将粮温降到10℃以下，水分降到安全水分以内，为稻谷安全储藏创造条件。

（二）大米储藏技术管理

大米安全储藏的难度高，保鲜储藏困难更大。在大米储藏中除采取必要的储藏技术外，还应加强储藏期间的管理工作。

1. 保证入库大米的质量

入库时一定要将大米按质量优劣、有虫无虫、干湿情况严格分开。对于水浸、发热或污染的大米要及时分开处理。对于含糠粉多、杂质超标的大米，要通过处理，达到标准以后方可入仓储藏。大米含水量相差0.5%以上的不能并垛（囤）储藏。

2. 大米度夏储藏必须符合安全水分标准

大米能否安全储藏，含水量高低是关键，度夏储藏的大米必须符合安全水分标准。只有严格控制收获入仓的稻谷水分，使其符合国家标准，才能保证加工出的大米水分不超过国家标准。由于各地气温条件相差很大，相对安全水分也不一。大米储藏主要在南方地区，南方地区的夏季温度在35℃左右，以度夏安全储藏的要求，大米含水量如表10-3所示。

表10-3　　　　　　　　　　　　　　　大米度夏水分标准

大米品种	水分标准/%		
	安全粮	半安全粮	不安全粮
晚粳米、晚糯米	14.5 以下	14.6~15.0	15.1 以上
早粳米	13.5 以下	13.6~14.0	14.1 以上
晚籼米、籼糯米	13.0 以下	13.1~13.5	13.6 以上
早籼米	12.5 以下	12.6~13.0	13.1 以上

注：此表为夏季常温下大米储藏水分标准，若在其他季节，水分可放宽0.5%~1%。

3. 及时掌握大米在储藏期间的粮情变化

大米在储藏中要做好定期检查工作，以便及早发现不安全状态，及时处理。大米在储藏期间的检查，通常以水分、温度、虫害、霉菌、品质为指标，气调储藏中要检查粮堆的气体组分、化学储藏中还要检查磷化氢浓度等。在常规储藏中，大米在不良变化时往往会从粮温变化反映出来，所以掌握粮温的变化至关重要。

4. 做好安全防护工作，防止人员缺氧窒息

温控、气控和化学储藏的仓房要按规定做好安全防护工作，工作人员应掌握仓内的氧含量，防止缺氧窒息。长期密闭的粮仓，在对密封粮垛使用低剂量杀虫剂后，应定期检测仓内磷化氢和氧气浓度，当仓内空气氧含量在19.5%以上、磷化氢浓度低于0.3 mg/m³

时，工作人员方可进仓作业。

5. 低温储藏大米的管理

由于大米具有较高的热容量，在仓内要合理堆垛，以达到科学、充分利用冷源的目的，同时做好堆垛铺垫防潮工作。低温储藏的大米应力求低温季节入仓，气温最好在10℃以下，以节省能源、缩短冷却时间，若夏季热米进仓则冷却费用较高。

低温储藏的大米要在气温回升前及时做好密封工作。保管员应从较小的保温门进出，以防止冷热空气对流，并尽量少开门、少开灯，以保持低温。大米在储藏期间，要按规定做好粮温、品质、虫害等检查工作。大米出仓时，要合理启闭门窗，减少仓内外温差，防止结露。另外，在高温季节低温储藏的大米也不能直接出仓，因为凉米遇到热空气会产生结露。需要出仓时，则须分垛密封，随后开启门窗，逐步减少温差后方可出仓。

利用谷物冷却机、空调器低温储藏大米时，应掌握好开机时间，主动冷却要比被动降温节省能源，并及时做好粮堆的隔热保冷工作。随粮温变化情况改变冷却开机时间，并做好仓房隔热，就可达到控温要求。

6. 气调储藏大米的管理

以杀虫为目的的气调，含氧量应控制在2%以下，或二氧化碳含量在40%以上；以抑菌为目的的气调，含氧量应控制在0.2%以下，或二氧化碳含量在80%以上。气调储藏大米的仓房要适时密闭防潮隔热，合理启闭门窗。过夏后在气温下降时应解除密闭，并进行通风换气。为防止高水分大米度夏产生异味，可在缺氧时，投入$3g/m^3$磷化铝片，以达到抑霉、防止产生异味的目的。大米出仓时可以先通风散去湿热异味，必要时可用抽气泵换气后出仓，保证大米气味正常。

采用气调储藏法保管大米，其保质程度与大米水分含量有关。水分含量在15%以下的大米，可保持其较好品质，水分含量超过15%的大米虽然降氧速度较快，但由于大米的缺氧呼吸会产生酒精味，在气温下降季节粮包表面还会滋生厌氧菌。因此，气调储藏的大米水分一般宜控制在15%以下。

第二节　小麦与小麦粉的储藏

小麦是世界上分布最广的粮食作物之一，是世界性的主粮。小麦能制作出多种多样的食物，是人类消耗蛋白质、热量和食物的主要营养源之一。我国小麦产量占粮食总产量的22%左右，小麦口粮消费占小麦消费总量的95%以上。因此小麦在人民生活和国民经济中占有重要的地位。

一、小麦的籽粒形态与结构

小麦籽粒是不带壳的颖果，籽粒的大小随品种和在麦穗中的位置而变化。成熟的小麦籽粒多为卵圆形、椭圆形和长圆形等，其腰部断面形状都呈心脏形。卵圆形籽粒的长宽相似；椭圆形籽粒中部宽，两端小而尖。研究表明，籽粒越接近圆形，越易磨粉，其出粉率越高，副产品越少。成熟的小麦籽粒表面较粗糙，皮层较坚韧而不透明，顶端生有或多或少的茸毛，称作"麦毛"。麦粒背面隆起，胚位于背面基部的皱缩部位，胚的长度为籽粒长度的1/4~1/3。腹面较平且有凹陷称为腹沟，腹沟两侧为颊，两颊不对称，剖面近似心脏形状。小麦具有腹沟是其最大的特征，腹沟的深度及沟底的宽度随品种和生长条件的不同而异，如图 10 - 3 所示。腹沟内易沾染灰尘和泥沙，对小麦清理造成困难，且腹沟的皮层不易剥离，对小麦加工不利。腹沟越深，沟底越宽，对小麦的出粉率、小麦粉质量以及小麦的储藏影响也越大。正常的小麦籽粒随品种不同而具有其特有的颜色与光泽。硬麦的色泽有琥珀黄色、深琥珀色和浅琥珀色；软麦除了红、白两个基本色泽外，红软麦的色泽还有深红色、红色、浅红色、黄红色和黄色等。在不良条件的影响下，小麦籽粒会失去光泽，甚至改变颜色。

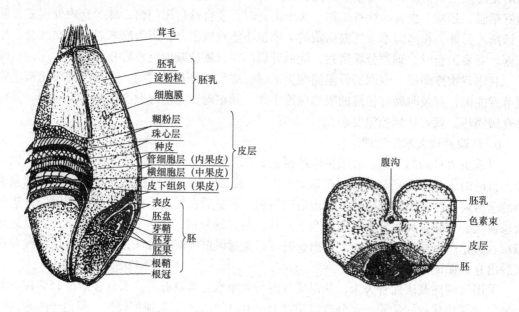

图 10 - 3　小麦籽粒的形态与结构

　　小麦和糙米一样，由果皮、种皮、外胚乳、胚乳及胚组成。果皮由外果皮、下表皮、中间细胞、横细胞及管状细胞等层次所组成；种皮是由两层斜向而又互相垂直交叉排列的长形薄壁细胞组成，外层细胞无色透明，称为透明层，内层细胞含有色素，称为色素层。麦粒所呈现的颜色取决于内层细胞所含色素的颜色，白皮小麦种皮内层细胞无色；红皮小麦种皮内层细胞含有红色或褐色物质。在腹沟底部内层细胞发展成为色素束。外胚乳是珠心的残余，很薄，且没有明显的细胞结构，其细胞的内外壁挤贴在一起；胚乳是由糊粉层和淀粉细胞两部分组成，占麦粒总质量的 80% ~90%。糊粉层是胚乳最外的一层方形厚壁细胞，排列紧密而整齐。淀粉细胞是位于小麦糊粉层内侧的大型薄壁细胞，内部充满淀粉粒。在硬质胚乳中，淀粉粒分散于蛋白质中而被其包围；在粉质胚乳中，淀粉粒相互挤压成多边形而被较少的蛋白质所包围。胚是由一片较大的盾片和胚本部组成，占麦粒总质量的 2.5% ~3.5%。小麦胚本部主要由胚轴、未发育的胚芽以及胚根等几部分构成。盾片又称内子叶，位于胚轴的一侧，包住胚本部，构成胚的绝大部分。小麦的胚乳有角质和粉质两种结构。角质与粉质胚乳的分布或大小，因品种不同或栽培条件的影响存在差异，有的麦粒胚乳全部为角质，有的全部为粉质，也有的同时有角质和粉质两种结构，其粉质部分常常位于麦粒背面近胚处。一般来说，高蛋白的硬质小麦往往是角质的，低蛋白的软质小麦往往是粉质的。我国南方冬麦区的麦粒较大，皮厚、角质率低，含氮量低，出粉率也较低；而北方冬麦区的麦粒小，皮薄、角质率高，含氮量高，出粉率也较高。胚乳的结构对麦粒的颜色、外形、硬度等都有很大影响，它不仅是小麦分类的依据，而且与制粉工艺和小麦粉品质有着密切的关系。

二、小麦的分类

小麦属于禾本科小麦属，有许多品种，现在世界各国栽培的主要是普通小麦，普通小麦在我国占 96% 以上。

根据播种生长期的不同，可将小麦分为春小麦和冬小麦两类。春小麦是春季播种，当年夏秋收获的小麦品种。冬小麦是秋、冬播种，第二年夏季收获的小麦品种。一般春小麦的生育期较短，分蘖力较弱，单产比冬小麦低。

根据籽粒皮色的不同，可将小麦分为红皮小麦和白皮小麦两类。红皮小麦的麦皮为红褐色或深红色，白皮小麦的麦皮为乳白色或黄白色。红白麦相混的称为花麦。一般红皮小麦的皮层较白皮小麦厚，后熟期较长，出粉率较低。

根据小麦粒质的不同，可将其分为硬质小麦和软质小麦两类。小麦硬度是指小麦籽粒在抵抗外力作用下发生变形和破碎的能力，以硬度指数表示。小麦硬度指数是指在规定条件下粉碎小麦样品，留存在筛网上的样品占试样的质量分数。硬度指数越大，表明小麦硬度越高，反之表明小麦硬度越低。一般硬质小麦皮色较深，粒形不如软麦饱满，但面筋含量较高，适宜制作面包；软质小麦的皮色较浅，粒形较圆而饱满，但面筋含量较低，适宜制作糕点或饼干。

我国（GB 1351—2008）《小麦》规定，小麦按照皮色和粒质分为硬质白小麦、软质白小麦、硬质红小麦、软质红小麦和混合小麦五类。硬质白小麦是指种皮为白色或黄白色的麦粒不低于 90%，硬度指数不低于 60 的小麦；软质白小麦是指种皮为白色或黄白色的麦粒不低于 90%，硬度指数不高于 45 的小麦；硬质红小麦是指种皮为深红色或红褐色的麦粒不低于 90%，硬度指数不低于 60 的小麦；软质红小麦是指种皮为深红色或红褐色的麦粒不低于 90%，硬度指数不高于 45 的小麦；不符合以上四类规定的小麦称为混合小麦。各类小麦以容重为定等指标。

三、小麦的化学组成

小麦籽粒各组成部分的化学成分及含量如表 10-4 所示。

表 10-4　　　　　　　　　小麦籽粒各部分的化学成分（干基）　　　　　　　　单位:%

籽粒部分	质量比例	蛋白质	脂肪	淀粉	糖分	戊聚糖	纤维	灰分
全粒	100.00	16.07	2.24	63.07	4.32	8.10	2.76	2.18
内胚乳	87.60	12.91	0.68	78.93	3.54	2.72	0.15	0.45
胚	3.24	37.63	15.04	0	25.12	9.74	2.46	6.32
糊粉层	6.54	53.16	8.16	0	6.82	15.64	6.41	13.93
果皮和种皮	8.93	10.56	7.46	0	2.59	51.43	23.73	4.78

四、小麦在储藏过程中的品质变化

在正常储藏条件下，与其他原粮相比，小麦属于耐储藏的粮种之一。小麦籽粒是活的有机体，在储藏期间仍在进行生命活动，消耗自身的营养物质或能量，故在储藏过程中小麦的物理、生理和化学性质都会发生变化。刚入库的小麦籽粒饱满，胚乳充实，表皮光滑，腹沟较深。随着储藏时间的延长，小麦籽粒的体积变小，表皮有皱褶，腹沟变浅；如果小麦的水分含量过高，再加上储藏方法不当，在储藏时忽然遇到高温，以后又在较长时间的低温下储藏，就会出现褐胚现象，褐胚的发生与酶促褐变、非酶促褐变及霉菌的感染有关。

（一）小麦种用品质和酶活力的变化

新收获的小麦，一般籽粒新鲜饱满，胚乳充实，表皮光滑，具有较高的活力，但新小麦没有经过后熟作用，发芽率往往偏低。在正常条件下储藏 1 年的小麦，其生理活动旺盛，呼吸强度大，各种酶的活性增强，小麦的发芽率提高。随着储藏时间的延长，小麦籽粒内部的胶体陈化，导致蛋白质凝固，酶活力下降，使种子丧失生活力，表现在小麦的发芽率逐渐减小。当小麦在储藏期间发热霉变、虫蚀或发芽时，α - 淀粉酶、蛋白酶活力就会增加，导致小麦的烘焙品质下降。实验证明，在相同储藏时间内不同小麦的发芽率差别却很大，并且储藏时间越长，其差别越大，主要是由于种子本身的性状（如品种、产地、质量好坏等）、储藏条件和储藏方式不同造成的。

（二）小麦主要营养成分的变化

1. 糖类物质的变化

新收获的小麦入仓后，由于发生后熟作用，可溶性糖的含量逐渐减少，而直链淀粉、支链淀粉和戊聚糖等非可溶性糖的含量逐渐增大。小麦通过后熟期之后，在安全储藏的条件下，其淀粉的含量因基数大而变化不明显。在储藏期间糖类物质的变化主要在于单糖和双糖的变化。实验表明，在常规的储藏条件下，高水分小麦由于酶的作用，非还原糖的含量下降，密闭或气调储藏的小麦还原糖含量增加尤为明显。如高水分小麦在不同气体中储藏 8 周后（水分含量 20%，温度 30℃），其单糖和双糖的变化情况如表 10-5 所示。

表 10-5			小麦在不同气体中储藏后糖类的变化			单位：mg/10g 干物质	
储藏条件	葡萄糖	果糖	半乳糖	蔗糖	麦芽糖	总还原糖（以麦芽糖计）	总非还原糖（以蔗糖计）
对照	8	6	2	54	5	41	190
空气中储藏	7	5	3	21	1	41	43
二氧化碳中储藏	23	16	3	36	3	117	115
氮气中储藏	24	18	9	39	4	117	100

2. 脂类的变化

小麦在储藏期间营养成分变化最快的就是脂类物质。小麦籽粒中脂类物质的变化有两种途径：一是水解作用，二是氧化作用，而小麦中含有的解脂酶以及霉菌产生的解脂酶、水解酶等酶类，在脂肪的氧化和水解反应中起决定作用。在正常的情况下，小麦中脂类物质的两种变化可以交互或同时发生，低水分小麦的脂类以氧化为主，高水分小麦的脂类则以水解为主。小麦中的脂类物质被氧化后产生过氧化氢和过氧化物，并进一步降解为醛、酮等物质，造成典型的酸败臭味。但因小麦中含有天然的抗氧化剂，所以在储藏的初期，这种变化并不明显。在储藏过程中，小麦中的脂类物质主要发生水解作用，脂肪很容易被解脂酶水解为游离脂肪酸和甘油，霉菌具有很强的解脂能力，它能加速脂肪的分解。

3. 含氮化合物的变化

在小麦储藏过程中，蛋白质的总量基本上保持不变，仅不同种类的蛋白质之间发生着变化，如盐溶和醇溶性蛋白的提取率会随着储藏时间的延长而降低，麦谷蛋白提取率则随着储藏时间的延长而逐渐增加，且小麦蛋白的亲水性、可溶性、分子凝聚力逐渐下降。一般刚入库的小麦处于后熟期，可利用自身呼吸作用释放出能量，并通过 ATP 的能量传递，在蛋白酶系统的催化作用下，将氨基酸合成为多肽链，进而形成蛋白质。从小麦所含蛋白质的种类来看，新收获的小麦主要含有醇溶性蛋白，由于后熟作用，小麦中醇溶性蛋白和麦谷蛋白的含量均有所增加。随着储藏时间的延长，小麦蛋白质会发生质和量的变化。如小麦在不同条件下储藏两年后，蛋白质的水溶性降低；三氯乙酸沉降的蛋白质量减少，这表明一部分蛋白质降解为较小的分子；蛋白酶类（如胃蛋白酶、胰蛋白酶）水解的效率下降，同时还发现游离的氨基酸略有增加。如果采用低温（如采用 $-1{}^{\circ}\!\mathrm{C}$）储藏小麦，则这些变化可以得到延缓。另外，国外也曾报道小麦在不同的条件下储藏 18 年以后，其粗蛋白的含量和盐溶性蛋白的含量均无变化。

如果小麦的储藏期过长，则其蛋白质的质和量会有所下降。例如，储藏 64 年以后的小麦，其蛋白质的含量由 13.8% 下降至 11.7%。蛋白质的亲水性和分子凝聚力都会降低，其可溶性也随之降低，小麦趋于陈化。另外，小麦面筋的得率和吸水率降低，面筋的弹性和延伸性相应变差。小麦中蛋白质的消化率有所降低，显然是由于部分蛋白质发生变性和分解的结果。

4. 维生素的变化

由于储藏条件和水分含量不同，小麦维生素的变化也不一致。小麦在储藏期间 B 族维生素的损失最明显。例如含水量 17% 的小麦储藏 5 个月以后，维生素 B_1 的含量减少 30% 左右；但在同一期间内含水量为 12% 的小麦，其维生素 B_1 的损失量仅为 12% 左右；含水量为 12.7% 的小麦在高温条件下入库，经过半年的储藏后，每克小麦维生素 B_1 的含量由 5.73μg 减少为 4.15μg，减少约 27%。一般来讲，在高温、高湿或强光照射的条件下，可加速小麦中 B 族维生素的分解。

5. 挥发性物质的生成

小麦在储藏过程中，会产生一些挥发性的物质。但是，挥发性物质不一定都有气味，而只有被人的嗅觉器官所感觉到的挥发物才有气味。对于无气味的挥发物，或早期劣变不能感觉到的气味，更应值得人们的注意。如果人的嗅觉器官感觉到异味，就表明小麦劣变已相当严重，所以，了解小麦的挥发性物质是十分必要的。小麦中的挥发性物质主要来自于游离氨基酸发生自动降解或者脂类物质发生自动氧化。另外，小麦中挥发性物质的增加与微生物的生长也有一定的关系，不同的微生物又可产生不同种类和数量的挥发物。研究小麦中挥发性物质的方法很多，有气相色谱法、吸附柱气相色谱法、毛细管气相色谱法、高压液相色谱法、气相色谱－质谱仪法和分光光度法等。实验证实，小麦中的挥发性物质主要是一些羰基化合物（VCC），另外还含有少量的醇类和其他化合物。11 种小麦样品的 5 个挥发性成分如表 10 - 6 所示。在储藏过程中，小麦的挥发性物质会发生质和量的变化，这种变化与储藏时间有一定的关系，但相关的研究和报道较少。

表 10 - 6　　　　　　　　小麦中主要挥发性羰基化合物（VCC）的组成

序号	VCC 的总量/ (μmol/100g)	主要羰基化合物的组成/%				
		乙醛	丙醛	丁醛	戊醛	己醛
1	29.4	17.7	26.1	25.7	11.0	19.5
2	22.8	22.1	19.1	17.4	8.7	32.7
3	35.8	18.7	19.0	20.6	9.7	31.9
4	33.9	23.6	20.6	18.7	9.8	27.3
5	23.2	22.0	21.9	21.0	8.7	26.5
6	24.9	22.1	25.6	18.2	10.5	23.4
7	29.2	19.4	18.1	20.1	10.9	31.6
8	46.5	20.8	22.3	22.0	12.3	22.1
9	34.9	19.4	22.7	22.6	8.4	27.0
10	22.7	22.3	22.3	24.5	8.1	22.5
11	42.1	22.7	21.0	19.1	12.9	24.4

（三）小麦食用品质的变化

小麦与小麦粉储藏后食用品质的变化一般以小麦粉蒸煮品质、烘焙品质和流变学特性来表示。

1. 小麦蒸煮、烘焙品质的变化

小麦在发生陈化和劣变后，籽粒失去原有的光泽，做成的食品缺少麦香味，滋味也变差。一般用刚完成后熟作用的小麦磨粉制作馒头，其体积大、筋力强、食味好；而用陈化的或劣变的小麦磨粉制作的馒头体积小、筋力差、食味差。新收获的小麦和完成后熟作用的小麦相比，或新加工的小麦粉和加工后储藏一定时期后的小麦粉相比，前者制成的面包一般体积较小，品质较差。故面包烘焙品质通常在储藏中有所改进，其改进程度则随小麦粉的性质与储藏条件而有所不同。当陈化过程进行到某一程度之后，便出现劣变现象，此时烘焙品质也不再有所改进，若储藏时间延长将会使面包烘焙品质逐渐降低。小麦粉陈化能使湿面筋的物理性质发生变化，这种变化是小麦粉中的脂肪受到酶的水解作用而产生游离不饱和脂肪酸所造成的。

2. 面筋在储藏过程中的变化

小麦在储藏过程中其面筋也发生着一定的变化。不同面筋强度其变化规律是不一样的，中筋类品种的变化要大于强筋类和弱筋类品种。强筋类品种随着储藏时间的延长，面团的拉伸阻力增大，延伸性缩短；中筋和弱筋类品种随着储藏时间的延长，面团的拉伸阻力下降、延伸性增加。三种面筋强度的沉淀值都呈下降趋势。储藏时间对强筋类和弱筋类的品质影响相对较小。

五、小麦的储藏特性及储藏方法

（一）小麦的储藏特性

1. 后熟期长

小麦的后熟作用明显，后熟期较长，大多数品种小麦后熟期在两个月左右。一般而言，春小麦较冬小麦后熟期长，红皮小麦较白皮小麦的后熟期长，如红皮小麦个别品种后熟期达 3 个月，白皮小麦个别品种后熟期仅 7~10d。除了生理后熟作用外，小麦还存在一个工艺后熟，完成工艺后熟的小麦，出粉率高，面筋含量增加，小麦粉品质好。

小麦在后熟期间，呼吸强度大，代谢旺盛，放出大量的水分和热量，并向粮堆的上层转移。当气温下降时，小麦的温度与仓温之间存在着较大的差距，易发生粮堆上层出汗、结露、发热、生霉等不良变化。籽粒的含水量、杂质含量和储藏条件等因素，对于小麦安全度过后熟期有十分重要的作用。若小麦入库时的水分含量在 13.5% 以下，且杂质含量少，没有受到害虫的侵害，则后熟期间小麦的温度升高以后，过一段时间仍会恢复正常。如果小麦的水分含量过高，杂质的含量大，就会出现小麦在后熟期间温度持久不降以及水分在各部分分布不均等反常现象，严重时会引起小麦发热和霉变。小麦完成后熟作用后，其生理活动减弱，品质有所改善，储藏稳定性得到提高。

2. 吸湿性强

小麦的皮层很薄，组织松软，没有类似于稻壳的外部保护层，且含有大量的亲水性物质，所以吸湿能力较强。在相同的温湿度条件下，小麦的平衡水分始终高于稻谷（表10 – 7）。

表 10 – 7　　　　　　　　　不同温湿度下小麦和稻谷的平衡水分

粮种	温度/℃	相对湿度/%							
		20	30	40	50	60	70	80	90
稻谷	10	9.1	10.6	12.1	13.4	14.7	16.2	17.8	20.2
	20	8.2	9.8	11.2	12.5	13.9	15.4	16.9	19.4
	30	7.4	9.0	10.4	11.7	13.0	14.5	16.0	18.5
小麦	10	9.4	10.7	12.1	13.4	14.8	16.3	18.3	21.4
	20	8.5	9.8	11.2	12.6	13.9	15.5	17.4	20.5
	30	7.6	8.9	10.3	11.7	13.1	14.6	16.5	19.7

小麦吸湿后籽粒的体积增大，容重减轻，千粒重变大，表面变粗糙，散落性降低，淀粉、蛋白质等物质发生水解，食用品质下降，且容易受到微生物和害虫的侵害，引起发热霉变，所以，做好防潮工作，保持小麦干燥，是安全储藏的重要措施。一般情况下，软质小麦的吸湿能力大于硬质小麦，白皮小麦大于红皮小麦，不完善粒与虫蚀粒大于完整饱满粒。红皮硬质小麦的吸湿性最差，储藏稳定性最好。

3. 较耐高温

小麦具有较好的耐高温性，抗温变能力强，在一定的高温和低温范围内不会丧失生命力，也不会损坏小麦粉的品质。据报道：小麦的含水量在 17% 以上时，干燥处理温度不超过 46℃，水分含量在 17% 以下时，处理温度不超过 54℃，酶的活性、发芽率不会下降，工艺品质良好，小麦粉的品质反因在后熟期间经历高温而得到改善。小麦在后熟阶段经历高温品质虽然得到改善，做成馒头松软膨大，但过度的高温会引起小麦蛋白质变性，变性程度与小麦水分直接有关，水分低，虽受高温影响，蛋白质也很稳定。充分干燥的小麦，在温度 70℃时放置 7d 面筋无明显变化，小麦水分越低耐热性越好。

4. 耐储性强

小麦虽然不像稻谷那样有坚硬的外壳保护层，但其储藏稳定性比稻谷好。新收获的小麦经日晒充分干燥后入库，一般会安全度过后熟期。经过一年安全储藏的小麦，其稳定性更强，可进行长期的储藏。据报道，河南洛阳地下仓储藏 10 年的小麦，其发芽率仍保持在 87%。

5. 易感染虫害

小麦无外壳保护，皮层较薄，是抗虫性差、染虫率高的粮食品种。害虫之所以喜食小麦，是因为小麦的成分和结构比较适合它们的生理机能。另外，小麦收获时正值高温、高湿的季节，非常适合害虫生长和繁殖。除少数豆类专食性害虫外，几乎所有的储粮害虫都能侵害小麦，其中以玉米象和麦蛾等害虫的危害最严重。害虫一旦感染了小麦，就会很快繁殖蔓延，对小麦的损害非常大，所以，小麦入库后必须做好害虫的防治工作。

（二）小麦的储藏方法

根据小麦的储藏特性，通常采用常规储藏、热密闭储藏、低温储藏和气调储藏等方法储藏小麦。

1. 常规储藏

小麦常规储藏方法与稻谷一样，其主要技术措施也是控制水分，清除杂质，提高入库粮质，储存时做到"五分开"，加强虫害防治并做好储藏期间的通风与密闭工作。

2. 小麦热密闭储藏法

热密闭储藏是利用小麦耐高温的特性，在高温季节对其进行曝晒，使入仓粮温达 42℃以上，然后趁热入仓并进行压盖密闭储藏的方法。热密闭储藏对小麦防虫、防霉均有较好的效果，而且对品质影响甚微，并能促进新收获小麦的后热作用，提高发芽率及工艺品质。这种储藏方法主要适合基层粮库及农户应用。在进行小麦热入仓前，应做好空仓清洁消杀工作，仓内铺垫和压盖物料也要同时曝晒。晒麦时要掌握迟出早收，薄摊勤翻的原则，上午晒场晒热以后，将小麦薄摊于晒场上，使麦温达到 42℃以上，最好是 50～52℃，保温 2h，在下午 5 点以前趁热入仓。入仓小麦水分含量必须降到 12.5% 以下。入仓后立即平整粮面，用晒热的压盖物料覆盖粮面，密闭门窗保温，要求有足够的温度及密闭时间。入仓粮温在 46℃左右时需要密闭 2～3 周，才能达到杀虫的目的。

小麦热密闭储藏杀虫效果较好。根据各地经验，麦温在 42℃以下，不能完全杀灭害虫。麦温在 44～47℃时，就具有 100% 的杀虫效果。害虫的致死时间，因不同虫种和虫期而不同，如粉螨卵在 45℃时，致死时间为 50min。曝晒时高温持续时间长，则入库后保持高温时间也长，杀虫效果就更好。小麦不论是否完成后熟作用，经曝晒趁热入仓，保持 7～10d 高温，发芽率不会降低。据试验，未完成后熟与完成后熟作用的小麦，曝晒后趁热入仓，粮温 44～47℃，均能提高发芽率。热密闭储藏的小麦由于水分低，生理活动很微弱，在整个储藏期间水分、温度变化很小，品质方面也无明显变化。据试验，热入仓小麦从当年 8 月至次年 1 月的储藏过程中,脂肪酸值无显著变化,含氮量、盐溶性氮、可溶性糖的含量变化很小。热密闭储藏小麦的出粉率及面筋含量比一般储藏的均有增无减,而且面团吃水量大,发面和制馒头的膨胀性能好。

3. 低温储藏

低温储藏是小麦长期安全储藏的基本途径。小麦虽耐温性强,但在高温下长时间储藏,其品质会持续下降。陈麦低温储藏可相对保持其品质,这是因为低温储藏能够防虫、防霉,降低粮食的呼吸消耗及其他分解作用所引起的成分损失,以保持小麦的生活力。据报道,干燥小麦在低温、低氧条件下储藏 16 年之久,品质变化甚微,并能制成良好的面包。低温储藏的技术措施主要是掌握好降温和保持低温两个环节,特别是低温的保持是低温储藏的关键。降温主要通过自然通风和机械通风来降低粮温,保持低温就要对仓房进行适当改造,增强仓房隔热性能。

在我国,自然低温储藏的冷源丰富,除华南的个别地区外,大部分产麦区都有 0～5℃ 的低温期,北方地区全年平均出现 0℃ 左右温度的时间可达 3 个月以上,这对低温储藏小麦是一个有利条件。根据河南洛阳试验,低温季节进行自然冷冻后再密闭储藏,小麦水分含量为 12%,粮温中、下层在 20℃ 以下,储藏 3 年后能保持正常的品质。水分含量高的小麦,冷冻温度最好不低于 −5℃,这在我国严寒地区应特别注意。

小麦低温储藏有利于防虫防霉。生物体的活动都需要一定的温度条件,低于这个条件就会受到抑制或死亡。当粮温降到 17℃ 以下或更低(15℃ 以下),任何害虫的发育将受到抑制,低于 8℃ 时一般害虫呈麻痹状态,低于 0℃ 经一定时间能够死亡。螨类对低温的抗性较大,一般须低于 4℃,才能控制螨类的发展。低温对霉菌的活动同样有抑制作用,一般储粮霉菌在 0℃ 以下不能发育,但低温对微生物的抑制作用又受到水分的影响,粮食水分越大,阻止霉菌生长的温度越低,粮食水分低,温度可稍高。低温能有效地降低由于粮食的呼吸作用及其他分解作用所引起的损失。低温对保持小麦种子的生活力也较有利。有人试验,将水分含量为 14.9%、18.5%、20.5% 的小麦,分别储藏于不同的零下温度条件下,连续储藏 8 个月,然后测定它们的发芽势、发芽率和生活力,结果如表 10-8 所示。

表10-8	小麦在不同低温条件下储藏的生活力、发芽势和发芽率								单位:%
水分含量	−5℃			−10℃			−18℃		
	发芽势	发芽率	生活力	发芽势	发芽率	生活力	发芽势	发芽率	生活力
14.9	88	93	94	86	94	93	81	92	93
18.5	72	89	93	55	85	94	51	84	94
20.5	64	85	92	54	80	93	46	80	93

由表 10-8 可知,在 −18～−5℃ 的低温范围内,水分含量为 15%～20% 的小麦种子,经长期储藏对生活力影响不大,但水分过高,零下温度越低,对种子的影响越大。但在小麦低温储藏实践中,一般不需要冷冻到零下低温,只要小麦种子水分不大,采用低温储藏,对发芽率是没有影响的。

4. 气调储藏

目前国内外使用最广泛的小麦气调储藏技术还是自然缺氧储藏。近年来已在全国范围得到推广，并收到了较好的杀虫效果。实验证明，当氧气的浓度降到 2% 左右时，或二氧化碳的浓度相对增高到 40%~50% 时，霉菌的生长受到抑制，害虫会因窒息而很快死亡，小麦的呼吸强度也会显著降低。由于小麦是主要的夏粮，收获时气温高，而且小麦具有明显的生理后熟期，在进行后熟作用时，小麦生理活动旺盛，呼吸强度大，极有利于堆粮自然降氧。据河南经验，新小麦水分含量在 11.5%~12%，粮温在 35~40℃，完成后熟作用以前入仓、密闭，3 周内氧气浓度可降至 1.8%~3.5%，有效地达到低氧防治害虫的目的。小麦降氧速率的快慢，与粮堆的气密性、不同品种小麦生理后熟期长短、粮质、水分、粮温、微生物、害虫活动等有直接关系。只要管理得当，小麦收获后趁热入仓，及时密闭，粮温平均在 34℃ 以上，均能取得较好的降氧效果。如果是隔年的陈麦，其生理后熟期早已完成，而且进入深休眠状态，呼吸能力下降到非常微弱的水平，所以不宜进行自然缺氧。这时可采用微生物辅助降氧、充二氧化碳或充氮等方法以达到粮堆降氧的目的。

5. 化学储藏

化学储藏的基本原理就是利用化学药剂抑制小麦籽粒和微生物的生命活动，消灭害虫，从而防止粮食发热、生霉和遭受虫害。通常情况下，小麦化学储藏有以下几种方法。

（1）磷化氢化学储藏　磷化氢作为化学杀虫剂，不仅具有良好的杀虫效果，而且在较高浓度的情况下，还能抑制微生物以及小麦籽粒的呼吸作用。应用高浓度的磷化氢进行小麦化学储藏，是临时储藏高水分小麦的应急措施。

（2）低氧、低药剂量储藏　小麦堆在密封的条件下，含氧量减少，二氧化碳的含量增加。将磷化铝片剂埋入麦堆中，能吸收水汽，释放出磷化氢气体，减少药物的挥发空间，相应增大了有效浓度，从而杀死害虫，抑制小麦籽粒和微生物的生命活动，使小麦长期安全储藏。

6. 地下储藏

我国有很多产麦区建有地下仓。地下仓温度变化的特点与地上仓不同，地上仓是气温影响仓温，仓温影响粮温。而地下仓则是气温影响地温，地温影响仓温，仓温影响粮温。温度传递的环节越多，上下波动就越小。所以，在地下仓中储藏的小麦，温度变化小，而且随地层深度的增加而趋于稳定。通常的情况下，地下仓内温度长期处于 20℃ 以下，有时甚至在 15℃ 以下。在这样的温度条件下，只要使小麦的含水量保持在安全标准以内，就能保证粮情稳定，小麦品质下降非常缓慢。

六、小麦粉在储藏过程中的品质变化

小麦粉的物理特性和生化特性与小麦有明显的不同。小麦粉的总活化面大，空气易于进入小麦粉中，因而吸湿作用和氧化作用都很强，易于被微生物、昆虫、环境水分和气体侵蚀，导致小麦粉败坏。

（一）压紧结块

小麦粉在长期储藏中，堆垛下层的小麦粉常因上中层压力影响，出现压紧现象。如小麦粉水分含量不超过 12%，一般经过倒袋，小麦粉还可恢复松散原状。小麦粉水分含量超过 12%，储藏在不良环境下，压紧的小麦粉就可能结块。小麦粉水分含量 14% 以上，储藏 3 个月以上，压紧的下层小麦粉就转变为结块，倒出小麦粉有块状物，经过搓松后不影响品质。结块的小麦粉，如果同时发热，在霉菌的影响下，就会出现十分结实的粉团，成团的小麦粉有霉味，虽经搓松，仍有小硬块，小麦粉品质严重下降。缺氧、低温储藏均可避免或减轻压紧和结块的产生。

（二）酸度增加

小麦粉在储藏过程中较明显的变化就是酸度的增高，有时甚至使小麦粉"发酸"。酸度的增高是由于水溶性有机酸的积累，小麦粉的水分和温度决定了酸度增加的快慢。Sharp 的研究表明，小麦粉的 pH 随储存温度和水分的增加而降低，未后熟的小麦磨成的小麦粉比正常小麦磨成的小麦粉的酸度增加快，这可能是由于未后熟的小麦中的酶活力大而引起的。霉变也会促使酸度增高，但在霉变继续发展的过程中，小麦粉的总酸度可能因蛋白质分解的碱性产物的积累而下降。酸度在小麦粉储藏中常被作为新鲜度的一种指标，一般认为酸度超过 8，小麦粉便可出现酸味，酸度超过 6，表示新鲜度已明显变差。在储藏期间，当有机酸持续积累时，尤其是游离脂肪酸会在一些外界环境因素的作用下，进一步发生氧化分解，产生一些低分子醛、酮，并使小麦出现异味，甚至完全丧失食用价值。在造成小麦粉酸度增加的有机酸中，与品质劣变关系最为密切的是脂肪酸，因此在小麦粉储藏中以脂肪酸值作为品质劣变指标更为合理。即使水分在正常情况下的小麦粉，由于脂肪的水解，脂肪酸值也会随储藏期的延长而有规律地增加，而其他有机酸量的变化甚微，只有在品质严重劣变时，才有明显的变化。但需要注意的是，当出现严重发热霉变时，由于脂肪酸被霉菌作为营养物质所消耗，脂肪酸值可能会突然降低。

小麦粉在储藏中的酸度变化，一般是粮堆外层酸度高于粮堆内部；小麦粉精度差脂肪含量高时，其酸度增加快；发热霉变、生芽的小麦加工成的小麦粉，其酸度增加快；小麦粉在日光照射下能加速脂肪氧化，也可能加速酸败变哈的过程。

（三）出现异味

小麦粉在储藏过程中会产生一些异味如酸味、苦味、哈味等，这些都是由于小麦粉的品质变化所造成的。储藏过程中小麦粉所含的游离脂肪酸氧化，是导致小麦粉变苦或变味的主要原因。正常小麦籽粒制成的小麦粉，在低温储藏条件下，经长期储藏才有变苦现象，而发过热或发过芽的小麦磨制的小麦粉经 3 ~ 4 个月就会发苦。干燥小麦粉在 20℃下储藏，通常都有变苦现象的发生，如果空气进入小麦粉，这一现象就会加速；缺氧储藏或充氮储藏限制空气进入小麦粉能延缓变苦现象的发生。小麦粉在长期储藏中出现的另一种异味是哈喇味，这也是脂肪酸败产生大量低分子的醛、酮所形成的气味。由于小麦粉的吸附性很强，一旦出现异味后，很难除去，严重时，无论做任何熟食，异味仍明显遗留。

（四）发热霉变

小麦粉由于颗粒小，导热性差，在微生物的作用下很容易发热霉变。发热霉变主要与水分、温度有关，一般水分含量在 12% 以下、粮温在 35℃ 以下，可以安全储藏；水分含量在 12% ~ 13%、温度在 30℃ 以下，变化较小。此外，新加工的小麦粉未经散热或运输途中受高温影响未经散热的小麦粉即堆大垛，都能因热量聚积而发热。小麦粉发热的部位，在常规储藏中通常夏季从上层开始，秋冬季从中下层开始，逐渐向四周扩散。小麦粉的水分不均匀，发热则从水分高的部位开始，然后向外扩散。外界湿度引起的小麦粉吸湿生霉，一般在垛的下部外层紧贴粉袋开始。小麦粉发热生霉后，粉色变暗变黑，并伴有霉味、酸度。霉变严重时，粉质完全败坏，不能食用。

（五）害虫对小麦粉的影响

小麦粉如果感染了害虫，不仅会造成数量上的损失，而且害虫的分泌物和排泄物影响食品卫生，虫卵和螨类在小麦粉中难以清除，影响小麦粉的品质。感染了拟谷盗的面粉，带有拟谷盗分泌物特殊的臭味，同时严重影响小麦粉的黏度。感染了锯谷盗和黄粉虫的小麦粉，制成的面包带有一种化学酚的气味。

（六）粉色变白

新加工出的小麦粉因含有胡萝卜素等色素而颜色发黄，经过短期储藏，粉色会逐渐变白，这是由于空气中的氧进入小麦粉中，使小麦粉中的胡萝卜素发生氧化作用而褪色。空气进入得越多，变白速度越快，在真空中不会发生这种变化。

七、小麦粉的储藏特性及储藏方法

小麦粉是我国主要的成品粮之一，小麦粉的供应一般是以销定产，并不作长期储藏，仅在生产后至消费前进行短期的储藏。但有时为了调节供需矛盾，就必须储藏一定量的小麦粉。由于小麦粉完全丧失了保护组织，直接与空气中的氧气和水汽接触，在储藏过程中品质很容易发生劣变，易受虫霉侵蚀，吸湿性强，散热较慢，易成团结块，其储藏稳定性远不如小麦高。

（一）小麦粉的储藏特性

1. 吸湿能力强

在相同的湿度条件下，小麦粉的平衡水分低于小麦，这可能是由于在制粉时麦粒中的毛细管结构遭到破坏所致。但是，由于制粉工艺的要求，制粉前需要加水润麦，使储藏时小麦粉的水分含量较小麦要高，一般为13%～14%。另外，小麦粉颗粒细小，其活化面积大，有很强的吸湿性，吸湿速度远比小麦快。据试验，将含水量为12%的小麦粉薄摊于饱和湿空气中，经过一天水分含量可增加至23%。此性质决定了在高湿环境中，小麦粉易于返潮、结块。根据吸湿平衡理论，小麦粉水分含量为13%时，只要环境相对湿度不超过60%，小麦粉的水分一般不会增加，所以在较为干燥的北方地区，小麦粉水分均匀，储藏中因吸湿而使水分增加的现象并不严重，储藏一段时间后，常有下降趋势。但对于高温高湿的南方地区小麦粉吸湿现象严重，应引起注意。

2. 散落性、导热性差

小麦粉微粒间有较大摩擦系数，散落性很小，外力的作用可使小麦粉塑成一定形体，以致小麦粉自然结块。小麦粉的孔隙度较小麦大，但孔径小，阻碍了颗粒间气体的流动，因而小麦粉的导热性差，小麦粉堆的散热与通风困难。据试验，将高温仓内的小麦与小麦粉同时转入低温仓内储藏，要使粮温降至仓温，小麦为2～3d，而小麦粉则需4～6d。

3. 呼吸微弱

储藏中测得小麦粉质体间氧含量减少，二氧化碳含量增加，证实了呼吸代谢的存在。小麦粉的微粒由活细胞所组成，但小麦粉的呼吸强度比小麦小得多。据研究，小麦粉中产生气体代谢的原因，除小麦粉本身的微粒呼吸作用外，更重要的是微生物参与及所含脂肪、胡萝卜素等化学氧化过程所致。上述代谢受水分、温度条件影响很大，如小麦粉在0℃储藏时就很少发生氧耗变化。因此利用自然密闭缺氧技术来储存小麦粉，堆内降氧速度慢，且一般难以达到气调所要求的低氧程度，在实践中应予以注意。

4. 氧化作用

新麦制成的小麦粉，首先是在氧气的作用下发生氧化作用。小麦粉通过"成熟"而改善了工艺品质，表现为吃水力增大，面包体积大而松，食味提高。氧化作用，还可以使色素发生变化，粉色变白。普通小麦粉在储藏初期，品质有所改善，表现为筋力增强，发酵性好，小麦粉变白等，这种面筋改善的作用，通称为"熟化"，经储藏 10~30d，就自然完成。温度高（25~45℃）对弱面筋质的小麦粉"熟化"尤为迅速，小麦粉这一性质与其中蛋白质的性质及含量有关。据研究，新磨的小麦粉或新麦磨制的小麦粉，往往是氧化程度不足，经储藏后，小麦粉中部分易于氧化的巯基（—SH）变成二硫键（—S—S—），使得面筋筋力增强。氧化的速度与小麦粉的含水量有关，水分含量为 8% 的小麦粉经 6 年储藏巯基含量变化缓慢，而水分含量为 14.5% 的小麦粉在储藏初期，巯基就大幅度减少，至一年后仍继续下降。

（二）小麦粉的储藏方法

1. 常规储藏

小麦粉是直接食用的成品粮，存放小麦粉的仓库必须清洁、干燥、无虫，最好能保持低温。一般小麦粉堆成实垛或通风垛储藏，可根据小麦粉水分含量大小，采取不同的堆码方式。水分含量在 13% 以下可用实垛储藏，水分含量在 13%~15% 的采用通风垛储存。码垛时均应保持袋内小麦粉松软，袋口朝内，避免浮面吸湿、生霉和害虫潜伏。

小麦粉的储藏期限取决于水分和温度。例如，小麦粉的含水量在 12% 以下，温度为 35℃ 左右时，可安全储藏半年；当水分含量为 12%~13%，温度在 30℃ 以下时，变化很小；当水分含量为 13%~14%，温度在 25℃ 以下时，可以安全储藏 3~5 个月；水分含量再高时，储藏期将大大缩短。小麦粉的加工时间不同，其储藏期限也不同。例如，同样是含水量为 13% 左右的小麦粉，秋凉后加工的可储藏到次年 4 月份；冬季加工的可储藏到次年 5 月份；夏季加工的一般只能储藏 1 个月左右。

2. 密闭储藏

根据小麦粉吸湿性强、导热性差的特性，可采用低温入库，密闭储藏的办法，以延长小麦粉的安全储藏期。一般是将水分含量 13% 左右的小麦粉，利用自然低温，在春暖之前入仓密闭。根据实际情况，采用仓库密闭或塑料薄膜密闭，既可解决防潮、防霉，又能防止空气进入小麦粉引起氧化变质，同时减少害虫感染的机会。河南工业大学的试验，水分含量 13%~13.4% 的小麦粉，用 0.14mm 塑料薄膜密封，储藏 130d，氧浓度降到 9%~15.2%，只起到低氧密闭适当缓和品质下降的作用，未发热和生虫。但经过高温季节，处理与对照（常温仓），储藏品质均有不同程度降低，这显然是受高温的影响。因此，密闭与气调虽然在一定程度上可以防虫抑霉，延缓粮质变化，延长储藏期，但对小麦粉品质的保持方面效果并不理想，特别是高温度夏的小麦粉，密闭储藏后，品质仍有一定的变化，但变化幅度小于常规储藏。上海金山县粮管所试验，用 0.1mm 塑料薄膜密闭储藏小麦粉，薄膜做成长 1.7m、宽 1.2m、高 3.6m 的套子，套口向上，套内可堆放小麦粉 100~150 包，然后将套口扎紧，进行密闭保管，可减少搓包、倒垛环节，收到较好效果。但需注意的是，新出机的小麦粉不能进行密闭储藏，特别是不能进行缺氧储藏，必须经过一段时间的降温和完成"成熟"过程，然后再缺氧或密闭，这样对保持小麦粉的品质会有较好的效果。

3. 低温、准低温储藏

低温储藏是防止小麦粉生虫、霉变、品质劣变的最有效途径，经低温储藏后的小麦粉，能保持良好的品质和口味，效果明显优于其他储藏方法。准低温储藏一般是通过空调器来实现的，投资较少，安装、运行管理方便，是小麦粉储藏的一个发展方向。

八、小麦、小麦粉储藏技术管理

（一）小麦储藏技术管理

1. 控制入仓小麦质量

小麦的安全储藏取决于粮质和仓储条件。新麦收获后必须晒干、扬净，使水分含量低于12.5%，再行入库。入仓时要做到"五分开"，并采取有效措施减少自动分级现象的发生。

2. 做好防潮隔热工作

因为小麦的吸湿能力强，容易吸收空气中的水蒸气而发生霉变，所以小麦入仓后应做好防潮隔热工作，及时密闭门窗和孔洞。要经常检查仓顶、仓壁渗水情况，发现问题及时解决。

3. 加强后熟期的管理

新麦入仓后在储藏期间完成后熟作用时，能释放较多的水分和热量，常易发生出汗、乱温、水分分层及结露现象。在入秋后，于麦堆上层部位形成"闷顶"现象，严重时出现霉变，对此应加强检查和管理，勤翻粮面，做好秋冬通风降温降湿工作，以便使小麦安全度过后熟期。

4. 热入仓密闭储藏管理

小麦热入仓密闭储藏可以起到杀虫抑菌的作用，并且能促进后熟作用的完成。热入仓密闭储藏管理要注意维持入仓小麦的温度以及密闭的时间，入仓麦温如在46℃左右需要密闭2~3周，才能达到杀虫的目的。热密闭最好一次入满仓，以免麦温散失，使害虫复苏。在达到杀虫目的之后，要做好防虫、防潮工作，转入正常密闭储藏。

5. 低温密闭储藏管理

低温储藏是小麦长期安全储藏的基本方法，常用的低温方式是自然低温。在秋凉以后对小麦进行自然通风或机械通风，以降低小麦温度，并在春暖之前进行压盖密闭以保持低温状态。还可利用冬季严寒低温，进行翻仓、除杂、冷冻，将麦温降到0℃左右，而后趁冷密闭，对于消灭粮堆中的越冬害虫具有很好的效果。

（二）小麦粉储藏技术管理

小麦粉是不能淘洗而直接制成食品的成品粮，必须注意储藏环境的卫生和防止害虫的感染。同时小麦粉本身的储藏稳定性较差，易于吸湿和氧化，因此加强储藏期间的管理是十分必要的。

1. 合理堆放

小麦粉入库时应根据具体情况合理堆放，如水分含量在13%以下的小麦粉，在低温季节入库，则应堆码成大垛，以减少外界温湿度对小麦粉的影响，较长时间地保持小麦粉的低温干燥；水分含量超过13%的小麦粉、高温季节入库的小麦粉以及新加工的热机粉，都宜堆成小垛，便于小麦粉的降温散湿。此外，加工批次、水分、温度不同的小麦粉，都不能混合堆垛，以免出现温度、水分分层。不论是何种形式储藏，在小麦粉进仓前都要做好底层防湿铺垫，堆垛后下层外围进行防潮处理，以防小麦粉吸湿生霉。对于长期储藏的小麦粉要适时翻垛、倒垛，调换上下位置，防止下层结块。倒垛时应注意原来在外层的仍放在外层，以免将外层吸湿较多的面袋堆入中心，引起发热。大量储藏小麦粉时，新陈小麦粉应分开堆放，便于推陈储新。

2. 密闭防潮

由于小麦粉具有吸湿性强和导热性不良的特性，在进仓时除做好堆垛的防潮措施外，在进入梅雨、高温季节以前还应做好安全度夏的防潮隔热准备。即堆垛的外围和仓房的门窗可用草袋、草帘等防潮隔热材料严密封闭，以延缓外界温度对小麦粉的影响，提高储藏中小麦粉的稳定性。但是，对于高水分、高温和有虫的小麦粉，不适宜进行密粮密仓作长期储藏。

3. 严格防虫

小麦粉生虫后无论如何处理，均会影响其卫生状况。因此对于小麦粉储藏，严格做好防虫工作是十分必要的。首先要对储藏小麦粉的仓房、器材等进行严格清洁打扫和药剂消毒，保持清洁、干燥、无虫。在小麦粉进仓时，认真检查，有虫的小麦粉应单独存放，及时处理。在小麦粉储藏期间，仓房外围要经常消毒，防止害虫侵入，仓内保持干燥，防止螨类发生。对长期储藏的小麦粉，在密粮密仓准备度夏前，可以进行预防熏蒸，防止隐藏害虫的危害。如果发现害虫，可以采用磷化氢熏蒸，在常规剂量下，可以杀死各种害虫。熏蒸放气，经过一周以上的充分通风，可以使残留磷化氢完全消散。小麦粉对磷化氢的吸附性远较其他熏蒸剂为小，熏后7d即可出库供应。

4. 加强检查

新出机的小麦粉，必须勤检查，经15～20d，待粮温变化正常后，再按一般情况检查。酸度是小麦粉新鲜度的灵敏标志，每月至少查一次。

第三节　玉米与玉米粉的储藏

玉米是我国主要粮食作物之一，也是重要的饲料原料以及化学工业和食品工业原料。我国玉米的种植区域分布很广，主产区集中在东北、华北及西南地区，总产量仅次于稻谷和小麦。玉米在我国国民经济发展中具有举足轻重的地位。随着农业科学技术的不断发展，玉米产量逐年增加，收储玉米的数量也在逐年增加。玉米储藏对于维护国家粮食安全、发展食品工业等都具有十分重要的作用。

一、玉米的籽粒形态与结构

玉米果穗一般呈圆锥形或圆柱形，果穗上纵向排列着玉米籽粒。籽粒的形态随玉米品种以及在果穗的不同部位而有差异，常呈现扁平形，靠基部的一端较窄而薄，顶部则较宽厚，并因品种类型不同有圆形、凹陷形、尖形等。玉米的胚部很大，位于籽粒的基部，其体积可达整个籽粒的1/3，在谷类粮食中，以玉米的胚为最大，占全粒质量的8%～15%。玉米籽粒的颜色一般为金黄色或白色，也有的品种呈红、紫、蓝等颜色。黄色玉米的色素多包含在果皮和角质胚乳中，红色玉米的色素仅包含在果皮中，蓝色玉米的色素仅存在于糊粉层中。玉米籽粒形态与结构如图10-4所示。

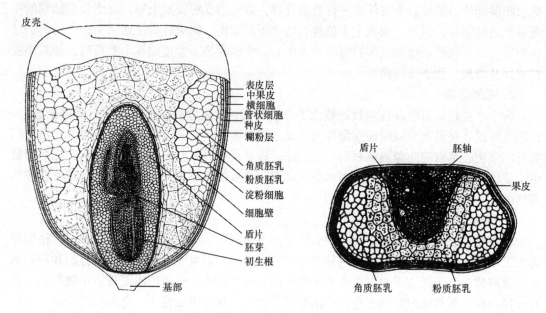

图10-4　玉米籽粒的形态与结构

　　玉米籽粒由果皮、种皮、外胚乳、胚乳和胚所组成。

　　果皮包括外果皮、中果皮、横列细胞和管状细胞。种皮、外胚乳极薄，没有明显的细胞结构。胚乳由糊粉层和淀粉细胞两部分组成，糊粉层由单层近方形的细胞组成，壁较厚，细胞内充满糊粉粒，含有大量蛋白质。糊粉层以内的胚乳部分有角质和粉质之分，角质胚乳，组织紧密，呈半透明状，蛋白质含量高，粉质胚乳组织疏松而不透明，蛋白质含量低。胚是由胚芽、胚根和小盾片等组成，细胞比较大，特别是胚根中的细胞较大。胚中脂肪含量很高，约为35%，占全粒脂肪总量的70%以上。玉米盾片所有细胞中都含有淀粉，胚芽、胚芽鞘及胚根鞘中也含有淀粉，其他禾谷类粮食籽粒的胚中一般都不含淀粉。

二、玉米的分类

　　玉米属于禾本科玉米属，又名玉蜀黍、苞米、苞谷、玉茭、棒子、珍珠米等。

　　按照播种期，可将玉米分为春玉米、夏玉米、秋玉米、冬玉米。我国以夏玉米为最多，其次是春玉米，秋玉米和冬玉米很少。

　　按籽粒的颜色，可将玉米分为黄玉米、白玉米、红玉米、紫玉米、蓝玉米、黑玉米以及杂色玉米。我国以黄玉米最多。

　　按照粒形和粒质，可将玉米分为硬粒型、马齿形、半马齿型、糯质型、粉质型、甜质型、甜粉型、爆裂型、有稃型等类型。我国大面积栽培的是硬粒型、马齿形和半马齿型玉米。

　　按用途可将玉米分为常规玉米和特用玉米。传统的特用玉米有甜玉米、糯玉米和爆裂玉米，新近发展起来的特用玉米有优质蛋白玉米（高赖氨酸玉米）、高油玉米和高直链淀粉玉米等。由于特用玉米比普通玉米具有更大的经济价值，国外把它们称之为"高值玉米"。

　　我国 GB 1353—2009《玉米》规定，玉米按照皮色分为黄玉米、白玉米和混合玉米三类。黄玉米是指种皮为黄色，或略带红色的籽粒不低于95%的玉米；白玉米是指种皮为白色，或略带淡黄色或略带粉红色的籽粒不低于95%的玉米。不符合黄玉米、白玉米规定的玉米称为混合玉米。各类玉米以容重为定等指标。

三、玉米的化学组成

　　玉米的化学成分主要是糖类、蛋白质、脂肪、维生素和矿物质等。玉米含糖类72%左右，其中直链淀粉约占27%，其余是支链淀粉。除淀粉外，玉米还含有各种多糖、寡糖、单糖，大部分存在于胚中。一半以上的玉米纤维存在于种皮中，主要由中性膳食纤维（NDF）、酸性膳食纤维（ADF）、戊聚糖、半纤维素、纤维素、木素、水溶性纤维组成，经加工、处理的玉米皮是很好的膳食纤维来源。玉米的蛋白质含量为 6.5%～13.2%，是重要的食品和饲料蛋白质资源。玉米蛋白在籽粒中的分布为，胚乳80%，胚16%，种皮4%，大部分在胚乳中，但胚中蛋白比例最高。胚乳中主要是储藏蛋白质，几乎都以颗粒状存在，其余是包裹淀粉的蛋白膜（主要是玉米醇溶蛋白）。玉米的粗脂肪含量为 5%～6%，其中80%～85%集中在胚中，所以玉米胚芽是一种重要的食用油资源，由于其中的不饱和脂肪酸含量高，因此玉米油有很好的保健作用。玉米还含有多种维生素，含量较丰富的维生素为油溶性的维生素 E、水溶性的维生素 B_1 和维生素 B_6。甜嫩玉米还含有其他谷物中不含的维生素 C。玉米矿物质含量按灰分测定为 1.1%～3.9%，普通玉米籽粒的灰分为 1.3%，矿物质中含钾最多，其次为磷、镁，含钙特别少。

　　玉米各部分的平均化学组成如表 10－9 所示。

表 10－9　　　　　　　　　　　玉米籽粒各部分的化学成分　　　　　　　　　　单位:%

子粒部分	占整粒质量	淀粉	糖	蛋白质	脂肪	灰分
胚乳	81.9	86.4	0.64	9.4	0.8	0.31
胚芽	11.9	8.2	10.8	18.8	34.5	10.01
种皮	5.3	7.3	0.34	3.7	1.0	0.84

四、玉米在储藏过程中的品质变化

（一）玉米种用品质和酶活力的变化

　　发芽率和生活力是衡量玉米种用品质的重要指标，在储藏过程中发芽率和生活力的变化可反映出玉米生理品质的变化。在正常储藏条件下，玉米的发芽率和生活力将随储藏时间的延长而逐渐下降，如东北地区水分含量25%的玉米，在 -10℃下自然冷冻储藏后，发芽率可下降10%左右。同时实验证明成熟度好、籽粒饱满、未受冷害的种子发芽率高，陈化的种子发芽率低。玉米的发芽率和生活力有显著的相关性。玉米中的酶大部分集中在胚部和接近种皮部分的细胞中。玉米中的酶主要有两类：一类是水解酶类，如蛋白酶、脂肪酶等；另一类是氧化还原酶类，如脱氢酶、氧化酶等。玉米在储藏过程中，若水分增高、发热霉变、虫蚀或发芽时，酶的活性大大加强，储粮稳定性则大大降低。一般温度在20～

50℃之间，玉米水分含量在14%以上，温度越高，水分越大，酶活力也越强。因此，玉米及其加工品在储藏过程中，应控制好温度及玉米籽粒水分以抑制酶活力，提高储藏稳定性，保证玉米品质。

（二）玉米营养成分的变化

1. 碳水化合物的变化

玉米中含有大量的糖类，玉米在储藏期间的生命活动，主要由淀粉提供养分，随着储藏时间的延长，淀粉的量会逐渐减少。玉米在收获后的后熟时期，籽粒中碳水化合物的变化取决于籽粒储藏方法，若不脱粒储藏，则其籽粒中淀粉含量有所增加，同时可溶性糖则减少；若脱粒储藏，则各种碳水化合物便不会发生很大变化。

2. 脂类的变化

玉米在储藏期间脂类的变化途径有两种：一是氧化作用，产生过氧化物、羰基化合物；二是水解作用，产生脂肪酸、甘油等。一般来说，低水分玉米脂类分解以氧化作用为主；高水分玉米则以水解作用为主。在脂类变化中，脂肪酸变化最为显著，自发现劣质玉米含有较高的脂肪酸以来，大量研究表明，脂肪酸与玉米品质有着较高的相关性。一般正常的新收获的玉米，其脂肪酸值在 15~20 mgKOH/100g（干基），这个数值在正常储藏条件下其增长速度是缓慢的，但在不良条件下则迅速上升，品质劣变的玉米脂肪酸值可达到250 mgKOH/100g。

玉米脂肪酸值变化受到很多因素的影响，温度、湿度、霉菌、籽粒含水量、酶活力和呼吸强度等都会影响脂肪酸值的变化，粮堆发热，烘干温度不当也会引起玉米的脂肪酸败，脂肪酸值升高。在玉米储藏过程中，霉菌会影响玉米胚部及其他部分脂肪的变化，脂肪酸值与籽粒水分和温度呈明显正相关，脂肪酸值是玉米储存品质评价的敏感指标。

3. 蛋白质的变化

玉米在储藏期间，蛋白质的变化主要是在烘干和储藏过程中所发生的蛋白质变性，蛋白质含量、含氮量基本无变化。但在受伤的玉米粒中，蛋白质容易发生分解，游离氨基酸增多。

4. 维生素及其他成分的变化

将干燥的玉米籽粒置于密封的容器中6个月，维生素 B_1 及胡萝卜素的含量减少不显著。这二者中，胡萝卜素又较维生素 B_1 减少得多。在为期18个月的储藏中，黄玉米籽粒中维生素 B_1 及维生素 C 含量均有所下降；胡萝卜素（主要为维生素 A）则有30%的损耗。维生素 D 在未成熟及成熟的籽粒中含量甚微，储藏过程中迅速消失，当然这一过程主要取决于光照条件。在储藏期间，玉米中的矿物元素基本没有多大变化。

（三）玉米食用品质的变化

玉米的食用品质包括玉米籽粒的色泽、气味，在一定条件下蒸制成窝头的色泽、气味、外观形状、内部性状、滋味等。玉米在储藏过程中，其食用品质逐渐下降，玉米籽粒失去原有的光泽，有或轻或重的酸味、酒味、哈味等异味。蒸制成的窝头色泽变淡、发灰发暗；窝头失去新鲜玉米的清香味，呈现出甜味、酒味、辛辣味或哈喇味；窝头表皮粗糙，出现裂纹；窝头内部呈夹生状结块；滋味变劣，无玉米固有香味，后味发苦发哈。玉米储藏时间越长，储藏条件越差，其食品用品质下降越显著。

五、玉米的储藏特性及储藏方法

玉米的胚部很大，其体积可达整个籽粒的1/3，是禾谷类粮食中最大的。胚部含有大量的蛋白质、脂肪和可溶性糖，有较强的吸湿性，呼吸强度大，容易遭受虫霉的危害。实验证明，正常玉米的呼吸强度比正常小麦大10多倍。玉米不耐高温储藏，在30℃左右时籽粒中酶的活性加强，呼吸旺盛，消耗干物质，增加水分，放出大量的热，加速品质劣变。由于玉米胚部含有整粒中80%以上的脂肪，使其容易酸败，同时适宜霉菌的生长和繁殖，也易受常见害虫如玉米象、大谷盗、赤拟谷盗、锯谷盗、锈赤扁谷盗、麦蛾及印度谷蛾等害虫的危害，不利于安全储藏。

（一）玉米的储藏特性

1. 玉米原始水分高，成熟度不均匀

玉米在我国主产区是北方，在收获时天气已冷，加之玉米果穗外有包叶，在植株上得不到充分的日晒干燥，所以玉米原始水分含量一般较大，新收获的玉米通常在20% ~ 35%，在秋收日照好、雨水少的情况下，玉米含水量也在17% ~ 22%。同一批玉米的成熟度往往也很不均匀，这主要是由于同一果穗的顶部与基部授粉时间不一，使得顶部籽粒往往不成熟。加之玉米含水量高，脱粒时容易损伤，所以玉米的未熟粒与破碎粒较多。这类籽粒极易遭受虫霉侵害，有的则能在储藏期间受黄曲霉侵害而被污染带毒。

2. 玉米的胚大，呼吸旺盛

玉米胚部大，占全粒重量的10% ~ 12%。玉米胚含有30%以上的蛋白质和较多的可溶性糖，所以吸湿性强，呼吸旺盛。据试验，正常玉米的呼吸强度要比正常小麦呼吸强度大8 ~ 11倍。玉米吸收和散发水分主要通过胚部进行。据记载，干燥玉米其胚部含水量小于籽粒或胚乳，而水分含量大的玉米其胚部含水量则大于整个籽粒或胚乳。

3. 玉米胚部含脂肪多容易酸败

玉米胚部含有整子粒中77% ~ 89%的脂肪，在储藏过程中，很容易受环境的影响而使其脂肪发生氧化酸败。

4. 玉米胚部的带菌量大容易霉变

玉米胚部营养丰富，微生物附着量较多。据测定玉米经过一段时间储藏后，其带菌量比其他禾谷类粮食高得多。如正常稻谷带霉菌孢子约为95000（孢子个数/ 1g 干样）以下，而正常干燥玉米却有98000 ~ 147000。玉米胚部是霉菌首先危害的部位，胚部吸湿后，在适宜的温度下，霉菌开始大量繁育，出现霉烂变质现象。

5. 容易感染害虫

危害玉米的害虫有玉米象、大谷盗、赤拟谷盗、锯谷盗、印度谷螟、粉斑螟、麦蛾等。玉米一旦感染了害虫，其危害程度要比其他粮种严重。

（二）玉米的储藏方法

1. 穗藏方法

穗藏就是带穗玉米的储藏，是我国农村常见的储藏小宗玉米的方法。穗藏有很多优点，第一，由于玉米果穗堆的孔隙度大，很容易散发堆内的热量和水分，故收获后的高水分玉米能利用自然通风使其水分降到安全标准以内。第二，由于籽粒的胚部埋藏在穗轴内，仅顶部暴露在外，而玉米籽粒顶部又为坚硬的角质层，对虫霉侵害有一定的抵御作用，故能相应地提高其耐储性。第三，由于穗轴与籽粒仍然保持联系，穗轴内的养分在储藏初期还可以继续输送到籽粒中，改善籽粒的品质。但穗藏也有一些缺点，如占用仓容和场地面积较大，增加运输成本，不方便计量、测温和验质。目前，穗藏方法仅适宜农村少量玉米的储藏，国家粮库很少采用。收割玉米前，在田间对玉米采取"站秆扒皮"，这样能使玉米提前5～7d成熟，水分含量比未站秆扒皮的低5%～6%，且籽粒饱满。玉米收获后，不要急于脱粒，采取露天围囤、架空仓（玉米楼子）、"吊挂子"等方法进行晾晒，可使玉米穗逐步干燥。一般收获时在东北地区籽粒水分含量为23%～41%，经过150～170d穗储后，水分含量一般都能降至14.5%～15%，然后及时脱粒，转入仓内粒储。

在我国东北玉米主产区，由于受到各种因素的影响，每年秋收之后，很多农户将玉米穗直接晾晒在地上，形成所谓的"地趴粮"。"地趴粮"是一种粗放的粮食储存方式，其通风降水效果差，很容易发生霉变，不利于保证玉米的质量。因此，农户应改变储粮习惯，搭建玉米楼子，尽可能地让玉米上楼上架，确保穗藏玉米的安全。

2. 粒藏方法

粒藏即已脱粒玉米的储藏，是国家粮库储藏玉米的常见方法。玉米脱粒过程中往往产生较多的未熟粒、破碎粒、糠屑以及穗轴碎块等，机器脱粒的玉米杂质含量尤高，除穗轴外，一般散落性低，用输送机进仓时，杂质多集中在粮堆锥体的中部，形成明显的杂质区；而且这些物质的吸湿性强，呼吸量大，带菌量多，孔隙度小，湿热容易积聚，能引起发热霉变和虫害。因此，玉米在入仓前要过筛除杂，提高入库质量。粒储时要做到"五分开"，即品种分开、新陈分开、等级分开、水分大小分开、有虫无虫分开。水分特大的玉米必须随收随处理，水分低的可以临时储藏和推迟处理。入仓后利用冬季寒冷干燥天气，通风降水，春暖后做好防潮隔热工作，以防霉变产生。在南方炎热潮湿的夏季，可利用谷物冷却机或空调，降低玉米温度，保证玉米安全度夏。

3. 低温密闭储藏

玉米适合低温、干燥储藏。其方法有两种：一种是干燥密闭，另一种是低温冷冻密闭。北方地区玉米收获后受到气候条件的限制，高水分玉米降到安全水分以内确有困难，除有条件进行机械烘干外，一般可采用低温冷冻、入仓密闭储藏。其做法是利用冬季寒冷干燥的天气，摊晾降温，使玉米温度降到－10℃以下，然后过筛清霜、清杂，趁低温晴天入仓，然后用麦糠、稻壳、席子、草袋或麻袋片等物覆盖粮面进行密闭储藏，长时间保持玉米处于低温或准低温状态，可以确保安全储藏。

六、玉米的储藏技术管理

玉米进入储藏期以后，其储藏技术管理主要包括日常管理、季节差异管理、熏蒸杀虫、通风管理以及防虫防鼠管理。

（一）日常管理

保管人员要按照《粮油储藏技术规范》的有关要求，勤查粮情，做好粮情记录，发现问题及时处理。要求做好仓内外的消毒杀虫工作，保证防虫网、防雀网、防虫线的完好无损，防止害虫、鸟类的侵害。

（二）季节差异管理

南方大部分地区四季分明，不同季节气候差异性大。玉米储藏应该做到春密闭、夏降温、秋防治、冬通风。

1. 春密闭

春天气温上升阶段，随着春雨的到来，空气湿度也在增加。在冬季降温的基础上要及时对玉米堆进行密闭，仓门仓窗也要密闭隔热，尽量延缓仓温和粮温的上升速度，除检查粮情外要尽可能减少开仓次数和时间，开仓门的时机应选在低温的早晨。

2. 夏降温

夏天气温上升，如果仓温上升较快，而粮温上升较慢，则应选择在晚上开门开窗进行通风降温，第二天早晨日出之前则要关闭门窗。通风时要把握粮温高于气温、仓内湿度要高于空气湿度，雨雾天则不宜通风。如遇夏天高温天气持续时间长，仓库的气密性隔热性较好，也可以用谷物冷却机或空调器降温。

3. 秋防治

秋天气温开始下降，是全年降水量较少的季节，空气湿度较低，这时应抓住时机杀虫。杀虫应选择晴好的天气、粮温在15℃以上时进行。粮堆用磷化铝进行熏蒸，仓内空间可用敌敌畏喷雾或挂袋防治害虫，通风道则可用布袋投药。有条件的地方还可用磷化氢仓外发生器进行环流熏蒸。当熏蒸达到规范要求的密闭时间后，检查杀虫效果，必要时采取相应的补救措施。熏蒸结束后，及时做好防虫工作，以防害虫再次感染。

4. 冬通风

冬季气温较低，但南方地区寒潮次数和强度有限，如遇0℃以下的寒潮应抓住时机通风而且最好采用机械通风，把整个粮堆温度降到0℃左右，为来年的保管打下良好的基础，同时也可延缓玉米陈化速度。若遇雨雪天则不宜通风，因为雨雪天空气湿度高，玉米易吸湿返潮，不利于安全储藏。

（三）防治虫害

防治虫害，一般在3月底采用密闭压盖即可收效，北方多采用冷冻处理，然后密闭压盖，对防治甲虫和蛾类幼虫都有较好效果。也可采用塑料薄膜压盖或密闭缺氧，既可防虫，也可防湿防霉，效果都很好，对已经发生虫害的玉米，可用过筛或熏蒸的方法除治。

（四）防治鼠害

彻底清除仓房周围和场地的杂草垃圾，随时清理包装器材及散落粮食，使老鼠无处隐藏和取食。在仓房门窗建造完善的防鼠建筑结构，防鼠进仓，对于偶尔进仓的老鼠，应及时采取措施进行捕杀。

七、玉米粉的储藏技术

（一）玉米粉的储藏特性

1. 吸湿能力强、导热性差

玉米粉和小麦粉一样，具有粮堆空隙小、导热性能差、吸湿能力强、易受压结块等特点，不利于安全储藏。

2. 脂肪含量高

玉米粉脂肪含量远比小麦粉高，因此更容易氧化酸败产生酸味、哈喇味、苦味。

3. 水分含量高

玉米在加工时往往要经过水洗，增加了玉米的含水量，而未经水洗的玉米，由于除杂不彻底，使加工后玉米粉中混有少量灰尘，带菌量较高。新出机的玉米粉温度较高，一般在 30~35℃。水分大、温度高，给微生物的生长繁殖创造了条件。玉米粉发热霉变速度很快，一般经吸湿返潮后 1~2d 即开始发热，有轻微霉味。再经过 3~5d，温度继续升高，霉味加重，成团结块，粉色灰淡，粉团内呈微红色，和面时吸水性差，缺乏黏性，甚至有哈喇味和苦味。

4. 易感染虫霉

由于失去皮层保护，粉状的营养物质暴露，玉米粉容易感染害虫和霉菌。

（二）玉米粉的储藏方法

玉米粉是较难储藏的一种成品粮，最好以销定产，不宜长期储藏。在掌握其储藏特性的基础上，采取适当措施可进行短期储藏。

1. 常规储藏

温度和水分是影响玉米粉品质的主要因素。据北京粮食局试验，1、2 月份玉米粉水分含量为 20%~20.5%，粮温 15℃以下可储藏 1 个月；3~5 月份水分含量为 15%~16%，粮温在 20℃以下可以储藏半个月；6~8 月份水分含量为 13.5%~14.5% 可以储藏 10d，同时认为储藏期超过 10~15d，玉米粉即失去原有的香味。

玉米粉常规储藏时不宜采用大批散存的方法，一般采用袋装，最好堆码成通风垛，并应经常倒垛。如发现有结块现象，应及时揉松。玉米粉堆垛不宜过高，并应根据玉米粉水分及季节的变化灵活掌握（表 10-10）。

表 10-10 玉米粉堆垛高度参考表

水分含量/%	堆垛高度/袋		
	冬季	春秋季	夏季
12 以下	12	10	8
13 以下	10	8	6
14 以下	8	6	6
14 以上	6	4	4

玉米粉的磨制方法对安全储藏也有很大影响。大批量加工采用干法磨粉有利于安全储藏。少量加工可水洗后磨粉，但出机后必须通风降温。玉米最好先去胚后再磨粉，这样既可以提取玉米胚油，增加经济效益，又可提高粉质，有利于玉米粉安全储藏。

2. 低温、准低温储藏

低温、准低温储藏是保持玉米粉品质的最有效途径。大批量玉米粉可采用空调器进行准低温储藏，少量玉米粉则可采用冰箱、冰柜进行低温储藏。

第四节　杂粮的储藏

一、杂粮概述

杂粮通常是指稻谷、小麦、玉米、大豆和薯类五大作物以外的粮豆作物。其特点是生长期短、种植面积少、种植地区特殊、产量较低，一般都含有丰富的营养成分。杂粮主要包括：高粱、谷子、荞麦、燕麦、大麦、糜子、黍子、薏仁、籽粒苋以及菜豆、绿豆、小豆、蚕豆、豌豆、豇豆、小扁豆、黑豆等。我国杂粮分布广泛，种类繁多，长期的栽培驯化形成了许多地域名优品种，在国际市场上具有明显的资源优势、价格优势和生产优势。

杂粮富含多种营养成分，既是传统的食粮，又是现代保健珍品，在有机食品、保健食品中占有重要地位。杂粮多种植于无污染、工业欠发达地区，生产过程中不施农药、化肥，其产品是自然态的。随着人们生活水平的提高和膳食结构的改善，杂粮作为药食同源的新型食品资源，越来越受到人们的青睐，杂粮的需求量越来越大，名优产品更是供不应求。同稻谷、小麦等主粮一样，杂粮也是季节性生产，长年性消费，因此，做好杂粮的储藏工作，确保杂粮品质，满足市场需求，具有重要的意义。

二、豆类的储藏

（一）绿豆的储藏

1. 绿豆概述

绿豆又称菉豆、植豆，属于豆科豇豆属植物中的一个栽培种。绿豆在中国已有两千多年的栽培历史，种植地域十分广阔，品种资源也十分丰富。据统计，我国各省都种植绿豆，有1000多个品种。绿豆适应性广，抗逆性强，耐旱、耐瘠、耐隐蔽，生育期短，播种适期长，并有固氮能力，是禾谷类作物、棉花、薯类间作套种的适宜作物。绿豆营养丰富，具有清热解毒、润喉止渴、明目降压等功能，是一种用途广泛的杂粮作物。

绿豆为荚果，成熟的荚呈黑色、褐色或褐黄色，被毛，荚长4~12cm，荚宽0.4~0.6cm，一般为圆筒形或稍弯，少有扁圆筒形。每荚6~15粒种子，荚内种子间有隔膜。绿豆的种子为圆柱形或球形，长0.3~0.5cm，宽0.2~0.4cm。绿豆的种子包括种皮、子叶和胚三部分。种皮是种子最外一层，由胚珠的内外珠发育而成，主要起保护作用。种皮外边有一个明显的脐，位于一侧上端，长约为种子的1/3，呈白色线形。脐为珠柄与种子相连接处的残迹。脐的上部生有凹陷的小点，称做"三合点"，为珠柄维管束与种脉相连接处的残迹。脐的下部有一个小孔，称做"珠孔"，胚的幼根从此处生出，所以又称"发芽孔"。子叶是被种皮包裹着的两片肥厚的豆瓣，呈淡黄绿色或黄白色，质地坚硬，占种子全部质量的90%左右。种子的大小和形状，主要由子叶的大小和形状决定的。子叶主要由很多薄壁细胞构成，内含淀粉、蛋白质、脂肪和其他物质。胚在种子的基部，位于两片子叶之间的一端，占种子全重的2%。胚由胚根、胚芽、胚轴三部分组成。胚芽由主芽和两个侧芽组成。胚芽下端为胚轴及胚根。绿豆籽粒形态与结构如图10-5所示。

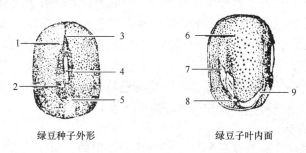

绿豆种子外形　　　　　　　　绿豆子叶内面

图10-5　绿豆籽粒形态与结构

1—种脊　2—发芽孔　3—合点　4—种脐　5—胚根透视处　6—子叶　7—胚芽　8—胚茎　9—胚根

按照种脐长短，可将绿豆分为短脐绿豆和长脐绿豆。

按照种皮颜色，可将绿豆分为黄色绿豆、普通绿豆、黑绿豆三类。

按照种皮颜色和有无光泽，可将绿豆分为明绿豆和暗绿豆两种，明绿豆有光泽，暗绿豆无光泽。

按照明绿豆所占比例，可将绿豆分为明绿豆、统绿豆、毛绿豆三类。明绿豆占75%以上者为明绿豆，明绿豆占50%～75%者为统绿豆，明绿豆占50%以下者为毛绿豆。我国出口的绿豆，习惯上均按这种方法分类。

2. 绿豆的化学组成

绿豆主要含淀粉、蛋白质、脂肪、纤维素、矿物质、肽类及胡萝卜素、硫胺素（维生素 B_1）、核黄素（维生素 B_2）、烟酸（维生素PP）等。

据资料报道，绿豆蛋白含量为20%～25%，淀粉含量达50%以上，其中直链淀粉约占60%。含糖量为2.69%～5.88%，其中单糖占0.38%～1.00%，蔗糖占1.06%～2.19%，棉籽糖占0.38%～0.69%，水苏糖占0.50%～1.50%。而在绿豆的脂肪中，软脂酸占28.1%，硬脂酸占7.8%，油酸占6.4%，亚油酸占32.6%，亚麻酸占14.4%。

3. 绿豆的储藏特性

绿豆的种皮较厚而且坚固光滑，对子叶有较好的保护作用，耐藏性好，储藏期间很少发生发热霉变，也不易酸败变质。在储藏期间绿豆最突出的问题是生虫和变色。

（1）易生虫　危害绿豆的害虫主要是绿豆象和四纹豆象，这两种害虫均以幼虫在豆粒内越冬。越冬幼虫于次年春羽化。成虫羽化后可以在仓内绿豆上产卵繁殖，也可飞至田间在绿豆荚裂缝内产卵繁殖，并随同收获的绿豆进入仓内继续繁殖，直到越冬。由于绿豆象和四纹豆象均能在仓内及田间交替繁殖，而且每年发生代数多（一般每年发生5～7代，最多可达11代），繁殖快，故危害十分严重。据湖南、湖北、江西等省重点调查，绿豆被害率一般为30%～40%，严重的达60%～70%，最严重的绿豆全部被蛀蚀一空，仅剩一层发黑的种皮，完全失去使用价值。绿豆被害后，发芽率下降，品质变劣，损耗增加（一般重量损失10%～15%，严重的可达80%以上），商品价值降低，甚至产生一种严重的恶臭味，丧失食用价值。

（2）易变色　绿豆的正常颜色大体有两种，一种为青绿色，另一种为黄绿色。随着储藏期的延长，绿豆皮色会逐渐变劣，开始时呈现淡黄褐色，以后逐渐变为褐色或深褐色。绿豆变色与阳光、温度、水分、氧气、虫害等因素有关。一般来说，绿豆受到强光照射与害虫危害，在高温下储藏，而且水分高、氧气充足时，变色多、发展快、程度重。反之，则变色少、发展慢、程度轻。就散装粮堆而言，粮堆表、上层由于同时受阳光、温度、水分、虫害和氧气等多种因素的综合影响，所以首先变色，变色程度也重于其他部位，而粮堆60cm以下则变色数量逐渐减少，变色程度也逐渐减轻；夏季温度高（过夏绿豆）变色多、变色快、程度重，冬季温度低则变色少、变色慢、程度轻；水分含量在11%～12%以下的变色较少，13%以上的则变色较多。绿豆变色后仍可食用，但外观较差，品质变劣，发芽率下降，蛋白质含量降低，淀粉减少，商品等级下降。

4. 绿豆的储藏方法

绿豆在储藏期间除生虫与变色外，一般是比较稳定的。通常入库时严格把好质量关，将绿豆水分含量控制在12%以下，杂质降至国家规定标准以内，并做好日常管理工作，即可安全度夏，很少出现发热霉变等现象。

（1）防治害虫 绿豆在储藏时采用低剂量磷化铝间歇熏蒸，可以防止豆象危害。另外，绿豆象和四纹豆象均可在田间与仓内交替繁殖，所以要不失时机地在开花、结荚和储藏初期组织有关人员及时全面进行防治，才能获得良好的防治效果。各地实践证明，囤装绿豆采用塑料薄膜五面密封，进行自然缺氧储藏，对抑制豆象危害也可以收到良好的效果。

（2）防止变色 绿豆变色是一种极复杂的生化过程，其反应速度与阳光、虫害、温度、水分和氧气等外界因素有密切关系。因此，尽可能避免绿豆受上述因素的影响，保持绿豆干燥低温密闭储藏，可以有效地防止或延缓绿豆变色。江西省广丰县多年实践证明，将干燥的绿豆散装储存（包装储存外露面积多、空隙大，容易遭受外界不良因素的影响），在豆堆上全面覆盖一两层空麻袋或其他不透光的材料并经常关闭仓门进行避光保管，使绿豆在干燥、低温、无虫、无光、密闭的状态下储藏，可以有效地防止绿豆变色，使其较长时间保持鲜艳的绿色和良好的品质。除麻袋覆盖粮面避光储藏外，采用干河沙、谷壳、麦糠等物覆盖避光储藏，以及采用缺氧储藏、"双低"储藏和低温储藏，均可有效地防止绿豆变色。

（二）蚕豆的储藏

1. 蚕豆概述

蚕豆又称罗汉豆、胡豆、佛豆，属于豆科野豌豆属一年生或越年生草本植物。原产欧洲地中海沿岸，亚洲西南部至北非，相传西汉张骞自西域引入中原。蚕豆营养丰富，既可食用，也可作饲料、绿肥，为粮食、蔬菜和饲料、绿肥兼用作物，是我国重要的夏收豆类之一。

蚕豆为荚果，其荚扁平，呈筒形，被茸毛，向上生长。荚的长短因品种而异，一般为6～10cm，但长荚品种荚长可达20～30cm。我国多属短荚品种。短荚的种子较小，长荚的种子较大。每荚一般含种子2～4粒，最多达7～8粒，种子占全荚质量的60%～70%。种子呈扁平、椭圆至近于圆形，表面稍有凹凸，通常基部较厚，顶端较薄，基部有黑色或白色种脐。种皮在未成熟时均为绿色，成熟后有青绿、翠绿，灰白、褐色和紫色等，种子大小因品种不同差异很大，种子长度0.65～3.5cm不等，在栽培作物种子中最大。种子生命力较强，发芽力可保持2～3年，最长可达6～7年。种皮内包着两片肥大的子叶，占种子质量的90%以上，营养物质主要存在于子叶中。基部为胚，包含着胚根、胚茎和胚芽（图10-6）。

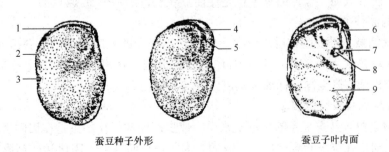

蚕豆种子外形　　　　　　　　蚕豆子叶内面

图10-6　蚕豆籽粒形态与结构

1—种脐　2—种脊　3—合点　4—发芽孔　5—胚根透视处　6—胚根　7—胚茎　8—胚芽　9—子叶

按播种期，可将蚕豆分为春蚕豆（春季播种）和秋蚕豆（秋冬播种）。

按生长期，可将蚕豆分为早熟种、中熟种、晚熟种。

按种皮颜色，可将蚕豆分为青皮种、白皮种、红皮种。

按籽粒大小，可将蚕豆分成大粒种、中粒种、小粒种，商品蚕豆多采用这种分类方法。

2. 蚕豆的化学组成

蚕豆种子中含有大量蛋白质，平均含量为30%左右，有的品种可高达42%，是食用豆类中高蛋白作物之一。蚕豆种子不仅蛋白质含量高，而且蛋白质中氨基酸种类齐全，人体内不能合成的8种必需氨基酸中，除色氨酸和甲硫氨酸含量稍低外，其余6种氨基酸含量都高，尤其以赖氨酸含量丰富，所以蚕豆被誉为植物蛋白质的新来源。蚕豆中的淀粉含量高达48%左右，因此，又是一种淀粉生产的主要原料。除此之外，蚕豆脂肪含量约为0.8%，其中不饱和脂肪酸占88.6%（油酸45.8%、亚油酸30.0%、亚麻酸12.8%），饱和脂肪酸占11.4%（硬脂肪酸8.2%）。蚕豆中维生素含量均超过大米和小麦，维生素含量相当于小麦的3倍。蚕豆中还含有一定量的矿物质如钙含量为0.071%、磷含量为0.34%、铁含量为0.007%。

3. 蚕豆的储藏特性

蚕豆子叶含有丰富的蛋白质和少量脂肪，种皮比较坚韧；蚕豆晒干后在储藏期间很少出现发热生霉现象，更不会发生酸败变质等情况。蚕豆储藏经常遇见的问题是仓虫危害和种皮变色。蚕豆象是危害蚕豆的主要害虫。种皮变色过程，一般从内脐（合点）和侧面隆起部分先出现，开始呈淡褐色，以后范围逐步扩大，由原来的青绿色或苹果绿色转变为褐色，深褐色以至红色或黑色。按照一般储藏方法，蚕豆的虫蚀率可高达50%～70%，损失非常严重。蚕豆生虫或变色后，发芽率显著下降，食味变差，商品价值降低。

（1）虫害　蚕豆的主要害虫是蚕豆象。我国大部分地区都有蚕豆象为害，尤以华东和中南地区最为严重。蚕豆象以成虫在豆粒内、仓房角落缝隙或田间野草、砖石下隐蔽处越冬，第二年3～4月蚕豆开花结荚时飞至田间取食、交尾，在嫩豆荚上产卵。蚕豆象主要是幼虫侵蚀豆粒，被害豆粒常被吃空，危害往往极其严重。

（2）变色　蚕豆储藏中，颜色不断变深，原因是由于蚕豆种皮中含有酪氨酸、酚类物质和多酚氧化酶等，在空气、水分、温度的综合作用下，使氧化酶活力增强，加速了酚类物质的氧化反应，使蚕豆皮色由原来的绿色或乳白色逐渐变成褐色、深褐色以至红褐色或黑色等。另有研究表明，豆象的危害也是促使豆粒变色的一个重要外因。

4. 蚕豆的储藏方法

（1）常规储藏　蚕豆脱粒后水分含量较高，不宜立即入库储藏，收获后要晾晒降水。秋播蚕豆区在豆粒含水量11%～12%时储藏，春播蚕豆区可在水分含量13%以下储藏。入库之前，要将杂质降至国家标准规定以内。储藏期间做好日常管理工作，发热霉变等不良变化很少发生，可安全度夏。

（2）防治害虫　从蚕豆象的生活史来看，成虫产卵和孵化幼虫是在田间进行的，而化蛹和羽化成虫则是在蚕豆储藏过程中完成的。大宗蚕豆储藏可采用化学药剂熏蒸法防治蚕豆象，常用的熏蒸剂有磷化铝、磷化锌和磷化钙，杀虫效果很好。一般蚕豆收获入库到7月底为止，正是幼虫期和蛹期，应在幼虫很小时抓紧治杀，可用磷化铝或氯化苦熏蒸。整个熏蒸工作应在 7 月底前完成。熏蒸结束后应及时通风散气，以防蚕豆变色。少量蚕豆在储藏中，为了预防蚕豆象的危害，可采用夹糠夹沙密闭保存，即在储存蚕豆的大缸或小仓中，一层蚕豆夹一层糠（稻壳或麦糠）或沙（干河沙），使蚕豆处于密闭的环境中，能有效地防止蚕豆象的繁殖危害。但储存的蚕豆一定要充分干燥，水分含量应在 12% 以下，所用的稻壳、麦糠、河沙也应干燥无虫。还可采用开水浸烫法，即在蚕豆收获晒干后，选择晴好天气将蚕豆在沸水中浸烫 30~40s，（浸烫时应不断地搅拌），到时立即取出在冷水中浸 8~10s，然后滤水晒干，既可将蚕豆中的害虫杀死，又可保持原有的品质。

（3）防止变色　蚕豆变色是一种极其复杂的生化过程，其反应速度与温度、水分、光线、氧气以及害虫等外界因素密切相关。蚕豆在储藏中的变色现象比较明显。干燥、低温、避光、密闭缺氧（或真空）、充二氧化碳储藏，都能有效地防止蚕豆变色。上述夹糠夹沙的保管方法也有防止蚕豆变色的作用。散装储存的蚕豆，上层的变色比较严重，通常经过一个夏季的储藏，变色粒至少增加 10%~20%，多的可达 40%~50%，而粮堆 60cm以下，变色程度就逐渐减轻。在低温下储藏蚕豆，可以延缓其变色。低温降低了多酚氧化酶的活性和空气中氧分子的活化能，使酶促反应和非酶促反应速度降低，因而蚕豆中的酚类物质不会大量氧化成醌，故能有效地抑制或延缓蚕豆褐变。试验表明，将蚕豆储存在5~7℃的低温下，防止褐变的效果可达 98.5%~98.9%，温度越低，防止褐变效果越好。通常储存蚕豆的温度控制在 25℃ 以下，即可获得较好的防变色效果。

三、荞麦的储藏

（一）荞麦概述

荞麦又名乌麦、三角麦，是蓼科荞麦属一年生草本植物。荞麦不属于禾本科，但因其使用价值与禾本科粮食相似，因此常将其列入谷类。荞麦的主要生产国有俄罗斯、中国、日本、加拿大、美国、法国、波兰和斯洛文尼亚等国家。我国荞麦种植比较分散，主要分布在西北、华北和西南的一些高寒山区。荞麦能耐瘠、耐酸、耐旱，适应性强，生长期仅60~90d，是救灾补种的良好品种。

荞麦属于瘦果，呈三棱立体形，前端渐尖，基部有花萼残片，外壳是革质的果皮，很厚，表面光滑，果皮每面中央有一条不太明显的纵沟。果皮的色泽有红褐色、暗褐色、深灰色以及单一色泽或带有斑点条纹颜色。荞麦的果皮和种皮是分离的，中间有空腔，称为子房腔。荞麦果皮由外果皮、中果皮和内果皮组成。脱去果皮的荞麦米是种子，种子由种皮、胚和胚乳组成。种皮很薄，由外种皮、海绵组织和内种皮组成，呈黄绿色。种皮以下为糊粉层和胚乳，胚乳淀粉多为软质。胚位于胚乳中央，胚根向上与种孔接近，子叶薄而宽，呈 "S" 形，胚芽在两片子叶的中间（图 10-7）。

按照果实的特征，可将荞麦分为三种类型，即普通荞麦、鞑靼荞麦和有翅荞麦。

普通荞麦又称甜荞，果实呈三棱形，长宽大致相等，黑色或黑灰色，表面平滑光亮，品质较好，我国北方地区及世界各地栽培的荞麦主要是甜荞。

鞑靼荞麦又称苦荞，果实较小，果皮厚而粗糙，棱角呈波状，略有苦味。我国西北和西南山区种植较多。

有翅荞麦果实小，棱角薄而大，呈翅状，品质差，我国很少栽培。

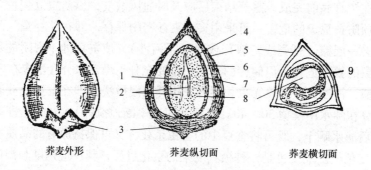

图 10 - 7　荞麦籽粒形态与结构

1—胚芽　2—子叶　3—花萼　4—胚根　5—果皮　6—子房腔　7—种皮　8—胚乳　9—胚

（二）荞麦的化学组成

荞麦籽粒营养丰富，并含有一些其他粮食作物不含或少含的营养物质。据分析，荞麦籽粒含蛋白质 9.3% ~ 14.9%，脂肪 2.1% ~ 2.8%，淀粉 63.6% ~ 73.1% 以及维生素和矿物质。在所有谷物中，只有荞麦含有丰富的生物类黄酮。

（三）荞麦的储藏特性

1. 较耐储藏

荞麦果皮革质，完整厚实，具有较强的抗虫、抗霉性能，较耐储藏。

2. 粮堆孔隙度大

荞麦粒形棱状，粮堆孔隙大，既易降温、散湿，也易受外界温湿度的影响而吸湿增温。

3. 变色

刚收获的荞麦籽粒为棕黄色，相应种子颜色为淡绿色，具有愉快的、荞麦独有的香味。但在储藏过程中会逐渐变成红褐色，这种色泽的变化通常伴随有酸败味的产生。储藏时间、温度、水分含量和包装条件对荞麦色泽的变化均有影响，其中储藏温度和水分含量对荞麦色泽的变化影响较大，而储藏时间和包装形式对色度变化的影响较小。

（四）荞麦的储藏方法

1. 常规储藏

收获后的荞麦要及时晒干扬净，使水分含量降至 13% 以下。荞麦入库后，利用冬季寒冷空气通风降温，在春暖之前，切实做好防潮、隔热工作，以确保安全度夏。

2. 低温储藏

高温和高湿环境下荞麦籽粒中叶绿素损失很快，而在低温、低湿环境下叶绿素变化则不明显。干燥的荞麦在低温下储藏能延缓其品质劣变。大量储藏荞麦可采用机械制冷方式低温储藏，少量荞麦则可放入冰箱或冰柜中保存。

3. 真空包装储藏

真空包装可延缓脂肪的氧化酸败，减少香气成分的散失。在荞麦米的色泽保持方面，避光条件下，真空包装能很好地保持荞麦米原有色泽，但在光照条件下，它的护绿效果却不明显，只略好于常规储藏。

四、高粱的储藏

（一）高粱概述

高粱又名蜀黍、荻粱、红粮、茭子等，属于禾本科、高粱属一年生草本植物。高粱是我国古老的粮食作物之一，已有五千多年的种植历史。我国栽培高粱较广泛，以东北各地最多。高粱具有较强的抗逆性和适应性，在平原、山丘、涝洼、盐碱地均可种植，属于高产、稳产作物，在我国谷物生产特别是饲料生产中占有重要地位。

高粱籽粒是一种假果，其基部有两片护颖，护颖坚硬而光滑，尖端附近有时有茸毛，常有红、黄、黑、白等多种颜色。高粱的米粒大部分露出护颖外面。脱去护颖的高粱米一般为圆形、椭圆形或卵圆形，顶端有较明显的花柱遗迹，基部钝圆，有花柄遗迹。高粱籽粒也是由果皮、种皮、外胚乳、糊粉层、胚乳和胚组成。果皮由外果皮、中果皮和横细胞、管细胞等部分组成。种皮层很薄，内含花青素等色素。外胚乳较其他粮种明显，棕黄或黄色。糊粉层为一单层细胞组织。胚乳分角质和粉质两种，角质胚乳组织紧密，半透明，含蛋白质较多，粉质胚乳结构疏松，不透明，含蛋白质较少。胚位于种子腹部的下端，长形，长达籽粒长度的一半。高粱籽粒形态与结构如图10-8所示。

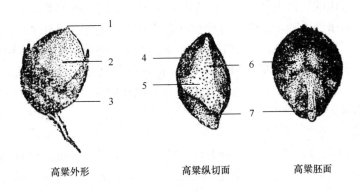

高粱外形　　　　　高粱纵切面　　　　　高粱胚面

图10-8　高粱籽粒形态与结构

1—花柱迹　2—高粱米　3—护颖　4—角质胚乳　5—粉质胚乳　6—胚乳　7—胚

按照粒色，可将高粱分为红壳高粱、黄壳高粱、黑壳高粱、白高粱。

按照籽粒带壳与否，将高粱分为米高粱与壳高粱。

按照用途不同，可将高粱分为食用高粱、糖用高粱和帚用高粱三类，在大多数情况下，高粱按用途分类。

（二）高粱的化学组成

高粱籽粒所含的养分以淀粉为主，淀粉占籽粒的65.9%～77.4%。每100g高粱米中含蛋白质8.4g，脂肪2.7g，碳水化合物75.6g，粗纤维0.3g，灰分0.4g以及维生素等，另外，高粱籽粒的皮层中含有0.01%～0.67%的单宁。与其他禾谷类作物相比，高粱的营养价值较低，主要表现在其蛋白质含量较低，且又以难溶的醇溶蛋白和谷蛋白为主。蛋白中所含赖氨酸、色氨酸等必需氨基酸较少，属于不完全蛋白质。因单宁味涩，影响高粱的食用品质。

（三）高粱的储藏特性

高粱果皮呈角质，对种子有较好的保护作用。种皮中含有单宁，其味涩不为鸟类和害虫喜食，并且具有防霉作用，因此，高粱具有一定的耐储性。但高粱往往含杂（茎叶和颖壳）较多，在北方产区晚秋收割，气温低，不易干燥，新入库的高粱水分含量一般在16%～25%，仍易发热霉变。在发热的初始阶段，粮面首先湿润，籽粒颜色变得鲜艳，以后堆内逐渐结块发热，散落性降低。一般经过4～5d，即可产生白色菌丝。如再经2～3d，粮温即迅速上升，胚部出现绿色菌落，结块明显，如不及时处理，在2周时间内，粮温可上升到50～60℃，严重霉变，丧失食用品质。因此，入仓时不要堆装过高，一般以堆高1.1m为宜，可以利用冬季"扒沟打井"、翻扒粮面等方式进行通风，降低粮温和水分含量。

（四）高粱的储藏方法

1. 常规储藏

新收获的高粱水分含量大、杂质多，在入仓之前，要进行干燥除杂，如温度为5～10℃，相对安全水分应在17%以下。入仓中要做到分水分、分等级入仓。在进行自然干燥时，场地要向阳通风，根据不同的温度和水分，将籽粒铺成5～8cm厚，每隔1～2h翻动一次。在晴朗、有风的气候条件下，1～2d内就会干燥。高粱收割后，在室外温度不高而且温度相当均匀的条件下晒干，能保持籽粒正常的颜色、光泽和香味。在天气不好的条件下所收获的高粱，含水量很高，不能用自然干燥法干燥，要用烘干机进行干燥。采用烘干机干燥高粱时，如籽粒水分过高（20%以上），最好采用逐步干燥的方法，使籽粒通过烘干机2～3次，热气温度由55℃提高到70℃。常规储藏期间，要做好粮情检查工作，若发现问题要及时处理。

2. 防止结露

烘干高粱入仓时，由于粮温高、仓温低，极易造成结露，导致高粱发热霉变。应设法减小外温与粮温的差别，并在仓壁设置防潮隔气层，适时通风，消除结露的条件。

3. 低温密闭储藏

高粱适于低温储藏，因此，应充分利用冬季降温后密闭储藏。经过干燥除杂、寒冬降温的高粱，一般可以安全度夏。

五、薯类的储藏

薯类主要是指甘薯、马铃薯和木薯这"三薯"。它们的鲜块根或块茎中含有大量的水分，主要的营养成分是淀粉。薯类可以作为主食，也可以作为蔬菜，但木薯需脱毒后才能食用。

（一）甘薯的储藏

1. 甘薯概述

甘薯又称红薯、番薯、红苕等，属于旋花科番薯属越年蔓生草本植物。甘薯的适应性广，抗逆性强，较耐旱、耐瘠，无论山坡地、生荒地均可种植，是一种高产作物，在我国种植面积很广。甘薯块根营养丰富，淀粉含量高且质量好，不仅可以直接食用，还是食品、轻工、饲料和医药工业的重要原料。

甘薯的食用部分是块根，是由幼根经过一系列组织分化和积储养分过程发育而成的。

块根的形状有纺锤形、球形、圆筒形等，其表面有须根，根的四周凹陷，称为"芽眼"，用块根育苗时，幼芽即从芽眼处长出。甘薯膨大块根的最外层，是多层木栓细胞形成的周皮，其内为中柱，由皮层、韧皮部、形成层及薄壁细胞等组成。薄壁细胞中储藏着丰富的淀粉、维生素等营养物质。有些品种的木栓组织中含有不同色素的花青素，因而使薯皮形成不同的颜色。常见的皮色有白、黄、淡黄、淡红、紫等色，肉色则有白、黄、淡黄、淡红、杏黄等色。甘薯块茎的形态与结构如图10-9所示。

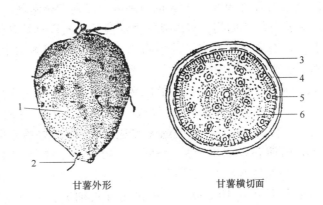

甘薯外形　　　　　　　　甘薯横切面

图10-9　甘薯块茎的形态与结构

1—芽眼　2—须根　3—周皮　4—韧皮部　5—形成层　6—薄壁细胞

按照用途，可将甘薯分为淀粉加工型、食用型、兼用型、菜用型、色素加工型、饮料型、饲料加工型。

2. 甘薯的化学组成

甘薯块茎含碳水化合物29%左右，含蛋白质1.8%左右，脂肪0.2%左右。碳水化合物中主要成分是淀粉，甘薯淀粉容易被人体消化吸收，是一种优质淀粉。以甘薯淀粉为原料可制取粉丝、酒精、葡萄糖、饴糖、柠檬酸等多种产品。甘薯蛋白质的氨基酸组成与大米相近，是营养价值较高的蛋白质。鲜薯中含有多种维生素，特别是胡萝卜素和抗坏血酸的含量极其丰富，每100g甘薯中含胡萝卜素1.3mg，含抗坏血酸30mg。

3. 甘薯的储藏特性

鲜薯皮薄肉嫩，水分含量高（70%～80%），容易碰伤，感染病菌引起腐烂。在储藏过程中，甘薯对温湿度很敏感，既怕热又怕冷，既怕干又怕潮。如储藏温度超过15℃，不但容易抽芽，而且因呼吸旺盛，干物质大量消耗，可溶性糖增加，抗病能力降低，很易引起病害。如温度低于9℃则容易发生冻伤而引起腐烂。冻伤的薯块，表面凹陷，呼吸增强，抗病能力减弱，食用品质大大降低。若相对湿度低于80%时，薯块会很快失水，出现干缩和糠心。湿度高于95%时，易使薯堆表层结露，导致病菌繁殖，发生腐烂。储藏甘薯的最适温度为12～15℃，最适相对湿度为85%～90%。甘薯在储藏期间如果长期通风不良，便会变为缺氧呼吸，不仅使伤口不能愈合，而且会造成酒精积累，使其自身中毒腐烂。

4. 甘薯的储藏方法

（1）地窖储藏　地窖储藏的优点是保温性能好，可以防止低温冻害。甘薯入窖之前首先要对地窖进行消毒处理，尤其是旧窖要刮去窖壁表层，用石灰浆粉刷窖壁或用柴草、艾蒿熏烧、硫黄熏蒸等方法，彻底进行消毒。地窖消毒应在鲜薯入窖两周前进行。其次要剔选薯块，即选取健壮、薯皮完整的薯块入窖。第三要合理堆放，避免碰伤，一般堆放至窖容的 60% ~70% 为宜，以利散热排湿。第四要掌握窖门启闭，适时调节窖内温、湿度。入窖初期（20~30d），薯块呼吸旺盛，易发汗，窖门宜启不宜闭，或白天启盖通风，晚上关闭。"进九"以后，天气严寒，窖门宜闭不宜启，严防冻伤。若气温很低，还应在窖口铺保温材料，防止寒气袭入。开春后，气温回升，窖门应启闭结合。总的要求是要将窖温控制在 12~15℃ 之间，窖湿控制在 80% ~90% 的范围内，以利安全储藏。

值得注意的是，在鲜薯储藏期间，窖内氧气含量偏低，入窖时要确保人身安全。在入窖之前，要先打开窖门，充分进行通风，然后再以燃着的灯放入窖中测验，如灯火不熄灭，人才能进入薯窖，否则就可能发生"窒息"死亡事故。

（2）大屋窖储藏 大屋窖是适合储存大量甘薯的高温屋窖。建造大屋窖应选择地基干燥的地方，在地上或半地下建密闭性能好、又能通风的土屋，在屋外的一端另建一平房，内设炉灶，将火道与大屋窖火道相连，以便燃火加温。当薯块装好后立即严闭门窗，猛火加温，力争在 18~24h 内使薯堆温度上层达到 38~40℃（不能超过40℃），中层 36~37℃，下层 34~35℃，并保持四昼夜，然后打开全部门窗，使窖温很快降至14℃以下，再将门窗封严。此后如窖温降到10℃以下，可再用细火加温，使温度经常保持在 12~13℃ 之间。窖内的相对湿度应稳定在85%左右，若相对湿度低于80%，应在窖内设置水槽加水，以增加湿度。

大屋窖储藏甘薯的优点是：储藏量大，容易调节窖内温湿度，管理方便。入窖初期，甘薯经过高温处理，既可以有效地杀灭窖内及附着于薯块上的病菌，又能使薯块在 30~35℃ 高温条件下，产生数量较多的能抑制病菌生长的甘薯酮，增加薯块的抗病能力，同时高温处理还能使多酚氧化酶活性增强，有利于多酚类抗病物质如氯原酸等的形成，使薯块伤口迅速愈合。

（二）马铃薯的储藏

1. 马铃薯概述

马铃薯又称土豆、洋芋、香芋等，属于茄科茄属多年生草本植物。马铃薯虽性喜冷凉，但对自然条件的适应性仍然很广，在热带和亚热带地区可以冬季栽培，在高纬度和高海拔的寒冷地区则可春播一季耕作，是全球第三大重要的粮食作物，仅次于小麦和玉米。马铃薯主要生产国有中国、俄罗斯、印度、乌克兰、美国等，中国是马铃薯总产最多的国家。近年来，我国启动马铃薯主粮化战略，推进把马铃薯加工成馒头、面条、米粉等主食，马铃薯将成为我国稻米、小麦、玉米以外的第四大主粮。预计 2020 年 50% 以上的马铃薯将作为主粮消费。

马铃薯的食用部分是块茎，它是由匍匐茎顶端的节间极度缩短和积累大量养分逐渐膨大而成的。块茎与匍匐茎相连的部分称基部，另一端称顶部。块茎的形状有圆、扁圆、卵、长椭圆形等，薯皮有光滑和网斑两种，皮色有白、黄、紫、红等色，肉色有白、黄、浅红及紫色。块茎上有许多退化了的叶痕，称芽眉，芽眉上部凹陷处为芽眼，每一个芽眼里由一个主芽和两个以上的侧芽组成。发芽时，主芽首先萌发，主芽受损，侧芽萌发。芽眼在块根上呈螺旋状排列，基部稀，顶端密。芽眼的多少、深浅和颜色，因品种而有差异。在块茎表面还有许多小孔，称皮孔，块茎通过皮孔进行呼吸，皮孔大的易感染病害。

马铃薯块茎由周皮、皮层、维管束环、外髓、内髓等部分组成。周皮外层木栓化，可防止薯块水分、养分的损耗和病菌的侵入。皮层由薄壁细胞组成，含淀粉较多。皮层内的维管束环与各芽眼相连接。最内部为外髓和内髓，均由薄壁细胞组成。外髓含有大量淀粉，内髓居块茎中心，呈星芒状，含水分多，淀粉含量较少。马铃薯块茎的形态与结构如图10-10所示。

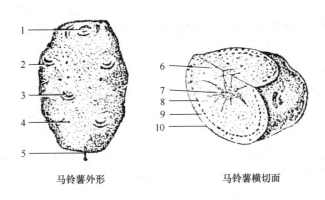

马铃薯外形　　　　　　　马铃薯横切面

图 10 – 10　马铃薯块茎的形态与结构
1—顶部　2—芽眉　3—芽眼　4—皮孔　5—脐部　6—外髓层
7—内髓层　8—维管束环　9—皮层　10—周皮

商品马铃薯一般按收获季节分为两类，一类是秋收马铃薯，按皮色分为红、白两种。秋薯含淀粉较多，较耐储藏。另一类是夏收马铃薯，按皮色也有红、白两种。夏薯肉质嫩而脆，不耐储藏。

2. 马铃薯的化学组成

鲜马铃薯含淀粉 15% ~ 22%，可溶性糖 1% ~ 1.5%，蛋白质约 2%，脂肪约 0.2%，并含有 1.1% 左右的矿物质和较多的 B 族维生素及维生素 C。马铃薯蛋白质中的赖氨酸特别丰富（每 100g 中含 93mg），色氨酸的含量也较多（每 100g 含 32mg）。这两种氨基酸正是一般谷类粮食中所缺乏的。从提高蛋白质的营养价值来说，马铃薯与谷类粮食搭配食用，是比较理想而又经济的食物。另外，马铃薯含有一般谷类粮食所没有的维生素 C，在蔬菜淡季，食用马铃薯可补充维生素 C 的不足。马铃薯所含 B 族维生素虽不突出，但作为主食，也是供给 B 族维生素的重要来源。

3. 马铃薯的储藏特性

马铃薯块茎含水量一般在 75% 左右，皮薄肉嫩，在收获、运输、入库等过程中容易受伤，感染病菌导致腐烂，但在适宜的条件下，伤口也能形成木栓组织，使周皮愈合。愈合周皮的最适温度为 12 ~ 20℃，相对湿度不宜低于 80%。新收的马铃薯有 15 ~ 30d 的后熟期，在此期间，块茎继续进行合成作用，同时呼吸旺盛，散发出大量湿热，极易使薯堆表层薯块出汗，引起腐烂。马铃薯完成后熟期之后就进入休眠期，休眠期一般 2 ~ 5 个月，如果处理恰当，休眠期可延至半年以上，休眠期长的薯块耐储性好。休眠期结束后，在 5℃ 以上的温度条件下，即可萌动生芽。而在 2 ~ 3℃ 的冷藏条件下则可保持其长期休眠状态，抑制块茎萌发；高温条件（25 ~ 30℃）能缩短薯块的休眠期，加快块茎萌发；当薯堆内氧气含量低，二氧化碳积累多时，也能抑制块茎发芽。发芽的马铃薯，不但干物质消耗严重，降低食用和工艺品质，更严重的是芽内和块茎内会产生一种具有溶血作用的苷类生物碱，一般称龙葵素或茄素。块茎经日光照射后，也能产生大量龙葵素，使薯皮呈青绿色。人畜食用含龙葵素多的块茎，能引起中毒。因此，储藏马铃薯既要严防生芽，又要避免日光照射。马铃薯块茎适于低温储藏。如温度过高，会使块茎迅速失水，重量减轻，组织发软，甚至使块茎中心变黑。但如果温度低于1℃，则易冻伤引起腐烂。长期储藏马铃薯温度应控制在1～5℃范围内。另外，湿度也不能过大或过小。湿度太大，易使病菌蔓延；湿度太小，则会增加重量损耗，并使块茎皱缩和变软，一般将湿度控制在80%～90%为宜。

4. 马铃薯的储藏方法

马铃薯的储藏方法，因收获季节不同而分为夏储和冬储两种。

（1）夏储法 夏收的马铃薯正处于天气炎热多雨季节，温湿度高最易生芽腐烂。因此夏季储藏应以降温、通风为主。一般采用室内地面堆藏和地下储藏。

室内地面堆藏：选择干燥土屋，就地铺放一层秫秸，上面堆放马铃薯块茎，堆高和宽度均不超过1m。在堆中央每隔50cm左右插一把秫秸通气，上面再覆盖一层秫秸，夜晚开启门窗通气。这样在夏季可安全储藏两个月左右。

地下储藏：在南方地区由于气温较高，利用夏季地下室温度较低的特点，采用地下室和地窖储藏尤为适宜。

（2）冬储法 在北方和南方高寒山区，冬季气温常降至0℃以下。因此，冬季储藏马铃薯应以保温防寒为主，一般多采用沟藏法。沟深1～2m，长度随储藏量而定。沟两侧挖排水沟，以防雨水侵入。装薯时，每放30～60cm厚的薯，盖一层15cm厚的干沙土，直至距沟面1/3深度时，上盖30cm厚的干沙土和一层稻草保温。此外，冬储也可在室内堆放，或围囤储藏，只要室温不下降到0℃以下即可。采用甘薯窖储藏马铃薯，效果也较好。

为了保证马铃薯安全储藏，在储藏前和储藏期间都应加强管理。

在储藏马铃薯前，要保持块茎完整，尽量选取好薯收藏。入窖前最好先进行假藏，即将挑选的薯块放在阴暗通风处晾干15～30d，作短期储藏。这样，一方面可以加速块茎的后熟作用和创伤周皮的愈合，使之迅速进入休眠期；另一方面有利于散发因呼吸和后熟作用所放出的湿热，防止入窖后造成薯块表层结露。另外，入窖前还要切实做好窖室的清洁消毒工作。

在马铃薯储藏期间，要调节好窖室的温湿度。夏储法因气温高，应尽量采取各种措施降温。冬储法为了保温防冻，可通过启闭窖室门窗和通气孔进行调节，使窖室内的温度保持在3℃左右，相对湿度保持在80%～90%之间。保管中应定期检查，发现腐烂的薯块，需立即清除。

思考题

1. 简述稻谷的籽粒形态与结构。
2. 简述稻谷在储藏中的品质变化。
3. 稻谷的储藏特性是什么？稻谷的储藏方法有哪些？
4. 简述大米在储藏中的品质变化。

5. 大米的储藏特性是什么？大米的储藏方法有哪些？

6. 大米为什么容易爆腰？

7. 简述小麦的籽粒形态与结构。

8. 简述小麦在储藏中的品质变化。

9. 小麦的储藏特性是什么？小麦的储藏方法有哪些？

10. 简述小麦粉在储藏中的品质变化。

11. 小麦粉的储藏特性是什么？小麦粉的储藏方法有哪些？

12. 简述玉米的籽粒形态与结构。

13. 简述玉米在储藏中的品质变化。

14. 玉米的储藏特性是什么？玉米的储藏方法有哪些？

15. 简述绿豆、蚕豆的储藏特性与储藏方法。

16. 简述甘薯、马铃薯的储藏特性与储藏方法。

参考文献

1. 王若兰. 粮油储藏学. 北京:中国轻工业出版社,2009.

2. 国家粮食储备局储运管理司. 中国粮食储藏大全. 重庆:重庆大学出版社,1994.

3. 粮食大辞典编辑委员会. 粮食大辞典. 北京:中国物资出版社,2009.

4. 伍金娥,常超. 稻谷储藏过程中主要营养素变化的研究进展. 粮食与饲料工业,2008(1):5 - 6.

5. 张东杰,王颖,瞿爱华. 大米质量安全关键控制技术. 北京:科学出版社,2011.

6. 孙辉,姜薇莉,田晓红等. 小麦粉储藏品质变化规律研究. 中国粮油学报,2005,20(3):77 - 82.

7. 周世英,钟丽玉. 粮食学与粮食化学. 北京:中国商业出版社,1986.

8. 周化文,张伟海. 粮油储藏实用新技术. 北京:中国商业出版社,1989.

9. 马志强,胡晋,马继光. 种子贮藏原理与技术. 北京:中国农业出版社,2011.

第十一章　食用油料的储藏

【学习指导】

了解主要油料的形态与结构，了解主要油料的储藏特性，掌握主要油料的储藏方法。

食用油料，是指用来制取食用油脂的原料，包括动物油料、植物油料和微生物油料，其中最主要的是植物油料。植物油料是指各种油料作物的果实和种子，其共同特点是籽粒内含有丰富的脂肪，一般含量在 40% ~ 50%，至少也有 20% 左右。食用植物油料，按其植物学特征可分为草本油料和木本油料，其中以草本油料为主。油料是世界农产品总贸易中的第三大重要组分，贸易额仅次于谷物和肉制品。

植物油料中含有大量的脂肪，而且主要是不饱和脂肪酸所构成的甘油脂。在水分大、温度高的情况下，由于酶、氧气、光以及微生物的作用和影响，常易发热、霉变、走油和氧化酸败，稳定性差，油料通常比粮食较难储藏。食用油料与粮食的储藏特性相比，既有共同性质，也有其自身的特性。如果储藏不善，油料会严重劣变，将给油脂加工带来不良后果。因此，油料储藏对于保证油脂正常生产具有重要作用。

第一节　油料的储藏特性

一、耐储性较差

植物油料脂肪含量高，而且脂肪主要由不饱和脂肪酸组成，容易发生劣变，总体而言，油料的耐储性较差。但作为植物的果实和种子，油料在通常情况下有完整的皮层保护，并且几乎所有的油料都含有维生素 E 及磷脂等天然抗氧化剂，在一定程度上有延缓油料中脂肪氧化的作用。

二、易发热生霉

油料籽粒一般呈圆形或椭圆形，籽粒表面光滑，堆成垛以后，料堆孔隙度比粮堆孔隙度更小，散落性更大，自动分级更严重，对仓房的侧压力也更大，堆内积热和积湿不易散发，所以油料较易发热而且发热的最高温度高于禾谷类粮食，如大豆发热温度可达 80℃，棉籽可达 88℃。从确保储藏安全和仓房安全两方面考虑，油料的堆装不宜过高。此外，油料还含有大量蛋白质，吸湿快，持水能力强，特别容易发霉变质。发热生霉的油料，其游离脂肪酸含量增高、发芽率降低、出油率减少，而且加工出的油脂颜色较深并有哈喇味。

三、易氧化和水解

植物油料所含的脂肪，主要由不饱和脂肪酸组成，在条件适宜时很容易变质。油料品质劣变，大都是氧化变质，也可能是在种子本身及微生物的脂肪酶作用下引起的水解变质，这种情况在含水量与温度较高时尤为突出。当水分含量超过15%，温度在40~50℃时脂肪酶活性加强。因为霉菌分解脂肪的能力极强，所以在油料中脂肪比蛋白质、糖类的水解快得多。水解变质的油料，不仅酸价增加，而且产生苦味，出油率低，油质差，碘价降低，干燥性差。

四、安全水分标准低

脂肪是疏水性物质，因此油料中的水分分布极不均匀，都集中在脂肪以外的亲水胶体蛋白质部分。即使油料的水分含量较低，其亲水凝胶部分水分含量也会很高，容易引起发热变质。如脂肪含量为35%的油料其水分含量为15%时，油料中非脂肪部分水分已达23%，储藏稳定性大大下降。因此油料储藏的安全水分比谷类粮食安全水分要低得多。油料的含油量越高，其安全水分的数值就越低。油料的安全水分必须以非脂肪的亲水胶体部分含水量作为计算基础。通常以15%作为基准水分，再乘以油料中非脂肪部分所占的百分比即可推算出各种油料安全水分的理论值（表11-1）。常见油料安全水分值如表11-2所示。油料安全水分计算公式如下：

$$油料安全水分（\%）=油料中非脂肪部分（\%）\times15\%$$

表11-1　　　　　　　　　　　　　几种油料安全水分理论值

油料种类	脂肪含量/%	安全水分/%
大豆	18	12.3（82%×15%=12.3%）
棉籽	20	12（80%×15%=12%）
油菜籽	40	9（60%×15%=9%）
花生仁	45	8.3（55%×15%=8.3%）
芝麻	50	7.5（50%×15%=7.5%）

表11-2　　　　　　　　　　　　常见油料安全水分值　　　　　　　　　　　　单位:%

地区	花生仁	花生果	芝麻	油菜籽	大豆	棉籽
河北	9	9	9	9		
河南	8	9	7~9	7~9		10
山东	7	9	8.5	10	13.5	
安徽	8	9	10	10		
北京	7	8~9	7~8			
江苏	8	10以下		8	12.5	
江西	8	9	9	9	12.5	10

油料的安全水分一般是指油料在25~28℃能安全过夏的水分。在油料储藏中，水分、温度与其储藏稳定性关系密切，通常适合油料长期安全储藏的温度和水分关系如表11-3所示。

表11-3　　　　　　　　　　油料安全储藏的温度、水分关系表

温度/℃	0~5	10	20	25	30	35
水分/%	18	17	14	12	10	8~9

五、不耐高温易"走油"

油料中脂肪的导热系数小，热容量大，堆内升温后降温速度很慢。高温会促使脂肪氧化分解，破坏油料中脂肪和蛋白质共存的乳化状态，从而导致油料出现浸油（俗称"走油"）现象并降低出油率。

六、籽粒柔软易破碎

油料中的脂肪是以液滴状态分布于细胞中的，脂肪的相对密度小，占有较大的容积，因而使整个油料的结构比较柔软。油料在收获、运输、储藏过程中容易发生机械损伤，导致不完善粒含量增高，从而使其耐储性能降低，这也是油料较难储藏的重要原因之一。

七、吸湿性强易软化

植物油料化学组成的特点是脂肪和蛋白质的含量很高。蛋白质是一种亲水胶体物质，对水的亲和能力和持水能力比糖类物质强。因此，油料的吸湿性比谷类粮食大。在相同的温湿度下，油料更容易吸收空气中的水分，增加水分含量。同时油料的散湿性也强，水分含量相同的油料和粮食，油料水分散发的速度和数量均大于在相同温湿度下的粮食。油料吸湿后，籽粒变软，机械强度降低，耐压性能下降，在翻扒和搬倒时容易破损。所以，油料储藏一般都以密闭低堆为主，以防止干燥的油料吸湿返潮和籽粒受潮后挤压变形，影响油料的储藏稳定性和商品价值。

因为油料具有上述储藏特性，所以其储藏要求应比一般谷类粮食更高、更严，除要防止发热、生霉外，还要保证油料不软化、不酸败、不变苦、不浸油。通常要求仓房有较好的隔热、防潮和密封性能，容量不宜过大，堆装不宜过高。仓外墙壁要粉白或刷白，以减少对日光辐射热量的吸收，仓顶要有隔热层，以利于实现低温储藏。在仓储管理中要严加检查，坚持定期检测料温、水分与质量变化情况，以便及时发现问题，及早妥善处理。

第二节　主要油料的储藏

一、油菜籽

（一）油菜籽概述

油菜（*Brassica campestris*）属十字花科芸薹属，为一年生或越年生草本植物。原产于欧洲北部海岸和西伯利亚黑海沿岸。油菜适应性强，对土壤要求不严格。我国长江流域及其以南各省历来把油菜作为水稻的前茬，种植面积很大。油菜主产区是长江流域各省市，以四川省的产量最大。它在农闲季节生长，不与其他粮食、经济作物争地、争劳力，生产周期短，效益高，故广大农民都乐于种植。油菜的种子称为油菜籽（又称菜籽），平均含油量35%～42%，含蛋白质21%～27%，含碳水化合物20%左右。油菜籽是一种重要的油料。普通油菜籽中芥酸含量较高（50%左右）。芥酸是长碳链不饱和脂肪酸，消化吸收率较低，因而降低了菜籽油的营养价值。同时，菜籽油中还含有少量的芥子苷，芥子苷具有一定毒性并使菜籽油具有不良气味和苦辣味。加拿大培育出的卡诺拉（Canola）油菜属于双低油菜，含有低芥酸和低芥子苷的菜籽油与高芥酸菜籽油相比在化学、物理和营养特性方面有很大的不同。在美国，卡诺拉油被公认的安全（GRAS）法规所接受，允许作为食用油出售并可扩大应用于新的食用产品中。我国已成功引进低芥酸、低芥子苷的油菜品种，并积极进行双低油菜新品种的培育和推广工作。随着低芥酸育种的发展，低芥酸或"双低"油菜品种芥酸含量降到 3% 左右，油酸含量已由 20% 左右上升到60% 左右，亚油酸含量也上升到 20% 左右，使低芥酸菜籽油的脂肪酸组成与茶油、花生油相似。

油菜的果实为角果，细长，呈扁圆形或圆柱形，成熟时易开裂，内含种子（即油菜籽）10~30 粒，呈球形，粒很小，千粒重一般为 1~5g，油菜籽粒形态如图 11-1 所示。油菜籽由种皮、胚和胚乳遗迹三部分组成。种皮色泽有淡黄、深黄、金黄、淡红、褐、紫黑、黑色等多种。种皮上有网纹，黑色种皮的网纹较明显。种皮上可见种脐，与种脐相反的一面有一条沟纹。皮层包括外表皮、亚表皮、栅状细胞和色素层。胚乳遗迹只有 1~2层细胞，非常薄，充满了蛋白质，又称蛋白质层。胚由两片肾形的子叶和胚根、胚茎、胚芽组成。子叶呈黄色，含有丰富的脂肪，每片子叶从中部折叠，故两片子叶看起来好像四片。两片子叶在种皮内的位置则是一片包在外，一片裹在内，在外的一片稍大稍厚。胚根、胚茎色泽较浅，胚芽不明显。油菜籽粒结构如图 11-2 所示。

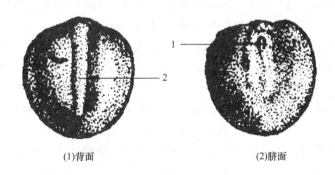

(1)背面　　　　　　　　　　　　(2)脐面

图 11-1　油菜籽的形态

1—种脐　2—沟纹

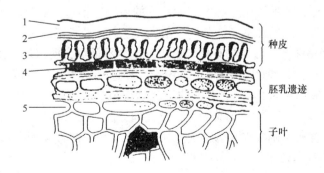

图 11-2　油菜籽粒结构

1—外表皮　2—亚表皮　3—栅状细胞　4—色素层　5—子叶外表皮

按播种季节，可将油菜分为冬油菜和春油菜二类。

按叶片和种子气味，可将油菜分为辣油菜、甜油菜、苦油菜三类。

按栽培品种特性，一般将油菜分为甘蓝型、芥菜型、白菜型三类。

甘蓝型：原产欧洲，在我国主要分布于长江流域，生长期较长，角果细长，籽粒大，产量高而稳定，含油率一般达40%～45%。种皮光滑，成熟后的种皮多为黑褐色。其芥子苷含量比白菜型低。

芥菜型：又称高油菜、苦油菜、辣油菜等，多分布在高寒山区，角果细而短，籽粒小。成熟后种皮表面网纹粗，多为黄色、棕红色。含油率一般为30%～35%，因有辛辣味，油的食味较差。

白菜型：植株较矮，是普通小白菜的一个变种，角果大而扁圆，生产期短，产量较低，含油量一般为35%～38%。成熟后种皮有网纹结构，多为棕红色、褐色或黑色。

（二）油菜籽的储藏特性

（1）易吸湿生霉　油菜籽种皮薄，胚部大，蛋白质含量高，吸湿性很强。当空气相对湿度达到85%以上时，在短时间内水分含量可升高到10%以上。油菜每年5～6月成熟，收获时正值长江流域梅雨季节，雨水多，湿度大，如不能及时干燥，极易霉变。在霉变初期，种皮出现白色霉点，擦去霉点后皮色正常者，或种皮变白，子叶仍保持淡黄色者，尚不影响出油率；种皮变白，子叶变红有酸味者，出油率下降；油菜籽结块并有酒味者，严重影响出油率；种皮破烂，子叶呈白粉状者，则不出油。

（2）易发热生芽　油菜籽的胚成熟较早，在植株上就有发芽能力，故油菜籽吸湿返潮后即能发芽。吸湿后的油菜籽，也很容易发热霉变，其变化速度不是以天数计算，而是以小时计算。水分含量13%以上的油菜籽，往往无任何早期迹象，一夜之间温度即能升高10℃以上，籽粒全部生霉变质，损失十分严重。油菜籽发热温度之高也是罕见的，其最高温度可达70～80℃。这是由于油菜籽颗粒细小，孔隙度小，含油量高，热容量大，导热性差，堆内湿热不易散发，而且发芽霉变所产生的热量迅速积累在堆内的缘故。

油菜籽发热、霉变、生芽后，品质显著下降，出油率大幅度降低，油的质量也明显变劣，酸价增高，严重者不能食用。因此，油菜籽除留作种子以外，一般不作长期保管，大都在入库后尽快加工利用。

（3）呼吸旺盛后熟期短　在相同的条件下油菜籽的呼吸作用较其他粮种旺盛，旺盛的呼吸产生热量和水分，增加了储藏难度。油菜籽的后熟期很短。武汉轻工大学储藏教研室的研究表明，湖北省各地的油菜子后熟期一般在4～5d，最长不超过7d。

（4）堆内水分梯度小　因为油菜籽容易吸湿也容易散湿，所以堆内水分梯度较小，不论高水分仓囤（12%）或低水分仓囤（8.5%），经过高温季节后，通常上、中、下层的水分趋于平衡，一般均在9%左右，其差值不超过0.5%。

（5）酸价与含油量变化快　油菜籽在储藏期间，酸价与含油量易于变化，酸价随储藏期的延长而增加，含油量则随储藏期的延长而降低。菜籽储藏4个月酸价从1.4增加至2.38，含油量则由41.55%降至40.85%。

（三）油菜籽的储藏技术

1. 常规储藏

常规储藏是油菜籽在正常情况下基本的储藏方法。新收获的菜籽，应根据含水量及当时的气候情况，分别采取不同的处理措施，以保证油菜籽的安全储藏。在油菜籽的常规储藏中应注意干燥降水、分批堆垛、分级储藏以及压盖防潮等环节。

（1）干燥降水　干燥降水是油菜籽安全储藏的关键措施。各地经验证明，油菜籽的水分含量必须控制在9%以内才能安全度夏。水分超过10%，在高温季节就开始结块，12%以上能霉变成饼。因此，对高水分油菜籽应抓紧时间干燥降水。降水的方法以日晒为主，烘干为辅。

油菜籽吸湿容易，散湿也快，晴天出晒，薄摊勤翻，一天可降水5%左右，而且不影响出油率和发芽率，日晒降水后其质量优于烘干油菜籽。日晒时，应先将晒场晒热，然后铺放油菜籽。降水后要避免热入仓，以防造成结露以及上下层散湿不均匀，形成较明显的水分梯度，影响油菜籽的储藏稳定性。

有烘干机的地区，在不具备日晒条件的情况下，应及时烘干。油菜籽虽然比较耐高温，但烘干温度不宜过高。要根据各种烘干机的性能适当控制出口料温，否则温度过高，甚至将籽粒烘焦，影响出油率。因此，采用机械烘干降水时，应严格控制加热的温度（一般热风温度不宜超过80~85℃），以免影响油菜籽的质量，降低出油率。对于水分含量在13%以上的油菜籽，可以采取多次循环烘干的方法进行烘干。烘干后的油菜籽必须及时摊晾或通风使其充分冷却后才能入仓储存，否则堆内积聚的高温会使油菜籽胚芽部分的油脂溢出，附在籽粒表面，既不利于继续降水，又不利于籽粒内部的积热散发，往往导致籽堆温度过高而促使脂肪分解，降低出油率与发芽率。在烘干油菜籽时，只要掌握好烘干温度，而且烘后立即冷却，对其含油量基本无影响，油菜籽烘干前后含油量的变化如表11-4所示。

表11-4		油菜籽烘干前后水分与含油量的变化			
仓别	质量/t	烘前		烘后	
		水分含量/%	含油量/%	水分含量/%	含油量/%
102号	700	11.2	37.43	7.9	37.28
105号	125	19.6	37.30	8.2	37.14

（2）分批堆垛　轮流入仓是降低入库油菜籽堆垛温度的有效措施。其具体作法是，将当天收购的油菜籽分别装入数座仓房或数个堆垛，一次堆积的高度不宜超过0.5~1m，隔2~3d后再继续装入油菜籽，直到堆成垛为止。这种方法入仓，由于每天入仓油菜籽的堆积低，散热快，有利于减少堆内湿热的积聚，因而堆垛的温度比一次入仓更低。据江西省波阳县和安徽省全椒县粮食局试验证明，分批堆垛储藏的油菜籽，其堆垛温度比一次入仓的低4~5℃，而且上、中、下三层温度较为均匀。如能在入仓后再及时翻动垛面通风散热，可以迅速将堆垛温度降至与气温持平，缩短油菜籽受高温影响的时间，有利于安全储藏。

（3）分级储藏　新入库的油菜籽，可根据水分含量高低划分等级，分别进行处理。水分含量在9%以下的菜籽，可以储藏一段时间，一般在7月底以前不致发热霉变，可以陆续进厂加工。如为散装储存，堆高以1.8~2.5m为宜；包装可码12包高。水分含量为10%~12%的菜籽，不符合加工要求，不能进厂加工，一般只能储存1~3周，应抓住时机降水干燥，将水分含量降至9%以下，再陆续进厂加工。水分含量在12%以上的油菜籽属于危险油料，随时可能发热、霉变、生芽，应尽快晾晒或烘干，或采取应急措施进行处理。如留作种子用的，则应选择水分含量在8%以下的油菜籽包装堆放，堆高不超过6包，以利于保持良好的种用品质。

（4）压盖防潮　压盖防潮是防止油菜籽在储藏期间吸湿返潮的有效措施。常用麻袋进行压盖防潮，一般为在春季多雨季节，用干燥无虫的麻袋覆盖在菜籽堆表面，遇晴天及时将覆盖的麻袋取出晒干，待冷凉后再覆盖在菜籽堆上。如此反复盖袋、晒袋，就可防止油菜籽吸收外界水分，保证上层油菜籽不吸湿返潮。

2. 高水分油菜籽的应急储藏

油菜籽每年大都在5月底6月初收获，由于时间紧，数量大，又正值梅雨季节，因此有时不得不在雨中抢收。抢收的油菜籽，水分含量大都在20%以上，如果不能立即干燥降水，必须采取应急措施处理。

储存高水分油菜籽的有效措施就是密闭。常用的密闭方法有两种，一种是磷化铝化学密闭，另一种是自然缺氧密闭。实践证明，采用两种密闭方法处理高水分油菜籽，虽然品质略有降低，但可以保持油菜籽在2~3周内不发热、不生芽、不霉烂，从而能赢得时间，等待时机，出仓晾晒。因此，密闭储存是连续阴雨时一种有效的应急抢救措施。

磷化铝化学密闭储藏就是用塑料薄膜严格密封油菜籽堆，并在堆内施放适量的磷化铝（剂量$9~12g/m^3$），一方面利用微生物与油菜籽本身的呼吸作用消耗堆内的氧气，产生大量二氧化碳，最终达到缺氧状态；另一方面利用磷化铝释放的磷化氢杀灭微生物或抑制其繁育，以制止油菜籽发热、生芽和霉变，使已发热的油菜籽迅速降低温度，已生芽的则会迅速萎缩，停止生长，从而使油菜籽在2~3周内基本保持稳定状态。采用磷化铝化学密闭储藏后，磷化氢基本上被油菜籽吸收，故油菜籽堆内与塑料薄膜内空间的磷化氢气体会迅速消失。磷化氢被油菜籽吸收之后，能使菜油的含磷量增加，但却不是以磷化氢的形式存在，经过碱炼、脱磷处理，这些磷化物可以除去，因而不会影响油脂的食用价值。

自然缺氧储藏是用塑料薄膜或大水缸、水泥池等容器严格密封油菜籽堆，利用微生物与油菜籽本身的呼吸作用消耗堆内的氧气，产生大量二氧化碳，最终达到缺氧状态，以抑制油菜籽与微生物的生命活动，制止油菜籽发热、生芽和霉变。采用自然缺氧储藏法储藏水分含量为20%的油菜籽，保管时间一般不超过15d；储藏水分含量为25%的，一般不超过10d；储藏水分含量为30%的则不超过7d。

应用两种密闭方法储存高水分油菜籽时，其品质变化如表11-5所示。

表11-5　高水分油菜籽密闭储藏品质变化比较

| 密闭方法 | 水分含量/% | 用药量/(g/m³) | 密闭天数/d | 含油量/% | | 酸价 | | 发芽率/% | | 失重/% | 色泽 | 气味 |
				试验前	试验后	试验前	试验后	试验前	试验后			
磷化铝密闭	16.59	12	16	43.55	43.93	2.53	2.58	75	57	0.24	未变	略有酒精味
自然密闭	15.68	0	16	43.55	43.83	2.53	2.79	75	48	0.49	未变	略有酒精味

表11-5说明，从品质指标的变化来看，化学密闭要优于自然密闭，这可能是磷化氢具有杀菌作用的原因。但表中高水分油菜籽处理后含油量的增加，可能是由于糖类物质的

大量消耗，使脂肪含量相对增加所造成的，而实际上，含油量是减少的。因此，应急措施只能是应急短期储存，并非长久之计，应抓紧时间，尽快干燥降水，转入常规储藏，才能确保安全。

在油菜籽密闭储藏中还应注意，油菜籽密闭储藏能否持续有效，关键在于密闭程度。因此，在密闭之前及密封过程中要仔细检查容器和塑料薄膜，发现裂缝和漏洞要及时修补。油菜籽密封后，塑料薄膜和容器内会很快缺氧，并充满二氧化碳，对人有窒息致死的危险，所以，要采取有效措施以确保安全。在密闭过程中，油菜籽水分含量并未降低，霉菌和油菜籽的生命活动只是暂时被抑制，一旦启封供氧，霉菌和油菜籽的生命活动即可恢复，使其迅速发热、霉变、生芽。因此，采取应急措施处理的油菜籽，在天气转晴启封晾晒时，必须充分估计出晒能力，切实做到晒多少拆多少，随拆随晒，当天晒完。

总之，油菜籽的储藏主要以干燥常规储藏为主，最好经干燥、除杂后再入库。对于水分含量在9%以下的安全油菜籽在储藏期内应注意防潮、防虫、防发热和防酸败，加强检查，发现问题及时处理，以免发生霉烂事故。对于不能及时干燥的高水分菜籽，必须采取应急密闭措施短暂储存，等待时机，干燥降水，才能确保安全储藏。

二、大豆

（一）大豆概述

大豆（*Glycine max*）属于豆科大豆属，别名黄豆，为一年生草本植物。原产于中国，已有近五千年的栽培史。欧美各国栽培大豆的历史很短，在19世纪后期才从我国传去。早在20世纪30年代我国大豆就居于世界生产和出口首位，目前仅次于美国。大豆在我国广泛分布，种植面积大，尤其盛产于东北地区。大豆富含蛋白质和脂肪，含有多种氨基酸，尤其是人体必需的8种氨基酸，并且赖氨酸和色氨酸含量很高，甲硫氨酸含量也优于其他植物蛋白。其脂肪在人体内的消化率高达98%，不饱和脂肪酸占60%左右，其中油酸、亚油酸、亚麻酸等都是人体必需的脂肪酸；大豆中还含有卵磷脂、脑磷脂、肌醇磷脂等，是人体大脑和肝脏所必需的物质。大豆中还含有钙、铁、磷等矿物质元素和多种维生素，是一种高营养的豆科作物。

大豆的果实为荚果，大豆颗粒是种子。大豆种子的形状因品种不同有球形、扁圆形、椭圆形和长椭圆形等，一般大粒种多为球形，中粒种多为椭圆形，小粒种则多为长椭圆形。大豆种子的种皮表面光滑，有的则有蜡粉或泥膜，因此对种子具有一定的保护作用，种皮外侧面有明显的种脐，种脐的上端有一凹陷的小点，称为合点。种脐下端为发芽孔，是水分进入种子的主要途径，发芽孔下面有一个突起，称为胚根透视处。种脐区域是胚与外界空气交换的主要通道。大豆籽粒包括种皮、子叶和胚三大部分，子叶很发达（图11-3）。种皮包括栅状表皮、下皮层及海绵组织。栅状表皮细胞，壁较厚，排列紧密，外壁附角质层，故水分不易透过，细胞内含有各种不同的色素，使大豆种皮呈现黄、青、褐、黑等颜色。下皮层仅为一列细胞，纵向排列。海绵组织由大小不同的几层扁形薄壁细胞组成，横向排列，种子未成熟以前，该层组织含有许多养分，种子成熟时，这些营养物质向胚或周围组织转移，细胞衰退或被挤扁；内胚乳残余层（蛋白质层）包括一层淀粉细胞和几层被压扁的细胞。糊粉层细胞含有小的糊粉粒，蛋白质含量很高，故又称蛋白质层；子叶细胞中充满糊粉粒和脂肪滴，一般含淀粉较少，但也有某些品种的子叶中含有较多的淀粉。大豆子粒结构如图 11 - 4 所示。

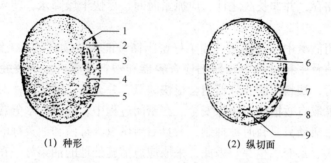

(1) 种形　　　　　　　　　　(2) 纵切面

图 11 - 3　大豆籽粒形态

1—合点　2—种脊　3—种脐　4—发芽孔　5—胚根透视处　6—子叶　7—胚根　8—胚茎　9—胚芽

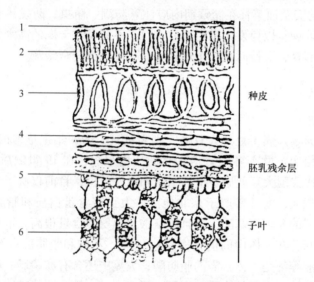

图 11 - 4　大豆籽粒结构

1—角质层　2—栅状细胞　3—下皮层　4—海绵细胞　5—子叶表皮细胞　6—子叶内层细胞

按植物学特征，可将大豆分为野生种、半栽培种和栽培种三类。

按栽培制度和播种季节，可将大豆分为春大豆、夏大豆、秋大豆和冬大豆四类。

按化学组成，可将大豆分为高油大豆和高蛋白质大豆。高油大豆是指粗脂肪含量不低于 20% 的大豆，高蛋白质大豆是指粗蛋白质含量不低于 40% 的大豆。

按照国家标准，根据种皮颜色可将大豆分为黄大豆、青大豆、黑大豆、其他大豆和混合大豆五类。

黄大豆：种皮为黄色、淡黄色，脐为黄褐、淡褐或深褐色的籽粒不低于 95% 的大豆。

青大豆：种皮为绿色的籽粒不低于 95% 的大豆。按其子叶的颜色分为青皮青仁大豆和青皮黄仁大豆两种。

黑大豆：种皮为黑色的籽粒不低于 95% 的大豆。按其子叶的颜色分为黑皮青仁大豆和黑皮黄仁大豆两种。

其他大豆：种皮为褐色、棕色、赤色等单一颜色的大豆及双色大豆（种皮为两种颜色，其中一种为棕色或黑色，并且其覆盖粒面二分之一以上）等。

混合大豆：不符合以上四类规定的大豆称为混合大豆。

（二）大豆的储藏特性

大豆的主要营养成分是蛋白质和脂肪，这两种成分占籽粒的60%以上。大豆特殊的籽粒结构和丰富的营养成分，决定其具有不同于一般粮食的一些储藏特性。

（1）易吸湿生霉 大豆的种皮较薄，孔隙较大，并含有大量的蛋白质等亲水胶体，加之大豆种皮和子叶之间有较大的空隙，种皮透性好，因而吸湿能力与解吸能力均很强。在相对湿度较高（90%以上）的环境中，其吸湿性比玉米、小麦都强，而在相对湿度较低（70%以下）时，其吸湿性则小于玉米和小麦。大豆储藏在高湿环境下应特别注意做好防潮工作，水分含量超过14%~15%时，豆粒往往变软。大豆过夏的安全水分，因温度高低而异，在30℃时一般为12.5%，在15℃时可增至14%，在8℃时则可增至17%。

常见的大豆生霉现象，多发生在吸湿之后，以堆垛下部或上层最为多见，下部主要来自吸湿，上层主要来自结露，深度一般不超过30cm。

大豆吸湿生霉分为几个阶段，早期豆粒发软，种皮灰暗、泛白，不清洁，有泥灰粘连，出现轻微异味。继而豆粒膨胀，发软程度加重，指捏有柔软感或变形，脐部周围轻微红润，接着整个脐部泛红，通称"红眼"，并伴随子叶浸油、赤变。此时破碎粒出现绿色菌落，完整粒先出现白色斑点，继而出现绿霉，霉味严重，品质急剧恶化，出油率大幅度下降。

（2）易浸油赤变 大豆易浸油赤变，是储藏过程中最常见的不良变化。水分高、温度高是造成大豆浸油赤变的主要原因。当大豆水分含量超过13%，温度高于25℃时，储存一段时间后，豆粒就会发软，两片子叶靠脐部的颜色变红（俗称"红眼"），随后子叶红色逐渐加深并扩大，称为"赤变"，严重者有明显浸油脱皮现象，子叶呈蜡状透明，称为"浸油"。这是因为在高温高湿作用下，大豆中的蛋白质会凝固变性，破坏脂肪与蛋白质共存的乳化状态，使脂肪渗出呈游离状态，从而导致大豆浸油，同时脂肪中的色素逐渐沉积，导致子叶变红，发生赤变，"浸油"有时也称为"走油"。

在一般情况下，大豆含水量超过13%，无论采用何种储藏方法，当豆温超过25℃时即能发生赤变。豆粒赤变的数量及程度，随高温持续时间的延长而增加。大豆浸油赤变的过程通常是：开始时种皮光泽减退，种皮与子叶呈斑点状粘连，有透视感。进而子叶内面出现红色斑点，逐步扩大，呈明显的蜡状透明，赤褐色，种皮也由原来的淡黄色逐步转变为深黄、红黄以至红褐色。

大豆浸油赤变与吸湿生霉两者的关系是：浸油赤变可以不伴随吸湿生霉单独出现，而吸湿生霉的大豆往往都会出现浸油赤变。

大豆浸油赤变后，发芽率和出油率大大降低，工艺品质和食用价值也明显变劣。加工出的油脂色泽加深，脂肪酸值增加，炼耗加大。制作豆浆或豆腐产量减少，颜色发红，发苦发酸，质量较差。

（3）不耐高温 大豆在较高的温度下储藏，其主要成分会发生一系列变化，如蛋白质变性、脂肪氧化分解等，这些变化会对大豆的外观和内在质量造成不良影响，使其使用价值显著降低。成都粮科所试验证明，在20℃恒温条件下，大豆各项品质随储藏时间延长而缓慢变化，储藏一年后发芽率平均下降40%左右，总酸度上升22%，豆油酸价上升37%，水溶性氮指数下降5%，脂溶性磷指数下降8%，大豆浸泡水中的干物质上升10%，浸泡水的消光值上升27%，豆腐产率下降20%，豆腐品质仍保持正常；而35℃恒温条件下，则大豆各项品质随储藏时间的延长会发生骤变，储藏4个月，发芽率就完全丧失，总酸度上升87%左右，豆油酸价上升145%，水溶性氮指数下降34%，脂溶性磷指数下降39%，大豆浸泡水中干物质上升541%，浸泡水消光值上升370%，豆腐产率下降40%左右，储藏五六个月后所制豆腐具有哈喇味、苦味，基本上丧失食用价值。

（4）后熟期长，易"出汗""乱温"　大豆从收获成熟到生理成熟和工艺成熟的时间较长。在后熟期间，大豆的生理代谢旺盛，会放出较多的水分和热量，出现"出汗"和"乱温"现象，对大豆的安全储藏不利，严重时还会发热甚至霉烂。

（5）抗虫蚀能力强　大豆籽粒表面光滑，散落性较大，种皮组织较坚硬，且含有较多的纤维素和蜡质，又有特殊的豆腥味，因而对害虫有较强的抵抗能力，通常除印度谷蛾、地中海螟和粉斑螟造成危害外，一般很少受储粮害虫的侵害。

（6）易丧失发芽力　正常水分含量的大豆，当储藏温度达到25℃时，就难以保持发芽率。保持发芽率时间的长短与水分、温度、种皮颜色等因素有关。色泽深的大豆，种皮组织较紧密，有一定的防护作用，故黑色大豆保持发芽率时间较长，黄色大豆则很容易丧失发芽率。水分低、温度低，保持发芽率的时间较长；水分越高，温度越高，发芽率就丧失越快。

（三）大豆的储藏技术

1. 常规储藏

在大豆的常规储藏中，必须注意干燥除杂、通风散热、压盖防潮及防止虫害感染等方面，加强检查，发现问题及时处理。

（1）干燥降水　干燥降水是储藏大豆的首要措施。含水量是影响大豆储藏品质及安全储藏期限的直接因素。大豆水分含量与安全储藏期限如表11-6所示。

表11-6　　　　　　　　　　大豆水分含量与安全储藏期限

大豆水分含量/%	16	15	14	13	12	12以下
储藏期/月	4	5	6	7	过夏	长期

通常认为大豆水分含量在12.5%以下为安全，12.5%~13.5%为半安全，13.5%以上为不安全。即使短期储存的大豆，水分含量也不应超过13.5%，否则，脂肪酸值就会迅速增加，豆粒很快变软，并引起发热变质。因此，凡接收入库的大豆，水分含量超过12.5%时，就应迅速降水干燥。芽用或种用的大豆水分含量应控制在12%以下。

大豆的降水通常可通过日晒、机械烘干和机械通风来完成。

①日晒：日晒分为带荚晾晒和脱粒晾晒。大豆最好是带荚晒干后脱粒，这样可以减少脱皮、爆裂和破损，并有利于保持大豆的颜色、光泽、发芽率和品质，延缓和减轻浸油、酸败与赤变。入库的大豆一般均为脱粒大豆，在采用日晒降水时，一般不会影响出油率，但如果在强烈日光下曝晒时间较长，易使大豆发生子叶变黄、脱皮、横断等现象，并降低发芽率，增加脂肪酸值等。因此，脱粒大豆日晒时间不宜过长，温度不要超过45℃，以免影响大豆的品质。

②机械烘干：机械烘干是降低大豆水分的有效措施之一，具有降水快、能清除杂质和不受气候影响等优点，但操作不当易发生焦斑和裂皮，增加破碎粒，而且会使大豆光泽减退，脂肪酸增加，蛋白质变性，降低食用价值。如烘干时豆温达到50～60℃以上，则会引起蛋白质变性。蛋白质变性的速度和程度，与大豆的含水量、受热时间和温度高低密切相关。水分高，温度高，受热时间长，蛋白质变性就严重；如果温度相同，水分高的比水分低的、受热时间长的比受热时间短的更易变性。因此，在烘干大豆时应根据水分高低采用适宜的温度（通常烘干机出口的豆温应低于40℃）和受热时间，以保持大豆的质量。

采用日光晾晒和机械烘干降水的大豆，都应经过充分冷凉降温后才可入仓储藏，以免堆内积聚热量引起大豆发热变质。

③整仓通风干燥：整仓通风干燥降水效果好，操作方法简单，能节约能源，节省劳力与费用，有利于保持大豆原始品质，是一种经济有效、操作简便的降水方法。散装大豆可采用地槽或地上笼通风。通常每天在温度高、湿度低时通风数小时即停止通风，在高温低湿的条件下，利用吸湿与解吸原理，使豆粒内的水分不断缓慢地解吸。通过多次间歇通风，即可达到干燥降水的目的。当豆堆平均水分降至安全标准后，再选择适当时机将冷空气通入豆堆，进一步均匀散湿并降低豆温，以利安全储藏。采用这种方法处理大豆，可以在半个月左右使大豆水分含量由15%～16%下降至13%左右，确保安全储藏。

（2）清除杂质　当大豆中杂质多，特别是破碎粒多时，容易感染害虫、吸湿转潮，引起大豆发热、霉变、生芽、浸油、赤变和酸败变质。因此，在脱粒整晒时要尽量减少破碎粒，晒干后要及时把杂质清除干净，以保持大豆纯净、完整，增加耐储性。

（3）通风散热　新收获入库的大豆尚未通过后熟期，生理活动比较旺盛，堆内湿热容易积聚，同时正值季节交换，气温逐渐下降，故容易出现表层结露和局部返潮的现象，往往引起大豆发热霉变。因此，应切实加强通风管理工作，在晴天开启仓房门窗，翻扒粮面或进行机械通风，及时散发堆内湿热，防止豆堆结露、返潮、霉变。

（4）压盖防潮　大豆吸湿性强，散湿性也强，在相对湿度高的条件下储藏，极易吸湿返潮；在相对湿度低的条件下储藏，也容易散湿降水。因此，在储藏期间应做好铺垫隔湿和覆盖防潮工作，通常多采用数层芦席、草席或塑料薄膜进行铺垫隔湿和覆盖密闭防潮，使大豆保持干燥。在春季相对湿度高，豆堆表层容易吸湿返潮时，应及时将密封豆堆的覆盖物在晴天晒干，待冷凉后再覆盖在豆堆上，以吸收表层大豆的水分，保持干燥。

（5）防治虫害　储藏期间的大豆主要遭受印度谷蛾、地中海螟和粉斑螟等蛾类害虫的危害，通常可采用压盖防治和利用长效杀虫块防治。

压盖防治：将豆堆扒平，在堆垛面上紧压一层席子，席子与席子以及席子与仓壁之间用牛皮纸严格密封，然后在席子上压盖5cm厚的干河沙或10cm厚的糠灰，即可防止蛾类交配、产卵、繁殖、危害。

长效杀虫块防治：长效杀虫块有效成分为?（DDVP），对蛾类害虫杀伤力强，药效持久，长期使用能杜绝蛾类交配、产卵，控制害虫繁殖，达到灭虫的目的。

（6）加强检查与管理　大豆在储藏期间，应加强检查，严格控制温、湿度变化。大豆霉变常发生在四月和七八月间，一定要引起高度注意。对高水分大豆，即使在冬天也会发生问题，检查时要注意大豆堆中结露、出汗等现象。

2. 低温密闭

长期储藏的大豆，应在冬季采取各种措施降低豆温，春暖时压盖密闭，实施低温密闭储藏。低温密闭储藏对防止大豆浸油赤变，保持大豆原始品质很有效。试验证明，安全水分的大豆，在20℃条件下，能安全储藏2年或2年以上；在25℃条件下，能安全储藏18个月左右；在30℃条件下，只能安全储藏8～10个月；在35℃条件下，则只能储藏4～8个月。据江西省的经验，在冬季将干燥的、低温大豆装入隔热保冷低温仓内密闭储藏，使豆温长年保持在15℃以下，可以有效防止大豆浸油赤变，保持其原始品质。

3. 高水分大豆的储藏

高水分大豆，在春季梅雨季节，可以装包堆成通风垛，采用去湿机吸湿降水。采用这种方法储藏大豆，不仅比人工晾晒降水节约费用，而且不受气候条件的限制，晴天雨天都可进行，解决了高水分大豆在多雨的春季不能及时晾晒难以安全保管的问题，是一种储藏高水分大豆的有效措施。

三、花生

（一）花生概述

花生（*Arachis hypogaea*）属于豆科落花生属，别名落花生、长生果、地果等。原产于非洲和南美洲的巴西与秘鲁。花生喜高温干燥，不耐霜冻，适于沙质土壤种植。我国花生分布很广，主要产区在山东半岛和珠江三角洲以及海滨、江河沿岸沙质土壤较多地带。花生果的含仁率一般为67%～72%，花生仁一般含脂肪40%～50%，蛋白质24%～30%，糖类13%～19%。榨制的油气味清香，没有异味，是广大消费者喜爱的食用油之一。花生不仅可以榨油，是一种重要的油料，而且也是食品工业重要原料。

花生的果实为荚果，脱壳的花生仁是种子。种子一端钝圆，一端呈喙状突起。粒形有椭圆、短圆柱、长圆柱、圆形等，花生的形态如图11-5所示。种皮有淡红、紫红、褐红等色。脱去种皮后就是胚，胚由两片肥大的子叶以及夹在两片子叶中间的胚根、胚茎、胚芽所组成。种皮由外表皮、亚表皮、海绵组织及内表皮组成。种皮下有一层胚乳组织，与内表皮粘结在一起。子叶的外表皮是一列近方形细胞，下面是数层较大形状的不规则细胞，内含大量的脂肪、蛋白质和少量的淀粉。花生籽粒横切面结构如图11-6所示。

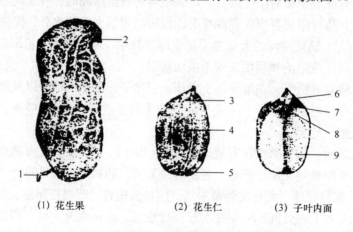

(1) 花生果　　　　(2) 花生仁　　　　(3) 子叶内面

图11-5　花生的形态

1—花柄　2—喙　3—种脐　4—纵脉　5—合点　6—胚根　7—胚茎　8—胚芽　9—子叶

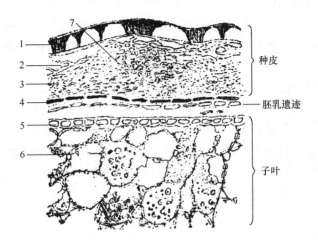

图 11 - 6　花生籽粒横切面结构

1—外表皮　2—亚表皮　3—海绵薄壁组织　4—内表皮　5—子叶外表皮　6—蛋白质粒　7—维管束

按生育期的长短，可将花生分为早熟、中熟、晚熟三种。

按播种季节，可将花生分为春播、夏播、秋播三种。

按种仁大小，可将花生分为大、中、小粒种三种。

按植株形态，可将花生分直立、蔓生、半蔓生三种。

按花生荚果和籽粒的形态、皮色等，可将花生分为普通型、蜂腰型、多粒型、珍珠豆型四类。

普通型：即通常所说的大花生。荚壳厚，脉纹平滑，荚果似茧状，无龙骨。籽粒多为椭圆形。普通型花生为我国主要栽培的品种。

蜂腰型：荚壳很薄，脉纹显著，有龙骨，果荚内有籽粒三颗以上。籽粒种皮色暗淡，无光泽。

多粒型：果荚内籽粒较多，呈串珠形。夹壳厚，脉纹平滑。籽粒种皮多为红色。

珍珠豆型：荚壳薄，荚果小，一般有二颗籽粒，出仁率高。籽粒饱满，多为桃形，种皮多为白色。

（二）花生的储藏特性

（1）吸湿性强，不易干燥　花生果粒大壳厚，外壳粗糙疏松，易破碎，土杂多，孔隙度大，容易吸湿。刚收获的花生果含水量可达 30% ~ 50%，因花生中含有大量油脂，热容量较高，所以不易晒干，有时要晒五六个晴天，水分才能符合入库要求。花生仁含有丰富的亲水胶体蛋白质，而且失去了外壳保护，也很容易吸湿。

（2）耐热性差　花生仁种皮薄，含油脂多，不宜进行高温曝晒。花生仁受高温作用后，即出现走油、变色、皱缩等现象，破碎粒增加，生产的花生油品质降低。如水分较大时，可以进行低温干燥或间接曝晒。

（3）易受冻，影响发芽率　花生果原始水分大，收获时正值晚秋，气温较低，如收获过迟则易遭受冻害（ -3℃ 荚果即可能受冻）。新收的潮湿花生遇到霜冻，也易冻坏。受冻后的花生耐储性差，发芽率降低，含油量下降，酸价增加。因此，花生的适时收获，及时干燥对日后的安全储藏影响很大。

（4）易生虫霉变　花生果收获后含泥杂较多，水分含量高，外壳容易破碎，在不良的储藏条件下，就会发热、生虫、霉变。脱壳后的花生仁，更易吸湿受潮，受潮后色泽就会发暗，籽粒发软，并易生虫、生霉。虫害一般以印度谷蛾最严重。

花生果水分含量超过10%，花生仁水分含量超过8%，进入高温季节容易生霉。生霉部位首先从花生仁尖端（胚根、胚茎、胚芽部位）或两片子叶的内侧面以及破碎粒、未熟粒、冻伤粒开始，而后逐渐扩大影响好的籽粒。花生仁发热霉变的早期症状是籽粒发软，光泽变暗，一般在堆垛表面下15~30cm首先出现。花生仁霉变的临界水分和温度如表11-7所示。花生水分含量在10%以上，就有可能被黄曲霉感染而产生黄曲霉毒素。花生及其制品是被黄曲霉毒素污染最严重的粮油品种之一。

表 11-7　　　　　　　　　　　花生仁霉变的临界水分和温度

临界水分/%	6	7	8	9	10
临界温度/℃	32	28	24	20	16

（5）易浸油酸败　脂肪是花生仁中的主要成分，在储藏过程中不稳定，容易劣变，其劣变速度又因水分、温度的高低而异。水分含量8%，温度20℃时，变化比较缓慢。温度增至25℃时，脂肪酸值就有较明显的增加，虫蚀粒、冻伤粒和破损粒脂肪酸值比完好籽粒增高更快，增高到一定程度，就会发生酸败，并出现浸油现象。花生开始浸油时，种皮失去原有的色泽，逐渐变为深褐色，子叶由乳白色慢慢变成透明蜡质状，食味变哈，严重的发生腥臭味。花生浸油的临界水分与温度，视储藏条件而定。通常花生仁水分含量8%，温度达到25℃；花生果水分含量10%，温度达到30℃时即开始浸油。水分含量越高，温度越高，浸油就越严重。干燥的花生，经过夏季脂肪酸值就显著增高，这种现象多发生在7~9月温度在30℃以上的季节。浸油哈变的程度，花生仁比花生果严重，堆垛外围比堆垛内部严重。

（6）种皮易变色，不耐压　花生仁种皮变色也是品质降低的一种现象。过夏的花生仁即使没有浸油哈变，其种皮的色素由于受光线、氧气和高温等影响，也会发生变化，由原来新鲜的浅红色变为深红色，甚至暗紫红色，种皮变色的花生仁容易脱皮。

花生不耐压，无论储藏花生果或花生仁，堆高均以不超过2m为宜。

（三）花生的储藏技术

花生果有果壳保护，储藏稳定性较好；花生仁皮薄肉嫩，储藏稳定性较差，在储藏期间容易发霉、浸油、变质。但花生果储藏需要较多仓容（比花生仁多占仓容二倍以上），故国家粮库都以储存花生仁为主。

1. 花生果的储藏

（1）适时收获　花生产地分布很广，品种类型繁多，应根据地区气候和品种成熟特点，适时收获，要做到成熟一片，收获一片。对于种用花生，在保证成熟适度的前提下，尽可能做到适时早收，以免受冻。

（2）及时干燥　花生收获后及时进行干燥，可以防止花生受冻，有利于养分的转移积累，促进后熟，确保安全储藏。同时也可避免发生机械损伤、变色裂果、降低出油率等不良现象。花生采摘后晾晒 5～6d，堆积 1～2d，使其内部的水分进一步向外扩散，就可以达到安全水分的要求。此外，采用烘干机干燥花生，效果也很好。

（3）控制水分　只要将含水量控制在 9%～10% 以内，花生果在仓内或露天散存均可较长期储藏。在冬季含水量较大但不超过 15% 的花生果可以露天小囤储存，经过冬季通风降水后，到第二年春暖前再转入仓内保管。含水量超过 15% 的花生果，在温度过低时会遭受冻害。花生果仓内散装密闭，含水量 9% 以下，料温不超过 28℃ 者，一般可作较长期保管。花生果的安全水分标准也可根据季节灵活掌握，一般在冬季为 12%，春秋季为 11%，夏季为 10%。

（4）适时通风降温　花生果入库后应及时通风，排除堆内积热。在冬季要根据气温变化抓住有利时机间歇性地反复通风，使料温随气温变化逐步降至 10℃ 以下，至翌年气温上升前再及时密闭仓房，覆盖垛面，隔热保冷，进行低温干燥密闭储藏。

（5）气调储藏　花生果采用气调储藏，可以较长时间保持其新鲜度。利用脱氧剂（铁粉通用型）密封缺氧储藏花生果，不仅能防止花生果吸湿转潮，而且能降低其脂肪的水解速度，延缓游离脂肪酸的产生，阻止脂肪氧化酸败，保持较好的生活力和新鲜度。脱氧剂密封缺氧储藏，操作简单，使用方便，费用低廉，容易推广。

广东省的经验证明，花生果进行密闭自然缺氧储藏，在 5%～7.2% 低氧条件下，不仅可以保持果色，有效地防治害虫，还有利于保持发芽率，储藏 7 个月后发芽率仍保持 93%～97% 而对照组（常规储藏）的发芽率只有 80%。

（6）防虫防鼠　花生果和花生仁都会遭受储粮害虫的侵害。危害花生的害虫主要有印度谷蛾、赤拟谷盗、锯谷盗和玉米象等，其中以印度谷蛾危害最严重，常发生在堆垛的表层，出现"封顶"现象。因此在春暖后害虫繁殖季节，要及时采取悬挂长效敌虫块进行防治。花生特别容易招致老鼠为害，在储藏期间要做好防鼠工作，避免老鼠危害。

2. 花生仁的储藏

储藏花生仁要注意三个关键环节，即干燥、低温和密闭。

（1）控制安全水分　花生仁失去了外壳的保护，不宜采用烈日曝晒，如必须进行日晒降水，日光直射温度不宜超过 25℃，否则会出现脱皮浸油现象，并影响出油率。在日照温度过高时，可采用席片隔阳晾晒。此外，还可在冬季进行仓内通风干燥、仓内摊晾干燥或露天包装通风干燥，这些方法均可起到降水效果。

花生仁长期储藏的安全水分为 8%，水分在 9% 的基本安全，水分在 10% 的冬季采用通风方法可作短期储藏。

（2）低温密闭　低温密闭储藏不仅可以提高储藏稳定性，还可起到防虫作用，是安全储藏花生仁的重要技术措施。长期保管的花生仁，经过冬季通风干燥，水分含量降至 8% 以下，在春暖前，应及时进行密闭。在储藏过程中，应采取各种措施，保证花生仁最高温度不超过 20℃。

密闭储藏可以防止虫害感染，既能保持低温，又能延缓脂肪氧化，增进花生仁储藏的稳定性（表 11-8）。但长期密闭，对种用花生的发芽有一定的影响。

表 11 - 8 花生仁密闭储藏与通风储藏的品质比较

| 储藏方法 | 水分含量/% | | 虫害/ | 含油量/% | 色泽 | 气味 |
	入库时	出库时	（头/kg）			
密闭储藏	7.2	8.15	无	49.2	正常	正常
通风储藏	6.91	8.20	30	48.4	红色	稍带哈味

（3）气调储藏　花生仁也可采用气控储藏，据上海的经验，将花生仁堆用塑料薄膜密闭后，抽真空充氮保管，真空度抽至 53328.8Pa（真空度过高花生仁易变形出油），充以适量氮气，会很快缺氧，从而能抑制花生仁的呼吸强度与霉菌活动，消灭害虫，防止吸潮。从 3 月储藏到 9 月，浸油现象不明显，酸价只有微量增加，基本上保持了原有的色泽和品质（表 11 - 9）。

表 11 - 9 花生仁气调储藏品质变化

| 储藏方法 | 水分/% | 粗脂肪/% | 粗纤维/% | 出油率/% | 油脂酸价/（mgKOH/g） | 微生物/（百个/g） | | | |
						总数	青霉	细菌	其他
原始样品	6.74	48.35	5.08	46.07	0.34	1000	50	900	50
抽气充氮	8.36	44.39	3.85	45.01	0.88	50			50

四、棉籽

（一）棉籽概述

棉籽是棉花（*Gossypium* spp.）的种子。棉花属锦葵科棉属。棉属有许多种，现代的栽培种只有四个，即草棉、亚洲棉、陆地棉、海岛棉。棉花原产印度、美洲和非洲。我国栽培的棉花有 95% 是从美国引进的陆地棉，以江淮平原、江汉平原、南疆棉区、冀中南鲁西北豫北平原、长江下游滨海沿江平原为主要产区。棉花脱去棉绒后就是棉籽，棉籽仁的含油率约 40%（干基），含蛋白质 39% 左右，含碳水化合物约 15%。棉籽可以榨油，是一种重要的油料。

棉花的果实为蒴果，通常称棉铃，呈圆形或卵圆形，顶端尖，内有 4 ~ 5 室，每室有种子 5 ~ 11 粒，成熟后蒴果自然裂开吐絮。棉籽一般为圆锥形，圆钝的一端称基部，尖端称顶部。种皮角质、坚硬、棕黑色，表面有脉纹，棉籽的形态结构如图 11 - 7 所示。棉籽由种皮、胚乳遗迹及胚组成。种皮通常称为棉籽壳，是由表皮、外色素层、无色素细胞层、栅状细胞层、内色素层构成。栅状细胞排列整齐、紧密、木质化，故成熟后的种皮比较坚韧。胚乳遗迹在种皮之内，为一层很薄的细胞层。胚由两片很大而卷曲的子叶和胚芽、胚茎、胚根所组成。子叶断面有许多油腺，里面储藏着大量油脂。棉籽的横切面结构如图 11 - 8 所示。

按采摘季节可将棉籽分为霜前籽和霜后籽。

按加工程度可将棉籽分为毛籽（留有短绒的棉籽）、光籽（已脱绒的棉籽）、端毛籽（一端或两端有短绒的棉籽）三类。

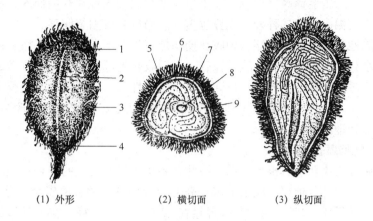

（1）外形　　　　　（2）横切面　　　　　（3）纵切面

图 11 - 7　棉籽的形态结构

1—合点　2—种脊　3—绒毛　4—种脐　5—种皮　6—外胚乳及胚乳　7—子叶　8—胚根　9—油腺

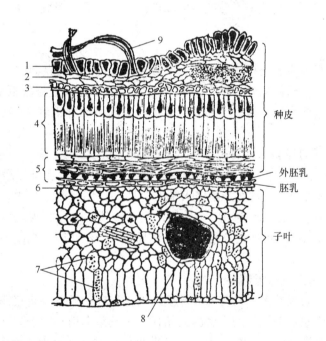

图 11 - 8　棉籽的横切面结构

1—外表皮　2—亚表皮　3—无色细胞　4—栅状细胞组织　5—内棕色层
6—子叶外表皮　7—蛋白质粒　8—黏液分泌细胞　9—绒毛

（二）棉籽的储藏特性

棉籽外壳坚硬，抗潮抗压的性能好。壳外又有短绒，壳与仁间有空气层，更具有良好的密闭作用，故完整的棉籽比一般粮食和油料都好储藏。但棉籽含杂量高，带虫入库的现象比较普遍，对储藏不利。

棉籽容重轻，储藏时占仓容大，大量在仓内储藏是不经济的。因为完整的毛棉籽具有良好的抗潮抗压性能，而且散落性小，导热性差，所以在北方产棉区可以在露天不苫盖储藏，光籽则采用露天苫盖储藏，仅棉种及少量短期存放的棉籽在仓内储藏。我国南方产棉区，因雨水多，气温高，除棉种外，光籽也多在仓内散装或囤装储存。

棉籽的耐储性与抗潮抗压性能，因收获期与加工程度不同而异。一般霜前收获的毛棉籽质坚仁饱，水分低，棉绒较长，容易保管。霜后收获的毛棉籽，壳软仁瘪，水分高，不宜长期储藏。经过多次脱绒的光籽，皮壳受损，防潮性差，散落性大，不仅不能承受较大的压力，而且易受外界环境影响，生理活性较强，储藏稳定性较差，一般不宜露天储藏，要尽量提前加工处理。

（三）棉籽的储藏技术

棉籽的耐储性与收获期有很大关系，因此，要将霜降前收获的棉籽和霜降后收获的棉籽尽量分开储藏。此外，棉籽还应根据水分高低分级储藏。棉籽的安全水分冬季为14%，春秋季为13%，夏季为12%。通常水分含量在12%以下的棉籽，在冬季趁低温堆垛或入仓，可以较长期储存；水分含量在12%~13%的棉籽，一般只宜短期储存，而且必须加强检查，掌握堆内温度变化情况，如有发热现象，要及时加工或通风、曝晒、降温散热。毛棉籽具有较高的抗潮、抗压及密闭性能，可以进行露天储藏，但脱绒棉籽或种用棉籽，仍以库内储藏为宜。

1. 毛棉籽露天储存

毛棉籽露天储存，要求选择地势平坦、干燥通风、排水良好的地基，因地制宜做好垛底铺垫防潮工作，并将棉籽水分含量降至12%以下，然后选择气温较低的天气进行堆垛。堆垛的形状，一般底部为长方形，上部为椭圆形。大垛可储存棉籽20万kg，小垛储存棉籽8~10万kg。

根据湖北省棉区的经验，棉籽露天不苫盖储藏，从10~12月，一般保持原有垛温，第二年1~2月垛温逐渐下降，3~4月垛温逐渐随气温回升，但上升很缓慢，从第一年10月至第二年4月为安全期，5月就开始进入不安全期。在储藏期过程中，棉籽水分变化很小，雨后检查，一般仅表层棉籽透湿1~2粒，天气转晴，水分又很快蒸发。在储藏期间应经常检查，在风雨天后更应注意检查，发现垛面变形，应及时拍打平整，以防雨水浸入。

2. 脱绒棉籽（光籽）露天储存

由于皮壳受损，防潮性差，易受外界环境影响，光籽一般不宜直接露天存放，但可采用脱绒棉籽堆垛外围覆盖毛棉籽的方法露天储存，对发芽率稍有影响。在实践中要严格控制脱绒棉籽水分含量在10%~12%，趁低温季节堆垛，并加强管理，确保垛身紧密无缝。

3. 棉籽露天储藏的注意事项

棉籽在露天储藏过程中，要随时注意保持垛面坚实光滑，防止漏雨及鸟雀取食使垛变松。在梅雨季节，要做好防潮、防漏工作。同时要加强检查，注意垛温变化。检测垛温时，温度计要向上斜插入垛内，使洞口朝下，防止雨水浸入。如遇局部发热、浸水时，可将棉籽局部挖出处理，然后用干棉籽填补挖出的洞口，而且必须与原垛棉籽结成一整体，并拍打结实，保持垛面紧密、平整、光滑。如垛温高出气温，全垛有发热趋势时，冬季可进行倒垛，春季可利用晴天早晚倒垛通风，夏季可进行灌包码通风垛或提前加工利用。干燥棉籽容易自燃，保管中要注意防火，防止在密闭的情况下棉籽堆内产生的热量不易散发，逐渐积聚达到一定温度而自燃。在大型棉籽垛中最好埋设一些编织的通风笼，以利散热降温，防止自燃。此外，还要做好防虫防鼠工作，一旦发现害虫和老鼠危害，可用磷化铝进行熏蒸处理。

五、芝麻

（一）芝麻概述

芝麻（*Sesamum indicum*）属胡麻科胡麻属，为一年生草本植物。芝麻原产非洲，性喜温暖、干燥的气候，极不耐寒。我国栽培芝麻历史悠久，主要产区在河南的南阳盆地、湖北的江汉平原、安徽的淮北平原。芝麻含油量居食用油料的首位，其含油量因种子颜色不同而异，通常以黄色的最高（约56%），白色的次之（约52%），黑色的最低（约51%）。芝麻含蛋白质21%左右，含碳水化合物约12%。芝麻油气味清香馥郁，是烹调佐食珍品。芝麻酱营养丰富，香酥味美，是我国传统的调味品。

芝麻的果实为蒴果，有棱，基部圆钝，顶端尖锐，通常有四棱、六棱、八棱等种。蒴果内部与棱数相对应被隔成4~8室，每室内含种子一排。每个蒴果含种子70~100粒，多的达130粒。芝麻种子扁平椭圆形，顶端稍尖，籽粒小，千粒重低，芝麻蒴果类型如图11-9所示。芝麻种子由皮层、胚乳和胚组成，属双子叶有胚乳种子。种皮由栅状细胞组成的表皮及薄壁组织所构成，因品种不同，有黄、白、褐、黑等颜色。胚乳由3~4层六边形薄壁细胞组成，里面充满着脂肪和蛋白质颗粒。胚由两片发达的子叶和胚芽、胚茎、胚根所组成。芝麻种子横切面结构如图11-10所示。

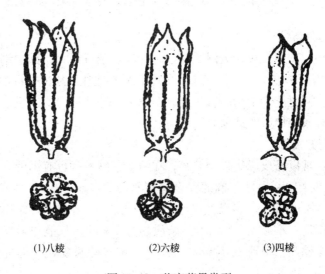

(1)八棱　　　　　(2)六棱　　　　　(3)四棱

图11-9　芝麻蒴果类型

按照国家标准，根据种皮颜色可将芝麻分为白芝麻、黑芝麻、其他纯色芝麻和杂色芝麻四类。

白芝麻：种皮为白色、乳白色的芝麻在95%及以上。

黑芝麻：种皮为黑色的芝麻在95%及以上。

其他纯色芝麻：种皮为黄色、黄褐、红褐、灰等颜色的芝麻在95%及以上。

杂色芝麻：不符合以上三类规定的芝麻称为杂色芝麻。

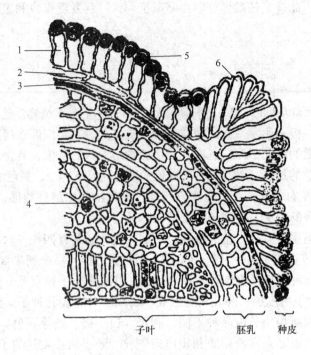

图 11 – 10　芝麻种子横切面结构

1—种皮的外表皮　2—薄壁细胞组织　3—种皮的内角质层　4—蛋白质粒　5—晶体　6—棱起

（二）芝麻的储藏特性

芝麻的籽粒细小，皮薄肉嫩，吸湿性强。芝麻的含杂量极大，其中细小尘土约占总含杂量的 80% 左右，因而密度大、孔隙度小。入库后料堆往往不松散，湿热不易扩散，容易发热，生虫、生霉。同时芝麻中脂肪含量高（一般在 50% 以上），易发生浸油、酸败，储藏稳定性差，是一种较难储藏的油料。

（三）芝麻的储藏技术

芝麻籽粒细小，常以密质麻袋包装储存，在河南芝麻产区也有用围囤或散装储存的。

（1）控制水分和杂质　通常芝麻的安全储藏水分为 7% ~ 8%，半安全水分为 8% ~ 9%，超过 9% 则为不安全水分。散装芝麻水分在 7% 以下，杂质在 1% 以下，利用冬季低温入库，可以安全度夏；水分在 8% 以上、杂质超过 1% 的，只能作短期储存，必须经降水、除杂后才能安全储藏。芝麻的不实粒（秕粒）和破碎脱皮粒，抵抗虫霉侵害的能力弱，又容易吸收水分，因此要控制其含量，一般秕粒含量不应超过 3%，并尽可能减少破碎脱皮粒含量，以提高芝麻的耐储力。

（2）合理堆装　芝麻储存时，堆积不宜过高，以免发热、浸油、酸败、变质。通常水分在安全标准以内，杂质未超过国家规定限度的芝麻，散装储存堆装高度以 1.5 ~ 2m 为宜，包装储存堆积高度不宜超过 6 包，而且应堆成通风垛；水分和杂质超过国家规定限度的芝麻，必须进行干燥和清理，使水分、杂质符合规定后才可入仓储藏。

（3）密闭储藏　低温干燥是储藏芝麻的主要措施。为防止气温气湿的影响，储藏方式宜采取密闭储藏。据试验，密闭储藏的芝麻其含油量与出油率，总是高于通风储藏的芝麻。

种用芝麻为了保全其发芽力，不宜采取密闭储藏，而应储藏在干燥通风的仓库中分囤储存，堆高不宜超过1m。也可以采取包装储藏，高度不宜超过6包，并应堆成通风垛。

（4）加强管理　不论种用还是一般用途芝麻，在储藏过程中，必须坚持检测制度，加强管理，掌握垛温变化，及时通风降温。在春暖气温上升之前彻底普查一次，根据情况分别处理，采用倒垛、转囤、过风、除杂等措施，散发湿热，以利安全储藏。

六、葵花籽

（一）葵花籽概述

葵花籽是向日葵的种子。向日葵（*Helianthus annuus*）属菊科向日葵属。栽培种为一年生草本植物，别名葵花。向日葵原产北美西南部，属喜温作物，但能够耐低温，并具有耐盐碱、耐瘠薄、耐干旱等特点。我国栽培向日葵已有四百多年的历史，主要产区在东北、内蒙古、河北和山西。葵花籽仁含油量高，在一般植物油料中仅次于芝麻而居第二位。一般情况下，葵花籽的脂肪含量在50%以上，蛋白质含量约23%，碳水化合物含量约10%。葵花籽油淡黄透明，清香可口，没有异味，是一种优质食用油。葵花籽除榨油外，还可以炒食，提取粗蛋白和多种维生素。

向日葵茎直立，高2～3m，叶宽大，花有花盘，四周边缘为舌状花，不结实；中间为管状花，受精后结实。向日葵的果实为瘦果。籽粒倒卵形或扁平楔形，葵花籽的形态如图11-11所示。果皮与种皮不相联结。果皮木质化而坚硬，有黑、白、紫、灰褐等色，或白底带黑灰色条纹。内含一粒种子，俗称葵仁，是双子叶无胚乳种子。种子一端钝圆一端尖，稍扁平，由种皮和胚组成。种皮极薄，呈乳白或灰白色，胚由子叶、胚根、胚茎和胚芽组成。葵花籽的横切面结构如图11-12所示。

(1)食用型　　　　　　(2)中间型　　　　　　(3)油用型

图11-11　葵花籽的形态

葵花籽按其特性和用途可分为食用型、油用型和中间型三类。

食用型：籽实较大，籽仁不饱满，含油率低，一般为25%～30%，果皮厚，出仁率低，皮壳率高达40%～50%，果皮多为黑底白纹，适于炒食或作饲料。

油用型：籽实较小，籽仁饱满，含油率40%～50%，皮壳率低，果皮多为黑色或灰条纹，适于榨油。

中间型：介于食用型和油用型之间。

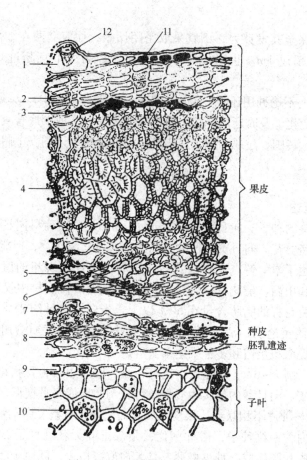

图 11 – 12　葵花籽的横切面结构

1—外果皮 2—中果皮　3—非细胞组织黑色层　4—纤维层　5—薄壁细胞组织　6—维管束

7—外表皮　8—内表皮　9—子叶外表皮　10—蛋白质粒　11—色素细胞　12—双生短毛基部遗迹

（二）葵花籽的储藏特性

（1）吸湿散湿性能好　葵花籽有坚硬的外壳，籽粒较大，成堆后孔隙度大，吸湿散湿性能都较好，只要保持料堆干燥，就能较安全储藏。

（2）杂质含量高　葵花籽在脱粒过程中，往往由石磙碾压或人工敲打，被打碎了的茎秆、花盘、花萼等混入料堆，不易清除干净，一般含杂都较高。这些有机杂质既易堵塞料堆孔隙，又易吸湿返潮，促使料堆水分增加以致发热霉变。

（3）含油量高易氧化酸败　葵花籽含油量高，特别是所含油脂中的不饱和脂肪酸占的比重较大，如水分大、温度高，极易氧化酸败，油用型又比食用型为甚。

（三）葵花籽的储藏技术

（1）控制入库水分和杂质　新收获的葵花籽一般水分较大，常达 15% ~ 19%，如不及时干燥，则易引起发热霉变。葵花籽的安全储藏水分视含油量的多少而异。一般含油较低的食用种水分不宜超过 10% ~ 12%，含油量多的油用种不应超过 7%。葵花籽中的杂质多为打碎了的茎秆、花盘、花萼等有机杂质，含水量往往是籽粒的 2 ~ 4 倍，必须认真清除。长期保管的葵花籽杂质含量应控制在 1.5% 以下。

（2）控制堆垛高度　为了使堆垛内的积热及时散发，葵花籽入库后不宜堆垛过高。一般麻袋堆放，冬季不宜超过6层，其他季节不宜超过4层。散堆储藏，冬季堆高不应超过2.5m，其他季节不超过1.5m。含油很高的油用种还应适当降低堆放高度。

（3）低温密闭储藏　低温、干燥、密闭储藏，最有利于保持葵花籽的品质。但不宜用塑料袋装密闭，因葵花籽棱角比较锋利，易刺穿塑料袋，且塑料薄膜不隔热，还易引起结露。在储藏期间，应特别注意门窗的启闭，适时通风降温散湿，并防止外界高温高湿的入侵。在高温季节要经常检查，以便发现问题及时处理。

七、油茶籽

（一）油茶籽概述

油茶籽是油茶的种子。油茶（Camellia Oleifera Abel.）属山茶科山茶属，是一种多年生常绿小乔木，别名茶子树、茶油树，与采茶叶的茶树和专供观赏的茶花树均不相同。油茶性喜温暖、阳光，对土壤的要求不严，可在荒山僻壤、丘陵平原栽培，也可利用闲散土地种植，不与粮棉争地。油茶种植2~3年后便能开花结果，盛果期20~30年，寿命长达100~200年。我国种植油茶已有2000多年的历史，主要产区在广西、江西、湖南、四川、贵州。油茶籽仁含油率达40%~50%，蛋白质含量为8.16%~9.88%，糖类含量29.31%~49.48%。油茶籽是我国南方重要的油料之一。茶油色清味香，营养丰富，是一种优质的食用油。

油茶茎秆一般高2~6m，秋冬开花，形成幼果越冬。次年秋季成熟。果实为蒴果，卵圆形至扁圆形。果皮木质，有青、红、黄等色。成熟后自顶端或基部裂开，内含种子2~12粒，但也有少至1粒或多达20多粒的。油茶种子为三角状卵形，或不规则形，有棱角，深褐或黄褐色，种皮较厚，木质化，表面较粗糙。

按果实成熟期可将油茶籽分为寒露籽、霜降籽、中降籽三类。

寒露籽：果实在寒露节成熟，果实小，橄榄形或卵圆形，果皮以青、红色为多，黄皮的较少。每果内含种子1~3粒。种仁含油率为55%左右。寒露籽形态如图11-13所示。

霜降籽：果实在霜降节成熟，果实较大，球形，果皮以红、黄色为多，青色的较少。每果内含种子6~9粒。其中红皮和黄皮种的品质较好，青皮种品质较差。霜降籽形态如图11-14所示。

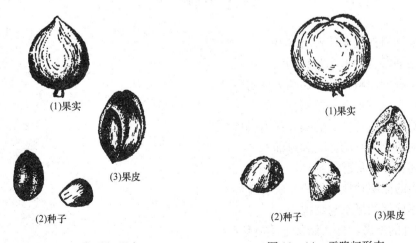

（1）果实　　（3）果皮　　（2）种子

（1）果实　　（2）种子　　（3）果皮

图11-13　寒露籽形态　　　　　　图11-14　霜降籽形态

中降籽：果实在寒露和霜降之间成熟，果实多而大，桃形或椭圆形，果皮多为红、黄色。每果内有种子6~8粒。中降籽形态如图11-15所示。

(1)果实

(2)种子　　(3)果皮

图11-15　中降籽形态

（二）油茶籽的储藏特性

油茶籽不耐高温，成堆后湿热不易散失，容易霉烂变质。油茶果有后熟作用，采收后最好堆放6~dd再摊晒，一般可提高出油率3%左右。油茶籽不耐储藏，如储藏4个月以上，出油率便会有所下降，特别是过夏和发过热的油茶籽，出油率都会显著降低。所以，油茶籽在脱壳晒干后最好尽快榨油。

（三）油茶籽的储藏技术

（1）控制入库水分　油茶籽采收后应一次充分晒干入库，其安全水分为8%以下，半安全水分为8%~10%，10%以上则为不安全水分。含水量8%的油茶籽可储藏2~3个月，但要经常翻扒，以防发热霉变。含水量超过10%的油茶籽，一般只能储藏一个半月。含水量在12%以上的油茶籽，必须晾晒降水后才能入库储藏。

（2）低温入库　晒干后的油茶籽不能趁热成堆，需摊晾后再入库，并进行低温储藏。在储藏期间，堆垛温度应控制在25℃以下，如垛温升高到30℃以上即易发热霉变，显著降低出油率。

（3）合理堆放　油茶籽堆装不宜过高，否则不仅堆内积热不易散发，而且下层受压容易引起走油。一般散装高度不宜超过1m，包袋堆高不超过6包，并应堆成通风垛。散装的油茶籽应在堆内设置编织的通风笼。

（4）及时通风　油茶籽在储藏期间要选择良好的通风时机及时通风。必要时，散装油茶籽应翻动堆垛表面，以散发湿热。

（5）加强检查　油茶籽容易发热霉变，在储藏期间应加强检查。检查时，除应注意水分、温度的变化外，还要特别注意茶籽仁的变化，如发现茶籽仁有发红现象，即是变质象征，不能继续储藏，应尽快加工处理。

思考题

1. 植物油料的储藏特性有哪些？
2. 简述油菜籽的形态与结构。
3. 油菜籽的储藏特性、储藏方法有哪些？
4. 简述大豆的形态与结构。
5. 大豆的储藏特性、储藏方法有哪些？
6. 如何防止大豆的赤变和走油？
7. 简述花生的形态与结构。
8. 花生的储藏特性、储藏方法有哪些？
9. 简述棉籽的形态与结构。
10. 棉籽的储藏特性、储藏方法有哪些？

11. 简述芝麻的形态与结构。

12. 芝麻的储藏特性、储藏方法有哪些？

13. 葵花籽的储藏特性、储藏方法有哪些？

14. 油茶籽的储藏特性、储藏方法有哪些？

参考文献

1. 王若兰. 粮油储藏学. 北京:中国轻工业出版社,2009.

2. 国家粮食储备局储运管理司. 中国粮食储藏大全. 重庆:重庆大学出版社,1994.

3. 粮食大辞典编辑委员会. 粮食大辞典. 北京:中国物资出版社,2009.

4. 周世英,钟丽玉. 粮食学与粮食化学. 北京:中国商业出版社,1986.

5. 周化文,张伟海. 粮油储藏实用新技术. 北京:中国商业出版社,1989.

6. 四川省粮食局. 油料油脂保管与检验. 成都:四川科学技术出版社,1987.

7. Y. H. Hui. 油脂化学与工艺学. 第五版. 徐生庚,裘爱泳主译. 北京:中国轻工业出版社,2001.

8. 黄凤洪,夏伏建,陆师国等. 茶多酚对双低菜籽油抗氧化作用的研究. 中国油脂,2000,25(6):127 – 128.

第十二章　食用油脂的储藏

【学习指导】
　　了解食用油脂的分类、储藏特性及油脂品质变化的途径，掌握影响油脂安全储藏的因素、常用油脂储藏技术与管理措施。

第一节　油脂概述

一、油脂的组成及用途

　　油脂是从油料中提取的脂肪，一般在常温下呈液态的称为油，呈固态或半固态的称为脂。植物油脂一般含有大量的不饱和脂肪酸，在常温下为液体，如豆油、菜籽油、芝麻油等，但也有少数含有大量的饱和脂肪酸，在常温下为固体，如椰油等。因大多数植物油脂在常温下呈液态，所以习惯上把植物油脂简称为植物油。无论油或脂，其化学组成都是一分子甘油和三分子脂肪酸化合成的甘油三酸酯（简称甘三酯）。油脂中含 98% ~ 99% 的甘三酯，以及少量的水分、磷酯、蜡、蛋白质、维生素、色素与饼渣等。

　　油脂是人类三大营养素之一，可为人体提供必需脂肪酸，并参与体内代谢，同时还可提供多种脂溶性维生素及其他营养素，为人体提供热量及改善食品风味等，是人类不可缺少的食物原料，世界上 90% 以上的油脂产物是供食用的。植物油的消费在不断增长，并且早已超过了动物油消费。世界各地消费的油脂种类是不同的。地中海人偏爱橄榄油；美国人主要食用大豆油、玉米油和棉籽油；在欧洲的部分地区花生油是主要食用油；在东欧和亚洲东部，菜籽油、芝麻油和葵花籽油是主要食用油；在西欧，菜籽和低芥酸菜籽是最重要的油料作物；葵花籽油是南美也是前苏联的主要食用油；在中国，大豆油、菜籽油和棉籽油是主要油脂。在美国，由于消费者良好的健康意识，推动了多不饱和脂肪酸和单不饱和脂肪酸油脂的消费。当然油脂及其分解产物也是很重要的工业原料，也可直接或间接作为能源（如生物柴油），所以油脂的经济意义及其在国民经济中的地位都是非常重要的。

二、油脂的分类及特性

　　油脂的分类方法有许多种，通常可按其用途、加工精度、干燥特性、主要脂肪酸组成进行分类。

（一）按用途分类

1. 食用油脂

食用油脂指可供人类食用的各种植物油脂，主要品种有大豆油、花生油、芝麻油、菜籽油、棉籽油（精炼）、茶籽油、葵花籽油等。

2. 非食用油脂

非食用油脂指不能供人类食用，仅能作为工业用及其他用途的各种植物油脂，主要有桐油、木油、柏油、梓油、蓖麻油等。

（二）按加工精度分类

1. 毛油

采用压榨法或浸出法从油料中提取出的颜色较深、水杂较多的初制油脂为毛油，一般不宜直接食用，如毛糠油、毛棉油等。

2. 精炼油

毛油经过一个或几个精炼工序后，所得符合标准的油脂称为精炼油，可以供作食用，有的还是很好的食用油，如精炼糠油、精炼棉油和精炼菜油等。

（三）按干燥性分类

1. 干性油

碘价在 130 以上，暴露在空气中干燥速度较快，容易在被涂物表面形成一层坚韧不透水的薄膜，而且加热不会熔化，有防水防腐作用的为干性油。干性油适于制作油漆、涂料、油墨、绘画颜料等。如亚麻油、大麻油、苏籽油、向日葵油以及桐油等均属于干性油。

2. 半干性油

碘价在 100 ~ 130，暴露在空气中干燥速度较慢，不易在被涂物表面形成坚韧不透水的薄膜，薄膜加热后又会熔化的为半干性油。半干性油适于食用和一般工业用，如菜油、棉籽油、芝麻油、大豆油等。

3. 不干性油

碘价在 100 以下，在空气和阳光下极难结膜或不结膜的为不干性油。不干性油适于做机械润滑油、上等肥皂和纺织用油、化妆品等，如蓖麻油、菜籽油、花生油、橄榄油等。

（四）按主要脂肪酸组成分类

1. 月桂酸类油脂

月桂酸类油脂主要来源于棕榈属籽油，如椰子油、巴巴苏油和棕榈仁油。此类油脂的月桂酸含量为 40% ~ 50%，含短链脂肪酸较多，饱和脂肪酸的含量高，非常适合制作肥皂。

2. 棕榈酸类油脂

从棕榈果肉中提取的棕榈油是棕榈酸类油脂的典型代表，棕榈油中含有 32% ~ 47% 的棕榈酸和 40% ~ 52% 的油酸，主要用于生产起酥油、人造奶油和制备肥皂。

3. 油酸和亚油酸类油脂

以不饱和脂肪酸为主要组分的油脂大部分属于油酸和亚油酸类油脂。此类油脂的饱和脂肪酸含量通常少于 20%，并含有高不饱和脂肪酸，是所有类型油脂中应用最广的一种，也是最主要的食用油，如玉米油、棉籽油、花生油、橄榄油、葵花籽油、芝麻油等。

4. 亚麻酸类油脂

亚麻酸类油脂包括亚麻籽油、大豆油、大麻籽油、苏籽油、小麦胚芽油和卡诺拉油，这类油脂具有很好的干燥性，可用于油漆和涂料。高不饱和程度使这些油脂容易被氧化，亚麻酸类油脂在食品中应用效果不如油酸和亚油酸类油脂。

5. 植物脂

植物脂主要来源于热带树木的种子，含有 50% 甚至更多的 $C_{14} \sim C_{18}$ 碳链的饱和脂肪酸，是由单一类型的或有限几种类型的甘三酯组成的简单混合物，如可可脂。植物脂价格很贵，主要用于巧克力、糖果和药物中。

6. 芥酸类油脂

芥酸类油脂有芥籽油、地中海菜籽油、莙油、菜籽油等，其芥酸含量 25% ~ 50%。由于人们怀疑芥酸对健康不利，使得低芥酸含量（2%以下）的卡诺拉油更多地用于食品中，而高芥酸菜籽油倾向于被用在工业生产或非食品领域。

7. 共轭酸类油脂

共轭酸类油脂的典型代表是桐油，含有 85% 的桐酸。共轭双键易于氧化和聚合，比一般干性油更容易干燥，适用于生产油漆及其他保护性涂料。

8. 羟基酸类油脂

蓖麻油是这类油脂的唯一代表，含羟基酸达 90% 以上，可作为润滑油、磺化油和液压油。

三、油脂的酸败变质

（一）水解型酸败

脂肪在水、酶等因素的影响下容易水解产生一些游离脂肪酸，使油品的酸性增大。脂肪水解反应式如下：

$$\begin{array}{l}
CH_2-O-\overset{O}{\overset{\|}{C}}-R \\
CH-O-\overset{O}{\overset{\|}{C}}-R +3H_2O \Longleftrightarrow \\
CH_2-O-\overset{O}{\overset{\|}{C}}-R
\end{array}
\begin{array}{l}
CH_2OH \\
CHOH +3R-COOH \\
CH_2OH
\end{array}$$

甘三酯　　　水　　　甘油　　　脂肪酸　　　　　　(12－1)

由于游离脂肪酸在一定的条件下，会进一步发生氧化酸败，因此严重影响了油品的储藏稳定性。

一般在粮食和油料籽粒中均含有一定数量的脂肪水解酶，但在安全储藏状态下其量较少，活性也较低，不至于产生明显的脂肪水解作用。如果在高温高湿环境中，酶的活性增加，特别是感染霉菌之后，因为大多数霉菌均会产生大量的脂肪酶，所以会加速脂肪的水解反应。

油脂中所含游离脂肪酸的数值，称为酸值。它是用中和 1g 油脂样品中全部游离脂肪酸所需的 KOH 毫克数（mgKOH/g 油）表示的。对于粮食样品，因其含油脂较少，表示其所含游离脂肪酸的数值，一般称脂肪酸值。它是用中和 100g 粮食样品中游离脂肪酸所需的 KOH 毫克数（mgKOH/100g 粮食）表示的。

国家卫生标准规定各种食用植物油酸值超过 4.0mgKOH/g 油时，不得直接供应市场，必须进行处理后，才可出售、调拨，因此，测定油脂中酸值可以评价油脂品质的好坏，也可以判断储藏期间品质变化的情况，还可以指导油脂碱炼工艺，提供需要加碱的量。

（二）氧化型酸败

氧化型酸败是脂类不饱和脂肪酸在其双键处被氧化而引起的酸败。油脂氧化主要有自动氧化、光氧化和酶促氧化三条途径。

1. 自动氧化

自动氧化是自由基反应，或称游离基反应，其反应过程包括诱导、传播与终止三个阶段。

（1）诱导阶段

$$RH + O_2 \rightarrow R \cdot + \cdot OH \tag{12-2}$$

$$RH \rightarrow R \cdot + \cdot H \tag{12-3}$$

在诱导阶段主要产生自由基，即油脂或脂肪酸（RH）在催化剂的作用下，脱去氢生成自由基（$R \cdot$、$\cdot OH$、$\cdot H$ 为自由基），其反应速度缓慢，但如果有光、热、金属离子或水存在时可以加速此过程。油脂刚开始产生自由基时，感官无明显变化。

（2）传播阶段

$$R \cdot + O_2 \rightarrow ROO \cdot \tag{12-4}$$

$$ROO \cdot + RH \rightarrow R \cdot + ROOH \tag{12-5}$$

自由基（$R \cdot$）与氧作用生成过氧化自由基（$ROO \cdot$）；过氧化自由基很活泼，可以夺取其他不饱和脂肪酸（RH）的氢（H）生产过氧化物（ROOH），而失去氢（H）的不饱和脂肪酸又形成新的自由基（$R \cdot$）；这样就构成了油脂的自动氧化的链式反应，直至油脂中的不饱和脂肪酸全部氧化成过氧化物（ROOH）。此阶段反应速度很快，油脂的感官变化逐渐明显。

（3）终止阶段

$$R \cdot + R \cdot \rightarrow RR \tag{12-6}$$

$$ROO \cdot + R \cdot \rightarrow ROOR \tag{12-7}$$

$$ROO \cdot + ROO \cdot \rightarrow ROOR + O_2 \tag{12-8}$$

终止阶段主要是自由基相互作用，产生相对稳定的聚合物。

不论所处环境条件如何，有无光照，低温或高温，油脂的不饱和组分均会被空气氧化，所以自动氧化是油脂储藏过程中一类最主要、最普遍的酸败类型。

2. 光氧化

有色物质为光敏物质，这些物质可以从光中吸收能量变为激发态，并可将空气中的 O_2 由基态转变为激发态，而后者可以引发如自动氧化一样的自由基反应。

$$基态光敏物质 \xrightarrow{光} 激发态光敏物质 \tag{12-9}$$

$$激发态光敏物 + 基态 O_2 \longrightarrow 基态光敏物 + 激发态 O_2 \tag{12-10}$$

$$激发态 O_2 + RH \rightarrow ROOH \tag{12-11}$$

光氧化的速度千倍于游离基反应，应引起重视。ROOH 极易分解，特别是在有金属离子存在下分解更快。

$$ROOH + M^{n+} \xrightarrow{光} RO \cdot + OH^- + M^{(n+1)+} \tag{12-12}$$

$$ROOH + M^{(n+1)+} \rightarrow M^{n+} + ROO \cdot + H^+ \tag{12-13}$$

M 为金属离子，n 为金属离子的价数，生成的 $RO \cdot$ 及 $ROO \cdot$ 都可引发游离基反应。

3. 酶促氧化

有酶参与的氧化反应称为酶促氧化，相关的氧化酶有两种，一种是脂肪氧化酶，另一种为脂肪氢过氧化酶。脂肪氧化酶主要存在于植物体内，氧化作用很强，无论是否有氧均可催化氧化作用。有氧时，其氧化历程为游离基型氧化，其机制与自动氧化相似，在缺氧条件下反应十分复杂。脂肪氢过氧化酶主要是催化分解氧化反应所生成的氢过氧化物 ROOH。

油脂在氧化初期阶段，氢过氧化物的量逐渐增多，而达到深度氧化时，氢过氧化物开始分解、聚合，因此过氧化值是油脂初期氧化程度的指标之一。一般情况下，新鲜的油脂其过氧化值小于 1.2mmol/kg；过氧化值在 1.2 ~ 2.4mmol/kg 时，感官检验不觉得异常；过氧化值高于 4mmol/kg 时，油脂出现不愉快的辛辣味；如果超过 6mmol/kg 较多时，人们食用了这种油脂后会出现中毒症状。因此，油脂过氧化值的测定是油脂酸败定性和定量检验的参考，是鉴定油脂品质的重要依据。

四、变质油脂的危害

酸败变质的油脂除了食用品质及营养品质受到影响外，还不易被人体吸收，当分解产物有毒时，还会使油脂或含油食品带毒，给食品安全带来隐患。食用含有过氧化物脂肪的食品，会进一步促使人体的脂肪氧化。过氧化的脂肪可破坏生物膜，引起细胞功能衰退乃至组织死亡，诱发各种生理异常而引起疾病。研究表明，癌症的发生或人体的老化也与过氧化的脂肪有关。所以油脂及食品中脂肪的酸败变质是关系到人体健康的十分重要的问题。

1. 吸收率下降

由于变质油脂中含有许多聚合物，它们的分子比较大，黏度增加，乳化困难，降低了解脂酶的活性，阻碍了胰液与胆汁的作用，因此变质油脂不容易被人体消化吸收。热变质油脂的消化吸收率比自动氧化变质油脂更低。

2. 对机体产生毒害

大量的动物试验表明，变质油脂会对机体产生毒害。例如，用自动氧化变质的油脂喂养家禽家畜时，会造成消化器官中毒而引起下痢；破坏肝脏中的代谢酶，使肝细胞受到损害，进而萎缩变性；红血球受到过氧化物和二次氧化生成物的作用，变得非常脆弱；肺部产生水肿，并可观察到显著溶血；代谢系统产生障碍并受到破坏，如胰解脂酶受到抑制和破坏。

日本曾发生过一起轰动一时的油炸方便面中毒事件，其中毒症状为下痢、腹痛、呕吐、有倦怠感等。日本国立预防卫生研究所提取出中毒时食用的面条中的油脂，把这种油称为中毒食品抽出油。同时又发现有些面条已经发臭，因此又将具有异臭的面条中所含的油抽提出来，把这种油称为异臭食品抽出油。测定出这三种油的酸值和过氧化值，如表 12-1 所示。

表 12-1 　　　　　　　　　　　三种油的酸值与过氧化值

	新鲜油（对照）	异臭食品抽出油	中毒食品抽出油
酸值/（mgKOH/g）	0.07	26.5	33.0
过氧化值/（I_2%）	1.0 以下	105.8	118.1

在普通饲料中分别掺入600mg对照油、600mg异臭食品抽出油和400mg中毒食品抽出油，然后喂养白鼠（每组4只）。食用含新鲜油饲料的白鼠体重上升，而食用含有异臭食品抽出油与中毒食品抽出油饲料的白鼠不到10d全部死亡。

不难看出，油脂的氧化酸败不仅使油脂的外观发生变化，降低其储藏稳定性，还会使油脂带毒，影响人类健康，应予以高度重视。

第二节　油脂的储藏特性

食用植物油最突出的储藏特性就是容易酸败变质。植物油脂一般含有大量的不饱和脂肪酸，在储藏过程中很容易氧化分解，游离脂肪酸含量不断增多，酸值升高，并逐渐酸败变苦。油脂酸败变苦主要是由于氧化作用和微生物作用所造成的。氧化作用产生的过氧化物极不稳定，很容易分解成低分子醛类或酮类物质，由于醛酮具有挥发性苦辣气味，所以脂肪也带有这种气味。而微生物作用，则是因为油脂感染微生物，在一定水分与温度的条件下，分解脂肪而产生脂肪酸，脂肪酸进一步氧化分解就产生醛酮类物质，由醛酮引起难闻的苦辣气味。食用植物油脂的种类很多，不同油脂的储藏特性存在一定的差别。

一、菜籽油

菜籽油也称菜油，是从油菜籽中提取的油脂，属半干性油。菜籽油中的脂肪酸大部分是芥酸，约占总脂肪酸的50%。芥酸是二十二碳一烯酸，它是一种不易消化、不易吸收、营养较差的脂肪酸，对人体是否有害，目前还无定论。因为芥酸含量高，被认为是必需脂肪酸的亚油酸却很少，一般只占15%左右，所以菜油的营养价值被认为是较低的。另外，菜籽油中含有一些硫代葡萄糖苷和种皮中的色素，因此油色较深。近年来国内外不少专家在培育低芥酸（2%以下）和低芥子苷的"双低"油菜品种，已取得了成功。

毛菜油呈深黄并略带绿色，色泽较暗，具有令人不快的气味和辣味，特别是热榨的菜油，色泽更浓，并具有一定的芥辣气味。毛菜油含磷脂较多，含量在1.5%以上，储藏稳定性较差，各项品质都将随储藏期的延长而变劣。精炼后的菜油澄清透明，颜色浅黄，无异味，适宜食用，还可制作人造奶油和色拉油。无论何种方式加工的菜油，入库前都必须过滤或沉淀，将大部分水分、杂质除去，方可长期储藏。菜籽油安全储藏的质量要求是水分、杂质含量均不得超过0.2%，酸值应低于4。菜籽油凝固点是4℃，在冬季储藏时应使仓温不低于10℃，以免菜油凝固。凝固后的菜油再熔化时容易发生氧化，使酸值升高，导致变质。

二、大豆油

大豆油也称豆油，是大豆经过热榨、冷榨或溶剂提取所获得的油脂，属半干性油。豆油长时间暴露在空气中能在表面形成不坚固的薄膜。由于产区不同，其碘价有很大的差异。我国东北大豆所榨的豆油碘价在130以上，已达到干性油的标准。豆油除食用外，在工业上用途也很广泛，可用来制造油漆、肥皂等。

豆油的主要脂肪酸是油酸和亚油酸，油酸含量为25%～36%，亚油酸含量为52%～65%，并富含维生素E，同时豆油的消化率高达98%，所以豆油是一种营养价值很高的食用油。

毛豆油的颜色因原料的种皮和品质不同而异，一般为淡黄、浅绿或深褐色。精制豆油为淡黄色，澄清透明。深棕色的豆油则是用变质大豆制成的。豆油有一种特殊的"豆腥味"，其气味和滋味经高温蒸汽脱臭后可以全部除去。豆油中的豆腥味，通过脱臭虽可除去，但在储藏过程中有"回味"的倾向。

豆油除含有脂肪外，在加工过程中还带进一些非油物质，在未精炼的毛豆油中含有1%~3%的磷脂，0.7%~0.8%的甾醇类，以及少量蛋白质和麦胚酚等物质，易引起酸败，所以豆油如未经水化精炼除去杂质，是不宜长期储藏的。另外，精制豆油在长期储存中，颜色会由浅逐渐变深，其原因可能与油脂的自动氧化有关。因此，豆油颜色变深时，便不宜再作长期储存。

与其他植物油相比，大豆油有其自身的特性。大豆油的优点是不饱和程度高，在相当宽的温度范围内能保持液体状态。能进行选择性氢化，用于和半固体脂或液体油调和。经部分氢化后，可作为可倾倒的半固体油。大豆油中存在的磷脂、微量金属容易除去，从而可获得高质量的产品。油中存在天然抗氧化剂（维生素E），在精炼加工期间，这些天然抗氧化剂并未完全脱除，因而能提高油脂的储藏稳定性。大豆油的缺点是磷脂含量很高，精炼时必须除去。大豆油中含有相当多的亚麻酸（7%~8%），高含量的亚麻酸能导致产品的回味。

三、花生油

花生油是从花生仁中提取的油脂，属不干性油。花生油中含有很高比例的不饱和脂肪酸，其中油酸为50%~65%，亚油酸为18%~30%，硬脂酸、花生酸、二十二碳和二十四碳烷酸的总量占总脂肪酸的10%~12%。因含十八碳以上的饱和脂肪酸较其他植物油多，所以夏季为透明液体，冬季则呈稠厚不透明状。一般在15℃时，就会出现浑浊，到-3℃时呈乳浊状，如温度再低就会凝固。凝固后经熔化易发生氧化酸败。

花生油的颜色一般呈浅黄色，具有浓郁的香味，广泛应用于食品、罐头及人造奶油的制造，是一种营养及口味俱佳的食用油脂。花生油的主要食用用途是制备起酥油、人造奶油和蛋黄酱，并可作烹调油、煎炸油和色拉油。花生油在储藏中，酸值较稳定，冬季储藏应注意保温。

四、棉籽油

棉籽油又称棉油，是从棉籽中提取的油脂，属半干性油。根据加工精度不同，棉籽油分为毛棉油和精炼棉油两种。棉籽油中的主要脂肪酸是油酸和亚油酸，油酸含量为30%~35%，亚油酸含量为40%~45%。毛油中的非甘油酯组分包括棉酚、磷脂、生育酚和甾醇。

棉籽油的颜色与加工精度有关，毛棉油呈红褐色，色泽深暗，且具有令人不快的气味和滋味，其中含有游离棉酚及其衍生物，对人和单胃动物有毒，不宜食用。精炼棉油呈金黄色，是毛棉油经过滤、水化、碱炼后精制而成的，棉酚及树脂等物已基本除去，无异味，无毒性，可以食用。出色的煎炸能力、卓越的风味稳定性、良好的感官特性及营养功能使得精炼棉油具有广泛的用途。棉油中含有棉籽硬脂蜡酸酯（熔点26~52℃），它和棉油的凝固点不同，在气温下降时（低于10~15℃时）棉籽硬脂蜡酸酯在棉油中先行凝固，使棉油产生混浊现象，在冬季更能使棉油凝成半固体状态。这种变化，对棉油品质没有什么影响，气温转暖或稍稍加温，棉油即会恢复原有液体状态。毛棉油储藏稳定性较差，特别是水分高的棉籽加工后的棉籽油质量差，脂肪易水解，酸值高不易储藏。

五、芝麻油

芝麻油是从芝麻中提取的油脂，属半干性油。不饱和脂肪酸约占总脂肪酸的80%，主要为油酸和亚油酸，二者的数量大致相等，油酸含量37%～51%，亚油酸含量37%～49%。饱和脂肪酸主要由棕榈酸和硬脂酸组成，含量低于总脂肪酸的20%。芝麻油的颜色因原料及加工工艺和制取方法的不同而不同，用压榨法和浸出法制取的芝麻油称为大麻油，呈淡黄色，香味较淡。用水代法制取的芝麻油称为小磨麻油（又称香油），呈黄褐色，具有令人喜爱的特殊香味，是我国人民膳食中常用的凉拌油脂。芝麻种子的外皮含有较多的蜡质，制油时会溶入油中，因此芝麻油在较低温度下会有白色沉淀析出，影响油脂的外观。

在常见的植物油中，芝麻油是最不易氧化酸败的。芝麻油中不饱和脂肪酸的含量虽然较高，但由于含有维生素E、芝麻酚和芝麻素等天然抗氧化剂，具有较强的抗氧化能力，故比一般油脂的储藏稳定性好，较易保管。

六、葵花籽油

葵花籽油是从向日葵种子中提取的油脂，属半干性油。不饱和脂肪酸约占总脂肪酸的90%，主要为油酸和亚油酸，亚油酸含量54%～70%，油酸含量约为39%。饱和脂肪酸主要由软脂酸和硬脂酸组成，含量仅占总脂肪酸的10%左右。葵花籽油不饱和程度高，亚油酸含量高，因而被认为对人体健康有益。这种油易被人体吸收消化，有利于人体发育和生理机能调节，能降低人体内胆固醇的含量，对减少胆固醇在血管内沉积，防止动脉硬化、高血压、冠心病有一定功效，是一种很好的食用油脂。

葵花籽油的颜色根据加工精度的不同而稍有不同，毛葵花籽油呈浅琥珀色，含有少量磷脂和胶状物质，一般不宜食用，也不宜长期储存。精炼葵花籽油呈淡黄色，澄清透明，具有一种特殊的香味。葵花籽油具有较好的风味，是最适宜生吃的植物油。在工业上，葵花籽油可制造油漆、润滑油、药物、肥皂、合成橡胶以及提取甘油，还可以用于制革和纺织工业。

葵花籽油中富含不饱和脂肪酸，还含有微量的含氧酸，储藏期间很容易氧化酸败，是一种较难保管的油脂，在储藏中更应引起重视。

七、茶籽油

茶籽油又名茶油，是从油茶树种子中提取的油脂，属不干性油。茶籽油的主要脂肪酸是油酸，含量约占总脂肪酸的83%～87%。因油酸的熔点低，在 -1℃左右才凝固，所以茶籽油在储藏期间不易冻结。茶籽油呈浅黄色或金黄色，清澈透明，气味清香，是传统的食用油脂。茶油中磷脂含量不高，质量较稳定，是一种比较好储藏的植物油脂。

八、米糠油及玉米胚油

米糠是稻谷加工的副产品，含油率为12%～15%。米糠油是从米糠中提取的油脂，属不干性油。米糠油的主要脂肪酸为油酸和亚油酸，其中油酸占总脂肪酸的38%～49%，亚油酸占 26% ~40%。米糠油中含有大量的解脂酶，能使脂肪水解酸败。毛糠油呈深棕色，颜色深暗，浓度大而混浊，含有糠蜡 1% ~2%，磷脂 0.5% 左右，甾醇 0.7% 左右，不能食用，也不宜储藏。精糠油呈淡黄色，是毛糠油经脱蜡、脱酸、脱色和脱臭后精制而成的，含有 80% 以上的不饱和脂肪酸，易被人体消化吸收，具有降低人体血清胆固醇、防止动脉硬化和血栓形成的功能，营养价值较高，是一种优良的食用油脂。

玉米胚是玉米加工的副产品，含油率为 30% ~50%。玉米胚油又名玉米油，是从玉米胚、外壳及冠帽中提取的油脂，属半干性油。玉米胚油的主要脂肪酸为亚油酸和油酸，其中亚油酸占总脂肪酸的 34% ~62%，油酸占 19% ~49%。毛玉米油呈深黄褐色，颜色深暗，含磷脂 1% ~2%，甾醇 1% 左右，还含有游离脂肪酸、色素、蛋白质、糖类等，不宜食用，也不宜储存。精制玉米胚油呈橙黄色，清晰透明，具有玉米香味，磷脂、固醇等物基本除去，已无异味，可以食用。这种油清淡爽口，易被人体吸收消化，对减少胆固醇在血管内沉积，防止动脉硬化和血栓形成，具一定功效。玉米油中含有多种维生素、胡萝卜素及磷脂，故营养价值较高，是一种很好的食用油脂。玉米胚油中含有较多的天然抗氧化剂维生素 E，能延缓其氧化变质，所以储藏稳定性较好。

第三节 影响油脂安全储藏的因素

与粮食储藏相似，油脂的储藏稳定性除与其自身特性有关外，还与仓储环境条件密切相关。环境条件适宜，油脂就可以较长期地安全储藏；环境条件不适宜，油脂就容易氧化分解、酸败变质，不能安全储藏，通常影响油脂安全储藏的因素有温度、水分、氧气、杂质、日光、金属、抗氧化物等。

一、温度

高温能加速化学反应速度，增强脂肪酶活性，促进微生物生长繁殖并分泌大量解脂酶，使油脂中不饱和脂肪酸加速氧化分解、酸败变质。温度越高，高温持续时间越长，油脂酸败变质就越快（在 60 ~100℃ 范围内，一般温度每升高 10℃，油脂酸败速度约增加一倍），而降低温度则能中止或延缓油脂的酸败过程，提高储藏稳定性，确保安全储藏。温度对油脂储藏的影响如表 12 -2 所示。

表 12 -2   温度对油脂过氧化值的影响

储藏天数/d	过氧化值/（I_2 %）	
	储于恒温器中（38℃）	储于冰箱中（-10℃）
0	0.047	0.047
10	0.159	0.048
20	0.206	0.054
30	0.572	0.074
40	1.298	0.087
50	2.117	0.100
60	3.188	0.119

另有试验表明，在库外货棚中存放的桶装油脂其过氧化值高于库内存放的。

温度不仅影响自动氧化的速度，而且影响反应的机制。在较低温度下，形成氢过氧化物的途径占优势，在此过程中不饱和程度无变化，而在较高温度条件下，形成过氧化物的途径占优势，很大一部分双键变成饱和键。

二、水分

油脂是疏水性物质，含水量很少。但在目前油脂工业的生产条件下，由于原料水分偏大，设备不完善或操作技术不良等原因，往往会使生产的油脂含水量过多。此外，油脂在运输和储藏过程中，被雨水侵入，也会使油脂水分增高。油脂中的水分会引起和促进亲水物质（如磷脂、固醇等）的腐败变质，增加酶的活性，有利于微生物的繁殖，导致水解酸败，增加油脂过氧化物的生成。特别是未经初步净制的原始毛油，水分对油脂质量的影响更为严重。一般认为，油脂含水量超过 0.2%，水解作用就会加强，游离脂肪酸也会增多。含水量越高，水解速度就越快，油脂就会迅速酸败变质，失去食用价值。由此可见，油脂中的水分含量是油脂安全储藏的重要条件，也是引起油脂酸败变质的重要因素。

水分对油脂变化的影响具有两面性。适当低的水分对脂质能形成单分子的水膜吸附，可起到一定的保护作用。但在非脂类物质的参与下，水对油脂氧化的影响，取决于它在整个环境中的比例。当含水量极低时，水分子与碳氢化合物分子链结合十分牢固，因而对油脂的氧化过程不具有任何影响，含水量达到一定程度后才使油中许多化合物的迁移率增高，促进油脂的氧化。所以只要油品本身含其他杂质少，特别是亲水性杂质少，很少的水分并不会造成严重的影响。

三、氧气

空气中的氧是引起油脂氧化酸败的主要因素之一，特别是油脂的自动氧化，一般均与氧接触有关。一般情况下，氧气的浓度越大，与氧的接触面越大，接触的时间越长，油脂就越容易酸败。研究表明，自动氧化速度随大气中氧气分压的增加而增加，但氧分压达到某一范围后，自动氧化速度便不再增加。图 12 – 1 为亚麻酸乙酯的氧化速度与氧气分压的关系。

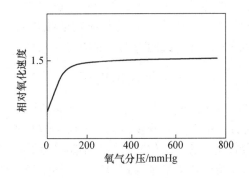

图 12 – 1　氧气分压对亚麻酸乙酯氧化速度的影响

（注：1mmHg = 133. 322Pa）

在油脂的储藏中，为了减少空气中氧气对油脂氧化酸败的影响，提高油品质量，可采用真空、真空充 N_2 或充 CO_2 等惰性气体的方法，或采用密闭容器或透气性低的包装材料包装储存。

四、杂质

油品中常含有各种杂质，特别是未精炼的毛油中杂质含量较高，如含有磷脂、蛋白质、蜡、固醇、饼末、种皮等，这些杂质都是亲水性物质，吸水性强，可促进微生物的生长繁殖，加速油脂的酸败，对油脂的安全储藏十分不利。磷脂在储藏中能分解出磷脂酸，使油脂质量降低，引起水解变质；黏蛋白会使油脂变浊，颜色变暗，而且有利于微生物繁殖，导致油脂酸败；蜡质能使油脂混浊，降低质量。长期储藏的油脂，各种杂质的含量不能超过 0.2%，否则必须采取措施除去，使其含量降至 0.2% 以下，才能保持油脂的储藏稳定性，保证安全储藏。

五、日光

日光中的紫外线能量较高，能活化氧及光敏物质，促进油脂的氧化酸败。油脂在日光中的紫外线作用下，常能形成少量的臭氧。当油脂中的不饱和脂肪酸与臭氧作用时就形成臭氧化物，臭氧化物在水分的影响下，能进一步分解为醛、酮类物质而使油脂酸败变苦。在日光照射下，油脂中的天然抗氧化剂维生素 E 受到破坏，抗氧化作用减弱，油脂的氧化酸败速度也会增加。油脂对 550nm 附近的黄色可见光谱具有最大吸收，所以在 550nm 附近的可见光对油脂氧化影响很大。另外高能射线如 α - 射线、β - 射线辐照食品能显著提高氧化酸败的敏感性，这可能是由于射线能诱导游离基产生的缘故。

六、金属

金属是油脂自动氧化的强力催化剂。金属离子的存在可大大缩短自动氧化的诱导期，加快反应的历程。微量的金属离子还可以破坏天然抗氧化剂，加速氧化作用的进行。金属离子能提高氢过氧化物的分解速度，从而增加了游离基产生速度，其作用模式如下：

$$ROOH + M^{n+1} \rightarrow RO \cdot + OH^- + M^{(n+1)+} \tag{12-14}$$

$$M^{(n+1)+} + ROOH \rightarrow ROO \cdot + H^+ + M^{n+} \tag{12-15}$$

金属离子中以铜、锰、钴等离子对油脂的氧化作用影响较大，所需浓度仅为微量，在食品中，甚至精炼油脂中，其含量也常超过催化所需的临界量。相对而言，铁的影响较小，所以目前的油桶和油罐多用铁皮或钢板焊制而成。

七、脂肪酸的组成

食用植物油是由多种脂肪酸构成的混合甘油酯。脂肪酸的种类不同，油脂的储藏稳定性有明显的差异。一般而言，饱和脂肪酸较为稳定，而不饱和脂肪酸稳定性较差。在烯酸分子结构中具有顺式结构的分子易于氧化酸败，特别是具有共轭双键的顺式分子稳定性最差。高等植物中的不饱和脂肪酸几乎都是顺式的，所以储藏稳定性差。

八、天然抗氧化剂

毛油中通常含有少量的天然抗氧化剂，它们能延缓油脂的氧化酸败，提高油脂的储藏稳定性。毛油经碱炼和脱色后，除去了大量的色素、维生素和磷脂，使天然抗氧化剂的含量减少，因而精炼油脂的储藏稳定性就相应降低，通常添加某些抗氧化剂到成品油中以延长油脂的安全储藏期。

第四节　油脂的储藏技术

油脂在储藏期间会发生各种变化，使其品质降低，甚至酸败变质。油脂品质变化的速度取决于各种内外因素。一般而言，内部因素包括油脂的化学成分和性质、水分和金属离子含量的高低、杂质的数量和种类、油脂内微生物的数量与活性、天然抗氧化剂的含量高低等。外部因素包括储藏方法和储藏条件、日光照射和空气中氧的作用、温度和大气相对湿度等。为使油脂安全储藏，最大限度地保持其原始品质，除应改善储藏条件，控制外界不良因素的影响，经常检验油脂的质量，掌握其变化规律外，还应采用适宜的、有效的、科学的储藏方法，以消除或减弱理化及生物因素对油脂的不良影响。

一、常规储藏

常规储藏是各基层油库普遍采用的一种最基本的储藏油脂的方法。这种方法是人为地控制日光、空气、水分、杂质以及大气温湿度对油脂的影响，建立并执行有效的、可行的管理制度，加强油脂质量检查并进行必要的处理，防止油脂可能发生的氧化酸败，保证油脂品质正常。

常规储藏通常要做好防日晒、防潮湿、防氧化、防渗漏、防酸败等工作。仓房窗户要悬挂布帘遮光，门窗要能严格密闭。露天货场应搭盖雨棚遮光避雨，以免日光直接照射，减少紫外线与高温对储藏油脂的影响。储油仓房必须保持干燥、通风、不漏雨、不渗水。各种装具应保持完整无损，无锈蚀和渗漏，不得采用敞口容器储存油脂。装具的盖板要用扳手拧紧，使其严格密闭，避免油脂过多地接触空气而发生氧化。油脂装具出现破损、裂缝、砂眼或密封不严时要及时修补。要定期检查油脂酸值，及时分离明水和油脚，切实做好轮换工作，以防油脂酸败变质。

二、抗氧化剂储藏

油脂抗氧化剂是指能防止或延缓油脂氧化变质，提高油脂稳定性和延长储存期的食品添加剂。有些油溶性抗氧化剂可以提供氢原子来阻断油脂自动氧化的链式反应，从而防止油脂氧化变质；而另一些油溶性抗氧化剂自身极易被氧化，消耗油脂内部和环境中的氧气而使油脂不被氧化。将抗氧化剂添加到油脂中，使油脂延缓或避免氧化，确保油脂安全储藏的方法称为抗氧化剂储藏。

（一）抗氧化剂的种类

抗氧化剂应用于食用油起始于 20 世纪 30 年代，其种类主要有天然抗氧化剂与人工合成抗氧化剂。

1. 天然抗氧化剂

主要有生育酚（维生素 E）、茶多酚、类胡萝卜素、抗坏血酸、芝麻酚、磷脂、米糠素等。天然抗氧化剂中维生素 E 稳定性高，且有很高的营养价值，故在我国应用较多。茶多酚不仅具有很强的抗氧化能力，还具有一定的生理保健功能，加之我国茶叶资源丰富，是一种很有前途的天然抗氧化剂。

维生素 E 是一种淡黄色、无臭无味的油状物质，不溶于水而溶于油脂，在无氧时耐热，温度高至 200℃ 时仍然稳定，对光也很稳定，但极易氧化，遇氧后首先代替其他物质被氧化，因而是一种有效的抗氧化剂，具有防止油脂酸败的作用。使用维生素 E 储藏油脂的操作方法很简单，将一定量的维生素 E 添加到油脂中（添加量 5 ~ 10g/100kg）立即振摇油桶或用搅拌器搅拌，使其与油脂混合均匀，然后盖紧盖子，严格密封，便可安全储藏。维生素 E 能调整机体对脂肪和蛋白质的代谢功能，具有抗衰老和抗不妊症的作用，并可改善毛细血管的流量，防治心绞痛、心肌梗死等心血管疾病。维生素 E 既是一种良好的抗氧化剂，又是一种营养强化剂。加入油脂后，对油脂质量无不良影响，且可使油脂安全储藏，故采用维生素 E 防止油脂自动氧化，是一种切实可行的安全储藏油脂的方法。但因维生素 E 价格较高，故其在油脂储藏中的应用受到一定的限制。

茶多酚是利用绿茶为原料制取的多酚类化合物的总称，主要包括儿茶素、黄酮、花青素、酚酸 4 类化合物。茶多酚为白色、浅黄色或浅绿色的粉末，易溶于水、乙醇、乙酸乙酯，在酸性和中性条件下稳定。作为食用油脂抗氧化剂，茶多酚在高温下炒、煎、炸过程中不变化、不析出、不破乳，与抗坏血酸、植酸、生育酚有很好的协同作用。茶多酚不仅具有很强的抗氧化能力，并且能杀菌消炎，强心降压，增强人体血管的抗压能力。茶多酚对促进人体维生素 C 的积累也有积极作用，对尼古丁、吗啡等有害生物碱还有解毒作用。茶多酚等抗氧化剂对双低菜籽油的抗氧化作用如表 12 – 3 所示。

表 12 – 3　　　　多酚等抗氧化剂对双低菜子油过氧化值的影响（$t = 63℃ \pm 1℃$）单位：mmol/kg

添加剂	0d	4d	7d	10d	13d	18d
空白对照	1.01	10.02	18.66	28.07	34.21	53.65
BHT200mg/kg	1.01	6.18	10.57	14.71	17.03	33.54
TBHQ200mg/kg	1.01	2.07	2.51	2.63	3.39	5.68
植酸 200mg/kg	1.01	9.88	19.54	29.13	34.96	57.03
茶多酚 400mg/kg	1.01	2.12	2.07	2.40	4.06	6.55
茶多酚 200mg/kg	1.01	1.71	2.65	4.09	5.60	20.48
茶多酚 200mg/kg + 植酸 100mg/kg	1.01	2.03	3.85	4.55	6.09	20.67

2. 人工合成抗氧化剂

我国允许在食用油中使用的人工合成抗氧化剂有丁基羟基茴香醚（BHA）、二丁基羟基甲苯（BHT）、没食子酸丙酯（PG）及特丁基对苯二酚（TBHQ）等。

BHA 为无色至微黄色蜡样结晶粉末，具有酚类的特异臭和刺激性味道，不溶于水，对热稳定性高，价格较 BHT 高，可与其他抗氧化剂或增效剂复配使用。

BHT 为无色晶体或白色结晶粉末，无臭无味，不溶于水与甘油，对热相当稳定，与金属反应不着色，没有 BHA 的特异臭，且价格低廉，但毒性相对较高。

PG 为白色至浅黄褐色晶体粉末，无臭，易溶于乙醇，微溶于油脂和水，对热较稳定，易与金属离子发生呈色反应，变为紫色或暗绿色。

TBHQ 为白色晶体粉末，溶于油、乙醇，微溶于水，无异味和异臭，抗氧化能力较好。

我国 GB 2760—2014《食品添加剂使用标准》使用标准规定，BHA、BHT、TBHQ 用于油脂抗氧化时，最大使用量为 0.2g/kg，PG 用于油脂抗氧化时，最大使用量为 0.1g/kg。它们的使用方法均可采用直接加入法，充分搅拌均匀。两种或两种以上的抗氧化剂混合使用常常会增加对油脂的抗氧化效果。

（二）抗氧化剂增效剂

有一些物质，其本身虽没有抗氧化作用，但与抗氧化剂混合使用，却能增进抗氧化剂的效果，这些物质统称为抗氧化剂的增效剂。如柠檬酸、酒石酸、磷酸、抗坏血酸等。柠檬酸及其酯类常用于复配化学合成的抗氧化剂，而抗坏血酸及其酯类则用于复配天然的抗氧化剂。增效剂一般能螯合铜、铁等金属杂质，消除金属离子的催化作用，产生的氢离子又可以使抗氧化剂再生。增效剂可以增进抗氧化剂的使用效果，从而减少抗氧化剂用量。

（三）抗氧化剂使用浓度

使用抗氧化剂的浓度要适当，虽然浓度较大，抗氧化的效能也增大，但并不是成正比例关系。如 BHA 的抗氧化效果以用量 0.01% ~ 0.02% 较好，0.02% 比 0.01% 的抗氧化效果约提高 10%，但超过 0.02% 的抗氧化效果反而下降。由于溶解度及毒性的问题，一般使用浓度不超过 0.02%。因此，在使用抗氧化剂时必须注意浓度。同时还应注意，油脂在精制及高温使用时，某些抗氧化剂会有一些损耗。如 BHT 能与水蒸气一起蒸发，PG 在高温会分解，所以在这些情况下应酌情多加一些。

（四）抗氧化剂的添加时机

抗氧化剂对油脂的抗氧化作用十分复杂，但大多数抗氧化剂主要是清除自由基，因此应在精炼后的新油中及时添入，而且要事先加入柠檬酸等金属钝化剂，使铁桶与油罐的金属钝化，这样才能获得理想的抗氧化效果。当油脂已经酸败，油脂中过氧化值已升高到一定程度时才添加抗氧化剂，难以获得显著效果。

（五）抗氧化剂的选择

抗氧化剂对油脂的抗氧化作用十分复杂，同一种抗氧化剂对不同的油脂具有不同的效能，就是同一种抗氧化剂用于同一种油脂，也会由于使用浓度及方法的不同而得到不同的效果，有时甚至会发生相反的作用。因此，在选择油脂抗氧化剂时，必须对油脂的结构、自动氧化的机制、抗氧化剂的结构与性能、使用方法及其相互关系等有较全面的了解，否则将会事倍功半。另外，抗氧化剂具有清除油脂游离基的功能，因此又称游离基清除剂，但它对非游离基反应的氧化作用是不适用的，如油脂的光氧化反应。

（六）控制影响抗氧化剂作用效果的因素

影响抗氧化剂作用效果的因素主要是光、热、氧、金属离子及抗氧化剂在油脂中的分散性。因此，在使用抗氧化剂的同时，要注意避光、低温、缺氧、螯合金属离子以及使有限的抗氧化剂充分均匀地分散在油脂中。

三、气调储藏

气调储油是我国近年来研究应用于实际生产的一项储油技术。欧美等国的油脂保管早已采用充氮的气调储藏方法。

油脂劣变的主要原因是氧化酸败，氧气是氧化酸败的主要因素。只要控制油脂氧化，则可以阻止劣变的进程。设法限制或切断氧的供给，就可从根本上解决氧化酸败问题。储油中氧气的来源主要有两个方面，一是空气中的氧，二是溶解在油脂中的氧，但主要还是空气中的氧。

（一）脱氧剂脱氧储藏

脱氧剂又名除氧剂，是一种能与氧反应产生氧化物从而除去环境中氧气的物质。将脱氧剂与油脂密封在一起，吸收容器中的氧气，使油脂处于无氧或基本无氧的环境中，以避免氧的不良影响，确保油脂安全储藏的方法，称为脱氧剂脱氧储藏。我国目前多采用无机系列脱氧剂，常用的为特制铁粉脱氧剂，它是一种无毒、无臭的无机物，容易被空气中游离氧所氧化而消耗氧，从而防止油脂氧化。

油品储藏中利用脱氧剂脱氧储藏的方法很多，常用的有悬挂法、浮船法和投袋法三种。

悬挂法是用塑料绳把脱氧剂悬挂在油层上面的空间；浮船法是用泡沫塑料制成浮船放在油面上，再将脱氧剂投放在浮船上；投袋法是用一种能够透气而不渗油的通透性硅橡胶薄膜粘结成不同容积的小袋，装入不同重量的脱氧剂后立即密封袋口并将其投入油内，依靠浮力作用使脱氧剂小袋分别漂浮在油脂上、中、下三层不同部位。

脱氧剂脱氧储藏，要求油罐（桶）密封性能良好，并具有较好的机械强度，否则就难以保持缺氧状态，或容易使油罐（桶）变形、损坏。因此，采用脱氧剂脱氧储藏时，为保护油罐安全，应增设调压装置，使其与油罐连成一个密闭的储油系统，当气温升高时，罐内气体自动进入调压装置；当气温降低时，调压装置内的气体又自动进入罐内，以此平衡罐内外压力差，保证油罐的安全。

脱氧剂的用量可根据脱氧剂的脱氧能力、罐桶内的空间体积以及罐桶的储油量计算而定。

（二）充气储藏

将一种不活泼的气体充入油罐和油桶，排除其中的空气使之缺氧，以抑制油脂氧化，确保油脂安全储藏的方法称为充惰性气体储藏。常用的惰性气体有氮气和二氧化碳，充气法因油脂装具不同分为油桶充气法和油罐充气法。

1. 油桶充气法

将完好的能够密封的容量为180kg的标准油桶，在大盖上焊接一阀门，在小盖上焊接一抽气橡皮管，装油后向桶内充入氮气或二氧化碳，使桶内空气全部排出，然后用橡皮塞密封。

2. 油罐充气法

在储油罐上装设压力安全阀、真空控制盘（真空安全阀）和氮气压力调节器，然后用钢管将液氮瓶（或氮气发生器）与储油罐连接好，形成一个密封系统（图12-2、图12-3），并向油罐内充入适量氮气。将经过静置沉淀处理的精炼植物油直接装入已充氮气保护的储油罐中，通过氮气压力调节器控制充氮量。当油罐装满，压力达到最大值时，可将氮气排放到大气中去；当油脂从油罐中泵出时，罐内压力下降，氮气压力调节器自动开启，氮气又不断补入油罐。

充氮储油实验表明，采用充氮法储藏的油脂，过氧化值增长速度慢，只有常规储藏

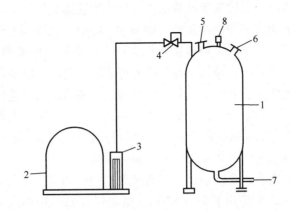

图 12 - 2　单罐充氮储油装置示意图

1—植物油储罐　2—液氮瓶　3—氮气蒸发器　4—氮气压力调节器
5—真空控制盘　6—进油管　7—出油管　8—压力安全阀

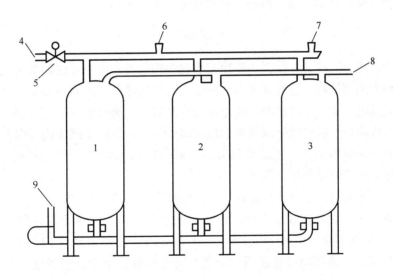

图 12 - 3　多罐充氮储油装置示意图

1，2，3—储油罐　4—氮气管　5—氮气压力调节阀　6—真空安全阀
7—压力安全阀　8—进油管　9—出油管

（对照罐）油脂的 1/4，甚至更少一些，具有明显的阻止氧化、抑制微生物活动、保持
油脂品质的效果。但在夏天高温季节，充氮储藏油脂的安全可靠性还不够稳定，这时仍
应设法降低温度，实现低温储藏，才更有利于确保油脂安全度夏。采用充惰性气体储藏
时，要特别注意安全，既要在油罐上安装压力安全阀与真空安全阀，以免油罐炸裂，又
要建立严格的安全操作规章制度，以免管理人员进入油罐引起生命危险。在清洗油罐
时，要严格遵守操作规程，彻底将油罐中惰性气体排出后才可进入罐内操作，以免发生
意外事故。

（三）铝膜隔氧储藏

利用不透气的铝膜（两层聚酯薄膜中间夹一层铝箔，又称铝箔双层塑）隔离油罐内的

油脂，使其不与空气接触，进行缺氧储藏的方法称为铝膜隔氧储藏。其操作方法是先将铝膜通过密封圈按水平方向固定在油罐顶部（距罐顶20cm），周围用密封套圈橡胶油腻子密封。罐顶装有两只液压式安全阀，通过铝膜插在油上的空间，用来调节罐内外压力平衡。铝膜安装完毕，进行一次检查，确认不漏气后方可装油。其次，将质量符合国家标准规定的油脂装入油罐，直至将铝膜下的空气基本排尽为止。装满油后再进行一次密封测定，把一只液压式安全阀的顶盖丝帽拧开接上抽气管，用真空泵将油面至铝膜之间和死角的空气全部抽走，形成负压 5~7mm 水柱停止抽气，然后拧紧安全阀盖上的顶丝。最后，定期检查罐体、罐顶是否漏油、漏气，并检测油温和油脂品质。

铝膜隔氧储油实验表明，菜籽油在一年的储藏期内，油罐内氧气含量始终保持在1%以下，最高油温为21℃，酸值由 1.53mgKOH/g 增加到 1.62mgKOH/g，过氧化值由 0.07% 减少到 0.065%，油脂没有发生酸败现象，色泽和气味均保持正常。因铝膜重量轻，耐压强度大，透气性小，导热系数小，并具有对辐射热的强反射作用，故采用铝膜隔氧储油技术，能迅速降氧，缺氧程度高，保持低氧时间长，能够隔热保温，有效延缓油脂氧化速度，延长油脂安全储存期，是一种较理想的储油技术。

四、满罐储藏

在特制的、罐体能自动补偿因热胀冷缩引起油脂与容器体积差的油罐内装满油脂进行储藏的方法称为满罐储藏。这种储油方法能保证油脂在储藏期间始终充满整个罐体，形成缺氧状态，以隔绝油脂与空气接触，防止油脂自动氧化，确保安全储藏。因满罐储藏的特制油罐顶盖结构简单，造价低于球顶或伞顶油罐，同时还消除了因罐内外温差引起的盖顶内结露及由此带来的污染，故在油罐顶盖内不必作防锈蚀处理，因而能大大降低管理费用，具有良好的经济效益和社会效益。

满罐储油实验表明，二级菜籽油在一年的储藏期内，满罐储藏组的储油品质仍优于常规储藏组。如常规储藏组油脂的过氧化值为满罐组的 3.35 倍，两个组油脂的维生素 E 也由 0.5468mg/g 分别下降为 0.4065mg/g 和 0.4748mg/g，常规储藏组下降 25.7%，满罐储藏组只下降 13.2%。满罐储藏能够明显提高油脂的储藏稳定性，延缓维生素 E 含量的下降速度，是一种较先进的储油技术。

五、低温储藏

温度对油脂的氧化速度有很大的影响，在 0~25℃ 条件下储藏时，温度每上升 10℃ 油脂氧化速度几乎就增加 1 倍。因此，在低温环境下储藏油脂可以有效抑制油脂氧化，确保安全储藏。在低温下储藏油脂的方法称为低温储藏法。通常油脂在冬季几乎不会酸败，而在夏季却极易发生酸败，故进入高温季节后采取有效措施隔热保冷，使油脂处于低温状态，能确保油脂安全储藏。将储油仓房的仓温控制在15℃以下，进行低温储藏，能够长期安全储藏油脂。实践证明，低温储藏是安全储藏油脂的有效措施，但由于创造低温条件的设施费用比较昂贵，因而需要因地制宜地实行油脂低温储藏。有条件的可在地下库储存油脂，也可在地上低温库与成品粮混合存放，实现低温储藏。如果油脂长期储藏在露天油罐内，可在油罐的外表层喷涂 2cm 厚的聚氨酯泡沫达到隔热低温储藏的目的。

第五节　油脂储藏技术管理

一、油罐和油桶的管理

储藏油脂的容器主要有钢板油罐和钢制油桶两种，有的油脂企业也使用容积较大的 PE "吨油桶"（图12-4）。油罐有卧式和立式两种。立式油罐是油脂集散用的主要容器，一般由多个罐体组成油罐群，也可在生产工序中周转用。罐体由多圈钢板焊接而成，内表面涂有防锈、防氧化涂料，外表面一般涂成银灰色以减少太阳热射辐。油罐的容量有50t、100t、200t，大的可达500t或1500t。标准钢制油桶的容量为180kg。

(1)钢板油罐　　　　　　(2)吨油桶　　　　　(3)钢制油桶

图12-4　常见的储油容器

（一）清洁容器

油脂入库前，要注意检查容器是否清洁，并清除其中的油脚、杂质和铁锈等物，特别是油桶在装油之前，必须用热碱水洗刷干净。油桶洗净后要充分干燥，桶内不得留有水分。大型油罐储油，必须每出空一次油，就要彻底清除油脚等杂物。油脚对钢板有腐蚀性，还会影响储进新油的酸值和气味，降低其储藏稳定性。另外食用油桶和工业用油桶上应有明显的标记，严禁相互混用，污染油脂。

（二）容器检漏与整修

油脂装具清洗干净后，要进行渗漏检查。先用感官方法检查，如发现漏洞、砂眼、裂缝、破损，应立即用粉笔画上记号，及时修焊好后，在修焊处涂刷肥皂水，再打入空气（30~51kPa），观察修焊处是否漏气，如有气泡出现，表明尚有渗漏，应重焊，直至焊好为止。如发现油桶扁凹不平整，也应随时整修，采用充气加压法可使油桶恢复原状。

二、油罐的进油操作与管理

油脂中水杂含量多，容易引起酸败变质。因此，在入库或装桶（罐）之前，必须认真检查油脂的水杂含量和酸值，符合安全储藏要求的油脂才能灌装入库。通常安全储藏油脂的水分、杂质与酸值，一般不应超过规定指标（表12-4）。

表 12 –4							油脂的水分、杂质、酸值安全标准					
品名	豆油	菜油	花生油	芝麻油	毛棉籽油	精棉籽油	毛糠油	精糠油	茶油	毛玉米油	精玉米油	毛葵花籽油	精葵花籽油
水分/%	0.2	0.2	0.2	0.2	0.2	0.2	0.3	0.2	0.2	0.2	0.2	0.2	0.2
杂质/%	0.2	0.2	0.2	0.2	0.2	0.2	0.6	0.4	0.2	0.3	0.2	0.3	0.1
酸值/（mgKOH/g）	4	4	4	4	6	1	8	4	4	8	3	5	3

　　根据来油的途径，油罐的进油主要分为汽车罐进油和火车罐进油两种方式。无论是何种方式进油，都必须遵守相关操作规程。不同油库的进油操作流程会有一定的差别，但主要程序基本相同。进油前全面检查油罐、管线、阀门、油泵、栈桥等设施设备的完好性，确保能正常工作。将鹤管放入汽车罐或火车罐内，打开电源开关，沿进油方向依次开启各阀门。启动油泵，开始进油。进油过程中，随时观察油罐液位上升的速度，随时检查与油罐连接的所有法兰、阀门等有无渗漏，油罐基础有无异常。进油完毕，依次关闭油泵及各阀门，切断电源。油罐如无特殊调压装置，不论容量大小，一般在罐内应保留少量空间，不宜装满，以保安全。预留容积一般为罐体容量的3%～10%。

　　钢制油桶装油时不能过多或过少，每桶一般灌装180kg，最大允许容量如表 12 –5 所示。灌装过多会造成外溢浪费，而且夏季容易发生容器炸裂事故；灌装太少，不仅会降低容器利用率，而且其中空间大太，空气过多，易促进油脂的氧化变质。油脂装好后，应在容器盖下夹垫橡胶密封圈并拧紧，以防雨水及空气渗入。在桶上注明油名、净重、皮重等，便于分类储存，同时要注意已装油的桶要轻起轻放，避免碰撞。

表 12 –5		钢制油桶最大允许容量		
品名	规格	夏季/kg	春季/kg	冬季/kg
花生油、棉籽油	炼 净	182.0	185	185
芝麻油、菜籽油	炼 净	182.5	185	185
茶油、豆油	炼 净	182.5	185	185

三、油桶的堆放

　　钢制油桶储藏的油脂以堆放在仓内为宜。储油仓房要低温、干燥、避光，露天堆放油品也应搭盖凉棚，以防日光直射和雨水浸入。堆放时要将食用油与工业用油分开堆垛，不要堆在同一仓房内，也不准共用一台油泵和油管，以免发生互混及中毒事故。

　　油桶在仓内堆放时，质量较差的旧油桶以一层直立堆放为宜，不要堆放双层，防止压坏油桶；质量好的新桶，在仓容不足时，则可垛成"品"字形的双层垛（上一层铁桶堆放在底层两桶之间）。不论采用"一层"或"双层"堆放，油桶上的大盖口均须朝同一方向，并与另一排油桶的大盖口相对，以便随时检查。在露天储存油脂时，以一层斜立堆放为宜，大小盖口要左右相平，不可一个朝上，一个朝下，以防雨后积水从桶口浸入桶内，并应在雨雪后随时把桶顶的积水、积雪扫掉。

四、油脂储藏期间的质量检查与日常管理

油脂在储藏期间，要做好容器防腐蚀防渗漏和油脂质量的检查工作。发现隐患，应及时进行处理。油脂质量检查的项目，通常包括温度、水分、杂质、酸值和色泽气味等。检查和扦样的方法因容器种类不同而异。检查的期限，主要因油脚、水分大小及储藏季节不同而异。一般情况下，食用油夏天每 10d 重点检查 1 次，20d 全面检查 1 次。春秋两季每15d 重点检查 1 次，30d 全面检查 1 次。冬季每月重点检查 1 次。如果油脚多、水分高，则应适当增加检查次数。每次检查油脂质量后，必须随时将桶盖、罐口旋紧密封，以防空气和雨水进入。

罐装油脂一般采用专用油脂扦样器扦样。油脂扦样器通常用圆柱形铝筒制成，容量约0.5L，有盖底和筒塞。在盖和底的两圆心处装有同轴筒塞各 1 个，作为进样用。盖上有 2个提环，筒塞上有 1 个提环，每个提环系上一根尼龙绳，筒底有 3 足。取样时将上盖边上的两根筒绳拉紧，慢慢地把扦样器放到取样罐内，当取样器放到取样的位置时，拉紧中间的阀门绳，使油脂进入扦样器内，然后放松阀门绳，将扦样器慢慢拉出油罐，取出样品。灌装油脂温度的测定可采用玻璃温度计悬垂沉入油罐中一定的位置，也可用温度传感器测温。

桶装油脂的检查方法是先将油脂搅拌均匀，以拇指按住一根长玻璃管的上口，插入桶底，然后将拇指放开，轻轻摇动，使油脂流入管中，再用拇指按住管口，迅速提起观看。色泽、气味、颜色清晰透明，滋味正常，没有异味者为好油。如颜色变深，混浊不清，涩口、发酸或有其他异味者，为变质油。油脚黏稠发黄，说明油中的磷质和杂质多，应立即清除油脚。油脚颜色发白并有异味者，为酸败现象，有时会出现臭味或凝块，应立即倒桶分离。将玻璃管提起后，如发现有水泡，表明水分多，如有白色沉淀且似肥皂水状，说明水分较高，且油脂已发生变质，应迅速处理。

管理油品的关键是做好"五防"工作，即防日晒、防潮湿、防氧化、防渗漏和防感染。储油仓库周围要种树，库房门窗要遮盖密闭，减少日光和高温的影响。干燥天气可适时对库房通风干燥，雨天不能开盖检查。随时旋紧桶盖，减少不必要的换桶。做到专仓专用，不要用检查过酸败油品、工业用油的工具去检查好油。

五、油罐的发油操作与管理

将油库中储藏的油脂通过管道输送到油罐车（船）的过程称为发油操作。发油之前，要明确待发放油脂的品种、等级、数量以及发油罐罐号，扦取油脂样品，检测其质量。全面检查与发油操作相关的设施设备的完好性，确保能正常使用。将鹤管放入汽车罐或火车罐内，打开电源开关，沿发油方向依次开启各阀门。打开单板机开关，输入有关参数并定量。输入发油信号，油泵自动开启，发油作业开始。发油过程中，随时观察油罐车液位上升情况，如发现油面不上升或有异常现象时，应立即报告，及时处理。发油完毕，油泵自动停机，及时关闭各阀门并切断电源。填写发油作业记录，清理作业现场。

六、油脚的清除处理

油脂经过长时间储藏后，会出现水杂沉淀、油脚析出的现象。析出的油脚过多，也会

影响油脂安全储藏，故在储存时间较长（1年左右）时，应根据油脂质量变化情况进行转桶（罐）清脚，以防油脂酸败变质。清除的油脚虽为杂质，其中还有不少纯油和磷脂，经过处理仍可回收一部分油脂，剩余的残渣则可用来提取磷脂或制作肥皂、蜡烛等。油脚可采用以下几种方法处理。

（一）回榨法

回榨法是将油脚掺入待榨油料中，一并入机压榨。

（二）压滤法

压滤法是将油脚装入密纹布袋内并扎紧袋口，在滤油架框上压以重物，压滤出净油，直至油脚压成硬饼状为止。这种方法简便易行，省工省力，易于推广。

（三）盐析法

盐析法是将油脚装入敞口容器内，加热至85℃，缓缓加入食盐水溶液（每100kg油脚用食盐2kg，加热水20kg），并用木棒不断搅拌，再继续加热至油温达到105～110℃，待其冷却并静置一定时间后，即可撇出析出的上层清油。

（四）白矾法

白矾法是将油脚装入敞口容器内，加清水（每100kg油脚加水10kg），搅拌5分钟后，再缓缓加入明矾粉末（每100kg油脚加明矾1kg）并不断搅拌至油与油脚分离，静置2d，撇出清油。

从油脚中分离出的清油必须化验，各项指标都达到质量和卫生标准后，方可继续储藏或出库。

七、不合格油脂的处理

长期储藏的油脂，必须除去其中的水分、杂质及一切可能引起酸败的物质。超过国家水分、杂质、酸值标准的油脂，最好回厂处理。油厂具有去水、去杂、碱炼的专门设备，处理起来快捷方便。在油库也可以进行简易处理。

（一）自然沉淀法

由于水的相对密度大于油，静置一段时间后，水就沉淀在容器底部与油品分层，用玻璃管吸出，以除去明水。去杂也可用自然沉淀法，油品中杂质的自然沉淀虽然进行得很慢，但它不仅能分离悬浮的杂质，而且还能除去油品中的磷脂、蛋白质。待杂质沉淀桶底，油品澄清后，再将上面的清油提出。因此自然沉淀法可去水去杂，此法操作简便，但需时间较长。

（二）水化精炼法

水化精炼法主要用于处理油脂中的磷脂和其他杂质。磷脂具有亲水性，遇水后分子膨胀，相对密度增大，沉淀析出。在沉淀过程中，因其有黏胶性，所以把其他杂质也带到沉淀物中，使油品质量得到提高。在水化过程中能被沉淀的物质以磷脂为主。此外，尚有与磷脂结合在一起的蛋白质、黏液和机械杂质。

水化精炼的一般操作是将油倒入锅内或开口桶中（最好是略尖的底），加热至40～60℃（磷脂含量高的，温度要低；磷脂含量低的，温度要高），然后加入比油温稍高的热水（水中事先溶入相当于油重0.1%的食盐），加水量为油重的3%～3.5%。在不断搅拌的情况下继续升温，直到上升到95～98℃，停止加温和搅拌，静置沉淀6～8h，倒出上层油到另一锅中，加热至 105～110℃，除去水分，待冷却后，即可装桶保管。水化处理时，必须严格掌握好温度和加水量，否则会造成油脚中含油过多、油耗大或磷脂去除不完全，此外搅拌速度也不能过快或过慢，以 60～70r/min 为宜。

（三）碱液精炼法

碱液精炼法以氢氧化钠溶液作用于油脂，能中和毛油中的游离脂肪酸，使其生成肥皂沉淀下来，同时在碱炼过程中，又能除去大部分杂质，从而提高了油脂品质和储藏稳定性。

$$RCOOH + NaOH \rightarrow RCOONa + H_2O$$

碱炼毛油时，要先测定油脂酸值或游离脂肪酸百分比，依酸值或游离脂肪酸百分比的大小确定理论用碱量，再依据毛油的色泽深浅、杂质的多少确定超碱量。理论用碱量加上超碱量即为碱炼时需用的总碱量。为了方便计算，碱炼毛油时的超碱量可按油重的 0.25% 计算。

$$理论用碱量 = 酸值 \times 0.0714 \times 油重/100$$
$$超碱量 = 0.25\% \times 油重$$
$$总用碱量 = 超碱量 + 理论用碱量$$

碱炼时必须把固体烧碱制成适当浓度的水溶液。其浓度的大小根据油脂酸值高低而定，酸值高，碱液的浓度要大；酸值低，碱液的浓度要小。碱量和碱液浓度，最好在实际操作前做一些小型试验，得出正确的结果后再进行大量的碱炼。

碱炼的具体操作是将已知重量的油脂过滤后倒入大锅或开口桶中（油脚不要倒入），文火加热到 20～30℃，待气泡消失后，将事先调制好的烧碱溶液，迅速在 5～10min 内均匀加入油中，并不断搅拌，使碱液和油脂充分混合并皂化，待乳状液中皂粒呈分离状态时，即可开始加热升温并继续搅拌，但搅拌速度应降低至 40～50r/min，直至温度升至 50～60℃皂粒聚合并迅速下沉时，停止加热和搅拌。静置沉淀 24h，再将上层清油倒入另一锅中继续不断搅拌，并缓缓注入 10% 的温水（50～60℃），以洗去清油内残存的肥皂。加水完毕，立即停止搅拌，静置沉淀数小时，再倒出上层清油（或从锅底放出废水），然后加热至 105～110℃，除去水分即成精炼油，待冷却后再灌装储藏。

思考题

1. 简述油脂的组成与用途。
2. 油脂是如何分类的？
3. 什么是油脂酸败？油脂酸败的类型有哪些？
4. 油脂酸败的主要原因是什么？如何有效预防油脂的酸败？
5. 简述变质油脂的危害。
6. 油脂有哪些储藏特性？
7. 影响油脂安全储藏的因素有哪些？
8. 菜籽油的特性有哪些？
9. 豆油的特性有哪些？
10. 花生油的特性有哪些？

11. 棉籽油的特性有哪些？

12. 芝麻油的特性有哪些？

13. 葵花籽油的特性有哪些？

14. 茶籽油的特性有哪些？

15. 米糠油的特性有哪些？

16. 玉米油的特性有哪些？

17. 常用的油脂储藏技术有哪些？

18. 油脂储藏期间应如何管理？

参考文献

1. 王若兰. 粮油储藏学. 北京:中国轻工业出版社,2009.

2. 国家粮食储备局储运管理司. 中国粮食储藏大全. 重庆:重庆大学出版社,1994.

3. 粮食大辞典编辑委员会. 粮食大辞典. 北京:中国物资出版社,2009.

4. 四川省粮食局. 油料油脂保管与检验. 成都:四川科学技术出版社,1987.

5. Y. H. Hui. 油脂化学与工艺学. 第五版. 徐生庚,裘爱泳主译. 北京:中国轻工业出版社,2001.

6. 黄凤洪,夏伏建,陆师国等. 茶多酚对双低菜籽油抗氧化作用的研究. 中国油脂,2000,25(6):127 – 128.

7. 胡智佑,陆峰,库勇等. 植物油脂充氮气调储藏试验研究. 中国油脂,2012,37(10):81 – 83.